군사학총서 08

군사고전의 지혜를 찾아서

이종학

충남대학교출판문화원

‖ 저자 약력

· 공군사관학교 및 공군대학 졸업
· 미국 공군통신학교 통신장교과정 수료
· 경희대학교 대학원 사학과 졸업
· 충남대학교 명예 군사학 박사
· 공군사관학교 교수부 군사학과장
· 공군대학 교수부 제2·3처장
· 국방대학원 교수 및 교수부 제3학처장
· 한국군사사학회 창설 및 초대 회장
· 현재 : 서라벌군사연구소장
충남대학교 평화안보대학원 겸임교수
공군사관학교 명예교수

군사고전의 지혜를 찾아서

발행일 1판 1쇄 2012년 11월 20일 1판 2쇄 2014년 7월 17일 발행인 정상철
펴낸이 이종학 펴낸곳 충남대학교출판문화원 주소 대전광역시 유성구 대학로 99
전화 042-821-6045 홈페이지 www.cnupress.cnu.ac.kr E-mail cnupress@cnu.ac.kr

ISBN 978-89-7599-455-5 93390
정가 25,000원

군사고전의
지혜를 찾아서

머리말

오늘날 발전하는 첨단과학기술의 무기체계와 정보통신기술 등으로 전쟁양상은 옛날과 전연 다르다. 그러나 군사고전은 시간과 공간을 초월해서 보편타당한 군사이론의 원리를 다루었기 때문에, 아직도 군사전문가, 고급지휘관 및 군 간부 뿐만 아니라, 정치가와 최고 경영자들에 의해 애독되고 있다. 그 이유는 아마도 인간의 본성과 전쟁의 본질이 변하지 않았기 때문이리라.

인간의 삶이란 대립, 갈등 그리고 충돌의 세계이며, 그래서 인류의 역사는 투쟁사 혹은 전쟁사라 해도 과언이 아니다. 그러한 급변하고, 위태로운 정세 하에서 어떻게 생존하고 승리하는가, 그 방법과 지혜를 제시한 것이 군사고전이며, 동양의 손무가 저술한 『손자병법』(기원전 513?)과 서양의 클라우제비츠가 저술한 『전쟁론』(1832)이 여기에 속한다. 그리고 군사고전은 심오한 철학사상을 바탕으로 군사이론을 체계화하고 있기 때문에 생명력과 실용성을 보유하고 있을 뿐만 아니라, 인생철학의 지침서이고 또한 경영전략의 참고서로써 최근에 와서 더 많은 각광을 받고 있다.

저자는 군사고전이 오늘날까지 생명을 유지한 시대적 배경과 철학적 기초를 밝혀보려고 반세기 넘게 시도한 에세이를 편집한 것이 이 책이며, 또한 두 권의 군사고전을 번역한 『전략이론이란 무엇인가』(군사학 총서 05, 개정보완판, 2012)의 해설서이기도 하다.

미국 해군대학원의 한델 교수에게 그의 저서, 『전쟁의 거장들－손자, 클라우제비츠, 조미니－』(1992)에 대한 서평을 보냈더니 회신이 왔는데, 그것이 계기가 되어 『손자병법』과 『전쟁론』에 대한 스스로의 이해·해석을 밝힌 에세이가 이 책의 주축을 이루고 있다. 그러나 발표한 에세이의 시간과 장소가 판이하게 다르기 때문에, 이 책을 편집하고 보니 약간의 중복이 있는데, 독자들은 중요한 내용을 강조한 것으로 이해하고 양해해 주기 바란다.

'제4부 병법과 경영전략'은 「중앙일보」에서 발간하는 『이코노미스트』(격 주간지)의 편집부에서 1984년 7월 「경영전략과 병서」의 원고의뢰가 왔을 때, 마음이 내키지 않는 제목이었다. 왜냐하면, 비즈니스 분야의 경험이 전혀 없어서 경영전략은 별로 관심을 두지 않았기 때문이었다. 그러나 병법적 경영전략으로 무장한 일본과의 무역 역조를 시정하기 위해서도 연구가 절실히 요구된다는 관점에서 집필을 시도했다.

그런데 김두겸金斗謙 편집인 겸 주간은 독자들의 반응이 좋으니 계속 써달라고 집필을 의뢰했다. 그래서 1년 가까이 여러 병서 가운데서 경영전략에 참고가 될 만한 내용을 소개한 것이 제4부의 내용이며, 김두겸 주간의 호의에 의해 탄생한 작품이라는 것을 밝혀둔다.

요즘 발간된 『하버드 비즈니스 리뷰』(HBR, 2012. 8.)에 의하면, 독서의 중요성을 강조하면서, 특별한 지도자가 되고 싶은 사람은 반드시 독서를 해야 한다는 것을 새삼스럽게 강조했다. 이것은 오늘날 남녀노소를 막론하고, 옛날에 비해 독서를 경시輕視하는 풍조에 대한 경고로 받아 들여야 하리라. 우리의 인생은 한정되어 있고 또한 짧으며, 더구나 조용하게 독서할 수 있는 시간은 더욱 짧다. 그러니 너절한 잡서를 읽으면서 시간을 낭비할 겨를이 없다고 생각한다. 그래서 각 분야에서 뛰어난 지도자가 되고자 꿈꾸는 사람은 반드시 군사고전을 읽어야 하며 또 권하고 싶어서 이 책을 꾸며 보았다.

이 책을 발간하는데 협조하여 준 충남대학교 출판문화원장 정순모 교수와 김현순, 김보라 등 직원들에게 깊은 사의를 표하며, 특히 이 책의 교정을 꼼꼼히 보아준 최정화 연구위원에게 심심한 감사의 마음을 전한다.

2012년 11월
李 鍾 學 識
—경주 風石齋에서—

차 례

제1부 군사고전 입문

제2부 손무의 『손자병법』 연구

제3부 클라우제비츠의『전쟁론』연구

제4부 병법과 경영전략

제1부
군사고전 입문

I. 고전적 전쟁이론은 유용한가

1

일진월보日進月步하는 최신의 첨단 과학기술의 무기체계와 통신수단 등은 현대의 전쟁 양상을 일변시켰을 뿐만 아니라, 앞으로 어떻게 전쟁 양상이 변화할 것이며, 거기에 어떻게 적절히 대응하느냐, 하는 것이 승패의 열쇠로 인식되는 것이 오늘날의 추세이다. 이러한 상황 하에서 칼·창·활 등의 무기로 싸웠던 옛날의 전쟁을 기초로 하여 저술된 케케묵은 병서兵書나 전쟁이론戰爭理論이 오늘날 과연 연구할 만한 가치가 있고 또 유용한 것일까? 과연 거기에 배울 만한 내용이 있는 것일까? 필자는 전술적 차원이 아니라, 국가 전략적·군사 전략적 차원에서 이 문제를 규명해 보고자 한다. 1809년에 간행된 것으로 추정되는 『무신수지武臣須知』에 다음과 같은 내용이 있다.

> 근래에 태평성세가 오랫동안 계속되어 사람들의 마음이 크게 해이해졌다. 그러므로 약간 흉년만 들어도 백성들에게 폐해를 끼친다는 명분에 구애되어 군사문제를 거론하지 못하고 있다. 이렇게 한 지가 벌써 여러 해가 되었으니, 이는 질병을 발견하고도 치료하지 않는 것과 같다고 할 것이다. 해이해진 국방 태세와 소홀해진 국방 계획을 어떻게 바로 잡을 것인가?[1]

해이해진 국방 태세와 소홀해진 국방 계획을 바로 잡지 못하여 불과 100년 후인 1910년에 일제日帝에 의해 국권을 상실하고 일본의 식민지로 우리의 국토가 전락됐던 뼈아픈 체험은 필자의 세대 이상은 너무나 잘 알고 있는 사실이다.

1982년 여름, 필자가 워싱턴의 국방대학원과 미 육군전쟁대학원(U.S. Army War College)을 방문하여 놀라운 사실을 발견한 것은, 그들이 『손자병법孫子兵法』[2]과 클라우제비츠의 『전쟁론戰爭論』[3](1832)을 열심히 연구하고 있다는 것이었다. 왜 그들은 곰팡이가 핀 케케묵은 병서를 연구하게 되었을까?

원자폭탄의 등장, 완전한 군수지원 능력, 거대한 경제력 등으로 제2차 세계대전을 승리로 장식했다고 미국의 정치지도자, 군사전문가 그리고 학자들은 생각하였다. 그리하여 핵탄두에 미사일을 결부시켜 대륙간 탄도유도탄을 개발하였고, 또 다양한 핵전략이론核戰略理論이 등장하기도 했다. 그런데 6·25전쟁과 월남전쟁을 수행하면서 그들의 예상과는 다른 전쟁 양상이 진행되고 있다는 것을 느끼게 되었다. 특히 월남전쟁이 끝날 무렵, 다음과

---

1) 이정집·이적, 『武臣須知』, 국방부전사편찬위원회, 1986, p. 134.
2) Sun Tzu, *The Art of War*, trans. Samuel B. Griffith (London: Oxford University Press, 1963)
3) Carl von Clausewitz, *On War*, ed. and trans. Michael Howard and Peter Paret (Princeton, NJ: Princeton University Press, 1976)

같은 씁쓸한 이야기가 한참 나돌았다. 즉 1969년 닉슨 행정부가 들어선 후, 월맹과 미국에 대한 모든 자료인 인구·국민총생산(GNP)·군수물자 생산 능력·병력 규모·전차·함정·항공기의 숫자 등을 국방성 컴퓨터에 넣고,

"미국이 언제쯤 승리할 수 있겠는가?"

라고 물었다. 그때, 컴퓨터에서 나온 해답은 다음과 같은 것이었다.

"미국이 1964년에 승리했다."

미국은 탁월한 기술력과 경제력을 보유하고 있었지만, 월남전쟁의 결과에 결정적인 역할을 수행하지 못했을 뿐만 아니라, 쓰라린 패배를 맛보았던 것이다. 더욱이 흥미로운 사실은 전장戰場에 있어서 미군은 주요한 전투에서 언제나 승리했던 것이다. 그런데 그 패전의 원인을 군사적 측면만으로 설명할 수 없었고, 또 군사기술상의 이유를 열거할 수도 없었다. 왜냐하면, 미군은 세계 최첨단의 무기를 월남전에서 시험하고 사용했기 때문이다. 그리고 최신 첨단 무기로 무장한 소련군이 아프가니스탄 전쟁에 개입했지만 소기의 성과를 얻지 못하고 철수하고 말았다. 여기서 기술이란 만능약이 아니라, 군사기술이 탁월하다는 것은 전쟁에 승리하기 위한 필요조건이지, 결코 충분조건이 아니라는 것을 알게 되었다. 그런데 이 문제에 대해 조미니(1779~1869)는 『전쟁술 개요戰爭術概要』(1838)에 다음과 같이 주장했다.

> 군비軍備의 우위는 전쟁에 있어서 승전勝戰의 호기好機를 증진시킨다. 그러나 군비 우위軍備優位가 스스로 전투를 승리로 이끄는 것이 아니라, 승전의 중요한 한 가지 요소가 될 뿐인 것이다.… 군대의 무장은 여전히 일대개량一大改良의 요청에 민감한 바, 이를 주도해야 할 국가가 유리한 입장을 갖게 된다.… 지난 20년간에 걸친 새로운 발명은 군대조직, 무장 그리고 전술에 커다란 개혁으로 위협을 가할 것 같이 보인다. 전략만이 불변인 채 남아 있는데, 스키피오, 시저, 그리고 프리드리히와 나폴레옹 당시의 것과 변함이 없으니, 전략이 무장의 특성과 군대의 조직과는 독자적인 기능을 갖기 때문인 것이다.[4)]

미국의 정치·군사지도자들은 군비 우위軍備優位가 승전勝戰의 중요한 요소의 하나라는 것과 전략에는 무장의 특성과 군대의 조직에 영향을 받지 않는 영역이 있다는 것을 알지 못한 것 같다. 그들은 6·25전쟁의 체험과 월남전의 패전敗戰에서 이 점을 깨닫고 전략과 전쟁에 대한 해답을 고전古典 속에서 구하기 시작했다. 그래서 미국의 국방대학원·미 육군전쟁대학원에서 앞에 말한 바와 같이 『손자병법』과 『전쟁론』의 연구에 중점을 두었고, 이러한 연구는 최고 수준의 미국의 군사·정치지도에 있어서 전쟁에 대한 접근법에 중대한 변혁을 가져오게 했다.

미 국방대학원의 교수진과 1970년대 후반부터 1980년대 전반에 졸업한 학생들은 서서히, 전쟁과 정치가 종전에 때때로 주장되어 온 것처럼 불가분의 관계에 있다는 것을 이해하게 되었다. 즉, 군사적 승리는 자동적으로 최종적인 정치적 승리를 보장하는 것이 아니라는 점, 모든 전쟁, 특히 장기전은 정치적 지지와 국민의 동의를 필요로 한다는 점, 군사는 전쟁에 승리하기 위한 필수 3요소의 하나에 지나지 않는다는 점(다른 요소는 정부와 국민), 이들 3요소 사이에는 균형이 없이는 전쟁의 원인이 무엇이든, 비상한 노력을 기울여도 전쟁에 승리할 수 없다는 점 등이었다.

또한 그들은 달성해야 하는 결정적 결과를 실현시킬 수 있는 작전의 중심重心 뿐만 아니라, 정치적 목적과 전략적 목표를 정하고 명확히 정의定義할 필요가 있다는 것을 알았다. 만약 그러한 목적·목표를 정할 수 없다면 가능한 한, 전쟁을 회피해야 한다는 것도 알게 되었다. 과거의 전쟁에서 소홀하게 다루어져 왔던 정보활동이나 기만 등 기타 비물질적 요소에 대해 더 주목하게 되었다. 전략에 관한 고전의 연구는 월남전쟁의 교훈이 무엇인가를 조사하는 데, 훌륭한 출발점과 넓은 시야를 부여해 주었다.

---

4) 조미니, 『조미니의 兵術論』(국방대학원, 1987), p. 42. 차후 이 책명을 『전쟁술 개요』로 표기함.

특히 해리 서머스 대령의 저서, 『전략－미국의 월남전－』[5](1981)은 미국의 고등 군사교육기관의 교재가 되었을 뿐만 아니라, 미 군사 서적협회는 1983년 1월 우수 도서로 선정한 바 있다. 그렇다면, 이 책의 진가는 어디에 있는 것일까? 이 책을 저술한 목적은 월남전의 잘못된 실수나 과오 등 그것을 범한 당사자들을 가려내는 것이라기보다는, 과거의 실수와 과오를 분석하고 거기서 얻어진 교훈을 제시함으로써 앞으로 국가가 당면할 어떠한 형태의 도전에도 대처할 수 있는 오늘날의 고급 육군 장교들을 양성하는 데 있었다. 물론 그 분석의 토대가 된 것은 클라우제비츠의 『전쟁론』이었다.

이 책은 월남전의 전략적 평가라기보다는 『전쟁론』을 실제적으로 어떻게 적용할 것인가를 제시해 줄 뿐만 아니라, 월남전의 실전경험實戰經驗에 입각하여 20세기, 특히 제2차 세계대전 이후부터의 미 육군의 여러 가지 전략 및 전술교리戰術敎理의 발전과정을 예리한 통찰력으로 비교·분석하여 정치 및 군사에 관한 식견과 판단 능력을 높여 주는 훌륭한 저서이다.

그리고 저자는 대통령이 전쟁을 개시하려면 먼저 미 국민의 지지를 받아야 하며, 이를 위하여 행정부와 의회의 공동노력이 필요하다는 점을 명백히 했다. 군인들은 전쟁을 치르기 위한 국가 의지의 규합은 군인과 무관하다고 생각되어 왔지만, 이것이 얼마나 필수조건인가를 명백히 했던 것이다. 그리고 저자는 책의 마지막에 1935년 육군 참모총장이었던 맥아더 장군이 합참에 제출한 보고내용을 소개하고, 또 저자의 견해를 밝히고 있다.

> 전사연구가戰史硏究家는 역사로부터 지엽적인 전쟁방법과 기술 같은 것은 배우려고 하지 않습니다. 모든 시대에 있어서 그러한 전쟁방법과 기술은 당시 가용했던 무기의 특성과 전투부대의 기동수단, 보급 및 통제수단에 의해 결정적인 영향을 받았기 때문입니다. 그러나 전사戰史를 연구함으로써 우리는 과거에 성공을 가져다 준 근본적인 원칙과 이러한 원칙이 어

5) Harry G. Summers Jr., *On Strategy : The Vietnam War in Context*, 閔坪植 譯, 『戰略－미국의 월남전－』(서울 : 兵學社, 1983)

떻게 결합되고 적용되었는가를 명백히 알게 됩니다. 이러한 원칙은 시간의 제약을 받지 않습니다. 따라서 육군은 전쟁의 악취가 채 가시지 않은 최근의 전쟁뿐만 아니라, 오랫동안 먼지 속에 묻힌 전쟁에 대해서도 연구 분석을 계속 더 해 나아가고 있습니다.[6)]

우리가 성공하지 못했기 때문에 우리는 그 경험으로부터 더욱 더 배우지 않으면 안 된다. 월남전으로부터 터득한 전략적 교훈의 진수는, 우리 군인은 군사분야에 있어서 최고의 권위자가 되어야 한다는 사실이다.[7)]

2

미국의 정치·군사정책 수립의 실무자들은 군사고전의 연구와 월남전의 교훈을 거울삼아 1984년 10월 28일 와인버거 교리(Weinberger Doctrine)로 집대성하였다. 이 교리는 이라크 전쟁(1991. 1. 17)에 이르기까지 최고 지도부 수준의 정치적·전략적 의사결정 과정에 있어서 지침으로 가치가 있었다. 이 교리에 의하면 미국이 군사분쟁에 개입하는 경우 다음 조건이 충족되어야 한다.

(1) 미국 혹은 동맹국의 사활적死活的 이익이 위기에 처해 있다.

(2) 충분한 전력戰力은 승리를 추구하는 명백한 의사표시로서 적용되어야 한다(즉 제한이란 없다).

(3) 정치적·군사적 목표는 명확히 정의定義되어야 한다.

(4) 정치적·군사적 목표는 근거와 대응이 시간적으로 일치가 계속되도록 끊임없이 재평가되어야 한다.

(5) 부대가 투입되기 전에, 미 국민 여론의 지지가 있다는 합리적 확신이

6) 上揭書, p. 239.

7) 上揭書, p. 240.

필요하다.

(6) 전투 임무는 최후의 해결수단으로 착수되어야 한다.

여기에는 정부, 군대 그리고 국민의 관계가 명시되어 있고, 특히 전쟁에 승리하기 위한 전제조건으로 국내의 정치적 지지, 즉 국민 여론의 지지가 중요하다는 것을 명백히 하고 있다(5). 이것이 이 교리의 핵심이라 생각되며, 교리의 작성자가 『전쟁론』을 연구했는지의 여부는 알 수 없고, 또 물을 필요도 없으리라. 이 문제에 대해 클라우제비츠는 다음과 같이 말하고 있다.

> 전쟁이란 구체적 상황에 따라 그 성질을 달리하는 카멜레온과 같은 것일 뿐만 아니라, 그 현상 전체를 통해 지배적인 여러 경향을 보았을 때, 기묘한 삼위일체를 이루고 있다.
>
> 첫째, 맹목적인 자연행동自然衝動이라 볼 수 있는 증오·적개심과 같은 본래의 격렬성.
>
> 둘째, 전쟁을 자유로운 전쟁활동으로 만드는 개연성·우연성과 같은 도박의 요소.
>
> 셋째, 전쟁을 완전히 오성悟性의 영역에 속한다는 것에 의해 정치적 도구로서의 종속적 성격을 가진다.
>
> 이러한 세 가지 가운데, 첫째의 것은 주로 국민에, 둘째의 것은 주로 장수와 군대에, 셋째의 것은 주로 정부에 각각 속하는 것이다. 전쟁에 있어서 타오르는 격정은 전쟁에 앞서서 이미 국민의 마음속에 내재하고 있어야 한다. 우연이라는 개연성의 영역에 있어서 용기와 재능이 어느 정도 활동할 수 있는가 하는 것은 장수와 그 군대의 특성에 달려 있다. 그런데 정치적 목적은 정부에만 소속되는 것이다.
>
> 이러한 세 가지 경향은 마치 철칙鐵則처럼 깊이 전쟁의 본질에 뿌리를 박고 있으며, 경우에 따라 이러한 세 가지 경향은 각각 전쟁에 대하여 여러 가지 비중比重을 가져오는 것이다. 따라서 그것 가운데 어느 것을 무시하거나 혹은 그것 사이에 자의적恣意的인 관계를 설정하려는 군사이론은 곧 현실세계와 충돌하여 그것만으로도 그러한 군사이론은 무가치한 것이 되

어 버릴 것이다.[8)]

이라크 전쟁 때까지, '와인버거 교리'의 조건을 만족케 한다는 것은 불가능하며 또 비현실적인 것이라고 전략문제의 전문가들도 생각했다. 만약 이 교리가 전쟁을 개시하기 위한 필수조건이라고 한다면, 이 교리는 전쟁을 시작하는 것이 필요함에도 불구하고, 그것을 피하기 위한 구실이 되거나 혹은 전쟁을 바라고 있으면서 전쟁 개입을 불가능하게 만들지 모르리라 생각했다.

그러나 '와인버거 교리'가 미국의 국내 정치상황으로부터의 요청에 적합한 효과적인 전략을 수립하는 데 훌륭한 골격을 제공했다는 것이 증명되었고, 앞에 말한 염려는 아무런 근거가 없다는 것이 이라크 전쟁 때 증명되었다. 부시 대통령, 체니 국방장관, 파월 합참의장은 필요한 정치적·군사적 조건을 모두 충족시킬 수 있다는 것을 설명했고 또 그렇게 함으로써 이라크전에서의 승리를 가능케 했다.

부시 대통령의 정치적 통솔력은 훌륭했다. 즉, 그의 정책에 대해 미국 국민들의 여론의 지지를 획득했고, 다음에 전쟁 기간 중에도 그 지지를 유지케 함으로써 미군이 전쟁을 수행하기 위한 이상적인 정치적 환경을 만들어 주었다. 그는 동시에 정통적인 동맹국뿐만 아니라, 아랍과 이스라엘, 소련과 중국 등 종래에는 상상도 할 수 없는 다국적군을 편성했고, 유엔이나 기타 모든 장소에서의 외교활동을 통해 이라크를 고립시켰다. 그는 다국적군에게 명확한 군사목표를 주었고, 또 외교에는 전쟁 개시 전에 충분한 시간 여유를 주었으며, 일본·서독 등 다국적군에 직접 참가하지 못한 국가에는 전비戰費를 제출케 했다.

부시 대통령은 신중한 정치적 계획과 준비를 수행했을 뿐만 아니라, 군사軍事에 대한 정치의 우위를 확립했고, 군이 그들의 전문적 판단에 의거해서

8) 클라우제비츠, 『戰爭論』 李鍾學 譯(서울 : 一潮閣, 1974), pp. 25~26.

군사계획을 작성하여 실시하기 위한 적절한 행동의 자유를 부여하였다. 그는 월남전쟁에서처럼 전술적 수준의 문제에 대해 지나친 정치적 간섭이나 개입을 하지 않았다. 군대에 대한 정치적 통제와 군대에 의한 군사행동의 충분한 자유와의 사이의 미묘한 균형을 달성했는데, 이것은 정치와 군사체제 사이에 있어서 흔한 예는 아닌 것이다.

마지막으로 부시 대통령의 전쟁 개시 시기의 결정은 이상적인 것이었다. 작전준비와 훈련의 시간을 충분히 취한 후에 다국적군의 단결이 공고히 이루어지고, 미국의 정치적·군사적 증강과 동맹국의 군사력이 절정에 달했을 때, 대통령은 전쟁을 개시했다. 이것이 미국과 동맹국에 의한 완전한 전략적·전술적(기술적) 기습을 가능케 했고, 그 결과 다국적군의 인적 피해를 최하로 감소케 했다. 대통령이 행동의 실시를 위해 기반을 다지고 있는 동안, 미군의 최고 사령부는 '와인버거 교리'에 충실했다. 이 교리는 미국이 새로운 전쟁의 개입에 있어서 체계적인 판단 기준과 원칙을 제공했던 것이다.

월남전쟁에서의 쓰라린 경험과 1983~1984년의 레바논 개입의 경험에서, 미군은 전쟁보다는 당면의 수단으로 정치적·경제적 제재를 가하는 편으로 선택하는 경고를 발했다. 초기의 이러한 주저는 전략적 정보의 어림에서 이라크 군의 군사력을 과대하게 평가했기 때문에 이런 신중한 접근법을 취했으리라. '와인버거 교리'는 미군이 결정적 성과를 달성하기 위해 충분한 군사력이 그 지역에 집중될 때까지 인내의 필요성과 전쟁을 개시하지 않는다는 것의 중요성을 가르쳐 주었다. 일단 미군에게 준비를 위한 충분한 시간, 필요한 군사력의 집중, 미국과 동맹국과의 여론의 동원, 명확한 목표의 부여, 즉응대응의 태세 완비, 전투 의욕 등으로 나타났다.

이처럼 전략에 관한 고전 즉 『손자병법』과 『전쟁론』의 연구는 『미 육군 작전교범』(*Operations FM 100−5*, Department of the Army, May 1986) 그리고 『해병대 전투교범』(*Warfighting FM1*, Headquarters United States Marine Corps, March 1989)

등의 개정으로 나타났고, 이라크 전쟁에 있어서 미국을 주축으로 하는 다국적군의 승리에 직접적·간접적 영향을 미쳤다고 평가한다. 특히 최고 지휘부에 있어서의 그들의 고전연구는 헛된 학술적 연구로만 끝난 것이 아니라, 실제 전투에 임하는 그들의 길잡이가 되었다는 것은 당시의 신문보도를 통해서도 역력히 나타났다.

> 미사일과 고성능 무기가 총동원되고 있는 걸프전쟁에서도 다국적군과 이라크군 모두가 2,500여 년 전의 『손자병법』을 전략모델로 삼고 있는 것으로 밝혀져 흥미를 끈다.
>
> 지금까지 한 달여 동안의 전쟁에서는 물론 앞으로 남겨둔 지상전에서 역시 『손자병법』의 묘책에 따라 전개될 것이라고 미국의 전·현직 군 장성은 이구동성異口同聲으로 얘기하고 있다. 특히 미국 측은 베트남 전쟁에서 호치민(胡志明)이 구사한 이 손자병법 전략 때문에 패배한 교훈을 되살려 80년대에는 모든 군사학교에서 이를 집중적으로 가르친 것으로 드러났다.
>
> 뿐만 아니라 미국은 이번 걸프전쟁에서 지상전에 참여할 해병대 장병들에게 90쪽짜리 영역英譯 『손자병법』을 지급, 더블백 속에 상비하면서 읽도록 했다고 미 해병 사령관 알프레드 그레이 대장이 밝히고 있다. 그레이 대장은 "미 육군과 해병대에게 필독서로 이 『손자병법』을 지정하고 있을 정도"라고 말했다. 그는 또 "이번 걸프 지상전에서는 손자孫子의 비책秘策들이 가장 많이 원용될 것"이라고 덧붙였다.[9)]

3

고전적 전쟁 이론서戰爭理論書로는 손무孫武의 『손자孫子』(편의상 『손자병법』이라고 함), 클라우제비츠의 『전쟁론』(1832), 조미니의 『전쟁술 개요』(1838)를

---

9) 「경향신문」, 1991년 2월 20일자.

손꼽고 있는 데, 오늘날 미국에서는 조미니의 책은 앞의 두 책에 비해 각광을 받지 못하고 있는 실정이다.

그렇다면 이들 고전적 병서가 오늘날에도 생명을 유지하고, 또 연구대상이 되고 있는 근거는 무엇일까? 그것은 전쟁이란 무엇이며, 어떻게 하면 전승勝戰할 수 있는가. 즉 전략의 기본적 논리는 시간과 장소의 구애를 받지 않는 보편적 원리·원칙을 다루었기 때문이라 생각하며, 앞으로 더 구체적으로 논의하고자 한다. 여기서는 다만 필자와 이들 고전적 병서와의 만남에 관하여 적어보기로 한다.

회상하여 보건대, 클라우제비츠의 『전쟁론』을 만나게 된 것은 1957년 7월 19일이었다. 대구의 고서점에서 졸즈(O. J. Matthijs Jolles) 교수의 영역본英譯本『On War』(The Modern Library, 1943)를 구입했을 때, 부끄러운 얘기지만 공군사관학교 군사학과 교관인 필자(중위)는 저자著者 뿐만 아니라, 저서의 가치에 대해서 전혀 알지 못하고, 다만 군사학에 관심이 있어 책명과 목차만 보고 구입했던 것이다. 한 가지 흥미로운 얘기는 70년대 중반, 국방대학원을 졸업한 동기생(공사 3기, 1954년)이 말하기를, "클라우제비츠의 『전쟁론』은 자네 강의에서 처음 들어 보았네"라고 하였다.

필자는 새로 구입한 『전쟁론』을 읽기 시작했으나 난해難解하여 읽기를 포기했을 때, 당시 과장이었던 손정서 소령이 도미유학에서 가져온 클라우제비츠의 『전쟁의 원칙』을 읽고 초역抄譯해서 간부후보생(대학 졸업자)의 교재로 사용했다. 그리고 그것이 인연이 되어 「공사신문」(1957년 10월 10일) 창간호에 「클라우제비츠 장군의 생애와 그의 전쟁원칙」이라는 소개문을 게재하여 클라우제비츠와 인연을 맺게 되었다. 지금 생각하면 이태리의 항공전략 사상가航空戰略思想家인 두헤의 항공전략 이론航空戰略理論을 소개했어야 하지만, 그런 자료가 입수되지 않았다.[10)]

---

10) 이 문제에 대해서는 그 후 이종학·박성국 공편 『항공전략론』(서울 : 형설출판사, 1982)으로 군인뿐만 아니라 일반인에게도 소개했다.

클라우제비츠의 『전쟁의 원칙』을 읽고 나서 그의 『전쟁론』을 연구·이해하는 데 도움이 되었던 것으로 생각된다. 1812년에 집필된 『전쟁의 원칙』은 클라우제비츠가 대불전쟁對佛戰爭에 참가하기 위하여 프로이센군을 떠나 러시아의 황제 군문에 들어가기 직전, 황태자의 스승으로서 적어 보낸 글이며, 이것은 훗날 『전쟁론』의 초기단계의 작품으로 간주되기 때문이다. 『전쟁의 원칙』의 원래의 명칭은 약간 길다. 즉 『황태자를 위한 나의 특강과정特講課程을 끝냄에 즈음하여 붙이는 전쟁수행을 위한 가장 중요한 여러 원칙』이다.

『전쟁론』을 본격적으로 연구하게 된 것은 졸저拙著, 『현대전략론現代戰略論』(1972)을 구상할 때이며, 그 다음은 『세계사상대전집世界思想大全集』(대양서적)에 넣기 위한 번역 의뢰가 왔을 때부터였다. 방대한 부피의 역서譯書는 1972년 12월에 출간되었으나, 그 순간부터 좀 더 간략화 하여 읽기 쉽고 또 현실에 맞는 『전쟁론』을 꾸며서 1974년에 출간했으며, 이 책은 20여년이 지난 지금에도 꾸준히 독자들의 사랑을 받고 있는 모양이다.

『전쟁론』(1832)이 영어로 번역된 것은 1874년이며, 독일어 제3판을 영국의 그래함(Graham) 대령이 번역한 것이었다. 영불동맹英佛同盟이 체결된 이후 클라우제비츠 연구는 본격적으로 이루어지기 시작했다. 그리하여 마우데(F. N. Maude) 대령은 1908년에 그래함 대령의 『전쟁론』 번역판의 개정판을 내놓았다(1911년에 2판, 1966년에 제8판이 나옴). 이 개정판의 서문에서 그는 "『전쟁론』의 심오하고도 철학적인 바탕"에 주의를 환기시키고 있다. 한편 미국에서의 영역판은 앞에 말한 바와 같이 제2차 세계대전 중인 1943년에 졸즈 교수가 번역한 것이다. 이렇게 미국에서 『전쟁론』의 번역이 늦어진 이유에 대해 명확한 해답은 아직 없지만, 아마도 실용주의에 바탕을 둔 미국인들에게는 독일 관념론적 철학에 바탕을 둔 『전쟁론』을 수용하기 어려웠고, 또 전쟁에 대한 위기감과 전쟁이론의 필요성이 별로 없었기 때문이요, 또한 군 수뇌들의 군사의 정치에의 예속을 달갑게 생각하지 않았던 탓으로 생각된다.

졸즈 교수는 독일어 몇 판의 대본臺本으로 영어판을 번역했는지 밝히지 않았으나, 마이클 하워드와 피터 파렛의 번역판『전쟁론』(1976)의 서문에 의하면, 두 가지 영역본英譯本은 1832년의 초판과 상이相異한 개정판을 대본臺本으로 했다는 것을 첫 줄에 밝히고, 그들은 초판을 대본으로 했고 또 영역하게 된 동기임을 밝혔다. 그렇다면『전쟁론』의 어느 분야를 개정했을까?

베르너 할베크의 연구에 의하면,『전쟁론』제2판이 나올 때, 이미 발행자인 브륄(von Brühl) 백작은 원본 내용(특히 제8권)에 수정을 가했다. 특히 내각內閣과 군사령관軍司令官의 관계 및 정치 지도자와 군사 지도자 간의 관계에 관한 부분이 많이 수정되었는데, 몰트케와 그의 학파는 클라우제비츠의 정치우위사상을 달갑게 생각하지 않았다.[11]

필자는 클라우제비츠의 저서를 수집할 생각으로, 1981년 10월 서독西獨(당시는 동·서독으로 분단되어 있었음)에 갔을 때, 서독의 참모대학에 유학생으로 와 있던 장교에게 부탁하여『Vom Kriege』(1981. 재발간)를 구입했다. 다음에 1985년 8월 서독 슈투트가르트에서 국제 역사학 회의와 국제 군사사학회의 회의에 참석하여 서독군 육군 대령에게 클라우제비츠의 저작집著作集 10권을 구입하고 싶으니 소개해 달라고 부탁했으나, 그 책이 나온 지 오래되어 지금은 구할 수 없다고 했다. 슈투트가르트는 벤츠 자동차를 생산하는 비교적 큰 도시이지만, 여러 책방을 뒤져도 클라우제비츠의 책은 전연 발견할 수가 없었다.

필자는 1986년에『클라우제비츠의 생애와 사상』을 저술한 바 있다. 그 책이 나오기 7, 8년 전에 원고 의뢰를 받았으나 사정에 의해 집필이 연기되었는데, 그것은 다행한 일이었다. 왜냐하면, 당시 클라우제비츠의 사상에

---

11) 李風石,『클라우제비츠의 生涯와 思想』(서울 : 博英社, 1986), pp. 275~278.

대한 재평가가 시작되었고, 특히 서독의 클라우제비츠협회는 1980년 클라우제비츠 탄생 200주년을 기념하여 세계의 석학들을 모아 국제학술회의를 개최하여 그 성과를 가지고 기념 논문집을 간행했으니, 그것은 『전쟁 없는 자유란 ? 』(*Freiheit ohne Krieg ?* , 1980)이라고 하는 제목의 책이며 우리나라에서는 국방대학원에서 『전쟁 없는 자유란』(1984)의 제목으로 번역 간행되었다. 150여 년 전에 미완성 저작으로 출간된 클라우제비츠의 『전쟁론』이 오늘날의 정치·군사 상황에도 과연 유용하고 또 연구할 만한 가치가 있는 것일까, 하는 데 초점을 두고 앞에 말한 논문집에서 논문을 고르고 또 필자의 논문도 붙여서 편저編著를 했던 것이다.

구미 사상계歐美思想界에 있어서, 클라우제비츠의 『전쟁론』에 대해 재평가의 동기를 만들었고 또한 『전쟁론』의 현대적 해석을 가한 것은 프랑스의 유명한 사회학자 레이몽 아롱 교수의 『전쟁을 생각한다—클라우제비츠』(2권, 1976)일 것이다. 1981년 국방대학원 시찰단이 프랑스의 파리에 갔을 때, 안내인인 프랑스 해군의 예비역 중령인 프랑시스 데모게 씨에게 부탁하여 그 책을 구입하고 싶다고 했더니, 다음 날 그 책을 가져왔는데, 보통 서점에서는 구하기 힘들었다며, 프랑스에 온 기념선물로 주겠다고 했다. 이 책은 일본에서 『戰爭を考える—クラウゼヴィッツと現代の戰略』(1978)이라는 번역본으로 나왔고, 영역본은 『Clausewitz : philosopher of War』(1983)로 출간되었다.

필자가 『손자병법』에 관심을 가지고 연구하기 시작한 것은 1964년경인 것으로 생각되며, 본격적으로 연구해야겠다는 동기를 부여한 것은 사토 겐지(佐藤堅司)의 『손자의 사상사적 연구』(도쿄 : 1962)였다. 이 책은 저자의 40여 년 간의 연구 성과이고 1960년의 박사학위 논문이기도 했다. 무엇보다도 관심을 갖게 한 것은 「제3편, 일본에서의 『손자』 연구의 사상사적 고찰」이었다. 거기에는 일본에의 중국병법의 이입移入은 663년 백제인 달솔達率

목소귀자木素貴子·곡나진수谷那晋首 등이며 아마도 그것은 손자의 병법인 것으로 추정된다는 것, 그 후 일본에서의 『손자병법』의 독자적인 연구 성과를 분석하였고, 또 청일·러일전쟁의 전쟁지도는 손자의 취의趣意에 합치되지만, 제2차 대전에서는 일본 당국이 국력·전력戰力의 계산을 잘못한 결과, 장기전에 돌입하여 패전을 가져왔다는 것이다.

우리나라에서는 삼국시대부터 『손자병법』이 연구·활용되어 왔고, 또 조선시대에는 무관 채용에 있어서 필수과목이었기 때문에 독자적인 연구 성과가 있을 것이니, 그것을 시대 별로 분석해 보았으면 하는 생각이 들었다. 그래서 당시 원로 사학자인 이병도 박사(성균관대학교 도서관장)를 도서관으로 찾아가서 용건을 얘기하고, 우리나라 사람으로 『손자병법』을 연구한 연구서를 소개해 달라고 했더니, 전연 본 일이 없다는 대답이었다. 실망이 컸지만 자료를 수집키로 했다. 그리하여 우리나라에서 발간된 책은 물론이요, 중국·일본·영국 등지에서 발간된 것을 수집했다. 예컨대 김규승金奎承 저, 『역사인례歷史引例 : 손자병법상해孫子兵法詳解』(서울 : 1955), 채항석蔡恒錫·김한재金漢宰 공편共編, 『손자병법』(서울 : 1962), 이덕문李德文 역, 『손자병법』(서울 : 1969), 公田連太郎 譯, 『孫子の兵法』(東京 : 1935), 陳啓天 著, 『孫子兵法校釋』(臺北 : 1952), 王建東 편저編著, 『孫子兵法思想體系精解』(臺北 : 1976) 등이다. 특히 1967년 5월 2일 서울 동대문의 고서점에서 구입한 孫星衍(1753~1818, 清의 江蘇省 出身, 進士)의 『『孫子』－孫子十家註－』(上海 : 掃葉山房)는 보물처럼 생각하며, 그 기쁨이란 형용하기 어려우리라. 그리고 1981년 11월 14일 서울 인사동의 고서점에서 구입한 유인劉寅(명나라 초기, 진사進士)의 『손자직해孫子直解』(2권)는 필사본이며, 각 편마다 읽고는 표지에 횟수를 적어두었는데, 16회나 읽었다는 표시가 기록되어 있었다. 이 책은 조선조에서 무과 시험의 대본으로 삼아 왔던 것이다. 그런데 『무신수지武臣須知』(1809)의 저자의 한 사람인 이정집(1741~1782)은 유인劉寅의 주석은 본의와 다른 부분

이 많으니, 수정되어야 한다고 주장하기도 했다.[12)]

필자는 그동안 『손자병법』에 대한 체계적인 연구서를 내놓지 못한 것을 아쉽게 생각하며, 다만 「손자병법으로 본 한국전쟁」(『공군』 96호, 1966년~104호, 1968년)과 『손자병법』(박영사, 1974)의 번역·사례를 발간했을 뿐이다.

필자가 조미니의 『전쟁술 개요』를 보게 된 것은 미 해병대의 히틀 퇴역 준장退役准將이 초역抄譯한 『JOMINI and His Summary of The Art of War』(1947, 1965 제4판)인데, 1970년대 초로 기억된다. 그 후 1979년 5월 도쿄에서 사토 도쿠다로(佐藤德太郎) 교수를 만났더니, 그의 저서인 『ジョミニ·戰爭概論(조미니·전쟁개론)』(1979)을 한 권 주었다. 내용을 살펴보니, 히틀 준장의 영문 초역본英文抄譯本을 전문일어全文日語로 번역하고, 또 조미니의 기본사상, 조미니 병학兵學의 역사적 지위, 전쟁개론해설戰爭概論解說 등이 첨가해 있었다. 그 후 영문 완역본英文完譯本을 찾았으나, 구하지 못하고 있었다.

1981년 10월 영국의 런던에 갔을 때, 세계적인 굴지의 대서점大書店, 포리이즈(Folyes) 서점을 찾아갔다. 그런데 웬 사람들이 서점에 그렇게도 많은지! 우리나라 백화점의 바겐세일 때의 인파와 비슷했다. 영국민의 저력을 보는듯한 감명을 받았다. 다행히 군사학 분야의 넓은 방에는 몇 사람 밖에 없었다. 거기서 우연히 미 육군의 멘델 대위와 그레그힐 중위에 의해 영역된 『*The Art of War* By Baron De Jomini』(1862, 1971 재판)를 발견했다. 미국에서 이 책의 재판再版이 나오는데, 90년의 세월이 소요된 것을 보니 팔리는 책이 아닌 것만은 확실했다. 미국에서 재판된 이 책이 영국에서 21파운드 25실링(약 50달러)의 고가高價로 적혀 있는 데 놀랐다. 보통 학술서적이라 해도 책값은 10~15달러로 알고 있고 또 『전쟁술 개요』의 요약서를 가지고 있었기 때문에 망설였지만 용단(?)을 내려 구입했다.

클라우제비츠(1780~1831)와 조미니(1779~1869)는 같은 시대의 군인이며,

12) 이정집·이적, 前揭書, pp. 146~147.

조미니는 나폴레옹군에서, 클라우제비츠는 프로이센군과 러시아군에서 나폴레옹군과 싸웠다. 클라우제비츠는 그의 『전쟁론』(1832)을 미완성으로 남겼지만, 조미니는 클라우제비츠의 『전쟁론』을 읽고서 그의 『전쟁술 개요』(1838)를 파리에서 발간했다.

이제 필자는 『손자병법』, 『전쟁론』, 『전쟁술 개요』 그리고 『무신수지』를 비교·분석하면서, 오늘날에도 활용할 수 있는 전쟁, 정치와 군사 그리고 전략의 원리·원칙이 무엇인가를 규명해 보고자 한다.

(『공군평론』 제96호, 공군대학, 1995년)

Ⅱ.
고전적 전쟁이론의 비교분석

1. 머리말

1996년 11월, 한델 교수는 편지와 함께 『전쟁의 거장巨匠들—고전적 전략사상戰略思想—』(1996)의 수정·증보판(초판은 176쪽이나, 증보판은 312쪽)을 필자에게 보내 주었다. 이번 수정·재판修正再版의 책은 그 논지論旨는 초판과 동일하지만, 약간의 수정과 많은 착상着想이 보완되었다는 것이 특색이었다. 그러나 편의상 초판을 근거로 하여 논의를 진행코자 하며, 그의 저술의 동기와 기본 태도는 다음과 같다.

> 전쟁 연구는 극단에 치우치지 않는다. 그 이유는, 그것은 군사 분쟁에 있어서 언제나 변화하는 물질적·기술적 측면과 변하지 않는 인간성의 본질을 고찰하기 때문이다. 전략가들은 적어도 두 권의 불후의 명저, 『손자병법孫子兵法』과 클라우제비츠의 『전쟁론戰爭論』을 가지는 행운을 누리고 있다. 두 책이 가지는 장수長壽와 탁월함은 주로 두 가지 요인에서 비롯된다. 첫째는, 인간성과 정치 행위의 신장에 의한 기본적 논리는 긴 역사를 통해 변하지 않았다. 둘째는, 현대전쟁은 너무나 복잡성이 증가했고, 손자와 클라우제비츠도 이미 당시에 전쟁이 한없이 복잡하다는 것을 알고 있었다. 궁극적으로, 전쟁의 논리와 합리적 지도指導라는 것은 보편적인 것이며, 거기에는 '서양적'이라든가, '동양적'인 정치와 전략의 접근이란 없으며,

단지 효과적인가, 비효과적인가. 혹은 합리적·비합리적인 정치와 전략이 존재할 뿐이다.… 나는 중국 연구가中國硏究家도 아니요, 또한 18·19세기의 유럽 역사의 전문가도 아니지만, 이 책에서는 손자와 클라우제비츠에 의해 발전된 사상思想, 즉 일반적으로 역사적·철학적·문화적 그리고 언어적 연구를 포함시키지 않고, 『손자병법』과 『전쟁론』의 내용 분석에 기초를 두고 검토를 하는 것이다.…

『손자병법』과 『전쟁론』이 오늘날까지 생명을 유지하고 또 창조적 활력을 내포하고 있는 이유는 전쟁의 논리와 합리성에도 기인하지만, 더 근본적 근거는 철학과 역사적·문화적 환경에서 비롯된다는 점이다. 그럼에도 불구하고 한델 교수는 이 점을 제외시켰다는 데 문제점과 아쉬움이 있었기에 필자는 지금까지 이 점에 대해 비교적 많은 지면을 할당했고, 이런 차이점을 더 구체적으로 규명을 시도해 보고자하며, 또 몇 가지 과제를 논의하고자 한다.

2. 전쟁의 본질과 철학

『노자老子』에서 병법연구와 관련된 내용은 이미 소개했지만, "무기는 상서럽지 못한 연장이다."(제31장), "훌륭한 무사武士는 무력을 사용하지 않는다."(제68장), "전쟁을 잘하는 사람은 전쟁 목적을 달성할 뿐이요, 바로 적국에서 병장기를 철수하여 버린다."(제30장) 등의 내용을 상기하기 바란다. 여기서는 『노자』의 존재론(ontology)과 이에 관련된 내용을 소개하고자 한다.

① 도道는 꼴(形)이 없으므로 보아도 보이지 않는다. 도는 소리가 없으므로 들어도 들리지 않는다. 도는 모습(象)이 없음으로 만져 보아도 만져지지 않는다.… 모든 것의 법칙을 살핌으로써 근원이 되는 도를 알 수 있다.(제14장)

② 도체道體는 한정 없이 넓고 큰 그릇과 같다. 그 속에 온갖 물건을 다 집어넣어도 그것을 채울 수가 없다. 온갖 물건이 다 거기서 흘러나오므로 만물의 근원이다. 도는 만물을 포섭하고, 만물은 도를 내포하고 있으므로 모든 만물을 넘어서 또 만물 안에 있는 자(초월적超越的 내재자內在者)이다.… 도의 모습으로 말하면, 맑고 깊어서 존재하는 듯하다. 그러나 나는 그것이 누구의 아들인지 모른다. 왜냐하면, 천지만물을 만들어 내었다는 신神보다도 먼저 형상形象을 가지고 있기 때문이다.(제4장)

③ 온갖 사물은 도로 말미암아 생기고, 덕德을 얻어 키워지고, 물건이 되어 형체를 갖추고 세력勢力으로 인하여 생긴다.(제51장)

④ 혼돈된 것이 있으니, 이것은 천지보다도 먼저 생겼다. 고요히 움직이지 않는 모습은 다른 것에 의존하지 않는 독립된 존재이니 변형하지 않는다. 현상계現象界에서 두루 운행運行하여도 막힐 데가 없다. 또 위태하지 않고, 만물이 다 거기서 생성되니 천하의 모체母體가 될 수 있다. 이것은 무한정자無限定者이므로 무엇이라 이름 지을 수 없다. 구태여 글자로 나타낸다면 어디든지 동행할 수 있다는 뜻에서 도道라 한다.… 그러므로 이렇게 커지는 가운데 네 가지 큰 것이 있으니, 첫째는 도요, 둘째는 하늘(天)이요, 셋째는 땅(地)이요, 넷째는 사람(人)이다. 그러므로 우주 안에는 네 가지 큰 것 가운데 사람도 그 하나의 위치를 차지한다. 이리하여 사람은 땅의 법칙을 본받고, 땅은 하늘의 법칙을 본받고, 하늘은 도의 법칙을 본받고, 도는 자연의 법칙을 본받는다.(제25장)

⑤ 우주의 근원인 도에서 일원一元의 기氣가 생기고, 일원의 기에서 음기陰氣와 양기陽氣가 생기고, 음기와 양기에서 화합체가 생겨, 이 기氣의 화합체에서 만물이 생성된다.(제42장)

전 세계적으로 5,000여 자의 『노자』만큼 그 뜻이 심오하고 풍부할 뿐만 아니라, 영향력이 근래에 와서 크게 미친 책은 없었다. ①~④는 우주의 본체本體인 도道가 무엇인가를 해명한 내용이다. 그리하여 "말할 수 있는 도는 언제나 변하지 않는 도가 아니요, 부를 수 있는 이름은 언제나 변하지 않는 이름이 아니다. 이름이 없을 때에는 우주의 근원이요, 이름이 있을 때에는 만물의 어머니이다"(제1장)고 했다.

노자에 있어서 도란 자연법칙이며(④), 이것이 형이상학적形而上學的인 우주의 본체로 보았다. 이 본체는 천지보다 먼저 생生하였고, 이름을 알지 못하기 때문에 억지로 글자화한다면 도(④)라고 하였다. 도는 형이상학적으로 말하면 기氣이지만, 형이하학적形而下學的으로 말하면, 음기와 양기이다. 이 양기兩氣는 대립관계로 서로 부정하는 이율배반二律背反이 아니라, 오히려 서로 긍정하는 이율대치二律對待(서로 호응하고 보충하고 상보하는 관계)로 보았다. 형이상학적 세계에 있던 도, 즉 기가 일기一氣가 되어 현상계現象界로 나타날 때, 이기二氣(음·양)로 되고, 또 二氣가 서로 조화됨으로써 화합체가 생기고, 이 세 번째의 화합체에서 다시 만물이 생성한다는 것이 노자의 변증법적辨證法的 우주관宇宙觀이며, 이것은 『주역周易』과도 연결된다. 더욱이 동서철학東西哲學의 기본적 차이점은 인식론認識論에 있지만, 이 문제는 다음 기회에 논의하고자 한다. 한편 클라우제비츠에 영향을 많이 미친 헤겔 철학과 그의 변증법에 대해, 나가노 하지무(中埜 肇) 교수의 견해를 소개하면 다음과 같다.

> 칸트의 변증론과 헤겔의 변증법은 동일한 말(Dialektik)이지만, 전연 반대의 의미내용意味內容과 용법用法을 가지고 있다.… 「A는 非A이다」에 대해 칸트는 이런 동일성同一性이 모순율矛盾律에 배반된다 하여 허망虛妄하다고 한데 대해, 헤겔은 「A는 非A가 된다」고 생각하는 것이 진실이며, 오히려 이 점이야말로 현실의 논리로서 참다운 유효성이 있다고 생각하는데 양자의 결정적 차이가 있다.
>
> 헤겔에 있어서 변증법이 독립된 방법론이 아니라, 철학 그 자체와 일체화되어 있고, 더욱이 철학 그 자체도 무한 한 절대자(그것은 변증법적으로 운동하는 주체)의 학學인 이상, 필연적으로 체계를 이루는 것은 당연하다. 그의 철학체계는 『정신 현상학精神現象學』을 도입부로 하고, 논리학·자연철학·

정신철학의 세 부문으로 구성되어 있다.… 앞에 말한 바와 같이 정신(실재實在)과 학學(체계)과 변증법(방법)이 확실히 결부되어, 말하자면 삼위일체三位一體를 이루는 것이 헤겔 철학의 가장 중요한 특질이다.

그런데 변증법적인 사고방식이 어떻게 헤겔 속에서 발생하여 성숙되었는가 하는 점에 대해 충분히 밝혀져 있지 않다. 물론 플라톤 철학이 크게 작용했다(헤겔은 플라톤을 정독했기에)고도 생각할 수 있고, 또 피히테의 트리아데(정립·반정립·총합)의 영향도 무시할 수 없으리라. 그러나 나는 헤겔이 칸트의 사상에 대해 명확한 대립의 자세를 나타냄으로써 독자獨自의 변증법 사상에 도달한 것으로 생각한다.

필자는 나가노 교수와 견해를 달리한다. 즉 1816년 헤겔은 독일 하이델베르크 대학에서 동양철학을 강의할 때, 빈에서 중국『노자』의 라틴어 번역본(1788)을 읽었다고 말했다. 그는 노자의 도에 대하여 이해하기를, 도는 만물의 최고의 근원이나 공허하고 무소유無所有하며, 완전히 긍정할 수 없는 추상적인 것이라 했다. 헤겔은 노자의 철학에서 그의 본체인 도를 정신·이성理性으로, 또 음·양의 이기二氣에 의한 변증법적 발전과 화합의 원리(⑤)를 수용하여 그의 변증법을 발전시켜「화해의 변증법」으로 불리게 된 것으로 추정한다. 따라서 이 문제는 앞으로 충분히 논의의 과제가 되리라.

클라우제비츠는 "전쟁술戰爭術의 중앙에 당당히 솟아 있는 것은 불굴의 정신을 갖춘 장수의 견고한 의지이다"고 했고 그의 전쟁이론에 대한 맺음말은 다음과 같다.

⑥ 전쟁이란 적을 굴복시켜 자기의 의지意志를 강요하기 위해 사용되는 일종의 폭력행위이다.… 전쟁이란 구체적 상황에 따라 그 성질을 달리하는 카멜레온과 같은 것일 뿐만 아니라, 그 현상 전체의 지배적인 여러 경향을 보았을 때, 기묘한 삼위일체三位一體를 이루고 있다. 첫째는, 맹목적인 자연 충동이라 볼 수 있는 증오·적개심과 같은 본래의 격렬성, 둘째는, 전쟁을 자유로운 정신활동으로 만드는 개연성·우연

성과 같은 도박의 요소, 셋째는, 전쟁은 순전히 오성悟性의 영역에 속한다는 것에 의해 정치적 도구로서의 종속적 성격을 가진다.(『전쟁론』 I −1)

클라우제비츠는 정신·오성悟性을 중심 사상으로 강조했고, ⑥에서는 논리적인 분석법을 구사하기도 했다. 그러나 방법론으로서 변증법은 다음과 같은 사례事例에서도 엿볼 수 있다. 즉 수세守勢(正), 공세攻勢(反) 그리고 선수후공先守後攻(合)을 주장했고, 절대전쟁이론絕對戰爭理論(正), 현실전쟁이론現實戰爭理論(反) 그리고 "각 시대에는 각각 독자獨自의 전쟁이론이 있어야 한다"(合)고 주장했으며, 전쟁에서의 물질적 요소(正), 정신적 요소(反) 그리고 물질·정신적 요소의 겸비(合) 등을 주장했다.

한편, 손무孫武에 의하면 전쟁의 개념은 다음과 같다.

> ⑦ 전쟁은 국가의 중대한 일이다. 국민의 생사生死와 국가의 존망이 기로에 서게 되는 것이니 신중히 검토하지 않으면 안 된다.(『손자병법』)

여기서 손무가 구사한 방법론은 직관법直觀法이라 생각되며, 여기서 각각의 전쟁관에 대한 우열을 논의한다는 것은 의의가 별로 없으며, 이것을 화합함으로써 전쟁의 개념을 더욱 명확히 파악할 수 있을 것이다.

영국의 역사가 토인비도 역사의 발전을 '도전'과 '응전'으로 보았는데, 박종홍朴鍾鴻 교수와 토인비와의 서면문답書面問答은 지금까지의 논의에 대해 시사해 주는 바가 있기에 소개한다.

> (문 1) 내가 알기에 당신은 역사의 발전과 관련하여 '음'과 '양'의 개념을 이끌어 쓰고 있는데, 음양사상과 헤겔의 변증법 간에 어떤 관계가 있다고 생각하는가? (박)
>
> (답) 내 생각에는 헤겔도 '음양'에서 표현하고 있는 우주의 성질과 같은 면을 표현하려는 것으로 본다. 그러나 헤겔은 오로지 이지적理智的

용어만으로 모든 것을 설명하고 있으며, 그것만으로는 오직 생生의 일부분과 정신의 경험을 포함할 뿐이다. 이것이 내가 음양이라는 용어를 가지고 생각하기를 선호하는 이유이다. 그것은 헤겔의 사유思惟보다 훨씬 포괄적인 상징인 것이다.(토인비)

(문 2) 당신은 황금의 중용中庸을 강조하고 있는데, 그것이 변증법, 음양사상과는 어떤 관련이 있다고 설명하겠는가?

(답) 음양은 자체 조정의 과정에 의해 중용中庸을 유지한다. 음 또는 양이 극한에 이르렀을 때, 그것은 율동적으로 상보적 운동으로 전환한다.

손무나 클라우제비츠는 당대의 여러 사상가의 영향을 받았겠지만, 그 가운데서도 그들 저서의 핵심적 사상은 노자와 헤겔 철학에서 각각 직접적으로 영향을 받았다고 생각하며, 이러한 철학적 기반이 있었기에 오늘날까지 생명을 유지하고 또 창조적인 활력을 내포하고 있는 이유라는 것을 간과해서는 안 될 것이다. 한델 교수의 저서는 이 점을 제외했다는데 아쉬움이 있는 것이다.

3. 이상理想과 현실-유혈流血없는 승리와 결정적 전투의 추구-

『손 자 병 법』	『전 쟁 론』
•백 번 싸워 백 번 승리하는 것이 결코 최상의 방법이 아니고 싸우지 않고 적을 굴복시키는 것이 최상의 방법이다.(제3장, 모공謀攻) •훌륭한 지휘자는 적의 병사들을 굴복시키지만 전투를 감행하지 않으며, 적성敵城을 함락시키지만, 구태여 공격을 하지 않으며, 적국을 허물어뜨리지만 장기전을 하지 않는다.(제3장, 모공) •반드시 자기 나라의 병사들을 온전케 한 채로 천하의 승리를 다툰다.(제3장, 모공)	•그런데 인도주의자들은 다음과 같이 생각할지 모른다. 즉 전쟁의 참뜻은 교묘한 수완으로 적의 무장을 해제시키든가 혹은 굴복시키는데 있는 것이지, 적에게 과대한 손상을 입히는 것이 아니다. 그리고 이것이 바로 전쟁술의 본래의 의도이다. 이러한 주장은 그 자체로서는 그럴 듯하게 보일지 몰라도 우리들은 이러한 그릇된 생각을 없애야 한다.(Ⅰ-1) •모든 것이 최고의 법칙, 즉 무력武力에 의한 결정이라는 법칙에 따라야 한다.(Ⅰ-2) •유혈을 수반하는 결전에 의해 위기를 해결한다는 것. 말을 바꾸어 한다면, 적 전투력의 격멸을 본분으로 하는 노력이 전쟁의 정통적正統的 적자嫡子임을 잊어선 안 된다.(Ⅰ-2)

위의 인용구는 일반적으로 각 저자의 전쟁에 대한 접근방법의 근본적인 차이점을 나타내는 것으로 생각하지만, 한델 교수의 견해는 아래와 같다.

> "전쟁의 특성으로 다음 조건을 확인하기 위해서는, 전쟁의 개념을 상기하면 된다.
>
> ① 적군의 격멸은 전쟁에 있어서 주요한 원리이며, 능동적인 행동의 면에서 말한다면, 그것은 목표 달성을 위한 주요한 방법이다.

② 적군의 격멸은 주로 전투에 의해서만이 달성된다.… (『전쟁론』 IV−11)"

클라우제비츠는, 이처럼 전투를 하지 않고 승리할 수 있다고 한다면 그것은 퍽 드문 일이며, 그러한 가능성은 거의 없고, 이론상의 가능성으로 생각했다. 18세기의 전쟁에 관한 논평에서, 그는 전쟁의 역사 속에서 싸우지 않고 승리한다는 가능성은 상식으로 생각할 수 없다고 했다. 모두가 동일한 규칙에 따라 수행했던 제한전쟁은 이성理性의 시대에 잠깐 존재했지만, 프랑스 혁명이나, 그 후 계속된 전면전쟁은 급속히 그러한 예외적인 전쟁을 비합리적인 것으로 만들어 버렸다.… 클라우제비츠와 손자의 전투 없는 승리에 관한 상위점相違点은 생각해 볼만하다. 손자가 그것을 이상(ideal)으로 높인데 대해, 클라우제비츠는 그것을 예외 혹은 암암리에 전투의 연장선상에 있는 것으로 생각했다. 적은 전력戰力으로 커다란 성과를 올리고, 비물질적非物質的인 힘을 배가하는 여러 가지 요소를 만능약萬能藥으로 만들어, 적은 손실로 유혈流血이 없는 승리를 획득한다는 가능성에 대해 클라우제비츠는 회의적이며, 이것은 그의 비꼬는 논평에 잘 나타나고 있다.…

전투 없는 승리라는 것은 주로 손자의 시대에서 볼 수 있었던 군사적 충돌의 경우에는 적절한 것이었다. 그러나 왕조시대의 전쟁은, 19세기나 20세기에 있어서의 이데올로기의 전면전쟁과는 달리, 그 목표는 제한되어 있었다.

손자가 말하는 값 싼 그리고 가능하면 싸우지 않고 승리하라는 권유는 논리적으로나 실제에 있어서도 예외에 속하며 결코 법칙이 될 수 없다.

위의 내용은 필자와 한델 교수의 『손자병법』과 『전쟁론』의 분석·해석에 있어서 근본적인 차이점을 나타낸 것으로 생각한다. 즉 『손자병법』은 전쟁의 전후前後를 통한 정치적 목적을 달성하는 방법·원칙을 논의한데 반하여, 클라우제비츠의 『전쟁론』은 전쟁 후에 있어서 장수로서의 정치적 목적을 달성하는 방법·원칙을 주로 논의한 저서로 평가한다.

좀 더 구체적으로 부연한다면, 손자는 오사五事·칠계七計·궤도詭道를 바탕으로 하는 우세한 전력을 기반으로 하여, 전쟁 전에 싸우지 않고 적을 굴복시키는 것을 상책으로 생각했다. 그러나 인간사회에는 오판·착각 등으로 인해 전쟁이 발생하는 것이 상례常例이기 때문에, 그 때는 속전속결速戰速決로 적군을 격파하여 승리해야 하며, 지구전持久戰을 몹시 경계했다(모공謀攻·작전편作戰篇 참조). 이것은 평·전시를 통한 일관된 방책이기 때문에 필자는 이것을 국가 전략적 접근법이라 했다.

한편, 클라우제비츠는 전쟁 후의 군사 전략적 접근법을 주로 다루었다는 것은 다음 구절에서도 명백히 나타나고 있다. "전쟁에서의 수단은 다만 하나에 지나지 않는다. 즉 그것은 전투이다.… 요컨대, 전쟁에 있어서 목표에 도달하는 길, 즉 정치적 목적을 달성하기 위한 길은 많이 있다. 그럼에도 불구하고 전투야말로 목적을 달성하기 위한 유일한 수단이며, 군사적 행동은 최고의 법칙, 즉 무력武力에 의한 결정이라는 법칙에 따라야 한다."(Ⅰ-2). 클라우제비츠는 전쟁이 일어난 연후에 싸우지 않고 적을 굴복시킨다든가 혹은 적은 손실과 유혈이 없는 승리를 획득한다는 가능성에 대해 회의적이요, 배제하는 입장을 취했던 것이다.

한델 교수는 손자의 "싸우지 않고 적을 굴복시킨다"는 방책方策을 전쟁 후의 군사 전략적 차원에 두고 비판했다는데 과오가 숨겨져 있는 것이 아닐까? 싸우지 않고 적을 굴복시킨 실례實例는 손자의 시대로 거슬러 올라갈 필요도 없이 20세기에 있어서도 발생했었고 또 앞으로도 적용되는 원칙이리라. 예컨대, 1910년 일제日帝는 한반도의 조선왕조를 싸우지 않고 굴복시켜 합병·식민지화했으며, 제2차 세계대전을 전후하여 나치 히틀러의 소위 제3 제국과 스탈린의 소련은 그들의 인접국인 오스트리아, 체코슬로바키아, 라트비아, 에스토니아, 리투아니아 등을 싸우지 않고 굴복시켜 합병·연방화 했던 것이다.

4. 공격 목표로서의 중심重心의 개념

정치적 목적을 달성하기 위해 수준에 따라 올바르고 적절한 공격 목표가 선정되어야 한다는 것은 성패成敗와 직결되는 중요한 과제이다. 여기서 수준이라 함은 다음 세 가지를 뜻한다.

첫째 : 국가 전략적 수준으로, 비군사非軍事·군사적 수단으로 정치적 목적을 달성하려는 것으로 『손자병법』은 여기에 속하며, 특히 전쟁발발 이전에 비군사적 수단에 최우선 순위를 두고 있다.

둘째 : 군사 전략적 수준으로, 주로 군사적 수단으로 정치적 목적을 달성하려는 것으로 클라우제비츠의 『전쟁론』은 여기에 속한다.

셋째 : 작전적 수준으로, 군사목표를 달성하려는 것으로 조미니의 『전쟁술 개요』가 여기에 속한다.

예컨대, 일본 수뇌들은 1941년 12월 1일, 소위 어전회의御前會議에서 미국과의 협상을 중단하고 개전開戰을 결정했는데, 이것은 국가 전략적 수준에 속한다. 해군의 연합함대는 하와이의 미국 태평양 함대를 기습 공격키로 했는데, 이것은 군사 전략적 수준에 속하며, 기동함대의 항공기가 어떻게, 무엇을 공격할 것인가는 작전적 수준에 속한다고 하겠다. 특히 실례實例로 일본의 기습 공격 부대는 진주만 내의 전함과 비행장의 항공기를 공격하는 데 주력했고, 선박 수리의 기계공장과 항구 내에 가까이 있는 연료탱크에 저장되어 있었던 450만 배럴의 중유重油를 공격하지 않은 중대한 실책을 범하고 말았는데, 공격 목표의 선정이 얼마나 중대한 결과를 가져오는가를 잘 명시하고 있다. 공군력 운용에 있어서 적에 대한 공격목표의 선정은 그 중요성을 아무리 강조하여도 지나치는 법이 없을 것이다.

손자孫子는 우리들에게 공격 목표를 분명하게 제시해 주고 있지만, 그러한 결론에 도달하는 논리적 과정을 생략하고 있다. 한편 클라우제비츠는 논리적으로 그리고 경험적 증거를 기초로 하며 또한 뉴턴 물리학의 '중심重心'(center of gravity)의 개념을 원용하여 설명하고 있다.

> 그런 중요한 사항에서 한 개의 '중심重心' 즉 힘과 운동의 중심中心이 생겨, 모든 것은 그 중심重心에 의해 결정된다. 그러기 때문에 공격자는 전력全力을 기울려 적의 그러한 중심重心에 총공격을 가해야 한다.… 적이 우리 편의 공격에 의해 균형을 잃게 된다면, 그들에게 균형을 회복하는 시간적 여유를 주어서는 안 된다. 공격은 계속하여 그 방향으로 실시되어야 한다. 말을 바꾸어 한다면, 승자는 공격을 적의 일부분만이 아니라 전체에, 따라서 적의 중심重心으로 향해서 이루어져야 한다.… 적의 병력의 중핵中核을 끊임없이 탐색하여, 전쟁에 있어서 전체적 승리를 얻기 위해 우리 편의 전체를 걸음으로써만이 적을 타도할 수 있으리라.(Ⅷ-4)

손자는 클라우제비츠처럼 공격 목표, 즉 중심重心의 개념을 상세히 논의하지 않았지만, 다음과 같이 명시하고 있다.

> ① 가장 훌륭한 방책은 적의 모략을 분쇄하는 것이고,
> ② 그 다음은 적의 동맹관계를 끊어 고립시키는 것이며,
> ③ 그 다음은 적의 병력을 격멸하는 것이며,
> ④ 최하의 방책은 적의 성을 공격하는 것이다.(모공)

여기서 ①, ②는 손자가 강력한 군비(五事·七計·詭道)를 바탕으로 하여 전쟁이 발발하기 전에 비군사적 수단을 사용하여 정치적 목적을 달성하려는 것으로 최고의 우선순위에 두었으며, 이것이 바로 "싸우지 않고 적을 굴복시킨다"는 구체적인 방책을 뜻하는 것이다. 만약 이 방책이 실패하여 전쟁이 일어나면, 야전에서 신속히 적의 군사력을 격멸하는 것이고(③), 최악의 방책은 적의 성이나 요새를 직접 공격하는 것이라 했다. 여기서 우리들은 놀랍게도 정치적 목적을 달성하기 위한 수단으로 국가 전략적 접근법, 즉

비군사적 수단과 군사 전략적 수단 및 작전적 수단이 일관성 있게 기술記述되어 있는데 감탄하지 않을 수 없으리라.

한편, 클라우제비츠는 전쟁 후의 방책, 즉 군사전략을 다루었으며, 다음과 같이 군사목표를 주장하고 있다.

> ⑤ 알렉산더 대왕, 구스타브 아돌프, 샤를 12세 및 프리드리히 대왕 등에 있어서는 중심重心은 그들의 군대에 있으며, 만약 군대가 격멸당하면, 그들의 역할은 그것으로 종말을 고했으리라.
> ⑥ 당파黨派로 인하여 분열되어 있는 국가에 있어서 중심은 대개 수도首都에 있다.
> ⑦ 열강국에 의존하고 있는 약소국에 있어서 중심은 그들의 동맹군에 있다.
> ⑧ 여러 국가가 서로 모여 결합된 동맹에 있어서 중심은 이해관계利害關係의 일치에 있다.
> ⑨ 국민 총무장의 경우 중심은 주로 지도자 자신에게 있다.(Ⅷ—4)

⑤~⑨까지의 중심重心의 개념은 전략 수준의 개념이라기보다는 작전 수준의 개념으로 보는 것이 타당할 것이며, 클라우제비츠는 적의 주력군 격멸을 최우선 순위에 두었다(⑤). 두 번째는 적의 수도에 대한 점령에 두었는데, 수도는 그 나라의 권력이 집중되어 있을 뿐만 아니라, 경제·산업·교통·통신의 중심지이기 때문에, 그리고 나폴레옹의 전례戰例로 보아 장려하는 것으로 보인다(⑥). 세 번째는 적의 동맹국을 공격한다는 것인데(⑦), 손자처럼 비군사적 수단, 즉 외교적 수단으로 고립시킨다는 뜻이 아니라, 군사적으로 공격, 혹은 압력을 가하여 동맹관계를 약화시킨다는 뜻이며, 또한『전쟁론』은 외교를 제외하고 있다는데 유의할 필요가 있으리라. 네 번째는 여러 국가가 모여 결합된 동맹관계에 있어서, 이해관계利害關係가 중심이 된다는 것인데(⑧), 클라우제비츠는 구체적 내용을 명시하지 않았지만, 나폴레옹 전쟁 중, 프로이센, 영국, 러시아, 오스트리아 등의 동맹관계에서 추출한

내용이리라. 마지막으로 민중폭동의 경우 외에도 독재적 성격을 가진 국가에 있어서 적의 지도자가 중심이 된다는 것은 명백하다(⑨). 예컨대, 클라우제비츠가 체험을 통해 숙지하고 있었던 나폴레옹 전쟁에 있어서, 프랑스의 국가 지도자인 나폴레옹의 제거에 의해서만이 프랑스 혁명전쟁은 최종적으로 종결되었다는 사실을 알고 있었기 때문이었다. 나폴레옹을 제거할 때까지, 전장戰場에서의 승리도 전쟁의 종결로 이어지지 못 했던 것이다. 제2차 세계대전에 있어서, 나치 독일의 패전은 명백하고 또 불가피한 것이 되었음에도 불구하고 장기간 히틀러가 지배하고 있는 동안 전쟁은 종결시킬 수 없었다. 1991년 1월 이라크 전쟁에 있어서, 다국적군은 이라크군을 격파했지만, 사담 후세인이 그 지위에 있는 한, 미국과의 분쟁은 아직까지 종결되지 않고 있는 것이다. 미국의 전략계획 수립가들은 클라우제비츠의 중심의 개념(⑨)을 확실히 이해하지 못 하고 있었던 것이 분명하다.

현대전現代戰, 특히 장기간의 게릴라전戰에 있어서 '여론'은 중요한 중심이 되었다는 사실이다. 프랑스나 미국이 알제리, 월남 등지의 전장에서 패배한 것이 아니었다. 오히려 이 전쟁이 본국 내에서 평이 악화되어, 전쟁의 종결은 군사작전에 의해서가 아니라, 국민의 지지기반의 상실에 의해 최종적으로 좌우되었다는 것을 유의해야 하리라.

손자는 적의 지도자나 여론을 중요한 목표로 설정하여 명백한 언급은 하지 않았지만, 이런 내용은 적의 모략을 분쇄한다는(①) 그의 개념의 범주에 포함되는 것으로 해석하는 것이 타당하리라.

클라우제비츠는 뉴턴 역학力學의 원리를 참고로 하여 체계적인 '중심重心'의 개념을 도입하여 군사 목표로 삼았는데, 여기에 장점과 단점이 내포되어 있었다. 즉 군사 목표를 개념적으로 명백하게 했다는 점은 장점이지만, 그 후 군사 목표를 주로 물리적 요인(적의 군대, 적의 수도 및 군사력의 사용 등)으로 한정해 버렸다는 것이 단점이다(엄밀히 말하면, 클라우제비츠는 심리적 요소도 고려했지만). 이에 반하여, 손자는 전쟁의 심리적 요인(적의 의지意志 및 사기士氣, 적의 동맹관계 등)에 더 역점을 두었다.

여기서 우리들은 분명히 알게 되었는데, 손자는 전쟁 개시 이전에 싸우지 않고, 적을 굴복시키는데 더 우선순위를 부여하여 비군사적 수단의 사용과 군사력의 보전에 역점을 두고 있었지만, 클라우제비츠와 조미니는 전쟁 개시 후의 군사력의 사용과 적용에 역점을 두고 있었다는 것이 중요한 차이점일 것이다.

최근 미 공군의 워든(John A. Warden III) 대령은 작전적 수준에 유용한 군사목표(중심重心)의 우선순위를 다음과 같이 소개했는데, 이것은 항공기의 등장 이후, 군사목표의 우선순위가 달라졌다는 점에 유의해야 한다. 즉 ① 리더십(지휘 통제부), ② 체제 유지를 위한 필수 요소(발전소·정유시설 등), ③ 사회간접시설(철도, 교량, 항만 등), ④ 인구(도시), ⑤ 야전군(지휘 통제부가 빠진 병력의 집합체)이다.

전쟁·분쟁의 성격·규모 및 수준에 따라 '중심重心'은 언제나 가변적이라는 점과 이 중심을 바르게 인식해야만 보다 적은 희생으로 보다 많은 성과를 획득할 수 있다는 것을 전략계획 수립가들은 명심해야 할 것이다. 한 가지 부언한다면, 중심의 개념에 관해서 필자와 한델 교수의 견해는 거의 동일하다는 점이다.

5. 정치의 우위와 야전지휘관

통치자와 지휘관의 관계의 중요성에 대해 손자는 다음과 같이 명시하고 있다.

> ① 장수는 통치자를 보좌하는 중요한 존재이다. 보좌가 완전하면 국가가 강대해질 것이고, 보좌가 불완전하면 국가는 반드시 약해진다.(모공謀攻)

손자는 모든 고려사항 가운데 '국가 이익'의 중요성을 명확히 인식하고 있었다. 전쟁은 국가 이익의 강화·증진을 위한 목적과 수단에 관한 이성理性을 가진 최후 수단이며, 이것은 오늘날 정치활동으로 이해되고 있다. 따라서 전쟁 개시의 결정은 정치적인 것이며, 정치 지도자(통치자)에 의해 결정되어야 한다.

> ② 무릇 싸워 승리하고 공격하여 탈취했으면서도, 그 전쟁목적을 달성하지 못한다면 그것은 낭비이다. 그래서 총명한 군주는 그 점을 깊이 생각하여 전쟁을 시작하고, 훌륭한 장수는 그 명을 받으면 깊이 생각하여 용병을 결정해야 한다.(화공火攻)
>
> ③ 마침내 선전포고를 행하는 날은… 정부 요인과 군 수뇌부에서는 오직 군사문제에만 몰두한다. 그리하여 적에게 동요나 약점이 보이면 신속히 그것을 포착하여 적의 가장 소중한 곳을 먼저 공략하되, 묵묵히 적정에 따라 행동하여 승패를 결정한다.(구지九地)

올바른 지휘관은 성의를 가지고 통치자(정치 지도자) 및 정치적 목적에 봉사하며, 결코 자기의 개인적인 이득이나 명성에 기울지 않는 법이다.

> ④ 장수된 자가 진격하는 것도 공명功名을 얻기 위함이 아니며, 후퇴하는 것도 처벌을 피하려 하지 않는다. 오직 국민을 보호하고 국가의 이익과 일치하기를 바랄 뿐이다. 이러한 장수야말로 국가의 보배이다.(지형地形)

클라우제비츠도 마찬가지로 전쟁을 손쉽게 그리고 잘못된 이유에서 시작해서는 안 된다고 경고하고 있다.

> ⑤ 전쟁은 결코 한가한 유희가 아니며, 모험과 성공을 구하는 정열도 아니고, 또 방종과 열광의 소산도 아니다. 전쟁은 진정한 목적을 위한 진정한 수단인 것이다.(Ⅰ－1)

클라우제비츠가 전쟁의 수행에 있어서 정치의 우위성을 강조했다는 것은 주지의 사실이며, 그 전쟁은 정치적 목적을 달성하는데 이바지하는 경우에 한해서, 국가의 이성적理性的 도구가 될 수 있다는 것을 강조했다.

> ⑥ 한 공동사회, 즉 거족적인 전쟁, 그것도 특히 개화된 국민의 전쟁은 언제나 정치적 상태에서 출발하며, 정치적 동기에 의해서만이 발발한다. 그렇기 때문에 전쟁이란 정치적 행동에 지나지 않는다.… 따라서 정치는 군사적 행동의 전반에 걸쳐, 또 전쟁에 있어서 사용되는 여러 힘의 성질이 허용하는 한, 전쟁에 끊임없이 영향을 미친다.… 전쟁은 정치적 행동일 뿐만 아니라, 실로 하나의 정치적 수단이며, 정치적 교섭이며, 다른 수단에 의한 정치적 교섭의 계속에 지나지 않는다. 만약 전쟁이 특이한 것이라고 한다면, 그것은 전쟁이 가지는 수단으로서의 특이성에 지나지 않는다.(Ⅰ—1)
>
> ⑦ 정치는 전쟁을 배태胚胎하고, 전쟁은 이 모태母胎 속에서 남몰래 서서히 발달하고 있다. 생물의 여러 가지 특성이 태아 속에서 잠재하고 있는 것처럼, 전쟁의 알기 어려운 모습은 또 정치 속에서 시사되고 있는 것이다.(Ⅱ—3)
>
> ⑧ 전쟁은 정치적 교섭의 일부이며, 따라서 그것만으로 독립적으로 존재하는 것이 아니라는 개념에 지나지 않는다. 전쟁은 여러 국가의 정부 및 국민 사이의 정치적 교섭에 의하여 야기되는 것으로 알고 있다.… 전쟁은 결코 정치적 교섭으로부터 끊어질 수 있는 것이 아니다. 만약 이 두 개의 요소를 분리하여 별도로 고찰한다면 양자를 연결하는 여러 관계의 실은 모두 절단되어 거기에는 의미도 없고 목적도 없는 이상한 물건이 생길 것이다.… 요컨대, 최고의 입장에서 전쟁술戰爭術은 정치가 되며, 물론 그것은 외교문서 대신에 전투를 하는 정치인 것이다.… 정치는 길 안내의 두뇌頭腦이고, 전쟁은 그 도구에 지나지 않으며, 결코 그 역逆은 아니다. 그렇게 되면 양자의 관계는 결국 군사적 관점을 정치적 관점에 종속시킬 수밖에 없는 것이다.(Ⅷ—6)

지금까지 인용한 손자와 클라우제비츠의 통치자와 지휘관, 정치와 전쟁의 관계에 대한 견해는 일치하며, 더욱이 클라우제비츠는 상세한 분석을 하고 있다는 것이 특색이라 하겠다. 이 양자兩者는 정치가 언제나 전쟁을 지휘·통제해야 한다는 데 일치하고 있지만, 그러나 전쟁이 가지는 독특한 성질 때문에 이것이 불가능하다는 것을 시인하고 있다. 그것은 수도와 전장 사이에는 멀리 떨어져 있을 뿐만 아니라, 통신수단이 느리기 때문에 명령이 신속하게 전달되지 않는 상황 하에 적을 포착·격멸함에 있어서 신속한 결심, 호기好機의 활용, 패배의 회피책 등을 강구하는 필요성이 야기된다는 점이다.

손자와 클라우제비츠는 이런 군사적 환경 하에서 야전에 있는 지휘관은 정치가의 명령이라 할지라도 수용할 수 없는 경우가 있다는 것을 공통적으로 인식하고 있으며, 손자는 다음과 같이 명확하게 말하고 있다.

> ⑨ 장수가 유능하고, 군주가 간섭하지 않으면 승리한다.(모공謀攻)
>
> ⑩ 군주의 명령을 받아들여서는 안 될 명령이 있다.(구변九變)
>
> ⑪ 용병의 원칙상 승리가 확실하다고 예견되면, 군주가 싸우지 말라고 하더라도 반드시 싸워야 하며, 또 용병의 원칙상 승리할 수 없는 것이라면, 군주가 싸우라 하더라도 싸우지 말아야 한다.(지형地形)

임진왜란의 휴전회의가 결렬되자, 왜군은 정유년에 재침하였는데, 그들은 지난날의 경험과 교훈으로 미루어 통제사 이순신이 바다를 제패하고 있는 동안은 침공 목적을 달성할 수 없다는 것을 알고 있었다. 그리하여 왜군은 간사한 계책을 마련했다. 즉 이중간첩인 요시라(要時羅)를 통하여 조정에 밀서를 보냈다. 그 내용은 "가토 기요마사(加藤淸正)는 모일某日에 일본으로부터 다시 군사를 거느리고 올 것이니, 조선에서는 통제사로 하여금 해상에서 요격함이 좋다"는 내용이었다.

이순신은 명령을 수령했으나, 매사에 치밀한 그에게는 즉각적으로 출전할 수 없는 이유가 몇 가지 있었다. 가장 중요한 이유는, 적으로부터 흘러나온 정보에 의한 요격작전이란 적의 간계奸計에 빠질 위험이 크다는 것이었다. 그리하여 경계를 철저히 하면서 출전하지 않았다. 이리하여 그는 여러 가지 죄명과 아울러 왕명 거역 죄로 통제사에서 물러났을 뿐만 아니라, 감옥살이를 했고, 원균元均이 통제사가 되자 곧 대패大敗당하고 말았다. 조정의 요인들은 병법의 ⑨, ⑩, ⑪에 대해 전연 알지 못 했을 뿐만 아니라, 해전海戰에서 패배하자 육지로 도망쳐 행방불명이 된 원균에게 전후戰後 선무공신宣武功臣 일등을 추증하는 웃지 못 할 부패상을 후세에 남겼던 것이다.

클라우제비츠의 이 문제에 대한 관심은 그렇게 높지는 않았지만, 그러나 그는 작전상의 고려가 정치적 고려에 우선되어야 할 경우가 있다는 것을 다음과 같이 말하고 있다.

> ⑫ 그렇다고 정치적 목적이 전제적專制的 입법자가 될 수 있다는 얘기는 아니다. 정치적 목적은 어디까지나 그 수단의 성질에 따라야 하며, 또 때로는 그것에 의해 온전히 변경되는 경우도 있다.(Ⅰ-1)
>
> ⑬ 물론 정치적 요소는 전쟁에 있어서 개개의 상황의 말단에까지 깊이 침투하는 것은 아니다. 기병 초소騎兵哨所의 배치나 척후의 지도指導까지 정치적 배려의 대상이 되는 것은 아니다. 그러나 전면전쟁계획은 물론이요, 전역계획戰役計劃이나 때로는 전투계획에 대해서도 정치적 요소의 영향은 더욱 더 결정적인 것이 된다.(Ⅷ-6)

직접적인 정치적 명령에 대해 불복종의 결심을 한다는 것은, 지휘관으로서 때때로 해야 하는 가장 중대한 결단이지만, 손자와 클라우제비츠는 이러한 결단의 기준에 대해서는 언급하지 않았다. 지휘관이 고려해야 하는 요인은 다음과 같다. 즉 현지 특유의 환경, 내포되어 있는 위험, 군사통제의 중앙 집중화의 정도, 통신의 질, 그리고 지휘관의 직관력直觀力과 경험이다. 한편으로 정치 지도자는 정치적 고려사항과 순純군사적 고려사항을 구별해야 하며, 순군사전문상純軍事專門上의 결심이 필요한 상황에서 스스로의 의견을 군사 지휘관에게 강요하고자 하는 유혹에 저항해야 한다.

이런 복잡한 전쟁의 상황 하에서 정치적 통제와 지휘관의 독립된 결정권의 위임의 폭 혹은 기준을 객관적으로 설정하기란 거의 불가능하리라. 그러나 전쟁의 정치적 목적을 정치가가 야전 지휘관에게 명확하게 전달하고 또 그 임무를 수행하는 데 필요한 자원을 준다면 순조롭게 전쟁 종결은 달성되리라.

한델 교수는 "이상적인 정치 지도자는 전장의 지휘관에 대해 그들 자신의 주도권에 바탕을 두고, 가장 훌륭한 전문적 결정을 할 수 있는 충분한 행동의 자유를 인정하는 시기와 방법을 알고 있다는 것이다. 그러나 불행하게도 손자와 클라우제비츠의 이러한 가정假定은 때때로 과오였다는 것이 증명되었다"고 했는데, 이것은 정치가들의 군사에 대한 무지無知를 비꼰 뜻이리라. 미군의 월남전에서의 패인의 많은 부분은 여기서 비롯된 것이었다.

6. 지휘관의 자질

옛말에 "군대는 100년 동안 한 번도 사용하지 아니 할 수 있으나, 단 하루라 할지라도 갖추지 않으면 안 된다"고 하였다. 더욱이 그 군대를 움직이는 지휘관의 중요성은 더 말할 필요도 없으리라. 그런데 이 지휘관의 육성이란 단시일에 이루어지는 것이 아니라, 적어도 20년 이상의 시간이 소요된다는 것이다.

손자는 지휘관의 중요성에 대해 말하기를, "국가가 망하면 다시 존속할 수 없고, 죽은 자는 다시 되살아 날 수 없다. 그러기 때문에 훌륭한 군주는 전쟁을 신중히 생각하고, 훌륭한 장수는 전투를 경계하는 것이다. 이것이 국가를 안정되게 하고 또 군대를 보존케 하는 길이다.… 용병술用兵術을 잘 아는 장수는 국민의 생명을 맡은 사람이요, 국가의 안위安危를 좌우하는 사람이다"고 했다. 이것은 지휘관이 얼마나 무거운 직책을 가지고 있는가를 단적으로 표현한 것이다.

지휘관을 육성하고 또 선발하여 활용하고 그들의 생명을 보호케 하는 책임은 군의 최고 통수권을 가진 대통령 혹은 수상이다. 예컨대, 제2차 세계대전 초기 처칠 수상은 덩케르크 철수시(1940. 5. 28~6. 2) 영국 원정군 사령관 고트 장군을 구출하기 위하여 철수 병력 1개 군단 규모로 줄어들었을 때, 한 사람의 군단 지휘관에게 지휘권을 위임하고, 즉시 본국으로 귀국하라고 명령하였다. 수상은 고트 장군의 희생적 기질을 잘 알고 있었기 때문에 동년 5월 30일 직접 자필의 명령을 우송했다. 즉 "…적이 귀관을 사로잡는다면 정치적으로 보아서 불필요하게 개가를 적에게 주게 된다.…"

이러한 명령은 다른 또 한 사람의 용감한 지휘관의 운명에 커다란 영향을 미치는 계기가 되었다. 그것은 태평양전쟁 때인 1941년 12월 처칠 수상이 미국의 백악관에 갔을 때, 맥아더 장군과 필리핀의 코레지돌 요새의 미군 수비대의 닥쳐 올 운명을 들었다. 처칠 수상은 덩케르크에서의 그의 조치를 얘기했고 또 전보내용을 알려 주었다. 그 영향으로 루즈벨트 대통령은 맥아더 장군에게 지휘를 부하 장군에게 이양하고 호주로 이동할 것을 명령했다. 그리하여 그에게 그 후 혁혁한 전공戰功을 세우는 기회를 마련해 주었다.

지휘관의 바른 판단이 부하의 생명을 구출하듯이 위정자의 현명한 판단에 의한 조치는 유능한 지휘관으로 하여금 더 훌륭한 전공戰功을 세울 기회를 제공해 준다. 중국 병서 『육도六韜』에서 "군주의 명령이 엄중하다 하여 반드시 죽음을 각오하지 말라"고 출전하는 장수에게 주의를 환기시키는 것은 책임감이 강하고 용감한 장수에게 주어지는 말이지, 결코 원균과 같은 장수에게 해당되는 말은 아니리라.

그렇다면 지휘관이 구비해야 하는 자질은 무엇일까? 손자는 다음과 같이 기록하고 있다.

① 지휘관이란 지혜, 신의, 인애, 용기 및 위엄의 덕성을 갖추어야 한다.
(시계始計)

② 장수에게 다섯 가지 위험이 있다.

- 필사적으로 싸우는 자는 죽기 마련이다.
- 기어코 살겠다는 자는 포로가 되기 마련이다.
- 성미가 급한 자는 기만을 당하기 마련이다.
- 지나치게 결벽한 자는 모함을 당하기 마련이다.
- 병사들을 너무 사랑하면 그 때문에 번민하기 마련이다.

군대를 멸망케 하고, 장수를 죽게 하는 것은 반드시 이 다섯 가지의 위험에서 비롯되는 것이니 깊이 생각하지 않으면 안 된다.(구변九變)

③ 장수는 조용하고 깊이 성찰하여 정확하게 일을 처리해야 한다.(구지九地)

이정집·이적 공저共著『무신수지武臣須知』(1809 ?)는 다음과 같이 기록하고 있다.

④ 장재將才는 예로부터 구하기 어려웠다. 비록 재질이 있다 할지라도 대부분 한쪽으로 치우친 결점이 많았기 때문이다. 문덕文德으로 군을 이끌고, 무위武威로써 군을 통솔하여, 전군이 일심동체로 뭉치게 한다면, 원하는 바를 반드시 성취하게 될 것이다.

장군에게는 다섯 가지 조심하여야 할 것과 다섯 가지 시행하여야 할 일이 있으니, 이를 지키기 위하여 언제나 조심하고 조심하여, 마치 적과 대치한 것처럼 하여야 한다.

다섯 가지 조심해야 할 것이란, 첫째는, 통제를 잘하여 다수의 병졸을 소수의 병졸처럼 다스리는 것이고, 둘째는, 경계심을 늦추지 않아 출입할 때마다 적군을 본 듯이 하는 것이고, 셋째는, 용맹성을 발휘하여 싸움터에 나가면 생명을 돌보지 않는 것이고, 넷째는, 방비를 튼튼히 하여 승전勝戰하더라도 자만하지 않고 처음 싸울 때처럼 수비에 만전을 기하는 것이고, 다섯째는, 법령을 시행함에 있어 까다롭지 않고 간략하게 하는 것이다.

다섯 가지 시행해야 할 일이란, 첫째는 신의이니, 진실하고 속이지 않으며 약속을 변치 않고 끝까지 지키는 것이다. 둘째는 용맹이니, 과감하게 선두에 서서 적진을 쳐부수는 것이다. 셋째는 엄격함이니, 군정軍政을 바로잡고 명령을 바르게 시행하는 것이다. 넷째는 지혜이니, 전술에 밝고, 적의 허실虛實을 잘 판단하는 것이다. 다섯째는 인자함이니, 병졸들을 사랑하고 아껴 잔혹한 행위를 하지 않는 것이다.

클라우제비츠는 『전쟁론』에서 다음과 같이 기록하고 있다.

⑤ 전쟁은 위험을 본령本領으로 하고 있다. 따라서 무엇보다도 첫째의 특성은 용기이다. 용기에는 두 종류가 있으며, 하나는 개인적인 위험을 무시하는 용기요, 둘째는 여러 가지 적극적인 동기에서 생기는 용기이다. 예컨대, 명예심, 조국애, 혹은 다른 고상한 감격을 동기로 하는 용기이다.…

전쟁은 육체적 고통과 마음의 고통을 본령本領으로 한다. 이러한 고통을 견디고 다행히 파멸을 면하려면 어느 정도의 체력과 마음의 굳셈을 필요로 한다.

전쟁은 불확실성을 본령本領으로 한다. 군사적 행동의 기초를 이루는 4분의 3은 이런 불확실이라는 안개에 싸여 있다. 숙달된 판단으로 정확한 진실을 알아내자면 투철하고도 날카로운 지성이 있어야 한다.

전쟁은 우연偶然을 본령으로 한다. 우연은 전쟁에 있어서 모든 상황을 불확실하게 만들고 사건의 순조로운 진행을 방해한다.… 정신은 언제나 무장하고 있어야 한다.…

전쟁이라는 무거운 분위기 속에서 확실한 행동으로 성과를 얻기 위해서는 확고한 정신과 성격을 필요로 한다. 이러한 힘은 여러 상황에 따라 상이相異한 모습을 나타낸다. 그것은 전사戰史를 기술記述하는 사람들이 수행력, 완강, 견인堅忍, 정서적 균형, 성격의 힘 등으로 칭하는 것이다.(Ⅰ—3)

⑥ 지휘관은 자기의 판단을 믿어야 하며, 마치 바다 속에 서 있어 파도를

갈라지게 만드는 대암大岩처럼 되어야 한다. 그가 해야 할 일은 쉽지 가 않다.(Ⅰ-6)

조미니는 그의 『전쟁술 개요』에서 다음과 같이 기록하고 있다.

⑦ 장수로서의 최고의 자질은 첫째로, 중대한 결단을 내릴 수 있는 정신적 용기요, 둘째는, 위험을 두려워하지 않는 육체적 용기이다. 그의 학문적 혹은 군사적 박식은 부차적인 문제이다. 장수는 박식인이 될 필요는 없지만, 그의 지식은 제한되어 있어도 좋으나, 정통해 있어야 하며, 그는 전쟁술戰爭術에 바탕을 둔 전쟁의 원칙을 완전히 터득하고 있어야 한다. 다음은 장수의 인간적 인격의 자질이다. 타인을 질시하는 대신 용감하고, 바르며, 확고하고, 강직하며 또 다른 사람의 장점을 평가할 수 있는 사람, 그리고 이러한 장점을 자신의 영광에다 결부시킬 수 있는 능력을 가진 사람은 언제나 훌륭한 장수일 뿐만 아니라, 위대한 인간으로 통용될 것이다.

지금까지 여러 장수 및 군사학도들의 지휘관이 갖추어야 할 자질에 대한 견해를 살펴보았다. 그런데 지휘관의 자질은 그가 국민의 생사와 국가의 존망을 좌우하는 직책에 있는 만큼 인간으로서 갖추어야 할 가장 훌륭한 자질을 갖추고 있어야 한다는 결론에 도달하게 된다. 장수가 되고자 하는 자는 장기간 꾸준히 연구·수양·체험 등을 쌓아서 갖추어야 할 자질의 형성에 노력을 아끼지 말아야 하리라.

일본의 해군 전략 이론가인 사토 테츠다로(佐藤鐵太郎)는 그의 명저 『제국국방사론帝國國防史論』(1910)에서 이순신 제독을 다음과 같이 논평했다.

옛날부터 전장戰將으로서 기정분합奇正分合의 묘용妙用을 활용한 사람은 반드시 한 두 사람에 멈추지 않는다. 나폴레옹이 "전력全力을 가지고 분산된 적을 쳐라"고 한 것은 바로 이것을 뜻하는 것이다. 더욱이 해군의 장수로 이것을 본다면, 먼저 동양에서 조선의 장수 이순신, 서양에서는 영장英

將 넬슨을 꼽을 수 있다. 이순신은 실로 위력이 세상을 뒤덮을 만큼 뛰어난 해장海將이며, 불행하게도 조선에서 태어났기 때문에 용명勇名도, 지명智名도 서양에 전해지지 않았지만, 불완전하나 정한征韓에 관한 기전紀傳을 보면 실로 훌륭한 해장海將이다. 서양에 있어서 이 분과 겨눌만한 사람을 찾는다면, 네덜란드의 해장海將 드 로이테르 이상이라고 말해야 한다. 넬슨과 같은 이는 그 인격에 있어서 도저히 겨눌 수 없다. 이순신은 실로 장갑함裝甲艦(거북선을 뜻함)의 창조자이며, 300년 이전에 이미 훌륭한 해군 전술을 가지고 싸운 전장戰將이다.

1905년 5월 대마도 해전對馬島海戰에서 러시아의 발틱함대를 완전히 섬멸시켜 러일전쟁의 승리를 마무리 지은 사람은 도고 헤이하치로(東鄕平八郎) 대장이었다. 그는 이 해전의 대승리로 일본 국민의 모든 찬사와 명예를 한 몸에 지니게 되었다. 그 후 그의 칠순잔치에서 다음과 같이 얘기했다고 한다. 즉 "나를 사회자가 영국의 넬슨 제독에 비기는 것은 몰라도 조선의 이순신에 비교한다는 것은 너무 과분하다." 일본 해군 소령 가와타 이사오(川田功)의 저서 『포탄 밑을 뚫고서』에서, 저자는 소위로 수뢰정水雷艇을 타고 대마도 해전에 출전하면서, "이순신의 영靈에 기도했다"고 기록하였는데, 아마도 도고(東鄕) 대장도 해전에 앞서 이순신 제독에게 승리를 안겨 주기를 충심으로 기도했으리라.

1970년대 필자가 공군대학의 고급지휘·참모 과정을 이수하고 있을 때의 사건을 소개·기록해 두고자 한다.

서해의 휴전선상에서 북한의 경비정이 우리의 어선을 피랍하여 끌고 가는 사건이 발생했는데, 마침 그 상공에 공군기가 있어서 조종사는 비행단장에게 조치사항의 지시를 요청했다. 비행단장은 작전사령관에게, 작전사령관은 공군 참모총장에게, 공군 참모총장은 국방부 장관을 찾는 동안, 이미 우리 어선은 북한 항구에 끌려 가버렸던 것이다. 그 사건 후, 작전사령관이 우리 과정에 와서 특강을 하면서, 당시의 사건 경위를 누누이 설명했는데, 귀에 들어오지도 않았다. 당시 필자의 견해는 다음과 같은 것이었다. 즉 "그 사건의 조치사항은 상황으로 보아 작전사령관 수준에서 결정되어야 하고, 보고는 차후에 해야 한다. 그리고 조치 내용은 먼저 북한 경비정 전방에 경고·위협사격을 가하여 동태를 살펴, 만약 어선을 석방하지 않는다면 사격을 가하여 어선을 구출토록 한다." 지금 필자는 한 군사사학도軍事史學徒의 관점에서 그 사건을 논평한다면, "작전사령관은 결심에 대한 정신적 용기와 책임감이 부족했다." 만약 당시의 사건 경위의 기록이 남아 있다면, 구체적이고 실증적인 연구결과의 논평이 나오기를 바라며, 또 이 사건은 사례 연구자료事例硏究資料로서도 가치가 있고 또한 교훈을 얻을 수 있는 내용이리라.

7. 맺음말

필자는 지난 2년이 넘게 한델 교수의 저서, 『전쟁의 거장들—손자, 클라우제비츠, 조미니—』(1992)에 대한 논평이 계기가 되어, 필자로서의 지금까지의 고전적 전쟁이론에 대한 연구결과를 재조명해 보았다. 그와는 견해의 차이점도 있었지만 동의할 내용이 더 많았고, 그 점은 필자가 수용했다는 것을 밝히고 심심한 사의를 표하면서, 몇 가지 결론을 간략하게 말하고자 한다.

첫째 : 『손자병법』은 손무가 합려왕에게 자기의 군사이론을 설명하는 형식, 즉 전쟁의 전후를 통한 국가전략, 군사전략, 전술로 일관되어 있다. 한편 클라우제비츠는 인구 3천만의 대국인 프랑스에 또다시 나폴레옹과 같은 장수가 등장하여, 인구 5백만의 작은 나라인 프로이센에 다시 침공해 온다면, 국가방위를 어떻게 해야 할 것인가를 군사전략, 전술 차원에서 『전쟁론』을 집필했다는 것이 양자의 기본적 차이점이다.

둘째 : 『전쟁론』은 두 가지의 관점, 즉 절대전쟁絶對戰爭과 현실전쟁現實

戰爭의 관점에서 기술된 혼작混作의 미완성 작품이기 때문에 난해하고, 오해의 소지가 있다. 따라서 『손자병법』과의 비교연구에 있어서 유의해야 할 점이라는 것.

셋째 : 『손자병법』과 『전쟁론』은 전쟁 양상이 크게 변모한 오늘날까지 생명을 유지하고, 창조적인 활력을 내포하며, 많은 사람들의 연구대상이 되어 있는 이유는 심오한 철학적 기반을 가지고 있기 때문이라는 사실을 결코 간과해서는 안 된다. 한델 교수는 의도적으로 이 점을 제외했다는데 아쉬움이 있으나, 필자는 이 점을 부각시키려고 시도했다는 점이다. 이 점에 대해 현역 군인들에게는 번거롭게 생각될지 모르나, 전쟁이론을 이해하고, 그것이 자기 자신의 술術이 되기 위해서는 거쳐야 할 과정임을 인식해야 하리라.

그 동안 논문을 게재해 준 공군대학 총장 및 관계관에게 심심한 사의를 표하며, 또한 독자들의 지도편달을 바라는 바이다.♣

(『공군평론』 제100호, 공군대학, 1997년)

Ⅲ.
전쟁이론이란 무엇인가

1

'전쟁의 신神'이라는 나폴레옹(1769~1821)의 전설을 확립하는 데 공헌한 많은 역사가, 전쟁이론가, 사상가 가운데 가장 커다란 영향을 미친 것은 스위스 사람인 조미니(Jomini, 1779~1869)와 프로이센 사람인 클라우제비츠(1780~1831) 두 전쟁 이론가였다. 이들은 직업군인으로서의 경력, 정치적·문화적 배경 및 전쟁의 연구방법론에 있어서 큰 차이점을 보여주었지만, 나폴레옹 전쟁의 분석·해석자로서 쌍벽을 이룬다 해도 지나친 평가가 아니리라.

조미니는 1779년 프랑스어계語系 스위스에서 탄생했으며, 1869년에 사망했으니, 그는 91세의 장수를 누렸을 뿐만 아니라, 70여 년 간 오로지 군사학 연구에만 몰두했다. 그는 19세에서 22세까지 젊은 시절에 스위스군에서 복무했으며, 1805년부터 즉 26세부터 34세까지 9년간에 걸쳐 가장 활동할 시절에 프랑스군에서 나폴레옹 전쟁에 참가했다. 그는 울름 및 아우스터리츠 전역戰役(1805) 때는 네이 장군의 상급 부관으로, 또 예나·아우어슈테트 전역(1806) 때는 나폴레옹의 정식의 대령 참모로 근무했다.

한편 클라우제비츠는 아우구스트 친왕親王의 부관(대위)으로 참전(1806)하여 프랑스군의 포로가 되어 프랑스에서 1년 가까이 억류생활을 했는데, 이 사건은 그의 저술著述의 성격을 이해하는데 중요한 자리를 차지한다.

그 후 조미니는 스페인 전쟁(반도전쟁半島戰爭, 1808~1814) 때는 네이 장군의 참모장으로 근무했고, 1812년 나폴레옹의 러시아 원정 때는 비루나, 스몰렌스크의 후방 수비사령관으로 참전했으며, 1813년 다시 네이 장군의 참모장으로 임명되었다. 프랑스군에서의 진급과 활동에 한계를 느껴 프랑스군에 사직서를 내고, 그 후 죽을 때까지 56년간에 걸쳐 러시아 군에서 복무했다.

조미니의 저술활동은 1804년 25세 때 간행하기 시작한 『대군 작전론大軍作戰論』(1804~1816)을 비롯하여 61세 때의 『1815년 전역戰役의 정치·전략개요』(1840)에 이르기까지 장장 35년간이나 계속되었다. 그의 여러 저서 가운데 일부는 전쟁의 와중에 바쁜 군무軍務의 틈 속에서 이루어졌다는 데 놀라지 않을 수 없다. 그의 전쟁이론에 관한 저서는 『대군 작전론』과 『전쟁술개요』(1838)이며, 특히 후자는 조미니 전쟁이론의 집대성이라 할 수 있고 또 클라우제비츠의 『전쟁론』(1832)을 읽고서 저술했다는 데 유의할 필요가 있으리라.

한편 클라우제비츠는 1780년 프로이센의 마그데부르크 시의 동북 약 20 ㎞ 떨어진 작은 마을 부르크에서 4남의 막둥이(끝으로 여동생이 있음)로 태어났다. 아버지는 7년전쟁 때 소위로 참전했으나, 전후 퇴역하여 부르크의 왕실 수세관收稅官이 되었다. 클라우제비츠의 선조 16명은 거의 목사나 학자였으나, 아버지 때부터 군인이 되었다.

클라우제비츠는 1792년, 부르크의 라틴어 학교에서 빈약한 기본 교육을 받은 것만으로 12세 때 군에 입대하여 중대의 소년병 기수가 되었는데, 보통 기수는 14~16세가 되어야 했지만, 집이 가난하여 아버지가 군 당국에 청원해서 이루어졌다. 그는 13세 때(1793) 제1차 대불동맹전쟁對佛同盟戰爭(1792~1797)의 마인츠 요새의 포위전에 참전했고, 16세(1796)에 소위로 임관했다.

1801년 연대장은 젊고 노력가인 클라우제비츠 소위를 베를린에 새로 개설된 군사학교(보통 사관학교로 호칭되어 왔으나, 초급장교를 3년간 교육시키는 곳)에 입교를 주선해 주었다. 여기서 그는 그의 생애를 결정지어 줄 샤른호르스트 중령을 만나게 되었다. 샤른호르스트 중령은 하노버 출신으로 프로이센 육군의 재편성에 기여하여 명성이 자자했고, 군사학교의 부교장 겸 교관으로 임명되어 있었다. 클라우제비츠는 처음에는 학교 강의의 수준이 높아서 따라가지 못하여 좌절할 위기를 맞이하기도 했으나, 샤른호르스트는 그의 재능이 비범함을 알고 잘 이끌어 주며 지도함으로써 차츰 두각을 나타냈고, 그의 가정에도 출입하여 개인적인 감화도 깊게 받았다.

그리하여 클라우제비츠는 1803년 재학 중에 베를린 주재의 근위 대대장 아우구스트 친왕親王의 부관으로 임명되어 궁정에 출입하게 되었고, 거기서 장래 부인이며 또 지극한 협력자인 브륄 백작의 딸 마리 브륄을 알게 되었다. 그는 1804년 여름 3년간의 군사학교 과정을 마치고 수석의 성적으로 졸업했다.

샤른호르스트가 군사학교에 부임해 오자, 학교 교육과는 다른 「군사학회」라는 조직을 1802년 1월에 만들었다. 이 조직은 장래를 전망하며, 다만 학문적 관심이 있는 장교뿐만 아니라, 군사문제에 관심이 있는 학자나 정치가들도 참여함으로써 종래 장교단의 폐쇄적인 울타리를 제거하는 데 이바지 했다. 이 「군사학회」의 설립 목적은 아래와 같은 것이었다.

① 시대의 당면한 군사적 여러 문제와 그 해결책을 모색하고,
② 군부, 특히 장교단에 있는 특권 의식을 타파한다.
③ 일반 병역 의무를 예기豫期하여 국방 의식을 자각케 한다.

당시 프랑스는 이미 국민개병을 포고하고 있었다. 프로이센도 이것을 따르지 않을 수 없는 사정에 놓여 있었고, 귀족의 군대로부터 국민의 군대로 개혁하기 위해 핵심이 되는 인재를 양성해야 했다. 이처럼 「군사학회」는 후에 프로이센 개혁의 초석이 되기도 했다.

클라우제비츠가 이 학회에 입회했다는 것은 그의 장래의 발전과 학문 연구에 있어서 대단히 유익했다. 당시 베를린에는 대학이 없었고(베를린 대학은 1810년에 창설), 이 학회는 학문적인 연구의 자유와 엄격함을 맛볼 수 있었다. 그는 샤른호르스트의 수준 높은 군사학의 교육을 받았을 뿐만 아니라, 이 학회를 이용하여 수학, 철학, 논리학, 지리, 역사, 문학 등을 스스로 연구할 수 있었고, 실러(Schiller, 1759~1805)를 통해 괴테의 문학도 알게 되었으며, 키제베터의 칸트 철학의 강의도 열심히 들었다. 그의 『전쟁론』에서 엿보이는 철학적·논리적 사고나 변증법적 고찰 등은 군사학교 3년간의 교육과 군사학회의 회원으로서의 활동을 통해 여러 가지 다양한 지식을 축적할 수 있었는데, 이것은 전쟁을 학제적 연구방법으로 접근하는 기초를 마련해 주었다.

클라우제비츠는 1803년 8월 시험 채용기간을 거쳐 정식으로 근위 대대장인 아우구스트 친왕의 부관이 되었고, 궁정 내에 머무를 방과 식사도 하게 되었으며, 연봉 300탈러를 받음으로써 아버지보다 더 많은 봉급을 수령하여, 경제적으로도 여유로운 생활을 즐길 수 있게 되었다.

1806년 10월 프로이센군은 예나와 아우어슈테트의 전투에서 프랑스군에게 철저한 패배를 당했는데, 이 전투에 참전한 아우구스트 친왕과 부관인 클라우제비츠는 12월에 포로가 되어 프랑스 북동부의 낭시에 억류되었다. 이 억류생활은 엄격한 것이 아니어서, 프랑스어도 배우고, 파리의 견학도 했다. 그러나 클라우제비츠는 프로이센의 패배에 심한 충격을 받았고, 패배 원인의 규명과 애국심이 타올랐는데, 이것이 그 후 샤른호르스트와 그나이제나우 밑에서 프로이센 개혁에의 헌신과 러시아군으로 옮겨가서도 나폴레옹에 저항하는 동기가 되었으리라.

1807년 7월 틸지트의 강화조약이 체결되어, 아우구스트 친왕과 부관인 클라우제비츠는 석방 통고를 받았으나, 여권이 발급될 때까지 스위스에 체재했으며, 11월에 겨우 베를린에 돌아왔다. 1808년 친왕의 부관직에서 면직되고, 군사 재조직위원회의 위원장인 샤른호르스트 중장의 보좌관이 되었으며, 그 후 그는 신설된 육군성의 군사 총무국장 샤른호르스트의 참모장이 되었다. 1810년 7월에 프로이센군 참모부에 소속되면서 8월에 소령으로 진급했고 또 군사학교 교관(1810. 10.~1811. 6.)인 동시에 황태자의 군사교관(1810. 10.~1812. 3.)으로 임명되었으며, 12월에 마리와 결혼했다. 마리의 어머니는 클라우제비츠가 귀족도 아니요, 또 부유한 재산도 없다는 이유로 결혼에 반대했으나, 황태자의 군사교관이 됨으로써 마음이 변하여 사귄지 7년 만에 겨우 결혼을 허락했다.

유럽의 정세는 변하기 시작하여 프랑스와 러시아가 전쟁을 하게 되었다. 1812년 2월 프로이센이 프랑스와 군사동맹을 맺게 되자, 클라우제비츠는 자신의 소신을 32쪽에 이르는 요약한 글을 온 천하에 공표하려고 했다. 이 글은 애국심에 불타는 32세의 젊은 장교 클라우제비츠의 진정을 토로한 것이었으나, 그나이제나우 의견에 의해 공표되지 않고, 거의 57년간 먼지 속에 묻혀 있다가 1869년 그나이제나우의 유품遺品 속에서 발견되었다.

1812년 3월 클라우제비츠는 국왕에게 사직서를 내고, 베를린을 떠나 러시아로 향했는데, 그는 황제 알렉산더의 신뢰가 두터웠던 샤른호르스트의 추천장을 가지고 갔다. 그리하여 그는 곧 러시아군의 중령으로 임명되어 프로이센군의 군복을 벗고, 녹색의 러시아군의 군복으로 갈아입었다.

나폴레옹군은 프랑스군, 독일 제후군諸侯軍, 오스트리아군, 폴란드군의 연합군으로 총병력은 44만 명이며 6월 22일 선전포고를 했다. 러시아군은 전략적 수세로 후퇴작전을 실시하면서 마을의 방화, 교량의 파괴 등을 실시했다. 식량과 식수의 부족을 겪으면서 비루나를 출발했을 때, 28만 명이었던 프랑스군 가운데 모스크바에 도착한 것은 불과 9만 명에 지나지 않았다.

나폴레옹이 모스크바에서 퇴각을 결심한 것은 10월 24일이었다. 1812년의 겨울은 빨리 왔고 추웠다. 나폴레옹군의 보급로는 완전히 차단되어 식량과 의복이 부족했다. 6월 하순 니멘 강을 건넌 44만 명의 프랑스 원정군은 러시아군에 괴멸당하여 다시 니멘 강을 건너 살아남은 자는 수천 명에 지나지 않았고, 나폴레옹도 겨우 살아 12월 19일에 파리로 돌아왔다.

클라우제비츠는 러시아군에서 참모로서의 보직을 받았으나, 러시아어를 모르기 때문에 여러 가지 장애에 부딪혔다. 그러나 그는 냉철히 나폴레옹군의 붕괴과정을 체험을 통해 알 수 있었고, 12월 러시아 측의 군사軍使로 나폴레옹군의 지휘 하에 있었던 프로이센군과의 정전교섭을 성립시켰다.

클라우제비츠는 프로이센군에로의 복귀를 국왕에게 청원했으나, 국왕으로부터 1813년 3월 19일 허락하지 않는다는 회신을 받았다. 그리하여 샤른호르스트는 동맹군(러시아군)의 최고사령부에서 파견된 '연락장교'로서 프로이센군에서 근무하도록 조치해 주었다. 그 후 샤른호르스트는 전상戰傷으로 인해 6월에 병사했는데, 클라우제비츠는 큰 타격을 입었으며, 그는 '마음의 아버지'를 잃었던 것이다.

동맹군은 1814년 3월 파리에 입성했고, 나폴레옹은 5월 엘바섬에 유배되었다. 나폴레옹에 대한 승리의 기쁨에 싸인 국왕은 4월 11일 러시아군의 클라우제비츠 대령을 겨우 프로이센군의 대령으로 임명했다. 1815년 5월 나폴레옹과 싸우기 위해 전장戰場으로 향하던 제3군단 블뤼허의 참모장이 되어 워털루의 전투에 참전했다. 그 후 신설新設된 라인군 참모장으로 임명되어 11월에 코브렌츠에 부임했다.

1818년 9월 클라우제비츠는 소장으로 임명되었고, 가을에는 모교인 군사학교 교장으로 취임했다. 이 학교는 1816년 9월부터 참모장교·고급부관·교관의 양성을 주요 임무로 삼았고, 실질적으로 1860년에 개편된 육군대학의 전신前身이었다.

나폴레옹 전쟁 후, 개혁과 복고復古의 기운이 넘치고 있었던 당시의 프로이센 정부의 요인들은 클라우제비츠가 1806년 이후 개혁파로 일관해 왔다는 것을 잘 알고 있었다. 그의 능력은 인정하면서도 젊은 장교들에 대한 그의 영향력을 두려워 한 당국은 교장으로서의 그의 임무는 학생장교들의 규율 유지에 관한 사항으로 제한하고, 학문적 지도에 관한 사항은 특별 학무위원회에 의해 운영되었다. 그리하여 한 때는 주영대사駐英大使로 나갈 것을 희망했으나 좌절되자, 그는 오로지 부인의 도움을 받으면서 『전쟁론』 집필에 전념함으로써 훌륭한 군사 고전을 후세에 남겼던 것이다.

1830년 1월 군사학교 교장직을 사임하고 브레슬라우의 포병감砲兵監으로 임명되었으며, 1831년 그나이제나우 군사령관의 참모장으로 임명되었으나, 콜레라의 발병으로 인한 심장마비로 11월 16일 사망했으며, 1832년부터 미망인 마리에 의해 클라우제비츠 유작집이 발간되기 시작했다.

나폴레옹 전쟁 이후, 조미니와 클라우제비츠에 의해 근대 전쟁이론이 체계적으로 연구되기 시작했기 때문에 이들의 전쟁이론의 차이점은 무엇이며, 그것이 세계 군사계에 미친 영향과 오늘날에 와서는 어떤 평가를 받고 있는가 하는 문제를 규명해 보고자 한다.

2

『전쟁론』 가운데 클라우제비츠가 가장 많은 시간과 노력을 기울인 것은 제2편의 「전쟁이론에 대하여」 일 것이다. 그러나 이 책을 연구하거나 읽는 많은 군인들이 이 내용을 대부분 무시했으리라. 그 이유는 군사 활동의 실무에 영향을 미치지 못하기 때문일 것이다. 그러나 전쟁을 학문으로서 연구 대상으로 했을 경우, 전쟁이론의 문제는 대단히 중요한 과제이며 또 중대한 영향을 미치리라.

클라우제비츠는 서문에서 "정신(Geist)과 실질(Gehalt : 병력, 무기 및 장비 등)

을 구비한 체계적인 전쟁이론을 쓴다는 것이 불가능한 것은 아니다. 그러나 지금까지 나타난 여러 이론은 그러한 것과는 상당히 거리가 멀었다. 이들 이론은 쓸데없이 체계적인 연관과 완성에만 힘을 기울이기 때문에 일상적인 허튼 얘기로 시종하고 있다.… 저자는 전쟁에 관한 다년간에 걸친 사색과 전쟁을 경험한 총명한 군인들과의 교제, 그리고 나 자신이 겪은 많은 경험에 의해 나의 마음속에 형성되고 승화된 것을 불순물이 없는 순전純全의 알맹이로서 제시하려는 방법을 택하였다"고 적음으로써 전쟁이론에 대한 심상치 않은 의욕을 나타내었다.

클라우제비츠와 동 연배이고, 함께 나폴레옹 전쟁을 경험했으며, 전쟁이론의 연구에 업적을 남긴 스위스 사람 조미니와 비교·분석함으로써 클라우제비츠의 전쟁이론의 본질과 성격을 규명해 보고자 한다.

일찍이 삭스 원수(1696~1750)는 주장하기를 "전쟁은 암흑으로 덮인 과학이다. 그 속에서는 아무도 자신 있게 발자국을 옮겨놓지 못 한다.… 모든 과학은 원칙을 가지고 있으나, 전쟁의 경우에만은 없다"고 했다. 조미니는 이러한 견해에 대해 반대의 입장을 취했다. 즉 "나는 프리드리히 대왕의 글을 통하여 그가 로이텐에서 기적적인 승리를 획득했던 비결의 실마리를 풀기 시작했다.… 그 비결이란 적의 한 측면에 주력군을 집결시킨다고 하는 단순한 기동機動이었다.… 나는 또한 나폴레옹이 이태리에서 획득한 최초의 성공에서도 동일한 원리를 발견했으며, 이 사실을 통하여 이 동일한 원리를 모든 전쟁의 바둑판에 전략적으로 적용함으로써 우리도 전쟁술의 비결을 소유할 수 있지 않을까 하는 생각을 가지게 되었다.… 나는 진정한 관점을 발견했다는 확신에 도달했다.… 전쟁이론 가운데서 정확한 원리를 추구하는 일… 나는 이 일에 착수하였다.… 어느 시대를 막론하고 전쟁의 승패를 좌우하는 근본 원칙이 반드시 존재하였다.… 그리고 이러한 원칙은 무기체계와 역사적 시간과 장소에는 관계없이 변치 않는다"고 그는 초기의

『대군 작전론大軍作戰論』(1804)에서 주장했다.

조미니의 『대군 작전론』은 1805년 프랑스군의 네이 원수에게 깊은 감명을 주어, 그 책을 출판하는 자금을 받았고 또 그의 부관이 되는 기회를 얻었다. 그리하여 그는 울름 전역에 참전하게 되었으며, 네이 원수가 나폴레옹에게 보내는 보고서에 그의 신저新著를 첨부해도 좋다는 허락을 했다. 얼마 후 나폴레옹은 그의 부관에게 그 책을 읽게 하고서는, "그 젊은 스위스인 소령이 나의 스승들도 가르쳐 주지 않았던 것을 또한 장군들도 이해하지 못하는 것을 나에게 가르쳐 주다니 !" 하고 감탄했다.

책을 더 읽어감에 따라 나폴레옹은 더욱 흥분하여 외쳤다. "국방상國防相이 왜 이런 책의 출판을 허가했는가. 이 책은 우리의 모든 전쟁체제를 적에게 알려주고 있지 않은가 ! 이 책은 모두 압수해서 보급되지 않도록 해야 해 !"

그러나 나폴레옹은 잠깐 다시 생각한 후에 이렇게 말했다. "나는 이 책의 출판을 너무 중시하고 있고, 나에게 적대하는 노장老將들은 이 책을 읽지 않을 것이고, 이 책을 읽는 젊은 사람은 사령관이 되지 못 할 것이다. 그러나 이런 책은 앞으로 나의 허가 없이 출판해서는 안 돼." 그리고 나폴레옹은 조미니의 이름을 대령 진급자 명부에 기록하도록 지시했고, 그 이듬 해 프로이센과의 전쟁이 개시되기 직전에 그의 개인 참모로 임명했다. 그 이유는 조미니가 프리드리히 대왕 때의 프로이센군에 관해 깊은 연구를 했기 때문이었다.

예나 전역(1806)에서 조미니는 대령으로 나폴레옹의 참모로 참전하여 대승大勝하는 편에 있었고, 한편 클라우제비츠는 대위로 프로이센군의 아우구스트 친왕의 부관으로 참전하여 비참한 패전을 겪었을 뿐만 아니라, 포로가 되기도 했다. 이것이 나중에 그들의 전쟁이론의 구축에 지대한 영향을 미치는 계기가 되었다고 필자는 생각한다.

그 후 조미니는 클라우제비츠의 『전쟁론』(1832)을 읽고 거기서 영향을 받은 듯 한 주장을 그의 『전쟁술 개요』(1838)에서 기술記述하고 있다. 즉 "전쟁은 격정의 연극이며 결코 수학적인 작전이 아니기 때문에… 수많은 전역戰役에 참가한 장군은 전쟁이란 하나의 커다란 연극이며, 전쟁에는 수천의 정신적·물질적 요소가 많건 적건 간에 강력하게 작용하고 있으며, 전쟁은 수학적 계산으로 환산할 수 없는 것임을 알아야 한다"고 주장했다.

그러나 그는 "나의 20년간의 체험은 다음과 같은 신념을 더욱 확고히 만들어 주었다. 즉 전쟁에는 소수의 기초적인 원칙이 있으며, 이것을 무시한다는 것은 대단히 위험스러우며, 반대로 이 원칙의 적용은 거의 모든 경우 성공의 영관榮冠을 차지하게 된다"고 했다. 그리고 전략의 영역에는 일반 법칙과 영원히 타당한 원칙이 존재하고, 이것은 인간의 지성이 파악할 수 있고 또 공식화할 수 있으며, 전쟁이론의 주요 과제는 일반 원칙의 확립에 있다는 것이었다. 그리하여 다음과 같이 전략의 네 가지 기본 원칙을 제시했다.

① 전략적 방책에 의해 군의 주력을 전장의 결전지역에 투입하며, 또 자기의 병참선이 위협을 받지 않는 한, 적의 병참선에 병력을 투입할 것.
② 우리의 주력을 가지고 적의 일부와 교전하게끔 기동할 것.
③ 또 전장에서는 전술적 기동에 의하여 주력을 전장의 결정적 지점 또는 적의 전선 중에서 격파해야 할 가장 중요한 부분에 투입할 것.
④ 집중된 병력을 결정적 지점에 투입할 뿐만 아니라, 이들을 신속히 그리고 동시에 전투에 투입함으로써 동시에 온 힘을 경주할 수 있도록 조치할 것.

조미니는 상술한 원칙에 대해 많은 전례戰例를 인용하면서, 가장 빛나는 성공을 획득한 것과 또 커다란 실패를 자초한 것은 이 근본 원칙을 준수하는가의 여부에 달려 있다는 것을 역사가 증명하고 있다고 지적했다. 그는 전쟁술이란 가능한 많은 병력을 결승점에 투입하는 것이라면, 이것을 달성하는 방법은 올바른 작전선作戰線을 선택하는 데 있다. 따라서 작전선은 훌륭한 작전계획의 근본적 기초로서 고려되어야 하며, 모든 전쟁이론의 핵심이 되어야 한다고 주장했다.

조미니는 그의 저술을 통해 중앙적 위치에서의 내선(interior lines)의 중요성, 전략적인 주도권의 중요성, 적의 전선의 여러 곳의 약점에 대한 한 곳의 병력 집중의 투입, 격파된 적군에 대한 추격의 중요성 그리고 기습의 중요성 등을 강조했다. 그리고 "위대한 지휘관이 되려면 현명한 이론과 위대한 인격을 겸비해야 한다"고 했다. 그렇다면 현명한 이론이란 무엇인가?

조미니는 클라우제비츠를 비난하기를, "클라우제비츠 장군이 박식하고 문필에 능하다는 것은 아무도 부인할 수 없는 사실이다. 그러나 그의 필치筆致는 때때로 제멋대로였고, 무엇보다도 가장 간단명료해야 할 학술적 논문에서 지나치게 과장하는 현학적衒學的인 경향이 있다. 더욱이 그는 군사학의 문제에 있어서 너무 지나치게 회의를 나타내고 있다. 그의 저서의 제1편은 단지 모든 전쟁이론을 반박하는 열변에 불과하고, 제2편은 이론적 격언에 가득 차 있고, 타인의 전쟁이론은 불신하고, 자신의 이론은 바르다는 자신自信을 보여주고 있다"고 했다.

클라우제비츠의 『전쟁론』을 읽고 조미니는 이 박식한 저서에는 몇 가지의 착상을 발견할 수 있으나, 전편 가득 찬 회의론 때문에 「훌륭한 이론」의 필요성을 확신하게 되었다고 말했다. 즉 "이론이란 일어날 수 있는 모든 경우에 무엇을 할 것인가를 수학적인 정확성을 가지고 가르칠 수 없다는 것은 올바르다. 그러나 이론은 피해야 하는 잘못을 언제나 지적하고 있다는 것은 확실하다.… 이러한 원칙은 용감한 부대를 지휘하는 유능한 장군의 손에 의해 성공을 위한 자의 확실한 수단이 된다"고 했다.

3

『전쟁론』은 오늘날 군사고전으로서 높이 평가받고 있으나, 아직도 난해한 명저로 알려진 이유는 주로 그의 전쟁연구의 방법론에서 유래하는 것이리라. 방법론이란 어느 학문의 성격에 관한 철학적 관점·인식론적 기초 위에서 지식을 획득하는 근거의 타당성을 밝히는 수속으로서의 이론적 접근을 뜻한다.

클라우제비츠는 그의 논법, 사고방식, 인식론 그리고 전쟁이론의 일관된 체계를 수립하고자, 당시의 칸트(Kant, 1724~1804)에서 헤겔(Hegel, 1770~1831)에 이르는 독일 관념주의 철학에 기반을 두었다는 데는 이론異論이 없다. 그러나 독일 관념주의 철학 그 자체가 이해하기 쉬운 학문은 아니다. 예컨대, 칸트가 『순수이성비판』(1781)의 원고를 친구인 마르크스 헤르츠에게 보냈던 바, 헤르츠는 그 원고의 반 정도를 읽고는, "이것을 계속 읽는다면 미칠 것 같소." 하면서 그 원고를 돌려보냈던 것이다. 그리고 1827년 10월 헤겔이 괴테를 방문했을 때, 괴테는 "변증법이란 무엇인지 간략하게 설명해 줄 수 있소?"하고 헤겔에게 질문하기도 했다.

클라우제비츠는 '저자의 서문'에서 "전쟁에 있어서 여러 가지 현상의 본질을 규명하고, 이들 현상과 이것을 구성하고 있는 여러 가지 요건의 성질과의 연관을 제시하려는 데 있다"고 했다. 전쟁 현상의 본질을 규명한다는 것은 철학적 고찰을 뜻하는 것이리라. 그는 전쟁의 본질과 성격의 실태를 정확히 파악하고, 그것을 분석하는 학문적 근거에 바탕을 둔 방법을 철저히 연구하는 필요에 의해서 방법론에 깊은 관심을 가졌고, 또 학제적學際的 접근법을 구사했다. 즉 『전쟁론』에서는 전쟁사, 역사, 정치학, 철학, 논리학, 심리학, 물리학, 그리고 전략·전술과 사회과학의 방법론을 동시에 구사했으니, 쉽게 접근할 수 있는 저서가 아니다.

클라우제비츠는 당시의 전쟁이론가들의 주장, 즉 병수兵數의 우세, 군사 장비와 보급 및 작전기지 등 계산할 수 있는 대상만을 고찰하려는 입장(뷜로 Bülow, 1757~1808로 추정)에 대해 비판했다. 뷜로는 보급 요소가 대단히 중요하다고 믿었기 때문에 작전기지에서 작전하는 부대의 병참선의 각도가 90도 이하가 되어서는 안 된다고 주장했다. 이번에는 기하학적 원리, 즉 내선內線이나 작전선이 왕좌에 오르게 되었는데(조미니를 지칭), 클라우제비츠는 이런 주장의 타당성을 부정했다. 그것은 그들의 주장이 너무 단순화되어 있기 때문이 아니고, 그들은 전쟁의 본질을 거의 무시하고 있기 때문이었다.

(자료 1) 이러한 이론은 특정한 양量을 구하고자 노력하고 있지만, 전쟁에 있어서 모든 것은 정해져 있지 않으며, 계산은 변수를 가지고 해야 한다.

모든 군사행동은 지적知的인 힘과 그 작용에 의해 일관되어 있는 데도, 이들의 이론은 물질적인 양에만 고찰이 지향되고 있다.(II−2)

(자료 2) 전쟁은 최초로부터 가능성·개연성·다행 혹은 불행과 같은 도박적 성격이 섞여져 있는 것이다.…

이론이라는 것은 인간적인 것을 충분히 고려해야 하며 용기, 대담, 아니 무모한 것까지도 고려해야만 하는 것이다. 전쟁술은 살아 있는 힘과 정신적 힘을 다루고 있기 때문에 절대적인 것, 확실한 것에 도달할 수 있는 것이 아니다.(I−1)

(자료 3) 전쟁이론이란 미래의 지휘관을 양성하는 것일 뿐만 아니라, 미래 지휘관의 독학獨學을 돕는 것이며, 결코 그와 더불어 전장에서 그를 인도하는 것은 아니다. 그것은 현명한 교육자가 소년의 정신발달에 방향을 가르쳐 주고, 그 진로를 인도해 줄지언정, 직접 손을 끌고 소년의 일평생을 자기의 의지대로 하지 않는 것과 같다. 이론은 어디까지나 인간사고人間思考의 철학적 법칙을 만족시켜 주고 모든 선線이 교차하는 점을 명확히 해주기 위한 것이지, 결

코 전장戰場에서 사용하기 위해 대수학적 공식을 안출하는 것은 아니다. 요컨대, 전쟁이론에서의 법칙이나 규칙은 지휘관의 사고思考를 위해 그 내적 운동의 주요 방침을 규정하는 것뿐이며, 그 전도前途를 위해 측량봉을 세우려는 것은 아니다.(II-2)

클라우제비츠가 최초로 해결해야 하는 과제는, 과연 전쟁이론의 수립이 가능한가 하는 근본 문제였다. 그는 이론이 자신의 한계를 인정하고, 이론이 측정 가능한 물질적 요인뿐만 아니라, 측정 불가능한 정신적 요인에도 충분한 가치를 인정한다면, 전쟁이론의 수립 및 효용성이 입증된다는 입장이었다.

그는 또 전쟁을 하나의 과학으로서 연구하여, 전쟁 행위에 대해 불변의 원칙을 추출抽出할 수 있다는 조미니의 주장에도 동의하지 않았다. 그 이유는 전쟁에 수반되는 위험·육체적 노고·불확실한 정보·우연·공포 등, 전쟁에서의 모든 활동을 저해하는 작용을 고려하지 않는 이론은 가치가 없다는 것이었다. 이러한 입장에서 전쟁이론의 적극적인 학설, 즉 지휘관의 전도前途를 위해 측량봉을 세우는 것은 아니며, 다음과 같이 그의 입장을 밝혔다.

(자료 4) 이상으로 우리들은 역사적 개관을 끝내고자 한다. 우리들이 이러한 개관을 시도한 것은 역사상 각 시대의 전쟁 수행에 관한 약간의 일반적 원칙을 얘기하려는 것이 아니라, 어떠한 시대에도 그 시대의 독특한 전쟁을 실시하며, 전쟁에 가해지는 독특한 조건을 구비하며 또한 독특한 편견을 가졌다는 사실을 분명하게 하는 데 있었다. 따라서 어떠한 시대에도 조만간 이론을 철학적 원칙에 비추어 수정할 필요가 생겼다 할지라도, 각 시대는 각 시대의 독특한 전쟁이론을 가졌던 것이다.…

이처럼 각 시대의 전쟁 수행이 어느 것이나, 그 시대의 국가 및 군의 특수한 사정에 의하여 제약되어 있던 그런 전쟁 수행이라 할지라도 얼마간의 보편적인 것, 아니 극히 보편적인 것을 포함하고 있을 것이다. 그리고 전쟁이론이 무엇보다도 논구論究의 대

상으로 하는 것은 바로 이 보편적인 것에 지나지 않는다.(Ⅷ-3)

당시의 전쟁이론가들은 얘기한 바와 같이 측정 가능한 물질적 요인, 즉 병력의 수, 무기와 장비, 내선內線 및 작전선 등을 전쟁이론의 대상 및 핵심으로 삼았으나, 클라우제비츠는 여기에 반기를 들고, 정신의 중요성을 강조했다는 것은 탁견이라 하겠다.

(자료 5) 전쟁에서의 모든 것은 대단히 단순하다. 그런데 너무나 단순한 이것이 오히려 더 어려움을 간직하고 있다. 이 어려움은 누적되어 전쟁을 아직 보지 못한 자는 상상도 못할 마찰이 있다. 그래서 강철과 같은 강한 의지意志가 이 마찰을 제거하며 여러 가지 장애를 분쇄해 버린다. 어쨌든 큰 도로가 마주치는 광장에 서 있는 오벨리스크처럼, 전쟁술의 중앙에 당당히 솟아 있는 것, 즉 불굴의 정신을 갖춘 장수의 견고한 의지인 것이다.(Ⅰ-7)

클라우제비츠에 의하면, 전쟁이론은 이 마찰의 중요성을 이해하는 데서부터 출발해야 하며, 이 마찰을 극복하는 것이 정신력이며, 이로 인해 이론은 적극적인 법칙이나 규칙을 제시하지 못 한다는 입장이다. 그가 전쟁술에 있어서 정신력을 강조한 배경에는 1790년부터 1830년에 이르는 40년간 무기와 장비 및 전술의 중대한 변화가 없었다는 것을 전제로 해서 이해해야 하리라. 정신력이란 지휘관의 의지意志, 병사들의 사기 그리고 국민의 정신력을 뜻하는 것이다.

미 육군의 해리 서머스 대령은 『전략론-월남전쟁의 비판적 분석-』(1983. 3판)에서 월남전이 끝날 무렵 나돌았던 얘기를 소개했다. 즉, 1969년 닉슨 행정부가 들어선 후, 월맹과 미국에 대한 모든 자료, 즉 인구, 국민 총생산, 군수물자의 생산 능력, 병력 규모, 전차, 함정, 항공기의 숫자 등을 국방성 컴퓨터에 넣고, 미국이 언제 쯤 이길 수 있겠는가를 물었다. 그 때 컴퓨터에서 나온 해답은, "미국이 1964년에 승리했다!"는 것이었다.

이것은 문제의 핵심을 부각시킨 내용이다. 숫자로 표시할 수 있는 요소로 본다면 미국은 월맹과 비교할 수 없는 초강대국이다. 그러나 컴퓨터가 측정할 수 없는 국민의 정신력·군인의 사기야말로 전쟁의 승패를 좌우하는 중요한 요소임을 풍자하였고, 게임이론, 비용대효과費用對效果의 분석 등의 전쟁연구에 대한 방법론의 문제점을 부각시켜 주었다. 클라우제비츠는 이론의 한계와 효용을 다음과 같이 주장했다.

(자료 6) 이론적 연구의 모든 적극적인 성과, 즉 모든 원칙, 법칙 그리고 방법은 이론이 적극적인 학설이 됨에 따라, 더욱 더 보편성을 잃게 되고, 절대적 진리가 될 수 없게 된다.(II－5)

조미니의 내선 및 작전선처럼 원칙·규칙이라고 주장하면 할수록 보편성을 잃게 되고, 절대적 진리가 될 수 없다는 것이 클라우제비츠의 견해이며, 제1차 세계대전 때 항공세력(air power)의 등장에 의한 제공권의 획득은 조미니의 주장을 부정하고 말았다. 역설적으로 말하면, 클라우제비츠는 전쟁의 본질을 파고들고, 적극적인 원칙·규칙을 주장하지 않았기 때문에 오늘날에 와서도 유효성·타당성이 인정되고 있으나, 반면 군인들로부터는 별로 인기를 얻지 못 했다. 그 이유란, 군인들은 시간계획에 바탕을 두고 빨리 요약된 행동지침을 수용하는 훈련에 익숙해 있었기 때문이었으리라.

클라우제비츠의 이러한 사고방식은 헤겔 철학에서 영향을 받은 것은 아닌지 ? 헤겔은 『종합 철학개설綜合哲學槪說』에서 "변증법의 논리는, 특히 학문적인 사물을 보는 관점은 회의주의懷疑主義라는 형식을 취한다"고 했다. 클라우제비츠는 전쟁 수행이 몇 가지의 원칙·규칙에 의해 성패成敗가 결정된다는 견해에는 기본적으로 반대 입장이다. 그는 전쟁이라는 연구 대상을 학문적으로 높이고자 했고, 이론과 실제를 융합시키고, 또 전쟁을 정치의 테두리 속에서 다루려는 방향으로 연구를 지향한 것으로 생각한다.

(자료 7) 전쟁을 구성하고 있는 모든 대상은 얼른 보아서는 헝클어져 분별하기 어려움에도 불구하고, 만약 이론이 이러한 대상을 하나하나 명백히 구별하고, 여러 수단의 특성을 열거하며, 또 이러한 수단에서 생기는 효과를 지적하고, 목적의 성질을 명백히 규정하며, 더욱이 투철한 비판적 관찰의 빛에 의해서 전쟁이라는 영역을 샅샅이 비칠 수 있다면, 이론은 그 주요한 임무를 달성한 것이 된다. 이렇게 되면 이론은 전쟁이 어떠한 것인가를 책을 통해서 알려는 사람에게 좋은 안내자가 되며, 그가 가는 곳을 비춰주며, 그의 발걸음을 가볍게 해주고, 또 그의 판단력을 육성하여 그가 기로에서 헤매지 않도록 지도할 수도 있는 것이다.(II－2)

4

게릴라전(guerrilla warfare : 국민전쟁, 유격전, 빨치산전쟁은 각각 그 언어가 유래하는 발생지를 비롯하여 시대·민족·대상 등이 서로 다르지만, 여기서는 같은 뜻의 개념으로 다룬다)이란 보통 적이 점령·지배하는 지역에서 주민들이 주동이 되어 집단을 형성하여 통상 열세한 무기를 가지고 기습·매복 등을 행하는 전투형태 혹은 전쟁형태를 뜻한다.

제2차 세계대전 후, 게릴라전이라는 용어가 각광을 받게 된 것은 핵무기가 등장했음에도 불구하고 게릴라전이 더 활발하게 활용되었을 뿐만 아니라, 정치적 목적을 달성할 수 있게 되었기 때문이었다. 게릴라전은 정규군의 전투에 보조적인 역할을 수행하는 것이며, 결정적 승리는 정규군에 의해 획득된다는 것이 클라우제비츠 이래의 전통적인 군사이론이며, 또 제2차 세계대전까지도 그러해 왔었다.

그러나 제2차 대전 후, 중국의 국공내전國共內戰이나 식민지 독립·혁명전쟁(인도네시아, 알제리 독립전쟁, 쿠바·인도차이나 혁명전쟁 등)에서 게릴라전만으로 혹은 게릴라전을 주체로 하여 전쟁의 정치적 목적을 달성했다는 것이 특징이요, 또한 각광을 받게 된 이유였다. 이러한 현대적 게릴라전의 최초의 이론가·실천가는 마오쩌둥(毛澤東)이며, 그 후 구엔 지압, 체 게바라 등이 등장했다

필자는 19세기 유럽에 등장한 게릴라전의 현상을 조미니와 클라우제비츠가 그들의 전쟁이론에서 어떻게 다루었으며, 또 어떻게 계승·발전되었는가 하는 문제를 살펴보고자 한다.

조미니는 1808년 이후의 스페인과 러시아(1812)의 양편의 전쟁에서 목격한 게릴라전, 빨치산전의 참혹함과 공포와 혼란에 대한 체험을 어떻게 그의 저서, 『전쟁술 개요』(1838)에 수록했을까 ? 한 군인으로서의 조미니는 조직화된 살인이나, 스페인의 모든 승려僧侶, 부인 그리고 아이들이 고립된 병사를 죽이는 무서운 시대보다도 고귀한 기사도적인 전쟁을 갈망하고 부러워했다. 예컨대, 프랑스나 영국의 근위병들이 정중하게 상대편에게 먼저 발포를 권하는 그런 형태의 전쟁을 선호했고 또 택했다. 그리하여 그는 게릴라전과 같은 전쟁은 너무 손해가 많고 파괴적이고 더러운 전쟁이라 생각하여 그의 저서 가운데 가장 종합적이며 인기가 있었고, 또 외국어로 많이 번역된 『전쟁술 개요』에서도 전연 다루지 않았을 뿐만 아니라, 국제법으로 금지시키자고 주장하기도 했다. 이것은 아마도 그는 나폴레옹군의 승자(강한 자의 편)의 입장에 놓여 있었기 때문이리라.

한편 패자와 약한 자가 채택하는 전투방식인 게릴라전에 대해 클라우제비츠가 언제부터 관심을 가지고 연구했는가는 알지 못 하지만, 그는 프랑스군이 프로이센을 점령하고 있었던 1810년과 1811년에 베를린의 군사학교에서 게릴라전에 대해 강의를 했다. 이 강의에서 그는 수강자들에게 게릴라전의 현실적 양상을 제시함과 동시에 그 수행방식에 대한 원칙을 찾고자 시도했다. 거기에다 1812년의 전역戰役에서 나폴레옹군에 대한 러시아 국민들이 실시한 빨치산전을 목격했던 것이다. 그리하여 그는 『전쟁론』 제

6편 제26장의 「국민의 총무장」에서 게릴라전을 전쟁이론의 관점에서 체계적으로 논의했다.

(자료 8) 물에 빠진 자가 지푸라기를 잡는 것이 자연적 본능인 것과 마찬가지로, 멸망에 기울어진 국민은 그것을 면하기 위하여 최후의 수단을 택하게 된다는 것은 당연하다. 어느 국가든 적국에 비하여 아무리 약소하고 또 열세하다 하여도 그런 최후의 노력을 아껴서는 안 된다. 그렇지 않다면, 그 국가는 혼이 빠진 국가라고 말하지 않을 수 없다.(VI－26)

클라우제비츠는 게릴라전이란 나라의 멸망을 저지하기 위한 최후의 수단으로 파악했고, 또 이러한 최후의 노력을 해야 하며, 그렇지 않다면 얼빠진 국가로 멸시했다. 따라서 스위스인의 제3자의 승자의 입장에서 게릴라전을 보는 조미니와는 전연 관점을 달리하고 있다는 것을 알 수 있으리라. 클라우제비츠는 게릴라전의 윤리적 평가에 대해 다음과 같이 견해를 밝혔다.

(자료 9) 문제는 전쟁의 본래적인 격렬성을 강화한다는 그런 수단이 과연 인류 일반에게 있어서 유익한가의 여부이다. 이 문제에 대한 답은 전쟁 그 자체에 관한 문제에 답하는 것과 같은 것이다. 우리들은 이런 문제에 대한 해답을 철학자에게 위임하고 싶다.(VI－26)

클라우제비츠는 국민의 총무장이란 마치 조용히 타오르는 불꽃과 같으며, 적군의 근간根幹을 점차로 잠식해 간다고 보았으며, 이런 게릴라전을 효과적으로 수행하기 위한 불가결한 다섯 가지 조건 및 정규전과의 상호관계를 다음과 같이 밝혔다.

(자료 10) 국민전쟁을 상비군이 수행하는 전쟁과 결부시켜, 두 가지 전쟁을 포괄하는 전체적 계획 속에서 이 양자를 같이 생각할 필요가 있다. 국민전쟁을 유효케 하는 주요 조건은 다음과 같다.

① 전쟁이 방어자의 국내에서 수행될 것.

② 전쟁이 단 1회만의 파국으로 결정되지 않을 것.

③ 전장이 광대한 면적을 점하고 있을 것.

④ 국민의 성격이 국민전쟁이라는 수단을 지지할 것.

⑤ 방어자의 국토가 지형적으로 단절지가 많고 접근이 어려울 것.(VI-26)

(자료 11) 나폴레옹의 러시아 원정이 실패한 것은, 보통 말하고 있는 것처럼 그의 전진이 지나치게 신속하거나 혹은 그가 적지에 너무 깊숙이 들어갔기 때문이 아니고, 성공의 필수적인 수단을 결여하고 있었기 때문이다. 러시아는 정식으로 정복할 수 있는, 다시 말하면 침략자가 이것을 점령지로서 수비할 수 있는 국토가 아니다. 이러한 국가를 굴복시키기 위해서는 그 국가에 내재하는 제반 약점과 국내의 분열작용에 의하지 않으면 안 된다.(VIII-9)

제2차 대전에 있어서 히틀러의 소련 침공 그리고 일본군의 중국 대륙에의 침공이 실패한 이유는 (자료 11)에서 분명히 그리고 이미 밝혀 놓은 내용이었다. 중국의 마오쩌둥(1893~1976)은 1975년 서독의 슈미트 수상과 만났을 때, 클라우제비츠의 『전쟁론』을 화제로 삼았다. 그의 1938년 3월 18일의 일기에 의하면, 매주 1회 전쟁론 연구회를 열었고, 헤시징(何思敬) 교수가 한 장章씩 설명·토의하고 마지막에 마오의 소견을 발표했다고 기록해 두었다. 그렇다면 그는 언제부터 『전쟁론』을 연구했을까 하는 문제가 궁금하다. 필자는 1975년 7월 미국 스탠퍼드 대학교의 후버연구소에서 마오쩌둥의 수기手記가 전시되어 있는 것을 보았는데, 혹시 그 비밀을 푸는 열쇠가 거기에 숨겨져 있는 것은 아닌지. 아무튼 그의 논문 「항일 유격전쟁抗日遊擊戰爭의 전략문제」(1938. 5.)와 그 이후의 군사논문은 클라우제비츠의 『전쟁론』을 수용·발전시켰다고 보아도 좋으리라. 예컨대 유격전을 정규전의 보조적 수단 내지 전술적 차원에서 전략적 차원으로 높인 것은 그의 독창성을 발휘한 내용이며, 또 "정치는 유혈이 없는 전쟁이며, 전쟁은 유혈을 수반하는 정치"라고 주장하기도 했다.

5

클라우제비츠의 『전쟁론』(1832)이 미국에서 번역·출간된 것은 1943년이고, 일본에서는 1903년인데 반하여, 조미니의 『전쟁술 개요』(1838)는 미국에서 1862년에 번역·출간되었으며, 남북전쟁(1861~1865) 당시 양군의 장군들은 그의 책을 배낭 속에 넣고 다녔으며, 밤에는 읽고 주간의 작전 수행에 활용했다는 것이다. 그리고 마한 제독(1840~1914)은 조미니의 전략이론을 그의 주저主著, 『해상세력사론海上勢力史論』(1890)과 『해군전략』(1911)에 원용했다는 것은 주지의 사실이며, 19세기에 있어서 조니미의 『전쟁술 개요』는 미국뿐만 아니라, 유럽의 군사학계에 지대한 영향을 미쳤다. 그런데 최근에 와서 클라우제비츠의 『전쟁론』에 비해 조미니의 『전쟁술 개요』의 연구가 활발하지 못한 원인은 과연 무엇일까?

그 주요한 원인은 전쟁을 연구 대상으로 하는 방법론, 특히 철학적 배경의 빈곤에서 연유하는 것이리라. 클라우제비츠는 그의 저서 서문에서 "전쟁에 있어서의 여러 가지 현상의 본질을 규명하고, 이들 현상과 이것을 구성하고 있는 여러 가지 요건의 성질과의 연관을 제시하려는 데 있다"고 천명했다. 그가 현상의 본질을 규명하고자 했다는 것은 이미 철학의 영역에 깊이 들어갔음을 뜻하지만, 조미니는 전쟁의 현상을 연구하는 데 머물렀다는 점이 양자의 근본적 연구방법과 태도의 차이점이다.

클라우제비츠는 전쟁이론이란 미래의 지휘관을 양성하고 또 미래 지휘관의 독학을 돕는 것이지, 결코 그와 더불어 전장에서 그를 인도하는 것은 아니라는 것, 즉 전쟁이론은 관찰에 머물러야 하며, 행동의 규칙이 아니라는 것이 기본적 입장이다. 그 이유는 전쟁술(전략과 전술)이란 살아있는 힘과 정신적 힘을 다루고 있기 때문에 절대적인 것, 확실한 것에 도달할 수 있는 것이 아니다. 따라서 전쟁술에는 많든, 적든 언제나 추론의 여지가 남게 되고, 이 추론의 틈을 메우는 것이 용기와 자기의 신념이다. 용기와 자신自信은 전쟁에 있어서 본질적인 원리이며, 전쟁이론은 이러한 인간적인 요인을 충분히 고려해야 하기 때문이라는 것이다.

두 사람의 상세한 경력을 소개한 이유는 그들의 전쟁연구의 방법론과 태도를 이해하기 위해서였다. 예컨대, 클라우제비츠는 군사학교에서의 3년간의 수학과정修學課程을 거치면서 인문·사회·자연과학의 기초 지식을 습득했고, 또 「군사학회」에서 전쟁에 대한 학문적 접근법을 배웠으나, 조미니는 군사학 연구에 대한 기초 지식의 결여와 승자의 입장에 있었다는 것 등이 주요 원인으로 작용했으리라. 특히 게릴라전에 대한 연구 태도는 여러 가지 전쟁이론의 연구에 시사해 주는 바가 많다.

2001년 9월 11일 미국의 정치·경제의 중추부를 습격한 동시 다발 테러가 발생하여 전 세계에 커다란 충격을 주었다. 테러를 감행한 이슬람 과격파 조직인 알카에다가 4대의 여객기를 납치하여 승객과 승무원을 태운 채 뉴욕의 세계무역센터 건물과 워싱턴 교외의 국방부 건물에 돌진해서 자폭·파괴하여 건물의 파괴뿐만 아니라, 수 천 명의 인명을 앗아갔다. 이런 기상천외의 사건에 대해 전쟁이론은 무엇을 가르치고 있는 것일까?

클라우제비츠는 그의 독특한 변증법적 사고思考에 의해 "어떠한 시대에도 조만간 이론을 철학적 원칙에 비추어 수정할 필요가 생겼다 할지라도, 각 시대는 각 시대의 독특한 전쟁이론을 가졌던 것이다"(자료 4)고 했다는 데 유의할 필요가 있으리라. 그의 사고思考는 추상화·조직화를 하는데 커다란 재능이 있음에도 불구하고 언제나 현실에서 연구 성과의 결론을 이끌어내며, 언제나 현실을 직시한 것은 전쟁연구의 기초가 오성悟性(Verstand)에 바탕을 두고 있었기 때문이었다. 오늘날 전략이론가는 게릴라전보다 더 저강도低强度의 대對테러작전, 평화유지활동, 군사력 시위 및 국가 시책 지원 등의 광범위한 분야를 연구영역으로 포함시켜야 하는 새로운 국면을 맞이하고 있다.

『전쟁론』은 오늘날에도 여전히 가장 근본적·체계적이며, 그리고 전쟁 그 자체와 전쟁준비·수행에 관한 종합적인 연구의 성과이다. 뿐만 아니라, 클라우제비츠는 다른 학문과 마찬가지로 전쟁을 최초로 학문으로서 시민권을 획득케 한 군사이론가·전쟁철학자로 평가를 받고 있고, 또한 최근에는 더 많은 연구 대상으로 각광을 받고 있다.♣

(『군사논단』 제34호, 한국군사학회, 2003년)

제 2 부
손무의『손자병법』연구

Ⅳ.
손무孫武의『손자병법孫子兵法』연구

1. 머리말

지금으로부터 2,500여 년 전, 중국 춘추시대의 제齊나라 사람인 손무孫武가 오吳나라의 합려왕(재위 514~496 B. C.)에게 13편으로 구성된 병서兵書를 바친 것이 만고에 빛나는 명저로 알려진『손자孫子』이다. 당唐나라의 이세민李世民(당 태종唐太宗)은, "나는 여러 병서를 읽어 보았지만, 손무에 비견할 만한 것은 없다"고 높이 평가했으며, 또 명나라의 모원의茅元儀는, "손자 이전의 병서는 손자에 영향을 미치지 못하였고, 손자 이후의 것은 이의 주석註釋에 불과하여 이를 능가하지 못하고 있다. 따라서 손자 일편一篇으로 병가지도兵家之道는 달성된다"고 하였다.

『손자』에 대한 평가는 다만 중국에서만 그 명성을 차지한 것은 아니다. 그것은 상승장군常勝將軍 나폴레옹의 애독서였다고 하기도 하고 또 독일 황제 빌헬름 2세는 제1차 세계대전의 패전 후, 『손자』를 읽고, "20년 전에 읽었어야 할 책이었다"고 술회하였으며, 또 2차 대전 후 일본의 저명한 장군도, "우리들이 바르게 『손자』를 알고 있었더라면, 이렇게 비참한 패전을 당하지 않았을 것이다"고 하였다.

1950년, 세계의 군사고전軍事古典 5권을 엮은 『전략의 원천源泉』의 편자인 필립스 장군은, "기원전 500년에 저술된 손자병법은 지금까지 존재하는 군사작품 가운데 가장 오래 된 것이며, 또 아마 가장 훌륭한 것이리라.… 손자병법의 원리를 현대전쟁의 양상에다 적용할 수 있는 군사학도에게는 그것이 저술된 지 2,500여년이 지난 오늘날에 있어서도 그것은 전쟁수행에 있어서 가장 새롭고 또한 가장 가치 있는 지침서이다"고 했다. 그리고 영국의 유명한 군사평론가로 알려졌던 리델 하트는, "손자병법의 작은 책자 속에는 내가 저술한 20권 이상의 저서에서 다루어 둔 전략·전술의 근본 문제를 거의 포함하고 있다"고 높이 평가했고, 최근에 와서도 『손자』에 대한 연구는 다만 병서로서만이 아니라 경영서經營書로도 활발하게 연구되고 있고, 또한 활용되고 있는데 그 이유를 밝혀 보려는 것이 집필 동기이다.

2. 손자병법의 배경

오늘날 일반적으로 『손자』 혹은 『손자병법』이라 하여 읽을 수 있는 책은 서기 200년경, 위魏의 조조曹操(155~200)가 옛날부터 전해오던 손자병법에 관한 여러 문헌을 정리·편찬하여 후세에 전한 것이며, 손자병법의 저자에 관한 기록은 사마천司馬遷의 『사기史記·손자오기열전孫子吳起列傳』(104 B. C.)에 다음과 같이 적혀 있다.

> 손자 ; 무武는 제齊나라 사람이다. 병법을 가지고 오나라 왕 합려를 뵈었다. 합려가 말했다.
>
> "그대의 병법 13편을 나는 다 보았다. 그런데 군사를 지휘하여 시범을 보여 줄 수 있는가?"
>
> 손자가 대답했다.
>
> "좋습니다."
>
> "부인들을 데리고 시범을 보일 수 있는가?"
>
> "좋습니다"
>
> …
>
> 합려왕은 손자가 용병用兵을 잘 한다는 것을 알고 드디어 그를 장군으로 임명하였다. 서쪽으로 강력한 초楚나라의 군사를 깨뜨리고 그 서울 영郢에 침입했으며, 북쪽으로 제齊·진晋 두 나라를 위협하여 이름을 제후諸侯에 드러낸 것은 손자의 힘이 작용한 바 있다.
>
> 손무가 죽은 뒤 백여 년이 지나서 손빈孫臏이라는 사람이 있었다. 빈 역시 손무의 후손이다. 손빈은 일찍이 방연龐涓과 함께 병법을 배웠다.… 제나라는 이를 계기로 하여 승리의 기세를 타고 위나라의 군사를 모두 격파하고 위나라의 태자 신申을 포로로 잡아가지고 돌아왔다. 손빈은 이것으로 이름이 천하에 드러나게 되었다. 세상에 그가 지은 병법책이 전해지고 있다.

상술한 바와 같이 사마천의 『사기』를 근거로 한다면, 손무가 합려왕에게 13편의 병서를 바치고 장군으로 임명되어, 그의 작전계획에 입각하여 초나라에 침공을 개시한 것이 기원전 511년이고, 초나라의 수도인 영을 점령한 것은 기원전 506년 7월이었다. 그러고 보면 손무가 저술한 13편의 병서, 『손자』는 기원전 513년경으로 추정된다. 그리고 손무보다 160여년 후손인 손빈이 실존했을 뿐만 아니라, 훌륭한 장군(병법가兵法家)이요, 또한 병서의 저술이 있다는 것을 기록해 두었다.

그러나 손무의 업적이 『춘추좌씨전春秋左氏傳』(전국시대?)에서 찾아볼 수 없다 하여 손무의 실존 여부가 의문시 되었다. 왕세정王世貞의 『손자비석孫子批釋』에 의하면, 다음과 같이 손자 부정설을 열거했다.

① 『좌전左傳』에 손무에 관한 기사가 없으니, 손무의 실재에 의문을 가진다.
② 『손자』는 손무의 저서이기는 하지만, 그 대부분은 손빈에 의해 저술되었다.
③ 손무는 실재의 사람이 아니었다. 따라서 『손자』는 전국시대의 변사辯士에 의해 집필된 것이다.
④ 『손자』는 원래 82편의 큰 책이었으나, 위 무제魏武帝(조조)는 그 번잡함을 꺼려서 이를 삭제하여, 소책자로 만들어 지금의 13편이 되었다.
⑤ 병兵의 해독害毒을 흐르게 한 것은 손무에서 비롯된다. 무의 언어는 정正을 버리고 기奇에 기울어졌고, 의義를 배반하여 궤사詭詐에 기울어졌다. 그러한 언어를 바탕으로 하여 전란시대에 『손자』가 탄생하였다.

그러나 『좌전』에 손무의 이름이 보이지 않는다고 하여 손무의 실재를 부인한다는 것은 경솔하다. 『좌전』의 기사에는 오장오자서吳將伍子胥의 이름이 높아 그의 참모로 근무한 손무는 자서子胥의 그늘에 가리어진 것으로 상상된다. 또한 사마천과 같은 위대한 역사가가 어떤 근거도 없이 손무의 『손자』를 날조했으리라고는 생각할 수 없다. 따라서 손무를 『손자』 13편의 원저자로 생각하며, 그 후 손빈에 의해 보완되었다고 생각하는 견해가 존재해 왔다.

그런데 1972년 4월 중국의 산동성 임기현 은작산山東省臨沂縣銀雀山의 전한前漢(사한四漢) 초기(2,100여년 전)의 묘에서 죽간竹簡으로 된 『손자병법』, 『손빈병법』, 『울료자尉繚子』 등이 발굴되었는데, 사마천의 『사기』에 기록된 내용이 사실史實이라는 것이 확인되었다. 즉 손무가 저술한 『손자』 13편, 손빈이 저술한 『손빈병법』이 최초로 모습을 나타냈기 때문이다. 따라서 우리가 현재 읽고 있는 『손자병법』은 손무에서 손빈을 거쳐 조조에 이르는 700년의 축적된 전략사상이 내포되어 있다는 것을 알 수 있으리라.

손무·손빈이 활동했던 춘추·전국시대는 약육강식의 시대였다. 명목상으로 주왕周王이 임명했지만, 제후들은 거의 독립국으로 행세하며 이웃의 약소국을 정복하여 영토를 넓히고, 또 상호 동맹관계를 맺어 집단 방위력을 강화하여 자국의 생존과 번영을 도모하는 시대였다. 『회남자淮南子』에 의하면, "춘추 242년간에 망한 나라가 52요, 임금을 죽인 자가 36"이라 했다. 따라서 천하가 싸움터요, 도살장이라 해도 과언이 아니었고, 사람들은 힘의 법칙에 대한 인식을 아니 가질 수 없었다. 병학자兵學者인 손무가 출현한 것도 이 무렵이었다. 그리고 당시의 전쟁은 정복이나 통일을 위한 것이 아니라, 본질적으로 각 국의 생존과 번영에 역점을 두었다. 왜냐하면, 한 국가를 상대하여 그 국가를 타도하기 위해 국력과 군사력을 소모해 버리면, 제3국이 그 기회를 이용하여 침공해 오기 때문이었다. 그래서 "백 번 싸워 백 번 승리하는 것이 최상의 방법이 아니고, 싸우지 않고 적을 굴복시키는 것이 최상의 방법이다"(모공謀攻)고 하는 사상이 싹튼 것이다.

당시의 중국은 거의 농경경제農耕經濟에 의존하고 있었다. 농경경제는 토지로부터 농민의 노동을 거쳐 필요한 식량을 획득할 수 있다. 아무리 넓은 농경에 적합한 농토를 정복에 의해 소유하여도, 경작할 농민이 없다면 아무 소용이 없는 것이다. 그리고 전쟁이 일어나게 되면, 농민을 징용하여 병사로 만드는데, 그들이 부상·전사하게 되면 노동력의 감소로 농작물 생산량에 차질을 가져오고 그것은 국력의 저하로 직결되었다. 『손자병법』은 병서이기 때문에, 승리를 추구하는 방법을 기술하고 있지만, 거기에 앞서 「부전不戰」과 「불살不殺」을 강조하는 것도 여기에 기인하리라.

농민들을 소집하여 병사로 갑자기 만들었기 때문에, 그들의 지식과 의식수준은 대단히 얕았고, 충성심과 애국심도 별로 없었다. 그들은 내가 왜 싸움터에 와서 싸우다가 죽어야 하는가, 하는 문제를 생각할 여유와 기반도 없었다. 이런 병사들을 지휘하여 어떻게 싸울 것인가? 손무는 병사들 개인의 자질과 기량보다는, 집단 전체의 태세와 기세를 중시하지 않을 수 없었다. "전쟁을 잘 하는 장수는 승리를 전세戰勢에서 찾고, 병사들에게 책임을 묻지 않는다"(병세兵勢)고 손무는 역설했던 것이다.

당시의 군대의 구성과 전쟁수행 방식을 본다면, 국가 내부는 제후諸侯－경卿－대부大夫－사士－민民이라는 신분계층으로 분류되어 있었다. 이 가운데서 전사戰士로서 전투에 참가할 수 있는 것은 사士 이상의 신분에 한정되어 있었다. 장군將軍(전장에서 군대를 지휘하는 자)은 아직 전문적인 관직이 아니라, 주로 왕족이나 경·대부 가운데서 군주가 수시로 임명하는 방식을 취했다. 그러나 오나라는 한민족漢民族이 아니라, 양자강 하류에 거주하는 미개의 만족 출신蠻族出身이었다. 따라서 중원의 각 국처럼 주周의 봉건제도에 바탕을 둔 신분제도가 확립되어 있지 않았다. 그래서 전투원을 사士 이상으로 한정할 필요도 없었고, 전술한 바와 같이 농민들을 그대로 병사로 채용했기 때문에 동원 병력 수가 비약적으로 많았으며, 병원兵員의 보충도 용이하였다. 그리고 임시로 장군이 될 경·대부 등의 귀족제도도 확립되어 있지 않았기 때문에 오왕이 직접 진두지휘를 취해 왔으나, 전쟁 규모가 커지고 장기화됨에 따라 군사전문가를 초청하게 되었다. 그리하여 손무가 장군으로 임명된 것은 임시로 임명된 직책이 아니라, 언제나 군대를 지휘하는 권한이 주어진 전문적인 관직이었다. 그래서 손무는 군주와 장군의 권한·기능의 한계를 명백히 기술한 흔적이 보인다.

필자는 오랫동안 『손자병법』이 어떤 철학적 기반에서 집필되었을까 하는 데 관심을 가져왔다. 이 문제에 대해 단편적인 견해는 엿볼 수 있었으나, 체계적인 연구 결과에 의한 견해는 아직 발견하지 못 했다. 「손자병법으로 본 한국전쟁」(『공군』 96호, 1966년 4월호)에서 필자는 심오한 노자사상老子思想에 바탕을 두고 있다고 역설했는데, 지금 와서 생각해 보아도 어긋나지 않았다고 확신하고 있다. 손무의 장군으로서의 기본자세, 전략사상, 권력·지위·부에 대한 확실한 태도, 그리고 전공戰功을 세운 후, 갑자기 역사무대에서 사라진 것을 본다면 은퇴한 것으로 추정된다.

여기서 노자사상老子思想에 대한 구체적·체계적 논의는 할 수 없으나, 『손자병법』의 이해에 도움이 되는 구절을 『노자』에서 골라 보기로 한다. 그런데 먼저 『노자』의 사료적史料的 평가를 언급할 필요가 있다. 사마천의 『사기』에 의하면, "노자는 초나라 사람이요, 성은 이씨李氏, 이름은 이耳이고… 공자는 일찍이 노자를 만나 가르침을 청했다. 노자는 공자의 학문방법과 태도에 대하여 엄한 충고를 했다. 공자는 돌아와 노자를 용龍으로 비유하여 찬양하였다." 『노자』에 대해 많은 설이 있으나, 필자는 호적설胡適說을 수용하는 입장이다. 즉, 노자는 실재 인물로서 공자보다 스무 살이나 나이가 많고, 또 노자서老子書에 대해서는 비록 후대의 사람들이 멋대로 덧붙이거나 고친 곳이 있기는 하나, 역시 춘추시대에 노자가 저술한 책이라 했다. 『노자』에서 병서 연구에 참고할 만한 내용은 다음과 같다.

- 물건을 가득 차게 가지는 것은 아니 가짐만 못하다.… 부귀한 생활을 하면서 남에게 교만하면 스스로 허물을 남기는 것이니, 공이 이루어지면 몸이 물러가는 것은 자연의 법칙이다.(제9장)
- 자연의 도道를 본받아 임금을 보좌하는 사람은 무력으로 세계와 전쟁하려 하지 않는다. 왜냐하면, 이쪽에서 저쪽 나라를 침략하려고 하면 또 저쪽 나라에서도 이쪽 나라를 침략하러 오기 때문이다. 군대가 주둔하는 곳에는 토지가 거칠어지고 가시덤불이 무성하게 된다. 큰 전쟁이 끝난 뒤에는 반드시 기아가 따라오게 된다. 그러므로 전쟁을 잘하는 사람은 전쟁 목적을 달성할 뿐이요, 바로 적국에서 병장기를 철수하여 버린다.(제30장)
- 전쟁이란 상서롭지 못한 도구이다. 사람을 해치므로 이것을 싫어하고 꺼려한다.… 전쟁이란 상서롭지 못한 도구이기 때문에 도덕군자가 사용

할 연장이 아니다. 부득이 해서 사용할 때에는 적국을 안정시키는 것으로 상책上策을 삼아야 한다. 승리하고도 명예롭게 생각하지 말아야 한다.(제31장)

- 사람은 땅의 생성 이치를 본받아야 살아갈 수 있고, 땅은 하늘의 운행 법도를 본받아야 만물을 낳고 기를 수 있으며, 하늘은 도道(천지의 운행 생성 법칙)를 본받아야 하늘의 역할을 할 수 있고, 도는 자연을 본받아야 한다.(제25장)
- 정正으로 나라를 다스리고, 기奇로 군사를 쓴다(以正治國, 以奇用兵).(제57장)
- 훌륭한 용사는 센 듯이 보이지 않고, 잘 싸우는 사람은 성내지 않으며, 적과 싸워 잘 이기는 사람은 다투지 아니한다.(제68장)
- 옛날 병가兵家의 말이 있다. "싸움을 먼저 걸지 말아야 한다. 싸움을 걸어오기까지 기다려라. 앞으로 나아가 싸우지 말고 뒤로 물러와서 지켜라." 이것을 행하여도 형形이 없고, 물리쳐도 팔을 쓰지 않고, 붙잡아도 병장기를 쓰지 않고, 나아가도 적이 없다고 한다.(제69장)
- 천도天道는 다투지 않고도 잘 이기고, 말을 하지 않고도 잘 대답하고, 부르지 않아도 저절로 온다.(제73장)
- 이 세상에 물보다 더 부드럽고 약한 것은 없다. 그러면서도 굳세고 강한 것을 쳐서 이기는 데는 물보다 나은 것은 없다. 이렇게 하는 데는 물로 대치할 만한 물건이 없다.(제78장)

노자의 도란 결국 자연법칙(제25장)이며, 그가 말하는 무위자연無爲自然이란 자연의 이법理法에 대해 철저히 인식하고, 그 인식에 서서 능동적으로 하는 행위 또는 활용을 뜻하는 것이다. 예컨대, 손무는 물의 본성을 잘 알고 있었기에 병법에 활용했던 것이다. 즉 "무릇 군대의 운용은 물과 같아야 한다. 물은 높은 곳을 피하고 낮은 곳으로 흐르기 마련이다. 마찬가지로 군대의 운용도 적의 강한 곳을 피하고 허점을 공격해야 하는 것이다. 물은 지형에 따라 흐름의 형태를 달리하는 법이지만, 마찬가지로 군대도 상황에 따라, 즉 적의 허실강약虛實强弱에 의하여 승리를 획득해야 한다. 물에 일정한 형태가 없는 것과 마찬가지로, 군의 운용에도 일정한 형태가 없는 것이다. 적의 정세에 따라 우리의 쉽고 효과적인 대응책으로 승리를 거두니, 이를 용병用兵의 신神이라 한다."(허실虛實)

『손자병법』이 오늘날까지 생명을 유지하고, 또한 더욱 활용가치를 더해 가고 있는 이유는 심오한 『노자』의 철학적 기반 위에 뿌리를 박고 있기 때문이리라. 예컨대, "용병의 원칙상 승리가 확실하다고 예견되면 군주가 싸우지 말라고 하더라도 반드시 싸워야 하며, 용병의 원칙상 승리할 수 없는 것이라면, 군주가 싸우라 하더라도 싸우지 말아야 한다. 따라서 장수된 자가 진격하는 것도 공명功名을 얻기 위함이 아니며, 후퇴하는 것도 처벌을 피하려 하지 않는다. 오직 국민을 보호하고 국가의 이익과 일치하기를 바랄 뿐이다. 이러한 장수야말로 국가의 보배인 것이다"(지형地形)고 했는데, 이것은 장수도將帥道의 핵심이며, 이순신 통제사는 이 명구名句를 애송했으리라 추정되는데, 그는 실천으로 장수도將帥道를 우리들에게 보여 주었다. 손무는 그의 참다운 후계자를 이순신에게서 찾았으리라. 손무의 전쟁관(제31장), 그리고 그가 전공戰功을 크게 세웠으나 갑자기 역사의 무대에서 모습을 감춘 것을 보면, "공功이 이루어지면 몸이 물러가는 것은 자연의 법칙이다"(제9장)라는 것을 스스로 실천한 것이리라.

3. 전쟁본질론

전쟁이란 무엇인가? 이 질문에 대답하려면, 전쟁의 본질, 원인, 성격, 형태의 분석과 전쟁의 사회적 결과에 대한 검토, 전쟁에 영향을 미치는 사회적 요인의 연구, 거기에다 여러 가지 전쟁형태의 발생의 방지에 수반되는 문제 점 등을 포함하게 된다. 더욱이 현대전쟁은 총력전의 양상을 가져 왔기 때문에 사회의 어느 분야도 직접·간접으로 연관되어 있다. 예컨대,

1700년 이후의 모든 국제적 전쟁의 원인을 조사·연구한 조후레 블레니 교수에 의하면, "전쟁 원인에 대해서 논의한 수 천 쪽의 출판물에 있어서 평화의 원인에 대해 직접 논의한 것은 단 한 페이지도 없다. 그러나 전쟁과 평화의 원인들은 논리적으로 볼 때, 서로 밀접하게 연관되는 것이다"고 말하고, 한 권의 저서를 발간했다. 전쟁과 평화는 국제문제의 시작이요, 끝이라 해도 과언이 아니리라. 왜냐하면, 평화가 정착하지 못하는 곳에 전쟁(혹은 분쟁)이 오기 마련이요, 또 전쟁이 종식되는 곳에 평화가 찾아오기 때문이다 (여기서 공산주의자들의 평화관은 논외로 한다).

여기서는 클라우제비츠의 『전쟁론戰爭論』(1832)과 비교하면서 논의를 하고자 한다. 그는 전쟁을 결투(Zweikampf)에 대비시켰다. "전쟁을 구성하고 있는 기본 요소, 즉 두 사람 사이에서 벌어지는 결투를 생각하려 한다. 전쟁이란 결투가 확대된 것에 지나지 않는다. 우리들은 개개의 결투가 많이 모여 하나의 전체를 이루는 것을 전쟁이라 생각하지만, 이러한 경우 두 사람의 결투자를 생각하는 것이 좋다.… 전쟁이란 적을 굴복시켜 자기의 의지를 강요하기 위해 사용되는 일종의 폭력행위이다.… 폭력, 말하자면 물리적 폭력은 수단이고, 적에게 우리의 의지를 강요하는 것이 목적이다. 이 목적을 달성하기 위해서는 적의 저항력을 무력화해야 하며, 이것이 모든 군사적 행위의 목표이다."(제1편 1장)

클라우제비츠는 전쟁의 본질이란 두 사람의 결투와 같은 것으로 보았다. 결투장에 두 사람이 출전했다면, 거기에는 선택의 폭이 좁아져서 상대편을 타도하든가 아니면 자기가 타도 당하는 경우이다. 적을 무력화하거나 타도를 전제로 함으로써 우리의 의지를 강요할 수 있다는 것이다. 이것이 초기에 그가 바람직한 전쟁상으로 여긴 절대전쟁의 개념이다. 그러나 말년에 가서는 현실전쟁(말하자면 제한전쟁)으로 태도를 변경했지만, 그의 후계자들, 특히 군인들은 그의 절대전쟁을 계승·발전시킴으로써 비극·자멸을 자초하고 말았다. 이것이 소위 말하는 세계 1·2차 대전에서의 독일의 패전이며, 특히 핵무기의 등장은 전쟁목적 그 자체를 삼켜버리는 결과를 가져올 우려를 하게 되었다.

이런 시점에서 『손자병법』이 더욱 각광을 받게 된 것이다. 왜냐하면, "전쟁은 국가의 중대한 일이다. 국민의 생사와 국가의 존망이 기로에 서게 되는 것이니, 신중히 검토하지 않으면 안 된다"(시계始計)고 했다. 그리고 "한 번 멸망한 국가는 다시 소생할 수 없고, 죽은 자는 다시 살아날 수 없기 때문이다. 그러므로 총명한 군주는 전쟁을 일으키는 것을 삼가하며, 훌륭한 장수는 전쟁을 경계한다. 그것이 국가를 안전하게 하고 군대를 보존하는 방법이다."

원래 병서란 어떻게 해서 싸우면 승리하는가 하는 문제를 중점적으로 다루어야 함에도 불구하고, 전쟁에 대해 왜 이렇게도 신중론을 폈던 것일까?

첫째 : 전쟁이란 상서롭지 못한 도구이기 때문에 도덕군자가 사용할 연장이 아니고, 부득이 해서 사용할 때에는 적국을 안정시키는 것을 상책上策으로 삼아야 한다는 것이 도가道家의 전쟁관이다. 더 부연한다면, 생물계는 대개 만물을 살리는 것으로 법칙을 삼고, 다투지 않고 서로 조화하는 것으로 원리를 삼는다. 인간사회에서는 이러한 자연의 질서에 역행하여 사람의 생명을 빼앗는 전쟁도구를 만들어 내어 약육강식의 전쟁을 자행한다는 것은 바람직하지 못한 행위이다. 그러나 피치 못할 사정에 의해 전쟁을 수행한다 해도, 적국과 국민을 온전하게 해두고 승리하는 것이 상책이라는 것이다. 그래야만 상호 자원과 생명의 손실이 없기 때문이다.

둘째 : 만약 전쟁을 하게 되어 피를 흘리게 된다면, 아군의 인적·물적 손실을 입게 될 뿐만 아니라, 적국을 점령한다 해도 적국의 인적·물적 손실이 많다면, 승리의 이득은 감소되지 않을 수 없으리라. 예컨대, 세계 제2차 대전에서 연합군은 '적국의 무조건 항복'을 내걸고 전쟁에서 승리했으

나, 전후 처리에 있어서, 승자는 패자의 식량원조·경제 원조를 해야 했으니, 전쟁은 무엇 때문에 했는가 하는 문제가 제기되지 않을 수 없다.

셋째 : 클라우제비츠는 전쟁을 결투에 대비했지만, 손무는 싸움으로 대비한 것 같다. 즉, 먼저 입 싸움을 하거나, 다음에 상대편을 고립시키고 이편에 많은 동조자를 얻어 상대편을 위협하거나, 그것이 여의치 않으면 몸싸움을 하듯, 선택의 폭이 클라우제비츠보다 넓다는 것이다.

이런 세 가지의 관점으로 보았을 때, 손무는 전쟁은 함부로 시작하는 것이 아니라, 신중히 생각해서 "이로움이 없으면 움직이지 말고"(非利不動), 또 "위태롭지 않으면 싸우지 말라"(非危不戰)는 입장이다. 그러나 부득이 전쟁을 하게 된다면, "싸우지 않고 적을 굴복시킨다"(不戰而屈人之兵)는 것을 상책으로 삼았다. 이것이 손무의 전쟁철학이며, 또 오늘날 핵시대에 다시 각광을 받고 재등장한 이유가 여기에 있는 것으로 생각한다. 그렇다면, 어떻게 싸우지 않고 적을 굴복시킬 수 있는가 하는 문제는 국가전략론에서 다루고자 한다.

4. 국가전략론

국가전략이란 국가목적을 달성하기 위하여 전·평시를 막론하고 군사력과 아울러 정치·경제·심리 등 국가가 사용할 수 있는 모든 방법과 수단을 통합하여 사용하는 기술과 과학으로 정의되고 있다. 그렇다면 국가전략의 목적은 무엇인가?

> 대체로 전쟁을 하는 가장 훌륭한 방책은 적국을 온전한 채로 두고 굴복시키는 것이 최상이며, 적의 국토를 파괴하고 얻는 것은 차선次善이다. 적의 군대를 온전한 채로 두고 굴복시키는 것이 최상이며, 그것을 파괴하고

얻는 것은 차선이다.…

백 번 싸워 백 번 승리하는 것이 결코 최상의 방법이 아니고, 싸우지 않고 적을 굴복시키는 것이 최상의 방법이다. 따라서 가장 훌륭한 방책은 적이 전쟁하려는 의도를 분쇄하는 일이고, 그 다음은 적의 동맹관계를 끊어 고립시키는 일이며, 그 다음은 적의 군사를 정벌하는 일이요, 최하의 방책은 적의 성城을 공격하는 일이다.(모공謀攻)

손무의 국가전략의 목적은 싸우지 않고 적을 굴복시키는 방책이며, 네 가지 방책 가운데 비군사적 방책은 전쟁하려는 의도의 분쇄와 적을 고립시키는 것이며, 다음 두 가지는 군사적 방책이기 때문에 군사전략에서 다루고자 한다. 어떻게 하면 싸우지 않고 적을 굴복시킬 수 있는가? 그것은 적을 타도할 수 있는 국력과 전쟁수행 능력의 보유가 전제이며, 이것은 오사五事·칠계七計·궤도詭道이고, 일괄하여 군비軍備라 해도 좋으리라. 손무는 강력한 군비에 의해 적이 싸우려는 의도를 분쇄하는 것을 최상의 방책으로 삼았고, 전쟁은 하책下策으로 생각했던 것이다. 오사란 다음과 같다.

첫째 : 도道는 국민들이 위정자와 같은 마음이 되어 생사生死를 함께 할 수 있으며, 어떤 위험도 두려워 하지 않도록 하는 것이다.

둘째 : 천天은 음양의 이치, 한서(추위·더위)나 계절의 변화 등 시간적인 조건이다.

셋째 : 지地는 거리가 먼가, 가까운가. 지세가 험난한가, 평탄한가. 넓은가, 좁은가. 또 막다른 곳인가, 트인 곳인가 등 지리적인 조건이다.

넷째 : 장將은 지혜, 신의, 인애, 용기, 엄정을 갖춘 장수를 말한다.

다섯째 : 법法은 군대의 조직이나 규율 및 병참 등이다.

이 오사는 전쟁의 승패를 결정하는 열쇠이며, 이것은 평시에 갖추어야 하는 가장 중요한 군비軍備이다. 손무는 이 오사의 중요성에 대하여, "이것을 알고 실천하는 자는 승리하고, 그렇지 못한 자는 승리하지 못한다"고 했다.

칠계란 적과 아군의 전력戰力을 비교하여 우열優劣을 조사하는 내용이다. 그 내용은 다음과 같다.

① 어느 편의 통치자가 더 정치를 바르게 잘 하는가.
② 장수는 어느 편이 더 유능한가.
③ 천시天時와 지리地利는 어느 편이 더 유리한가.
④ 조직·규율·병참 등은 어느 편이 더 잘 정비되어 있는가.
⑤ 군대는 어느 편이 더 많으며 강한가.
⑥ 장병은 어느 편이 더 잘 훈련되어 있는가.
⑦ 신상필벌은 어느 편이 더 분명히 행해지고 있는가.

오사가 「지기知己」에 관한 것이라고 한다면, 칠계는 「지피知彼」에 관한 내용이다. 즉, 적의 능력과 의도에 대해 정확한 정보가 전제조건이다. 따라서 용간用間의 중요성이 등장한다(이 문제는 차후 논의함). 손무는 칠계의 중요성을, "일곱 가지 사항을 비교 검토해 보면 승패를 알 수 있다"고 했다.

오사·칠계는 손자병법의 근본이다. 그러나 그것이 전부는 아니고, 여기에 궤도가 첨가되어야 한다. 즉 오사·칠계가 정적靜的인 힘이라고 한다면, 이것을 동적動的인 힘으로 전환하여 상대편에게 위협을 줌으로써 정치적 목적을 달성코자 하는 것이다. 산 위에 큰 바위가 존재한다는 것, 그것만으로는 위협이 되지 않는다. 그것이 낭떠러지에서 굴러 내려오는 듯한 상태에 있어야 행인에게 위협이 되고, 그 옆을 지날 때, 그 바위를 경계하고 피하지 않을 수 없으리라.

손자병법의 특색은 평·전시를 통하여 오사·칠계·궤도를 운용한다는 데 묘미가 있고 또한 진가가 있다. 예컨대 궤도는 다만 전쟁이 발발한 연후에 발동한다는 식으로 좁게 생각해서는 안 된다. 그리고 궤도는 국가의 존망과 국민의 생사를 결정하는 마당에서는 승인되어야 하며, 이것을 가지고 인의仁義에 위배된다고 생각하는 것은 '송양의 인宋襄之仁'에 지나지 않는다.

궤도(속임수)는 14개로 구성되어 있다.

① 능력이 있으면서도 능력이 없는 것처럼 가장한다.
② 필요하면서도 필요치 않은 것처럼 위장을 한다.
③ 가까운 곳을 노리면서도 먼 곳을 노리는 것처럼 한다.
④ 먼 곳을 노리면서도 가까운 곳을 노리는 것처럼 한다.
⑤ 적에게 이익을 주어 꾀어낸다.
⑥ 적을 혼란케 하여 쳐 빼앗는다.
⑦ 적의 군비가 충실하면 서두르지 말고 대비를 한다.
⑧ 적이 강하면 정면충돌을 피한다.
⑨ 적을 분노케 하여 판단을 그르치게 한다.
⑩ 저자세로 나아가 적을 교만하게 만든다.
⑪ 적으로 하여금 안일을 즐기게 하여 피로케 만든다.
⑫ 적이 단합되어 있으면 분열시킨다.
⑬ 적의 무방비한 곳을 택하여 공격한다.
⑭ 적이 뜻하지 못한 곳을 노려야 한다.

열네 가지 형태의 궤도는 표준형에 지나지 않으며, 특히 전장戰場에서의 궤도는 무수히 많을 것이며, 적의 상황에 따라 달라지게 마련이다. 따라서 임기응변의 궤도는 미리 전할 수도 없는 것이다.

손무는 오사·칠계·궤도를 가지고, 싸우지 않고 적을 굴복시키는 것을 상책으로 삼았는데, 1939년 3월, 히틀러의 체코슬로바키아 무혈점령은 좋은 예가 될 것이다. 그러나 만약 국내외의 정세에 따라 전쟁을 하게 된다면 어떻게 할 것인가?

손무의 회답은 명쾌하다. 즉 "전쟁은 졸속拙速(속전속결速戰速決)으로 승리하는데 가치가 있지, 지구전持久戰을 해서는 안 된다"고 했는데, 그 이유는 다음과 같다.

전쟁을 하려면 그 규모는 전차 1,000대, 치중차 1,000대, 무장군 10만 그리고 천리나 되는 먼 거리에 군량을 수송할 만한 비용, 국내외에서 사용하는 비용, 외교사절의 접대비, 군수물자의 보급 및 개인 장구 등 하루에 천금의 거액을 소비할 만한 능력이 있어야 한다.…

전쟁을 하는데 있어서 장기전을 벌이면 무기가 무디어지고 장병들의 사기도 저하된다. 따라서 적진을 공격해도 공격력이 약화된다. 장기간 군대를 적지에 두게 되면 국가 재정이 고갈된다. 그리하여 무기가 무디어지고 사기가 저하되고 공격력이 약화되고 국고가 고갈되면, 제3국이 이에 편승하여 침공코자 일어서게 된다. 이렇게 되면 아무리 지모智謀가 있는 자라 할지라도 그것을 수습할 수 없게 될 것이다.(작전作戰)

세계 최강의 미군이 월남전에서 월맹군에게 패배한 원인은 무엇인가? 이 문제에 대하여 미국의 서머스 대령의 『전략론—미국의 월남전—』(1981)은 클라우제비츠의 『전쟁론』을 바탕으로 분석·평가하여 높이 평가되었다. 그것은 주로 군사전략의 관점에서 이루어져 있다. 미국의 패인을 한 차원 더 높은 곳, 즉 국가 전략적 견지에서 본다면, 1961년 미국이 월남전에 직접 개입했을 때, 인적·물적 자원을 총동원하여 속전속결로 승리하겠다는 의지와 그것을 뒷받침하는 전략의 부재不在가 가장 중요한 원인이리라. 미국은 "전쟁은 속전속결로 승리하는 것을 귀하게 여기고, 지구전을 귀하게 여기지 않는다"(故兵貴勝, 不貴久)는 원칙을 위배했던 것이다.

요약한다면, 손무의 국가전략의 목적은 싸우지 않고 적을 굴복시키는 것이 최상의 방책이요, 만약 전쟁을 하게 된다면, 속전속결로 정치적 목적을 달성해야 한다는 것이 기본 취지로 생각된다. 그 이유는 국가의 인적·물적 자원의 소비, 재정, 군·관·민의 사기 그리고 제3국의 개입 등이 주요 요인으로 열거되어 있다.

5. 군사전략론

현대는 「전략의 시대」라 해도 과언이 아닐 것이다. 원래 전략이라는 용어는 군사용어였으나, 오늘날에는 경영전략, 문화전략, 심지어 혼수전략… 등 다양하게 사용되어 그 개념도 퍽 넓어졌다. 전략(strategy)은 희랍어의 strategos에서 유래되었으며, 「장군의 용병술」, 「궤계詭計」 등의 뜻을 지니고 있었다. 이것이 엄밀한 군사용어로 쓰이기 시작한 것은 18세기 말부터이며, 주로 무력전을 위한 종합적인 준비·계획·운용의 방책의 뜻으로 사용되어 왔다. 예컨대 클라우제비츠는 "전략은 전쟁 목적을 달성하기 위한 전투의 사용이며, 전술은 전투에서의 전투력의 사용이다"고 정의했는데, 이것은 무력전에 한정되어 있었다.

그러나 제1차 세계대전을 계기로 전쟁의 규모가 엄청나게 방대해지고, 또 장기화되어 총력전으로 변하자, 전략은 점차로 정치·경제·사회심리·산업기술 등 비군사적 요소를 고려할 필요성을 갖게 되었다. 따라서 전략은 전시뿐만 아니라 평시에도, 또 군사적 요소뿐만 아니라 비군사적 요소도 포괄하는 광의廣義의 전략개념이 요청되어, 국가전략, 대전략이라는 용어가 등장했다.

물론 손무의 시대에는 전략·전술의 용어가 없었지만, 「용병지법用兵之法」, 「선용병자善用兵者」, 「모공지법謀攻之法」 등을 통하여 전략·전술의 원칙을 기술하고 있을 뿐만 아니라, 2,500여 년 전에 이미 국가전략과 군사전략·전술을 유기적·체계적으로 잘 다루고 있다는 점에 놀라지 않을 수 없다. 프랑스의 앙드레 보프르(1902~1975) 장군은 『전략입문戰略入門』(1965)에서 전략의 본질에 대해 다음과 같이 설명했는데, 앞으로의 논의를 위해 참고가 되리라.

> 전략의 본질이란 두 개의 서로 상반되는 의지意志가 충돌할 때 생겨나는 추상적 상호작용이다. 어떠한 수법手法을 사용한다 할지라도, 의지의 상충

에서 제기되는 문제를 극복하기 위하여, 또한 결과적으로 최대한의 효과를 가져 오는 바람직한 수법을 사람으로 하여금 운용 가능케 하는 술術이다. 따라서 전략은 힘의 변증법적 술, 혹은 더 명확히 말해서 그들의 쟁점을 해결하기 위해 힘을 사용하는 두 개의 상반된 의지의 변증법적 술이다.

가. 불패不敗의 우선優先

손무는 군사전략의 목표를 다음과 같이 표명하고 있다. 즉 "옛날 용병을 잘하는 장수는 먼저 적이 승리하지 못하도록 만전의 태세를 갖추고 이 편이 승리할 수 있는 기회를 기다렸다", "용병을 잘하는 장수는 당초부터 패배하지 않을 태세를 갖추고 적을 패배시킬 수 있는 기회를 놓치지 않았다"(군형軍形). 이것은 자국自國의 안전을 적의 타도보다 더 우선하고 있음을 엿보게 한다. 이것은 얼핏 보아 소극적인 자세를 나타내는 내용으로도 볼 수 있다. "공격은 최상의 방어이다"고 하는 관점에서 본다면, 지나치게 신중함을 보이고 있는 것이 아닐까 ?

그러나 손무는 전쟁과 전투를 구별해서 생각하고 있다. 즉 전략은 전쟁을 다루고, 전술은 전투를 다룬다는 말처럼 전투(차후 전술론에서 다루게 됨)에 있어서는 적지에 깊이 침공하거나 혹은 부대의 전투력을 최고도로 발휘케 하기 위해 스스로 위험한 환경에 뛰어드는 등 적극적이고 호탕불기의 방책을 얘기하고 있다. 그러나 전쟁은 신중하게 대처하여, 「자국自國의 안전·불패不敗」를 첫째로 삼고, 「적의 타도」를 차등에 두고 있다. 그리고 전략 수행의 기본 원칙을 다음과 같이 말하고 있다.

[현행손자現行孫子**]** : 이길 수 없는 것은 수守이고, 이길 수 있는 것은 공攻이다. 수守는 즉, 부족하기 때문이고, 공攻은 즉, 남음이 있기 때문이다. 선수자善守者는 구지九地의 아래에 감추고, 선공자善攻者는 구천九天의 위에 움직인다(軍形 : 不可勝者守也, 可勝者攻也. 守

則不足, 攻則有餘. 善守者藏於九地之下, 善攻者動於九天之上).

[죽간손자竹簡孫子] : …수세를 취하면 병력이 남게 되지만, 공세를 취하면 병력이 부족하기 마련이다. 선수자善守者는 구지九地의 아래에 감추고 있다가, 기회를 보아 구천九天의 위에 움직인다(…守則有餘, 攻則不足. 善守者藏於九地之下, 動於九天之上). 그러므로 능히 스스로 보전하고 온전히 승리한다.(양편이 동일한 내용임)

전쟁방식을 공세攻勢와 수세守勢로 나누었을 때, 수세만으로는 승리할 수 없고, 승리하려면 공세를 취해야 한다는 것은 기본 원칙이다. 그리고 병력이 부족하면 수세를 취하고, 병력이 적보다 우세하면 공세를 취한다는 것은 현대 군사학의 일반 원칙이요, 또 현행의 『손자병법』에도 「守則不足, 攻則有餘」로 기록되어 있다. 그러나 새로이 발굴된 죽간竹簡의 『손자병법』에 의하면, 수守·공攻의 내용이 상술한 바와 같이 반대로 되어 있을 뿐만 아니라, 수자守者가 구지九地의 아래에 감추고, 또 구천九天의 위에 움직인다고 했다. 그렇다면 이것을 어떻게 해석해야 할 것인가?

손무에 의하면, "적이 승리하지 못하도록 하는 것은 이 편에게 달려 있고, 이 편이 승리하는 것은 적군에게 달려 있는 것이다. 그러므로 선전자善戰者는 능히 적이 승리하지 못하도록 할 수 있지만, 적으로 하여금 이 편이 반드시 승리할 수 있도록 할 수는 없는 것이다"(군형軍形)고 했다. 「수守」, 즉 불패不敗의 태세는 자기 스스로 만들 수 있으나, 적의 격파는 적이 만드는 실책을 틈타야 하기 때문에 스스로의 주체성만으로는 불가능하다. 불패不敗의 태세를 만드는 것(守)은 공攻보다 유리한 전쟁방식이라는 것을 「守則有餘, 攻則不足」으로 표현했으며, 그의 수守는 다만 수세로 끝나는 것이 아니라, 곧 공세로 전환하는 것을 "선수자善守者는 구지九地의 아래에 감추고 있다가, 기회를 보아 구천九天의 위에 움직인다"로 설명하고 있는 것으로 해석을 시도해 본다.

손무의 불패不敗의 태세(守)란 오늘날의 군사용어로는 선수후공先守後攻(defensive-offensive)의 전략으로 파악하는 것이 좋으리라. 클라우제비츠도 "어떠한 방어도 방어의 이점利點을 모두 활용했다면, 곧 공격으로 옮겨야 한다는 것을 반복하여 지적해 둔다"(『전쟁론』)고 했는데, 이것은 손무의 견해와 동일한 것으로 파악된다.

나. 전쟁이란 정正으로 나아가 기奇로써 승리한다

「凡戰者, 以正合, 以奇勝」의 내용은 국가전략·군사전략·전술에도 적용되는 깊은 뜻을 지니고 있다. 여기서 정正을 시계始計의 오사·칠계로 보고, 기奇를 궤도로 볼 수 있다. 『노자』는 「以正治國, 以奇用兵」(제57장)이라 했는데, 正은 정치요, 奇는 전쟁이라 하겠다.

이 내용을 군사전략의 차원에서 본다면, "싸움이란 불패의 태세, 즉 적의 공세를 능히 막을 수 있는 수세(正)로 나아가, 적을 이길 수 있는 공세(奇)로 승리하는 것이다"고 풀이할 수 있다. 좀 더 부연한다면, "삼군三軍의 무리로, 반드시 적을 맞아 패하는 일이 없게 할 수 있는 것은 奇와 正이 이렇게 하는 것이다. 군사가 더하는 것은 숫돌로써 알을 치는 것과 같은 것으로 허虛와 실實은 이렇게 하는 것이다"(병세兵勢). 군사전략이란 결국 일선부대(전술부대)로 하여금 숫돌로써 알을 치는 것처럼 쉽게 승리할 수 있는 방책을 만들어 주는 데 있으며 우리의 실實로 적의 허虛를 치는 데 있다.

『손자병법』에 있어서 기정奇正·허실虛實의 문제는 가장 중요한 과제이며 진수라 해도 좋을 것이다. 『이위공문대李衛公問對』의 내용을 소개하면 다음과 같다.

> 당 태종은 말했다. "짐은 여러 병서를 보았지만, 모두 『손자병법』에서 벗어나지 않았으며, 손무의 13편은 모두가 허실의 문제에서 벗어나지 않는다고 생각되오. 용병用兵에 있어서 허실의 세를 잘 알고 있으면 싸움에

승리하기 마련이오. 지금 여러 장수들이 '적의 세가 실한 경우에는 싸움을 회피해야 하고, 적의 세가 허한 경우에는 적을 공격해야 한다'고 말하고 있으나, 막상 적과 부딪치게 되면 허실의 세를 정확히 파악하여 대처하는 자가 많지 않을 것이요. 이것은 적을 유인하여 적의 세를 완전히 파악하지 못하고, 도리어 적에게 유인을 당하여 군세를 적에게 노출시키기 때문이오. 경은 여러 장수들을 위하여 이에 대한 병법의 요점을 말해 주기 바라오."

이정이 대답하였다. "장수들에게 병법을 가르치려면, 먼저 奇와 正이 서로 변화하는 방법을 가르친 다음에야 허실의 형세를 가르칠 수 있을 것입니다. 대부분의 장수들은 기병奇兵을 정병正兵으로 변화시키고, 정병을 기병으로 변화시켜 사용하는 방법을 모르고 있습니다. 그러니 허한 것처럼 보이는 형세가 사실은 실한 것이고, 실한 것처럼 보이는 형세가 사실은 허한 것임을 어찌 알겠습니까?"

이정에 의하면 기정奇正의 변화를 가르친 다음에 허실虛實의 형세를 가르쳐야 한다고 했다. 조선시대의 이정집·이적의 『무신수지武臣須知』(1806)의 내용을 소개하면 다음과 같다.

正이 없으면 奇를 이루지 못하고, 奇가 없으면 正을 이루지 못한다(正은 병력을 집중시켜 정면으로 대결하는 것이요, 奇는 병력을 분산시켜 기습 공격하는 것이다). 정병은 옛 사람의 병법을 그대로 따라서 군을 정돈시키는 것이며, 기병은 그때 그때의 상황에 따라 변동하는 것이다. 군에 정병이 없으면 기병이 의지할 데가 없고, 기병이 없으면 정병이 손을 쓸 수가 없는 것이다. '체體와 용用은 서로 떨어질 수 없다'는 말은 바로 이것을 가리킨 것이다.

기정奇正의 병법은 공세와 수세에 쓰고, 군세의 허실虛實은 기정의 운용에서 나타난다.

허虛란, 군의 기강이 바로 잡혀지지 않아 혼란한 것, 식량이 부족하여 군사들이 굶주려 있는 것, 군세가 약한 것, 군사들이 피로에 지쳐 있는 것, 병력이 적은 것, 적침敵侵에 대비가 없는 것 등이다.

실實이란, 군사들이 용감한 것, 군세가 강한 것, 군의 기강이 바로 잡혀 정돈돼 있는 것, 식량이 풍부하여 병사들이 배불리 먹을 수 있는 것, 병력이 많은 것, 병사들이 편안히 있는 것, 적침에 대비가 있는 것 등이다.

장수는 먼저 피·아의 군세에 대한 허실을 파악한 다음에야 비로소 기정의 병법을 운용할 수 있다.

필자는 지금까지 기정·허실에 대하여 『무신수지』만큼 간략하면서 명확하게 설명한 내용을 아직 보지 못했다. 전례戰例를 들어 설명한다면, 1950년 9월 맥아더 장군이 낙동강 방어선을 구축해 두고(正), 인민군의 후방인 인천에 상륙작전을 실시(奇)했는데, 이것은 우리의 실을 가지고 적의 허를 친 것이라 하겠다.

다. 집중의 원칙

"적의 배치는 노출시키고, 이 편의 배치는 적이 알지 못하게 감추어 둔다면, 이 편은 집중할 수 있으나, 적군은 분산되기 마련이다. 이 편은 하나로 집중하고 적군은 10으로 분산하면, 그 결과는 열사람이 한 사람을 공격하는 것이 된다."(허실)

이 내용은 현대적 군사용어로 말하면 집중의 원칙이다. 나폴레옹의 40전승戰勝을 전략적 관점에서 분석한다면, 신속한 기동에 의한 병력의 집중이었다. 그는 적의 병력을 견제하여 여러 곳으로 분산시키고는 결전장에 그의 병력을 집중하여 적의 주력에 대해 상대적 우세를 확보함으로써 승리를 했던 것이다. 언제인가 모로 장군이 나폴레옹에게,

"폐하는 언제나 소수를 가지고 다수에 이겼습니다."

고 말한데 대하여 나폴레옹은,

"그렇지 않다. 나는 언제나 다수를 가지고 소수에 이겼다."

고 대답하였다. 이것은 집중의 원칙에 입각한 상대적 우세의 묘리妙理를 이야기한 것이다. 『손자병법』이 프랑스어로 번역된 것은 1772년 예수회 선

교사 아미오(J. J. M. Amiot)에 의해서인데, 나폴레옹이 스스로 『손자병법』을 읽었다고 명언明言한 것은 아직 발굴하지 못했지만, 그의 작전형태를 분석한다면 읽었으리라 추정하지 않을 수 없다. 그러나 서구인의 자존심 때문에 기록에 남기지 않았으리라. 나폴레옹의 작전형태를 분석한 클라우제비츠는 『전쟁론』에서 다음과 같이 기술했다.

> 이 점에서 말한다면, 수의 우세가 전투의 결과를 규정하는 가장 중요한 요인이라는 것을 시인하지 않을 수 없으리라.… 결정적인 지점에 가능한 한 많은 군대를 전투에 참가시켜야 한다는 것이다. 이것이 전략의 첫째 원칙이다.… 병력의 절대적 우세를 획득할 수 없는 경우, 병력을 교묘히 운용하면 결정적 지점에서 상대적 우세를 얻을 수 있는 여지가 있다.

클라우제비츠의 「상대적 우세」의 원칙은 손무의 "이 편은 집중할 수 있으나, 적은 분산되기 마련이다"와 동일한 이치를 설명한 내용이다.

6. 전술론戰術論

동원된 병력을 훈련·편성·장비·병참 등을 갖추게 하여 유리하게 전투를 할 수 있는 전장戰場에 기동시키는 것은 전략에 속하고, 전장戰場 내에서 적과 부딪쳐 싸워 승리하는 것이 전술에 속한다. 전술의 요체는 「우승열패優勝劣敗의 원칙」에 충실히 따른다는 것이다. 즉, 양군이 충돌하는 시점에서 우리의 전력戰力을 우세케 하고, 적의 전력戰力을 열세케 만든다면 전투에서 유리하게 승리할 수 있게 된다. 그렇다면, 어떤 방책이 있을까?

"그러므로 잘 싸우는 자는 주도권을 잡아, 적을 조종은 하되, 적에게 조종을 당하지 않는 것이다."(허실)

마오쩌둥(毛澤東)은 「항일유격전쟁抗日遊擊戰爭의 전략문제」(1938)라는 논문에서 주도권에 대해 다음과 같이 주장했다. 즉, 모든 전쟁에 있어서 적과

이 편의 쌍방은 전장戰場에서, 진지陣地에서, 전구戰區에서, 더욱이 전쟁 전체에서 전력을 다하여 주도권을 빼앗으려 한다. 주도권이란, 말하자면 군대의 자유권을 뜻하는 것이다. 군대가 일단 주도권을 상실하고 수동적 입장에 몰리면, 그 군대는 자유를 잃고 소멸되거나 혹은 격파되는 위험성이 생긴다.

마오쩌둥은 여러 국면에서의 주도권의 중요성을 역설했다. 그러나 여기서는 전장戰場에서의 주도권 확보를 위해 손무가 제시한 내용을 살펴보고자 한다.

첫째 : 압도적인 병력의 집중

> "병력을 사용하는 방법은 이 편이 적군의 10배가 되면 그들을 포위하고, 이 편이 적군의 5배가 되면 정면 공격을 해도 좋고, 이 편이 적군의 2배가 되면 적을 분산시켜 공격한다.…"(모공謀攻)

적군보다 10배 정도의 압도적인 전력戰力을 보유했을 때는 포위를 감행해야 한다. 그러면 적은 압도되어 싸우지 않고 굴복하고 말리라. 5배 정도의 전력을 가져도 힘의 우위에 의해 당당하게 공격할 수 있다. 그러나 2배 정도면, 궤도詭道로 적을 분산시켜 공격하는 것이 좋다고 했다. 상대적 우세를 주장한 바 있는 클라우제비츠는 "지금까지의 논의에서 밝혀졌지만, 오늘날 유럽에서는 아무리 훌륭한 재능을 가진 장수라 할지라도 2배의 병력을 가진 적과 대항해서 승리를 얻는다는 것은 매우 어렵게 되었다"고 밝혔다. 병력의 우세가 주도권 확보의 첫째 조건임을 말하고 있다. 물론 여기서 양군의 무기·장비·장병의 자질 등이 어느 정도 비슷한 것을 전제로 하고 있다.

둘째 : 기습을 감행한다.

> "적의 무방비한 곳을 택하여 공격한다. 적이 뜻하지 못한 곳을 노

려야 한다."(시계始計)

"적이 미치지 못한 약점을 이용하고, 적이 미처 생각하지 못한 길을 경유하여, 적이 경계하지 않는 곳을 공격한다."(구지九地)

적이 예측하지 못한 행동을 감행하여 적군의 심리적 상태를 동요케 해서 주도권을 획득하는 데는 기습이 가장 효과적 수단일 것이다.

셋째 : 미끼로 움직여 기회를 노린다.

"적을 능숙하게 조종할 줄 아는 장수는 이 편이 불리한 체 위장하여 적으로 하여금 말려들게 하고, 적에게 무엇인가 주는 체하여 그것을 취하려고 덤벼들도록 하는 것이다. 그래서 이익으로 미끼를 삼아 적을 유혹하여 움직이게 만들어 놓고, 공격하는 기회를 기다리는 것이다."(병세兵勢)

"적군으로 하여금 스스로 공격해 오도록 하려면 이익을 보여 주어야 하고, 적군으로 하여금 오지 못하도록 하려면 피해가 있다는 것을 시사해야 한다."(허실虛實)

적에게 이로움을 주어 움직이게 해서 기회를 잡아 공격해야 한다. 이렇게 함으로써 적을 우리의 뜻대로 조종할 가능성이 이루어지게 된다.

넷째 : 주체적인 행동을 하라.

"미리 충분한 준비가 되어 있는 자가 준비가 되어 있지 않은 자를 공격하면 반드시 이긴다."(모공謀攻)

"병력이 적어지는 것은 적에 대비키 위해 병력을 분산하기 때문이요, 우리의 병력이 많아지는 것은 적으로 하여금 우리에게 대비케 하여 병력을 분산시키기 때문이다."(허실虛實)

"이 편은 주도권을 잡고 정세가 유리하면 행동을 감행하고, 불리하면 중지하는 것이다. 만일 적군이 정비된 대군으로 이 편을 공격해 온다면 어떻게 대처할 것이냐고 묻는다면, 나는 이렇게 말할 것이다. 우선 적의 기선機先을 잡아 그들의 소중한 바를 탈취하라. 그렇게 하면 아군이 주도하는 대로 따를 것이다."(구지九地)

손무는 정세의 변화를 적극적으로 이용 내지 활용을 권장했고, 또 그것은 어디까지나 장수의 주체성의 견지가 전제되어야 한다는 것을 말해 주고 있다.

지금까지는 적을 어떻게 조종할 것인가에 대해 논의했다. 그렇다면 적에게 조종을 당하지 않으려면 어떻게 해야 할 것인가?

첫째 : 우리의 방비태세를 충실히 하여 적에게 틈을 주지 말라.

"용병의 원칙은 적이 오지 않으리라고 믿어서는 안 되며, 언제 와도 대적할 수 있는 자신의 대비를 믿어야 하며, 적이 공격하지 않으리라는 것을 믿을 것이 아니라 공격해 오지 못하도록 하는 방비태세를 믿어야 하는 것이다."(구변九變)

상술한 내용은 다만 전장戰場에서만 적용될 문제가 아니라, 국방태세에도 적용할 수 있는 내용이다. 생전에 김일성은 기회가 있을 때마다, "북한은 핵무기를 개발할 능력이 없을 뿐만 아니라, 남한을 침공할 의사도 없다"는 말을 반복했다. 그러나 우리의 국방태세는 김일성의 말을 "믿어서는 안 되며, 언제 와도 대적할 수 있는 우리의 대비를 믿어야 한다."

적에게 조종을 당하지 않으려면, 여러 가지 대비책이 강구되어야 한다. 이러한 대비책을 강구하자면, 막대한 비용과 인력이 소요된다. 하물며 상대편이 우리보다 더 강국인 경우, 대비책을 강구한다는 것은 거의 불가능하다. 그래서 손무는 다음과 같은 방도를 제시하고 있다.

둘째 : 우리의 능력·의도·태세를 숨겨 적에게 대응책을 세우지 못하게 하거나 혹은 과오를 범하게 만든다.

"병력 배치의 극치는 남의 눈에 띄지 않고 적이 알지 못하는 태세가 되지 않으면 안 된다. 적이 알지 못하는 태세가 되면 잠입한 간첩도 정상을 탐지하지 못할 것이며, 지모智謀가 있는 자도 계획을 꾸밀 수 없을 것이다."(허실虛實)

최근의 북한과 미국 사이의 핵협상을 보고 있노라면, 북한의 핵협상 전략은 상술한 내용을 철저하게 활용하고 있으며, 어느 정도 성공을 거두었고, 미국의 클린턴 행정부는 북한의 의도와 능력을 잘 알지 못하고 있다는 인상을 주고 있다. 북한을 상대로 하는 협상대표들은 공산주의·주체사상 그리고 공산주의자를 더 철저히 연구해야 하리라. 1960년대 정전위원회 미국대표로 활약했던 X소장少將(이름은 기억나지 않음)이 공군사관학교에 와서 특강을 했는데, 그는 북한 대표에게 "레닌 저서의 어느 부분을 더 연구해 보라"고 말했다는 것이다. 그는 북한대표와의 회담에서 언제나 주도권을 잡고 회의를 이끌어 갔다.

셋째 : 무리를 피한다.

"적의 군비가 충실하면 서두르지 말고 대비하며, 적이 강하면 정면충돌을 피한다."(시계始計)

"이 편의 병력이 적으면 일시 후퇴를 하며, 열세한 경우에는 도피해야 한다."(모공謀攻)

"적의 날카로운 기세를 회피하고, 나태했을 때 공격한다."(군쟁軍爭)

"적의 정예부대는 공격하지 말아야 한다. 적군을 포위할 경우에는 반드시 퇴각할 틈을 마련해 주어야 한다. 막다른 지경에 빠진 적군은 성급하게 공격하지 말아야 한다."(구변九變)

상술한 내용은 무리한 전투를 피하라는 견해이다. 무리한 전투를 하게 되면 고전을 면치 못하게 되며, 그렇게 되면 냉정한 판단을 그르치게 되어 주도권을 상실하게 되리라.

넷째 : 적의 속임수에 빠지지 말라.

"패배를 가장하여 달아나는 적군을 추격하지 말아야 한다."(구변九變)

"병법은 궤도詭道(속임수)이다."(시계始計)

"전투는 기만으로 이루어진다."(군쟁軍爭)

다섯째 : 신속한 기동력의 보유

"이 편의 후퇴를 적이 추격하지 못하는 것은, 그 기동이 신속하여 적이 뒤쫓지 못하기 때문이다."(허실虛實)

물론 공격의 경우도 신속한 기동력이 필요하며, 나폴레옹의 전장에서의 상대적 우위는 병사들의 발(기동력)로 달성되었다. 그러나 후퇴의 경우, 적에게 등을 보인다는 심리적 불안감과 뒤를 돌아보며 공격을 한다는 것은 어렵다. 옛말에, "후퇴를 교묘히 잘 하는 군대가 가장 강한 군대이다"고 했는데, 정연하게 후퇴하자면 견고한 의지력과 엄격한 규율이 있어야 하며, 무엇보다도 적보다 신속한 기동력을 구비하고 있어야 한다.

훌륭한 국가전략과 군사전략에 의해 우세한 병력, 최신의 무기와 장비 그리고 완벽한 병참선을 갖춘 군대가 전장戰場에 왔으나, 만약 출전한 장병들의 사기士氣가 땅에 떨어져 있다면 무슨 소용이 있을까? 사기란 승리하려는 의지, 필승의 신념, 괴로움을 참는 의지와 희생정신, 모든 어려움을 극복하는 인내심 등을 뜻하며, 이것은 장병들의 정신적 요인의 중요한 위치를 차지한다.

일찍이 나폴레옹은 전쟁에 있어서 정신력과 물질의 비율을 3대1이라고 했는데, 이러한 비율이 반드시 타당한가를 묻기 전에 전쟁에 있어서 사기의 중요성을 대단히 높이 평가한 말이라 하겠다. 클라우제비츠는 『전쟁론』에서, "병력의 현격한 차이가 있음에도 전투를 해야 하는 군대에 있어서, 병력의 부족이 많을수록, 따라서 그 위험에 대항하는 장병의 정신적 긴장, 즉 군軍의 사기도 더욱 더 왕성해야 한다. 만약 이와 반대라고 한다면, 이 어려움을 타개하려는 필사적인 영웅적 용기보다는 오히려 의기소침한 절망상태가 생겨, 이미 어떠한 전쟁술(전략과 전술)이라 할지라도 쓸모가 없는 것이다"고 했다. 그리고 프랑스의 드 피크도 "전투의 성공은 사기문제이다"고 갈파했다.

그렇다면, 사기의 구성 요소란 무엇인가? 그것은 사회의 안정 및 질서관계, 개인적 통솔력, 물질적인 이익, 이념의 고취, 정의, 전쟁 목적의 타당성 등이 될 것이다. 그러나 일단 생사를 좌우하는 전장戰場에 온 장병들의 사기는 야전 지휘관의 통솔력에 지대한 영향을 받는다. 특히 위기에 직면하게 되면, 지휘관의 안색과 태도를 살피는 것이 부하들의 심정이다. 따라서 지휘관(장수)의 중요성은 여기서 발휘되며, 손무는 "그러므로 전쟁을 잘 아는 장수는 국민의 생명을 맡은 사람이요, 또 국가의 안전을 좌우하는 주인공이다"(작전作戰)고 역설했다. 프랑스의 포슈 장군도 "전투의 승패는 지휘관에 의하여 결정되는 것이지, 병사들에 의해 결정되는 것은 아니다"고 했다. 임진왜란 때 이순신·원균이 지휘했던 수군은 동일한 수군이었지만, 이순신이 지휘했을 때는 연전연승을 했으나, 원균이 지휘하자 곧 궤멸당하고 말았다는 것은 전례戰例를 통해 잘 아는 바이다.

손무는 「모공편謀攻篇」에서 병력의 많고 적음에 따라, 전투방식을 달리하면서, "서로의 병력이 대등할 때는 전력全力을 다하여 싸우라"고 했다. 이런 경우 우리 전력戰力의 절대량을 어떤 방식으로 높일 것인가, 하는 것이 과제가 된다.

"승리하는 군대는 병사들로 하여금 싸우게 하기를 마치 막아 둔 물을 터서 천 길 계곡으로 쏟아지게 하는 것과 같게 하는 것이니, 이것을 이른바 형形이라고 한다."(군형軍形)

"사람을 잘 싸우게 하는 세勢란, 즉 둥근 돌을 천 길의 낭떠러지에서 굴리는 것과 같게 되는 것이다."(병세兵勢)

물의 본성은 원래 무형無形이다. 물은 그릇에 따라 형形이 변경되는 것처럼 부드럽다. 그러나 많이 쌓아두면 그 힘이 대단하다. 많은 물을 막아 둔 상태(적수積水)가 형形이고, 그것을 터서 계곡으로 쏟아지게 하면 세勢가 되는 것이다. 적수積水는 마치 적이 우리를 이길 수 없는 방위태세를 뜻하며, 이것을 터서 세勢로 변한 상태를 우리가 적을 이길 수 있는 공격의 태세로 해석할 수도 있다.

좀 더 부연한다면, 형과 세라는 것은 주자학朱子學의 이기理氣와 마찬가지로 본래는 하나이다. 이理가 움직여 기氣의 현상을 보는 것과 같이, 형 속에 잠재되고 있던 세는 형의 발동과 함께 활동하게 된다. 적수, 즉 막아둔 물 그 자체는 형이지만, 세는 그 속에 잠재하여 가만히 있다. 그러나 한 번 그 형이 발동하여 활동하게 되면, 즉 막아 둔 물을 터서 천 길의 계곡으로 쏟아지게 하거나, 또 둥근 돌을 천 길의 낭떠러지에서 굴리는 것과 같은 것이 세라는 것이다. 그러면 세로 만드는 방도는 무엇인가?

"조직·규율·병참 등은 어느 편이 더 잘 정비되어 있는가, 군대는 어느 편이 더 많으며 강한가, 신상필벌은 어느 편이 더 분명히 행해지고 있는가."(시계)

"적을 죽이려면 병사들의 적개심을 유발시켜야 한다."(작전)

"명령이 평소부터 신뢰성이 있으면, 상호 이해를 깊게 하고 일치단결할 수 있다."(행군行軍)

"따라서 싸움을 잘하는 자는 인재를 선택하여 적재적소에 배치하고 나머지는 전세戰勢에 맡기는 것이다."(병세兵勢)

"용병에 능란한 장수가 병사를 마치 손목을 마주 잡고 가듯, 하나로 움직이게 할 수 있는 것은 병사들로 하여금 싸울 수밖에 없도록 했기 때문이다.… 용병의 요결은 말이 아니라, 명령, 즉 행동이며, 유리한 전망은 알리되, 불리한 점은 말할 필요가 없다. 군대는 위험한 상황 속에 투입해야만 패배를 모면할 수 있고, 사지死地에 빠진 뒤라야 살아날 수 있다. 무릇 병사들은 그런 위험스러운 상황 속에서만 분전하여 승리할 수 있다."(구지九地)

7. 정보론情報論

1962년 10월 22일, 케네디 대통령은 TV방송을 통하여 쿠바에서의 소련제 공격용 미사일 발사기지의 건설은 미국에 대해 중대한 위협이기 때문에 쿠바에 대한 해상봉쇄 조치를 취한다고 언명했다. 당시 소련 수송선은 미사일을 싣고 쿠바를 향해 항행하고 있었다. 케네디의 연설내용은 소련과의 세계 3차 대전, 즉 핵전쟁을 불사하겠다는 결의의 표명이기도 했다. 케네디는 당시 소련을 상대로 일대 모험을 했을까? 미·소의 핵전쟁은 지구를 잿더미로 만들 위험성을 내포하고 있기 때문에 결코 모험만으로 해결될 문제는 아니었다. 당시 미국의 중앙정보부는 소련군 장성(후에 그는 총살되었다)을 통하여 소련의 대륙간탄도탄(ICBM)의 수량과 배치상황 뿐만 아니라, 그 미사일이 액체연료를 사용하고 있다는 결정적 정보를 획득했다. 미국은 고체연료를 사용하기 때문에 발사 스위치만 누른다면 발사가 언제든지 가능하지만, 액체연료는 미사일의 발사 직전에 연료를 공급해야 하기 때문에 발사에 40분 이상의 시간이 소요될 뿐만 아니라, 만약 소련이 미사일에 연료를 공급한다면, 미국은 선제공격이 가능했던 것이다. 케네디는 확실하고 결정적 정보에 입각하여 단호한 조치를 취함으로써 쿠바 위기를 극복할 수 있었다.

"총명한 군주나 현명한 장수가 행동만 하면 적에게 승리하고 여러 사람들보다 출중하게 공을 세우는 것은 먼저 적의 능력과 의도를 알기 때문이다."(용간用間)고 했는데, 이것은 명언이라 말하지 않을 수 없으리라. 필자는 지금까지 여러 병서를 읽고, 연구해 보았지만, 손무만큼 정보의 중요성을 역설하고, 또 책의 한 장章을 정보에 관해 저술한 책은 아직 보지 못했다. 손무는 「선지先知」, 즉 적의 능력과 의도를 아는 것이 중요하다는 것을 용간用間의 첫머리에 밝히고 있다.

"무릇 10만의 병력을 동원하여 천리 밖에까지 원정한다면 국민의 부담과 국가 재정을 하루에 천금이나 소모해야 한다. 그리고 온 나라의 안팎이 소란하게 군수물자를 운반하다 도로에서 지쳐 생업에 종사하지 못하는 자가 70만 호가 되리라. 이러한 상태로 몇 해를 적과 대치하여 많은 비용을 쓰고, 또 국민을 괴롭히면서 하루의 승리를 다투는 것이다. 이러한 상황 아래서 작록으로 지급되는 백금 정도의 예산을 아껴 적정을 알지 못하여 전쟁에서 패배하여 나라가 멸망한다면 이보다 더 큰 죄악은 없다. 그러한 사람은 온 국민을 위한 장수라 할 수 없고, 군주에 대한 보좌도 되지 않으며 승리의 주체가 될 수도 없는 것이다."(용간)

가. 선지先知는 귀신鬼神에게 묻지 않는다

"적의 능력과 의도를 안다는 것은 귀신에게 빌어 알 수 있는 일이 아니며, 유사한 사실을 유추하여 알 수도 없고, 일정한 법칙에 의해서 파악되는 것도 아니다. 반드시 적정을 알고 있는 자에게서 알아내야 하는 것이다."(용간)

손무 이후에도 전쟁·전투를 할 것인가의 여부와 정보의 획득에 있어서 각종의 점술占術이 활개를 쳤는데, 사람으로부터 정보를 획득해야 한다는 것을 주장했다는 것은 실로 놀라우며 논리적·과학적 사고방식이라 말하지 않을 수 없다. 오늘날 과학기술의 발달로 인하여 정보의 획득 방도가 다양해졌다. 예컨대, 영상정보映像情報는 사진으로 보고된 첩보인데, 지상사진, 항공사진, 위성사진 등이 있다. 신호정보信號情報는 통신·전자장비로 획득되는 첩보인데, 암호의 분석, 통신 내용 등에 의해 획득된다. 그러나 역시 오늘날에도 결정적이고 신뢰할 수 있는 첩보는 인간으로부터 획득되는 것이리라. 1986년 11월 16일 김일성의 피격 사망 내용이 국방부 대변인에 의해 공식적으로 발표되었으나, 미 국무성은 확인된 정보가 없다는 태도였다. 그런데 11월 19일 몽골 주석主席이 평양을 방문하는 자리에 김일성이 등장함으로써 국방부 발표가 무색해졌을 뿐만 아니라, 실로 당혹감을 느끼지 않을 수 없었다. 그래서 필자는 당시 두 가지를 지적한 바가 있다. 즉, 첫째는 첩보(information)와 정보(intelligence)의 미확인 내지 소홀히 다룬 점, 둘째는 평양에 우리의 간첩 부재라는 점이다. 우리의 고위 정책 입안자나 결정권자는 이 점에 깊이 반성하고 생각해야 할 문제이리라. 손무는 다섯 가지 종류의 간첩을 열거했다.

- 향간鄕間 : 그 고장 주민을 이용하는 간첩.
- 내간內間 : 적의 관리를 이용하는 간첩.
- 반간反間 : 적의 간첩을 역이용하는 간첩.
- 사간死間 : 허위 사실을 이 편이 간첩에게 믿게 하여 그것을 적에게 전달하는 간첩.
- 생간生間 : 적국에 잠입하여 정보활동을 하고 돌아와 보고하는 간첩.

그리고 손무는 "미묘하고 또 미묘함이여, 정보활동을 하지 않는다면 승리를 획득할 수 없다.… 간첩활동의 성과야말로 전쟁의 가장 중요한 요소로서 전군이 그 활동을 믿고 행동하는 것이다"고 했는데, 오늘날 컴퓨터의 등장은 정보분야에도 새로운 국면을 가져왔고 활용을 해야 한다. 그러나 컴퓨터는 그것의 기계적·계수적인 처리에 불과하며, 그것의 신뢰성 혹은 유효성에는 한계가 있게 마련이고, 또 미래의 전쟁에 적합하다는 보증도 없는 것이니 활용에 신중을 기해야 하리라.

나. 전략정보戰略情報

손무는 국가전략을 논의한 마지막에 "저 편의 능력과 의도를 알고, 이 편의 그것을 알고 있으면 백 번 싸워도 위태롭지 않다"(知彼知己 百戰不殆 : 謀攻)고 했는데, 여기서 능력과 의도의 문제는 이미 오사·칠계에서 명시했다.

즉 군주의 현부賢否, 정치의 적부適否, 장군의 능력의 우열, 조직제도의 적부適否, 무기 보급품의 우열 및 양의 다과多寡, 법령집행法令執行의 정도, 국민의 사기와 단결의 정도, 군대의 훈련 수준, 상벌의 적부適否 등이다. 이러한 첩보는 오간五間을 통해 수집되며, 미묘한 분석·심사·정리를 거쳐 신빙성이 있는 정보가 된다. 이것을 이용하여 적과 이 편의 종합적 전력戰力을 비교하게 되는 단계에 이르게 되어, 여기서 국가정책의 중대한 결정을 하게 되며, 이것이 묘산廟算이다.

"대저 싸우지 않고 묘산廟算하여 이기는 자는 성산成算이 많은 것이다. 싸우지 않고 묘산하여 이기지 못하는 자는 성산이 적은 것이다. 성산이 많은 자는 승리하고, 성산이 적은 자는 승리하지 못한다. 하물며 성산이 전연 없는 자는 말해 무슨 소용이 있겠는가."(시계)

묘산은 그 국가의 최고 위정자와 참모 그리고 군 수뇌들의 논의를 거쳐 군주(대통령 혹은 수상)에 의해 결정되며, 거기에는 앞으로의 정세 변화의 추세와 선견지명先見之明이 국가와 민족의 운명을 결정하게 되리라.

일본이 미국과의 화전和戰의 기로에서 어떻게 개전開戰으로 결정되었는지, 그 과정은 연구할 만한 가치가 있으리라. 1941년 1월, 일본의 육군 수뇌들은 미국과 전쟁을 해야 한다는 방향으로 거의 기울어져 가고 있었다. 당시 미국에서 돌아온 이와아제(岩畔) 대령의 가방 속에는 일본과 미국의 물적物的 전력비교戰力比較가 들어 있었다. 일본과 미국의 비율은 강철이 1대20, 석탄 1대10,… 항공기 생산력 1대5, 석유 1대500, 자동차 생산 1대45 등이 숫자로 표시되어 있었다. 이래서 대미전對美戰이 장기화된다면 승산이 없다. 감정은 어떠하든 패배할 것이 명백한 전쟁을 시작하는 바보는 없을 것이다. 일본이 어느 정도의 양보(중국 및 인도차이나의 철병)를 해서라도 국교를 정상화해야 한다고 주장했다. 그러나 육군 참모본부의 분위기는 달랐다. 승산이 있는가, 없는가가 문제가 아니라, 전쟁은 피할 수 없는 숙명이 되었다는 것이다. 해군장관은 지금까지 국민에게 해군은 무적함대라고 선전해 왔는데, 미국과의 전쟁을 할 수 없으니 양보하라고 지금 말할 수 없다. 모든 비난을 해군이 온 몸에 받는다는 것은 견딜 수 없다는 견해였다. 한편 고노에 수상은 일본과 미국의 외교교섭을 성립시키고 미국과의 전쟁을 회피하기를 열망했으나, 이것을 스스로 결정할 만한 용기가 부족하여 사직하고 말았으며, 그 후 육군 장관인 도조 히데키(東條英機) 대장이 수상이 되어 개전開戰을 결정했는데, 그 결과는 엄청난 재앙과 패전이었다.

다. 전투정보

전장에 파견된 군대가 취해야 할 첫째는 불패不敗의 체제를 갖추고 그 다음에 승리할 궁리를 해야 한다. 즉 "용병을 잘 하는 장수는 패배하지 않을 태세를 갖추고 적을 패배시킬 수 있는 기회를 놓치지 않는다"(군형軍形)고 했다. 그러기 위해서는 지형地形·지물地物을 알고, 또한 축성築城 등을 실시하는 동시에 병사들의 사기를 돋우어 공격에 대비케 해야 한다. 특히 적지의 지형·지물을 알려면, 향간鄕間의 활동은 필수불가결하며, 이것은 필자의 타지방의 유적답사에서도 여러 번 체험한 바이다.

"토착의 안내자를 사용하지 못하는 자는 지형의 이로움을 얻지 못한다."(군쟁軍爭)

"요컨대 적의 의도와 능력을 알고 이 편의 그것을 알면 승리는 위태롭지 않을 것이며, 더욱이 지리地利와 천시天時까지 안다면 언제나 승리할 것이다."(지형地形)

손무가 말하는 「知彼知己, 百戰不殆」(모공)는 국가전략 차원의 정보를 뜻하는 것이요, 거기에다 구체적인 「지리와 천시」를 첨가한 것은 군사전략 차원의 정보를 뜻한다. 더욱이 적군의 태도, 자연현상, 동·식물의 움직임 등으로부터 그 배후에 숨은 적정을 캐내는 것은 전술적 차원의 정보이다.

- 많은 수목이 움직이는 것은 적이 오고 있기 때문이다.(행군 : 이하 동일)
- 많은 풀로 가리고 있는 것은 의도를 숨기기 위해서이다.
- 새가 갑자기 달아나는 것은 복병이 있는 증거이다.
- 짐승이 놀라 도망치는 것은 아군을 덮치려는 적의 기병奇兵이 있다는 증거이다.
- 적의 말씨는 겸손한데, 준비에 진력하고 있다는 것은 공격 의도를 가지고 있는 것이다.
- 어조語調는 강하고 적군이 계속 진격할 듯이 보이는 것은 철수할 의사가 있는 것이다.
- 적이 조금씩 전진, 후퇴를 거듭하는 것은 이 편을 유인하기 위해서이다.
- 적의 진지陣地 위에 새들이 모여 있는 것은 적군이 이미 철수하고 없기 때문이다.
- 지휘관이 함부로 성내는 것은 군이 지쳐 있기 때문이다.
- 자주 상賞을 주는 것은 병사들을 지휘하는데 곤경에 빠져 있기 때문이다.

손무의 정보에 대한 관심은 국가전략·군사전략·전술에 걸쳐 광범위하고 유기적으로 연결되어 있을 뿐만 아니라, 대단히 논리적이라는 게 특징이다. 한편 클라우제비츠는 주로 작전·전술적 차원의 정보에 관심이 있었지만, 통신수단의 미발달로 인하여 전장의 정보는 그것을 필요로 하는 시기時機를 잃어버리는 경우가 많아서 정보의 가치를 손무처럼 높이 평가하지 않았다. 오늘날의 정보의 중요성은 다만 전략·전술적 수준뿐만 아니라, 산업기술 분야로 확산되고 있고, 또 그 중요성이 날로 높은 비중을 차지하고 있다. 따라서 이러한 정보의 획득을 위해 자금과 자원의 투입을 소홀히 해서는 안 될 것이다.

8. 『손자병법』과 경영전략

원래 전략이론과 전쟁사戰爭史를 전공하는 필자에게, 10여 년 전 「경영전략과 병서」의 원고 청탁이 왔다. 필자는 처음엔 마음이 내키지 않았고 또 주저하게 되었다. 왜냐하면, 비즈니스 분야에 대해서는 생소하기 때문이었다. 그러나 다음 몇 가지 이유로 인해 원고 청탁을 수락키로 했다.

첫째 : 무역 경쟁을 무역 전쟁으로 생각하는 일본과의 무역 불균형 상황하에서 무역 역조를 시정·극복하기 위해서는 병법으로 이론 무장한 일본의 경영전략을 먼저 알아야 한다는 것.

둘째 : 앞으로 세계의 불확실한 국제경쟁의 커다란 물결을 헤쳐 나아가 우리의 무역입국貿易立國의 기초를 다지고 또한 국가발전과 번영을 누리기 위해서는 병법에 기초를 둔 경영전략이 절실히 필요하리라고 생각한 것.

셋째 : 경영전략에 활용할 수 있는 병법의 기본 원칙을 소개함으로써 기업인의 기업경영에 참고 자료를 제공한다는 생각에서 시도되었다.

그리하여 『이코노미스트』(중앙일보 간행)지誌에 1년간 발표했는데, 많은 독자들이 관심을 가지고 읽고 있다는 여론조사의 결과가 나오기도 했다. 그 이유는 다음과 같은 것이리라. 즉 한 장수가 부대를 편성·지휘하여 전장戰場에서 승리를 추구하는 것이나, 사장이 기업체를 설립·운영하여 시장에서 경쟁하여 이윤을 추구하는 것은 동일한 이치이며, 이것이 바로 오늘날 병서가 기업경영의 훌륭한 지침서로 활용되고 있는 이유이기도 하다. 그러나 유의할 점은 병법은 속임수에 바탕을 두고 있으나, 기업경영은 신의信義에 바탕을 두어야 한다고 확신한다.

필자는 미국의 저명한 기업 전략가로 알려진 헨더슨 씨의 저서, 『기업 전략론企業戰略論』(1979)에서, "자사自社가 최대의 투자를 계획하고 있는 제품·

시장·서비스 분야에서는 타사他社가 투자를 포기하게끔 하는 것이 전략의 기본 법칙이다"고 했는데, 그가 『손자병법』을 읽었는지의 여부는 알 수 없다. 그러나 그 내용은 "싸우지 않고 적을 굴복시키는 것이 최상의 방법이며, 가장 훌륭한 방책은 적이 전쟁을 하려는 의도를 분쇄하는 것이다"와 동일한 내용이다.

일본은 국토가 좁고 인구가 많은데 비하여 자원은 빈곤하지만, 미국 다음으로 경제 대국으로 부상했다. 태평양전쟁에서 미국에 완패 당했던 일본은 전후戰後 무역전쟁을 통하여 『손자병법』으로 이론무장理論武裝한 경영전략으로 미국을 역습하여 그들을 궁지에 몰아넣고 있다. 이 문제에 대해서는 지면상 더 언급하지 않겠으며, 졸저, 『병법과 경영전략』(1988)을 참고하기 바란다. 필자가 이 문제를 소개하는 이유는, 군사전략에서 경영전략으로 발전되어 나아갔지만, 독자들 가운데는 혹시 경영전략에서 군사전략·전술로 관심을 가질 수 있는 통로가 있다는 것, 또한 군사와 비군사의 전략개념이 구분될 수 없으며, 이제 상호 보완적인 관계에 있다는 것을 알리기 위해서이다.

지금까지 『손자병법』의 골격에 대해 오늘날의 군사적 관점과 용어로 해석을 시도해 보았다. 그는 2,500여 년 전의 병법가兵法家였지만, 다만 싸워서 승리하는 방법만을 가르친 것이 아니었다. 오히려 국력과 전력 그리고 정보활동을 통해 '싸우지 않고 적을 굴복'시키는 것을 목표로 삼았다. 그러나 부득이 전쟁을 해야 한다면, 경제적·병참적 요인과 사기(군인 및 국민)의 측면 등으로 보아 속전속결을 소중히 여겨야 한다는 것을 역설했다.

오늘날의 남북통일에 있어서, 전쟁을 하지 않고 남북통일을 하는 방책은 『손자병법』의 유연한 발상법과 지혜를 통해 창출해 내야 할 것이다.

(『공군평론』 제97호, 공군대학, 1996년)

【 참 고 문 헌 】

1) 權寧吉 編著, 『兵法七書』, 서울 : 海東文化社, 1963.

2) 김충렬, 『노장철학 강의』, 서울 : 예문서원, 1995.

3) 李鍾學, 『現代戰略論』, 서울 : 博英社, 1972.

4) 李鍾學, 『兵法과 經營戰略』, 서울 : 정음문화사, 1988.

5) 張其昀, 『中國思想의 根源』, 서울 : 文潮社, 1984.

6) 전사편찬위원회, 『武臣須知』, 서울 : 국방부 전사편찬위원회, 1986.

7) 『老子』, 金敬琢 譯, 서울 : 光文出版社, 1965.

8) 司馬遷, 『史記列傳』, 서울 : 乙酉文化社, 1983.

9) 孫武, 『孫子兵法』 李鍾學 譯, 서울 : 博英社, 1974.

10) 클라우제비츠, 『戰爭論』 李鍾學 譯, 서울 : 一潮閣, 1974.

11) 해리 서머스, 『戰略 : 美國의 越南戰』 閔坪植 譯, 서울 : 兵學社, 1983.

12) 國防研究院, 『中國軍事思想史』, 臺北 : 中國文化學院, 1968.

13) 王建東, 『孫子兵法思想體系精解』, 臺北 : 三軍大學, 1976.

14) 魏汝霖, 『孫子兵法今注』, 臺北 : 中國文化學院, 1962.

15) 陳啓天, 『孫子兵法校釋』, 臺北 : 中華書局, 1952.

16) 佐藤堅司, 『孫子の思想史的研究』, 東京 : 風間書房, 1962.

17) Samuel B. Griffith, *Sun Tzu : The Art of War*, London : Oxford University Press, 1963.

18) Thomas R. Phillips, ed., *Roots of Strategy*, Harrisburg, Pennsylvania : The Military Service Publishing Company, 1950.

19) André Beaufer, *An Introduction to Strategy*, trans. by R. H. Barry, New York : Frederick A. Praeger, 1965.

V.
『무신수지武臣須知』의 현대적 조명

1. 머리말

평화로운 시대에 관직도 낮고 또 약력마저 전해 지지 않는 이정집李廷熼(1741~1782)·이적李廸(?~1809) 두 부자가 20여년 간의 노력으로 저술한 『무신수지武臣須知』[1](1809)는 병서兵書로서 뿐만 아니라 무인武人의 교양서로도 훌륭한 내용을 갖추고 있다. 더욱이 한 병서를 부자가 대를 이어가며 공동 집필하여 완성한 것은 필자의 과문한 탓인 줄 모르나, 이것이 최초인 것으로 생각되며, 이 책 가운데서 몇 가지 관심 있는 분야에 대해 오늘날의 관점에서 조명해 보려고 한다.

옛말에, "평화를 바란다면, 전쟁에 대비하라!"고 했다. 이 말은 전쟁이란 일으키고 싶은 위정자가 언제든지 전쟁을 일으킬 수 있다는 전제에 기반을 둔 말로 해석하며, 그 위정자가 독재적 권력을 행사할 수 있는 위치에 있다면, 그 가능성은 더욱 많을 것이다.

북한은 남한에 대한 무력적화통일 노선武力赤化統一路線을 지금까지 한 치도 바꾸지 않고 꾸준히 추구하고 있는데, 요즘 우리들은 한반도에서 전쟁이 일어나지 않기만을 바라는 소망을 국가정책의 기조로 삼고 있는 듯한 인상을 풍기고 있으니, 북한 위정자로 하여금 오판을 자행케 할 가능성이 없

1) 국방부 전사편찬위원회에서 번역한 『武臣須知』(1986)를 대본으로 하였다.

지 않다는 것이 오늘의 현실이 아닌가 한다.

저자의 한 사람인 이적은 책을 집필한 의도와 내용을 다음과 같이 기록하고 있다. "오늘날 국가가 태평한지 오래되어, 변경이 평안하고 봉화대가 필요 없을 지경이 되었으니, 무사들은 그 능력을 쓸 데가 없고 또 기예를 펼 곳이 없다. 이로 보면 무비武備를 강조하는 내 말은 현실과 거리가 먼 이상한 말로 들릴 것이다. 그러나 『서경』에 이르기를, '편안하게 살더라도 위태로울 때를 생각해야 한다.' 하였으니, 위태로울 때를 생각한다면 이에 대한 대비가 있어야 할 것이요, 대비가 있으면 환란이 일어나지 않을 것이다. 나의 선친께서는 생전에 언제나 이 일에 대하여 깊은 생각을 하셨다. 그리하여 여러 병서兵書 중에서 장재將才(장수의 자질)·경권經權(용병술)·진법陣法(진의 활용법) 등, 세 가지를 뽑아내어 각기 줄기를 세우고 가지를 만들어, 읽어 보기에 편리하게 한 권의 책으로 엮으시고 『무신수지』라 명명하시었다."

2. 문무병중文武竝重에 대하여

문과 무는 국가에 있어서 수레의 양 바퀴와 같은 것으로, 바퀴의 크기가 균형이 잡히지 않는다면 수레로서의 기능을 온전히 발휘할 수 없다는 것은 주지의 사실이다. 우리의 역사상, 삼국시대에 국가 간 투쟁이 계속되었을 때, 무사들은 상무정신이 투철하였고 잘 싸웠다. 특히 신라의 화랑들은 원광법사의 세속오계世俗五戒(충忠·효孝·신信·임전무퇴臨戰無退·살생유택殺生有擇)로 무장되어 싸움터에서 싸우다 죽는 것을 충·효의 극치로 여겼던 것이다.

최근 필자는 연구를 통해, 일본 무사도武士道도 그 원류를 거슬러 올라가면, 신라의 화랑도花郎道에 이르게 된다는 것을 알았다. 즉 신라계 도래인新羅系渡來人의 후손인 미나모도 씨(源氏)를 중심으로 하는 관동무사關東武士인 미나모도 요리도모(源賴朝)는 가마쿠라(鎌倉) 막부幕府(1185)를 수립하여 일본 역사에서 중추적 활동을 했는데, 도쿠가와 이에야스(德川家康)도 미나모도 씨의 후손이라는 것을 밝혔기 때문이다.[2)]

그런데 신라가 쇠퇴하게 된 이유는 무엇일까? 여기에는 많은 복잡한 요인이 있지만 사상적 측면에서 본다면, 원광법사는 풍류도風流道(효제충신孝悌忠信)를 바탕으로 현실적 요청을 감안하여 세속오계를 설파했으며 이것이 화랑도로 발전했다. 그리하여 신라인들은 고유사상인 풍류도를 견지하고 그것을 바탕으로 하여 불교·유교의 장점을 수용함으로써, 신라문화의 전성기(문무왕~혜공왕)를 구가했다. 그러나 신라 하대기에 와서 풍류도를 소홀히 하고, 유儒·불佛·도교道敎에 몰입했을 때, 신라문화도 쇠퇴·몰락하기 시작했고, 또 원성왕 4년(788)에는 독서삼품과讀書三品科라는 관리채용을 위한 시험제도의 도입으로 독서의 성적에 따라 채용이 결정되고 보니 문文에만 치중하게 되었다.

주지하다시피, 조선왕조는 유교를 바탕으로 하는 국가체제였다. 공자孔子에 의하면, "문사文事가 있는 자는 반드시 무비武備가 있어야 한다"(有文事者必有武備)고 했고, 군자의 자질에 필요한 교육내용은 예禮·낙樂·사射·어御·서書·수數라 했다. 그리고 선비의 네 가지 조건은, 나라가 위급할 때 목숨을 바쳐서 구해야 하고, 이익을 보았을 때는 의리를 생각해서 처리하고 불의한 이익은 물리쳐야 하고, 제사지낼 때에는 정성을 다 해야 하고, 상사를 당하면 애통한 정을 다 해야 하는 것이라고 했다.

상술한 공자의 육예六藝의 교육내용은 문무병중文武竝重의 교육내용이며, 그는 항상 "백성을 가르치지 않고 전쟁을 한다는 것은 그들을 버리는 것이다"고 주장했다.[3)]

---

2) 李鍾學, 「文武王と新羅海上勢力の発展」, 『軍事史学』 通巻114号 (東京: 錦正社, 1993), pp. 58~63.

3) 孔子의 文武敎育에 대해서는, 劉仲平, 『中國軍事思想』(臺北 : 中央文物供應社), pp. 90~106 및 『논어』를 참고함.

그러나 조선시대는 문을 숭상하고 무를 경시했다는 것은 알려진 사실인데 그 구체적 내용은 다음과 같다.

> 만일 문文만을 숭상하여 나약하고 위엄을 떨치지 못하거나, 무武만을 강조하여 너무 강하고 굽힐 줄 모른다면, 무슨 일이든 반드시 무한한 낭패만을 거듭하게 되고 말 것이니…
>
> 내 생각건대, 정치가가 자신을 수양하고 남을 대함에 있어 문·무의 도道를 제대로 병용한다면, 자연 식견이 높아지고 도량이 넓어져서 때로는 문을 사용하여 너그럽기도 하고, 때로는 무를 사용하여 위엄을 보이기도 할 것이다. 그리하여 자로 잰 듯이 사리에 틀리지 않게 할 것이니, 무슨 일에서나 한 쪽으로 치우치는 실수가 있을 수 있겠는가?
>
> 근래에 문을 숭상하는 정치를 시행하였다. 그 결과, 재주가 뛰어나고 명망이 높으며, 문장이 훌륭하고 필재가 아름다운 학자들이 숲처럼 많다고 말하여도 결코 지나치지 않게 되었다. 그러나 무관武官에 종사하는 무신들로 말하면, 대부분 반쯤 전진하다가 그만 둔 자들로서 병서를 연구하며 활쏘기·말 타는 것을 천한 일이라 생각한다. 그리하여 병서 연구와 활쏘기·말 타기 등의 무예는 날로 멀리하고 달로 퇴보하여 관심을 두지 않게 되었다.[4)]

그 결과로 임진왜란(1592~1598)과 병자호란(1636~1637)을 자초하였고, 일제의 침략에 대해서는 한 번도 정규군에 의한 대전투도 해보지 못하고 주권과 독립을 강탈당하고 말았다는 사실史實을 중시해야 한다. 냉엄한 국제사회에 있어서 정의正義는 힘이 결코 아닌 것이다.

오늘날의 분단된 한반도는 냉전체제와 무력에 의한 적화통일을 꿈꾸는 북한집단이 우리를 노리고 있다는 것을 잊어서는 안 될 것이다.

---

4) 『武臣須知』, pp. 13~14.

3. 장수의 자질

손무는, "나라가 망하면 다시 존속할 수 없고, 죽은 자는 다시 되살아 날 수 없다.… 용병술用兵術을 잘 아는 장수는 국민의 생명을 맡은 사람이요, 국가의 안위安危를 좌우하는 사람이다"[5]고 하였고, 프랑스의 포슈 장군은 "전투의 승패는 지휘관에 의해서 결정되는 것이지 병사에 의해서 결정되는 것은 아니다.… 전쟁의 큰 성과는 지휘관에 의해서 달성되는 것이다. 그러므로 역사는 정당히 지휘관으로 하여금 승리에 대한 책임을 지게 하여 그 때에는 영광을 누리게 하고, 또 패전에 대해서도 책임을 지게 하여 그 때에는 굴욕을 당하게 하는 것이다. 지휘관 없이는 전투도 있을 수 없고 승리도 있을 수 없다"[6]고 했다. 장수의 중요성은 전쟁시 국민의 생사와 국가의 존망과 직결되기 때문에 아무리 강조하여도 지나치는 법이 없을 것이다. 그렇다면 구체적 내용은 어떤 것일까?

> 장군에게는 다섯 가지 조심해야 할 것(오신五愼)과 다섯 가지 시행하여야 할 일(오시五施)이 있으니, 이를 지키기 위하여 언제나 조심하고 조심하여 마치 적과 대치한 것처럼 해야 한다. 다섯 가지 조심해야 할 것이란,
> 첫째 : 통제를 잘하여 다수의 병졸을 소수의 병졸처럼 다스리는 것이고,
> 둘째 : 경계심을 늦추지 않아 출입할 때마다 적군을 본 듯이 하는 것이고,
> 셋째 : 용맹성을 발휘하여 싸움터에 나가면 생명을 돌보지 않는 것이고,
> 넷째 : 방비를 튼튼히 하여 승전하더라도 자만하지 않고 처음 싸울 때처럼 수비에 만전을 기하는 것이고,
> 다섯째 : 법령을 시행함에 있어 까다롭지 않고 간략하게 하는 것이다.
>
> 다섯 가지 시행해야 할 일이란,

---

5) 『孫子』, 作戰 第二.

6) Edward M. Earle, ed., *Makers of Modern Strategy*, Princeton University Press, 1943, pp. 228~229.

첫째 : 신의이니, 진실하고 속이지 않으며 약속을 변치 않고 끝까지 지키는 것이다.

둘째 : 용맹이니, 과감하게 선두에 서서 적진을 쳐부수는 것이다.

셋째 : 엄격함이니, 군정軍政을 바로 잡고 명령을 바르게 시행하는 것이다.

넷째 : 지혜이니, 전술에 밝고 적의 허실을 잘 판단하는 것이다.

다섯째 : 인자함이니, 병졸들을 사랑하고 아껴 잔혹한 행위를 하지 않는 것이다.[7)]

장수의 자질이 실제 전장戰場에서 어떤 결과를 가져오는가를 전례戰例를 통하여 구체적으로 살펴보고자 한다. 예컨대, 임진왜란 때, 이순신(1545~1598)과 원균(1540~1597)이 지휘했던 수군水軍은 똑같이 우리의 수군이었지만, 이순신이 지휘해서 싸울 때는 연전연승했으나, 이순신이 모함에 의하여 삼도수군통제사三道水軍統制使의 직을 파면당하고 원균이 대신하자, 칠천량 해전(1597. 7. 14.~16.)에서 완전히 패배당하고 말았는데, 그 이유는 무엇일까?

사료① 원균(? ~1597) : 임진왜란 때의 무장武將… 1592년 경상우수사가 되었다. 이 해 4월에 왜적의 침입에 겁이 나서 도망하려다가 이운룡李雲龍 등의 권고로 전라좌수사 이순신의 구원을 얻어 적을 깨뜨리고 왕의 표창을 받았다. 1594년 이순신이 3도 수군통제사가 되고 원균이 그 휘하에 있게 되자 이를 부끄럽게 여겨 명령에 불복하매, 조정은 1595년 충청병사로 전임시켰다. 그 후 원균의 시기와 남·북인의 모함으로 이순신이 하옥되고, 원균이 통제사가 되었으나 주색에 빠지고 군무에 태만하다가 1597년 왜적의 재침 때 패전하여 해군이 전멸되고 자신도 육로로 도망하다가 잡혀 죽으니 조정에서는 이에 당황, 이순신을 재기용하였다. 1603년 선무공신宣武功臣 1등으로 좌찬성左贊成에 추증되고 원릉군에 추봉되었다.[8)]

---

7) 『武臣須知』, pp. 15~16.

8) 李弘稙 編, 『國史大事典』下 (서울 : 知文閣, 1963), p. 997.

사료② 침몰하는 어선에 선장이 끝까지 남아 선원 21명을 탈출시키면서 SOS 신호를 계속 보내며 선원들을 구하고 자신은 침몰하는 배와 함께 실종되었다. 즉, 남제주 남서쪽 370마일 해상에서 속초 선적 오징어 채낚기 어선 제602 하나호(100 t . 선장 유정충)가 높은 파도에 침몰하자 선원 21명에게 차례로 구명 조키를 입혀 하선시키고 자신은 선원들이 구조될 수 있도록 하기 위해 배에 남아 긴급 구조신호를 계속 발신하다가 실종되고, 선원 21명은 구조되었던 것이다.[9)]

어떤 사람은 원균이 죽은 후, 나라에서 그의 공을 인정했기에 선무공신 1등으로 좌찬성에 추증되고 원릉군에 추봉된 것이 아닌가 하고 주장하지만, 필자는 전연 견해를 달리한다. 그것은 임진왜란을 자초한 당시의 조정 권력층의 부패와 불공정한 논공행상의 표본이다. 통제사가 된 후의 무공武功이 전연 없고 패장敗將이 되었기 때문이다.

원균은 통제사가 되자 이순신이 아끼던 역전의 장군들을 대부분 교체하고 자신의 뜻에 맹종하는 자를 임명했으며, 전쟁 준비에는 관심이 없이 주색에 빠졌고, 왜군이 침공해 와도 싸울 생각이 없자, 여러 차례 싸움의 독촉을 받고서야 마지못해 함대를 끌고 나갔다가 작은 전투에 패하고 말았다. 패보를 받은 권율이 분노하여 원균을 사천까지 호출하여 곤장을 치면서 재출동을 명했다. 원균은 할 수 없이 200여 척의 함대를 지휘하여 무모한 작전으로 칠천량 해전에서 거의 전멸당하고, 부하들은 전사당하는 데, 통제사는 부하를 버리고 혼자 살기 위해 육지로 도망을 쳤다는 것은 세계 해전사상 듣지 못한 추태를 부렸다. 오징어잡이 배의 선장인 유정충(사료②)과 비교하여 직책에 대한 책임감을 생각해 보아도 반성할 바가 많으리라. 모름지기 장수가 된 자는 다섯 가지 조심해야 할 것(五愼)과 다섯 가지 시행하여야 할 일(五施)을 깊이깊이 성찰하여 실행해야 할 것이다.

---

9) 「중앙일보」, 1990년 3월 3일자.

4. 첩자와 첩보의 수집

적에 관한 정보도 없이, 전쟁과 군사작전을 준비·수행하려는 것은 마치 권투선수가 눈을 가리고 링에 오르는 것과 같은 것이리라. 그래서 손무孫武도, "총명한 군주나 현명한 장수가 행동만 하면 적에게 승리하고 여러 사람들보다 훌륭하게 공을 세우는 것은 먼저 적의 능력과 의도를 알기 때문이다"10)고 했다.

> 첩자를 잘 이용하는 자는 식사를 하거나 휴식을 하거나 취침할 때에도 모두 적진을 대한 것처럼 대비하며, 말하거나 웃거나 하는 행동에도 모두 기변機變을 간직한다. 첩자를 활용함은 기법奇法의 하나로서 쓰기가 매우 어려운 것이다. 교묘한 말로써 상대방을 유도하여 상대방의 행동에 대한 진위眞僞를 탐지하기도 하며, 기뻐하거나 성을 내보아 상대방의 대응태세를 관찰하기도 한다. 또한 방비가 허술하고 나태한 틈을 타서 비밀리에 적과 내통하기도 한다.… 나는 첩자의 활용은 난세에만 국한된 것이 아니라고 생각한다. 그러나 우리나라에는 전혀 첩자를 활용하려 하지 않고 있으니, 국방에 허술한 점이 없다고 하지 못할 것이다.11)

첩자를 활용한 첩보의 수집은 국방에 있어서 필수조건이며, 또 전시와 평시를 통해서 언제나 이루어져야 한다는 점을 역설하고 있다. 첩자의 첩보수집은 비단 군사분야 뿐만 아니라, 산업·기술분야에도 확대된 것이 오늘날의 추세이다. 필자는 60년대 중반경 당시 국방부 전사편찬위원장이었던 문희석 장군(고인故人)을 찾아가서(옛 국방부 건물은 서울역 앞 부근에 있었다) 문의를 했다.

"본인은 공군사관학교 교수부 군사학과 과장입니다. 한국전쟁 초기 작전

10) 『孫子』, 用間 第十三.
11) 『武臣須知』, pp. 113~114.

의 패인에 관심이 있어서 연구를 했는데, 초기 작전에서의 채병덕 육군 총참모장의 여러 가지 조치사항은 납득이 가지 않습니다. 즉 방위진지 건설 건의를 묵살한 것, 6월 10일 군 수뇌·사단장의 대폭적인 인사이동을 실시한 것, 6·25발발 3일전 그동안 계속된 비상경계를 해제한 것, 24일 주말에 외출·외박을 실시한 것, 6·25발발 한 달 전, 각 연대에 4문씩 있던 대전차포對戰車砲를 수리 차 거둬들인 것 등입니다. 위원장님의 솔직한 의견을 듣고 싶습니다."

현역 군복을 입고 간 필자를 문 장군은 잠시 물끄러미 응시하더니 말문을 열었다.

"당시 수상한 점이 여러 가지 있었지요. 한 가지만 소개한다면, 6월 24일 저녁에 군 수뇌들이 주말 댄스파티를 하고, 2차의 심야파티는 국일관國一館에서 25일 새벽 2시경에 끝났는데, 그 파티의 비용을 낸 사람은 정국은鄭國殷이었습니다."

필자는 놀랍고 당황하지 않을 수 없었다. 정국은은 언론인으로 활동하다가 1954년 간첩으로 총살당한 자였기 때문이다. 오늘날 우리의 젊은 지성인 가운데는 6·25 동란이 북한이 주장하는 것처럼 북침설北侵說을 믿는 자도 있다고 하니 —6·25에 관련된 소련의 비밀문서가 공개되었는데도 불구하고—, 우리들은 실사구시實事求是의 태도로 6·25전란에 대한 연구를 해서 후세에 남겨 교훈으로 삼도록 해야 할 것이다.

5. 기奇·정正과 허虛·실實에 대하여

병법의 연구에 있어서 기정과 허실의 문제는 핵심적 과제이며, 이것을 어느 정도 이해하고 실천하는가 하는 문제는 전략가로서의 수준을 말하는 것이라 해도 과언이 아니며, 또한 동양병학東洋兵學의 진수라 해도 좋을 것이다.

당 태종은 말했다.

"짐은 여러 병서兵書를 보았지만 모두 『손자병법孫子兵法』에서 벗어나지 않았으며, 손무의 13편은 모두가 허실에 벗어나지 않는다고 생각되오. 용병에 있어서 허실의 세勢를 잘 알고 있으면 싸움에서 승리하게 마련이요. 지금 여러 장수들이, '적의 세勢가 실實한 경우에는 싸움을 회피해야 하고, 적의 세가 허虛한 경우에는 적을 공격해야 한다'고 말은 하고 있으나, 막상 적과 부딪치게 되면 허실의 세를 정확히 파악하여 대처하는 자가 많지 않을 것이오. 이것은 적을 유인하여 적의 세를 완전히 파악하지 못하고, 도리어 적에게 유인을 당하여 군세를 적에게 노출시키기 때문이오. 경은 여러 장수들을 위하여 이에 대한 병법의 요점을 말해 주기 바라오."

이정李靖은 대답하였다.

"장수들에게 병법을 가르치려면, 먼저 기와 정이 서로 변화하는 방법을 가르친 다음에야 허·실의 형세를 가르칠 수 있을 것입니다. 대부분의 장수들은 기병奇兵을 정병正兵으로 변화시키고, 정병을 기병으로 변화시켜 사용하는 방법을 모르고 있습니다. 그러니 허한 것처럼 보이는 형세가 사실은 실한 것이고, 실한 것처럼 보이는 형세가 사실은 허한 것임을 어찌 알겠습니까?"[12]

정正이 없으면 기奇를 이루지 못하고, 기가 없으면 정을 이루지 못한다(정은 병력을 집중시켜 정면으로 대결하는 것이요, 기는 병력을 분산시켜 기습 공격하는 것이다). 정병은 옛 사람의 병법을 그대로 따라서 군을 정돈시키는 것이며, 기병은 그때그때의 상황에 따라 변통하는 것이다. 군은 정병이 없으면 기병이 의지할 데가 없고, 기병이 없으면 정병이 손을 쓸 수가 없는 것이다. '체體와 용用은 서로 떨어질 수 없다'는 말은 바로 이것을 가리킨 것이다.

기·정의 병법은 공격과 방어에 쓰고, 군세의 허·실은 기·정의 운용에서 나타난다.

허虛란, 군의 기강이 바로 잡혀지지 않아 혼란한 것, 식량이 부족하여 군

12) 『李衛公問對』, 問對 中.

사들이 굶주려 있는 것, 군세가 약한 것, 군사들이 피로에 지쳐 있는 것, 병력이 적은 것, 적침에 대한 대비가 없는 것 등이다.

실實이란, 군사들이 용감한 것, 군세가 강한 것, 군의 기강이 바로 잡혀 정돈되어 있는 것, 식량이 풍부하여 군사들이 배불리 먹을 수 있는 것, 병력이 많은 것, 군사들이 편안히 있는 것, 적침에 대비가 있는 것 등이다.

장수는 먼저 피·아의 군세에 대한 허실을 파악한 다음에야 비로소 기·정의 병법을 운용할 수 있다.[13]

필자는 허실·기정에 대하여 『무신수지』만큼 간략하면서 명확하게 설명한 내용을 아직 못 보았으며, 또 6·25 때의 인민군의 남침 기습작전은 이 병법을 철저하게 활용한 것으로 평가한다.[14]

6. 공격의 중심重心

작전의 준비·수행을 함에 있어서 고려해야 할 점이 무엇이며, 또 만약 공격작전을 수행한다고 가정하면, 적의 어느 곳을 공격해야 하는가 하는 문제는 대단히 중요하다.

방비가 철저한 곳은 어느 곳이든 안전한 곳이요, 방비가 허술한 곳은 어느 곳이든 불안전한 곳이다. 이것은 진법陣法의 대요를 말한 것이다. 싸움에 있어서는 군세의 허와 실을 가장 먼저 알아야 한다.

공격이란, 비단 적진만을 공격하는 것이 아니라, 적군의 마음을 공격하여 지혜를 짜내지 못하게 하고 사기士氣를 꺾어야 하는 것이다. 수비란, 비단 성벽만을 굳게 지키는 것이 아니라, 아군의 기운을 지켜야 하는 것이다. 이것은 병법의 요체要體를 말한 것으로서, 승패의 관건이 이 속에 담겨

13) 『武臣須知』, pp. 102~104.

14) 6·25전쟁 초기작전에 대해서는 拙著, 『韓國軍事史序說』(서라벌군사연구소, 1990), pp. 316~325 참조할 것.

있다고 할 수 있다. 적을 기만하는 갖가지 권모와 술수가 모두 여기에서 벗어나지 않는다.

여러 가지 방책을 세워서 적이 가장 중요시 하는 곳을 공격하여 탈취하면, 적군의 마음이 불안해지고 혼란해져서 안정되지 못할 것이니, 이는 적의 진영을 공격하지 않고도 스스로 격파할 수 있는 방법인 것이다.[15]

군사전략軍事戰略이란 다음과 같은 등식으로 표시할 수 있다.[16]

군사전략＝군사목표＋군사전략개념＋군사자원

군사목표란 군사능력 및 자원을 투입해야 할 특정 임무 혹은 과업으로 표시할 수 있는데, 이것을 구체적으로 명시한 것이 공격목표요, 또한 공격의 중심重心이 되는 것이다. 군사목표는 정치목적 내지 전쟁목적을 달성하는데 이바지할 수 있는 목표가 설정되어야 하며, 훌륭한 군사전략이나 승리라는 것도 궁극적으로 전쟁목적의 달성 여부에 의해 평가되는 것이다.

조미니(1779~1869)는 군사목표에 두 가지가 있다고 했다. 즉 「기동상機動上의 목표」와 「지리상의 목표」이다. 지리상의 목표는 중요한 요새, 하천의 선, 유리한 방어선 등이다. 기동상의 목표의 중요성은 이와 대조적으로 적 주력敵主力의 상황에 의해 결정된다. 그리고 이것은 적 주력군의 격멸과 깊은 관계가 있으며, 나폴레옹의 훌륭한 승리를 획득하는 최선의 길은 적 야전군의 섬멸에 있었다고 지적했다. 그러나 조미니는 「지리상의 목표」를 강조했고, 특히 한 나라의 수도首都는 교통상의 중추일 뿐만 아니라, 권력과 행정부의 소재지로서 훌륭한 군사목표라 했다.[17]

클라우제비츠(1780~1831)는 조미니와 견해를 달리했다. 즉

15) 『武臣須知』, pp. 147~150.
16) 李鍾學, 『軍事戰略論』(서울 : 博英社, 1987), pp. 335~340.
17) 조미니, 『조미니의 兵術論』, 이종학 역(서울 : 博英社, 1987), pp. 85~94.

> “전쟁에 의해서, 또한 전쟁에 있어서 무엇을 달성하려고 하는가” 하는 이 두 가지 질문에 대답하지 않고서 전쟁을 개시하는 사람은 아무도 없다. 이 질문의 첫째는 전쟁목적에 관한 것이고, 둘째는 군사목표에 관한 것이다.
>
> 군사목표는 언제나 적의 타도, 즉 적 전투력의 격멸이야말로 모든 군사행동의 주요 목표라는 결론에 도달한다.
>
> 공격은 각각의 경우 적의 중심重心, 즉 힘과 운동과의 중심中心이 생겨 모든 것은 그 중심重心에 의해 결정된다. 따라서 공격자는 전력을 기울여 적의 그러한 중심重心에 총공격을 가해야 한다. 알렉산더 대왕, 구스타브 아돌프, 샤를 12세 및 프리드리히 대왕 등에 있어서 중심重心은 그들의 군에 있으며, 따라서 만약 군 자체가 분쇄된다면 그들의 역할은 그것으로 종말을 고했으리라. 당파黨派로 인하여 분열되어 있는 국가에 있어서는 중심重心은 대개 수도首都에 있다. 열강국에 의존하고 있는 약소국에 있어서는 중심重心은 그들의 동맹군에 있다. 여러 국가가 서로 모여 결합된 동맹에 있어서는 중심重心은 이해관계利害關係의 일치에 있다. 국민총무장의 경우에는 중심重心은 주로 지도자 자신에게 있다.[18)]

1967년 6월 5일에 있었던 중동전쟁에 있어서 이스라엘 공군의 기습작전은 2시간 50분 만에 아랍 공군의 항공기 300여 대를 격파함으로써 제공권을 완전히 장악했다. 이것은 아랍군인들로 하여금 싸우려는 의지를 말살하고 말았던 것이다. 이리하여 소련에서 가져온 각종 최신의 전차와 장비도 쓸모없는 고철이 되어 6일 만에 완패당하고 말았다.

클라우제비츠가 잘 숙지하고 있었던 나폴레옹 전쟁에 있어서, 프랑스의 국가 지도자로서의 나폴레옹을 제거함으로써, 프랑스 혁명전쟁이 최종적으로 종결되었다는 사실에 주목해야 한다. 제2차 세계대전에 있어서 독일의 패전이 불가피하다는 것을 알면서도 장기간 히틀러가 지배하고 있는 동안은 전쟁은 종결되지 않았다.

---

18) 클라우제비츠, 1974『戰爭論』, 이종학 역(서울 : 一潮閣, 1986), pp. 202~203.

1991년 1월 17일, 이라크 전쟁에 있어서 미국이 주도하는 다국적군은 이라크 본토에 연일 폭격을 가했고, 2월 24일, 지상전투를 개시하여 이라크군을 격파했으며, 3일 후인 27일 이라크의 항복이라는 형식으로 정전停戰되었으나, 미국의 수뇌들은 공격의 중심重心을 오인하였다. 즉 중심重心은 사담 후세인에게 있는 것이지, 이라크군에 있는 것은 아니었다. 그들은 제공권을 완전히 장악하였고, 지상전에 몰두하는 것처럼 양동佯動을 하면서 특공작전으로 적 지도자를 제거 내지 실각시켰더라면 전쟁목적을 달성할 수 있었으리라. 다국적군은 전술적으로는 승리했으나, 전략적 성과나 전쟁목적을 달성할 수 없었던 것은 중심重心의 오인에서 기인한 것이었다.

조미니와 클라우제비츠의 군사목표는 적군의 수도나 적의 군대 등, 물리적 측면에 지향하는 것이었으나, 『무신수지』는 적의 군대나 적의 진지 등, 물리적 측면보다는 적군의 마음, 적의 사기士氣 등 심리적 측면에 지향되었다는 것은 오늘날의 군사학적 관점으로 보아도 탁견이라 하지 않을 수 없으리라.

7. 맺음말

문을 숭상하고 무를 천시했으며, 또 오랫동안 편안했던 조선시대에 있어서, 무신武臣의 부자父子(이정집·이적)가 2대에 걸쳐, 군인의 본분을 수행하기 위해 알아야 할 병서, 『무신수지』를 저술했다는 것은 놀라운 지혜이며, 조선왕조가 500여년 동안 지속된 이유도 이런 충성스러운 신하가 버티고 있었다는 데서 기인하리라. 물론 병서라 한다면, 전쟁이란 무엇인가, 즉 전쟁철학이 포함되어 있어야 하지만, 이 책은 이 분야가 없다는 것이 흠이기도 하다. 그러나 군인으로서 요긴한 군사지식을 망라하고 또 해설을 붙여 설명했다는 점에서 높이 평가된다.

우리들은 지금까지 우리 조상들이 저술한 병서를 접할 기회가 적었다. 첫째는 책의 부수가 제한되어 구하기가 어려웠고, 둘째는 한문漢文으로 되어 있어서 상당한 수준의 한문 실력이 없이는 이해하기 어렵기 때문이었다. 이제 상황이 달라져서 뜻만 있으면 길은 활짝 열려 있는 실정이니, 우리 조상의 병서도 소중히 그리고 열심히 연구할 시기가 되었다.

필자는 『무신수지』 가운데 관심이 있는 문제를 다루었으나, 지면상 상세히는 다루지 못하고 다만 문제 제기로 끝난 듯하다. 그러나 그 속에 포함되어 있는 기본 원리·원칙은 시대와 무기체계의 변화에도 구애되지 않고 적용될 수 있는 내용이기에 오늘의 관점에서 재분석·평가를 통해 활용되어야 하고 또 활용될 수 있다는 점을 강조하는 바이다.♣

(『한국군사』 제2호, 한국군사연구원, 1996년)

Ⅵ.
『손자병법』의 철학적 기초에 대한 연구

1. 머리말

1982년 7월 말, 필자가 국방대학원에 재직하고 있을 때, 미국의 워싱턴에서 개최된 국제 군사사학회(International Commission of Military History)의 회의에 참석하게 되었다. 이 기회를 이용하여 회의 후, 미 국방대학원(National War College)과 미 육군전쟁대학원(U.S. Army War College)을 방문하여, 군사전략 수립을 위한 절차와 방법에 관한 교재를 수집할 계획이었다. 왜냐하면, 한국군은 60만의 대군이요, 6·25전쟁과 월남전쟁에도 참전하여 지금까지 풍부한 실전체험을 쌓았다. 그러나 한국군은 지금까지 전투(battle)는 했어도 전쟁(war)을 해보지 않았다는 사실이다. 즉 군사전략을 수립해서 전쟁을 수행하지 않았다는 얘기이다.

육군전쟁대학원의 전략처장인 존 스튜어트(John Stewart) 대령은 필자의 요청을 듣고 한 권의 교재를 주었다. 즉 『군사전략 : 이론과 응용』(*Military Strategy : Theory and Application, 1982~1983*)이다. 귀국하여 이 책에서 주요한 논문을 선택하여 번역하고 필자의 논문을 편집해서 『군사전략론－이론과 실제－』(1987)을 발간했다. 그런데 이 자료수집 과정에서 필자를 놀라게 한 것은 미국의 최고 군사대학원에서 1970년대 말부터 손무孫武의 『손자孫子』(기원전 513 ? , 차후 『손자병법孫子兵法』으로 표기함)와 클라우제비츠의 『전쟁론戰爭論』

(1832)을 교재로 채택하여 가르치고 토의를 시킨다는 사실을 알았다. 그것은 세계 최강을 자랑했던 미군이 1975년 월남전쟁에서 전투에서는 언제나 승리했으나, 결과적으로는 전쟁에서 패배했다는 쓰라린 체험에서 비롯되었다는 것을 알았다.

필자는 1966년, 「『손자병법』으로 본 한국전쟁韓國戰爭」이라는 글에서 다음과 같이 기술했다. 즉, "『손자병법』은 심오한 전쟁철학戰爭哲學을 가지고 있다. 클라우제비츠의 『전쟁론』이 칸트(kant)의 비판철학批判哲學에 기반을 두고 있는 것과 마찬가지로, 『손자병법』은 동양 삼대사상東洋三大思想(유교儒教·불교佛教·도교道教)의 하나인 노자사상老子思想에 기반을 두고 있는 것으로 생각된다. 여기서 약간 노자老子의 사상을 소개하는 것이 『손자병법』을 이해하는 데 크게 도움이 될 것이다. 노자사상의 근본은 도道의 일원론一元論이다. 도는 우주宇宙의 본체本體이며 만물창조萬物創造의 근본이며 만상萬象의 어머니인 것이다. 그리고 이 도는 시각視覺, 청각聽覺, 촉각觸覺 등을 초월한 것이다. 따라서 이것을 일컬어 무無라고 한다. 무라고 하여도 유有에 대한 상대무相對無가 아니라, 유무有無를 초월한 절대무絕對無이다. 따라서 무無는 천지天地의 시작이다. 이처럼 본체가 활동적이 아니고 정지적靜止的이기 때문에 만물도 정지적인 것을 본연本然의 모습으로 하며, 본체가 초목적超目的인 것을 가지고 무위자연無爲自然이라고 칭하는 것과 같이, 만물도 또한 무위자연을 가지고 그 이상理想으로 삼지 않을 수 없다. 여기에 노자의 인생관人生觀, 윤리관倫理觀 그리고 정치론政治論이 흘러나올 뿐만 아니라, 『손자병법』의 사상적 특성도 여기서 나온다."[1)]

『손자병법』의 철학적 기초는 『노자』에서 비롯된다고 필자는 오래 전부터 생각했으나, 지금까지 그 주제에 대해 구체적으로 실증하는 논문을 발표하지 않았고 또 읽어보지 못했기 때문에 시도해 보고자 한다. 반면, 클라

1) 李鍾學, 「『孫子兵法』으로 본 韓國戰爭」, 『공군』 제96호(공군본부, 1966), p. 119.

우제비츠의 『전쟁론』(1832)의 철학적 기초는 규명했다는 것을 밝혀둔다.[2)]

이러한 시도가 중요한 이유는 『손자병법』은 2,500여년 전에, 그리고 『전쟁론』은 170여년 전에 저술되었음에도 불구하고 군사고전軍事古典으로 지금도 생명을 유지하고 전쟁에 활용·연구되고 있을 뿐만 아니라, 경영분야에도 응용되고 있는 데 반하여, 조미니(1779~1869)의 『전쟁술 개요戰爭術槪要』(1838)는 미국의 남북전쟁(1861~1865) 때, 장군들은 그 책의 영역본英譯本을 배낭 속에 넣고 다니면서 읽으며 작전을 수행했을 정도로 인기가 대단했으나, 요즘은 군사고전에도 끼지 못하는 중요한 이유 가운데 하나가 철학적 기초의 빈곤에서 비롯된다고 생각하기 때문이다.

그래서 필자는 '손무의 『손자병법』은 『노자』의 철학에 기초를 두고, 전쟁의 본질, 준비와 수행에 대한 전쟁이론을 저술했다'는 가정을 세워 이를 실증해 보려고 시도한다. 이를 위해 먼저 기존의 연구 성과를 검토하고 또한 노자와 손무의 생몰 연대와 저술시기를 규명하고자 한다.

2. 『손자병법』의 철학적 기초에 대한 기존의 연구 성과

필자는 1954년 11월 공군사관학교를 졸업·임관했으나, 『손자병법』이나 클라우제비츠의 『전쟁론』을 배워보지도 못했을 뿐만 아니라, 이름도 들어본 적이 없었다. 당시 우리나라에는 그러한 군사고전을 가르칠 군사 전문가가 없었던 것이다. 1960년대 초, 공군사관학교에 재직하면서 독학으로 『손자병법』을 연구하면서 놀란 것은 일본의 사토 겐지(佐藤堅司)가 1960년에 『손자병법』을 연구하여 박사학위를 받았고, 1962년 그것을 책자로 발간했는데, 『손자의 사상사적 연구』[3)]였다.

2) 이종학, 『클라우제비츠와 전쟁론』(서울 : 주류성, 2004), pp. 179~194.

3) 佐藤堅司, 『孫子の思想史的硏究』(東京 : 風間書房, 1962)

사토 박사의 연구에 의하면, 일본으로 중국의 병법이 들어온 것은 663년 이후로 추정되며, 그들은 백제인이며, 그 병서는 『손자병법』이라는 것, 그리고 일본인으로 『손자병법』을 최초로 중국에서 일본으로 가져온 것은 기비노 마사비(吉備眞備, 693~775)라고 했다.[4] 특히 거기에는 일본인들의 『손자병법』의 연구 성과를 시대별로 분석·평가한 것이 업적이었고 인상적이었다.

필자는 조선시대의 무인들은 무과시험에 『무경칠서武經七書』가 필수과목이었으니 『손자병법』에 대한 연구서가 일본과 마찬가지로 있으리라 예상하고, 역사학의 태두인 이병도 박사(성균관 대학교 도서관장)를 찾아가서 조선시대의 무인으로 『손자병법』을 독자적으로 연구한 책자를 소개해 달라고 했으나, "전연 그런 책을 보지 못했다"는 대답이었다. 그 후 이유를 생각해 보니, 조선시대는 숭문억무崇文抑武 정책으로 인하여 우수한 인재는 문과文科에 응시했고 거기서 낙방한 자들이 무과武科로 등용되었으니, 병법을 본격적으로 연구한 무인이 없었기에 그 결과로 조선왕조는 일제의 침략에 한 번 싸워보지도 못하고 국권國權을 상실하고 말았다고 생각했다.

사토 박사의 견해에 의하면, "『손자병법』의 보편적 군사원리의 유현성幽玄性은 중국 특유의 철학사상의 나타남이며, 『노자』와 『관자管子』가 공통되는 것이 있다. …『손자』의 사상 혹은 문장은, 한편에 있어서는 노장老莊의 무위자연無爲自然에 공통되지만, 다른 편에 있어서는 공맹孔孟의 인도주의나 현실주의와 보조步調를 맞추고 있다"[5]고 했으나, 구체적으로 실증하지 않았다.

미국 해병대 장군 출신인 그리피스(Griffith) 장군은 영국 옥스퍼드 대학교에서 『손자병법』의 연구로 1960년에 철학박사 학위를 취득하여 그것을 보

4) 상게서, pp. 231~233.
5) 상게서, pp. 39~40.

완해서 책자를 발간했으며, 책명은 *SUN TZU : The Art of War*(1963)이다. 그는 『손자병법』의 원문을 새로이 영어로 번역하고 손무의 시대와 전쟁양상, 중국 주석자들의 손무의 주석 그리고 손무와 마오쩌둥(毛澤東) 등에 관해 기술記述하고 있지만, 『손자병법』의 철학적 기반에 대해서는 전연 언급이 없었다. 그러나 흥미로운 것은 이 책에는 리델 하트(1895~1970)의 서문이 있는데, 그는 1927년 중국 상하이(上海)에 체류하고 있었던 존 던컨(John Duncan) 경으로부터 『손자병법』을 소개받고 읽은 후 그가 생각하고 있던 '간접접근'(indirect approach)과 유사성을 발견했고, 특히 "『손자병법』의 작은 책자 속에는 내가 저술한 20권 이상의 저서에서 다루어 둔 전략·전술의 근본문제를 거의 포함하고 있다"[6]고 높이 평가했다. 그리고 그리피스 장군의 저서는 미 국방대학원과 미 육군전쟁대학원 학생들의 필독 교재로 선정되어 있었다.

미 해군대학원의 전략교수인 마이클 한델(Michael I. Handel)은 *MASTERS OF WAR : Sun Tzu, Clausewitz and Jomini*(1992)를 발간했는데, 나는 이 책의 서평을 한델 교수에게 보냈고 또 그의 답장도 받았다. 이것이 계기가 되어 「손무의 『손자병법』」(『공군평론』 97호, 1996)이라는 논문을 발표했다. 한델 교수의 저서 속에는 『손자병법』과 클라우제비츠의 『전쟁론』을 다루면서 일반적인 역사적, 철학적, 문학적 그리고 언어적 분석을 포함시키지 않았다.

> 『손자병법』과 『전쟁론』이 아직도 전해 내려오고 있으매, 여전히 탁월한 평가를 받고 있는 이유는 다음 두 가지 때문이다.
>
> 첫째, 인간 본성과 정치적 행위에 관한 근본적인 논리는 긴 역사를 통하여 변하지 않았기 때문이다. …둘째 이유는, 현대전쟁의 복잡성이 현저히 증가하고 있기 때문이다. 손자와 클라우제비츠는 이미 그 당시의 전쟁을

---

6) Samuel B. Griffith, *SUN TZU : The Art of War* (London : Oxford University Press, 1963), p.vii.

무한히 복잡한 것으로 간파하고 있었다.[7)]

그러나 필자는 위의 두 저서가 군사고전으로서 오늘날에도 생명력을 가지고 복잡한 현대전의 준비와 수행에 가르침을 주는 이유는 철학적 기반이 있기 때문이라 생각하여, 노자사상에 대한 구체적·체계적 논의는 할 수 없었으나, 병법에 관련된 『노자』의 내용을 소개한 바가 있다.[8)]

동양철학을 전공한 임원빈 박사는 『손자병법』에 대한 존재론, 인식론 및 인간관을 논의했으며, 특히 존재론을 논의하면서 다음과 같이 주장했다. 즉 "사물의 세계는 그것의 극단에 이르면 대립면으로 전환되며, 이러한 과정은 끊임없이 진행된다는 것이 손무의 존재에 대한 이해였으며, 이는 사실 손무의 독창적 견해라기보다는 당시 지식인들이 공유하는 일반적인 세계관이기도 하였다"[9)]고 하면서, 각주脚註에서 이러한 세계관을 『노자』의 대립면 전화의 원리(反者 道之動), 역易에서의 음양소장陰陽消長의 원리… 등에서 광범위하게 보인다고 했다. 아쉽게도 이 문제를 구체적으로 상세히 논의하지 않았다.

중국의 현대 군사 사상가인 도한장(陶漢章, 1917~)은 군사대학에서 군사교육자로 활약했고, 1955년 소장少將으로 예편한 뒤에도 북경 국제전략학회 고문 등을 역임했다. 그는 유백승(劉伯承) 원수의 좌담회에 참가한 기록과 스스로의 연구를 합하여 『손자병법 개론』(1984)을 저술했고, 1989년에는 증보판을 출간했다. 그는 "『손자병법』의 생명력과 실용 가치는 그것이 단지 군사방면에서만 유용할 뿐만 아니라, 전쟁의 승패를 좌우하는 정치, 군사, 경제, 외교, 철학적 이치(철리哲理)에 대한 종합적인 견해를 포함하고 있

7) Michael I. Handel, *MASTERS OF WAR : Sun Tzu, Clausewitz and Jomini* (London : Frank Cass&Co. LTD., 1992), p. 2.

8) 李鍾學, 『軍事理論과 軍事教育의 研究』(경주 : 서라벌군사연구소, 1997), pp. 79~107.

9) 임원빈, 「손자의 철학사상 연구」, 『海士論文集』 第39輯(鎭海 : 海軍士官學校, 1996), pp. 13~14.

다는 데 있다"[10]고 했다. 그는 손무가 주장한 철학적 이치가 독창적인 것인지, 또한 구체적으로 상세히 이 문제를 다루지 않았다.

중국 국방대학교의 강국주(姜國柱) 교수는 『주역여병법周易與兵法』(1997)을 저술·간행했으며, 그는 다음과 같이 주장했다. "『손자병법』은 병서이지만 철학 사상을 바탕으로 하여 병법을 철학 속에 융화시켜 나타내고 있다. 『손자병법』에서 전쟁의 책략과 전략을 논할 때, 곳곳에서 유물론, 인식론, 변증법의 지혜가 빛나고 있다. 이 책은 병법과 철학이 병합된 걸작이다.… 손무의 군사 모략사상은 아주 심오하며 체계가 완벽하다. 이것은 『주역周易』에서 나왔으며 후세에 큰 영향을 미쳤고, 수많은 병법가들의 사표요, 동방 병법가들의 원조라고 불리면서 지금도 찬란한 빛을 발하고 있다."[11]

그는 『손자병법』이 철학을 바탕으로 하고 있다고 주장하면서, 아쉽게도 『주역』을 바탕으로 하여 『손자병법』에 대한 비교·분석과 주석註釋을 시도하지 않았다.

김기동·부무길은 『손자병법』의 철학적 기초에 관하여 다음과 같이 주장했다. "완벽한 체계와 풍부한 내용과 심오한 철리哲理를 갖춘 『손자병법』이 춘추시대 후기에 확립될 수 있었던 것은 물론 당시 사회의 경제, 정치, 군사 및 철학 사조의 직접적인 영향이 있었기 때문이다. 동시에 그것은 고대 군사사상의 논리적인 발전의 결과이기도 했다. 장구한 발전과정을 겪어 온 고대 군사사상은 『손자병법』의 형성에 중대한 영향을 미쳤고, 한편으로 『손자병법』은 기존의 군사사상을 단순히 반복한 것이 아니라, 한 차원 더 높은 발전 형태를 보여주는 이론이었다"[12]고 했다. 저자들은 「손무에 대한 인물 소개」, 「고대 군사사상이 손자병법에 미친 영향」 그리고 「제나라 문화가

---

10) 陶漢章, 『손자병법 개론』 임원빈 역(진해 : 해군사관학교, 2000), p. 97.

11) 姜國柱, 『주역과 전쟁윤리』 국방사상사 연구회 옮김(서울 : 철학과 현실사, 2004), p. 98 및 p. 115.

12) 金基洞·夫茂吉, 『孫子의 兵法과 思想研究』(서울 : 雲岩社, 1997), p. 80.

손무에게 미친 영향」 등 『손자병법』의 철학적 기초뿐만 아니라, 정치·경제·군사·외교·자연조건과 전략·전술을 광범위하게 다루었다.

김기동·부무길의 논지는 필자와 동일했지만, 내용 전개에 있어서 필자와 견해를 달리하는 부분이 있고 또 구체적 내용이 부족한 듯 하기에 필자는 가설의 주제를 다루어보고자 한다.

3. 『노자老子』는 어느 때의 작품인가?

노자에 대한 사료史料로서 한漢나라 시대의 사마천(司馬遷, 기원전 145?~ 85?)의 『사기史記』(기원전 90년경)에 다음과 같이 소개되어 있다.

> 사료① 노자는 초楚나라 고현苦縣(하남성河南省) 여향 곡인리의 사람이다. 성은 이씨李氏, 이름은 이耳, 자는 백양伯陽, 시호는 담聃이니, 주周나라 수장실守藏室의 사관史官이다.
>
> 공자孔子가 주나라에 가서 삼가 예禮에 관해 노자에게 물어보자, 노자는 이렇게 말하였다.
>
> "그대가 말하는 것은, 그 사람과 뼈는 이미 다 썩었는데, 오직 그 말만이 남았을 뿐이다. …그대의 교만한 기상과 욕심 많음과 얼굴과 태도를 꾸미는 일과 산만한 뜻을 버리라. 그런 것은 그대의 몸에 보탬이 되지 않는다. 내가 그대에게 할 말은 이것뿐이다."
>
> 공자는 돌아가 제자들에게 이렇게 말하였다.
>
> "나는 새가 잘 난다는 것을 안다.… 그러나 용龍에 대하여는 나는 그것이 어떻게 바람과 구름을 타고 하늘에 올라가는지 알지 못한다. 나는 오늘 노자를 만났다. 그는 용과 같은 존재라고나 할까."
>
> 노자는 도道와 덕德을 닦아서, 그의 학문은 스스로 숨기고 이름이 드러나지 않도록 힘쓰는 것이었다. 오랫동안 주나라에 살더니 주나라의 도가 쇠미하게 되는 것을 보고 드디어 떠나게 되었다. 함곡관函谷關에 이르자 관령關令 윤희尹喜가 말하였다.

"선생께서는 장차 숨으시려고 하시는 데, 귀찮으시더라도 저를 위하여 글을 지어주십시오."

이에 『도덕경道德經』 상·하편을 지어, 5,000여 자의 문장을 남기고 가버렸는데, 그의 최후를 아는 이가 없다. 어떤 이는 말한다. "노래자老萊子도 또한 초나라 사람이다. 책 15권을 지어서 도가道家의 효용을 말하였는데, 공자와 같은 때의 사람이다."

대체로 노자는 160여 세를 살았다고도 하고, 200여 세를 살았다고도 한다. 그가 도를 닦고 수壽를 길렀기 때문일 것이다.

공자孔子가 죽은 뒤, 129년 후의 사관史官의 기록에 의하면 주나라의 태사太史 담儋이 진秦나라의 헌공獻公을 뵙고… 어떤 이는 담이 곧 노자라고 하고, 어떤 이는 그렇지 않다고 한다. 세상 사람들도 진정 그러한지 아닌지를 알지 못한다. 노자는 숨은 군자君子였다.(「노자老子·한비자전韓非子傳」)

사마천은 『사기』를 집필할 당시, 전해져 온 여러 가지 사료를 충실히 기록했으나, 어느 것이 사실史實인지 명확하게 말하지 못하고, '세상 사람들도 진정 그러한지 아닌지를 알지 못 한다'고 솔직하게 기록해 두었다. 그 후 많은 연구자들은, 노자는 어느 시대의 인물이며, 노자서老子書는 어느 때의 작품인가에 대해 학설學說을 발표했으며, 이 문제에 대한 김경탁金敬琢 교수의 연구 결과를 소개하면 아래와 같다.[13]

(1) 호적설胡適說 : 호적 씨는 노자는 실제 인물로서 공자보다 스무 살이나 나이가 많은 이라 하였다. 또 노자서老子書에 대하여는 비록 후의 사람들이 멋대로 덧붙이거나 고친 곳이 있기는 하나 역시 춘추시대에 노자가 지은 책이라고 하였다.

(2) 오강설吳康說 : 오강 씨는 지금 있는 노자서는 공자와 같은 시대인 노담老聃이 쓴 것으로 장자莊子 보다 먼저 나왔다고 하여 대개 호적설을

13) 金敬琢 譯, 『老子』(서울 : 光文出版社, 1965), pp. 39~42.

지지하였다.

(3) 풍우란설馮友蘭說 : 풍우란 씨는 노자서는 전국시대戰國時代 때 사람이 지은 책이라 하여 세 가지 이유를 들었다. 첫째, 공자 이전에는 개인의 저술이 없다는 것이요, 둘째, 노자서의 문체는 문답체가 아니므로, 마땅히 『논어』, 『맹자孟子』 이후에 나온 것이라는 것이요, 노자의 글은 간단명료한 경經의 문체이므로 전국시대 때의 작품이라 하였다. 또 노자란 인물에 대하여 전국시대 때의 이이李耳요, 전설 속에 나오는 옛날의 넓고 큰 참 사람(古之博大眞人)은 바로 노담이라고 했다.

(4) 전목설錢穆說 : 전목 씨는 노자서가 『논어』 뒤에 나왔을 뿐만 아니라, 마땅히 『장자』 뒤에 나온 것이라고 말한다. 노자서 가운데 허다하게 많은 중요한 점은 거의가 『장자』 가운데서 가려 뽑아 낸 것이다. 『순자荀子』가 "노자는 굽히는 것만 보고, 펴는 것은 보지 못하였다"고 인용하였으니, 노자서는 대개 『장자』 뒤에, 『순자』 보다는 앞서서 이름 없는 사람이 지은 것이라고 했다.

(5) 다케우치 요시오 설(武內義雄說) : 다케우치 요시오 씨는 노자는 공자의 손자 자사子思와 같은 시대인데, 공자보다 뒤의 사람이다. 『도덕경』 5,000여의 글은, 옛날부터 노자의 저술로서 귀하게 여겼지만, 실은 전국 말戰國末 진 초경秦初頃에 법가法家의 학자가 모은 책이다. 그 가운데는 법가의 말, 병가兵家의 말, 종횡가縱橫家의 말 및 후세 사람이 부여한 말이 많다고 했다.

(6) 츠다 소우키치 설(津田左右吉說) : 츠다 소우키치 씨는 노담은 후세에서 도가道家의 학學이라고 불리어지는 따위의 사상을 가진 "노자서의 작자가 그의 설說에 권위를 세우기 위하여 가설한 가공의 인물이다"고 하였다. 또 노자서에 대하여는 『맹자』보다는 뒤요, 『순자』보다는 앞이라고 하였다.

(7) 김경탁 설 : 노자서 가운데 거의 각 장마다 '고故' 또는 '시이是以'가 있는데, 대개 '故'나 '是以' 위에는 어록체語錄體요, 그 아래는 해설체解說體라고 생각한다. 그러므로 『맹자』와 『장자』보다는 후요, 『중용中庸』보다는 앞선다.…

> 『노자』에 나타난 도가사상은 중국 춘추 전국시대에 걸쳐 형성 발전하였다. 『회남자淮南子』에는 "춘추 242년간에 망한 나라가 52요, 임금을 죽인 자가 36"이라 하였다. 온 천하가 도살장처럼 투쟁의 소용돌이 속에서 사람들은 힘의 법칙에 대한 인식을 아니 가질 수 없었다. 전설적인 병학자兵學者 손무가 난 것도 이 무렵이었다.

최근 이 주제에 대하여 김학주金學主 교수는 다음과 같이 주장했다. 즉, "춘추시대에 공자(기원전, 551~479)보다 20~30년 선배인 노자라는 사람이 있었고, 그가 도가의 초기 사상가의 한 사람이었음에는 틀림없지만, 도가사상道家思想이 그 노자라는 한 사람에 의하여 만들어진 것은 아님을 알 수 있다. 『노자』라는 책도 적어도 노자에 의하여 처음으로 이루어진 간단한 기록이나 그의 말 같은 것을 근거로 하고, 다시 거기에 전국시대 이후 도가들의 기록을 더 보태어 지금 우리가 보는 모습으로 발전한 것이라 보는 게 옳을 것이다."[14)]

필자는 김학주 교수의 견해를 수용하는 입장이며, 또한 중국 국방대학교의 강국주姜國柱 교수의 견해를 살펴보고자 한다.

> 노자의 생몰 시기는 확실하게 밝혀지지 않았지만, 공자보다는 나이가 많았으며, 대략 기원전 580~500년 사이에 살았다고 한다. 그가 저술한 『노자』는 역대 많은 학자들에게 소중한 자료가 되고 있다.… 몇몇 사상가들이 보기에는 『노자』는 모략을 연구하는 책이었다. 사실 『노자』는 위대한 철학의 명작이고, 그 사상의 요지와 핵심은 우주와 하늘·땅·사람 삼재三才의 중심인 道를 말한다. 그런데 이 책에는 군사적 전략·전술·책략·권모술수 등 풍부한 군사사상의 내용이 빠짐없이 포함되어 있어서 역대 병가의 스승으로서 후세에 군사이론과 실천의 발전에 중대한 영향을 끼쳤다. 따라서 사람들이 『노자』를 병법서로 간주하는 것도 일리가 있는 것이다.[15)]

---

14) 金學柱, 『노자와 도가사상』(서울 : 明文堂, 2007), p. 62.

따라서 공자가 노자를 찾아가서 만난 시기가 기원전 506년(공자 46세)이니,[16] 공자는 『노자』를 읽고서 대단한 학자로 생각하여 찾아갔을 것이다. 그러니 『노자』의 저술 연대는 노자의 나이로 보아 20여년 전, 즉 기원전 530년 전후로 추정한다.

4. 『손자병법』은 어느 때의 작품인가?

손무孫武와 『손자병법』에 대한 사료는 『사기』에 다음과 같이 소개되어 있다.

> 사료② 손무는 제齊나라 사람이다. 병법을 가지고 오왕 합려를 뵈었다. 합려가 말하기를, "그대의 병법 13편을 나는 모두 읽었다. 군대를 열병하는 것을 시험해 보일 수 있는가?" 하니, 손자가 "좋습니다." 하고 대답했다.…
>
> 합려왕은 손자가 용병을 잘한다는 것을 알고 드디어 그를 장수로 임명하였다. 서쪽으로는 강력한 초楚나라의 군사를 깨뜨리고 그 서울 영郢에 들어갔으며, 북쪽으로 제·진 두 나라를 위협하여 이름을 제후諸侯에 드러낸 것은 손자의 힘이 작용한 바이다.
>
> 손무가 죽은 뒤 100여 년이 지나서 손빈孫臏이라는 사람이 있었고 손무의 후손이다.… 손빈은 이것으로 이름이 천하에 드러나게 되었다. 세상에 그가 지은 병법책이 전하고 있다.(「손자孫子·오기열전吳起列傳」)

『사기』에는 오자서·손무의 활동을 아래와 같이 기록하고 있다.

> 사료③ 오자서伍子胥는 초나라 사람이니 이름은 원員이다.…
>
> 합려는 왕이 된 지 3년 만에 드디어 군사를 일으키고 오자서 등과

15) 姜國柱, 국방사상사 연구회 옮김(2004), pp. 222~223.
16) 金學柱, 『공자의 생애와 사상』(서울 : 明文堂, 2003), p. 85.

함께 초나라를 쳐서 서舒를 함락시키고, 본래 오나라의 장수였던 배반한 공자公子 두 사람을 사로잡았다. 이 기회에 초나라의 수도인 영郢을 치려고 하자, 장수 손무가 말하기를, "백성들이 피로하였으며, 아직은 그 때가 아닙니다. 얼마동안 기다려 주십시오." 하였다. 그리하여 드디어 돌아왔다.…

9년(기원전 506년)에 오왕 합려가 오자서와 손무에게 말하기를, "처음에 그대가 영郢에는 아직 들어가지 말라고 하였는데, 지금은 과연 어떤가 ?" 하였다. 두 사람이 대답하기를, "…왕께서 만일 크게 초나라를 치고자 하신다면, 반드시 먼저 당唐·채蔡를 우리 편에 끌어들이면 칠 수가 있을 것입니다"고 하였다.

합려는 그 말을 듣고 당·채와 함께 군대를 모두 동원하여 초나라를 공격하게 되었는데… 자상子常이 패하여 정鄭나라로 달아나니 이에 오나라 군대는 승세를 몰아 전진하여 다섯 번 싸운 끝에 드디어 초나라의 수도 영에 이르렀다.…

그 뒤 2년이 지나서 합려는 태자 부차夫差로 하여금 군사를 거느리고 가서 초나라를 치게 하여 번番 땅을 빼앗았다.… 이때에 오나라는 오자서·손무의 계책을 채용하여 서쪽으로는 강력한 초나라를 깨뜨리고 북쪽으로는 제齊·진晉을 위압하였으며, 남쪽으로는 월越나라 사람을 복종시켰다.

그 후 4년(기원전 497)에 공자孔子가 노나라의 재상宰相이 되었다. 그 뒤 5년에 오나라가 월나라를 치니 월왕 구천句踐이 이를 맞아 고소姑蘇에서 오나라의 군사를 깨뜨리니, 합려는 손가락에 부상당하였으므로 오왕은 물러갔다. 합려의 병이 악화하여 장차 죽게 되었을 때에 태자 부차에게 말하기를, "너는 구천이 너의 아비를 죽인 것을 잊겠느냐" 하였다. 부차는 대답하기를, "감히 잊지 않겠습니다."(「오자서열전伍子胥列傳」)

위에 소개한 『사기』에는 손무의 저서 13편의 『손자병법』, 그의 장수로서의 활동 및 그의 자손 손빈과 그의 병법책이 전하고 있다고 기록하였다

(사료②,③). 그러나 후대의 연구가들은 다음과 같은 학설學說을 주장했다.

(1)『손자병법』의 후인 위작설後人僞作說

(2) 손무의 가공 인물설架空人物說

(3) 손무와 손빈의 동일인설同一人說

(4) 손빈 저작설孫臏著作說

(5) 손무 원작孫武原作·손빈 보완설孫臏補完說

그런데 1972년 4월 중국 산동성山東省 은작산銀雀山에서 전한前漢 초기(기원전 140~118)의 고분에서 죽간竹簡으로 된『손자병법』과 전래되지 않았던『손빈병법孫臏兵法』,『육도六韜』,『울료자尉繚子』[17] 등이 출토됨으로써 지금까지의 의문점이 거의 해결되었을 뿐만 아니라,『사기史記』의 기록이 신빙성이 있다는 것이 증명된 셈이다.

오왕 합려는 왕이 된지 3년(기원전 512)만에 초나라의 수도를 치려고 했으나, 손무의 건의로 침공을 중지했는데(사료③), 손무가 오왕 합려에게 13편의『손자병법』을 바치고 장수가 된 것은 기원전 512년이고, 저작 연대著作年代는 기원전 513년으로 추정한다.

지금까지 손무의 출생·사망 연대는 알려지지 않았고, 다만 공자(기원전 551~479)와 동시대인同時代人으로 알려져 있었는데, 그 논거는 사료③에서 찾을 수 있다. 즉 기원전 504년, 합려왕은 태자 부차夫差로 하여금 초나라를 쳤을 때, 오자서·손무의 계책을 채용하여 성공했고, 기원전 497년에 공자가 노나라의 재상이 되었기 때문이며, 그때 공자는 55세였다.

합려왕은 기원전 496년 초나라를 치다가 월왕 구천에 의해 패배, 부상을 당하여 죽었는데, 작전 경과로 보아 이때는 이미 손무가 은퇴하여 참전하지 않은 것이 확실하며, 그 후 태자 부차가 왕이 되어 오자서는 부차왕으로부터 억울한 죽임을 당했다. 그래서 필자는 기원전 504년 태자 부차가 초나

17) 銀雀山漢墓竹簡整理小組編,『銀雀山漢墓竹簡』(壹)(北京 : 文物出版社, 1985), p. 1.

라를 쳤을 때, 오자서와 손무도 함께 출전해서 공을 세웠으나, 손무는 부차의 자질을 미리 짐작하고 그 후 곧 사직한 것으로 추정한다.

손무의 말년에 대해 확실한 자료를 제시하지 않고 소개된 내용에 의하면, 기원전 504년 손무는 수군을 편성하여 장강長江에서 초나라의 수군과 싸웠다. 이때 수군의 돌격대장에 합려왕의 차남 부차를 임명했다. 병법에 능한 손무는 이 수상전水上戰에서 작전이 훌륭하여 초나라의 수군을 격멸하여 패잔병들은 도망쳤다.

오나라의 수도에서는 몇 번이나 초나라의 대군을 격파한 손무 장군은 당대 최고의 병법가요 구국의 영웅이 되었다. 특히 합려왕과 재상인 오자서는 기뻐했다. 그러나 손무는 걱정스러워졌는데, 그것은 공자公子 부차夫差의 존재였다. 손무는 전투과정에서 부차의 교만함을 알고서 오나라의 앞날에 불안감을 가지게 되었다.

합려왕은 결코 현명한 명군名君은 아니었으나, 한 가지 장점은 신하의 건의를 받아들이는 아량이 있었다. 그리하여 정치 면에서는 오자서, 군사 면에서는 손무의 건의를 수용했기 때문에 일에 대해 보람을 느꼈다. 그러나 다음에 왕이 될 부차는 달랐다. 자존심이 강한 부차는 부하의 건의에 귀를 기울이기는커녕 군주의 체면을 손상시킨다고 생각하는 위인이었다.

깊이 생각한 끝에 손무는 사의를 표명했다. 합려왕과 오자서는 놀라서 보류하라고 종용했으나, 손무의 의지는 확고했기에, 마침내 합려왕도 승인했다. 지금까지의 공로를 가상히 여긴 왕은 손무에게 월나라와 국경이 가까운 부춘富春에 영토를 주었고, 그 후 손씨孫氏들은 대대로 그 곳에서 병법을 가르치며 살았다.

손무가 사임하고 1년이 지났을 때, 남쪽의 월나라에서 왕인 윤상允常이 사망하자, 태자인 구천句踐이 왕이 되었다. 월나라의 왕의 교체에 의한 혼란을 기화로, 오나라는 군대를 동원하여 월나라에 침공했다. 시골에서 오월

회전吳越會戰의 소식을 접한 손무는, 오나라를 위해 그 경솔함을 슬퍼했다. 오월吳越의 전투는 오나라의 대패로 끝났고, 합려왕은 패잔병을 이끌고 귀국 중 실의 속에 급사했다[18]고 했으나, 사료를 밝히지 않아서 신빙성에 문제점이 있다.

공자(기원전 551~479)와 비슷한 연배인 손무는 『노자』의 영향을 받았다는 가정 하에 논의를 진행시키고자 하는데, 한 가지 궁금한 것은 손무의 가문과 성장과정이다. 그런데 이 내용에 관해서는 『사기』에 전연 기록되어 있지 않다. 그러나 사료의 신빙성에 약간의 문제점이 있지만, 연구 성과를 소개하면 다음과 같다.[19]

손무의 자字는 장경長卿으로 춘추 말기에 제나라 낙안樂安(지금의 산동성山東省) 사람이다. 그의 주요 활동 시기는 기원전 500년 전후이다. 그의 선조 진완陳完은 진陳나라 사람인데 내란으로 인해 제나라로 도망쳐 제나라 환공桓公에게 중용된 뒤 후에 성姓을 전田 씨로, 이름은 완完으로 바꾸었다. 거莒나라를 정벌한 공이 있었으므로 제나라 경공景公은 손孫 씨 성을 하사하였다. 손무의 부친인 손빙孫憑 또한 제나라의 고급관리였다. 손무는 이러한 세습 귀족가정에서 태어나 자랐고, 조상과 선배들이 모두 군사에 정통하여 그로 하여금 어려서부터 군사적인 교육을 받았다. 즉 손무는 군사학을 가학家學으로 하고 있는 군사세가軍事世家에서 출생하고 성장했던 것이다. 그래서 『손자병법』 속에는 옛날의 병서兵書인 『군정軍政』(군쟁편軍爭篇)이 등장했고 또 "이 네 가지 용병상의 원칙은 황제黃帝가 네 임금과 싸워서 승리를 거두었던 방법이다."(행군편行軍篇) 하고 인용했다.

나중에 제나라의 내란으로 인해 손무는 오나라로 도망쳤다. 『오월춘추』에 따르면, 오자서는 어느 날 망명해온 손무를 만나게 되었는데, 처음 만나

18) 松本一男, 『孫子を読む』(東京 : PHP研究所, 1990), pp. 85~87.

19) 임원빈 역(2000), 전게서, pp. 111~112 및 이병호 편역, 『손자·군사사상과 병법이론』(울산 : 울산대학교 출판부, 1999), pp. 28~32 참고.

이야기해 보고, 곧 그가 놀라운 재능을 가진 사람임을 알게 되었다. 그는 합려왕에게 손무를 천거(기원전 512) 했고, 손무는 오왕의 요구에 따라 궁녀들을 데리고 훈련법을 시연해 보였다. 따라서 필자는 『손자병법』의 저술은 기원전 513년경으로 추정하는 것이다.

5. 『노자』와 『손자병법』의 비교·분석과 평가

가. 도道란 무엇인가?

노자의 철학사상에 있어서 '도道'란 키워드(keyword)이다. 노자에 의하면 '도'란 자연의 법칙일 뿐만 아니라, 형이상학적形而上學的인 우주의 본체本體로 보았다. 즉, 하늘이며 땅이며 온 만물은 '도'를 바탕으로 하여 완성되었으며, 다음과 같이 『노자』에서 설명하고 있다.

> 사료④ 혼돈된 것이 있으니, 이것은 천지天地보다도 먼저 생겼다. 고요히 움직이지 않는 모습은 다른 것에 의존하지 않는 독립된 존재이니 변형하지 않는다. 현상계現象界에서 두루 운행運行하여도 막힐 데가 없다. 또 위대하지 않고, 만물이 다 거기서 생성生成되니 천하의 모체母體가 될 수 있다. 나는 그 이름을 알지 못하므로 그것을 '도'라 이름 지었고, 억지로 그것을 '대大'라 부르기로 하였다. '대'라고 하는 것은 끊임없이 변화하여 간다. 끊임없이 변화하는 것은 멀리 극도에까지 이른다. 멀리 극도에 다다르면 제자리로 되돌아간다.
>
> 그러므로 '도'란 위대한 것이며, 하늘도 위대하고, 땅도 위대하고, 왕도 역시 위대하다. 세상에는 이 네 가지 위대한 것이 있는데, 왕도 그 중의 하나를 차지하는 것이다. 그런데 사람은 땅을 법도로 삼고, 하늘은 '도'를 법도로 삼으며, '도'는 자연을 법도로 삼고 있는 것이다.(제25장)

사료⑤ '도'라고 알 수 있는 도라면 그것은 절대 불변하는 '도'는 아니다. 명칭으로써 표현될 수 있는 명칭이라면 그것은 절대 불변하는 명칭은 아니다. 명칭이 없는 것(무명無名)은 천지가 시작되던 상태이며, 명칭이 있는 것(유명有名)은 만물의 모체母體이다.
언제나 무無는 '도'의 묘용을 드러내 보이려 하고, 언제나 유有는 만물의 차별상을 드러내 보이려 한다.(제1장)

노자는 '도'의 본체에 대해 여러 가지 표현으로 설명했다. 즉 '도'라는 것은 만물이 존재하는 이유요, 모든 이치의 근거가 되고, 또한 만물은 이치가 다르지만, '도'는 만물의 이치의 근원이 된다. 그러나 사람의 지각知覺으로서는 알 수도 없을 뿐만 아니라, 사람의 지혜로서도 그것을 제대로 표현할 수 없다는 것이다. '도'가 우주의 본원이고 근거라면, 우주의 만물은 '도道'로 말미암아 생겨났는데, 노자는 만물의 생성과정을 다음과 같이 설명했다.

사료⑥ 도가 일一을 낳고, 一은 이二를 낳고 二는 삼三을 낳으며, 三은 만물을 낳는다. 만물은 음陰을 짊어지고 양陽을 안고 있는 셈이며, 충기沖氣를 통하여 조화되는 것이다.(제42장)

이 내용은 마치 암호暗號 비슷한 표현을 하고 있으나, '도'는 음·양·충의 삼기三氣로 만물을 생성한다는 내용으로 변증법적 사고방식을 설명한 것이기 때문에 차후 상세히 논의하고자 한다.

노자는 '도'를 형이상학적인 우주의 본체로 삼았지만, 손무는 '도'를 전쟁수행을 위한 전력戰力의 기본 요소(五事) 가운데 첫째로 등장시켜 다음과 같이 설명했다.

사료⑦ 다섯 가지 전력의 기본 요소란, 첫째는 도道요, 둘째는 천天이요, 셋째는 지地요, 넷째는 장將이요, 다섯째는 법法이다.
첫째로, 도道란 국민들이 위정자와 같은 마음이 되어 생사를 함께

할 수 있으면 어떤 위험도 두려워하지 않도록 하는 것이다.(시계始計)

손무에 의하면, "전쟁을 시작하기 전에 가장 중요한 일은 정부 요인 및 군 수뇌 회의의 양편 전력의 분석·비교에 의한 계산(묘산廟算)이다"(시계)고 했고, 전쟁 개시의 결정자는 위정자(왕)이다. 만약 전쟁을 수행함에 있어서 위정자의 뜻과 국민의 의사가 상반된다면, 전쟁 수행은 불가능하거나 패하게 마련이다. 그래서 손무는 전쟁수행에 있어서 첫 번째로 중요한 요인으로 '도'를 주장했던 것이다.

660년 나당羅唐 연합군은 백제를 정복하고 난 후 당군은 그대로 머물러 백제의 옛 영토는 물론이요, 신라까지 정복하려는 기세를 보였다. 그러나 김유신을 위시하여 온 국민이 항전抗戰의 태세를 보이자, 당군의 장수 소정방蘇定方은 사태의 불리함을 깨닫고 계획의 실천을 포기하고는, 부지휘관을 남겨놓은 채 귀국하였다. 당나라의 왕인 고종이 소정방을 보고, "그대는 무슨 까닭으로 신라를 정복하지 못했는가 ?" 하고 묻자, 소정방은 대답하기를, "신라는 그 임금이 백성들을 사랑하고, 그 신하가 충성으로서 왕을 떠받들며 아랫사람은 윗사람을 섬기되 그 부형父兄같이 하고 있으니, 비록 작은 나라라 하지만 함부로 정복할 수가 없었습니다"고 하였다.[20]

월남전쟁에 있어서, 미 육군은 연간 100만에 가까운 병력을 월남에 수송하고, 먹이고, 입히고, 재우고, 무기와 탄약을 공급하는 등 전투에 지장 없이 충분한 군수품을 수송했다. 그리고 전장에서 미 육군은 베트콩과 월맹군을 패배시켜 도주케 했다. 미군은 전투마다 계속 승리했으나, 마지막 결과는 비참하게도 패배로 끝났는데, 그 이유는 무엇인가 ?

미 육군의 해리 서머스 대령은 다음과 같이 밝혔다. 즉, 이미 150년 전에 클라우제비츠는 다음과 같이 지적한 바가 있다. 문명국가 간의 전쟁은 정

20) 『三國史記』, 卷第四十二 列傳第二(金庾信 中)

부의 합리적인 판단 아래 발생하며, 당사자 간의 격한 감정은 전쟁이 진행됨에 따라 점차로 사라진다고 생각하는 것은 잘못된 생각이다.(『전쟁론』제1편 제1장) 따라서 군부가 군의 통수권자(대통령)에게 말해야 했던 것은 전투, 폭격, 탄약 같은 것만이 아니라, 미국 국민의 지지부터 먼저 받지 않고 육군을 투입하려는 것은 명백한 잘못이라는 말을 했어야만 했다. 군을 투입할 경우는 전쟁수행의 능력과 명백한 목적이 있어야 되지만 그것보다 국민의 지지 없이 육군 단독으로 전쟁을 수행한다는 것은 불가능한 일이기 때문이다.[21)]

한편, 같은 시대의 공자(기원전 551~479)가 주장하는 '도'는 『노자』와 손무와는 다르다. 즉 공자는 『논어』에서 "아침에 도를 들어 깨달으면, 저녁에 죽어도 좋다"고 했다. 동일한 '도'란 단어를 사용하고 있지만, 공자는 인간이 올바르게 세상을 살아가는 '도리'의 뜻으로, 노자는 우주와 만물의 근원의 뜻으로, 손무는 전쟁수행의 기본 요소로 사용했다는 것에 유의할 필요가 있다.

나. 전쟁관戰爭觀

공자는 『논어』에서, "위나라의 영공이 공자에게 진법陳法을 묻자, 공자께서 '제사 지낼 때, 제기祭器를 진설하는 법에 대해서는 일찍이 들어 알고 있지만, 전쟁에 대한 일은 배우지 않았습니다'고 대답하시고, 이튿날 위나라를 떠나셨다"고 했다(위영공편衛靈公篇). 그러나 앞에서 얘기한 것처럼 『노자』에는 전쟁·용병술 등의 내용이 풍부하다. 즉

> 사료⑧ 도道로서 임금을 보좌하는 사람은 군사력으로써 천하에 강함을 드러내지 않는다. 그 일은 근본으로 되돌아감이 좋은 것이다. 군대가 주둔한 곳엔 가시덤불이 자라게 된다. 큰 전쟁을 치른 뒤에

21) Harry G. Summers, *On Strategy* (Novato : Presidio Press, 1983), p. 13.

는 반드시 흉년이 든다.

그러므로 용병을 잘하는 사람은 전쟁의 목적을 달성할 뿐이요, 바로 적국에서 병장기를 철수하여 버린다. 그 목적을 달성하고도 피정복민에게 전공戰功을 자랑하지 않는다. 교만하지도 않는다. 하고 싶지 않은 전쟁을 부득이 하였다고 한다. 이쪽이 강하다고 생각지도 않는다.(제30장)

사료⑨ 대체 무기란 상서롭지 못한 연장이다. 사람을 해치므로 이것을 싫어하고 꺼려한다. 그러므로 도를 닦는 이는 이런 것을 사용하지 않는다.…

무기란 상서롭지 못한 연장이기 때문에 도덕군자가 사용할 연장이 아니다. 부득이 해서 사용할 때는 적국敵國을 안정시키는 것을 상책上策으로 삼아야 한다. 승리하고도 명예롭게 생각하지 않아야 한다. 이것을 명예롭게 생각하는 사람은 사람을 죽이기를 좋아하는 사람이다. 사람 죽이기를 좋아하는 사람은 세계에 인심人心을 잃게 된다.(제31장)

사료⑩ 훌륭한 용사는 센 듯이 보이지 않고, 잘 싸우는 사람은 성내지 않으며, 적을 잘 이기는 사람은 다투지 아니 한다.(제68장)

전쟁이란 무엇인가? 프로이센의 전쟁철학자 클라우제비츠(1780~1831)는 그의 명저 『전쟁론』(1832)에서, "전쟁이란 적을 굴복시켜 자기의 의지를 강요하기 위해 사용되는 일종의 폭력행위이다."(제1편 제1장)고 했다. 요즘 와서는 전쟁이란, 대립하는 두 개 이상의 국가 또는 이에 준하는 집단 간에 있어서 그들의 생존이 달려있는 국가목적을 달성하기 위해 군사력을 비롯한 각종 수단을 사용하여 자기의 의지를 상대방에게 강요하려는 행위를 뜻한다.

여기서 노자의 전쟁관을 살피기에 앞서 그가 생존했던 춘추 말기에 가장 두드러진 문제는 여러 제후국들 사이에 약육강식의 논리에 따라 큰 나라가 작은 나라를 삼켜버리는 합병 내지 침략전쟁이 그칠 새 없이 일어나고 있었다. 따라서 인민들의 피해와 국토의 황폐함은 비참했다. 이리하여 노자는, "이러한 전화戰禍는 그 원인이 어디에 있는가 ? 이만하면 족하다고 하는 만족감을 느끼지 못하고, 항상 소유욕과 지배욕을 무한히 신장하려고 하는 데 있다"(제46장)고 주장했다.

전쟁에 대한 철학자들의 견해는 3가지로 분류할 수 있으리라.

첫째 : 전쟁의 긍정·예찬론자이다. 희랍의 철학자 헤라클레이토스(기원전 544?~484?)는 다음과 같이 주장했다. "전쟁은 만물의 아버지요, 만물의 왕이다. 전쟁은 어떤 것은 신神으로 만들고, 어떤 것은 인간으로 또 어떤 것은 노예나 자유인으로 만드는 것이다.… 호머가, '신들과 인간 사이의 투쟁이 없어질 지어다'고 말한 것은 잘못이다. 그는 자기가 이렇게 말할 때, 우주의 파멸을 기도하고 있음을 모르고 있었던 것이다. 그의 기도가 이루어지면 만물은 모두 끝장이 나기 때문이다."[22)]

둘째 : 전쟁의 부정론자이다. 임마누엘 칸트(1724~1804)는『영구평화를 위하여—한 철학적 초안—』(1795)에서 다음과 같이 주장했다. "(1) 장래의 전쟁을 위한 재료를 은밀히 유보留保한 채로 맺어진 여하한 평화조약도 진정한 평화조약으로서 시인되어서는 안 된다. (2) 독립해서 존립하고 있는 어떠한 국가도 계승·매수 또는 증여에 의해서 다른 국가의 소유가 되는 일이 있어서는 안 된다. (3) 상비군常備軍은 결국 전폐되어야 한다. … (5) 어떠한 국가도 타국의 체제와 통치에 폭력으로써 간섭해서는 안 된다.…"[23)]

셋째 : 전쟁의 현실론자이다. 노자에 의하면, 군주들의 소유욕과 지배욕 때문에 현실적으로 전쟁이 일어나지만, 무기란 상서롭지 못한 연장이며, 부득이 해서 사용할 때는 적국을 안정시키는 것을 상책으로 삼아야 한다고 했다. 즉, 전쟁은 그 목적을 달성하기만 하고, 가능하면 억제·축소하고 상

---

22) 버트란드 러셀,『西洋哲學史』上, 최민홍 역(서울 : 집문당, 1988), pp. 87~88.
23) 임마누엘 칸트,『永久平和를 위하여』鄭鎭 譯(서울 : 정음사, 1981), pp. 9~21.

대편의 피해가 없도록 하거나 최소화해야 한다는 입장이었다.(사료⑧,⑨,⑩)

손무는 『노자』의 전쟁의 현실론적 입장을 바탕으로 하여 『손자병법』에서 다음과 같이 주장했다.

사료⑪ 전쟁은 국가의 중대한 일이다. 국민의 생사와 국가의 존망이 기로에 서게 되는 것이니 신중히 검토하지 않으면 안 된다.(시계始計)

사료⑫ 무릇 싸워 승리하고 공격하여 토지·성곽 등 탈취했으면서도 그 전쟁목적을 달성하지 못한다면, 그것은 낭비이다. 그래서 총명한 군주는 그 점을 깊이 생각하여 전쟁을 시작하고, 훌륭한 장수는 그 명을 받으면 깊이 생각하여 용병을 결정해야 한다. 그래서 유리하지 않으면 전쟁을 하지 않으며, 얻을 것이 없으면 군대를 사용하지 않으며, 위태롭지 않으면 싸우지 않는다.

군주는 한 때의 노여움으로 전쟁을 해서는 안 되며, 장수도 분노 때문에 전투를 해서는 안 된다. 국가의 이익에 합치하면 행동하고, 이익에 합치하지 않으면, 전쟁을 해서는 안 된다. 노여움은 해소되어 다시 기뻐질 수 있고, 성냄은 다시 즐거워질 수 있지만, 한 번 멸망한 국가는 다시 소생할 수 없고 죽은 자는 다시 살아날 수 없기 때문이다.

그러므로 총명한 군주는 전쟁을 일으키는 것을 삼가하며, 훌륭한 장수는 전쟁을 경계한다. 이것이 국가를 안전하게 하고, 군대를 보전하는 방법이다.(화공火攻)

사료⑬ 그러므로 백 번 싸워 백 번 승리하는 것이 결코 훌륭한 전략이 아니고, 싸우지 않고 적을 굴복시키는 것이 최상의 전략이다. 따라서 가장 훌륭한 전략은 적이 전쟁하려는 의도를 분쇄하는 일이고, 그 다음은 적의 동맹관계를 끊어 고립시키는 일이며, 그 다음은 무력을 사용하여 적국을 격멸하는 일이며, 최하의 전략은 적의 성城을 공격하는 일이다.(모공謀攻)

전쟁을 해서 명예와 공을 세우는 것을 전문직으로 하는 병가兵家인 손무가 병서의 첫머리에, 전쟁은 국가의 중대한 일이며, 국민의 생사와 국가의 존망이 기로에 서게 되니 신중히 검토해야 한다고 한 주장은 노자의 현실 전쟁관을 한층 더 높인 탁견卓見이라 생각하지 않을 수 없다. 부끄러운 얘기지만, 필자는 사관학교를 졸업하고 직업군인이 되어서도 사람 죽이는 것을 본업으로 하는 군인생활에 회의심을 품고 있었다. 생도시절에는 『손자병법』이나 『전쟁론』을 전연 배우지 못했으며 더 정확히 말하면, 그런 군사고전을 가르칠 수 있는 군사 전문가가 없었다. 그러나 1960년대 중반 『손자병법』의 첫 구절을 읽고, 감탄하고 또 깨달은 바가 있어, '전쟁'을 연구대상으로 하는 군사학(military art and science)이 평생의 연구과제가 되었다는 것을 밝혀둔다.

일본의 고노에 후미마로(近衛文麿, 1891~1945) 수상은 일본과 미국의 외교교섭을 성립시키고 미국과의 전쟁을 회피하기를 열망했으나, 이 문제를 스스로 결단할만한 용기가 부족했다. 그가 이러한 결단을 내려야 할 높은 지위에 있으면서 하지 못한 것은 그의 가장 큰 잘못이요, 일본의 불행이었다. 육군의 도조 히데키(東條英機)도 해군이 미국과의 전쟁에 대해 '못 한다'고 한 마디 하기를 기대하고 있었다. 도조는 수상에 대하여, "해군 장관은 왜 명확하게 미국과의 전쟁을 바라지 않는다고 말해 주지 않는가"라고 말했다. 그러나 해군으로서는 육군이 만주사변(1931), 중·일전쟁(1937)의 확대, 삼국동맹의 체결(1940), 베트남에의 진주進駐(1941) 등등 국민의 전쟁열을 선동해 놓고 이제 와서 책임 회피를 하고 그것을 해군에게 전가시키려는 것은 무책임하기 짝이 없다고 생각했다.

1941년 가을 일본 해군의 군령부軍令部의 부장급들이 '미국과의 전쟁에 승산이 서지 않는다는 것을 훨씬 더 정확하게 말해주는 것이 어떻습니까?' 하고 얘기한 데 대한 오이카와 고시로(及川古志郎) 해군 장관의 답변은 다음과 같다. "무적함대라고 선전하고 있었던 해군이 미국과 싸움을 할 수 없으니 양보하라고 지금 말할 수 없지 않는가. 모든 비난을 해군이 온 몸에 받는다는 것은 견딜 수 없다. 외부에서나 내부에서 해군이 설 땅이 없어지지 않는가."

1941년 9월 16일 함대사령관 야마모토 이소로쿠(山本五十六) 해군 대장은 도쿄를 떠나 임지로 가면서 전송 나온 친구에게 말했다. "내란으로는 나라가 망하지 않는다. 전쟁으로는 나라가 망한다. 내란을 피하기 위하여, 전쟁에 도박을 한다는 것은 주객전도主客顚倒가 너무 심하다"24)

이 문제에 대하여 전후 일본의 저명한 군사 평론가 이토 마사노리(伊藤正德)는 다음과 같이 논평했다. "실제 사정은 그러하였다. 오이카와 해군 장관에게도 동정할 여지가 많다. 그러나 해군보다 국가가 더 중요하다는 저울의 눈금을 이 사람은 잊고 있었다. 미국과의 전쟁에는 승산이 없다는 것을 알았다면, 해군이 일시 굴욕을 참아서 나라를 구하는 용기가 필요했다. 해군 장관의 명확한 언명만 있었다면, 태평양 전쟁은 일어나지 않았으며, 내란과 비슷한 소동은 있었을망정 망국亡國의 서러움은 피할 수 있었을 것이며, 적어도 영토의 반을 잃는 일은 없었을 것이다."

다. 인간관人間觀

위에서 전쟁이란 무엇인가를 살폈는데, 그 전쟁을 준비·수행하는 주체는 새로운 무기체계가 아니라, 인간이라는 사실을 결코 잊어서는 안 된다. 왜냐하면, 사람을 어떻게 운영해서 전쟁에서 승리할 것인가 하는 과제가 핵심이기 때문이다.

인간이란 무엇인가, 하는 문제는 고대 희랍철학의 중심문제였다. 그래서 소크라테스(기원전 470 ? ~399)는, "너 자신을 알라", "합리적인 질문에 합리적

24) 半藤一利, 『太平洋戦争への道』(東京 : PHP研究所, 2006), p. 271.

인 대답을 하는 것"이라고 정의했다. 그러나 『노자』는 다음과 같이 말했다.

> 사료⑭ 그래서 성인聖人은 무위無爲하게 일에 처신하며, 말로 하지 않는 가르침을 행한다.(제2장)
>
> 사료⑮ 성인聖人도 천지를 본 따서 백성들을 그렇게 대수롭게 생각지 않고, 길가에 굴러다니는 풀강아지와 같이 여긴다.(제5장)

노자는 철학자답게 성인聖人으로서 어떻게 처신해야 하는가 하는 문제에는 관심이 있어도 일반 백성들의 본연의 자세에 대해서는 별로 언급하지 않았다. 하지만 김경탁 박사는, "노자는 생명도 물질도 모두 도道에서 나온다고 생각했다. 사람도 그렇다. 그러나 그 모든 것 가운데 사람만이 자각自覺하는 존재이다. 자기와 세계가 근본이 되는 근거를 자각할 수 있다"[25]고 했다.

한편 『논어』에서, "공자는 말했다. 군자君子는 의義를 밝히고, 소인은 이利를 밝힌다"(이인편里仁篇)고 했다. 의란 하늘의 도리에 합당한 것이요, 이利란 인간이 욕망을 탐하는 것이라는 해석이다. 그러나 병가兵家인 손무는 인간의 본성이나 본질을 규명하려는 것이 아니라, 병사들을 어떻게 다루어야 그들의 역량을 최대로 발휘시켜 전투를 승리로 이끌 것인가, 하는 것이 문제의 초점이었다.

서주시대에 있어서 신분제도가 확립되어 있었을 때는, 천자天子－제후諸侯－경卿－대부大夫－사士－민民에 이르는 신분질서가 엄격하게 확립되어 사士 이상의 국민만이 군인이 될 수 있었고, 민民은 주로 노동력만 제공한 시대였다. 그러나 동주시대, 특히 손무가 활동한 춘추 말기에는 전쟁 규모가 확대되고 약육강식의 시대라 병사들은 민民에서 징발하는 시기였고, 손무는 주로 소인을 상대했기 때문에 다음과 같이 주장했다.

> 사료⑯ 적을 죽이려면 병사들의 적개심을 유발시켜야 한다. 적의 이익,

---

25) 金敬琢 譯(1965), 전게서, p. 51.

즉 적의 비밀문서, 지도 및 군량 등을 탈취하려면 상賞으로써 격려해야 한다. 적의 전차 10대 이상 노획한 자가 있으면, 먼저 노획한 자에게 상을 주고… (작전作戰)

사료⑰ 적에게 무엇인가 주는 체 하여 그것을 취하려고 덤벼들도록 하는 것이다. 그래서 이익으로 미끼를 삼아 적을 유혹하여 움직이게 만들어 놓고, 공격하는 기회를 기다리는 것이다.(병세兵勢)

사료⑱ 이익을 보여 주어도 진격해 오지 않는 것은 적이 피로하기 때문이다.(행군行軍)

사료⑲ 병사들과 아직 친근하기도 전에 벌을 주면 그들은 심복하지 않을 것이다. 심복하지 않으면 지휘·통솔하기 어렵다. 또 이미 친근했음에도 불구하고 벌을 행하지 않으면 위신이 서지 않아 지휘·통솔할 수가 없다. 그러므로 병사들에게는 깊은 이해심을 가지고 명령하고, 벌로써 지휘해야 하는 것이다. 그리하여 싸우면 반드시 승리한다.(행군)

사료⑳ 장수가 병사들을 지휘하여 결전決戰할 경우에는 마치 사람을 높은 곳에 오르게 하고 사다리를 떼어버리는 것처럼 할 것이요,… 마치 양떼를 몰아치듯 병사들은 가는 곳을 알지 못한다. 전 병력을 집결시켜 위지危地에 투입하는 일이 장수가 해야 할 일이다.(구지九地)

손무는 전장에서의 병사들은 이해타산利害打算에 의해 움직이고 활동하는 인간관을 가지고 있다(사료⑯,⑰,⑱). 이런 관점에서 병사들을 어떻게 다루어야 하는가 하는 방법론도 제시했다(사료⑲). 사료⑳의 내용은 인도주의적 관점에서 본다면, 손무는 비난을 받아 마땅하리라. 그러나 시체가 뒹구는 싸움터에서 어떻게 병사들을 지휘·통솔하여 전투에서 승리하느냐, 하는 장수의 관점에서는 허용되어야 할 것이다. 그리고 오늘의 관점이 아니라, 당시의 관점에서 논평·해석하는 것이 마땅하리라.

라. 변증법이란 무엇인가?

변증법(Dialektik)이란 지금까지의 연구경험에 비추어 본다면, 군사고전인 『손자병법』, 『전쟁론』뿐만 아니라, 더 나아가 우리의 인생을 이해하고 해석하는 데 있어서도 대단히 유용한 사고방식思考方式임을 밝혀 두고 논의를 시작해 보고자 한다.

변증법이란 용어는 서양 철학계에 있어서, 문답술(dialogos)을 나타내는 희랍어에서 유래하지만, 그 뜻은 매우 다양하다. 즉, ㉮ 논리적인 결과를 조사함으로써 반박하는 방법(제논, 기원전 495?~430?), ㉯ 특수한 경우라든가, 가설에서 거슬러 올라가는 추론의 과정에서 최고의 보편성을 가지는 추상적인 개념을 탐구하는 것(중세기의 플라톤 학파), ㉰ 초월적인 대상을 다루기 위해 경험을 넘고자 이성理性이 빠지는 모순을 나타냄으로써 가상假象(초경험적인 것에 관한 사고내용思考內容)의 논리를 비판하는 것(칸트, 1724~1804), ㉱ 정립(Thesis)과 반정립(Antithesis)을 거쳐 이 대립의 종합(Synthesis)에 도달하는 사상과 실재實在의 논리적인 발전(헤겔, 1770~1831) 등이다.

지금까지 우리가 배우고 겪어온 철학은 거의 형식논리학의 원리, 그 중에서도 동일률同一律과 모순율矛盾律에 기초를 두고 있었다. 즉 A는 A이고(A = A), A는 비非A가 아니다(A≠非A). 이러한 논리는 명백하게 개념의 자기 동일성을 기초로 하고 있다. 한편 A가 A이면서 A가 아니라면 이것은 모순이요, 모순을 내포하는 명제는 거짓이다. 따라서 진리는 항구 불변하는 자기 동일성을 가지는 것이라고 가정하지 않을 수 없다. 이것이 아리스토텔레스(기원전 384~322)로부터 칸트에 이르는 학문의 진리요, 논리였다.

그러나 헤라클레이토스가 말하는 바와 같이 우리의 현실이 변화무쌍한 것이라고 한다면, A는 A임과 동시에 변화해서 비A가 된다. 사태를 고정불변한 것으로 묶어두는 동일률과 모순율은 따라서 운동하고 발전·변화하는 현실에 대해서는 하나의 공허한 추상에 불과하다.

헤겔에 의하면, A는 필연적으로 비A로 전화轉化하는 것을 인식하며 거기에 모든 진실이 있다고 생각하는 것이 변증법의 사고방식이다. 예컨대, 참다운 변증법이란 절대와 상대, 무한과 유한, 정지와 운동, 삶과 죽음, 전쟁과 평화, 공격과 방어 등 거의 통일이 불가능하게 보이는 궁극적인 대립도 결코 고정시키지 않고 얼핏 보아 분명히 모순으로 생각되는 대립마저도 그 개념을 유동화 함으로써 이것을 통합하는 역동적인 사고방식이라 할 수 있다. 헤겔은 모순이 모든 것의 원동력임을 다음과 같이 밝혔다. 즉, "모순은 모든 운동과 생명의 근원이다. 거기에서만이 사물을 움직이게 하고 또 활동코자 하는 성질을 가지고 있다."(『대논리학』). 이처럼 그는 대립·모순을 수용하고 전화轉化시키는 변증법을 주장했다.

> 그 참다운 모습에 있어서 변증법은 오히려 모든 오성적 규정, 사물 및 유한有限한 것이 자신의 본성이다. 모든 유한한 것은 자기 자신을 지양(aufheben)하는 것이다. 따라서 변증법이라는 것은 학문적인 진보를 안에서 움직이는 정신이며, 그것에 의해서만이 내재적인 연관과 필연성 등이 학문의 내용에 들어가며, 또 그 속에서만이 유한한 것으로부터의 외면적이 아닌 참다운 초출超出이 포함되어 있는 원리이다. 그러한 것들은 현실세계의 모든 운동, 모든 생명, 모든 활동의 원리이다. 속담에도 '자기와 상대편을 더불어 살려라.' 하고 얘기되고 있지만, 이것은 어떤 것을 인정함과 동시에 다른 것도 인정한다는 뜻이다. 그러나 한 걸음 더 깊이 생각해 보면, 유한한 것은 외부로부터 제한되어 있는 것이 아니라, 자기 자신의 본성에 의하여 자기를 지양하고, 자기 자신에 의하여 반대의 것으로 옮겨가는 것이다. 예컨대 우리들은 인간이란 죽어야 하는 것이라고 얘기하고, 그리고 그 죽음을 외부의 사정에 바탕을 둔 것으로 생각하지만, 우리들의 관점에 의하면 인간에게는 산다고 하는 성질과 죽어야 한다는 성질, 두 가지의 특수한 성질이 있게 된다. 그러나 참다운 관점은 그런 것이 아니라, 생명 그 자체가 그 속에 죽음의 맹아萌芽를 짊어지고 있는 것이며, 일반적으로 유한한 것은 자기 자신 속에서 자기와 모순되고, 그것에 의하여 자기

를 지양하는 것이다.[26)]

상술한 내용을 부연한다면, 삶(生)과 죽음(死)에 대한 변증법을 생각해 보자. 죽음 그 자체가 또 자기 부정을 통하여 새로운 생명의 탄생이 이루어진다. 죽음은 끝이 아니라 하나의 시작이다. 죽음은 불모의 부정이 아니라, 생산적인 부정이다. 예컨대, "한 알의 밀이 땅에 떨어져 죽지 않는다면 한 알로 끝나리라. 죽어야 만이 많은 열매를 맺는다."(요한복음). 이순신은 명량해전(1597. 9. 15.) 바로 전날 장군들을 모아놓고, "병법에 이르기를, 반드시 죽고자 하면 살고, 살고자 하면 죽는다"(兵法云, 必死則生 必生則死)고 했는데, 이것은 'A는 비A가 된다'고 하는 변증법적 사고방식의 관점에서 해석해야만 이해理解가 가능하리라.

평생 헤겔 철학의 연구에 몰두했던 일본의 나카노 하지무(中埜 肇, 1922~) 교수는, 서양의 철학사상이 형식논리학과 이분법(dichotomy)에 의해 정립되어 있는데, 어떻게 헤겔은 모순을 수용하는 변증법을 주장했을까에 대해 해답을 제시했다. 즉, "변증법적 사고방식이 어떻게 해서 헤겔 속에서 발생하여 성숙했는가 하는 점에 대해서는 분명치가 않다.… 나는 헤겔이 칸트의 사상에 대하여 명확한 대립의 자세를 나타냄으로써 독자의 변증법 사상에 도달한 것으로 생각한다."[27)]

그러나 필자는 나카노 교수와는 견해를 달리한다. 즉 헤겔은 「철학사 강의」를 하면서 중국 철학–『노자』 및 『주역』 등–을 강의함으로써, 모순을 수용하는 『노자』의 변증법에서 암시(hint)를 받은 것으로 추정하며,[28)] 그 내용은 다음과 같다.

사료㉑ 우주의 근원인 도道에서 일원一元의 기氣가 생기고, 一元의 氣에

---

26) ヘーゲル, 『小論理学』(上) 松村一人訳(東京 : 岩波書店, 1997), pp. 245~247.
27) 中埜 肇, 『弁証法』(東京 : 中央公論社, 1994), p. 149.
28) 상세한 내용은 이종학, 『클라우제비츠와 전쟁론』(서울 : 주류성, 2004), pp. 242~244 참조.

서 음기陰氣와 양기陽氣가 생기고, 음기와 양기에서 충기冲氣가 생기어, 이 삼기三氣의 화합和合운동으로 말미암아 만물이 생성된다.(제42장)

사료㉒ 세상 사람들은 모두 아름답게 보이는 것을 아름다운 것이라 여기고 있지만, 그것은 추한 것일 수 있다. 모두가 선善하게 보이는 것을 선한 것이라고 여기고 있지만, 그것은 선하지 않은 것일 수도 있다.

본시 유有와 무無는 서로를 낳고, 어려운 것과 쉬운 것도 서로를 이룩케 한 것이며, 긴 것과 짧은 것도 서로 그런 형태를 만들어 준 것이고, 높은 것과 낮은 것도 서로 그렇게 만들어 준 것이며, 음악과 소리도 서로의 조화로써 그렇게 만든 것이고, 앞과 뒤도 서로 위치에 따라 그렇게 보이도록 해준 것이다.(제2장)

사료㉓ 화禍 속에 복福이 깃들어 있고, 복 속에 화가 숨기어져 있는 것이다. 누가 그 극치를 알 수 있겠는가? 그것은 일정하지 않은 것이다.(제58장)

『노자』 제42장의 원문은, "道生一, 一生二, 二生三, 三生萬物, 萬物負陰而抱陽, 冲氣以爲和"이다. 一은 음양陰陽의 두 기氣로 나뉘어지기 이전의 근본적인 원元으로서의 도道이다. 道가 현상으로 되는 데는 먼저 음기와 양기로 나타나고(一生二), 두 기의 교합交合에 의해 충기冲氣가 生하고(二生三), 이 음·양·충의 삼기三氣에 의하여 만물이 생한다는 것이(三生萬物) 노자의 우주 생성론宇宙生成論이며, 음양의 두 대립의 관계는 투쟁이 아니고 화합이며, 양자의 대대성對待性에 의한 직접적인 화합이다. 대대성이라 함은 양자가 서로 대립하면서도 상호 의존하고 또 상호 전화轉化를 뜻한다. 이 원리를 우주만물과 사회현상에 적용시킬 수 있다. 즉 하늘과 땅, 낮과 밤, 아버지와 어머니, 남편과 아내 등이다. 이러한 사물과 현상이 잘 화합하여 다시 차원이 높은 사물로 전환한다. 이것이 도의 변증법적 발전이라 한다.[29]

『노자』에 의하면, 아름다운 것은 추한 것으로 되고, 선善한 것은 선하지 않은 것(不善)으로 되고, 화禍 속에 복이 깃들어 있다(사료㉒,㉓) 등은 'A는 비 A가 된다'는 헤겔의 변증법의 핵심 사상과 동일한 내용이다. 『손자병법』에는 다음과 같은 내용이 등장한다.

> 사료㉔ 혼란은 질서에서, 비겁은 용기에서, 약함은 강함에서 각각 비롯된다.(병세兵勢)
>
> 사료㉕ 모든 전투는 적의 공격을 능히 막을 수 있는 방어(正)로써 나아가, 적을 이길 수 있는 공격(奇)으로써 승리하는 것이다. 그러므로 적을 이길 수 있는 공격(奇)을 잘하는 장수는 마치 하늘과 땅처럼 끝이 없으며, 큰 강물의 흐름과 같이 마르지 않으며, 해와 달처럼 없어졌다가 다시 나타나며, 네 계절季節처럼 지나갔다가 다시 오는 것 같다.(병세)
>
> 사료㉖ 전투가 어렵다고 하는 것은 먼 길을 곧고 가까운 길과 같이 만들며, 불리한 것을 잘 이용하여 도리어 이로운 것으로 만들기 때문이다.(군쟁軍爭)
>
> 사료㉗ 적이 편안히 휴식을 취하고 있으면 한사코 그들을 피로케 만들고, 배부르게 먹고 있으면 그들을 굶주리게 해야 하며, 안정되어 있으면 동요하도록 해야 하고, 적의 수비가 약한 곳으로 나아가며, 적의 뜻하지 않는 곳을 공격해야 한다.(허실虛實)
>
> 사료㉘ 지혜 있는 자가 판단할 때는 반드시 이익과 손실을 아울러 참작해야 한다. 이익을 계산해 두면 일에 확신을 가질 수 있고, 손실을 계산해 두면 환란을 방지할 수 있다.(구변九變)

위의 내용은 변증법을 알지 못한다면 이해하고 해석하기 어려우리라. 손무는 하나의 사물에 내재하는 모순·대립으로부터 그 사물의 성격과 발전 추세를 분석하여 그 모순·대립의 전화轉化를 쟁취해야 한다고 주장하고 있다. 손무는 기정奇正, 허실虛實, 우직迂直, 강약强弱, 승패勝敗, 이해利害, 적아敵

29) 金敬琢 譯(1965), pp. 233~237 참조.

我, 중과衆寡, 노일勞逸, 포기飽飢, 진퇴進退, 치란治亂, 원근遠近, 득실得失, 안위安危, 용겁勇怯 등의 변증법을 활용해서 설명하고 있다.

1972년 중국 산동성에서 전한시대(前漢時代 : 기원전 140~118)의 묘에서 출토된 『죽간 손자병법竹簡孫子兵法』과 현행의 『손자병법』 사이에 공격과 방어에 대한 상이相異한 내용이 발견되었다. 즉

[현행 손자병법] : 적으로 하여금 승리하지 못하게 하는 것은 수세守勢이고, 적에게 승리를 쟁취하는 것은 공세攻勢이다. 수세는 병력이 부족하기 때문이요, 공세는 병력이 우세하기 때문이다. 수세를 잘하는 자는 깊은 땅 속에 숨어 있는 것과 같이 방어하고, 공세를 잘하는 자는 하늘에서 마음대로 나는 것처럼 공격한다.(군형軍形)

(不可勝者守也, 可勝者攻也. 守則不足, 攻則有餘. 善守者藏於九地之下. 善攻者動於九天之上)30)

[죽간 손자병법] : 수세는 병력의 여유가 생기기 때문이요, 공세는 병력의 부족을 가져오기 마련이다. 옛날의 수세를 잘하는 자는 깊은 땅 속에 숨어 방어하고 있다가, 적의 허점을 찾아 하늘에서 마음대로 움직이는 것처럼 적을 공격한다.

(…守則有餘, 攻則不足. 昔善守者, 藏九地之下, 動九天之上.)31)

조조(曹操, 154~220)는 전투 경험이 많은 명장이요, 또 왕위에도 올랐지만, 그는 공격과 방어를 대립되는 두 개념으로—이분법二分法— 생각하여 "守不足

---

30) 孫星衍撰, 『孫子十家註』(掃葉山房印行), 形篇第四.

31) 銀雀山漢墓竹簡整理 小組編(1985), 전게서, pp. 7~9. 이 竹簡本에 의하면, 『孫子十一家註』에도 "守則不足, 攻則有餘"로 기록되어 있으나, 옛 중국인 병법가들은 "攻不足守有餘"라고 대부분 말했다.(『漢書』 趙充國傳. 그런데, 曹操가 『孫子』의 註를 집필하면서 "守不足攻有餘"를 주장함으로써, 그 후 改作되었다는 것이다.)

攻有餘"로 『손자병법』을 개찬했는데, 그는 손무의 변증법적 사고방식을 이해하지 못한 것 같다. 후대의 당 태종(唐太宗, 599~649) 때의 명장, 이정(李靖, 571~649)은, "공격과 수비는 분리되는 것이 아니라, 하나의 원칙인데, 적과 우리는 나누어져 두 가지 일이 되어 대립한다"[32]고 했다. 즉 공격은 수비로 변하고, 또 수비는 공격으로 변한다는 변증법을 더 잘 알고 있었다.

클라우제비츠는 『전쟁론』에서 지형의 유리, 국민의 지원 등의 관점에서 "방어하는 전쟁 형식은 그것 자체로서 공격이라는 전쟁 형식보다 강력하다고 말해야 한다"(제6편 제1장)고 주장했는데, 이 내용을 가지고 후대의 독일 전략가들의 대단한 비난을 받았다. 그러나 그들은 "어떠한 방어도 방어의 이점利點을 모두 활용했다면, 곧 공격으로 옮겨야 한다는 것을 반복하여 지적해 둔다"(제8편 제4장)는 내용은 읽어보지 못한 것이 분명하리라.

마. 용병술

노자는 철학자로서 전쟁을 축소하고 피해를 극소화하는데 노력을 기울였지만, 손무는 노자의 그러한 전쟁관에 바탕을 두고, 어떻게 하면 전쟁·전투에서 승리하여 전쟁의 정치적 목적을 달성해야 하는가 하는 과제를 군주를 돕는 장수 및 군사 이론가로서의 확신을 다음과 같이 밝혔다.

1) 전략수립의 기본적 태도

사료㉙ 화난禍難은 적을 업신여기는 것보다 더 큰일이 없으니, 적을 업신여기면 우리 편의 소중한 것을 모두 잃게 될 것이다.(제69장)

사료㉚ 알면서도 알지 못하는 것 같은 것이 훌륭한 태도이다. 알지 못하면서도 아는 체 하는 것은 병폐이다.(제71장)

사료㉛ 스스로 잘 알기는 하지만 스스로를 드러내지 않고, 자신을 사랑

32) 『李衛公問對』(下), '攻守一法, 敵與我分而爲二事'

하기는 하지만 자신을 귀중한 것으로 내세우지 않는다.(제72장)

손무는 노자의 이러한 태도를 군사적 관점에 다음과 같이 표현했으리라.

사료㉜ 그러므로 저 편의 능력과 의도를 알고 이 편의 그것을 알고 있으면, 백 번 싸워도 위태롭지 않다.… 저편의 능력과 의도 그리고 이 편의 그것을 알지 못하고 있으면 싸울 때마다 반드시 패배한다.(모공謀攻)

군사전략을 수립함에 있어서 적과 아군의 능력과 의도를 정확하게 분석·평가해야만 한다는 것은 당연한 이치이다. 그래서 마오쩌둥(毛沢東, 1893~1976)은 그의 논문, 「중국 혁명전쟁의 전략문제」(1936)에서 밝혔다. 즉 "우리 편에 대해서는 밝지만, 적에 대해서는 어두운 사람이 있다. 또 적에 대해서는 밝지만, 우리 편에 대해서 어두운 사람이 있다. 이런 사람들은 전쟁의 법칙을 배우는 것과 사용하는 것의 문제를 해결하지 못한다. 중국 고대의 대군사학자 손무의 책에는, '知彼知己면 百戰不殆이다'고 했는데, 이것은 배우는 것과 사용하는 것의 두 가지 단계를 포함해서 말했으며, 이 법칙에 따라 자신의 행동을 결정하고, 당면하고 있는 적을 극복하는 것까지 포함해서 말했으며, 이 말씀을 가볍게 생각해서는 안 된다."[33]

칠천량 해전(1597. 7. 15.)에서 원균이 지휘한 조선 수군은 일본 수군에 의해 전멸 당했는데, 그 원인은 사료㉙,㉜에서 찾을 수 있으리라.

2) 싸우지 않고 적을 굴복시킨다.

사료㉝ 훌륭한 무사武士는 무력武力을 쓰지 않는다. 싸움을 잘하는 사람은 성을 내지 않는다. 대적大敵을 잘 이기는 사람은 대적과 다투지 않는다. 사람을 잘 쓰는 사람은 남의 부하가 된다.

이것을 남과 다투지 않는 덕德이라 말하는 것이고, 이것을 사람

33) 『毛沢東軍事論文選』(北京 : 外文出版社, 1969), p. 114.

들을 부리는 힘이라고 말하는 것이며, 이것을 하늘의 짝이 되는 극치라 한다.(제68장)

사료㉞ 옛날 병가兵家의 말이 있다. 즉 싸움을 먼저 걸지 말아야 한다. 싸움을 걸어오기까지 기다려라. 앞으로 나아가 싸우지 말고 뒤로 물러와서 지켜라.(제69장)

사료㉟ 하늘의 도는 다투지 않으면서도 잘 이기고, 말하지 않아도 모두 잘 호응하며, 부르지 않아도 스스로 온다.(제73장)

위정자들이 시작하는 전쟁은 욕망, 즉 지배욕과 소유욕에서 비롯되었다. 그렇다면 이것을 어떻게 억제할 것인가의 묘책을 노자는 명심했다(사료㉝). 그리고 침략자와 부득이 전쟁을 해야 한다면, 이 편에서 먼저 도전하지 말고 응전하라고 했다(사료㉞). 그렇다면 손무는 『손자병법』에서 어떻게 해석·활용했을까?

사료㊱ 백 번 싸워 백 번 승리하는 것이 결코 훌륭한 전략이 아니고, 싸우지 않고 적을 굴복시키는 것이 최상의 전략이다. 따라서 가장 훌륭한 전략은 적이 전쟁하려는 의도를 분쇄하는 일이고, 그 다음은 적의 동맹관계를 끊고 고립시키는 일이며, 그 다음은 무력을 사용하여 적군을 격멸하는 일이며, 최하의 전략은 적의 성城을 공격하는 일이다.(모공謀攻)

손무의 주장(사료㊱)은 국가전략 가운데서, 비군사적 수단, 즉 정치·외교적, 경제적, 사회심리적 수단을 강조했다는 점에서 탁견卓見이며, 특히 2차 세계대전 후, 핵무기의 등장으로 억제전략의 핵심으로 『손자병법』은 각광을 더 받게 되었다. 그리고 그는 "전쟁이란 국민의 생사와 국가 존망의 문제이기 때문에 함부로 전쟁을 개시하지 말라"(시계始計)고 충고하고 있다. 그는 전쟁의 개시 여부에 대해서는 피동적으로 움직여야 한다고 했지만, 전쟁이 개시된 전장에서는 전연 태도가 달랐으며, 필승은 주도권의 장악에서 비롯된다고 했다.

> 사료㊲ 싸움터에 먼저 자리를 잡고 적을 기다리는 군대는 편안하고, 뒤늦게 싸움터에 달려가는 군대는 피로하다. 그러므로 용병을 잘하는 장수는 적을 조종은 하되, 적에게 조종을 당하지 않는 것이다.(허실虛實)

3) 물과 용병술

> 사료㊳ 최상의 선善은 물과 같은 것이다. 물의 선함은 만물을 이롭게 해주고 있지만 다투지 아니 하며, 여러 사람들이 싫어하는 낮은 위치에 처신한다. 그러므로 거의 도道에 가깝다고 할 수가 있다.(제8장)

노자는 물의 특성은 여러 사람들이 싫어하는 낮은 위치로 처신한다고 했는데, 손무는 물의 특성을 용병술에 어떻게 활용했을까?

> 사료㊴ 무릇 군대의 운용은 물과 같아야 한다. 물은 높은 곳을 피하고 낮은 곳으로 흐르기 마련이다. 마찬가지로 군대의 운용도 적의 강한 곳을 피하고 허점을 공격해야 한다. 물은 지형에 따라 흐름의 형태를 달리하는 법이지만, 마찬가지로 군도 상황에 따라, 즉 적의 허실강약虛實强弱에 의하여 승리를 획득해야 한다. 물에 일정한 형태가 없는 것과 마찬가지로, 군의 운용에도 일정한 형태가 없는 것이다. 적의 정세에 따라 우리의 쉽고 효과적인 대응책으로 승리를 거두니, 이를 용병의 신神이라 한다.(허실虛實)

필자는 『손자병법』을 처음 읽기 시작했을 때, "무릇 군대의 운용은 물과 같아야 한다. 물은 높은 곳을 피하고 낮은 곳으로 흐르기 마련이다.…"(사료㊴)의 내용을 읽고 감탄을 했다. 즉 물의 흐르는 모습을 보고, 군대의 운용을 설파한 내용은 발상이 참신했을 뿐만 아니라, 이해하기도 쉬웠기 때문이다. 그 후 『노자』를 읽다가, "최상의 선善은 물과 같은 것이다.… 여러 사람들이 싫어하는 낮은 위치에 처신한다"를 읽었을 때, 『손자병법』(사료㊴)의 내용을 상기하지 않을 수 없었고, 그 후 연구를 함에 따라, 손무는 『노자』(사료㊳)의 내용을 읽고, 물의 특성을 전쟁터에서의 군대의 운용으로 응용·발전시킨 것이리라는 생각이 들었고, 이 논문을 집필하는 최초의 동기를 부여했던 것이다.

4) 기정奇正과 허실虛實

> 사료㊵ 나라는 올바른 도리(正)로써 다스려야 하고, 용병에는 기계奇計를 사용해야 하며, 무사無事함으로써 천하를 차지하여야 한다.(제57장)

노자는 나라의 올바른 정치를 정正이라 생각했고, 용병은 기奇로써 수행해야 한다고 주장했다. 손무는 정기正奇를 어떻게 생각했으며, 이것을 어떻게 활용할 것인가를 다루면서 허실虛實의 개념을 가져왔다.

> 사료㊶ 군대가 적과 마주쳐서도 패배하지 않는 것은 공격(奇)과 방어(正)를 적절하게 하기 때문이다. 전투가 전개되면 마치 돌로 달걀을 치듯 적을 격파할 수 있는 것은 집중된 병력(實)을 가지고 분산된 적(虛)을 치기 때문이다.
>
> 모든 전투는 적의 공격을 능히 막을 수 있는 방어(正)로써 나아가, 적을 이길 수 있는 공격(奇)으로써 승리하는 것이다. 그러므로 적을 이길 수 있는 공격(奇)을 잘하는 장수는 마치 하늘과 땅처럼 끝이 없으며, 큰 강물의 흐름과 같이 마르지 않으며, 해와 달처럼 없어졌다가 다시 나타나며, 네 계절季節처럼 지나갔다가 다시 오는 것과 같다.… 이와 마찬가지로 싸움에 있어서 세勢라는 것은 기본적으로 공격(奇)과 방어(正)에 불과하지만, 그 변화에서 비롯한 전략·전술은 이루 다 헤아릴 수 없는 것이다. 공격

과 방어가 잇따라 나오는 것은 마치 둥근 고리처럼 끝이 없다. 누가 그것을 알아낼 수 있으랴.(병세兵勢)

여기서 문제가 되는 것은 손무가 주장하는 기정奇正은 무슨 뜻으로 해석할 것인가 인데, 오랫동안 병학자들의 논쟁이 되어왔다. 미국의 그리피스 박사의 번역에 의하면, '기정奇正'은 "extraordinary and the normal forces"[34]로 되어 있다. 즉 기병奇兵과 정병正兵으로 해석하고, 한국과 일본의 번역서도 이를 따르는 예가 있다. 그러나 기병과 정병이 무엇인지 밝히지 않았고 또 허실과도 연관을 맺지 않았다. 이 문제에 대해 『이위공문대李衛公問對』의 내용을 소개하면 아래와 같다.

사료㊷ 태종이 말하되, "짐은 여러 병서를 보았으나, 『손자병법』 이상의 것을 보지 못하였다. 손무의 13편 가운데서 허실虛實이 가장 훌륭하더라.…"

이정이 말하되, "여러 장수들에게 가르치려면, 아군의 기·정이 서로 변하는 술을 먼저 가르치고 다음에 적의 군형軍形의 허실에 이르게 함이 순서일 것입니다. 많은 우리의 장수들은 기에서 정으로, 정에서 기로 전환하는 술책을 모릅니다. 그것이 어떻게 적군의 허 가운데 실이 있고, 실이 변하여 허가 되는 이치를 알 수 있겠습니까?"(『이위공문대』 중편中篇)

이정에 의하면, 기·정의 변화를 가르친 다음에 허·실의 형세를 가르쳐야 한다고 했다. 조선시대의 이정집·이적의 『무신수지武臣須知』(1806)의 내용을 소개하면 다음과 같다.

사료㊸ 정正이 없으면 기奇를 이루지 못하고, 기가 없으면 정을 이루지 못한다. 기·정의 병법은 공격과 방어에 쓰고, 군세의 허·실은

34) Samuel B. Griffith(1963), *op. cit.*, p. 91.

기·정의 운용에 나타난다.

(허虛란, 군의 기강이 바로잡혀지지 않아 혼란한 것, 식량이 부족하여 군사들이 굶주려 있는 것, 군세가 약한 것, 군사들이 피로에 지쳐 있는 것, 병력이 적은 것, 적침에 대한 대비가 없는 것 등이다.

실實이란, 군사들이 용감한 것, 군의 기강이 바로잡혀 정돈되어 있는 것, 식량이 풍부하여 군사들이 배불리 먹을 수 있는 것, 군사들이 편안히 있는 것, 적침에 대비가 있는 것 등이다. 장수는 먼저 피·아의 군세에 대한 허실을 파악한 다음에야 비로소 기·정의 병법을 운용할 수 있다.)

적을 공격할 때에는 방어를 생각하고, 방어할 때에도 적을 공격할 것을 생각하여, 방어와 공격이 서로 연결되어 끝의 처지에서 다시 시작으로 전환할 수 있어야 한다. 이것이 죽었다가도 다시 살 수 있는 방법이다.

(적과 싸워서 승리할 수 없는 경우에는 굳게 방어를 하고, 싸워서 승리할 수 있는 경우에는 공격을 가한다.…)(『무신수지』 경권經權 제2)

필자는 지금까지 기정·허실에 대하여 『무신수지』만큼 간략하면서 명확하게 변증법으로 설명한 내용을 아직 보지 못했다. 기정奇正은 적의 허실虛實에 따라 변증법적으로 변화한다는 것을 먼저 알아야 한다. 따라서 필자는 정正이란 적과 정면으로 대결하는 불패不敗의 방어로, 기奇란 승리하기 위해 적에게 공격을 가하는 것으로 해석했다(사료㊶). 전례戰例를 들어 설명한다면, 1950년 9월 맥아더 원수는 낙동강 방어선을 구축해 두고(正), 인민군의 허점인 후방의 인천에 상륙작전을 실시(奇)했는데, 이것은 우리의 기를 가지고 적의 허를 친 것이라 하겠다.

5) 공功이 이루어지면 물러가야 한다.

사료㊹ 부귀한 생활을 하면서 남에게 교만하면 스스로 허물을 남기는 것이니, 공功이 이루어지면 몸이 물러가는 것은 자연의 법칙이다. (제9장)

위의 내용은 노자의 처세철학處世哲學을 밝혀 둔 내용이라 하겠다. 즉 지금까지 비천하게 살던 사람이 어느 날 갑자기 권력을 잡거나 부귀하게 살게 되었다고 일가친척도 몰라보고, 가까운 친구도 멸시하고, 자기의 권력과 부귀에 도취하게 된다면 반드시 몰락하게 마련이다. 그러니 어느 정도 야망이 채워졌다면 스스로 물러서는 것이 자연의 이치라는 것이다.

손무가 합려왕에게 장수로 채용된 것은 『사기』에 분명히 기원전 512년으로 기록되어 있고(사료②), 그 후 그는 장수로 활동하여 기원전 504년 태자 부차가 출전했을 때, 오자서·손무의 계책을 채용하여 초나라를 격파하고 제齊·진晉나라를 위압했던 것이다. 그런데 기원전 496년 합려왕이 월나라를 침공하다 패했을 뿐만 아니라, 부상을 당해 사망했다는 것이다(사료③). 손무가 장수직을 그만 둔 것은 기원전 504년부터 기원전 496년 이전임에는 틀림없으나, 기록에 명확하게 명시되어 있지 않다.

그러나 손무의 말년에 대해 명나라 때 나온 『동주열국지東周列國志』라는 역사소설에는 손무가 산중에 은둔한 것으로 나타난다. 손무는 위태롭지 않으면 싸우지 않으며, 또 침략전쟁을 반대했는데, 합려왕은 계속하여 침략전쟁을 계속하였고 또 태자 부차의 행동이 그가 생각하는 군주의 상이 아님을 알고 은둔한 것은 있을 법한 일이다.[35)]

위의 내용은 역사적 기록은 아니지만 수긍이 가는 내용이며, 손무는 기원전 504년 태자 부차와 출전 후 공을 세우고는 곧 사퇴를 했으며, 기원전 496년 합려왕의 패배와 사망은 손무 없이 무리한 전쟁을 수행했기 때문이라 추정한다. 오자서는 부차가 왕이 된 후 억울한 죽임을 당했는데, 손무는 노자의 가르침(사료㊹)을 충실히 이행한 것으로 생각한다.

---

35) 이병호 편역(1999), 전게서, pp. 53~54.

6. 맺음말

『손자병법』이 저술된 지 2,500여년의 세월이 흘렀지만, 군사학 분야뿐만 아니라, 다른 분야에서도 그 내용이 생명력과 실용적 가치가 있는 것으로 평가되고 있다. 그렇다면 그 원인은 무엇일까? 그것은 손무가 활동했던 시기와 그 이전의 철학자들의 사상과 그의 전쟁 체험과 연구 결과를 체계화했으며, 특히 누구의 철학사상을 기초로 했는가에 초점을 두었다. 이 부분은 연구자에 따라 견해가 엇갈리지만, 필자는 40여년 전에 『손자병법』은 『노자』의 철학을 기초로 했으리라고 추정은 해 왔으나, 구체적으로 실증을 시도하지 않았지만, 이번에 가설을 세워 실증을 시도한 것이 본 논문이다.

첫째 : 『손자병법』은 누구의 철학사상을 기초로 했는가 하는 과제에 대한 연구 성과를 검토해 보았지만 찾지 못하였다. 그러나 비슷한 논지의 저서는 있었으나, 견해를 달리하고 또 구체적 내용이 부족하다는 것을 확인했다.

둘째 : 노자의 생몰 연대에 대한 명백한 역사적 기록이 없기 때문에, 연구자들의 견해가 엇갈리는 분야이지만, 춘추시대의 공자(기원전 551~ 479)보다 20~30년의 선배이다. 공자가 노자를 만나러 간 것은 기원전 506년으로 공자가 46세 때이다. 공자는 노자의 저서를 보았기 때문에 찾아간 것으로 추론하여, 『노자』의 저술 연대는 20여년 전인 기원전 530년경으로 어림해 보았다. 이 책은 후학자에 의해 수정·보완이 가해지기는 했으나, 춘추시대의 노자의 저서로 생각한다.

셋째 : 손무의 생몰 연대도 역사적 기록에 없으나, 공자와 같은 시대에 활동한 동년배이다. 그러나 그가 13편으로 구성된 병서로 합려왕에 의해 채용된 것이 기원전 512년이고 기원전 504년경까지 오나라의 장수로 활동하다가 은퇴하고 말았다. 그의 불후의 명저, 『손자병법』은 기원전 513

년경에 완성한 것으로 추론했다.

넷째 : 필자는 『노자』에서 다섯 가지의 명제命題, 즉 도道, 전쟁관, 인간관, 변증법 및 용병술을 골라서, 그 사상이 『손자병법』에 어떤 형태로 변화·활용 그리고 발전되었나 하는 문제를 구체적으로 병서 내용을 인용하면서 실증을 시도해 보았는데, 거기에 대한 평가는 독자들의 영역에 속한다.

특히 부언하고 싶은 것은, 군사고전인 『손자병법』과 클라우제비츠의 『전쟁론』을 이해하고 해석하기 위해서는 '변증법'(Dialektik)에 대한 연구가 필수적이라는 것, 그리고 이 논문이 『손자병법』의 철학적 기초를 이해하는 데 도움이 되기를 바라며, 이 숙원은 40여년 만에 시도되었음을 밝혀둔다.♣

(『軍事評論』 제400호, 육군대학, 2009. 8.)

제 3 부
클라우제비츠의『전쟁론』 연구

Ⅶ.
클라우제비츠 장군의 생애와 그의『전쟁원칙』※

지난날의 인류의 역사는 전쟁의 역사라 하여도 과언이 아닐 것이다. 전쟁이라 하면 반드시 전쟁술(art of war)을 고려하지 않을 수 없다. 고래로 유명한 병술가도 많았지만 우선 우리들의 머리에 떠오른 것은 중국의 손무일 것이다.

그러나 근세사에 있어서 그의 이름은 별로 일반인에게 알려져 있지는 않으나, 적어도 전쟁술에 대해서 약간의 관심이 있는 사람이면 독일의 유명한 전쟁의 연구가이며 군사평론 및 분석가인 '칼 폰 클라우제비츠' 장군을 모르는 사람은 없으리라. 그의 생애는 바로 군인으로서의 생애였으며 퇴역한 프로이센군 장교의 아들로 1780년에 탄생하여 겨우 12세 때 벌써 군에 입

※「공사신문」 창간호(1957.10. 10.)에「클라우제비츠將軍의 生涯와 그의 戰爭原則」으로 발표된 최초로 활자화한 에세이이다.

대하여 1831년 11월 16일 콜레라에 희생될 때까지 일생을 군에 복무하였다.

그래서 그의 『전쟁원칙』은 그 시대의 명장으로 알려져 있는 프리드리히 대왕과 나폴레옹의 전례戰例를 가장 많이 인용하였고 또한 분석 평가하였다.

동시에 그는 나폴레옹보다 10여세의 연소자였을 뿐, 나폴레옹이 전 유럽을 휩쓸던 전성시대에 청년장교로서 프로이센군의 일원으로 직접 나폴레옹 군대와 교전하였고, 라이프치히 독립전쟁시에는 블뤼허 장군의 참모를 거쳐 유명한 나폴레옹 몰락의 분기점이었던 워털루 결전시에는 프로이센 제3 군단 참모장의 직책을 역임하였다.

그러므로 『전쟁론』, 『전쟁원칙』, 기타의 저서 및 그의 사상은 변화무쌍한 전투의 복잡성 및 다양성의 실질적인 체험과 그의 명철한 두뇌로서 잘 조화되어 조립된 것이기 때문에 탁상공론이 아니고 생명 있는 피와 땀의 결정結晶이다. 그래서 "단지 우리들이 클라우제비츠의 정신으로 전쟁의 성격을 이해하기만 하면 우리들 손에 다시 한 번 칼을 잡지 않으면 안 될 경우에 있어서 우리들은 우리들의 생존 유지를 바랄 수 있다"고 까지 독일 국민들에게 소개되어 있는 것이다.

그는 1801년 베를린에 있는 군사학교에 입학하였다. 처음에는 경제적인 빈곤과 더불어 기초 지식이 너무나 빈약하였고 거기에다 그의 과도한 신경질적인 성격에 비관적 요소가 덧붙여서 그의 생활은 그리 행복한 것이 못되었다. 그러나 그의 교관의 한 사람인 샤른호르스트는 그의 훌륭하고도 눈에 뜨이는 재능을 인정하고 그에게 필요한 용기와 우정을 줬다. 그 결과로 클라우제비츠는 그의 가장 우수한 제자가 되었고 군사학교 졸업 후 샤른호르스트의 추천으로 프리드리히 대왕의 조카요, 또한 대대장인 아우구스트의 부관이 되었다.

1806년 나폴레옹과의 전투에 있어서 프랑스군에게 포로가 되었으며, 1807년에 귀환하여 프로이센 육군의 개혁의 필요성을 역설하였고 또한 그것을 실현하고자 샤른호르스트와 밀접히 일하였다. 1810년 소령으로 진급하였고 또 샤른호르스트의 추천으로 베를린 군사학교(1860년 육군대학으로 개편) 교관으로 보직을 받았다.

그런데 프랑스를 싫어하고 있었던 그는 그의 왕, 프리드리히 빌헬름 3세가 1812년 나폴레옹과 동맹을 체결한 이후, 다른 동료 장교들과 함께 자기의 입장을 고수하고 공공연하고 또 용감히 조국을 위하여 조국을 버리고 나폴레옹과 싸우기 위하여 발을 러시아로 돌렸다.

그는 러시아 군적에서 대령으로 승진하였고, 그의 빛나는 공적으로 알렉산더 1세로부터 전공 훈장과 명예의 장검長劍을 받는 영광을 가졌다. 그리고 그가 꿈에도 잊지 않은 조국 군적으로의 복귀는 드디어 1814년 4월에 실현되어 당당한 보병 대령이 되었다. 그러나 샤른호르스트처럼 그는 중요한 군작전의 실제적인 지휘는 이임되지 않았고, 다만 틸만 장군 휘하의 제3군 참모장으로 워털루 전투에 참가하였다.

1818년 그는 드디어 육군 소장으로 진급하는 동시에 베를린에 있는 군사학교장으로 영전하였으나, 12년간의 교장직도 그에게는 그렇게 만족할만한 것이 못되었다. 왜냐하면 그가 열망하고 실천에 옮기려던 군 개혁안은 견제 당하였고, 그의 직무는 다만 행정에만 제한되었기 때문이다. 그러나 이것이 오히려 그로 하여금 그의 명성을 후세에 남길 불후의 명저 『전쟁론』을 저술하는 계기가 되었다.

그의 저작이 아직도 한창일 무렵, 그는 1830년 8월에 브레슬라우 포병사령관으로 임명되었으며, 그나이제나우 장군의 후임으로 그가 총지휘를 담당하여 폴란드의 반란군이 포젠에 침입하여 온 것을 진압하고 브레슬라우에서 돌아온 직후 콜레라로 인하여 사망하였으니, 그때가 1831년 11월 16일이었다.

그의 저서는 그가 사망한 후에 출판되었는데, 20년 동안이나 이해성이 있는 벗이었으며, 서로 협력하여 일하였던 그의 부인이 1832년부터 1837년 사이에 10권이나 출판하였다. 클라우제비츠의 저서는 그 자신의 말을 인용하면, "사색과 관찰, 철학과 체험의 결과이다."

그리고 그의 저서의 일부분은 재빠르게도 영어로 번역되었으며, 1857년 이후의 프로이센 육군 참모총장인 몰트케(Helmuth von Moltke) 장군이 그의 전쟁술의 타당성을 증명하였으니, 즉 1866년 및 1870~1871년의 전쟁에 있어서 프로이센군의 성공이 바로 그것이다.

시대의 변천과 아울러 전쟁술에도 많은 변화가 있었다. 옛날에는 육군이 군의 주도권을 잡고 있다가 나폴레옹이 세계 무적의 강력한 육군을 보유하고 있었음에도 불구하고 영국을 정복하지 못한 이후부터 해군의 중요성을 인식하게 되었다.

그러나 항공기의 발달과 아울러 세계 제2차 대전에 있어서 전략항공작전의 성공은 새로운 한 국면을 우리들 앞에 보여주게 되었고, 원폭, 수폭 및 유도탄 등의 신무기 출현으로 해군 무용론까지 대두케 된 오늘날에 있어서 클라우제비츠의 『전쟁원칙』은 백 수십 년이 지났음에도 생생하며, 그의 원칙은 전쟁에서 뿐만 아니라, 우리들의 인생에 그대로 적용시켜도 가치 있는 지혜를 우리들에게 준다는 것을 나는 그의 저서를 통하여 확신하게 되었다.

물론 그의 전쟁술의 세세한 점은 군 조직 및 무기의 변화로 인하여 논의할 필요조차 없는 것도 있지만, 그의 전쟁에 대한 근본적인 신념에는 아무런 변화도 없다. 그는 "전쟁은 폭력의 한 행위이며 그것의 최대한의 영역을 추구하는 것이다. 폭력의 행위는 국민의 정치적 생활에서부터 분리되어 오는 것이 아니며, 그것은 또한 변태적인 사태도 아니다. 단지 정치적 목적의 강력한 실현에 불과하다. 즉 전쟁은 다른 수단으로써 하는 정책의 단순한 계속이다." 하였고, "승리는 피로서 사는 것이며 완전한 승리는 적군의 멸망을 통해서만이 확실하게 된다"고 그는 말하였다.

승리가 피의 대가라 말할진대, 클라우제비츠의 『전쟁원칙』은 그 하나하나가 고귀한 인류의 피와 땀 그리고 유구한 역사적 시간과 또 하나의 천재적 인간 두뇌의 매개媒介를 통하여 이루어진 것이다.♣(군사학과 교관)

【추기】 필자는 당시 공군사관학교 생도대 군사학과 교관(중위)이었는데, 클라우제비츠가 황태자에게 강의한 내용의 책인 『전쟁원칙』에 대한 소개문이 아쉽게도 생략되었다. 그러나 차후 소개할 예정이다(신문이 발간될 당시 도미 유학 중이었다.).

Ⅷ.
클라우제비츠 『전쟁론』의 재번역에 관한 단상

독일의 군인이며 저술가였던 골츠(1843~1916) 원수는, "클라우제비츠 이후 전쟁을 논의하고자 하는 군사 이론가는, 마치 괴테 이후 『파우스트』를, 또 셰익스피어 이후에 『햄릿』을 쓰고자 모험을 범하는 것과 같다"고 논평할 정도로 클라우제비츠의 『전쟁론』(1832)은 군사학계에서는 유명했다. 그러나 필자가 클라우제비츠의 『전쟁론』을 처음 만난 것은 1957년 7월 19일이었다. 그 당시 공군사관학교 군사학 교관이었던 필자는 대구의 고서점古書店에서, 미국에서 최초로 영역英譯된 1943년 간행의 『전쟁론』을 구입했으나, 그 때 저자著者뿐만 아니라, 저서의 가치도 전연 모르고 책명과 목차만 보고 구입했다. 지금 생각하면 실로 부끄러운 얘기이다.

곧 그 책을 읽기 시작했으나, 제1편 제1장도 모두 읽지 못하고 책의 내용이 너무 어려워 팽개치고 말았다. 마침 미국 유학에서 돌아온 선배가 클라우제비츠의 『전쟁의 원칙』(클라우제비츠가 황태자에게 가르친 강의개요講義概要)을 주기에 초역抄譯하여 기초 훈련을 마친 간부 후보생들에게 소개한 것이 계기가 되어 「공사신문空士新聞」 창간호(1957. 10.)에 「클라우제비츠 장군의 생애와 전쟁원칙」을 발표함으로써 인연을 맺게 되었다. 그 후 1년간 도미유학을 마치고 실무부대에 4년간 복무하고서 사관학교에 재복무하게 되어 본격적으로 군사학의 연구와 교육에 임하게 되었고, 주로 『손자병법孫子兵法』과 『전쟁론』을 연구했다. 다행스럽게도 세계사상대전집世界思想大全集(대양

서적)의 한 권으로 『전쟁론』을 1972년에 번역·출간했다.

1982년 여름 미국의 워싱턴에서 개최된 국제 군사사학회國際軍事史學會의 학술회의에 참석 후, 미 국방대학원(National War College)과 육군전쟁대학원(U.S. Army War College)을 방문하여 군사전략의 교육내용을 문의했던 바, 모두 『손자병법』과 『전쟁론』을 1970년대 말부터 교재로 채택하여 가르치고 있다는 것을 확인했다. 더욱이 2000년 1월 25일 일본 방위청 방위연구소에서 「일본의 서양 군사이론의 수용西洋軍事理論受容에 관한 연구–제국帝國 육군 참모본부를 중심으로–」(『군사논단』 제17호 참조)를 발표했는데, 주요 내용은 『전쟁론』은 왜 난해難解하고 오해되어 왔으며, 주요 군사사상은 무엇이고, 또 몰트케의 독일 참모본부를 어떻게 일본 육군은 수용했는가 등이었다. 이것이 계기가 되어 도쿄(東京 : 芙蓉書房出版)에서 공저共著로 『「전쟁론」의 읽는 방법』(2001)을 출간하게 되었고, 거기서 필자는 「『전쟁론』을 어떻게 읽을 것인가」를 집필했다. 그것이 계기가 되어, 그 후 30년 전에 번역했던 『전쟁론』을 재번역했는데, 약간의 해석상 열쇠가 되는 단어(keyword)를 비교·고찰해 보고자 한다.

여기에 인용된 클라우제비츠의 『전쟁론』은 아래와 같다.

- 원서原書 : Carl von Clausewitz, *Vom Kriege* (Reclam, 1980)
- 졸역拙譯(대양서적, 1972)
- 영역英譯 : Michael Howard and Peter Paret (Princeton University Press, 1976)
- 김홍철 역譯(삼성출판사, 1977)
- 류제승 역(책세상, 1998)
- 일역日譯 : 일본 클라우제비츠 학회(芙蓉書房出版, 2001)

1. 「Der Krieg ist eine bloße Fortsetzung der Politik① mit andern Mitteln」(p. 39)

여기서 ①을 어떻게 번역할 것인가 하는 것이 문제이다. 그 이유는 독일어에서는 ①이 '정치'와 '정책'으로 겸용되고 있지만, 우리말과 일어日語에서는 '정치'와 '정책'으로, 영역英語에서는 politics와 policy로 구별되어 사용하고 있다. 그렇다면 정치와 정책은 어떻게 다른가? 『국어 대사전』(민중서관, 1961)에 의하면, '정치란 국가의 주권자가 그의 영토 및 인민을 통치함. 권력의 획득·유지·행사 등에 관한 현상'이라 했고, '정책이란 정치의 방책이나 시정의 방침'이라 했다. 따라서 ①은 정책으로 번역되어야 하리라. 영역·김홍철 역·일역은 정책으로 번역되어 있다.

클라우제비츠의 이러한 사상은 제8편 제6장 B(pp. 329~338)에서 구체적으로 설명되고 있다. 즉 「Der Krieg ist ein Instrument der Politik①」(p. 329)은, 영역에서 「War is an instrument of policy」로 되어 있으나, 다른 번역은 모두 정치로 되어 있는 데, 이것은 어색하다. 여기에 등장하는 Poiltik은 37회가 되지만, 1회만이 정치이고, 그 외는 모두 정책이다. 마지막 부분을 번역하면, "전쟁은 정책의 도구이며, 전쟁은 필연적으로 정책의 성격을 띠지 않을 수 없다. 전쟁은 언제나 정책의 척도를 가지고 측정해야 한다. 따라서 전쟁의 수행은 그 대강大綱에 있어서 정책 그 자체이다. 정책은 전쟁에 있어서 펜 대신으로 칼을 사용하지만, 그렇다고 해서 정책 자신의 법칙에 따라서 생각하는 것을 그만 둔 것은 아니다"고.

2. 「bloßen Verstande②」(p. 42)는 제1편 제1장의 결론에 등장하는 용어로 클라우제비츠의 전쟁이론해석戰爭理論解釋의 키워드이며 이론적理論的 지주支柱의 단어이다. 즉 그의 전쟁이론은 인식론적認識論的 관점으로 보아 '오성悟性'(Verstand)의 바탕 위에 구축되어 있다는 뜻이다. 예컨대 전쟁과 정책의 관계를 구체적으로 설명하고 있는 제8편 제6장에서 「philosophische Verstand」가 2회(p. 329, p. 332) 등장하고, 「Vernunft」(理性, p. 327)를 구별해서 사용하고 있기 때문이다. 독일어의 「Verstand」가 한국어·일본어에서는

「오성悟性」으로, 영어에서는 「understanding」의 철학용어로 정착되어 있으나, 지금까지의 역어譯語는 다음과 같다.

- 졸역拙譯 : 「완전한 오성悟性의」(p. 89)
- 영역英譯 : 「reason alone」(p. 89)
- 김홍철 역 : 「순수하게, 타산적(합리적)인」(p. 76)
- 류제승 역 : 「순수한 이성理性의」(p. 58)
- 일역日譯 : 「순전한 지성知性에」(p. 47)

「Verstand」를 이성理性이나 지성知性 등으로 번역하고, 오성悟性으로 번역하지 않은 이유의 배경은 알 수 없으나, 칸트(1724~1804)의 인식론認識論, 즉 『순수이성비판純粹理性批判』(윤성범 역尹聖範譯)에 의해 규명해 보고자 한다.

> • 인간의 인식에는 두 가지 근간이 있는 데, 이것은 모름지기 하나의 공통적이면서도 우리에게 알려지지 않은 근원에서 유래된 것으로서, 말하자면 감성(Sinnlichkeit)과 오성悟性(Verstand)이 그것이다. 감성을 통해서는 대상對象이 주어지지마는, 오성을 통해서는 이것이 사유思惟되어지게 마련이다.…
>
> 우리가 오성의 모든 작용을 판단으로 환원시킬 수 있기 때문에, 오성은 일반적으로 판단하는 능력이라고 생각할 수가 있다. 왜냐하면, 오성은 상술上述한 바대로 사유하는 능력이기 때문이다.…
>
> 우리의 모든 인식은 감성에서 시작하여 거기서부터 오성에 이르고, 이성理性(Vernunft)에서 끝맺는다. 직감直感의 소재를 처리하여 사유의 최고통일最高統一 아래 가져오는 것은 이성理性보다 더 높은 것이 우리 안에선 발견되지 않는다.…
>
> 오성의 규칙을 매개媒介하여 현상을 통일하는 능력이라면, 이성은 원리 아래 오성규칙悟性規則을 통일하는 능력이라 하겠다. 그러므로 이성은 결코 경험이나 혹은 어떤 대상에 직접 관계하는 것이 아니라, 오성

의 다양한 인식에 개념을 통하여 아프리오리한 통일을 주기 위하여 오성에 관계한다.

대단히 어렵게 설명되어 있지만, 칸트의 인식론을 요약하면, 「오성」은 경험할 수 있는 현상세계現象世界까지의 영역을 담당하고, 「이성」은 경험이 미치지 않는 또 감각적 경험과 관계가 없는 실체의 세계, 즉 이념, 신, 자유, 불사不死 등의 영역을 담당한다. 클라우제비츠의 전쟁이론은 경험할 수 있는 현상세계를 바탕으로 하고 있으니 「완전히 오성」의 영역이며, 그는 다음과 같이 주장하고 있다.

- 전쟁술戰爭術에 있어서 모든 철학적 진리보다도 경험이 더 가치를 가지기 때문이다.…

  역사적 실례實例는 모든 것을 명확하게 할 뿐만 아니라, 경험철학에 있어서는 가장 훌륭한 증명력을 가지고 있다. 특히 전쟁술에 있어서는 더욱 뚜렷하다.(제2편 제4장)

3. 「der Politik und Kriegführung③」(p. 38)의 영역은 「policy and the conduct of war」로 되어 있으나, 다른 번역, 특히 일본에서 발간된 여러 종류의 『전쟁론』에는 「정치와 전쟁지도戰爭指導」로 번역되어 있다. 이것은 「정책과 전쟁수행」으로 번역하는 것이 내용을 명확히 표현하는 것이 되리라.

4. 「Geist④ und Gehalt⑤」(p. 16)는 저자의 서문에 등장하는 용어로, 영역에서는 「intelligence and substance」로, 기타는 「정신적이면서 동시에 실질을 모두 갖춘」, 「정신과 개념」, 「정신과 내용」 등으로 번역되어 있다. 그런데 이것은 체계적인 전쟁이론의 연구 대상은 ④와 ⑤라는 것을 명시한 내용이다. 종래의 전쟁이론은 물질을 주제로 하는 측정 가능한 일면적인 활동에 관계되는 대상만 다루어 왔다. 그런데 클라우제비츠는 측정 불가능한 정신력도 전쟁이론의 틀에 도입했던 것이다.

정신적 힘은 전쟁에 있어서 가장 중요한 요소에 속한다. 여러 가지 정신적 힘은 전쟁의 모든 요소와 관련을 가지며, 모든 전력戰力을 움직이고, 지휘하는 의지意志와 긴밀히 결부되어 한 몸이 되어 있다.…

주요한 정신적 힘이란 장수의 재능, 군대의 무덕武德, 군대의 민족정신을 말한다.(제3편 제3·4장)

따라서 ④의 정신이란 장수의 재능, 군대의 무덕武德과 군대의 민족정신을 뜻하며, ⑤의 실질實質은 병력 수, 무기와 장비 등을 뜻한다.

5. 「Untersuchung⑥ und Beobachtung⑦, Philosophie⑧ und Erfahrung⑨」(p. 15)은 저자의 서문에 등장하는 용어이다. 영역에서는 「Analysis and observation, theory and experience」로, 기타는 「연구와 관찰, 이론적 사색과 경험」, 「조사와 관찰」, 「철학과 경험」, 「연구와 관찰, 이론과 경험」 등으로 번역되어 있다. ⑥,⑦,⑧,⑨의 네 단어를 어떻게 번역하는 것이 바람직한가는 이 문장의 전체의 뜻으로부터 생각해야 하리라. 즉, "⑥과 ⑦, ⑧과 ⑨는 서로 경멸해서는 안 되며, 더구나 서로 배척해서도 안 된다"고 했다. 따라서 두 단어의 대비어對比語는 통상 서로 경시輕視하거나 배척·반대의 단어이기 때문에 필자는 「연구와 관찰, 철학과 경험」으로 번역했다.

이것을 번역하면서 생각한 것은, 클라우제비츠의 사고방식은 상당한 수준의 변증법(Dialetik)에 도달하고 있다는 것이었다. 이와 관련하여 헤겔(1770~1831)의 변증법이 때때로 「화해和解의 변증법」으로 불리어지고 있는데, 이와 관련이 없을까? 그렇다면, 과연 클라우제비츠는 헤겔의 저서를 읽었을까 ?

클라우제비츠는 『전쟁론』을 집필함에 있어서 전연 주註를 달지 않았고, 또 어떤 문헌을 참고했는지, 그 독서 목록도 지금까지 본 일이 없기 때문에 명확히 대답하기란 불가능하리라. 그러나 그가 전쟁이론의 일관된 체계를 수립하고자 당시의 칸트에서 헤겔에 이르는 관념주의 철학에 바탕을 두고 있다는 데 대해서는 이론異論이 없으리라. 그리고 헤겔은, 1818년 피히테(1762~1814)의 뒤를 이어 베를린 대학의 교수가 되었고, 그의 철학은 전국에 풍미하고 있었는데, 그 당시 괴테가 그에게 "변증법이 무엇인지, 간결하게 설명해 주겠소?"라고 질문했다는 유명한 얘기가 전해지기도 한다.

헤겔은 1829년부터 30년 말까지 베를린 대학의 총장도 역임했고, 그의 12시에서 13시까지의 강의에는 200명 정도가 참가했는데, 다만 학생뿐만 아니라, 고위 관직의 문·무인文武人들도 청강했다고 한다. 클라우제비츠도 1818년 12월 베를린의 군사학교장의 직무를 수행하고 있었으나, 자존심이 강한 그가 헤겔의 강의를 청강하기 위해 베를린 대학에 갔으리라고는 생각할 수 없다. 그러나 헤겔의 철학을 소개한 신문·잡지 그리고 저서 『정신 현상학精神現象學』(1806~1807)은 12년간의 집필과정에서 읽었으리라고 추정한다. 필자의 전공인 군사사학軍事史學의 영역을 넘어선 이 문제는 철학 전문가에게 자리를 넘겨주는 것이 현명하리라.

마지막으로 『전쟁론』은 1832년에 초판이 발간되었고, 재판再版이 1853년에 간행되었다. 그런데 일부 내용이 개찬改竄되었는데, 그 원문의 번역은 다음과 같다.

> 전쟁은 정치적 목적에 합치되어야 하며, 또 정책은 그의 수단인 전쟁에 무리한 요구를 강요해서는 안 된다고 한다면, 정치가와 군인이 한 사람으로 겸비되지 않는 한, 남은 방법은 한 가지이다. 즉 최고의 장수를 내각의 일원으로 만들어, 내각이 장수의 주요한 활동에 관여할 수 있도록 하는 데 있다.(제8편 제6장)

위 내용의 마지막 내용, 즉 "내각이 장수의 주요한 활동에…"는 재판再版되었을 때 주어主語가 개찬되었다. 즉 "장수가 내각의 주요한 활동에…"로. 『전쟁론』의 초판에 의한 번역은 영역, 류제승 역(텍스트는 20판이나 내용은 초판과 동일하니 원상으로 복귀한 것 같다) 그리고 일역이며, 김홍철 역은 초역본이라

했으나, "최고 사령관을 내각의 일원으로 만들어, 가장 중요한 시기에 임하여서는 그로 하여금 내각의 심의·의결에 참여하도록 하는 제도인 것이다."(p. 421)고 개찬되어 있는 내용이니, 초판의 번역은 아닌 듯하다.

이 개찬의 내용이 얼마나 중요한가 하는 것은 독일이 제1·2차 세계대전에서, 또한 일제日帝가 패망한 이유가 거기에서 연유하기 때문이다. 결론만 요약한다면, 클라우제비츠의 기본적 군사사상은 전쟁은 정책의 수단·도구이며, 정치가가 전쟁을 주재主宰해야 하고, 군사적 관점은 정치적 관점에 종속해야 하고 그 역逆은 아니며, 이것이 소위, 정책우위사상政策優位思想, 즉 문민통제(civilian control)의 근원이 된다. 그런데 몰트케 참모총장(1800~1891)을 위시한 수뇌와 후계자들은 전쟁 개시 후, 내각의 통제를 받지 않겠다는 것으로 군사적 관점은 정치적 관점에 종속하는 것을 거부했고, 통수권의 독립을 주장·성취했다. 그리고 적군의 타도·격멸을 지향하는 군사목표가 정치적 목적으로 추구하게 되면, 이 두 가지의 결합은 결국 군국주의로 빠져 패망한다는 것이 필자의 견해이며, 제2차 세계대전 전의 독일·일본이 본보기였다.

이상으로 30년 전에 번역했던 『전쟁론』을 수정·보완하면서 생각이 났던 몇 가지 키워드를 비교·분석해 보았다. 역시 『전쟁론』은 난해한 곳이 여러 곳에 도사리고 있다는 것이다. 즉, 당시는 칸트에서 헤겔에 이르는 관념론 철학의 전성시대였고, 그 속에서 살았던 클라우제비츠는 전쟁에 관한 포괄적·체계적이며, 또 깊은 통찰력이 있는 저술을 의도했을 때, 철학, 논리학, 정치학, 심리학, 교육학, 전사戰史 그리고 전략·전술 등의 학제적 연구방법이 외의 방법론은 존재할 수 없었으리라. 따라서 『전쟁론』은 어느 정도의 철학적 기초 지식이 없이는 쉽게 접근할 수 있는 저서는 아니다.

예컨대, 제1차 대전의 패전 후, 독일 국방군의 총사령관이었던 제크트(1866~1936) 장군은 『전쟁론』은 어려운 저술이며, 철학적 훈련을 결여해서 난해하다는 것을 솔직히 고백했던 것이다. 제2차 대전 후, 클라이스트 원수는 리델 하트에게 다음과 같이 고백했다. 즉, "클라우제비츠의 가르침은 이 세대世代에 있어서—내가 육군대학에 있을 때, 또 일반참모로 재직하고 있을 때— 무시되고 있었다. 그의 명구名句는 인용되었으나, 그의 저서는 면밀히 연구되지 않았다. 그는 실질적인 교사라기보다는 전쟁철학자로 인식되었다. 슐리펜의 저서가 더 주목되었고, 그것이 더 실질적인 것으로 생각되었다."

서독에서 본격적으로 『전쟁론』을 연구하기 시작한 것은 1955년 국가 주권을 회복한 후이며, 「클라우제비츠 학회」가 설립된 것은 1961년이다. 특히 클라우제비츠 탄생 200주년 기념 논문집, 『전쟁없는 자유란』(*Freiheit ohne Krieg?*, 1980)은 클라우제비츠 학회에 의해 편집·출간되어 동기와 목적을 분명히 함으로써 『전쟁론』 연구의 붐을 일으키게 했다.♣

(『군사논단』 제32호, 한국군사학회, 2002년)

Ⅸ.
클라우제비츠와 『전쟁론』

1. 머리말

클라우제비츠의 『전쟁론』(1832)은 군사 사상사軍事思想史에 있어서 특이한 지위를 차지하고 있다. 그 책은 명저로 알려져 있으나, 실제로 읽혀지고 있기 보다는 인용문으로 더 애용되고 있는 실정이다. 그리고 그가 1831년에 갑자기 죽었기 때문에 미완성의 작품이요, 앞뒤의 모순이 섞여 있고, 철학적 용어의 추상성抽象性으로 인한 난해難解함과 주註가 전연 붙어 있지 않고 거기에다 책의 분량이 많다는 점이다(1981년 독일어판獨逸語版은 718쪽이요, 1976년 마이클 하워드와 피터 파렛의 영역판英譯版은 637쪽이다). 그러니 필자가 『전쟁론』에 대한 사전의 준비·연구도 없이 1957년 7월 졸즈의 영역본英譯本의 제1편도 모두 읽지 못하고 난해하여 포기했다는 것도 당연하리라.

최근 미 해군대학 마이클 한델 교수의 저서, 『전쟁의 거장巨匠들－손자孫子, 클라우제비츠, 조미니－』(*Masters of War : Sun Tzu, Clausewitz and Jomini*, 1992)를 읽고, 저자에게 다음과 같은 논평의 글을 보냈고 거기에 대한 답장을 받았는데 소개하면 다음과 같다.

한델 교수에게

당신의 저서를 대단히 흥미를 가지고 감명 깊게 읽었습니다. 손무孫武의 『손자』, 클라우제비츠의 『전쟁론』, 조미니의 『전쟁술 개요戰爭術槪要』를 군사 고전軍事古典으로 선정했다는 것, 그리고 "그 결과로서, 전략가는 과거의 전쟁에 관한 책 가운데서 가장 위대하고 가장 독창적인 연구를 내포하고 있는 이들 고전에서 많은 가치 있는 통찰력을 얻을 수 있다"(p. 157.)고 했는데, 전적으로 동의합니다. 당신의 저서 가운데, 「3. 문체文體와 방법론」, 「9. 이상理想과 현실」에 대해 세 가지를 논평하고자 합니다.

첫째 : "『손자』는 간결한(영역英譯하여 100페이지가 넘지 않는다) 문장文章…"(p. 24.)이라 했는데, 원문은 한문자漢文字로 6,100여자에 불과하며, 영어로 번역하면 40쪽(당신 저서의 활자 크기로도)을 넘지 않을 거라고 생각합니다.

둘째 : 『손자』의 기본적 핵심은 오사五事, 칠계七計, 궤도詭道 그리고 정보입니다. 그는 네 가지 전력戰力의 계산에 의한 우열優劣의 식별을 통하여 승패를 미리 예견할 수 있다고 했습니다. 그리고 그는 다음과 같이 주장했습니다. "백 번 싸워 백 번 승리하는 것이 결코 최상의 방책이 아니고, 싸우지 않고 적을 굴복시키는 것이 최상의 방책이다. 따라서 가장 훌륭한 방책은 적이 전쟁하려는 의도를 분쇄하는 일이고, 그 다음은 적의 동맹관계를 끊어 고립시키는 일이며, 그 다음은 정벌하는 일이요, 최하의 방책은 적의 성城을 공격하는 일이다"(모공謀攻). 그리하여 손무는 우세한 전력戰力을 기반으로 하여 유혈流血없이 혹은 비군사적 수단을 사용하여 정치적 목적을 달성하는 것을 상책上策으로 삼았고, 부득이 전쟁을 하게 된다면 속전속결速戰速決을 장려하고 지구전持久戰을 몹시 경계했습니다. 나는 이것을 정치적 목적을 달성하기 위한 국가 전략적 접근법이라 부르고 있습니다.

한편 클라우제비츠는 나폴레옹군에 비해 열세한 전력戰力을 보유하고 있었던 프로이센군에 속해 있었기 때문에 유혈 없이 정치적 목적을 달성한다는 것은 생각할 여지가 없었다고 봅니다. 따라서 그는 군사 전략적 접근법을 위주로 연구했다고 생각합니다.

조미니는 전장戰場에서의 승리의 원칙을 추구했기 때문에 작전적 접근법을 추구했다고 생각합니다.

나는 이것이 정치적 목적의 달성에 대한 접근법에 있어서 기본적 차이점이라 생각하며, 당신은 공통점을 강조한 나머지 차이점을 소홀하게 생각한 것이 아닌가 합니다.

셋째 : 당신도 잘 알다시피, 클라우제비츠는 초기에 있어서 절대전쟁絕對戰爭의 신봉자였고, 그런 입장에서『전쟁론』의 제1(1장 제외), 2, 3, 4, 5, 6편을 집필했습니다. 그러나 연구를 함에 따라 후기에 와서는 현실전쟁現實戰爭의 신봉자로 입장을 바꾸어 제7, 8편을 집필했고, 완전한 것은 제1편 제1장뿐이라 했습니다. 그런데 그는 현실전쟁의 입장에서 초기의 원고 내용을 수정하지 못하고 사망하고 말았으며,『전쟁론』에는 상이相異한 입장에서 집필한 내용이 혼합되어 있기 때문에 오해를 가져오고 있다고 생각합니다. 이 점에 대해 클라우제비츠는「1827년 7월 10일의 메모(memo)」에서 밝히고 있는데, 당신도 이 내용을 저서의「3. 문체와 방법론」에서 좀더 구체적으로 밝혀서 삽입해 두는 것이 좋을 것으로 생각합니다.…

1995년 3월 30일

이 종 학 교수에게

당신이 보내준 흥미로운 서신에 감사드립니다. 당신의 첫 번째 지적은, 나의 비교 분석을 위해 손자, 클라우제비츠 그리고 조미니를 잘 선정했음을 시사하고 있습니다. 그럼에도 불구하고, 내가 덧붙여야만 하는 점은, 나는 조미니가 손자나 클라우제비츠와 동급에 있다고 생각하지 않으며, 따라서 그는 나에게는 부차적인 관심사라는 점입니다. 이 점은 또한 왜 내가 조미니가 제시한 작전 분석을 탐구하지 않았는가 하는 이유를 설명해 줄 것입니다. 조미니의 분석은, 비록 그 결론에 있어서는 늘 그런 것은 아니지만 그 정신과 방법에 있어서 클라우제비츠의 분석과는 다릅니다. 그의 가장 중요한 통찰은 클라우제비츠의 통찰과 그렇게 크게 다르지 않으며, 그들이 서로 다른 경우에는(특히 그들의 접근방식과 방법에 있어서) 내가 보기에는 클라우제비츠가 훨씬 탁월합니다. 나는 이 책에서 전쟁의 작전 수준에 대해서는 그다지 관심이 없었습니다. 바꾸어 말한다면, 나의 관심의 대상인 분석의 수준에 있어서 클라우제비츠와 조미니는 유사한 주장을 내놓고 있습니다. 보다 낮은 수준에 있어서는 그들 간에 차이가 있지만, 이 수준은 『전쟁의 거장들』의 연구 대상이 아니었습니다. 이것이 바로 두 사람의 유사점이 나의 논지의 대부분을 차지하고 있는 이유입니다.

그렇지만, 이번 여름에 발간될 제2 개정판에서 나는(특히 주註에서) 마키아벨리에 대한 몇 가지 언급을 덧붙이기로 결정했습니다. 나의 목적을 위해서는 마키아벨리나 투키디데스가 조미니보다 더 흥미롭습니다.

『손자병법』의 본문의 길이에 관한 당신의 첫 번째 지적(즉 한자로 6,100자이고, 영어로는 40쪽 미만이라는)은 물론 옳은 지적입니다. 100쪽 미만이라는 나의 말은 곧 그리피스(Griffith)의 『손자병법』 영역본의 본문과 주석 모두를 가리키는 것이었습니다. 나는 다음 판에서 보다 정확성을 기할 것이며, 이후로는 『손자병법』의 본문만을 언급할 생각입니다. 당신의 지적에 감사드리는 바입니다.

손자의 논지에 대한 당신의 두 번째 지적은 올바른 것이고, 그 문제에 관한 나의 생각의 일부를 재고再考하는 데 도움이 되었습니다. 그것은 내가 밝히고 있거나 생각하고 있는 바와 상충되고 있지는 않지만, 약간의 새로운 통찰을 나에게 가져다주어서 나는 이 새로운 통찰을 제2 개정판 속에 부분적으로 합체시킬 수 있습니다. 나머지 점들은 제3판을 위해 남겨두어야 할 것 같습니다. 당신의 영역英譯은, 비록 『손자병법』의 영역본과 일치되는 것은 아니지만, 타당성이 있는 것으로 여겨집니다.

클라우제비츠와 프로이센에 관한 한, 나는 당신의 논평과 의견을 달리하고 있습니다. 이 경우, 나는 당신이 손자에 대한 당신의 올바른 해석을 프로이센과 클라우제비츠에 투사시키고 있다고 생각합니다. 당신이 올바로 지적하고 있듯이, 만일 프로이센이 전쟁을 수행하기에는 열등한 잠재력을 갖고 있다면, 살아남을 유일한 논리적 방법은 (a) 전적으로 전쟁을 회피하거나, 혹은 (b) 그들의 힘을 증강시키기 위해 동맹국을 찾는 것입니다. 다른 말로 하면, 당신의 지적은 왜 클라우제비츠가 유혈 사태가 불가피한 것이거나, 전쟁에 이기는 최선의 방법이라고 생각했는가 하는 이유와는 거의 관련이 없습니다. 따라서 그것은 논리적으로나 역사적으로나 불합리한 추론입니다.

나는 나의 저서의 제9장에서 그러했듯이 여기에서도 강조하지 않을 수 없는 점은, 클라우제비츠도 유혈 없이 승리하는 가능성을 충분히 인식하고 있었다는 것입니다—그러나 대체로 그는 이것을 드문 가능성으로 간주했습니다. 더군다나, 제9장에서의 나의 논의에서 알 수 있듯이, 내가 믿기로는, 싸우지 않고 승리한다는 관념은 손자에게는 전략을 계발하기 위한 지침 역할을 해 줄, 그러나 현실에서는 좀처럼 실현되기 어려웠던 하나의 이상理想이었다는 것입니다. 결국 고대건 현대건 간에 중국사中國史는 서양사西洋史에 못지않게 유혈로 가득 찬 것이었습니다.

나는 물론 클라우제비츠의 사상의 변천과정을 익히 알고 있습니다. 그렇지만 이런 맥락에서 나는 클라우제비츠의 사상의 진화과정 또는 그가 초기에 의도했거나 의도하지 않았을 수 있는 바를 다루지 않고, 현재 남아있는 그대로의 『전쟁론』을 다루고 있습니다(내가 본문에서 밝히고 있다시피, 프랑스 혁명 같은 전쟁들은 절대전쟁에 무척 근접해 있습니다). 우리는 『전쟁론』의 제1장의 최초의 원고 혹은 초기 원고가 어떠했는지를 알고 있지 못하기 때문에, 그가 그것을 어떻게 수정했는지에 관해 정확하게 알기란 어렵습니다. 만일 그가 애초부터 전쟁의 정치적 목적(즉 이성적理性的 계산)에 이바지한다고 생각했다면, 제한전쟁의 관념은 처음부터 함축되어 있거나 인식되고 있을 것입니다. 여하튼 나는 본문을 수정하기 전이건 후이건 간에, 절대전쟁의 관념을 전쟁을 수행하기 위한 권고로서가 아니라, 하나의 이상적 유형 또는 방법론적 고안물로서 간주하고 있습니다. 우리는 절대전쟁의 관념(하나의 이론적인 이상적 유형)과, 전쟁은 결정적 승리 또는 적의 궤멸을 목표로 삼아야 한다는 그의 초기의 관념(이것은 절대전쟁이 함축하고 있듯이, 모든 자원의 활용 즉 계속전쟁(non stop war) 등을 언제나 뜻하는 것은 아닙니다)을 혼동해서는 안 됩니다.

여하튼 나는 현재 남아 있는 그대로의 본문을 다루고 있습니다. 이 점에서 나는 레이몽 아롱(Raymond Aron)과 의견을 같이 하는데, 그는 이 점이야말로 『전쟁론』을 이해하는 가장 중요한 핵심이라고 믿고 있습니다. 내가 알기로는 아자르 가트(Azar Gat)가 주장하고 있는 바인데, 클라우제비츠가 1편의 제1장을 최종적으로 편집했을 때, 그가 본문의 나머지 부분에 있어서 많은 수정을 가하고자 했을 것이라는 점 또한 불명확한 사실입니다. 따라서 나는 이 문제 있어서 『전쟁의 거장들』의 본문을 고치지 않은 채 그대로 두고자 합니다만, 당신이 제안한 사항에 관해 앞으로 좀더 생각해 보고자 합니다.

…『전쟁의 거장들』의 제2 개정판(초판의 약 2배 분량이 될 것 같습니다)이 나오면 한 권을 꼭 당신께 보내드리도록 하겠습니다.…

1995년 4월 9일

마이클 한델

장황하게 왕복 서신을 소개한 이유는, 첫째로 필자로 하여금 「고전적 전쟁이론의 현대적 조명」을 집필케 하는 직접적 동기를 부여하였고, 둘째로 손자, 클라우제비츠 및 조미니가 전쟁의 거장임에는 견해를 같이 하고 있지만, 그들의 사상은 상이相異하게 해석·이해하고 있다는 것을 실감했기 때문에 필자로서의 견해를 밝히는 것이 순리일 것이다.

9 April 1995

Professor Chong-hak Lee
Sorabol Military Institute
Pyong-Dong, Kyong-Ju
780-450
Republic of Korea

Thank you for your interesting letter. Your first point suggests that I did well in choosing Sun Tzu, Clausewitz, and Jomini for my comparative analysis. Nevertheless, I must add that I do not consider Jomini to be in the same class as Sun Tzu or Clausewitz; he is therefore of secondary interest to me. This also explains why I did not explore the operational analysis presented by Jomini. Jomini's analysis differs from that of Clausewitz in its spirit and method -- if not always in its conclusions. His most important insights are not all that different from those of Clausewitz, and where they *do* differ, in particular in their approach and method, I find Clausewitz much better. I was not interested as much in the operational level of warfare in this book. To put it in other words, *in the level of analysis that concerned me* Clausewitz and Jomini make similar arguments, on the lower levels, they differ, but this level was *not* the subject of *Masters of War*. This is why the similarities dominate my argument.

In the second revised edition that will be published this summer, however, I have, however, decided to add some references to Machiavelli (especially in the notes). For my purposes, Machiavelli or Thucydides are more interesting than Jomini.

Your first point on the length of Sun Tzu's text (i.e. 6,600 Chinese characters or less than 40 pages in English) is of course correct. In my mention of less than 100 pages I was referring to both the text and commentaries of the Griffith translation. I will more precise in the next edition and will henceforth refer *only* to Sun Tzu's text. I thank you for this suggestion.

Your second point on Sun Tzu's argument is well taken and has helped me reconsider some of my own ideas on the subject. It does not contradict anything I say or think but provided me with some new insight which can only be incorporated in part in the second revised edition. The remainder I will have to save for a third edition. Your interpretation makes sense to me although it is not in agreement with all of the translations of Sun Tzu's *The Art of War* into English.

Insofar as Clausewitz and Prussia are concerned, I disagree with your comments. In this case, I believe you are projecting your correct interpretation of Sun Tzu on Prussia and Clausewitz. If Prussia has an inferior potential for waging war as you correctly suggest, then the only logical way to survive is (a) by *avoiding war altogether* or (b) by *finding allies* to add to their strength. In other words, your suggestion has little to do with the reason why Clausewitz thought that bloodshed was inevitable or the best way to win in war. Thus it is logically and historically a *non sequitur*.

* * *   * * *

In any event, I deal with the text as it stands now; here I agree with Raymond Aron, who believes this is the most important key to *On War*. It is also unclear, as I believe Azar Gat suggests, that when Clausewitz finally edited Chapter 1 of book 1, that he would have made many changes in the rest of the text. So here I prefer to leave the text of *Masters of War* unchanged, but I will think further about your suggestion.

Enclosed please find a copy of my most recent article, written together with a friend. I hope it will be of interest to you. I will be sure to send you a copy of the second revised edition of *Masters of War*, which will be twice the length of the first. I also look forward to your comments on this in the future. Thank you again.

With best wishes,

Michael I. Handel

(필자의 論評에 대한 한델教授의 回信)

1995年10月31日発行　No.94号

日本クラウゼヴィッツ学会　会報責任者編集

學會報

11月の研究会を以下のように行います
とき　：11月15日（水曜）18：30~21：00
ところ：日本学士会館　[illegible]
　　☎03(3292)5931
　　〒105 東京都千代田区神田錦町3－28
　　[illegible]
　　[illegible]
会場費：¥1,000
テーマ：「戦争論」輪読会
　　岩波文庫上巻（第一篇、第一章、第16項
　　[illegible]
報告者：[illegible]

ハンデル教授と李教授との往復書簡

以下に掲載するのは、マイケル・I・ハンデル教授著「戦争の達人たち」（原書房）に関する同教授と李教授との往復書簡である。原文（英語）を希望される方は事務局までご連絡下さい。

李教授からハンデル教授へ

95. 3. 30

ハンデル教授へ

貴方の極めて感銘深い著書（「戦争の達人たち――孫子・クラウゼヴィッツ・ジョミニ――」（1992年））を大変興味深く拝読しました。貴方が代表的な軍事古典として『孫子』、クラウゼヴィッツ『戦争論』、ジョミニ『兵法』を選択したことと、「その結果として、戦略家は、過去の戦争に関する書物の中で最も偉大で、最も独創的な研究を内包しているこれらの古典から多くの価値ある洞察力を得ることができるのである。」（157頁、訳者注：日本語訳では222頁。）とまとめたことの両方に完全に同意します。

貴方の著書に、特に第3章「文体と方法論」、第9章「理想と現実」についてそれぞれ3点批評したいと存じます。

1）貴方は『孫子』について次のように書いています。「『孫子』は簡潔な（英訳で100頁に満たない）文章……」（24頁、訳者注：日本語訳では30頁）。私が知るところでは、原書は漢字でおよそ6600字であり、（貴方の著書で使用されている文字の大きさであったとしても）英語訳で40頁以上にはならないでしょう。

2）五事、七計、詭道及び情報が『孫子』の極めて中心を構成しています。彼は、これら4つの戦力の計算に基づく優劣の判断が、勝敗の予想になり得ると考えました。そして彼は次のように主張しました。「百戦百勝は、善の善なるものにあらざるなり。戦わずして人の兵を屈するが、善の善なるものなり。従って i）上兵は謀を伐ち、ii）その次は交を伐ち、iii）その次は兵を伐ち、

(日本 클라우제비츠學會의 「學會報」에 소개된 往復書簡)

2. 클라우제비츠의 생애와 『전쟁론』의 평가

클라우제비츠(1780~1831)는 프로이센의 마그데부르크 시市에 가까운 부르크에서 퇴역장교의 4남 2녀 중 제4남으로 탄생하여, 1792년(12세) 프로이센군에 입대했다. 그는 1793년부터 1794년에 걸쳐 일어난 라인 전투에 참가했고, 특히 마인츠 공략전攻略戰에 종군하여, 연대 기수로 승진했다. 1796년(16세) 소위로 승진, 연대가 하급 장교 및 하사관을 위해 개설한 학교에서 교육을 받았다. 1801년(21세) 샤른호르스트가 베를린에 신설한 「보병·기병 청년장교 군사학교」에 지원·입학하여, 그 후 군사학교에서 3년 간 전문교육을 받았다.

그는 학교에 입학하여 곧 학교수업이 요구하는 수준에 따라가지 못하는 것과 경제적 빈곤이라는 고통에 시달렸다. 그 결과 근본적인 동요와 자포자기에 빠졌으나, 샤른호르스트의 따뜻한 이해와 격려에 의해 자신自信을 가지게 되었다. 1804년(24세) 군사학교를 수석으로 졸업했고, 1806년 아우구스트가 지휘하는 대대의 부관으로 종군하여, 아우어슈테트의 전투에서 프랑스군에 패배하여 포로가 되어 프랑스에 억류당했으나, 1807년 7월 강화조약에 의해 석방되었다. 1808년 아우구스트의 부관직에서 군사재조직위원회軍事再組織委員會의 위원장 샤른호르스트의 보좌관으로 자리를 옮겼고, 1809년 2월 대위로 승진하여, 신설한 육군성 군사 총국장總局長 샤른호르스트의 보좌관으로 임명되었다. 1810년(30세), 프로이센군 참모부 겸 군사학교(후의 육군대학) 교관이 되어, 1810년 10월~1811년 6월까지 가르쳤고, 동시에 황태자의 군사교관으로 1810년 10월~1812년 3월까지 강의했다. 1810년 8월 소령으로 진급했으며, 12월에는 오랫동안 교제해 왔던 브륄 백작의 딸, 마리(Marie von Brühl)와 결혼했다.

1812년 프로이센 국왕에게 사직원을 제출하고, 6월에 러시아군 참모부

중령으로 임명되어, 스몰렌스크·보로디노 전투에 참가했다(8월). 1813년 러시아의 비트겐슈타인군과 함께 귀환하여, 프로이센군에 복귀원을 제출했으나, 국왕에 의해 거부당했다. 그리하여 프로이센의 블뤼허군 참모부 겸 러시아군 연락장교의 명목으로 샤른호르스트의 보좌관으로 근무했고 그 후 독일 병단兵團에 참가하여 전투에 종사했다. 1814년(34세) 프로이센군 대령으로 복귀가 승인되었고(4월), 1815년 3월 프로이센군 참모부에 속하게 되었다.

1818년(38세) 9월에 소장으로 승진하여, 12월 베를린의 군사학교에서 1830년까지 12년간 봉직했으며, 그동안 『전쟁론』의 저술에 전념했다. 그는 브레슬라우의 포병감으로 임명되었고, 1831년(51세) 11월 콜레라 발병에 의해 사망했는데, 1832년부터 그의 저서는 전집으로 그의 미망인 마리에 의해 발간되기 시작되어 1837년 전 10권卷으로 완료되었다.

클라우제비츠의 말을 빌린다면, "2년 내지 3년이 지나면 잊어버리는 책을 만든다는 것은 나의 자존심이 허락하지 않고, 또 전쟁의 문제에 관심을 가지는 사람이면 아마도 한 번 이상 손에 들어도 후회하지 않을 책을 저술할 생각이다.… 생전에는 결코 출판치 않겠다"고 했는데, 그의 소원은 모두 성취되었다고 생각된다. 그러나 그의 주요 저술인 『전쟁론』에 관해서는 나라와 사람에 따라 엇갈리게 평가되어 왔는데, 그 내용을 살펴보면 다음과 같다.

> ① 클라우제비츠가 나의 저서, 『전쟁술 개요戰爭術概要』(1838)를 읽기 전에 그의 논문을 쓴 것을 나는 유감으로 생각한다. 왜냐하면, 그가 나의 저서에 대해서 어느 정도 동의할 것을 확신하기 때문이다.… 클라우제비츠의 논문만큼 나로 하여금 좋은 이론理論의 필요성과 유용성을 통감케 해준 것은 없다.… 그러나 무지無知보다도 오히려 유해有害한 박식博識에 빠지지 않기 위해서 충분한 합의를 보는 것이 중요한 일이다. 선천적 천재를 가진 사람이면, 비록 무지無知하더라도 위대한 일을 할

수 있지만, 만약 이 사람이 학교에서 배운 공허한 이론理論 때문에 그 의 두뇌가 가득 차서 현학으로 가리어 버릴 경우에는, 그가 배웠던 모든 지식을 깨끗이 잊어버리지 않는 한 위대한 일은 할 수 없다.(조미니)

② 실전實戰에 활용될 수 있는 이론은, 반드시 클라우제비츠의 그것과 같이 군사적 생활의 무한 한 다양성에 적응하고, 우리들로 하여금 전쟁 중의 여러 가지 사건들을 각각 그 독특한 성질에 따라 고찰하고 탐구하는 것을 가능케 해야 한다. 그와 같은 인식방법을 환기시켜 준 공적에 대해 프로이센 군대 및 오늘날의 전 독일군은, 이 대사상가大思想家에 대해 무한히 감사를 드려야 한다. 실제로 클라우제비츠가 뿌린 씨는 1866년 및 1870~71년의 전쟁에서 풍부한 열매를 맺었다. 그러한 전역戰役에서 발휘된 우리 군의 용병술用兵術의 탁월성은 전적으로 『전쟁론』에서 비롯되었다. 그리고 유능한 많은 군인들은 이 책에 의해 교육되었기 때문이다.(슐리펜 원수)

③ 만약 우리나라의 장수들이 1870년 이전에 클라우제비츠의 학설을 연구하였더라면, 그 해의 전략상의 실패(보불전쟁普佛戰爭)를 면할 수 있었으리라. 우리들이 만약 과거의 잘못을 깨닫고, 장래의 준비를 하고자 바란다면, 클라우제비츠의 저서를 읽어야 한다.(프랑스 육군 중장 피에론)

④ 클라우제비츠 후에 『전쟁론』을 쓰는 사람은, 괴테 후에 『파우스트』를, 셰익스피어 후에 『햄릿』을 쓰는 위험을 범하려는 사람이다.(독일의 골츠 장군)

⑤ 모든 군사기술의 양상은 근본적으로 변화했음에도 불구하고, 클라우제비츠의 『전쟁론』은 전쟁술의 합리적인 발전을 위하여 언제나 그 기반을 남겨 두고 있다.(독일의 브룬베르크 원수)

⑥ 제열강諸列强의 참모본부는 그 교리敎理를 '절대전쟁'이라는 나폴레옹 방식에 바탕을 두고 있었다. 그것은 전쟁에 있어서의 전쟁목적은 결전決戰 및 적의 군대의 주요 집단의 격파에 의해서만이 획득된다는 것이다.… 결정적 영향을 미친 것은 나폴레옹 스스로가 아니고, 그의 위대한 독일인 해설자 클라우제비츠였다. 그는 그의 이론 하에 1세기에 걸쳐 유럽의 군사연구가들의 무릎을 꿇게 만든 주인공이었다. 특히

독일 육군은 그로부터 영감을 얻어 왔으며, 그 놀랍고 어려운—근본적으로 과오를 범하고 있지만— 무장국가武裝國家의 구성을 발전시킨 것이다. 그것은 1870년에 승리를 가져왔다. 그 결과, 모든 열강국列强國들은 앞을 다투어 이 모범에 따랐고, 더욱 더 강하게 나폴레옹식式 전통을 부흥하는데 바빴으나, 마침내 이 거대한 구조물은 1914년부터 18년에 이르는 장기간의 시험을 부가했던 것이다.… (후반) 모든 분야의 많은 예언자들이나 사상가들이 짊어진 공통된 운명은 그가 주장하는 바, 지론持論이 오해받는다는 점이다. 열의에 넘쳐 있기는 하지만 제대로 이해하지 못한 많은 제자들은 그 스승의 주장을 반대하는 자들의 편견이나 우견愚見 이상으로 스승의 창조적 견해를 곡해하고 또한 그 주장을 해롭게 하는 것이 통례이다. 그러나 클라우제비츠가 그 때까지의 어떤 사상가들보다도 가장 오해를 초래하기 쉬운 설說을 편 것은 인정하여야 한다.… 클라우제비츠는 전술 내지는 전략에 대하여 새롭고 또한 눈부신 진보적 사상에 기여한다는 점은 전혀 없었다. 그는 창조적이고 다이내믹한 사상가였다기보다는 법전 편찬적法典編纂的인 사상가였다.(영국의 리델 하트)

⑦ 『전쟁론』은 미완성을 수정도 하지 않은 채, 거의 논문이나 메모를 모은 것이며, 상세히 형식에 맞추어 집대성한 것은 아니다. 그것은 장황하고, 반복이 많고, 이미 알고 있는 것들이고, 거기다가 극도로 복잡하게 꾸며져 있고 모순이 있기도 하다.… 『전쟁론』의 최대의 과오는 클라우제비츠가 전쟁의 참다운 목적은 평화이지, 승리가 아니라는 것을 마지막까지 이해하지 못했다는 것이다. 평화야말로 정책을 지배하는 관념이며, 승리는 평화를 달성하는 한 수단에 지나지 않는다.(영국 육군 소장 풀러)

⑧ 클라우제비츠 이론의 핵심은 아직 이해되고 있지 않든가, 혹은 주목을 받지 못하고 있다. 더욱이 그의 전 작품의 철학적·이론적 근거나 정치·경제·사회의 다종다양한 요인 속에서 찾을 수 있는 전쟁의 전체상全體像을 먼저 생각하기 시작해야 한다는 것이 잊혀지고 있다.(베르너 할베크)

⑨ 이러한 가르침은 1904년의 노일전쟁露日戰爭의 교훈에 의해 정당화된 것처럼 보였다. 작전 수행의 과정에 있어서 일본군은 클라우제비츠가 칭찬한 모든 자질을 보여 주었던 것이다. 즉 공격 정신, 단순하고 단도직입적 전략, 러시아군의 수동성에 대비한 기선적機先的 제압 등이 지적되고 있다. 당시 일본군은 클라우제비츠의 제자였던 멕켈(W. Jakob Meckel) 소령이 훈련하였던 바, 만일 멕켈 소령에 의한 훈련이 없었더라도 과연 노일전쟁 때 보여준 동일한 방식으로 작전을 수행할 수 있었을까 하는 문제는 한 번 생각해 볼만 한 것이다. 그리고 분명히 『전쟁론』은 일본어로 번역이 되었고 일본군 지휘관들도 『전쟁론』에 대한 빚을 정중히 인정하였다.(마이클 하워드)

⑩ 클라우제비츠의 책은 그 통찰력이 대단히 심오하고 독창적이기 때문에 후세의 사상가들에 의해서 제대로 수용되지 못한 몇 개 안 되는 고전古典 중의 하나이다. 당연한 일로 『전쟁론』은 그 주제에 대해 직업적이든 또 다른 이유로 하여 강력한 흥미를 느끼는 사람들만이 읽을 것이지만, 사실 이러한 사람들에게는 없어서는 안 될 책이다.(버나드 브로디)

⑪ 현대에 있어서 정치적 분쟁을 극복하기 위한 이러한 이론은, 클라우제비츠를 펴보는 동기 및 틀 이상의 것이 있다. 클라우제비츠를 펴보아도 이론의 완전성은 찾지 못한다. 그러나 클라우제비츠에 관한 연구에 의해서, 우리들의 문제 제기에 대해 그의 견해가 유용하다는 것을 지적할 수 있고, 개개의 문제를 검증할 수 있다. "많은 경우, 전쟁을 유기적 전체로서 고찰해야 한다. 따라서 개개의 부분을 이 전체에서 분리하는 것은 허용되지 않는다. 또 어떠한 국부적 활동도 전체와 합치하고, 그러한 전체의 관념에서 우러나와야 한다."(『전쟁론』) 그래서 모든 정치적 사상事象의 관계를, 다만 이론적으로 파악할 뿐만 아니라, 더 나아가 정치적 개념 속에서 성과를 찾아야 한다.… 정확하게 산정算定할 수 없는 정신적 힘과 요인의 의의意義를 인식하고, 우리의 정치전략政治戰略 속에서 고찰하는 것, 무엇이든 비판이 선행하는 열린사회에 있어서, 정치가의 정신적 지도력의 증대가 요청되고 있다.… 클라우제비츠의 기본 이념에 비추어, 현대의 정치적 사명과 가능성을 밝

히려는 시도는 부분을 보기 전에 전체를 보고, 현재의 힘 속에 예측할 수 있는 장래를 인식하고, 주장하고, 고찰하는 것을 우리들에게 가르쳐 주고 있다.(레이몽 아롱)

⑫ 저술 방식이 고르지 않음에도 불구하고『전쟁론』이 본질적으로 일관된 갈등의 이론(theory of conflict)을 제시하고 있다는 사실은 클라우제비츠의 방법과 사상이 독창적이라는 것을 증명하는 것이다. 클라우제비츠의 논리 전개방식을 이해하게 되면 우리는 곧 전쟁의 시간을 넘어선 국면에 대한 그의 사상을 파악할 수 있을 것이다. 그러나『전쟁론』은 그 기원과 지적知的인 맥락을 의식해야만 전체적인 이해가 가능하다. 그의 입장에서 올바른 분석의 방법론적 과제는 무엇이었는가? 그 저자가 이해하고자 했던 정치적·군사적 현상은 어떤 것이었는가? 간단할지라도 이러한 문제에 대한 고려는 클라우제비츠 사상의 발전과『전쟁론』의 여러 부분에 걸쳐 전제되고 있는 그의 사상의 여러 형식에 대한 이해를 돕게 된다.(피터 파렛)

클라우제비츠의『전쟁론』은 영국에서는 인기가 없었다. 즉 그는 영국인들이 제1차 대전에서 싸워야만 했던 피에 굶주린 프로이센주의主義의 예언자로 비쳤기 때문이었다. 리델 하트의 견해(⑥)의 전반부는 그의 저서,『근대군近代軍의 재건』(*The Remaking of Modern Armies*, 1927)에서 인용했고, 후반부는 세계 2차 대전 후에 저술한『전략』(*Strategy*, 1954)에서 인용했는데, 리델 하트도 초기와 후기에 있어서 클라우제비츠의『전쟁론』을 이해함에 있어서 큰 차이점을 보여 주고 있다. 클라우제비츠는 결코 절대전쟁론자는 아니었지만, 영·미 양국의 자유주의자들은 전쟁과 정책 사이의 관계에 대한 클라우제비츠의 이론 중 악의적인 부분만 골라 강조하면서 뻔뻔스러운 군국주의의 증거라고 선전했다. 이러한 나쁜 오판은 전후 세대로 상속되었고, 이 세대는 1차 대전에서 영국의 수많은 유능한 젊은이를 살육케 한 참혹상을 클라우제비츠의 가르침의 직접적인 결과로 보았다. 리델 하트는『나폴레옹의 망령』(*The Ghost of Napoleon*, 1933)에서, "그는 절대전쟁의 이론, 즉 끝까지 싸우라는 이론의 선구자이다. 이 이론은 '전쟁은 다른 수단에 의한 정책의 계속'이라는 데서 시작하여 정책을 전략의 노예로 만드는 데에서 끝난다.… 클라우제비츠는 전쟁의 결과만 보고, 전쟁을 넘어선 단계의 평화 시기는 보지 않는다"고 했다. 이런 클라우제비츠에 대한 비판은 왜곡되었고, 부정확하고 또 불공평하지만, 풀러의 견해(⑦)도 마찬가지였다. 리델 하트의 후반부의 견해(⑥)는 약간 수정되었으나, 『전쟁론』의 이해에는 한계가 있음을 엿보이게 한다.

미국에서의 『전쟁론』의 연구는 퍽 늦었고 또 부진한 상태였다. 예컨대 영국에서는 그래함 대령에 의한 『전쟁론』의 영역본이 1874년에 출간되었지만, 미국에서는 1943년에 마티스 졸즈에 의해 영역본이 출판되는 정도였다. 미국에서의 클라우제비츠에 관한 연구는 독일에서 인종적 박해를 받아 미국으로 망명한 클라우제비츠의 연구가, 즉 로드펠즈(H. Rothfels)와 로진스키(H. Rosinski) 등에 의해 클라우제비츠의 이론이 소개되었고 또 연구가 개시되었다 해도 과언이 아니었다. 특히 로드펠즈는 『근대 전략 사상가』(*Makers of Modern Strategy*, 1943) 속에서 「클라우제비츠」라는 선구적이고 계몽적인 논문을 발표함으로써 1914년 이래 영미세계의 사람들이 갖고 있던 클라우제비츠에 관한 그릇된 인상을 씻기 시작했다.

미국에서는 남북전쟁(1861~1865) 이래로 조미니의 『전쟁술 개요』(1838)가 널리 소개되었고, 그것의 영역본은 1862년에 출판되었다. 미국의 저명한 해군 전략가인 마한의 해상세력의 이론과 해군 전략은 조미니의 『전쟁술 개요』에서 많은 영향을 받았다는 것은 주지의 사실이다. 특히 미국에서 클라우제비츠의 『전쟁론』을 진지하게 연구하게 된 것은 6·25전쟁 때였다. 즉 전쟁 수행에 있어서 민간 정부와 군부와의 관계 그리고 제한된 목적을 위한 전쟁의 수행에 관한 문제였다. 미 행정부는 적의 완전한 타도를 목적으로 하지 않는 전쟁을 수행코자 했고, 한편 맥아더 장군은 그렇지 못하여 파면 당하고 말았다. 맥아더 장군은 전쟁이 일어나면, 정치가는 뒤로 물러서고 야전 지휘관의 활동무대로 생각했다. 이것은 프로이센의 몰트케 장군과 군부의 사상인데(이것은 클라우제비츠와 상반相反된 견해이며, 차후 상론詳論할 것임), 맥아더 장군의 미 상원에서의 연설 내용은 이를 대변하고 있다.

> 방면군 사령관은 단순히 부대 지휘에만 그치지 않고 전 지역을 정치적·경제적 그리고 군사적으로 지휘하는 것이다. 정치가 실패하고 따라서 군대가 인계받는 경기競技의 단계에 있어서 여러분들은 항상 군대를 신뢰해야 한다.… 우리가 전투에서 묶여 있는 경우, 우리 부대의 행동을 방해하고 승리의 확률을 줄이며 손실을 증가시키는 정치라는 이름의 모든 인위적 장애는 없어야 한다고 나는 언명하는 바이다.

1980년대 초반, 국방대학원에 교환교수로 와 있던 미 국방대학원의 몰톤 교수에게 필자는, "왜 미국에서는 클라우제비츠의 『전쟁론』이 1943년에 와서야 번역되고 또 연구가 부진한 이유는 무엇인가 ?" 하고 질문했던 바, 그는 "아마도 클라우제비츠의 군사에 대한 정치우위사상政治優位思想이 군 간부들로서는 수용하기 어려웠기 때문일 것이다"고 했다. 미국에서의 클라우제비츠에 대한 단행본의 연구서는 피터 파렛의 『클라우제비츠와 국가』(*Clausewitz and the State*, 1976)와 마이클 한델 편집, 『클라우제비츠와 현대전략』(*Clausewitz and Modern Strategy*, 1986) 등이 출판되었다. 미국에서 『전쟁론』에 대한 연구가 이렇게 늦어진 이유에 대해 명확한 해답을 주는 연구 결과는 아직 보지 못했지만, 아마도 실용주의에 바탕을 둔 미국인들에게는 독일 관념론적 철학에 바탕을 둔 『전쟁론』을 수용하기가 어려웠고 또 전쟁에 대한 위기감과 전쟁이론의 필요성이 절실하지 않았기 때문이며 또한 군 간부들이 군사의 정치에의 예속을 달갑게 생각하지 않았던 탓으로 추정된다.

1872년 2월 병력 1만 명을 가지고 일본 천황 직속의 육군이 탄생했는데,

육군은 당초 프랑스식을 채택했으나, 보불전쟁(1870~1871)에서 프랑스군이 패배하자 프로이센·독일식으로 전환했으며, 해군은 영국식을 채용하여 군사이론·군제 등을 도입했다. 육군대학은 1883년에 개교했으며, 독일의 몰트케 참모총장의 추천에 의해 멕켈 소령이 육군대학의 교관으로 1885년 3월부터 1888년 3월까지 3년간 파견되어 가르쳤다. 그의 교육내용은 용병이론用兵理論 가운데서도 수준이 낮은 작전술·전술뿐이며, 군사전략·국가전략 그리고 중요한 전쟁철학을 가르치지 않았다. 그럼에도 불구하고 그의 전술 교육방법은 60여년 간 일본이 패망할 때까지 육군대학 교육의 원형이 되었다는 데 문제점이 내포되어 있었다.

육군에서 『전쟁론』의 번역 착수 시기는 1886년 후반경 육군성·참모본부·감군부監軍部에서 시작했으나 곧 중지되고 말았는데, 그 이유는 분명치 않지만, 『전쟁론』의 내용이 어렵기 때문이 아닐까, 하는 견해도 있다. 그러나 참모본부의 통수권의 독립이 완전하게 정착하기 전에, "전쟁은 그 자신의 문법은 가지고 있으나, 그 자신의 논리는 가지지 않는다"는 군사에 대한 정치 우위의 군사사상의 보급은 바람직한 것이 아니라는 판단에 의한 것이 아닐까, 하고 추정해 본다. 1903년에 『전쟁론』은 완역完譯이 이루어졌지만, 육군 간부들은 전쟁철학보다도 용병이론, 특히 작전술·전술에만 관심을 두었다.

오늘날 일본에서는 많은 종류의 번역본인 『전쟁론』이 출판되어 있고, 또 클라우제비츠에 관한 연구서가 번역되어 있으나, 일본인 저자의 단행본의 연구서는 아직 발견치 못했다. 그러나 「일본 클라우제비츠 학회」가 존재하고, 매 월 연구회를 개최하며, 학회보學會報를 발간하고 있다.

3. 『전쟁론』의 오해와 난해

클라우제비츠는 1827년 7월 10일자 메모에서 그의 저서가 오해를 받게 되리라는 것을 미리 예측하여 다음과 같이 기록해 두었다. 즉 "만일 내가 일찍 죽어 이 저작著作이 중단되고, 현재의 모습으로 공표되는 날에는, 실제 그것은 심히 형태를 갖추지 못한 다만 감상집感想集과 같은 것이 되어 부단不斷의 오해를 초래함으로써 많은 불충분한 비평의 대상이 되리라."

그는 젊은 날, 프랑스 혁명과 나폴레옹의 전쟁수행 방식, 즉 적의 타도를 목표로 하는 절대전쟁의 신봉자였다. 이런 관점에서 그는 『전쟁론』의 제1(제1장 제외), 2, 3, 4, 5, 6편을 집필 완료했다. 그런데 오랜 전쟁사의 연구를 통해, 적국의 국경부근에 있는 적 국토의 얼마간을 탈취하는 현실전쟁으로 관점을 전환하여 제7, 8편을 집필했고, 완전한 것은 제1편 1장뿐이라 했다.

따라서 『전쟁론』은 일관된 관점에서 저술된 것이 아니라, 절대전쟁과 현실전쟁의 상이相異한 입장에서 저술된 내용이 혼재混在되어 있는 미완성의 작품이라는 점에 유의해야 할 것이며, 이것이 오해의 직접적 원인인 것으로 생각한다.(이 문제는 차후 상론詳論하고자 한다)

클라우제비츠의 『전쟁론』은 왜 난해한가? 베를린대학 철학 교수 셰링은 그의 저서, 『전쟁철학』(1938)에서, "클라우제비츠는 다만 유명한 장군, 탁월한 군사 저술가로 멈추는 것이 아니라, 위대한 철학자의 한 사람으로, 칸트에서 헤겔에 이르는 독일 관념론 철학과 병행하는 독자獨自의 입장을 주장하는 것이다. 그의 주저主著 『전쟁론』은 당시의 전쟁이론에 의해 깊게 다루어진 단순한 전쟁 경험의 기술記述이 아니라, 실재實在의 가장 힘찬 현상인 전쟁과 그 속에서 자기를 주장한 행동적 인간에 관한 철학설哲學說이다"고 했다. 한편 영국의 리델 하트는 『전략』(1954)에서, "칸트의 설說을 간접적으로 들은 제자로서의 클라우제비츠는 진정한 철학적 정신을 함양하지도 않은 채, 철학적 표현방식을 몸에 지니고 있었다. 보통 군인들의 사고思考는 본질적으로 구체적인 사고思考로 그치는 것이지만, 그들에게는 클라우제비츠의 전쟁이론은 너무도 추상적이고 또한 난해하여 그 결과 그들의 사고思考는 클라우제비츠가 의도한 방향과는 왕왕 반대 방향으로 흘렀다"고 했다.

여기서 클라우제비츠가 '칸트에서 헤겔에 이르는 독일 관념론 철학과 병행하는 철학자'인지 혹은 '진정한 철학적 정신을 함양하지도 않은 채, 철학적 표현방식을 몸에 지닌 자'인지에 관해서는 논외論外로 하고, 그의 전쟁이론은 독일 관념론 철학의 기반 위에 수립되어 있다는 것만은 확실하다. 그런데 독일 관념론 철학 그 자체가 이해하기 쉬운 학문이 아닌 것 같다. 예컨대 쇼펜하우어는 칸트의 『순수이성비판純粹理性批判』(1781)을 '독일 문학의 가장 중요한 작품'이라 하였고, 칸트를 모르는 사람은 사상계의 유아幼兒라 했으며, 헤겔은 스피노자에게 "철학자가 되려면 먼저 칸트 학도學徒가 되어야 한다"고 했다. 하지만 칸트가 『순수이성비판』의 원고를 철학에 노숙한 친구인 마르크스 헤르츠에게 보냈더니, 그는 그 원고를 반쯤 읽고는, "이것을 더 읽다가는 발광發狂하겠다"고 돌려보냈다고 한다.

필자도 앞에 얘기한 바와 같이, 1957년 7월 영역된 『전쟁론』을 구입하여, 첫 편의 제1장도 독파하지 못하고 읽기를 포기한 경험이 있었으며, 그 후 10여년 후 읽었을 때는 미칠 것 같은 생각을 가질 때도 있었다. 그러나 칸트의 『비판』만은 몇 번이나 독파讀破를 시도했지만, 중도에서 포기하고 말았다. 『전쟁론』을 연구한다는 것은 칸트에서 헤겔에 이르는 독일 관념론 철학에 대한 어느 정도의 기초 지식이 전제되어야 하지만, 군인들은 그런 사전의 준비 없이 읽기 때문에 난해한 것이 아닐까?

4. 『전쟁론』의 철학적 기반

클라우제비츠는 당시 유행하고 있었던 전쟁이론, 예컨대 뷜로(Bülow, 1757~1808)의 『신전쟁체계新戰爭體系의 정신』(1779)처럼 전쟁을 수학적으로 다룬 학설을 공격했다. 즉 이 학설은 작전기지, 내선內線, 외선外線과의 각도 등 기하학적인 관계나 군수창고軍需倉庫로부터의 거리처럼 수적 관계數的關係, 혹은 전략거점戰略據點, 주동적主動的 지위 등과 같은 지리적 개념을 출발점으로 하고 있었다. 그러나 전쟁은 어디까지나 전투라는 일관된 견해를 가진 클라우제비츠에게는 터무니없는 견해로 비쳤다. 그리하여 이들 저술가의 전쟁이론에 대해, "그들의 많은 과오는 철학정신의 결여에 있다. 그렇기 때문에 많은 경우, 전체의 구성이 졸렬하고 종합적이 아니며, 개개의 근본 원칙이나 규칙의 논거가 조잡하고 완고하며 시야가 좁고 어리석은 규칙이 너무 많다"고 지적했다. 그렇다면, 클라우제비츠는 그의 『전쟁론』을 저술하면서 무엇을, 어떻게 철학을 수용했는가를 여러 학자들의 견해부터 살펴보기로 한다. 그리고 그가 말한 철학정신이란 과연 무엇일까?

⑬ 나는 클라우제비츠가 그의 시대와는 전연 독립적으로 독자의 사상의 발전을 제시했음을 지적했다. 그는 칸트에서 헤겔에 이르기까지의 위대한 관념론자에 대해, 실재론적實在論的인 반대의 조류潮流를 나타내고 있다. 그의 주저主著인 『전쟁론』은 하나의 철학적 저작이었고, 전쟁에 적용한 철학의 한 응용이라는 것이 아니다. 이 저작은 처음으로 전개를 보여준 한 철학을 나타낸 것이며, 그것은 클라우제비츠의 전쟁학과 더불어 발전한 것이다.(셰링)

⑭ 클라우제비츠는 사고방식과 인식 수단에 철학과 관계 맺고 있다.… 클라우제비츠가 현대 군사이론의 기초를 수립하는 작업을 개시한 시대는 철학의 분야에서는 예컨대 칸트, 헤겔 그리고 키제베터의 이름으로 특색을 이루고 있다.… 칸트의 친구인 키제베터가 1791년에 출

관한 『칸트의 기본 원칙에 관한 보편적 논리의 개요』에서 칸트학파 및 철학 교수들을 언급하고 있다는 것은 중요한 일이다.… 클라우제비츠는 키제베터의 저서에 의해 칸트 철학의 기본에 익숙해졌고 또 독학으로 그의 철학을 배우는 기회를 가졌다.(베르너 할베크)

⑮ 군사학교의 교수 가운데 단 한 사람, 칸트의 제자이고 해설자인 키제베터가 있었다. 그는 젊은 장교들에게 수학과 칸트 철학의 기초를 강의했다.… 칸트적 기초가 현저하게 중요시된 것은 클라우제비츠가 그의 전쟁이론의 체계를 구축하고자 했을 때였다. 그의 이론의 내용 때문이 아니고, 개념의 형식 때문에 비판철학의 업적이 불가결한 전제가 되었다.(한스 로드펠즈)

⑯ 그는 대단히 철학적인 성향을 가지고 있었지만, 또한 실제적이었다는 것이 다른 사람과 다른 점이었다. 그가 쓴 것을 보면, 철학을 개념 형성이 아니라, 목적을 달성하기 위한 수단으로 이용하고 있다. 타인의 책에서 배운 개념이나, 같은 시대인의 공통된 사고방식도 거침없이 수용했다. 그의 논술법이나 용어는 계몽시대와 독일 관념주의를 제창한 철학자들의 영향을 받고 있으나, 같은 시대의 위대한 형이상학적 철학체계의 창설자와는 달리 그의 논문은 알기 쉽게 써져 있다.… 독일 철학으로부터 전쟁이란 무엇인가라는 명제의 논리적 조립법을 배운 것이지, 여기서 해답을 구한 것은 아니었다.… 그의 논법이나 개념은 독일 관념주의 철학과 후기 계몽주의의 미학이론美學理論을 기초로 하고 있는 것으로 생각한다.(피터 파렛)

셰링은 클라우제비츠의 『전쟁론』을 철학적 저작으로 보았으나(⑬), 필자는 견해를 달리한다. 클라우제비츠는, "학문적 형식이란, 전쟁에 있어서의 여러 가지 현상의 본질을 규명하고, 이들 현상과 이것을 구성하고 있는 여러 가지 요건의 성질과의 연관을 제시하는 데 있다.… 조사와 관찰, 철학과 경험은 서로 경시하거나 배척할 것이 아니라 서로 보완해야 한다.… 군사학에 있어서 모든 철학상의 진리보다는 경험이 더 중요하다"고 했는데, 마지막 부분의 경험의 중시는 『전쟁론』이 형이상학의 철학적 저작이 아니라는 논지를 제시한 것으로 생각한다.

클라우제비츠가 칸트의 3부작, 『순수이성비판』(1781), 『실천이성비판』(1788), 『판단력 비판』(1790)이나 헤겔의 『정신 현상학』(1807) 등을 읽었는지의 여부는 알지 못한다. 그러나 클라우제비츠는 논법, 사고방식, 인식 수단 그리고 전쟁이론의 일관된 체계를 수립함에 있어서 당시의 독일 관념론 철학이라는 비옥한 토양을 바탕으로 성장한 거목巨木, 즉 훌륭한 철학적 전쟁이론이라 평가한다. 그가 다른 전쟁이론가의 저서 내용에 대해 '철학 정신의 결여'라고 말한 뜻은 무엇일까? 그것은 전쟁의 긍정이나 부정의 문제가 아니고, 그것의 본질적 실재의 파악에 있다고 확신하고 있었다. 즉 그는 다만 전쟁의 현상만을 다루는 것이 아니라, 더 나아가서 그 현상의 궁극적 근거에 바탕을 두고 있는 이유와 내적 연관성을 밝혀내야 한다고 생각했고, 이것이 바로 철학적 사고방식이며, 그를 전쟁철학자로 부르고 있는 이유일 것이며, 더 구체적 내용은 다음에 상론詳論하고자 한다.

우리들은 클라우제비츠의 논법, 특히 변증법에 대해 유의할 필요가 있으며, 그의 저서의 오해·난해의 문제도 다분히 여기서 비롯되기 때문에 구체적으로 논의해 보고자 한다.

변증법(Dialektik)이란 용어는 문답술問答術·대화술對話術을 나타내는 희랍어에서 유래되지만, 그 의미는 다양하다. ㉮ 논리적인 결과를 검토함으로써 반격하는 방법, ㉯ 궤변적인 추리, ㉰ 특수한 경우라든가 가설에서 거슬러 올라가는 추론推論의 과정에 의해, 최고의 보편성을 가진 추상적인 개념을 탐구하는 것, ㉱ 다만 개연적이거나 또 일반적으로 승인되고 있는 불확실한 전제를 사용하여 논리적인 추론이나 의론議論, ㉲ 정립과 반정립을 거쳐 이 대립이 종합에 도달케 하는 사상과 실재實在의 논리적인 발전 등이다.

㉲의 내용은 변증법의 대명사라 해도 지나친 말은 아닐 것이다. 참다운

변증법이란 절대와 상대, 무한과 유한, 정지와 운동, 생生과 사死 등과 같이 거의 통일이 불가능한 것처럼 보이는 궁극적인 대립을 결코 고정시키지 않고, 얼핏 보아 분명히 모순이라 생각되는 대립도 유동화流動化(운동의 논리)함으로써 이것을 결부시키는 역동적인 사고思考라 말할 수 있으리라.

변증법이라고 한다면 헤겔의 이름이 떠오르고, 헤겔이라 한다면 변증법이 연상될 정도로 양자는 깊이 연관되어 있다. 헤겔 철학의 본질이란 만유萬有를 유일절대唯一絶對의 구극적究極的 실재實在로서의 정신(혹은 이성理性)의 발전으로 보고, 일원론적一元論的으로 해석하고 설명하려는 시도였다. 그러한 실재의 발전과정이 변증법이다. 따라서 유기적 생명이나 무기적 물질, 역사나 사회, 관념이나 정신도, 요컨대 우주에 있는 모든 것이 변증법적으로 발전하는 것으로 생각한다.

아리스토텔레스나 칸트에 의해 대표되는 학문 일반의 입장에서 본다면, 모순이란 진리에 있어서 절대로 배척되어야 한다. 모순율矛盾律, 즉 동일한 것이 있는 동시에 없다고 하는 것이 가능하고 또 그것을 믿을 수 있다고 생각하는 사람은 사고가능思考可能을 부정하는 것이다. 왜냐하면, 각 명사는 일정한 의미를 가지며, 말하는 자는 언제나 그 일정한 의미를 견지하고, 결코 그것을 포기하지 않기 때문이다.

그러나 헤겔은 이 관계가 역전되며, 모순이 없는 곳에 진리가 있는 것이 아니라, 전연 반대로 모순이 있는 곳이야말로 실재의 진실이 있기 때문에, 모순은 곧 진리의 지표指標가 된다. 그래서 칸트에 있어서의 변증법은 '가상假象의 논리論理'였다고 한다면, 헤겔에 있어서는 '진실의 논리'로 변하는 것이었다. 현실 속에는 여러 가지 대립·모순 그리고 투쟁이 존재한다. 투쟁이 만유의 진상眞相이고 생명의 본질이라고 생각한다. 따라서 투쟁은 여러 곳에 있지만, 그 투쟁을 다만 외부에서 바라보고, 싸우는 두 힘의 한 편에 가담하여, 상대편을 적으로 몰고 간다는 것은 안이安易한 길이다. 어렵기는 하나 중요한 것은 오히려 투쟁 그 자체의 역동적인 속에 파고 들어가서 투쟁의 본질을 그 내면에서 파악하는 일이다. 변증법이란 이처럼 현실을 내면에서 파악을 시도하는 사고방식이라 할 수 있다.

그렇다면, 클라우제비츠는 변증법을 어떻게 활용했을까? 예컨대 공격과 방어에 대한 관계의 논쟁이다. "방어는 공격보다는 쉽다는 것이 일반적인 개념으로서 이미 얘기했다. 그러나 방어는 보존하고 지킨다는 소극적 목적을 갖지만, 이에 반하여 공격은 획득이라는 적극적 목적을 가지고 있다. 그리고 이 목적을 달성하기 위하여 공격은 여러 가지 전쟁수단을 구사해야만 하는 것이니, 따라서 방어보다는 훨씬 커다란 전력戰力을 소비하는 이유이다. 그러고 보면, 방어와 공격 사이의 관계를 정확하게 표현한다면, 방어라는 전쟁 형식은 그것 자체로서 공격이라는 전쟁 형식보다 강력하다고 말해야 한다."(제6편 제1장, 차후VI－1로 약기略記함)

방어는 소극적인 목적을 가진 강력한 전쟁 형태이고, 공격은 적극적인 목적을 가진 약한 전쟁 형태라는 명제는 독일 군인들이 가장 존경하는 심오한 전쟁철학자 클라우제비츠의 견해이지만, 이 명제에 대한 반대는 끊이지 않았다. 예컨대, 멕켈 장군은 "방어에의 결정은 절망적 상태에의 제1단계이다"고 했고, 부르메 장군은, "전략적 공세攻勢는, 전쟁의 정치적 목적이 적극적이든 소극적이든 간에, 전쟁 수행의 더 효과적인 형태이며, 그것만이 궁극의 목표에 도달할 수 있다"고 했다.

클라우제비츠도 전쟁에 있어서 공격의 중요성은 누구보다도 숙지하고 있었을 것이다. 그러나 방어가 공격보다 강력한 전쟁 형식이라고 주장한 이면에는 당시 프로이센(인구 500만)이 프랑스(인구 3,000만) 보다 열세한 입장에 있다는 것을 전제로 하여 방어의 활용을 소홀하게 생각해서는 안 된다는 뜻을 내포하고 있었으리라. 그리하여 그는 곧, "방어는 공격보다 강력한 전쟁 형식이지만, 그러나 소극적 목적을 가진데 지나지 않으므로 아군이 열세하기 때문에 부득이 이 형식을 사용하는 것이다. 따라서 아군이 강력하고 적극적 목적을 세우는 데 충분한 것이라면, 곧 그러한 형식을 버려야 한다는 것은 말할 필요도 없다."(VI-1), "방어자가 신속하고 강력한 공격으로 옮기는 것, 즉 적의 공격을 저지하자 곧 반격을 하는 것이야말로 방어의 가장 빛나는 순간이다."(VI-5), "어떠한 방어도 방어의 이점利點을 모두 활용했다면, 곧 공격으로 옮겨야 한다는 것을 반복하여 지적해 둔다."(VIII-4).

클라우제비츠의 진의眞意는 열세한 프로이센이 프랑스와 대적했을 때, 방어의 이점利點을 활용하여 적의 공격을 저지하면 곧 반격으로 나아가야 한다는 것이며, 이것은 선수후공전략先守後攻戰略(defensive-offensive strategy)이라 할 수 있으리라. 이것을 변증법으로 풀이한다면, 방어는 정립(Thesis)이요, 공격은 반정립(Antithesis)이지만, 양자는 상호매개相互媒介에 의해 종합(Synthesis)되어 선수후공先守後攻으로 지양止揚(aufheben)되는 것이다. 지양이라는 독일어는 '부정한다', '높인다', '보존한다'는 세 가지 뜻을 지니고 있다. 이 세 가지가 앞에 말한 과정에서 훌륭하게 활용되고 있음을 알 수 있다. 즉 공격과 방어는 선수후공 속에서 부정되고 동시에 보존되며 그리고서 내용적으로 높여졌기 때문이다. 이처럼 클라우제비츠의 공격과 방어를 변증법으로 해석한다면 논쟁점이 사라질 뿐만 아니라, 그 내용을 분명히 이해할 수 있다고 생각한다.

클라우제비츠는 『전쟁론』의 첫 편 첫 장에 「전쟁이란 무엇인가」를 다루었는데, 「인간이란 무엇인가」가 칸트 철학의 최종적 명제인 것처럼, 이것은 전쟁에 관한 철학적 고찰임에 틀림없다. 전쟁철학에 신국면을 개척한 클라우제비츠의 전쟁이론은 도대체 무엇으로부터 유래하며, 그것의 원류는 무엇일까? 그의 『전쟁론』은 다른 책을 전연 인용치 않고 있다. 그렇다고 해서 그 속에 담겨져 있는 모든 사상이 그의 두뇌에서 독창적으로 생산된 것은 아니리라. 철학이란 그 시대의 산물이라고 한다. 이것은 그의 『전쟁론』의 저술에도 해당되는 말일 것이다. 그의 전쟁철학의 방법·형식 그리고 사고방식 등은 칸트에서 헤겔에 이르는 독일 관념론 철학의 영향을 받았고 또 거기에 바탕을 두고 있다고 생각한다.

한편 피터 파렛의 연구에 의하면, 그는 후기 계몽주의 미학이론으로부터도 목적과 수단의 개념을 수용했는데, 이것은 후에 『전쟁론』의 제1편 2장의 '전쟁에서의 목적과 수단'으로 등장했다. 「예술과 예술의 이론」이라는 제목으로 집필한 논문에서 그가 어떻게 미학이론을 적을 패배시키는 폭력의 술에 응용하고 있는가를 보여주고 있다. 즉 "예술(Art)이란 개발된 능력을 말한다. 만일 그 능력이 표현되려면 기존의 힘을 적용하는 것과 마찬가지로 목적을 가져야 하며 이 목적에 접근함에 있어서는 반드시 수단을 필요로 한다.… 목적과 수단을 결합시키는 일은 곧 창조하는 것이다. 예술(Art)이란 창조하는 능력이다. 예술의 이론은 곧 개념들이 할 수 있는 범위 안에서 목적과 수단의 조합을 가르치는 것이다. 따라서 이론이란 개념을 통한 예술의 재현이라고 말할 수 있다. 우리는 바로 이 점이 아래와 같은 두 가지의 예외를 제외하고 곧 예술의 전체를 구성하고 있다는 점을 쉽게 이해할 수 있다. 두 가지 예외란 모든 것의 근본이 되는 재능(talent)과 실천(practice)이며 이 두 가지는 이론의 산물일 수 없다."

클라우제비츠는 "전쟁술(전략과 전술)에 있어서 경험은 철학적 진리보다 더 중요하다. 그런데 그러한 역사적 증명이 스스로의 조건을 구비하고 있다는 것은 말할 필요도 없다"(II－5)고 했고, 그가 주장하는 전쟁이론의 근거를 전례戰例에서 찾고 있다. 이것은 아마도 샤른호르스트의 영향을 받은 것으로 생각한다. 즉 "역사적 실례實例는 일반적으로 많은 사항을 명확하게 할 뿐만 아니라 경험과학에 있어서 가장 훌륭한 증명력을 가지고 있다. 특히 전쟁술에 있어서는 더욱 현저하다. 샤른호르스트 장군은 그의 저서, 『군사강요軍事綱要』 속에서 전쟁의 진수를 빠짐없이 기술하여 두었다. 그는 이 저서에서 역사적 실례를 전쟁술에 있어서 가장 중요한 것이라고 언명하고, 또 스스로 많은 전례戰例를 자유로이 인용했는데 그 수법은 놀라웠다”(II−6).

요컨대 클라우제비츠는 스스로의 전쟁체험, 사색과 연구 그리고 칸트에서 헤겔에 이르는 독일 관념론 철학, 후기 계몽주의의 미학이론 그리고 샤른호르스트의 전례활용戰例活用 등을 수용하여 『전쟁론』을 집필한 것으로 생각한다.

5. 『전쟁론』의 기본 사상

클라우제비츠는 왕왕이 전쟁이론의 수립에 있어서 회의론자로 간주되는 경우가 있는데, 조미니도 여기에 속한다. 그러나 그는 전쟁이론의 수립이 어렵다고는 생각했지만, 결코 회의론자는 아니었다. 그는 저자 서문(1816~1818년 사이에 쓴 것으로 추정되고 있다)에서, “정신(Geist)과 실질(Gehalt)을 겸비한 체계적인 전쟁이론을 쓴다는 것은 아마도 불가능하지는 않을 것이다. 그러나 지금까지 나타난 많은 이론은 우리들이 바라는 것과의 사이에 심한 간격이 있다”고 주장했다. 여기서 실질이란 전쟁 수행에 필요한 자원, 즉 인원, 무기, 장비, 수송력 등이다. 이제 우리들은 『전쟁론』의 기본 사상이 무엇인가를 그의 저서를 통해 살펴보기로 한다.

가. 인간정신의 우위성

주지하는 바와 같이 철학의 근본적 질문은 ‘만물의 근원은 무엇인가’이다. 이에 대한 해답은 두 가지 방향으로 나뉘는데, 관념론觀念論과 유물론唯物論이다. 관념론이란 만물의 근원은 물질이 아니라, 이념, 정신, 의식, 영혼, 지각知覺 등이 존재 혹은 인식의 근원이며, 물질은 이것들의 근원에서 파생된 2차적 현상으로 생각한다. 관념론은 크게 두 가지로 나눌 수 있는

데, 객관적 관념론과 주관적 관념론이다.

객관적 관념론은 정신적인 어떤 것이 역사적, 사회적 근거를 벗어나 독자적이고 객관적으로 존재하는 본질이라고 주장한다. 그러므로 여기서는 정신세계가 창조적이고 근원적인 원리로서 물질세계를 주도하고 있다. 주관적 관념론은 주관적인 인간의 의식을 절대화시켜 객관적인 대상의 독자적인 실재성을 의문시 하고 그것을 의식의 내용에 따라 규정하려 한다. 객관적 관념론을 존재론적 혹은 형이상학적 관념론으로, 주관적 관념론을 인식론적 관념론으로 규정하며 전자와 반대되는 것을 유물론으로, 후자와 반대되는 것을 실재론으로 생각하는 경향도 나타난다.

객관적 관념론은 고대의 플라톤(Platon, B. C. 427~347)에 의하여 철저한 철학체계로 기초가 세워진 후, 중세에서 신학자 토마스 아퀴나스(Thomas Aquinas, 1225~1274)에 의해서 다져지고, 근세에서 라이프니츠(Leibniz, 1646~ 1716)와 헤겔(Hegel, 1770~1831) 등에 의해 다시 체계화되었다. 그런데 여기서 더 철학적 논의를 한다는 것은 필자의 능력 외에 속할 뿐만 아니라, 『전쟁론』을 이해·해석하는데 번잡하고 장애가 될 것으로 생각한다. 이제 그의 저서를 통해 논거를 제시하면 다음과 같다.

> ⑰ 이론과 실천 사이에는 도저히 제거할 수 없는 모순이 생겼다. 당시의 이론가들은 재빨리 이 어려움을 알고, 그들은 다음과 같은 방식으로 이 어려움을 피할 수 있다고 생각했다. 즉 그들은 그 원칙 및 체계를 물질적 사물, 따라서 일면적인 활동에 국한함으로써 어려움을 피할 수 있다고 생각했다. 이리하여 전쟁의 준비에 관한 여러 과학도 마찬가지로 다만 확실하고 적극적인 결과를 얻을 수 있는 것만이 유일한 관심사요, 계산할 수 있는 것만이 이론의 대상이 되었다.…
>
> 작전 기지란 군대의 급양, 그 급양의 보충과 장비의 보충, 본국과 사이의 연락의 정확성, 퇴각선의 안전 등이다. 그런데 어느 논자는 이 기지의 개념에 대신하여 기지의 범위로 삼고, 또 마지막으로 기지의

범위를 대신하여 전투력과 기지 사이에 형성되는 각도를 다루었다. 이러한 것은 순수하게 기하학적 결과에 도달하고자 하는 시도에 지나지 않았다.…

이론의 이와 같은 잘못된 방향의 반동으로, 이번은 별도의 기하학적 원리, 즉 내선內線의 원리라는 것이 왕좌에 오르게 되었다.…

이러한 종류의 이론은 물질적인 수량만을 논의하고 있으나, 무릇 군사적 활동이란 정신적인 힘과 작용이 그 사이에 관통하고 있다. 또 이들 이론은 다만 일방적인 활동만을 고찰하고 있지만, 그러나 전쟁은 서로 대립하는 자의 부단한 상호작용으로 성립되어 있다.(II－2)

클라우제비츠는 당시의 전쟁이론가들이 물질적이고 계산할 수 있는 것만을 연구 대상으로 삼는데 반론을 제기했으며, 이것은 방법론상의 문제이다. 사회과학 분야의 연구방법에는 양적 방법(Quantitative method)과 질적 방법(Qualitative method)이 있는데, 클라우제비츠는 후자를 제외시켜서는 안 된다는 것을 역설했다. 이 문제는 다만 옛날의 얘기가 아니라, 바로 오늘날의 문제이기도 한다. 예컨대 월남전쟁을 미국에서는 일명 맥나마라 전쟁이라고 했는데, 그는 철저한 양적 방법의 신봉자였다. 즉 체계분석(System Analysis), 비용대효과費用對效果 비교분석법(Cost－Effectiveness Comparative Analysis), 게임이론(game theory), 전쟁게임(war game) 등에 바탕을 두고 월남전쟁을 수행했으나, 실패·패전하고 말았다는 것은 최근의 사실史實이며, 필자는 1982년 8월 미 육군전쟁대학원 세미나에서 이 문제를 거론하는 것을 생생하게 보았다. 월남전쟁에 참가했던 해리 서머스 대령은 저서, 『전략론－월남전의 비판적 분석－』(1983)에서 다음과 같이 주장했다.

1969년 닉슨 행정부가 들어선 후, 월맹과 미국에 대한 모든 자료, 즉 인구, 국민총생산, 군수물자 생산능력, 병력 규모, 전차, 함정, 항공기 등을 국방성 컴퓨터에 넣고, "미국이 언제 쯤 이길 수 있겠는가？"를 물었다. 그때, 컴퓨터에서 나온 답은 "미국이 1964년 승리했다！"는 것이었다. 이 얘기는 정곡을 찌른 것으로, 세계 최강의 미국에 대해 월맹 같은 열세국을 수치로 표시할 수 있는 것은 비교가 안 되는 상대이지만, 컴퓨터가 측정할 수 없는 단 한 가지 요인, 즉 국민의 전투 의지—클라우제비츠가 '사기士氣'라고 부른 것이야말로 전쟁의 승패를 바꾸어 놓을 수 있는 중요한 요소라는 것을 풍자한 것이다.

이것은 전쟁 현상을 연구함에 있어서 전적으로 양적 방법에만 의존한다는 것은 방법론상에 결함이 있다는 것을 보여주는 실례實例이다. 그리고 클라우제비츠의 작전기지와 전투력 사이에 형성되는 각도 등에 관한 비판은 당시 뷜로가 저술한 『신전쟁체계新戰爭體系의 정신』(1799)에서 다룬 내용이며, 내선內線에 관한 것은 조미니의 저서, 『대군 작전론大軍作戰論』(1805)에서 다룬 내용을 비판한 것으로 생각한다.

클라우제비츠는 전쟁이론이 정신적 수량의 영역에 접촉하게 되면 대단히 어려워진다는 것을 지적하기도 했다. 그렇다면, 전쟁이 무엇이기에 정신적 요인을 제외시킬 수 없는가, 하는 문제가 규명되어야 할 것이다.

⑱ 전쟁이란 적을 굴복시켜 자기의 의지意志를 강요하기 위해 사용되는 일종의 폭력 행위이다.… 폭력, 말하자면 물리적 폭력은 수단이고, 적에게 우리의 의지를 강요하는 것이 목적이다. 그런데 이 목적을 달성하기 위해서는 적의 저항력을 무력화해야 하며, 이것이 모든 군사적 행위의 목표이다.(Ⅰ—1)

⑲ 전쟁이란 원래 위험한 것이다. 따라서 용기는 국민에게 있어서 첫째의 자질이라 하겠다. 그런데 용기에는 두 가지의 종류가 있다. 하나는 개인의 위험에 대한 용기이며, 다른 하나는 책임에 대한 용기이다.…

전쟁은 육체적 긴장과 고난을 수반한다. 이러한 긴장과 고난에 굴복하지 않기 위해서 선천적이든 후천적이든 먼저 그러한 것에 견딜만한 체력과 정신력이 필요하다.…

전쟁은 원래 불확실한 것이며, 전쟁에 있어서 행동의 기초가 되는 것의 4분의 3은 대부분 불확실한 안개에 싸여 있다.…

전쟁이란 우연이라는 것이 많이 지배하는 세계이다. 인간 활동의 여러 분야에 있어서 우연이 지배하는 영역에 관해서 전쟁보다 더 심한 것은 없다. 그것은 전쟁이 끊임없이 우연과 접촉하고 있기 때문이다. (Ⅰ-3)

클라우제비츠는 전쟁을 둘러싸고 있는 분위기의 네 가지 요인, 즉 위험·육체적 긴장과 고난·불확실성 그리고 우연이 있다⑲. 이런 구성 요인을 주시하고 또 괴로운 분위기에 대처하여 확실한 행동에 의해 성과를 얻기 위해서는 정신과 성격의 커다란 힘이 필요하다. 이 힘은 상황에 따라 여러 가지 모습으로 바뀌어져 나타나는데, 즉 수행력, 완강, 인내, 감정적 균형 그리고 강력한 성격으로 표현된다고 했다. 물론 그보다 이전에 전쟁에서의 정신력, 즉 사기士氣의 문제를 다루는 전쟁 이론가도 있었지만, 그것은 사소한 문제요, 전쟁이론의 한 구석에 위치할 뿐이었다. 그러나 클라우제비츠는 전쟁의 본질과 성격을 바탕으로 하여 전쟁이론에 있어서 인간 정신을 우위성과 중심적 위치로 끌어 올려놓았다는 것은 탁견이요, 공적이라 말하지 않을 수 없다. 즉 전쟁은 그 본래의 의의로 말하면 투쟁이며, 투쟁이야말로 넓은 의미로 전쟁이라고 부르는 여러 가지 활동을 일관하는 기본적 원리이다. 투쟁도 정신적 및 육체적 힘의 조화적 활동이며, 이 활동은 주로 신체적 힘에 의해서 수행된다. 그런데 이 경우 정신적 힘을 제외하는 것을 허락하지 않는다. 왜냐하면, 정신의 상태는 전쟁에 있어서 사용되는 여러 힘에 결정적 영향을 미치기 때문이다(Ⅱ-1). 정신적 요인은 전쟁에 있어서 가장 중요하며, 전쟁의 모든 영역에 침투해 있는 것도 정신이다. 또 정신은 대군을 움직이고 지도하는 의지意志와 밀접한 관련을 맺고 있다. 의지도 스스로 정신력이기 때문이다. 그러나 불행하게도 정신적 요인은 학문적 지혜를 생산하지 못하고 있다. 그것은 분류되지도 못하고, 또 숫자로 표시되지도 못한다. 그것은 눈으로 보아야 하고 또 느껴야 하기 때문이다.… 가령 책에도 정신적 요인에 관한 기술記述은 거의 없을 뿐만 아니라, 전연 없다고 해도 좋으리라. 그럼에도 불구하고, 전쟁의 모든 요인과 마찬가지로 정신적 요인은 전쟁술의 이론의 대상이 되어야 한다.… 전쟁술의 이론은 그 대상을 물리적 요인에 관한 규칙에만 제한하고, 정신적 요인을 배척할 수는 없다. 그 이유는 물리적 요인의 작용과 정신적 요인의 작용은 상호 융합되어 있고, 화학적 방법에 의해 합금合金을 분석하는 것과는 달리, 양자를 분리할 수는 없기 때문이다.… 칼로 예를 들어 말한다면, 물리적 원인과 결과는 칼의 손잡이이고, 정신적 원인과 결과는 강철로 제련된 칼날과 같은 것이다.… 주요한 정신적 요인이란 장수의 재능, 군대의 경험과 용기 그리고 그들의 애국심이다.… (Ⅲ－3·4).

그는 전쟁에 있어서 인간의 정신적 요인의 결정적 중요성을 지적했고, 그것으로 군사문제의 본질을 규명하는 실마리를 찾았던 것이다. 그리고 그는 투쟁이란 정신적·육체적 힘의 조화적 활동이며, 거기서 정신적 힘의 우위성을 강조했던 것이다. 예컨대 제2차 중동전쟁(1967. 6. 5.)에 있어서 이스라엘 공군의 기습작전의 성공에 의해 이집트군이 싸우려는 의지가 없어지자, 소련에서 가져 온 각종 최신의 무기와 장비는 고철로 변했고, 또 1919년 3·1운동에 있어서 우리들의 독립정신은 왕성했지만, 손에 무기가 없어서 실패하고 말았다는 역사적 교훈을 깊이 생각해야 하리라.

나. 절대전쟁에서 현실전쟁으로의 전환

나폴레옹 출현 전의 국가, 군대 그리고 전쟁에 관해 간략하게 기술하고자 한다. 당시 유럽 국가의 군대는 국고國庫에 의해서 유지되었으나, 국고는 거의 군주君主의 사유재산으로 간주하든가 적어도 정부의 재산이었지 국민에 속하는 것은 아니었다. 외국과의 관계도 무역에 관한 약간의 사항은 별도로 하고 대체로 국고 혹은 정부의 이해利害만의 문제였지 국민의 이해利害에 관계가 없었으며, 적어도 이것이 당시의 사회적 통념이었다. 따라서 내각은 스스로 막대한 재산의 소유자인 동시에 그것의 관리자였고 끊임없이 이 재산의 증식에 노력했으며, 군주의 신하인 국민은 국가의 재산이 증가하여도 각별히 그 은혜를 입는 것은 아니었다. 타타르인의 원정에서는 전원이 전투에 참가했고, 고대의 공화국이나 중세에 있어서는 그 전투원을 본래의 공민公民에게만 제한하여도 그 수는 막대했으나, 18세기에 이르자 국민은 전쟁과의 직접적인 관계가 끊어졌으며, 일반적인 국민적 소질의 우열을 통해서 전쟁에 간접적인 영향을 미치는 것에 지나지 않게끔 되었다.

이리하여 정부가 국민으로부터 분리되고 자기만의 국가를 표방함에 따라 전쟁은 더욱 더 정부만의 사업이 되었다. 그래서 정부는 공금公金을 지출하고 자기 국가나 인접국의 유랑자流浪者들을 모아서 전쟁을 수행하게 되었다. 그 결과로 정부가 강구할 수 있는 수단은 퍽 한정되었으며, 교전하는 양국은 서로 상대편의 수단의 범위나 지구력을 알 수 있게 되었다. 이리하여 전쟁은 가장 위험한 측면, 즉 무제한의 힘의 발휘와 여기에 결부되어 있는 여러 가지 추측하기 어려운 가능성마저도 잃게 되었다.

당시 적의 재력·자원·식량 등을 알 수가 있었고 적군의 규모도 알 수가 있었다. 전시戰時에 이르러 그것이 갑자기 증가하는 일은 결코 있을 수 없었다. 따라서 적 병력의 한계를 알 수 있었기 때문에 거의 확실하게 자기 군대를 전멸에서 구할 수도 있었고 또 자기 군대의 한계를 느끼고 적합한 목표를 선정할 수도 있었다. 극단적인 위험에 빠질 두려움이 없는 이상 극단적인 모험을 감행할 필요도 없었다. 극단적인 모험을 시도한다는 것은 논리의 필연성이 아니라, 용기와 명예심에서만 이루어졌다고 보아도 좋을 것이다.

그러나 이것도 국내 사정의 강력한 저항에 부딪혀 좌절되지 않을 수 없었다. 가령 군주라 하여도 스스로 군대를 지휘하는 경우에도 병사들을 신중하게 다루어야만 했다. 왜냐하면, 군대가 붕괴되면 새로운 군대를 창설할 수가 없었으며, 군대만이 믿을 수 있었기 때문이었다. 그래서 모든 행동에는 세심한 주의가 필요했다. 결정적인 이익이 획득된다고 생각되는 경우에만 이 값비싼 군대를 사용할 수 있었으므로 이러한 상황 하에서 군대를 사용하는 것이 장수된 자의 술책이었다. 따라서 훌륭한 장수는 한 평생 피를 흘리는 전투를 하지 않는 것이 좋으며 또 전투에 있어서 공격자 본래의 적극성은 신중과 염려 가운데 사멸되고 말았다.

그러나 프랑스 혁명전쟁(1792~1801)은 새로운 사태의 변화를 가져왔다. 오스트리아와 프로이센은 케케묵은 외교적 술책을 가지고 대책을 강구하려고 했으나, 불충분하다는 것을 인정치 않을 수 없었다. 이 양국은 여전히 사태를 경시하고 심히 열세한 구식 군대에 희망을 걸고 있었으나, 1793년 거의 상상하지도 못했던 거대한 군대가 갑자기 그들 앞에 출현했다. 그들이 알지 못하는 사이에 전쟁은 다시 국민의 의무가 되었으며, 국민 각자가 일원이라는 자각自覺을 가진 3천만 국민의 사업이 되었다. 이리하여 국민은 내각과 군대에 대신하여 관여했다. 지금 전 국민은 독특하고 거대한 힘을 가지고 전쟁의 승패를 결정하게 되었다. 무릇 사용할 수 있는 일체의 수단, 집결할 수 있는 일체의 힘에는 이제 일정한 한계가 없어졌고 전쟁 그 자체를 수행하는 힘을 저지하는 것은 아무것도 없으며, 따라서 적에 있어서 위험은 무한대가 되었다.

이리하여 나폴레옹 출현 후, 전쟁은 먼저 프랑스 측 그리고 다음은 열강 측에 있어서 전 국민의 사업이 되었으며, 그 성격이 일변하기에 이르렀다. 아니 오히려 전쟁의 본성, 즉 전쟁의 절대적 형태로 현저히 접근했다고 말하는 것이 적절할 것이다. 전쟁을 위해 강구된 여러 가지 수단은 명확한 한계를 가지지 않으며, 그러한 한계는 정부 및 국민의 무한 한 수행력과 격렬한 열광 속에 소멸되었다. 전쟁의 수행력은 방대한 수단, 무릇 가능한 한의 성과를 줄 수 있는 광대한 전장, 인심의 극렬한 흥분 등에 의하여 이상하게 높아졌으며, 군사적 행동의 목표는 적의 타도에 있었다. 또한 교전국은 어느 쪽이나 상대편을 타도하여 재기불능再起不能으로 만든 후에 비로소 전쟁 행위를 중지하고 강화에 의하여 양편 목적의 결말을 생각하기에 이르렀다. 이제 전쟁의 원시적인 폭력은 모든 인습적인 제한을 버리고, 전쟁에다 본래의 극렬한 힘을 가차 없이 발휘하게 되었으니, 이것이 바로 전쟁 본연의 모습이요, 전쟁다운 전쟁으로 생각하여, 클라우제비츠는 절대전쟁이라고 이름을 붙였다. 그는 앞에 말한 바와 같이, 나폴레옹의 전쟁 수행 방식을 체험했고 또 포로생활도 했던 것이니, 그가 절대전쟁에 심취하여, 이런 입장에서 『전쟁론』의 제1편 제2장부터 제6편까지의 원고를 집필했는데, 주요 내용을 소개하면 다음과 같다.

⑳ 전쟁의 순수한 개념으로 돌아가서 이것을 고찰한다면, 전쟁의 정치적 목적이라는 것은 엄밀히 말해서 전쟁의 영역 밖에 있다는 것이다. 왜냐하면 전쟁이 만약 적을 굴복시켜 우리들의 의지意志를 받아들이게 하는 폭력행위라고 한다면 언제나 적을 타도한다는 것, 즉 적의 저항력을 탈취하는 것만이 유일한 목적이며, 또 이것만으로도 충분하기 때문이다.…

적의 전투력을 괴멸시켜야 한다. 다시 말하면 전투력은 투쟁을 계속할 수 없는 상태에 빠뜨려야 한다.…

적의 영토는 점령되어야 한다. 그 이유는 국토는 새로운 전투력이 형성될 가능성이 있기 때문이다.…

적의 의지를 굴복시키지 않는 한, 즉 적의 정부와 그의 동맹국과 강화조약을 조인시켜 적 국민을 항복시키지 않는 한, 전쟁 즉 적의 여러 가지 힘의 긴장과 그 작용은 종결된 것으로 볼 수가 없다.…

전투는 전쟁에 있어서 실질적 효과를 올리는 유일한 것이다. 그리고 또 전투는 대치하고 있는 적의 군사력을 패배시킨다는 목적을 달성하기 위한 수단이다. 예컨대 전투가 실제로 실시되지 않는 경우에도 이것

게 해야 할 것이다. 아무튼 우리들은 전쟁과 우리들이 전쟁에 미치는 형태와는 그 때 그 때의 지배적인 사상·감정 및 상황에 의해 생긴다는 견해를 지지하지 않을 수 없다. 그 뿐만 아니라, 우리들의 이론의 진실을 기하려고 한다면, 전쟁이 그 절대적 형태를 취한 경우에도, 즉 나폴레옹의 지휘 하에 실시된 전쟁에서도 이것을 시인하지 않을 수 없다.(Ⅷ-2)

클라우제비츠가 절대전쟁의 신봉자에서 현실전쟁의 신봉자로 입장을 전환한 것은 언제일까? 1827년 7월 10일의 저자의 메모에서 비롯된다고 보는 것이 타당하리라. 즉 "지금 두 종류의 전쟁이라고 말했는데, 첫째는 적의 타도를 목적으로 하는 전쟁이며, 둘째는 적국의 국경부근에 있는 적 국토의 얼마간을 탈취하는 전쟁이다.… 그런데 이 두 가지 종류의 전쟁 사이에 실제로 존재하는 근본적 차이도 차이려니와, 그 밖에도 전쟁의 고찰에 있어서 역시 실제로 필요한 관점이 명백하고 또 정확하게 확립되어야 한다. 그것은 즉 전쟁이란 다른 수단을 가지고 하는 정책의 계속에 지나지 않는다는 것이다. 언제나 이 관점에 선다면 전쟁에 관한 고찰은 지금까지 보다는 훨씬 정연한 통일을 얻을 것이며, 또 모든 것은 쉽사리 해명될 수 있으리라."

클라우제비츠는 현실전쟁의 입장에서 자신 있게 완성한 것은 제1편 제1장(전쟁이란 무엇인가) 뿐이고, 제7·8편은 초안이며, 그 외는 개정改訂을 해야 하는데, 그는 이것을 완성치 못하고 죽었다. 그래서 『전쟁론』은 두 가지 입장이 혼재한 저서이기 때문에 끊임없는 오해가 여기서 비롯되었던 것이다. 필자는 한델 교수가 이 점을 명확하게 해 주어야 한다고 생각했다. 그리고 6·25전쟁에 있어서, 맥아더 장군은 절대전쟁 즉 적의 타도를 추구했고, 트루먼 행정부는 현실전쟁, 즉 전쟁의 목표, 수단 및 지역의 제한을 두는 전쟁을 추구했기 때문에 문제점을 야기시켰으며, 이로 인해 미국인 학자들은 클라우제비츠의 『전쟁론』을 더 연구하게 된 계기가 되었다.

다. 전쟁과 정치의 관계

클라우제비츠는 전쟁과 정치(혹은 정책)의 관계를 어떻게 정립했는가, 이것은 『전쟁론』의 핵심적 과제라 생각하며, 그의 견해를 살펴보기로 한다.

㉔ 첫째, 전쟁은 결코 독립해서 존재하는 것이 아니라, 정책의 도구로 생각해야 한다. 실제로 이렇게 생각해야 전쟁사戰爭史의 서술과 모순되지 않게 된다. 둘째, 위에 말한 견해는 전쟁의 동인動因과 전쟁을 발생케 한 사정이 성질에 따라, 2종의 전쟁이 있어야 한다는 이유를 해명하는 것이다.(Ⅰ-1)

㉕ 한 공동사회, 즉 온 국민이 참가하는 전쟁, 그것도 특히 개화된 국민의 전쟁은 언제나 정치적 상태에서 출발하여 정치적 동기에 의해서만이 발발한다. 그렇기 때문에 전쟁이란 하나의 정치적 행동에 지나지 않는다(Ⅰ-1). 정치는 전쟁을 배태胚胎하고, 전쟁은 이 모태母胎 속에서 서서히 자라나는 것이다.(Ⅱ-3)

㉖ 전쟁은 다만 다른 수단에 의한 정책의 계속에 지나지 않는다. 그래서 전쟁은 정책의 행위일 뿐만 아니라, 참다운 정치적 수단이요 또 다른 수단에 의한 정치적 활동의 계속이라는 것이 명백하다.(Ⅰ-1)

㉗ 전쟁계획은 전쟁의 모든 상황을 포괄하며, 이것은 한 작전을 통해서 짜여 지며, 거기에는 단일하고 궁극적 목적이 반드시 있어야 한다. 그리고 모든 특수한 목표들은 이 궁극적 목적에 흡수되어야 한다. 무릇 어떠한 전쟁이라 할지라도 전쟁에 의해서 무엇을 달성하려고 하는가. 그리고 전쟁에 있어서 무엇을 달성할 것인가를 미리 생각하지 않고 전쟁을 시작할 사람은 없을 것이며 또 당연히 시작해서도 안 된다. 전자前者는 전쟁의 정치적 목적이고, 후자後者는 작전목표이다. 이 두 가지 사항에 의하여 군사적 행동의 일체의 방향, 사용해야 할 수단의 범위, 전쟁을 수행하는 힘의 정도가 규정되며, 이것은 또한 군사행동의 모든 세부에까지 영향을 미친다.(Ⅷ-2)

㉘ 이 통일체라는 것은 전쟁은 정치적 활동의 일부이며, 따라서 그것만

으로 독립된 존재가 아니라는 것이다. 물론 우리는 전쟁의 원인은 정치, 즉 여러 국가의 정부와 국민 사이의 정치적 교섭에서 야기된다는 것을 알고 있다. 그런데 보통 이것을 다음과 같이 생각하고 있다. 즉 전쟁의 개시와 더불어 정치적 교섭은 단절되고 전연 별개의 사태가 나타나며, 이런 새로운 사태는 그 자신의 법칙에 따른다는 것이다.

우리는 이와는 반대로, 전쟁이란 정치적 교섭의 단순한 계속에 지나지 않는다고 주장한다. 여기서는 '다른 수단을 사용한'이라는 말을 사용했는데, 그것에 의해 우리들은 다음 사항을 명백히 하고자 한다. 즉, 전쟁 그 자체는 정치적 교섭에 의해 중단되는 것도 아니며 또한 전연 다른 것으로 변하는 것도 아니다. 사용하는 수단이 어떠하든 그 본질은 불변이라는 것이다. 다음은 전쟁에 있어서 군사적 사건이 더듬어 주는 주요한 노선은 전쟁을 뚫고 평화에 이르기까지 부단히 계속되는 정치적 교섭의 요강要綱에 지나지 않는다.… 전쟁은 그 자신의 문법은 가지고 있으나, 자신의 논리를 가지는 것은 아니다.

정치가 주재자主宰者이고 전쟁은 수단에 불과하며, 그 역逆은 아니다. 그렇다면 결국 군사적 관점은 정치적 관점에 종속되어야 한다.… 그렇게 되어 전쟁을 지도하고 그 주요 방침을 규정하는 최고의 관점은 정치에서만 나온다는 것은 확실하고 명백한 것이다.(Ⅷ—6)

클라우제비츠가 현실전쟁의 신봉자로 입장을 바꾸게 된 동기는, 전술한 바와 같이 오랫동안의 치밀한 전쟁사戰爭史의 연구에서 비롯되었으며, 전쟁은 독립된 실체가 아니라, 정치적 목적을 달성하기 위한 수단으로 본다는 주장이다(㉔,㉘). 지금까지 별로 논의된 바가 없었지만, 절대전쟁은 더 강력해지고 또 전쟁다운 모습을 가지는 동시에, 다른 편에서는 이익을 잃어버리게 된다는 것이다. 그리고 절대전쟁의 개념을 역사에서 추출케 하는 것은 실로 1805년·1806년·1809년의 전역戰役에서 이다. 여기서 이론은 다음 사항을 요구한다. 어떠한 전쟁에서도 먼저 정치적 세력과 그 관계의 경향을 고찰함으로써 그 전쟁의 특질과 대체적인 윤곽을 파악해야 한다는 것이다. 그 경향으로 보아 전쟁의 특질이 절대전쟁에 가까워지면 질수록, 또 전쟁의 윤곽이 교전국의 대부분에 미치고, 모든 계층을 와중으로 끌어들임으로써, 전쟁 중의 모든 사건의 관련은 더욱 긴밀해지며, 최종의 결과를 생각하지 않고 개전의 일보를 내딛는다는 것은 더욱 허용되지 않는다.(Ⅷ-3)

소련이 붕괴되기 전, 많은 탁상의 전략가들은 미·소간의 전면적 핵전쟁을 가상하고, 클라우제비츠가 주장한 '전쟁은 다른 수단에 의한 정책의 계속'인가, 아니면 '정책의 단절'인가를 두고 논쟁을 벌였다. 만약 무덤 속의 클라우제비츠가 들었다면, '미친놈들도 많네!' 하고 내뱉었을 것이리라. 그 이유는 첫째, 그는 각 시대에는 각각 독자의 전쟁이론이 있어야 한다 했고(Ⅷ-3), 둘째, 재래식 무기에 의한 절대전쟁도 이익을 상실하게 되니, 최종의 결과를 생각하지 않고 개전의 일보를 내딛는다는 것은 더욱 허용되지 않는다고 말했기 때문이다.

여기서 전쟁의 주재자인 정치가 무엇인가를 살펴 볼 필요가 있다.

㉙ 정치를 인격화된 국가에서의 두뇌라고 생각한다면, 그러한 정치는 내외의 모든 정세를 계산에 의해 파악해야 한다.… 요컨대 정치는 내외의 전반적 정세에 대한 통찰이다.(Ⅰ-1)

㉚ 정치란 내정內政의 일체의 이해관계利害關係나 인간의 존재에 관한 일체의 이해관계뿐만 아니라, 무릇 합리적으로 생각할 수 있는 모든 것은 정치에 있어서 통일되고 조화된다는 것이 우리들의 전제이다. 실제 정치는 그 자체에 있어서는 의미가 없으며, 타국에 대해서는 이런 일체의 이해관계를 주장하는 대리인에 지나지 않는다. 정치가 때로는 그릇된 방향을 취하고 특히 명예심, 개인적인 이해관계, 허영심 등에 봉사하는 경우이든 그러한 것은 문제 삼을 필요가 없다. 아무튼 전쟁술이 정치의 교사教師로 간주될 수는 없다. 따라서 여기서는 정치를 사회 전체의 일체의 이해관계의 대표자로 보아도 좋다.…

이러한 입장에서 본다면 정치적 이해관계와 군사적 이해관계의 충돌은 본질적으로 존재할 수 없으며, 만약 그런 충돌이 생긴다고 한다면 그것은 정치와 전쟁과의 관계에 대한 통찰의 불완전으로 간주해도 좋다. 정치는 전쟁에 대하여 달성할 수 없는 것을 요구할 리가 없다. 왜냐하면, 정치는 자기가 사용하는 도구가 어떤 것인가 하는 것을 알고 있다는 것이 전제로 되어 있기 때문이다. 이것이야말로 정치와 전쟁과의 관계에 있어서 절대로 불가결하고 또 가장 자연스러운 전제인 것이다. 정치가 전쟁의 여러 가지 사건을 바르게 판정하는 한 전쟁의 목표에 적합한 것은 어떤 사건이며, 또 이런 사건에 주어지는 방침은 어떠해야 하는가를 결정하는 것이 정치의 임무이며 또 정치만이 가능한 것이다. 요컨대 최고의 입장에서 전쟁술은 정치가 되며, 물론 그것은 외교문서 대신에 전투를 하는 정치인 것이다.(Ⅷ—6)

㉛ 전쟁은 정치의 의도에 합치되어야 하며, 또 정치는 그의 수단인 전쟁에 무리한 요구를 강요해서는 안 된다고 한다면 정치가와 군인이 한 사람으로 겸비되지 않는 한 남은 방법은 한 가지이다. 즉 최고의 장수將帥를 내각의 일원으로 만들어, 내각이 그의 중요한 활동의 국면에 참여할 수 있도록 하는 데 있다.(Ⅷ—6)

클라우제비츠에 의하면, 전쟁의 주재자主宰者인 정치는 군사에 대한 정치 우위사상을 내포하고 있을 뿐만 아니라, 타국에 대해 일체의 이해관계를 주장하는 대리인이요 또한 그가 사용하는 도구(전쟁)가 어떤 것인가를 알고 있다는 것이 전제로 되어 있다(㉘,㉚). 그러나 이것은 프리드리히 대왕이나 나폴레옹의 경우라면 무난하지만, 그렇지 못한 것이 더 상례常例일 것이다. 그래서 남은 방안이란, '최고의 장수를 내각의 일원으로 만들어, 내각이 그의 중요한 활동의 국면에 참여할 수 있도록 하는데 있다'(㉛)고 했다. 이 내용은 군사적 결정에 내각의 참여를 강조한 것이지, 정치적 결정에 군인의 참여를 강조한 것은 결코 아니었다. 그런데 『전쟁론』(1832)의 재판再版이 1853년에 간행되었는데, 이 때부터 다음과 같이 개작改作되었다. 즉 "최고의 장수를 내각의 일원으로 만들어, 내각의 중요 안건에 참여한다." 이 개작은 그 후 독일과 일본에 있어서 통수권의 독립과 군국주의(militarism)의 대두와 밀접한 관계가 있었다는 것을 지적해 둔다.

클라우제비츠는 전쟁의 개시와 더불어 정치적 교섭은 단절되고 별개의 사태가 전개되어 전쟁은 스스로의 문법(법칙)인 적의 타도·격멸로 향해야 한다는 것이 장수들이 선호하는 입장이지만, 그는 이 견해에 반대했다. 즉 전쟁은 스스로의 문법을 가지고 있지만, 그것의 궁극적 목적(전쟁에서의 정치적 목적)은 전쟁 이 외의 정치에서 주어지는 종속적 입장에 있기 때문에 스스로의 논리를 가지고 있지 않다는 것이다(㉘). 따라서 전쟁은 다른 수단에 의한 정책의 계속에 지나지 않는다는 것이다. 이것이 바로 클라우제비츠의 정치우위사상의 근원이며 또 정책과 전쟁 수행의 본질적 통일에 대한 기본적 개념임에도 불구하고, 지금까지 빈번하게 잘못 해석되어 왔으며, 또한 그는 전후戰後의 평화의 유지도 고려했던 것이다(㉘). 전쟁의 주재자가 정치요, 전쟁을 지배하는 것은 정치적 목적임을 감안했을 때, 풀러 장군의 "클라우제비츠는 전쟁의 참다운 목적은 평화이지, 승리가 아니라는 것을 마지막까지 이해하지 못했다"고 하는 견해는 당치도 않은 오해이다.

위에 말한 클라우제비츠의 견해는 전쟁철학자·군사사상가로서의 명성을 높여 주는 심오한 사상임에도 불구하고 몰트케 참모총장(1800~1891)을 비롯하여 그 후 독일 참모본부의 수뇌들도 이해하지 못했거나, 아니면 수용을 거부했는데, 바로 이것을 예상하여 클라우제비츠가 『전쟁론』의 출간을 생전에 거부한 한 가지 이유로 필자는 추정하며, 이 문제는 보오普墺·보불전쟁普佛戰爭의 수행과정을 통해 구체적으로 살펴보고자 한다.

비스마르크 수상의 정치적 최종 목적은 프로이센 주도의 독일의 통일에 있었으며, 보오전쟁(1866)에 의해 달성하려는 정치적 목적은 오스트리아를 독일연방 밖으로 구축하는 데 있었다. 쾨니히그레츠 전투에 승리한 몰트케는 오스트리아군을 철저히 추격·격멸하고 수도 빈에 입성할 것을 주장했으나, 비스마르크는 단호히 반대했다. 쾨니히그레츠 전투의 승리에 의해 목적은 이미 달성되었고, 다음은 반드시 대불전쟁對佛戰爭이다. 그 때 오스트리아의 호의적 중립이 절대로 필요하기 때문에 오스트리아를 우방으로 만들기 위해서는 관대한 조건으로 강화를 맺어야 하는데, 만약 이 나라에 잊지 못할 굴욕을 준다면 프랑스 편으로 가담케 하는 결과가 된다. 비스마르크의 무할양無割讓·무배상無賠償의 평화조약은 어려운 장애를 극복하여 체결되었으며, 그 결과는 보불전쟁(1870~1871) 때 결실을 맺었다.

비스마르크는 보불전쟁에 있어서도 결국 독일의 통일에 있었으며, 프랑스의 정복에 있지 않았다. 따라서 통일의 방해를 제거하는 정도로 프랑스를 공략하려고 생각했으며, 더 이상 이웃 나라에 굴욕감을 주어 영원히 원수로 만드는 것은 그의 전쟁의 정치적 목적이 아니었다. 그래서 세당의 전승 후戰勝後, 그 곳에 군대를 멈추고 강화를 체결코자 했다. 그런데 몰트케를 비롯하여 군의 수뇌들은 파리 입성入城의 각오를 처음부터 결정하여 작전계획을 수립·수행하는 동시에, 비스마르크 수상에게는 외교교섭에 필요한 군사정보도 주지 않았다. 1871년 1월 프로이센 왕은 베르사유 궁전에서 독일연방을 통일하여 독일 황제가 되었다. 그러나 그 후 제1·2차 세계대전을 통하여 독일과 프랑스의 증오관계가 어떻게 되었는가는 역사가 잘 말해 주며, 1981년 10월 프랑스 파리에서 갈로아 장군을 만났을 때, 그는 독일군의 프랑스 침공에 대해 흥분을 감추지 않고 필자에게 말하는 것을 인상 깊게 들었다. 몰트케는 작전에서 승리하는 방법은 알고 있었지만, 전후 평화유지의 문제까지는 생각이 미치지 못했다. 필자는 보오전쟁은 현실전쟁의 관점에서, 보불전쟁은 절대전쟁의 관점에서 수행되었다고 평가하며, 비스마르크가 몰트케보다 『전쟁론』의 사상을 잘 이해하고 있었다는 결론에 도달했으며, 일제日帝의 육군 참모본부의 수뇌들도 마찬가지로 몰트케의 노선을 따랐다.

6. 『전쟁론』의 군사 전략적 접근

정치적 목적을 달성하기 위한 방법에는 두 가지가 있다고 생각한다. 즉 폭력의 위협과 폭력의 사용이다. 어느 쪽을 택할 것인가, 어느 쪽을 위주爲主로 할 것인가는 전략가의 상황판단과 결단에 좌우될 것이며, 손무孫武는 전자前者에 속하고, 클라우제비츠는 후자後者에 속한다고 생각한다. 여기에 관하여 한델 교수와 필자 사이에는 약간의 견해차가 있기에 필자의 견해를 밝히고자 한다. 이 문제에 대한 클라우제비츠의 견해는 다음과 같다.

> ㉜ ㉮ 우리들은 적의 전투력을 타도하지 않고 승리의 가능성에 영향을 미치는 독특한 수단, 즉 쌍방이 직접적으로 관련되는 정치적 기획企劃에 대해서 논해야 하겠다. 적의 동맹자를 이간시켜 그들의 활동을 활발치 못하게 만들고, 우리 편에 새로운 동맹자를 획득하며 또 우리들에게 가장 효과적인 정치적 기능을 발휘한다는 등의 기획을 할 수 있다면, 이것은 승리의 가능성을 증가시킬 뿐더러 적의 전투력을 타도하는 것보다 더 우리의 목표로 가는 지름길을 이룩하게 하는 것이다.
>
> ㉯ 적의 전력戰力의 지출, 즉 적의 희생을 증대시키는 수단에 대하여 생각해야 한다. 적 전력의 지출이란, 첫째는 적 전투력의 소모에 있다. 우리 측에 의한 적 전투력을 쳐부순다는 것을 뜻한다. 둘째는 적의 한 지방의 상실이며, 우리 측에 의한 적의 한 지방의 점령을 뜻한다.…
>
> ㉰ 요컨대 전쟁에 있어서 목표에 도달하는 길, 즉 정치적 목적을 달성하기 위한 길은 많이 있다. 그럼에도 불구하고 전투야말로 목적을 달성하기 위한 유일한 수단이며, 군사적 행동은 최고의 법칙, 즉 무력武力에 의한 결정이라는 법칙에 따라야 하는 것이다. 그리고 적이 무력武力에 의한 결정을 바라는 경우, 우리 편도 이것을 거부할 수 없다는 것이다.… 요약컨대 전쟁이 추구하는 목적 가운데 적의 전투력

의 분쇄라는 목적이 언제나 최고위에 있는 것으로 나타난다.(Ⅰ-2)

『손자병법』(『공군평론』 97호)에서 손무는 정치적 목적을 달성하는 가장 훌륭한 방책은 ㉠ 적의 전쟁하려는 의도를 분쇄하는 일이고, ㉡ 그 다음은 적의 동맹관계를 끊어 고립시키는 일이며, ㉢ 그 다음은 적의 군사를 정벌하는 일이요, ㉣ 최하의 방책은 적의 성城을 공격하는 일이라 했다. 손무는 싸우지 않고 적을 굴복시키는 것을 상책上策으로 삼았기 때문에 필자는 이것을 국가 전략적 접근법이라 이름을 붙였다.

한편 클라우제비츠의 견해 속에는, 스스로의 군비증강軍備增强에 의해 싸우지 않고 목적을 달성하는 방책은 없었다. 그리고 동맹관계(㉜㉮)부터 논의를 시작했으나, 거기에 역점을 두지 않고 적 전투력의 분쇄가 유일한 방책(㉜㉰)임을 주장했기 때문에 필자는 이것을 군사 전략적 접근법이라 칭했고, 이 점이 손무와 클라우제비츠의 근본적 차이점이라 생각한다. 그렇다면 클라우제비츠가 군사전략 위주의 접근법을 구사한 이유는 무엇일까?

첫째 : **전쟁의 본질은 투쟁**이라는 데서 연유하는 것으로 본다. 따라서 투쟁의 목표는 적군의 타도·격멸이며, 그 수단은 주력전主力戰에 의한 승리이다. 거기서는 병력의 다과多寡가 승리의 중요한 요인이며, 또한 강력한 의지意志가 중요한 역할을 수행한다는 것이 그의 주장이었다.

둘째 : **프로이센·독일연방의 지리적 위치**이다. 유럽대륙 중앙의 전략적 위치를 점하고 있으나, 방위를 위한 천연적 장애물은 없을 뿐만 아니라, 주위에 강대국이 인접하고 있었다. 따라서 유럽의 불꽃은 곧 프로이센·독일연방 지역으로 비화했다. 예컨대 30년전쟁(1618~1648), 오스트리아 계승전쟁繼承戰爭(1740~1748), 7년전쟁(1756~1763), 나폴레옹전쟁(1796~1815) 등을 겪으면서 독일은 살육·국토의 황폐화 그리고 전 국토는 열강국의 연무장演武場이 되어 왔다. 따라서 그들은 생존하기 위해 전쟁과 대결해야만 했고 또 전쟁으로부터의 도피는 생존 의지의 포기를 뜻했다. 그들의 전쟁 목적은 자신들

의 생존과 직접 연결되기 때문에 언제나 정당화되고 긍정되고 또 미화되었으며, 철학자 니체(1844~1900)의 전쟁에 대한 찬미론은 이런 맥락에서 이해되어야 할 것이다.

셋째 : **프로이센의 적국은 프랑스**였다. 독일이 통일되기 전, 국토는 10여개국으로 분리·독립되어 있어서 인구·자원·전쟁 잠재력 등에 있어서 프랑스에 비해 프로이센은 열세한 국가였다. 따라서 생존하기 위한 방법은 ⓐ 전적으로 전쟁을 회피하거나, ⓑ 동맹국을 찾는 방법뿐이었다. 1812년 나폴레옹의 러시아 원정遠征 때, 프로이센은 나폴레옹에 가담하게 되고(ⓐ), 프로이센군이 징발되자, 클라우제비츠는 국왕에게 사직서를 내고 러시아군에 가담하여 참전했으며, 그의 『전쟁론』은 동맹군을 편성하여 프랑스군에 대항하는 방책을 꾸몄다(ⓑ). 동맹국의 인구는 7,500만 명, 프랑스는 불과 3,000만 명이었다. 여러 국가가 공통의 적을 반드시 타도하려는 열의를 가지고 프랑스와 전쟁을 하기 위해 소집할 수 있는 병력은 다음과 같이 어림해도 결코 과대하지 않으리라.

오스트리아	25만
프로이센	20만
기타 독일연방	15만
네덜란드	7.5만
영 국	5만
합 계	72.5만

동맹국 측에 이 정도의 병력이 참전한다면 프랑스의 병력보다도 훨씬 우세하다는 것은 확실하다. 프랑스는 나폴레옹 시대라 할지라도 이 정도의 방대한 병력을 가진 적이 없기 때문이다.(Ⅷ—9)

이상의 세 가지 요인으로 인하여, 클라우제비츠는 군사전략 위주의 『전쟁론』을 집필한 것으로 생각한다.

클라우제비츠는 왜 병력의 우세를 강조했는가를 살펴보고자 한다.

> ㉝ 병력의 우세는 전술에서나 전략에서 승리의 가장 일반적인 원리이다. 전략은 전투를 해야 하는 지점·시간 및 그 전투에 필요한 전투력을 결정한다. 이 삼중의 결정을 통하여 전략은 전투의 개시에 대단한 본질적인 영향을 미친다. 전술에 따라 전투가 실시되며, 그 결과가 나타나는 경우, 그것이 승리이든 패배이든 간에 전략은 가능한 한 그 성과를 전쟁의 목적을 달성하기 위해 사용한다.… 지금까지의 논의에서 밝혀졌지만 오늘의 유럽에서는 아무리 훌륭한 재능을 가진 장수라 할지라도 2배의 병력을 가진 적과 대항해서 승리를 얻는다는 것은 매우 어렵게 되었다.… 병력의 절대적 우세가 이루어질 수 없는 경우 주어진 병력을 교묘히 운용한다면 결정적 지점에 상대적 우세를 배치할 수 있는 수법이 남아 있으며 또 실제 그렇게 하는 방도 외에는 없는 것이다. 그런데 이러한 경우 공간 및 시간의 산정算定이라는 것이 가장 중요한 요건으로 생각되었으며, 그래서 전략에서도 이것이 전투력의 전면적 사용에 필수적인 조건으로 간주되었다.… 이상으로 우리들은 병력의 우세라는 사상의 중요성을 다시 회복했다고 생각한다. 수적數的인 우세는 전략에 있어서 근본적인 사상이라고 보아야 하며, 우리들은 어떠한 경우에도 이 사상을 존중해야 한다.
>
> 그렇다고 해서 수의 우세를 승리의 필수조건으로 생각한다면 우리들의 논의를 완전히 오해한 것이 될 것이다. 다만 전투에 있어서 병력의 우세야말로 가장 중요시해야 한다는 것이 우리들의 결론이다. 따라서 전쟁에서 병력을 가능한 한 우세토록 한다면, 그것으로 우리들의 원칙은 충분히 성립되는 것이다.(Ⅲ-8)

클라우제비츠는 병력의 우세를 전략·전술에 있어서 승리의 가장 일반적인 원리라는 것을 전례戰例를 예시하면서 주장했다. 그러나 당시 프랑스의 기베르 백작은 그의 저서, 『전쟁의 일반이론』(1772)에서, 아무리 훌륭한 명장名將이라 할지라도 7만 이상의 병력을 운용한다는 것은 장애가 된다고 주장했던 것이다. 나폴레옹 전쟁 후기에 가서는 각국의 무기와 장비, 병사들의 훈련도 등은 평균화가 이루어졌고, 다만 장수의 재능만이 약간의 차이가 있었다는 두 가지 요인을 배경으로 고찰한다면, 그의 주장의 근거가 명백해지리라. 그는 오늘날 우리들이 말하는 「전쟁의 원칙」이라는 용어를 달가워하지 않았지만, 『전쟁론』에서 이에 해당하는 내용을 소개하면 다음과 같다.

- 집중集中 : 가능한 한 최대의 병력을 결정적인 지점에 투입해야 한다.… 이것이 전략의 첫째 원리이다.
- 병력의 절용節用 : 적은 전 병력을 가지고 싸우고 있는데, 병력의 일부를 사용하지 않고 남겨 두는 사람은 그 병력을 잘 사용했다고 말할 수 없다.
- 기습 : 기습은… 수적 우세에 대항하는 수단이다. 그리고 기습은 사기士氣에 미치는 영향이 있기 때문에 그 자체로서 독자적인 원리로 인정되어야 한다.
- 기동 : 비밀과 신속, 이 두 가지는 기동의 산물이다.
- 단순 : 모든 복잡한 기동은 더 많은 시간이 소요되며… 만약 적이 아군보다 더 단순한 공격을 실시한다면, 적은 단 시간 내에 공격을 성취할 것이며, 적은 선제권先制權을 장악하고 아군의 대계획의 효과를 말살할 것이다.
- 목표 : 힘과 운동의 중심中心이 생겨 모든 것은 그 중심重心에 의해 결정된다. 따라서 공격자는 전력을 기울여 적의 그러한 중심重心에 총공격을 가해야 한다.

- 전략의 최고 지혜는 주력전의 수행을 위해 수단을 갖추고, 전투가 수행되는 장소와 시간 및 전투에서의 병력 사용의 방향을 교묘히 안배하고, 또 전투에 의해 얻어지는 성과를 활용하는 방식에서 나타난다.… 추격을 행하지 않으면 어떠한 승리도 커다란 효과를 가져 오지 못한다.(Ⅳ-11·12)
- 전략이라는 단어는 원래 희랍어의 궤계詭計에서 유래하며, 오늘날에도 전략 그 자체의 본질이 여전히 궤계를 시사하고 있다는 것은 당연한 것

으로 생각된다.… 전략적 행동은 필요한 병력이 열세한 경우에 궤계를 사용할 여지도 많은 것이 보통이다. 따라서 열세한 병력을 이끄는 지휘관에게 이제 사려思慮와 분별을 구사할 여유가 없고 또 모든 방책이 무효화된 경우, 즉 지휘관의 상황이 절망적이고 또 모든 것이 최후의 일전一戰에 달려 있다고 한다면, 궤계는 스스로 지휘관의 대담한 행동에 힘을 빌려 준다.(Ⅲ－10)

•전쟁술의 중앙에 당당히 솟아 있는 것은 불굴의 정신을 갖춘 장수의 견고한 의지意志이다.

필자는 제한된 지면에서 클라우제비츠의 전략을 누누이 설명할 수는 없지만, 앞에 얘기한 목표의 원칙에 대해 클라우제비츠의 구체적 내용을 소개하고자 한다. 즉 알렉산더 대왕·구스타브 아돌프·샤를 12세 및 프리드리히 대왕 등에 있어서 중심重心은 그들의 군대에 있으며, 따라서 만약 군대가 분쇄된다면 그들의 역할은 그것으로 종말을 고했으리라. 당파로 인하여 분열되어 있는 국가에 있어서 중심重心은 대개 수도에 있다. 열강국에 의존하고 있는 약소국에 있어서 중심重心은 그들의 동맹군에 있다. 여러 국가가 서로 모인 동맹에 있어서 중심重心은 이해관계利害關係의 일치에 있다. 국민 총무장의 경우 중심重心은 주로 지도자 자신에게 있다. 따라서 공격은 각각의 경우 중심重心을 이루는 곳으로 지향되어야 한다.(Ⅷ－4)

군사목표의 선정은 신중을 기해야 하며, 작전에 의해 그 목표의 달성은 전략과 전쟁에서의 정치적 목적의 달성에 이바지해야 하는 것이다. 예컨대 1941년 12월 일본의 기동함대에 의한 진주만의 기습작전을 검토해 보기로 한다. 일본 해군은 작전의 선제권을 활용하여 개전벽두에 미국의 주력함대를 격파함으로써 미 해군뿐만 아니라, 미 국민으로 하여금 구제될 수 없을 정도로 전의戰意를 상실케 하겠다는 관점에서 군사목표를 진주만의 미 주력함대로 선정했다. 일본군은 380대의 항공기로 진주만을 기습 공격하여 미 태평양 함대의 주력인 전함戰艦에 결정적 손실을 입혔고, 반면 일본군의 손실은 항공기 28대에 지나지 않았다. 전술면에서 본다면, 일본군은 대승리요 또 실제 그들은 전쟁에서 이미 승리한 것처럼 국민들에게 선전宣傳했으나, 목표 선정에 있어서 일대 과오를 범했던 것이다. 태평양의 해전에 있어서의 주력은 전함이 아니라는 것과 해군 함정의 수리시설인 기계공장과 450만 배럴의 중유重油 탱크를 공격하지 않았던 것이다. 만약 중유가 없었다면, 미 태평양 함대는 꼼짝도 못했을 것이다. 일본군은 전술적 성공으로 미군과 미 국민의 전의를 상실케 만들고자 했으나, 기만적인 기습작전으로 인하여 모든 미군·미 국민들에게 "진주만을 상기하라!"는 구호가 말하듯, 오히려 국민들의 일치단결과 제2차 대전의 참전의 계기를 만들어 주었던 것이다.

7. 맺음말

이 원고의 내용은 『전쟁론』에 대한 전반적인 분석·해석이 아니라, 한델 교수의 저서에 대해 필자의 논평과 그의 회신을 바탕으로 하여 견해차見解差에 대한 필자로서의 이해·견해를 밝힌 글이다. 『전쟁론』에 대한 분석·해석에는 학자에 따라 견해가 많이 엇갈리고 있지만, 필자는 클라우제비츠 자신의 말이 가장 좋은 자료요 또한 반증자료反證資料라는 관점에서 많이 인용했음을 밝혀 둔다.

『전쟁론』에 대한 견해는, 그 책이 일관된 관점에서 저술된 것이 아니라, 절대전쟁과 현실전쟁의 상이相異한 입장에서 저술된 내용이 혼재되어 있는 미완성 작품이라는 데서 연유한다. 그리고 그 책이 난해한 주요 원인은 방법론에 있다고 본다. 즉 철학적 방법과 과학적 방법을 병용併用하고 있는데, 특히 전자前者에 있어서 칸트에서 헤겔에 이르는 독일 관념론 철학에 대한 어느 정도의 기초 지식이 전제되어야 이해가 가능하다. 그러나 일반적으로 군인들은 이에 대한 준비를 하지 않고 읽기 때문에 난해할 뿐만 아니라, 오해하는 경우도 있는 것이리라.

『전쟁론』의 철학적·이론적 근거는 스스로의 전쟁체험, 사색과 연구, 칸트에서 헤겔에 이르는 독일 관념론 철학, 후기 계몽주의의 미학이론 그리고 샤른호르스트의 전례활용戰例活用 등이며, 거기서 많은 영향을 받은 것으로 생각한다.

『전쟁론』의 기본 사상은,

첫째 : 전쟁은 위험·육체적 긴장과 고난·불확실성 그리고 우연이 크게 지배하기 때문에, 이에 대처하여 확실한 활동에 의해 성과를 얻기 위해서는 정신의 중요성과 우위성을 강조했을 뿐만 아니라, 전쟁이론과 전쟁술의 중심적 지위를 차지하게 만들었다.

둘째 : 클라우제비츠는 초기에 절대전쟁론자였으나, 후기(1827년 이후)에는 현실전쟁론자로 분명히 변신했던 것이며, 그 이유는 오랜 전쟁사戰爭史의 연구와 사색의 결과로 정치(혹은 정책)와 마찰(friction)에서 비롯되었고 또 전쟁 결과에서의 이익의 상실 때문이었다.

셋째 : 전쟁과 정치와의 관계이며, 이것은 클라우제비츠의 군사사상의 핵심적 명제이다. 즉 정치는 전쟁을 배태胚胎하고 일으키는 원인이며 전쟁에서 달성하고자 하는 정치적 목적을 제시하기 때문에 주재자主宰者이다. 한편 전쟁은 결코 독립된 존재가 아니며, 정치적 목적을 달성하기 위한 수단에 불과하다. 이것은 군사에 대한 정치우위사상의 근거일 뿐만 아니라, 혁신적·독창적 견해였다. 그러나 이 견해는 독일의 몰트케 참모총장을 비롯하여 그의 계승자들에 의해 왜곡·거부되었고 또 일본 군국주의자들도 이 노선을 추종했다는 것은 사실史實로 밝혀져 있는 내용이다.

클라우제비츠는 싸우지 않고 정치적 목적을 달성하기보다, 싸워서 그 목적을 달성하는 입장(군사 전략적 접근)인데, 그 이유는 전쟁의 본질은 투쟁이라는 것, 프로이센·독일연방의 지리적 위치와 전쟁관 그리고 프로이센이 프랑스에 비해 열세한 데서 기인된다고 생각한다.

필자는 1957년 이래 40년간 『전쟁론』에 대해 관심을 가지고 그 책을 번역도 하고 군사사상을 소개하였다. 이 책은 다만 군사 전문가뿐만 아니라 정치가들의 필독서가 되어야 한다고 생각하며, 이 글은 그 길잡이가 되기를 희망한다.♣

(『공군평론』 제98호, 공군대학, 1996년)

X.
전쟁의 삼위일체三位一體에 대하여

1

클라우제비츠(1780~1831)는 연구 대상으로서의 전쟁이 전적으로 「오성悟性」의 영역에 속한다 했으나, 이 '오성'이라는 단어는 그의 전쟁이론 해석의 열쇠가 되는 단어요, 이론적 지주이다. 그럼에도 불구하고 지금까지의 역어譯語는 '이성理性', '지성知性', '지력知力' 등으로 번역되어 왔다. 독일어의 'Verstand'가 한국어·일본어에서는 '오성'으로, 영어에서는 'understanding'의 철학 용어로 정착되어 있음에도 불구하고 '이성', '지성'으로 번역된 배경은 알 수 없으나, 칸트(1724~1804)의 인식론認識論, 즉 『순수이성비판純粹理性批判』(1781)에 의하면, 오성이란 경험할 수 있는 현상세계現象世界까지의 영역을 담당하고, 이성理性은 경험이 미치지 않는 또 감각적 경험과 관계가 없는 실체의 세계, 즉 이념, 신神, 자유, 불사不死 등의 영역을 담당한다고 했다.

클라우제비츠의 전쟁이론은 경험할 수 있는 현상세계를 점검하여, 거기서 규칙을 발견하려는 것이며, 이것은 전적으로 오성의 취지로써 그는 다음과 같이 『전쟁론』(1832)에서 주장했다.

(자료 1) 전쟁술戰爭術에 있어서 모든 철학적 진리보다도 경험이 더 가치

를 가지기 때문이다.… 역사적 실례實例는 모든 것을 명확하게 할 뿐만 아니라, 경험과학에 있어서는 가장 훌륭한 증명력을 가지고 있다. 특히 전쟁술에 있어서는 더욱 뚜렷하다.(제2편 제4장, 차후 II－4로 표기함)

(자료 2) 경험은 바로 이러한 정신적인 가치에 있어서 필요한 증명수단이다. 전쟁이론은 심리학이나 철학의 공론空論에 관여할 바가 아니며, 장군도 여기에 관여해서는 안 된다.(II－2)

클라우제비츠가 전쟁의 본질에 대해 철학적 고찰을 깊이 했음에도 불구하고, 관념론에 빠지지 않고, 또 후년에 그가 절대전쟁관絕對戰爭觀에서 현실전쟁관現實戰爭觀으로 전환할 수 있었던 이론적 근거도 그의 전쟁이론이 오성에 바탕을 두고 있었기 때문이리라.[1]

필자의 위에 말한 주장 즉, 오성에 대해, "지성은 오성보다도 이성理性에 가깝기 때문이다. 지휘관에게는 오성悟性뿐만 아니라, 판단력이 필요하다"[2]는 견해가 나왔고, 지금까지 『전쟁론』의 번역자에 따라 번역이 서로 다르고 또 클라우제비츠의 전쟁이론의 근본적 주제이기 때문에 이 문제를 깊이 있게 분석·규명해 보고자 한다.

2

클라우제비츠는 23년간 실전實戰의 경험과 12년간에 걸친 꾸준한 연구와 사색으로 집필한 8편으로 구성된 『전쟁론』의 수기手記 가운데, 그는 당초 "적의 격멸을 목적으로 하는 전쟁"(절대전쟁)의 입장에서 집필을 했다가, 40

1) 鄕田 豊·李鍾學外, 『『戦争論』の読み方』(東京 : 芙蓉書房出刊, 2001), pp. 66~69.

2) 澤村武生, 「『戦争論』を読み解く鍵」, 『日本クラウゼヴィッツ学会会報』 第5号, 2002年夏季号, p. 16.

대 후반에 와서 “적국의 국경 부근에 있는 국토의 얼마간을 쟁취하려는 전쟁”(현실전쟁)으로 관점을 바꾸었다. 그리고 1830년으로 추정되는 수기手記에서, “요컨대, 완전한 것으로 생각되는 것은 제1편 제1장뿐이며, 적어도 이 장章은 내가 이 책 전체에 부여하려는 방향을 제시하는 데 소용이 된다고 생각한다”고 했다. 가장 완전하다는 전쟁이론의 결론을 다음과 같이 제시했다.

> (자료 3) 전쟁이란 구체적 상황에 따라 그 성질을 달리하는 카멜레온과 같은 것일 뿐만 아니라, 그 현상 전체의 지배적인 여러 경향을 보았을 때, 기묘한 삼위일체三位一體(Dreifaltigkeit)를 지니고 있다.
>
> 첫째, 맹목적인 자연 충돌이라 볼 수 있는 증오·적개심과 같은 본래의 격렬성.
>
> 둘째, 전쟁을 자유로운 정신활동으로 만드는 개연성·우연성과 같은 도박의 요소.
>
> 셋째, und aus der untergeordneten Natur eines politischen Werkzeugs,ⓐ wodurch er dem bloßen Verstande anheimfällt.[3]ⓑ
>
> 이러한 세 가지 측면 가운데, 첫째의 것은 주로 국민에, 둘째의 것은 주로 장수와 군대에, 셋째의 것은 주로 정부에 각각 속하는 것이다.(Ⅰ-1)

문제가 되어 온 내용은 셋째의 독일어로 표시된 부분이며, 지금까지 번역된 것은 아래와 같다.

> (1) 정치적 도구라는 종속성—그렇기 때문에 전쟁은 곧 순수하게 타산적(합리적)인 것에 속한다.[4]
>
> (2) 전쟁은 정치적 도구로서 정치에 종속된 본성을 갖고 있다. 따라서 전

3) Carl von Clausewitz, *Vom Kriege* (Stuttgart : Reclam, 1980), p. 42.
4) 金洪喆 譯, 『戰爭論』(서울 : 三省出版社, 1977), p. 76.

쟁은 순수한 이성의 영역에도 귀속되어 있다.[5]

(3) 정치의 도구道具로서의 제이의적第二義的 성질—이것에 의해 전쟁은 순지력純知力의 작용에 속하는 것으로 된다.[6]

(4) 전쟁은 정치의 도구라는 종속적 성질을 띠는 것이지만, 그러나 또 그러한 성질에 의해 전쟁은 전적으로 타산을 일삼는 지성의 일이 된다.[7]

(5) 전쟁이 순전히 지성에 귀속하는 정책을 위한 수단이라고 하는 종속적 성질.[8]

(6) and of the subordinate nature of a political instrument, by which belongs purely to the reason.[9]

(7) and of the subordinate character of a political tool, through which it belong to the province of pure intelligence.[10]

(8) and of its element of subordination, as an instrument of policy, which makes it subject to reason alone.[11]

(9) of its subordinate nature to the instrument of politics through which it belong to pure understanding.[12]

위에 말한 독일어의 'Verstand'는 타산적打算的인 것, 이성(reason), 지력·지성(intelligence) 그리고 오성(understanding)으로 번역되어 있으며, 이 내용을 어떻게 해석하고 있는가를 살펴보고자 한다.

서울대학교의 박상섭 교수에 의하면, "전쟁 수단으로서의 전쟁의 성격을

---

5) 류제승 옮김, 『전쟁론』(서울 : 책세상, 1998), pp. 57~58.

6) 馬込健之助譯, 『戰爭論』(東京 : 岩波書店, 1933), p. 80.

7) 篠田英雄譯, 『戰爭論』(東京 : 岩波書店, 1963), p. 62.

8) 日本クラウゼヴィッツ学会訳, 『戦争論』(東京 : 芙蓉書房出版, 2001), p. 47.

9) *On War*, trans. by J. J. Graham, 1873 (New York : Bames & Noble, INC, 1956), Vol. 1, p. 26.

10) *On War*, trans. by O. J. Matthijs Jolles (New York : Modern Library, 1943), p. 18.

11) *On War*, trans. by Michael Howard and Peter Paret (Princeton : Princeton University Press, 1976), p. 89.

12) Raymond Aron, *Clausewitz-Philosopher of War*, trans. by Christine Booker and Norman Stone (London : Routledge & Kegan Paul, 1983), p. 62.

말하는 것으로, 클라우제비츠는 이것을 '역설적 삼위일체'라고 명명한다"[13] 고 인용했다.

가브리엘(Garbriel, Jurg Martin)의 미발간未發刊 박사학위 논문 「클라우제비츠로 돌아가다」(The American University, 1971)에서, "클라우제비츠는 정부 또는 국가를 유일한 지적知的 통합실체統合實體로 보고, 정치 또는 정책을 지성(intelligene ; Verstand)과 동일시한다. 이 지성 능력이 전쟁을 종속적 도구로 만들고, 전쟁을 통제와 분별의 대상이 되게 만들며, 목적적目的的이고 이성적(합리적)인 현상이 되게 만든다는 점을 강조한다. 여기서 그가 사용한 용어 Verstand는 본능의 맹목적 충동에 정반대되는 것이며, 극단 대신에 균형을 의미하며 충돌 대신에 조화, 한 쪽의 제거 대신에 공존, 속수무책 보다는 자율적 통제, 무지無知 대신에 지식, 무모함 대신에 분별지分別智를 의미한다"[14]고 했다.

미 해군대학의 한델 교수에 의하면, "정부 즉 정책 및 전쟁 목적을 결정하고, 미리 비용대효과費用對効果에 비추어 재평가한다"[15]고 했다.

이상은 필자의 자료수집 능력의 제한으로 인해 더 광범위하게 소개하지 못했지만, 앞으로 더 보충하여 소개할 생각이다. 그리고 이들의 해석에 대한 논평은 생략키로 하고, 필자의 해석을 소개하고자 한다.

---

13) 박상섭, 『근대국가와 전쟁』(서울 : 나남출판사, 1996), p. 193.

14) 柳在甲·姜塡錫 共著, 『戰爭과 政治－戰略의 哲學 : 클라우제비츠論考－』(서울 : 韓元, 1989), p. 83에서 再引用.

15) Michael I. Handel, *Masters of War : Sun Tzu, Clausewitz and Jomini* (London : Frank Cass, 1992), p. 65.

3

(자료 3)의 셋째는 두 개의 문장으로 구성되어 있으며, 편의상 전자를 ⓐ라 하고, 후자를 ⓑ라고 약칭한다. ⓐ는 '전쟁은 정치적 도구로서의 종속적 성격'이라는 데는 이론異論이 없으나, ⓑ에 대해서는 번역과 해석 그리고 ⓐ,ⓑ의 전후관계前後關係에 대해 사람에 따라 엇갈리고 있다. 필자는 ⓑ의 기본 성격이란 연구 대상으로서의 전쟁은 칸트철학의 인식론으로 고찰하여 '오성'(Verstand)에 속한다는 내용으로 클라우제비츠 전쟁이론의 철학적 기초를 명시한 것으로 해석하며, 그 이유는 다음과 같다.

첫째 : 오성에 속한다고 해야만 (자료 1, 2)의 내용의 타당성을 이해할 수 있다. 오늘날 클라우제비츠의 연구가라 할지라도 두터운 분량의 『전쟁론』을 모두 읽는다는 것도 쉽지 않을 뿐만 아니라, 『전쟁론』의 철학적 기초를 알기 위해 적어도 칸트의 『순수이성비판』을 읽는다는 것은 더욱 어려우리라. 그의 저자 서문에 의하면 "전쟁에 있어서 여러 가지 현상의 본질을 규명하고, 이들 현상과 이것을 구성하고 있는 여러 가지 요건의 성질과의 연관을 제시하려는 데 있다"고 했는데, 『전쟁론』은 당시의 칸트에서 헤겔(1770~1831)에 이르는 독일 관념주의 철학에 바탕을 두고 있다는 데는 이론異論이 없다. 그리고 전쟁이 인식론상 오성(Verstand)이나 이성理性(Vernunft) 어느 쪽에 속하느냐를, 전쟁이론을 수립함에 앞서 미리 결정해야 할 뿐만 아니라, 이 문제는 당시 학문에 관심이 있는 인사人士에게는 상식에 속했던 것으로 예상한다. 예컨대, 시인 괴테(1749~1832)는 1829년 2월 13일 에커만과의 대화에서, "오성은 신성神性의 높이에는 미치지 못한다. 신성에 미치기 위해서는 자기를 최고의 이성理性으로 높여야만 한다.… 따라서 광물학鑛物學은 오성의 실제생활의 학문이다. 왜냐하면, 그 대상은 죽어 있는 것, 이제 더

생장하지 못하기 때문에, 따라서 종합은 불가능하다"[16]고 했다.

둘째, 클라우제비츠는 제1편 제1장에서 지성(Intelligenz, p. 18, p. 20, p. 41)과 오성(Verstand, p. 22, p. 36, p. 42)을 구별해서 사용했고, (자료 3)의 셋째 내용을 구체적으로 또 상세히 설명한 제8편 제2장과 제6장에서 철학적 오성(philosophische Verstand, p. 329, p. 332)이라 했으며 또 이성(Vernunft, p. 327)과 엄격하게 구별해서 사용하고 있다. 따라서 'Verstand'를 보통명사의 뜻인 지성·지력知力으로, 혹은 이성理性으로 번역·해석한다는 것은 잘못이리라. 더욱이 영국의 군사평론가 리델 하트(1895~1970)는, "간접적인 칸트 학도學徒로서의 클라우제비츠는 참다운 철학적 정신을 함양하지도 않고 철학적인 표현 양식을 습득하고 있었다.… 그는 전술 혹은 전략에 대해 새롭거나 눈부신 진보적 사상에 기여하지는 않았다. 그는 창조적 혹은 정력적인 사상가라 하기보다 법전 편찬적인 사상가였다"[17]고 했다. 전술한 바와 같이 『전쟁론』은 독일 관념주의 철학의 기초 지식을 어느 정도 이해하고 또 차분히 연구해야 이해할 수 있는 저서이지만, 리델 하트는 가족 부양을 위한 경제적 기반이 허약하여 차분한 학구적 연구생활을 하지 못했고 또 분주한 기자생활 등으로 인하여 철학적 기초 지식의 결핍을 스스로 표현한 것이리라. 영국의 마이클 하워드는 "리델 하트의 클라우제비츠에 대한 최종적인 초상肖像은 왜곡되고, 부정확하고 또 불공평했다"[18]고 지적했다.

셋째, 전쟁은 오성의 영역에 속하기 때문에, 클라우제비츠는 절대전쟁에서 현실전쟁의 입장으로 전향이 가능하며, 또 현실전쟁의 관점에 서야만 전쟁은 정책의 도구·수단이 된다는 것이 클라우제비츠의 전쟁이론의 핵심이다.

---

16) エッケルマン著, 『ゲエテとの対話抄』 龜尾英四郎訳 (東京 : 岩波書店, 1927), p. 222.
17) B. H. Liddell Hart, *Strategy* (New York : Federich A. Praeger, 1954), pp. 352~353.
18) Michael Howard, "The Influence of Clausewitz" *ON WAR*, trans. by Michael Howard and Peter Paret, p. 41.

나폴레옹이 등장하기 이전의 유럽에서는 일반적으로 용병제도傭兵制度였고 또 모병이 쉽지 않았을 뿐만 아니라, 재정적 부담도 많았기 때문에 군주들은 쉽사리 전투를 선호하지 않았다. 거기에다 군대가 붕괴되면 새로운 군대의 창설도 어렵고 또 믿을 것이란 군대뿐이었기 때문에 군사적 행동에는 세심한 주의가 필요했다. 결정적인 이익을 획득할 수 있다고 생각되는 경우 외는 이 값비싼 군대를 사용할 수 없었고 또 그러한 기회를 가져오게 하는 것이 최고급 장수들의 술책이었다. 그리하여 작센 백작(1696~1750)은, 군대가 전투를 한다는 것에 찬성할 수 없다. 더욱이 전쟁의 초기에 있어서 더욱 그러하다. 현명한 장수는 그의 전 생애에 있어서 한 번도 전투를 하지 않고 전쟁을 할 수 있다고 확신한다는 것이었다. 그리고 전쟁은 군주나 내각의 일이며, 국민들과는 상관이 없었던 일이었다.

그런데 나폴레옹이 출현하자, 전쟁은 온 국민의 사업으로 변했고, 그 성질이 일변하고 말았다. 즉 적의 타도·격멸을 목적으로 하는 절대전쟁으로 변했다. 그리하여 전쟁에 사용하는 수단에는 한계가 없어지게 되었는데, 그러한 것은 정부와 국민의 정력 혹은 열광 속에 묻혀 버렸다. 전쟁 수행의 정력은 대규모의 수단과 확실한 성공의 가능성, 민심의 강렬한 흥분에 의해 높여졌고, 군사 행동의 목표는 줄곧 적군의 타도·격멸로 지향되었다. 적이 무력화되고 격멸당하지 않으면 전쟁의 중지나 강화조약의 체결은 염두에 두지 않았다.

클라우제비츠는 1804년 군사학교를 최우수 성적으로 졸업하여 아우구스트 친왕親王(대대장)의 부관이 되어 1806년 10월의 예나 전역戰役에 참가했다. 그런데 프로이센군은 나폴레옹군에 참패를 당하여 클라우제비츠는 아우구스트 친왕親王과 함께 포로가 되어 프랑스에서 포로생활도 겪었다. 1807년 7월, 강화조약에 의해 10월에 석방되어 베를린으로 귀환했으나, 이 사건은 그의 『전쟁론』 연구에 결정적 영향을 미쳤다 해도 과언이 아니리

라. 그 이유는, 프리드리히 대왕 이래로 정예군으로 알려진 프로이센군이 잡병들의 무리와 비슷한 나폴레옹군의 맹렬한 공격과 철저한 추격 작전에 의한 참패를 26세의 감수성이 예민한 시기에 체험했기 때문이다.

클라우제비츠는 나폴레옹군에 의한 참패의 체험을 바탕으로 하여 「전쟁이란 무엇인가」를 아래와 같이 주장했다.

(자료 4) 전쟁이란 적을 굴복시켜 자기의 의지를 강요하기 위해 사용되는 일종의 폭력행위이다.… 폭력, 말하자면 물리적 폭력은 수단이고, 적에게 우리들의 의지를 강요하는 것이 목적이다. 이 목적을 달성하기 위해서는 적의 저항력을 무력화無力化해야 하며, 이것이 모든 군사적 행위의 목표이다.(Ⅰ-1)

(자료 5) 전쟁에 있어서 목표에 도달하는 길, 즉 정치적 목적을 달성하기 위한 길은 많이 있다. 그럼에도 불구하고 전투야말로 목적을 달성하기 위한 유일한 수단이며, 군사적 행동은 최고의 법칙, 즉 무력武力에 의한 결정이라는 법칙에 따라야 하는 것이다.… 전쟁이 추구하는 목적 가운데 적의 군사력의 격멸이라는 목표가 언제나 최고위에 있는 것으로 나타난다.(Ⅰ-2)

(자료 6) 그는 끊임없이 적의 동정에 주의를 기울이며 적이 예리한 칼로 덤벼오는 경우, 예식용 칼로 응전하는 추태를 보이지 않도록 언제나 경계해야 한다.(Ⅰ-2)

상술한 내용은 나폴레옹에 의해 수행된 적군의 완전한 격멸을 목표로 하는 절대전쟁의 체험하에서, 그가 제시한 전쟁의 정의定義와 목적·목표 및 수단 그리고 대응책이었다. 그는 이러한 입장에서 『전쟁론』의 「제1편, 전쟁의 본질에 대하여」(제1장은 제외), 「제2편, 전쟁이론에 대하여」, 「제3편, 전략일반에 대하여」, 「제4편, 전투」, 「제5편, 전투력」, 「제6편, 방어」를 집필 완료했다.

그런데 그가 집필을 시작한지 10여년의 세월이 흐르고 또 나이도 40대

후반에 접어들면서, 과연 절대전쟁을 바탕으로 하여 전쟁이론을 수립하는 것이 타당성·합리성·수락성이 있을까 하는 의문이 생겼다.

> (자료 7) 나폴레옹에게 있어서 전쟁은 적을 타도할 때까지 쉬지 않고 진행되었으며, 따라서 적의 반격도 계속하여 실시되었다. 그러한 현상이 엄밀한 논리적 귀결에 따라 우리들을 전쟁 본래의 개념으로 돌아가게 한 것은 자연스럽고 또한 필연적인 것이 아니겠는가.
>
> 그런데 우리들은 전쟁에 대해 본래의 개념을 어디까지나 고집하고, 가령 현실전쟁이 절대전쟁으로부터 아무리 멀어져 있어도, 어떠한 전쟁이라 할지라도, 절대전쟁이라는 기준에 따라서 판정하고 또 전쟁의 순수한 개념으로부터 일체의 이론적 결론을 끌어내어도 좋을 것인가 ?
>
> 우리들은 이 문제에 대해 취해야 할 태도를 명확하게 결정해야 한다. 전쟁은 전적으로 본래의 개념대로 있어야만 하는 것인가 혹은 그것과 별개의 것이 될 수 있는 것인가 하는 문제를 해결하지 않는 한, 전쟁계획에 대해서 확실한 주장을 할 수 없기 때문이다.…
>
> 우리들은 있어야 하는 전쟁을 단순한 개념에 의해 생각하는 것이 아니라, 절대전쟁 속에 섞여서 또 이것에 부착하고 있는 모든 이질적인 것, 예컨대 전쟁을 구성하고 있는 많은 부분이 각각 갖추고 있는 고유의 비중이나 이들 사이에 생기는 마찰, 인간 정신이 가지는 자가당착, 불명확 혹은 두려움마저도 일괄해서 부정하지 않고 각각의 있는 바를 있게 해야 할 것이다.
>
> 아무튼 우리들은 전쟁과 우리들이 전쟁에 미치는 형태와는 그 때 그 때의 지배적인 사상, 감정 및 사정에 의해 생긴다는 견해를 지지하지 않을 수 없다. 그 뿐만 아니라, 우리들의 이론의 진실을 기하려고 한다면, 전쟁이 그 절대적 형태를 취한 경우에도, 즉 나폴레옹의 지휘하에 실시된 전쟁에서도 이것을 시인하지

않을 수 없다.(Ⅷ－2)

위에 말한 내용은 클라우제비츠가 있어야 하는 전쟁(절대전쟁)과 있을 수 있는 전쟁(현실전쟁)의 어느 쪽을 전쟁이론의 기준으로 선택할 것인가를 오랫동안 고민한 과정을 명시하고 있다. 이 문제를 해결하지 않고서는 전쟁계획 뿐만 아니라, 전쟁이론의 수립도 불가능했다. 그는 1568년(네덜란드 독립전쟁)부터 나폴레옹 전쟁까지의 전쟁사戰爭史를 면밀히 분석·연구했다. 1805년 10월의 울름 전역戰役, 1806년 10월의 예나 전역, 1809년의 바그람 전역 정도가 절대전쟁이라 할 수 있으나, 이것은 보편성을 결여한 예외적인 전쟁이며, 그 이외의 나폴레옹의 지휘하에 수행된 전쟁도 제한된 목표를 가지고 수행된 현실전쟁이라는 것을 확인했다.

이리하여 그는 오성을 논거로 하여, "그런 전쟁이론은 엄밀한 논리에 의하여 몸단장을 하고 있다 하여도 현실 앞에서는 무력함을 나타낼 것이리라"(Ⅷ－2). "전쟁술에 있어서 경험은 모든 철학적 진리보다 가치가 높기 때문이다"(Ⅱ－5). 여기서 클라우제비츠는 절대전쟁론자로부터 현실전쟁론자로 변신했으며, 또 전쟁철학자로 불리어지고 있으나, 형이상학적 관념론자가 아니라, 경험에 바탕을 둔 현실론자로 해석한다. 그리고 이것이 바로 ⓑ에 있어서 'Verstand'를 오성으로 번역해야 현실전쟁론자가 될 수 있는 근거가 되는 것이다.

레크램판 『전쟁론』의 편자編者, 울릿히 말베델 박사에 의하면, 클라우제비츠는 여러 시대의 약 130개의 전역戰役에 관한 방대한 군사사軍事史의 연구를 실시하여, 그 연구 성과를 구사함으로써 그의 견해가 "사변적인 탐구를 위해서가 아니라, 전쟁의 전체적 현실을 통하여 생기는 현상의 이해에 필요 이상의 분석을 진행시키는 일이 있어서는 안 된다"(Ⅲ－2)고 하는 정당성을 주장할 수 있게 했다[19]고 했다.

---

19) 日本クラウゼヴィッツ学会訳, 前掲書, p. 392.

(자료 8) 우리들은 전쟁이 여러 국가의 정부 및 국가 사이의 정치적 교섭에 의하여 야기되는 것으로 알고 있다. 그런데 보통 이것을 다음과 같이 생각하고 있다. 즉 전쟁의 개시와 더불어 교전하는 양국 간의 정치적 교섭은 단절하고 이것과는 전혀 별개의 상태가 나타나며, 그리고 이런 새로운 상태는 그 자신의 법칙에 따른다는 것이다.

이에 대한 우리의 주장은, 즉 전쟁은 정치적 교섭의 계속에 지나지 않으며, 그리고 정치적 계속에 있어서 다른 수단을 섞은 계속이라는 것이다.… 첫째, 정치적 교섭은 전쟁에 의하여 단절되는 것도 아니며, 또 전혀 별개의 것으로 전화되는 것도 아니다.… 둘째, 전쟁에 있어서의 일체의 사건이 더듬는 주요한 노선은 전쟁을 뚫고 강화에 이르기까지 부단히 계속되는 정치적 교섭의 요강에 지나지 않는다는 것이다.… 전쟁은 그 자신의 문법을 가지고 있다. 그러나 전쟁은 그 자신의 논리를 가지는 것은 아니다.(Ⅷ-6)

상술한 내용은 클라우제비츠가 분명히 현실전쟁론자임을 밝힌 내용이며, 전쟁은 정치적 교섭에 지나지 않는다는 것이다. 종래 주로 장수들(몰트케와 그의 제자들, 그리고 맥아더 원수 등)은 전쟁의 개시와 더불어 양국의 정치적 교섭은 단절되고, 전쟁은 그 자신의 법칙(문법)인 적군의 타도·격멸로 지향되어야 한다는 견해이지만, 클라우제비츠는 단호히 그런 견해를 거부했다.

클라우제비츠의 전쟁이론의 기본적 요소는 전쟁의 이중성二重性에 관한 그의 사고방식이다. 전쟁은 그 자신의 목표와 방법을 가진 독립된 과학인 동시에 그 궁극적인 목적이 그 자체의 외부(정책)에서 주어지는 종속적인 과학이라는 점이다. 전쟁의 개시와 더불어 전쟁은 다른 모든 것으로부터 독립하여 이론상 추상적으로 생각했을 때만이 전쟁은 한계를 가지지 않는 폭력이며, 이것이 절대전쟁이다. 그러나 현실전쟁은 결코 고립된 행위가 아니고, 힘(폭력) 그 자체는 목적이 아니며, 사회의 목적을 위해 합리적으로 사용할 때 정당화된다. 전쟁은 사용되어야 하는 폭력의 범위와 성격을 결정하는 외부의 정치적 목적에 언제나 종속되어야 한다. 이것이 "전쟁은 그 자신의 문법을 가지고 있으나, 자신의 논리를 가지는 것은 아니다"고 하는 뜻의 해석이다. 따라서 전쟁은 정치적 도구라는 점에 대해 그는 더 구체적으로 설명하고 있다.

> (자료 9) 정치적 관점이 전쟁의 개시와 더불어 소멸되어 버린다는 것은 전쟁이 양측의 순전한 적대감정에 바탕을 둔 필사의 투쟁인 경우에만 생기는 것이다. 그러나 실제의 전쟁은 먼저 얘기한 바와 같이, 정책 그 자체의 표현에 지나지 않는다. 따라서 정치적 관점을 군사적 관점에 종속시킨다는 것은 불합리하다고 말하지 않을 수 없다. 전쟁을 일으키게 하는 것은 정책에 지나지 않기 때문이다. 정책은 지도적인 두뇌이고, 전쟁은 그 도구에 지나지 않으며, 결코 그 반대는 아니다. 그렇게 되면 양자의 관계는 결국 군사적 관점을 정치적 관점에 종속시키지 않을 수 없다.(Ⅷ-6)

(자료 3)의 셋째 ⓑ는 연구 대상으로서의 전쟁이란 인식론으로 보아 온전히 오성(Verstand)에 속한다는 것이며, 오성의 역할에는 두 가지의 뜻이 있다. 즉 하나는 오성의 영역이란 경험할 수 있는 현상세계를 연구 대상으로 한다는 것으로, 여기서 현실전쟁관이 전쟁이론의 주체로 성립되고, 이로 인하여 전쟁은 정책의 도구·수단이 되는 것이다. 다른 하나는 이해하는 능력, 즉 능동적인 사고思考·판단을 통하여 현상세계를 연구해서 법칙을 도출한다는 것이다. 따라서 필자는 ⓑ에 의해 ⓐ가 성립된다는 관점에서 다음과 같이 번역한다.

> **셋째, 전쟁은 순수히 오성悟性의 영역에 속한다는 것에 의해 정치적 도구로서의 종속적 성격을 가진다.**

4

클라우제비츠가 현실전쟁론자로 변신케 된 또 다른 이유가 있다고 필자는 추정한다. 1806년의 전역戰役에서 포로가 되었다는 것, 나폴레옹의 프로이센 점령, 배상금과 철저한 내정內政에 대한 간섭, 그가 일찍이 즐겁게 활동한 무대인 왕궁은 지금 완전히 승리자 나폴레옹이 차지하고 있고, 거기를 아우구스트 친왕親王과 함께 포로의 신분으로 방문했던 그는 강력한 증오심을 품게 되었으리라.

한편 1815년 7월, 이번에는 프로이센군이 파리를 점령하고, 1억 프랑의 배상금, 10만의 병사들이 입을 의류, 일정 수의 말(馬)을 요구했던 것이다. 클라우제비츠는 파리 점령 후의 분위기를 냉철히 관찰하여 그 비판을 포함한 편지를 부인에게 보냈던 것이다. 즉 "우리들이 루이 18세나 프랑스인에 대해 어떤 적대관을 가지게 되었는가를 당신은 쉽게 판단할 수 있다고 생각하오. 진중陣中의 영국군은 군세軍稅를 높이거나, 약탈도 하지 않소. 우리들은 프랑스 정부와 프랑스 국민의 신뢰를 잃고 말았소. 나는 이런 뒷맛이 쓴 사태가 곧 끝나기를 열망하고 있소. 상대편을 완전히 정복한다는 입장은 나의 뜻과는 상반되며, 권익과 당파성을 둘러싼 끝없는 투쟁은 나의 이해理解 밖의 일이요. …"[20]라고 했다.

클라우제비츠는 상대편을 타도·격멸하여 굴복시키는 절대전쟁은 결국 보복이 보복을 낳게 하여, 역사 그 자체가 복수의 연쇄가 되어 이웃나라와의 미래에 대한 우호관계를 상실하게 된다는 깊은 통찰력으로 다음과 같이 경고했다.

> (자료 10) 전쟁의 성격이 확실하게 절대전쟁에 접근함에 따라 또 전쟁의 범위가 다수의 교전국을 포괄하고 이런 여러 국가를 전쟁의 와

20) 郷田 豊, 『クラウゼヴィッツの生涯』(東京 : 日本工業新聞社, 1982), pp. 190~191.

중으로 끌어들임으로써 전쟁에서의 여러 가지 일의 연관은 더욱 더 긴밀해지며, 최초의 일보를 내딛을 때, 최후의 일보를 미리 고려할 것을 절실히 요구한다.(Ⅷ-3)

(자료 11) 아무튼, 그들(구스타브 아돌프, 샤를 12세 및 프리드리히 대왕)은 전쟁에 의해서 성취된 업적에서만 말한다면, 나폴레옹의 선구자로 간주해도 좋다. 이리하여 전쟁은 한 편에서는 그 강력함과 그 본성을 증대시켰지만, 다른 편에 있어서는 거기서 얻은 이점을 다시 잃게 되었던 것이다.(Ⅷ-3)

클라우제비츠는 절대전쟁을 수행하고자 할 경우, "최초의 일보를 내딛을 때, 최후의 일보를 미리 고려할 것을 절실히 요구한다", "거기서 얻은 이점을 다시 잃게 되었던 것이다"고 하였다. 이것은 절대전쟁이 원한과 복수를 낳게 하고, 이웃나라와의 우호관계를 잃게 하기 때문이다. 예컨대, 보불전쟁(1870~1871), 제1차 세계대전(1914~1918), 제2차 세계대전(1939~1945)을 살펴볼 필요가 있으리라. 1981년 10월 필자는 파리의 아파트로 핵 전략가 갈로아(P. Gallois) 장군을 방문했다. 그의 서재에는 제2차 세계대전 때, 그가 영국의 항공기지로부터 출격하여 폭격한 독일의 도시를 명시한 지도가 벽에 걸려 있었고, 그는 "나폴레옹 전쟁 이후, 프로이센·독일에 의해 프랑스는 6회나 침략을 받았다"고 분개하면서 말하는 것을 지금도 생생하게 기억하고 있다.

우리 한민족韓民族 최대의 비극인 6·25전쟁은 반세기가 지났지만, 아직 전쟁 그 자체도 끝나지 않았고, 북한은 아직도 해방전쟁을 수행했다고 생각하는 모양이다. 1966년 3월 김일성은 평양을 방문한 일본 공산당 서기장 미야모토 겐지(宮本顯治)에게 6·25전쟁에 관하여, "소련은 무기를 보내어 원조한다고 결정했다. 그러나 유상有償의 값비싼 무기였다.… 6·25전쟁으로 돈을 번 것은 소련이었다.…"[21]고 소련을 비난했다는 것이다. 오늘날의 한반도 정세를 살펴보면, 클라우제비츠의 경구警句, 즉 "최초의 한 걸음을 내

21) 蘇鎭轍, 『朝鮮戦争の起源』(東京 : 三一書房, 1999), pp. 86~89에서 再引用.

딛을 때, 최후의 한 걸음을 미리 고려할 것을 절실히 요구한다"가 머리에 떠오르기만 하는 데, 고희를 넘긴 한 군사사학도軍事史學徒의 기우이기를 바랄 뿐이다.

미국의 전략이론가 버나드 브로디 박사는 "클라우제비츠의 『전쟁론』은 그 통찰력이 심오하고 또한 독창적이었기 때문에 후세의 사상가들에 의해 이해되지 않았던 몇 권의 고전 가운데 하나이다"[22]고 했다. 클라우제비츠의 군사사상은 어렵고 심오하기 때문인지, 그의 견해는 몰트케를 비롯하여 그의 후계자들에게 이해理解·전승되지 않았기에 독일 민족은 비극을 여러 번 자초하였다. 『전쟁론』의 진가眞價가 바르게 그리고 심각하게 평가와 반성의 저서로 인식하게 된 것은 독일이 제2차 대전의 패배와 분단국가라는 뼈저린 체험을 겪은 후부터였다. 『전쟁론』은 군사고전軍事古典일 뿐만 아니라 전쟁의 본질, 전쟁과 정책의 관계정립에 대한 심오한 견해 등은 오늘날의 핵시대와 분단된 한반도의 상황에도 재조명할 만한 충분한 가치를 지니고 있다고 확신한다.

> (자료 12) 나의 원고는 아직 불완전한 형태임에도 불구하고, 편견 없는 진리와 확신을 갈망하는 독자라면 처음 여섯 편에서도 전쟁에 관한 다년간의 고찰과 진지한 연구의 성과를 올바로 받아들일 수 있을 것이고, 또 전쟁의 근본 사상, 즉 전쟁이론에서 혁신의 출발점이 될 수 있는 사상을 발견하리라 생각하는 것이다. (1827년 7월 10일 저자의 수기手記)

지금까지 우리가 고찰한 대상은 클라우제비츠의 바로 이러한 사상이었고, 앞으로 몇 가지 다른 주제에 대해 다루어보고자 한다.♣

(『군사논단』 제33호, 한국군사학회, 2002년)

---

22) Bernard Brodie, "The Continuing Relevance of On War", *ON WAR*, trans. by Michael Howard and Peter Paret, p. 50.

XI.
공격과 방어의 변증법

1

클라우제비츠는 처음부터 적군의 격멸을 목적으로 하는 전쟁, 즉 절대전쟁의 관점에서 「제1편, 전쟁의 본질에 대하여」(제1장 제외)로부터 「제5편, 전투력」까지 집필했다. 그러나 「제6편, 방어(Verteidigung)」는 보통 우리들이 사용하는 전술적 행동을 뜻하는 방어만을 논의하는 것이 아니라, 강대국 프랑스(인구 3,000만)에 대항하여 열세한 프로이센(인구 500만)의 국가 방위를 어떻게 할 것인가를 다루면서, '26장, 국민의 총무장'에서 게릴라전戰도 포함시키고 있다. 그래서 제6편은 모두 30장으로 구성되어 그 분량은 전체의 3분의 1에 가까우며, 내용면에서 본다면 『전쟁론』의 결론에 해당한다고 보아야 할 것이다. 그런데 여기서 그는 전략적 사고思考의 전환점에 직면하게 되었다.

첫째 : 결정적 승리를 추구하기 위해 침공해 오는 우세한 적에 대해 유효한 방어책이 존재하는가, 하는 문제이다. 결전에 의해 적의 주력을 격멸하여 조속히 결말을 지어야 한다는 클라우제비츠의 절대전쟁관에 입각한 섬멸전략과 방어의 관계인데, 이것은 상호 모순의 문제이다. 모순矛盾이

란 문자는 중국의 고사故事에서 생겨났다. 옛날 중국에 창(모矛)과 방패(순盾)를 파는 상인이 있었다. 창의 우수함을 자랑하면서, "어떠한 방패도 뚫을 수 있다"고 말하고, 다음은 방패의 우수함을 자랑하면서, "어떠한 창도 막을 수 있다"고 말했다. 어느 손님이, "그 창을 가지고 그 방패를 찌른다면 어떻게 되지 ?" 하고 질문하자, 그 상인은 답변을 하지 못했다. 여기에서 대립된 받아들일 수 없는 주장을 양립兩立시키는 것을 모순矛盾이라 부르게 되었고, 형식 논리학에서 말하는 모순은 이런 것을 뜻한다.

둘째 : 공격과 방어의 양쪽 군대가 서로 결전을 원하지 않는 제한전쟁으로써, 그의 절대전쟁관을 허물게 만든 내용이다.

클라우제비츠는 결정적 승리를 추구하기 위해 적의 야전군의 격멸을 위해 공세攻勢의 원리를 주장해 왔는데, 지금 이를 타파하는 데 유효한 수세守勢의 원리를 제6편에서 찾아야만 했다. 즉 모든 방패를 관통하는 창(矛)에 대해, 모든 창의 공격을 저지하는 방패(盾)를 찾아야만 했다.

(자료 1) 방어의 개념이란 무엇인가 ? 그것은 적의 공격을 저지한다는 것이다.… 교전交戰에서의 방어적 체제라는 것은 결코 단순한 방패와 같은 것으로 생각해서는 안 되며, 교묘하게 공방攻防 양용으로 사용되는 방패로 생각해야 한다.(VI－1)

(자료 2) 먼저 얘기한 바와 같이 전략에 있어서는 승리란 없다. 한편 전략적 성과란 군이 전투에 있어서 전술적 승리를 얻을 수 있도록 준비해 둔다는 것이다.… 전략적 성과를 올리기 위한 주요 원리는 다음과 같다.

① 토지 및 지형의 유리

② 기습－이것은 본래의 기습, 즉 군 전체를 가지고 적의 군 전체에 가하는 기습의 경우도 있고 또 어느 지점에 적의 예기치 않은 강력한 병력을 배치하는 기습인 경우도 있다.

③ 여러 방면에서의 공격(이상 세 가지는 전술에서와 동일하다).
④ 요새 및 이에 속하는 일체의 것을 원용하며 전장을 보호한다.
⑤ 국민의 지원
⑥ 훌륭한 정신력의 활용…

이상으로 우리들은 방어(Verteidigung)란 공격(Angriff)보다 더 강력한 전쟁형식(Kriegsform)이라고 하는 명제를 충분히 증명했다고 믿는다.(VI-3)

(자료 3) 방어자가 신속하고 강력한 공격으로 옮기는 것, 즉 적의 공격을 저지하자 곧 반격을 하는 것이야말로 방어의 가장 빛나는 순간이다. 그렇게 옮기는 것을 곧 생각하지 못하는 사람, 또 그렇게 옮기는 것을 곧 방어의 개념에 넣지 못하는 사람은 방어의 우위에 대하여 이해하지 못할 것이다.(VI-5)

"방어란 공격보다 더 강력한 전쟁형식이다"고 했는데, 마이클 하워드와 피터 파렛의 영역英譯된 내용도, "Defense is a stronger form of war than attack"로 되어 있다. 필자는 전쟁형식(form of war)이란 원래 전략적 차원의 문제이지, 전술적 차원도 아닌데, 왜 방어 혹은 공격이란 전술적 용어를 사용했을까 하고 처음에는 의문을 가졌으나, 제6편 제3장의 제목이, '전략에 있어서 공격과 방어'로 되어 있어서 납득은 했지만, 그러나 적어도 번역에 있어서는 "수세란 공세보다 더 강력한 전쟁형식이다"고 하는 것이 바람직하다는 생각이 들었다.

1870년 프랑스-프로이센 전쟁에서 프로이센이 프랑스를 대패시키고 승리하여 통일된 독일제국을 탄생시키자, 그 후 독일의 군사전문가들은 클라우제비츠가 주장한 "방어란 공격보다 더 강력한 전쟁형식이다"는 명제를 수용하는 것을 거부했다. 예컨대, 1880년판의 『전쟁론』의 편집자인 셀프 대령은, "방어에 관한 클라우제비츠의 이론은 독일 군부의 의견을 두 개의 대립적 진영으로 분리해 놓았다"고 실토했다.

많은 독일의 군사전문가들은 방어가 공격보다 더 강력한 전쟁형식이라는 그의 이론을 반박하는 데 모든 정력을 기울였으며, 어떤 이는 만약 이 위대한 전쟁철학자가 이 문장을 적어놓지 않았더라면 더 행복하고 존경을 받았을 터인데, 유감스럽게도 그는 이 견해를 표명하고 말았다고 애석히 말하기도 했다. 일본의 육군대학에서 가르친 바가 있는 멕켈(K. W. J. Meckel, 1842~1906) 장군은 "방어에의 결정은 절망적 상태에의 첫째 단계이다"고 했고, 브루메 장군도 "전략적 공세는 전쟁의 정치적 목적이 적극적이든 소극적이든, 전쟁수행의 더 효과적인 형태이며, 그것만이 궁극의 목적에 도달할 수 있는 것이다"고 했다.

독일의 저명한 군사저술가인 골츠(1843~1916) 원수는 공세를 설교하고 수세를 거부하는 글을 발표했다. "우리들 독일군의 현대적 전투방식은 우리들의 결의에 가득 찬 공세의 개념에 따라 계속적인 강력한 타격에 의해 결정적 결과를 획득하는 것을 목표로 한다. 공세의 개념에는 말하지 않아도 우리들의 모든 이론적 논문의, 또 대부분의 실제적 연습의 기초가 되어 있다. 주저하거나, 기다리거나, 또 소극적인 수세는 우리들의 성격에 맞지 않는다.… 클라우제비츠의 저술著述 가운데 공격에 관한 내용이 초고草稿로 그대로 있다는 것은 참으로 애석한 일이다. 아마도 이 위대한 군사이론가는 엄밀한 연구 후에는, 만년晩年에 공격의 편이 이롭다는 설로 바꾸었으리라."

전략에 있어서 모순에 빠진 방어란 공격보다 더 강력한 전쟁형식이라는 명제를 이해하려면, 변증법(Dialektik)에 대한 이해가 필요하리라.

2

변증법(Dialektik)이란 용어는 문답술(dialogos)을 나타내는 희랍어에서 유래하지만, 그 뜻은 매우 다양하다. 예컨대 지금까지 중요한 뜻 속에는 다음과 같은 것이 있었다.

① 논리적인 결과를 조사함으로써 반박하는 방법.
② 궤변적인 추론.
③ 분할의 방법, 혹은 유類를 종種으로 반복하여 논리적으로 분석하는 방법.
④ 특수한 경우라든가, 가설에서 거슬러 올라가는 추론의 과정에서 최고의 보편성을 가지는 추상적인 개념을 탐구하는 것.
⑤ 다만 개연적蓋然的이거나, 일반적으로 승인되어 있는 데 불과한(불확실한) 전제를 사용하는 논리적인 추론이나 의논.
⑥ 형식 논리학.
⑦ 초월적인 대상을 다루기 위해 경험을 넘고자 이성理性이 빠지는 모순을 나타냄으로써, 가상假象(초경험적인 것에 관한 사고내용思考內容)의 논리를 비판하는 것.
⑧ 정립(Thesis)과 반정립(Antithesis)을 거쳐 이 대립의 종합(Synthesis)에 도달하는 사상과 실재實在의 논리적인 발전.

①은 '아킬레스의 거북이'의 비유, '날아가는 화살'의 비유로 유명한 변증법의 창시자로 알려진 제논(Zenon, 490 ? ~430 B.C.), ②는 소피스트, ③은 후기의 플라톤(Platon, 427~347 B.C.), ④는 중기의 플라톤, ⑤는 아리스토텔레스(Aristoteles, 384~322 B.C.), ⑥은 유럽의 중세 전체, ⑦은 칸트(Kant, 1724~1804)가 각각 사용한 변증론이라는 단어의 뜻을 가리키며, 마지막인 ⑧은 헤겔(Hegel, 1770~1831)의 변증법을 가리키며, 보통 우리들이 사용하는 변증법은 많은 경우, 이것을 뜻하는 것이다.

예컨대, 정립과 반정립을 거쳐 이 대립의 종합에 도달하는 것을 지양止揚(aufheben)되었다고 한다. 지양이라는 독일어는, ㉮ 위로 올린다. ㉯ 보존한다. ㉰ 폐기한다는 세 가지의 뜻을 가지고 있는데, 이 세 가지가 여기서 얘기하는 과정 속에서 훌륭하게 살아나는 것이다. 즉 정립과 반정립은 종합하는 가운데서 폐기되고 동시에 보존되며, 그러면서 내용적으로 위로 높여지기 때문이다.

변증법은 어떤 명제命題를 절대적인 영원 부동의 진리로서 고정하는 것을 허용치 않는다. 모든 것은, 가령 진리라 할지라도 유동적流動的·변이적變移的인 것이며, 언제나 부정되는 가능성을 가진다. 따라서 모든 것은 상대적인 것이다. 그래서 헤겔은 "진리란 금액이 박힌 화폐貨幣가 아니다"고 역설했다. 이렇게 본다면, 변증법의 기초에는 "만물은 유전한다"(萬物流轉)는 헤라클레이토스(Herakleitos, 544 ? ~484 ? B.C.)의 철학이 전제로 되어 있음을 알 수 있다. 그러나 변화나 운동도 그것만이 존재한다면 변화나 운동이라 말할 수 없으리라. 왜냐하면 무엇인가 불변의 것이 없다면 변화란 존재할 수 없으며, 정지停止가 없다면 운동이 없기 때문이다. 따라서 변증법은 "모든 것은 변한다"는 생각에만 고집하지 않으며, 오히려 변화와 불변의 결부를 전제로 하는 사고방식이다.

변증법이란 모순율矛盾律을 극복한 고차원의 논리라고도 얘기되고 있지만, 이것은 잘못된 견해이다. 변증법에서는 "A는 비非A가 된다"고 말하고 있지, "A는 非A이다"(모순율을 범하고 있다)고는 말하지 않는다. A가 필연적으로 非A로 전화轉化하는 것을 인식하며, 거기에 모든 진실이 있다고 생각하는 것이 변증법의 사고방식이다. 예컨대, 참다운 변증법이란, 절대와 상대, 무한과 유한, 정지와 운동, 삶과 죽음, 전쟁과 평화, 공격과 방어 등, 거의 통일이 불가능하게 보이는 궁극적인 대립도 결코 고정시키지 않고, 얼핏 보아 분명히 모순으로 생각되는 대립마저도 유동화함으로써 이것을 결부시키는 역동적인 사고방식이라 할 수 있다.

헤겔에 의하면, 동일한 것 가운데서도 대립하면서, 그러면서 통일을 유지한다는 것이 모순이다. 그는 모순이 모든 것의 원동력임을 다음과 같이 말하고 있다. "모순은 모든 운동과 생명의 근원이다. 거기에서만이 사물을 움직이게 하고 또 활동코자 하는 성질을 가지는 것이다"(『대논리학』). 이처럼 그는 대립·모순을 수용하고 전화轉化시키는 변증법을 주장했다.

아리스토텔레스에서 칸트에 의해 대표되는 학문의 일반적 견해에 의하면, 모순이란 진리에 있어서 절대로 배척되어야 한다. 즉 "A(生)는 非A(死)가 아니다"라고 한다. 이것이 전통적인 형식 논리학으로 모순을 생각할 수 없는 정지의 논리요, 불변의 논리이다. 여기에 대해 헤겔은 운동하고 발전하는 현실의 세계가 나타내는 모순을 해명하는 운동의 논리, 발전의 논리, 전화의 논리를 제시하여 모순이 없는 곳에 진리가 있는 것이 아니라, 모순이 있는 곳이야말로 실재實在의 진실이 있기 때문에 모순은 바로 진리의 지표가 된다고 주장했던 것이다.

이렇게 주장한 헤겔의 변증법을 당시의 지식인들이 쉽게 이해할 수 있었을까? 1827년 10월 18일(목요일) 바이마르에 왔던 헤겔에게 괴테(1749~1832)는 변증법의 본질에 대해 질문을 했다. 헤겔은 "그것은 결국 누구에게나 있는 모순의 정신을 법칙화하여 방법론적으로 다룬 것에 지나지 않는데, 이것은 참과 거짓을 분별하는데 크게 도움이 됩니다"고 했다. 그러자 괴테가 끼어들었다. "그런데 그러한 정신상의 기술과 민활함이 자주 오용되어, 거짓을 참이라 하고 참을 거짓이라고 하는 데에 사용되지만 않으면 얼마나 좋겠습니까!" "그러한 일이 벌어질 수도 있겠지요. 하지만 그런 짓을 하는 것은 정신적으로 병이 든 사람들뿐입니다"라고 헤겔은 답변했다. 이 내용은 에커만의 『괴테와의 대화』(1835)에서 나왔지만, 괴테처럼 당시의 최고 지성인도 헤겔에게 변증법을 질문할 정도로 이해하기 어려웠고, 또 대화를 기술記述한 에커만에게도 한계가 있지만, 헤겔의 구체적인 설명을 소개하면 다음과 같다.

그 참다운 모습에 있어서, 변증법은 오히려 모든 오성적悟性的 규정規定, 사물事物 및 유한有限한 것이 자신의 본성이다. 모든 유한有限한 것은 자기 자신을 지양止揚하는 것이다. 따라서 변증법이라는 것은 학문적인 진보를 안에서 움직이는 정신이며, 그것에 의해서만이 내재적인 연관과 필연성 등이 학문의 내용에 들어가며, 또 그 속에서만이 유한한 것으로부터의 외면적이 아닌 참다운 초출超出이 포함되어 있는 원리이다. 그러한 것들은 현실세계의 모든 운동, 모든 생명, 모든 활동의 원리이다. 속담에도, "자기와 상대편을 더불어 살려라"고 얘기되고 있지만, 이것은 어떤 것을 인정함과 동시에 다른 것도 인정한다는 뜻이다. 그러나 한 걸음 더 깊이 생각해 보면, 유한有限한 것은 외부로부터 제한되어 있는 것이 아니라, 자기 자신의 본성에 의하여 자기를 지양止揚하고, 자기 자신에 의하여 반대의 것으로 옮겨가는 것이다. 예컨대, 우리들은, 인간이란 죽어야 하는 것이라고 얘기하고, 그리고 그 죽음을 외부의 사정에 바탕을 둔 것으로 생각하지만, 우리들의 관점에 의하면, 인간에게는 산다고 하는 성질과 죽어야 한다는 성질, 두 가지의 특수한 성질이 있게 된다. 그러나 참다운 관점은 그런 것이 아니라, 생명 그 자체가 그 속에는 죽음의 맹아萌芽를 짊어지고 있는 것이며, 일반적으로 유한한 것은 자기 자신 속에서 자기와 모순되고, 그것에 의하여 자기를 지양止揚하는 것이다.(『소논리학』)

상술한 내용을 부연하면서, 삶(生)과 죽음(死)에 대한 변증법을 생각해 보자. 모든 유한有限한 것은 스스로 그 속에 자기 부정否定을 포함하고 있으며, 스스로 부정否定하게 이른다. 따라서 모든 유한한 생명은 반드시 사멸死滅할 뿐만 아니라, 살아있는 사이에 이미 죽음이 시작되고 있다. 생물학자들의 연구 성과에 의하면, 살아있는 성인의 뇌 세포는 한 시간에 수 만개 씩 죽고 있다고 한다. 그리고 죽음으로 모든 것이 끝나는 것이 아니며 또한 죽음이 일체의 종착역이 아니다. 죽음 그 자체가 또 자기自己 부정否定을 포함하여, 죽음 그 자체가 죽음으로써 새로운 생명의 탄생이 이루어진다. 죽음은 끝이 아니라, 하나의 시작이다. 죽음은 불모의 부정이 아니라, 생산적인 부정이다. "한 알의 밀이 땅에 떨어져 죽지 않는다면 한 알로 끝나리라. 죽어야만이 많은 열매를 맺는다"고 하는 요한복음서의 유명한 이 구절은 바로 삶(生)과 죽음(死)의 변증법을, 그리고 변증법적인 정신의 생산성을 얘기한 것으로 해석할 수 있다.

예컨대, 명량해전 전날(1597. 9. 14.) 이순신은 여러 장군들을 모아 약속하되, "병법에 이르기를 반드시 죽고자 하면 살고, 반드시 살고자 하면 죽는다."(兵法云 必死則生 必生則死) 하고 말했다. 다음날 해전에서 통제사 이순신은 죽기를 각오하고 진두지휘를 해서 13척으로 130여척의 왜병선과 싸워 31척을 격파하고 승리했다. 한편, 칠천량 해전(1597. 7. 15.)에서 통제사 원균은 왜군의 기습을 당하자 가장 먼저 살려고 육지로 도망쳤으나, 왜병사의 복병을 만나 살해당하고 말았으며, 조선 수군은 단번에 완패·와해되고 말았다.

미국 최고의 비즈니스 연설가인 브라이언 트레이시(Brian Tracy)는 그의 저서 『승리 ! 』(2002)에서, "모든 실패나 실망 안에는 그 보다 큰 성공과 이익의 씨앗이 숨겨져 있다. 당신이 해야 할 일은 그 씨앗을 찾아내는 것이다"고 했는데, 이것은 변증법의 진수를 표현한 것이라 하겠다.

본론으로 돌아간다면, 공격과 방어뿐만 아니라, 전쟁과 평화, 유한과 무한, 절대와 상대, 철학과 경험, 의도와 실행 등, 이러한 정반대의 명제는 절대적인 반대 개념이 아니라, 하나에서 다른 것으로 발전하는 유동화에 의해 이것을 종합하는 변증법이 있다는 것을 알게 되었다. 즉 인간의 삶(生) 그 자체가 그 속에 죽음의 맹아를 짊어지고 있듯이, 방어에도 그 속에 공격이 포함되어 있다는 클라우제비츠의 변증법적 사고방식을 골츠 원수를 비롯한 독일의 저명한 군사전문가들은 이해하지 못했을 뿐만 아니라, 그들은 『전쟁론』의 다음과 같은 내용을 읽었는지 의심스럽다.

(자료 4) 교전에서의 방어적 체제라는 것은 결코 단순한 방패(盾)와 같은

것으로 생각해서는 안 되며, 교묘하게 공방攻防 양용으로 사용되는 방패를 생각해야 한다.(VI－1)

(자료 5) 무릇 적극적 원리를 결여한 방어는 전술에서와 마찬가지로 전략에 있어서도 그 자체가 모순이라는 것이 우리들 본래의 주장이 되지 않으면 안 된다. 따라서 어떠한 방어도 방어의 이점利點을 모두 활용했다면, 곧 공격으로 옮겨야 한다는 것을 반복하여 지적해 둔다.(Ⅷ－4)

18세기에 시작된 전쟁술 분야의 연구는, 전쟁의 본질에 관한 규명은 의도되지 않았고, 주로 전투의 개개의 표면적 현상에만 관심이 집중되었다. 당시는 칸트에서 헤겔에 이르는 관념주의 철학의 전성시대였고, 그 속에 살고 있었던 클라우제비츠로서는, 전쟁에 관한 포괄적이고 깊은 통찰력이 있는 저술을 의도했을 때, 철학, 논리학, 정치학, 전쟁사, 심리학 등의 학제적 연구방법 이외의 방법은 존재할 수 없었으리라. 따라서 『전쟁론』은 군사학뿐만 아니라 어느 정도의 철학적 지식, 특히 변증법에 대한 기초 지식이 없이는 이해하기 어려울 것이다.

예컨대, 제1차 세계대전 후, 독일 국방군의 총사령관 제크트(Seeckt, 1866~1936) 대장은, 1930년 클라우제비츠 탄생 150주년을 기념함에 있어서 『전쟁론』은 "어려운 저술"이라 했고, 수 년 후 그의 부인에게 편지로 "클라우제비츠에 관한 한, 나는 이해하기 어려운 철학적 훈련을 받지 않았다. 나는 간혹 행운의 공식을 발견하는 재능을 가진 경험주의자가 되고 싶다"고 한숨을 내뱉었다.

3

나가노 하지무(中埜 肇) 교수의 『변증법弁証法』(1993)에 의하면, 칸트의 변증론과 헤겔의 변증법은 같은 용어인 Dialektik를 사용하면서 전연 반대의 의미·내용의 용법을 가지는 데, 칸트는 「A는 非A가 아니다」가 변증론이라 생각하는 반면, 헤겔은 「A는 非A가 된다」가 변증법으로 생각한다는 것이다. 칸트는 모순을 배제한 형식 논리학에 바탕을 두고 있으나, 헤겔은 모순을 수용한 변증법을 주장했다는 데에 양자 간의 결정적 차이점이 있다고 하겠으며, 서양 철학사에 있어서 모순을 수용한 변증법을 제창한 것은 헤겔이 최초임을 밝혀 둔다.

클라우제비츠는 '방어와 공격'뿐만 아니라, 『전쟁론』의 서문에서도, "연구와 관찰, 철학과 경험은 서로 경시해서는 안 되며, 더구나 서로 배척해서도 안 된다. 철학은 경험을 보증하고, 경험은 철학을 보증하는 것이다"고 했고, 또 그는 처음에 "적의 격멸을 목적으로 하는 절대전쟁"에 열중하다가, 다음에 "국경부근에 적 영토의 일부를 침략하는 현실전쟁"으로 전환했다. 그 다음은 "각 시대에는 각 시대의 독특한 전쟁이론이 있다"고 주장했는데, 이것은 분명히 「A는 非A가 된다」의 변증법으로 해석된다.

그렇다면, 클라우제비츠는 헤겔의 변증법을 수용했는가, 아니면 독창적으로 「A는 非A가 된다」는 변증법을 창안했는가 하는데, 견해가 엇갈리고 있는 실정이다. 이에 관련된 직접적인 증거가 아직 발굴되지 않았지만, 필자는 헤겔의 변증법을 수용했으리라고 추정하는 입장이다.

필자의 더 큰 관심사는 어떻게 헤겔은 모순을 수용하는 변증법을 주장했을까, 하는 점이었다. 나가노 교수에 의하면, "변증법적 사고방식이 어떻게 해서 헤겔 속에서 발생하여 성숙했는가 하는 점에 대해서는 분명치가 않다. 먼저 얘기한 플라톤 철학이 크게 작용했으리라고 생각되는 피히테의 정립·반정립·종합의 영향도 무시할 수 없으리라. 그러나 나는 헤겔이 칸트의 사상에 대하여 명확한 대립의 자세를 나타냄으로써 독자적인 변증법 사상에 도달한 것으로 생각한다"고 했다.

그러나 필자는 약간 견해를 달리한다. 즉, 헤겔이 「철학사 강의」 중에 중국 철학—공자孔子, 역易의 철학, 도가道家—을 강의함으로써 모순을 수용하는 변증법을 발전케 하는 암시를 얻은 것으로 추정한다. 그의 「철학사 강의」는 모두 9회에 걸쳐 그가 봉직했던 대학에서 했는데, 첫 회는 1805~1806년의 예나 대학에서 그리고 최종 강의는 1831년 11월 베를린 대학에서 실시했다. 그의 강의 내용을 요약하면 아래와 같다. 참고로 헤겔은 라틴어로 번역된 책을 활용했는데, 당시 중국에 파견된 파리의 예수회원에 의해 『논어論語』는 1687년, 『역易』은 1776년, 『노자老子』는 1788년에 번역·출간되어 있었다.

가) 공자 : 공자는 다만 실천적인 현자賢者에 지나지 않으며, 그에게는 사변철학思辨哲學은 그림자도 형태도 없다. 우리들이 그의 여러 원전을 보고 얻을 것은, 그것이 번역되지 않았던 편이 오히려 그의 명성을 위해 좋았다는 것이다.

나) 역의 철학 : 근본적인 상象은 수평선(-, 陽)과 이것을 두 개로 절단한 선(--, 陰)의 두 가지이다. 첫째의 것은 완전한 것, 아버지, 남성적인 것, 피타고라스파派의 경우처럼 일원一元(단위), 긍정을 나타낸다. 둘째는 불완전한 것, 어머니, 여성적인 것, 이원二元, 부정을 나타낸다. 이러한 기호는 여러 사물의 원리로 대단히 존중된다.… 조합을 이루어 팔괘八卦를 낳는다.

다) 도가 : 시조는 노자이며, 그는 기원전 7세기 말에 탄생했고, 공자보다 연장자였다.… 옛 사람들이 자주 인용하는 유명한 문구가 있다. 즉, "우주의 근원인 도道에서 하나의 기氣가 생기고, 하나의 기氣에서 음기陰氣와 양기陽氣가 생기고, 음기와 양기에서 화기和氣가 생기어, 이 기氣의 화합운동和合運動으로 말미암아 만물이

생성된다. 만물은 음陰을 업고 양陽을 향해 나아가며, 음양 두 기氣가 부딪혀 새로운 사물을 만들어 낸다"(제42장)고 했는데, 사람들은 이 속에서 삼위일체三位一體에의 실마리를 찾고자 했다.

변증법의 관점에서 공자는 제외하더라도, 헤겔은 '역의 철학'에서 「경經」만 설명하고, 「전傳」은 제외했다. 『역易』(혹은 『주역周易』)은 「經」(「역경易經」)과 「傳」(「역전易傳」)으로 구성되어 있는데, 「傳」은 전체 7종 10편으로 구성되어 있다. 즉 「단전彖傳」·「상전象傳」·「계사전繫辭傳」·「문언전文言傳」·「설괘전說卦傳」·「서괘전序卦傳」 그리고 「잡괘전雜卦傳」의 7가지 종류와 그 중 「단전」·「상전」·「계사전」이 상·하편으로 나뉘어 있으므로 편수로는 모두 10편이며, 이것을 「십익十翼」이라고도 한다. 「經」은 점서占書이지만, 「傳」은 「經」을 철학적으로 해석한 내용인데, 「經」에 있는 음양의 조합인 팔괘八卦는 소개하면서, 「傳」은 왜 전연 소개하지 않았을까? 특히 "한 번은 음의 모습으로 나타나고, 한 번은 양의 모습으로 무궁히 변화하는 움직임, 이것을 도道라고 한다"(一陰一陽之謂道 : 「繫辭傳」)고 했다. 즉, 음양이 서로 바뀌는 작용을 우주의 기본 원리로 이해한 것이다. 역의 기본 사상은 음과 양이며, 음양이란, 다만 우주 구성의 기氣에 대해서 말할 뿐만 아니라, 모든 사물의 변화와 대립, 생성과 발전, 조화와 통제가 유지된다는 변증법의 사상이다. 특히 음이 양이 되기도 하고 또 양이 음으로 된다는 것은, 헤겔 변증법의 핵심인 "A는 非A가 된다"와 동일한 논리적 구조인 것이다.

헤겔은 『노자』 제42장에서 음양설陰陽說이 등장하는 것을 확인했고, 또 "세상의 모든 사람들이 미美를 미로서 인정하게 되면, 거기서 추한 것이 나타난다. 마찬가지로 선善을 선으로서 인정하게 되면, 거기서 불선不善이 나타난다. 유와 무는 서로 생겨나며, 어려움(난難)과 쉬움(이易)은 서로 보완하며, 긴 것(장長)과 짧은 것(단短)은 서로 그 위치를 점하며, 높은 것과 낮은 것은 서로 모순되며, 소리와 소리는 서로 조화하며, 앞과 뒤는 서로 순서를 기다린다. …"(제2장). "화禍는 복福이 의지해 있는 곳이고, 福은 禍가 숨어 있는 곳이다. 누가 그 끝을 알 것인가. 그 돌아가는 결과는 누구도 모르는 것이다. 세상에는 절대 옳은 것, 절대 일정한 것이라곤 없다. 옳다는 것이 거짓으로 변하며, 선은 사악邪惡으로 변한다"(제58장)고 했다. 긍정 속에 부정이 숨겨져 있고, 또 부정 속에 긍정이 숨겨져 있다는 변증법적 과정을 나타내고 있는데, 전술前述한 헤겔의 『소논리학』의 뒷부분과 동일한 내용이 아닐까?

필자는 헤겔의 모순을 수용한 변증법은 중국의 역易의 철학과 『노자』의 변증법적 사고방식에서 암시를 받았다고 추론하지만, 그가 이 내용을 전연 소개하지 않았을 뿐만 아니라, 밝히지도 않은 이유는 아마도 중국인에 대한 유럽인의 오만에서 비롯된 것이리라. 마찬가지로 나폴레옹의 초기 40전 연승을 전략적 관점에서 분석해 보면, 신속한 기동에 의한 병력의 집중이었다. 그는 적의 병력을 견제하여 여러 곳으로 분산시키고는 결전장에 그의 병력을 집중하여 적의 주력에 대해 상대적 우세를 확보함으로써 승리를 했던 것이다. 언제인가 모로 장군이 나폴레옹에게, "폐하는 언제나 소수를 가지고 다수에 이겼습니다"고 말한 데 대해, 그는 "그렇지 않다. 나는 언제나 다수를 가지고 소수를 이겼다"고 대답했다.

이것은 집중의 원칙에 입각한 상대적 우세의 묘리妙理를 설명한 것인데, 『손자병법』에 의하면, "적의 배치는 노출시키고, 이 편의 배치는 적이 알지 못하게 감추어 둔다면, 이 편은 집중할 수 있으나, 적군은 분산되기 마련이다. 이 편은 하나로 집중하고 적군은 10으로 분산하면, 그 결과는 열 사람이 한 사람을 공격하는 것이 된다"(허실虛實)고 했다. 나폴레옹은 1772년 예수회 선교사 아미오 신부가 프랑스어로 번역한 『손자병법』을 애독했을 뿐만 아니라, 출전 시에는 언제나 휴대했다고 연구자들은 기록하고 있으나, 필자는 이에 대한 직접적인 논거는 아직 발굴하지 못했다. 『나폴레옹의 전쟁 금언』(*The Military Maxims of Napoleon*)에도 알렉산더, 한니발, 카이사르, 구스타브 아돌프, 프리드리히 대왕 등의 유럽인의 이름은 소개되어 있어도 손무孫武는 전연 보이지 않는다.

4

필자는 공군본부에서 발간하는 『공군』이라는 잡지에 「손자병법으로 본 한국전쟁」을 연재(1966~1968)한 바 있으며, 첫 회에 다음과 같이 기록했다. "손자병법은 심오한 전쟁철학을 가지고 있다. 클라우제비츠의 『전쟁론』이 칸트에서 헤겔에 이르는 관념주의 철학에 기초를 두고 있는 것처럼, 『손자孫子』도 동양의 3대 사상(유교·불교)의 하나인 노자사상老子思想에 기반을 두고 있다고 생각한다"고 했다. 『손자』의 이해利害, 정기正奇, 허실虛實, 우직迂直, 공수攻守, 주객主客, 일로佚勞 등의 내용은 『노자』의 사상, 특히 변증법을 알아야 이해가 가능할 것이다.

(1) 무릇 군대의 운용은 물과 같아야 한다. 물은 높은 곳을 피하고 낮은 곳으로 흐르기 마련이다. 마찬가지로 군대의 운용도 적의 강한 곳을 피하고 허점을 공격해야 한다. 물은 지형에 따라 흐름의 형태를 달리하는 법이지만, 마찬가지로 군도 상황에 따라, 즉 허실강약虛實强弱에 의하여 승리를 획득해야 한다. 물은 일정한 형태가 없는 것이다. 군의 운용에도 일정한 형태가 없는 것이다. 적의 정세에 따라 우리의 쉽고 효과적인 대응책으로 승리를 거두니, 이를 용병用兵의 신神이라 한다.(허실虛實)

(2) 혼란은 질서에서, 비겁은 용기에서, 약함은 강함에서 각각 비롯된다. 그리고 혼란에 빠지거나 질서가 유지되는 것은 군의 조직 문제요, 비겁하거나 용감한 것은 전세戰勢의 문제이며, 약하고 강하고는 순전히 군의 태세에서 비롯된다.(병세兵勢)

(3) 전투가 어렵다고 하는 것은 먼 길을 곧고 가까운 길과 같이 만들며, 불리한 것을 잘 이용하여 도리어 이로운 것으로 만들기 때문이다.(군쟁軍爭)

(4) 지혜 있는 자가 판단할 때는 반드시 이익과 손실을 아울러 참작해야 한다. 이익을 계산해 두면 하는 일에 확신을 가질 수 있고, 손실을 계산해 두면 환란을 방지할 수 있다.(구변九變)

(5) 군대는 위험한 상황 속에 투입해야만 비로소 패배를 모면할 수 있고, 사지死地에 빠진 뒤라야 살아날 수 있는 것이다. 무릇 병사들은 그러한 위험스러운 상황 속에서만이 분전하여 승리할 수 있다.(구지九地)

(6) 모든 전투는 적의 공격을 능히 막을 수 있는 방어(正)로써 나아가, 적을 이길 수 있는 공격(奇)으로써 승리하는 것이다.(병세兵勢)

손자는 하나의 사물에 내재하는 모순으로부터 그 사물의 성격과 발전 추세를 분석하여 그 모순의 전화轉化를 쟁취해야 한다고 주장한다. 용병상의 유리한 측면과 불리한 측면을 함께 파악하고, 양쪽의 모순을 잘 살피면 유리한 측면에 대해서는 자신감을 가질 수 있고, 불리한 측면에 대해서는 대비책을 세울 수 있다는 관점이었다.

『손자』의 공격과 방어에 대한 이론적 기초를 살펴보고자 한다.

(7) 옛날 싸움을 잘하는 장수는 먼저 적이 승리하지 못하도록 만전의 태세를 갖추고, 이 편이 승리할 수 있는 기회를 기다렸다.

(8) [**현행손자**現行孫子] 적으로 하여금 승리하지 못하게 하는 것은 수세이고, 적에게 승리를 쟁취하는 것은 공세이다.

수세守勢는 병력이 부족하기 때문이요, 공세攻勢는 병력이 우세하기 때문이다. 수세를 잘하는 자는 깊은 땅 속에 숨어 있는 것과 같이 방어하고, 공세를 잘하는 자는 하늘에서 마음대로 나는 것처럼 공격한다.

(軍形 : 不可勝者守也, 可勝者攻也. 守則不足, 攻則有

餘. 善守者藏於九地之下, 善攻者動於九天之上)

〔죽간손자竹簡孫子〕 …수세는 병력의 여유가 생기기 때문이요, 공세는 병력의 부족을 가져오기 마련이다. 수세를 잘하는 자는 깊은 땅 속에 숨어 방어하고 있다가, 적의 허점을 찾아 하늘에서 마음대로 움직이는 것처럼 적을 공격한다.

(…守則有餘, 攻則不足. 善守者藏於九地之下, 動於九天之地上.)

전쟁형식을 공세와 수세로 나누었을 때, 수세만으로는 승리할 수 없고, 승리하려면 공세를 취해야 한다는 것은 기본 원칙이다. 그리고 병력이 부족하면 수세를 취하고, 병력이 적보다 우세하면 공세를 취한다는 것도 현대 군사학의 일반 원칙이요, 또 현행의 『손자병법』에도 「守則不足, 攻則有餘」로 기록되어 있다. 그러나 새로이 발굴된 『죽간 손자병법竹簡孫子兵法』에 의하면, 수·공세의 내용이 위에 말한 바와 같이 반대로 되어 있을 뿐만 아니라, 선수자善守者가 땅 깊숙이 숨어 있다가 또 하늘에서 마음대로 움직여 공격한다고 했는데 이것을 어떻게 해석해야 할 것인가?

손무에 의하면, "적이 승리하지 못하도록 하는 것은 이 편에게 달려 있고, 이 편이 승리하는 것은 적군에게 달려 있는 것이다. 그러므로 싸움을 잘하는 장수는 능히 적이 승리하지 못하도록 우리의 대비태세에 만전을 기할 수는 있지만, 아군이 적을 공격하여 승리할 수 있도록 적측의 허점을 마음대로 만들어 낼 수는 없는 것이다. 따라서 적에게 승리하는 계획은 세울 수는 있으나, 이것을 실행하기는 어렵다"(군형)고 했다.

전쟁이란 국가의 존망과 국민의 생사가 엇갈리는 중대한 선택이기 때문에, 첫째는 국가의 안전과 불패不敗요, 다음이 적군의 격멸이다. 불패不敗의 태세는 자기 스스로 만들 수 있으나, 적의 격멸은 적이 저지르는 실책을 틈타야 하기 때문에 스스로의 결심만으로 이루어지는 것은 아니다. 양군의 병력이 비슷한 경우, 수세는 자기의 국토 내에서 지형지물 등을 이용하기 때문에 병력의 여유가 생기지만, 공세를 취하고자 하면 더 많은 병력이 소요되기 때문에, 「守則有餘, 攻則不足」이라 표현했다. 그리고 그의 수세는 다만 수세로 끝나는 것이 아니라, 적의 허점을 이용하여 공세로 전환하는 것이기 때문에, 「善守者藏於九地之下, 動於九天之上」이라 한 것으로 해석한다. 클라우제비츠도 "어떠한 방어도 방어의 이점利點을 모두 활용했다면, 곧 공격으로 옮겨야 한다는 것을 반복하여 지적해 둔다"(자료 5)고 했다.

손무와 클라우제비츠의 공세와 수세에 대한 견해는 동일할 뿐만 아니라, 변증법으로 해석해야 이해가 가능하며 '동動'자 앞에 '선공자善攻者'를 삽입시킨 현행의 『손자병법』의 개찬자, 그리고 클라우제비츠 이후 "방어란 공격보다 더 강력한 전쟁형식이다"는 명제를 이해하지 못한 군사전문가들은 공방攻防의 변증법을 이해하지 못하고, 다만 형식 논리학인 「A는 非A가 아니다」고 하는 이분법적二分法的 사고思考(공격과 방어의 개념은 고정되어 있고 변하지 않는다는 것)에서 벗어나지 못했기 때문이리라.

한漢나라 사마천司馬遷(145~85 B.C.)의 『사기史記』(91 B.C.) 「공자세가孔子世家」에 의하면, "공자는 만년에 역易을 애호하여 단彖·계繫·상象·설說·괘卦·문언文言의 제전諸傳을 정리했다"고 했고, 전술한 바와 같이 그 계사전繫辭傳에서 「一陰一陽之謂道」라 하여 음양의 변증법을 주장했다. 그렇다면 『노자』 제42장의 음양의 변증법과 어떤 선후先後·상호관계相互關係가 있는 것일까, 하는 것이 오랫동안 궁금했다. 더욱이 송宋나라의 구양수(歐陽修, 1007~1072) 이후 『역전易傳』은 공자가 만든 것이 아니라는 의문이 제기되기도 했는데, 지금까지의 여러 견해는 다음과 같다.

첫째 : 『역전易傳』 10편이 모두 공자가 지은 것이라고 보는 견해이다.

둘째 : 『역전』은 기본적으로 공자가 지었지만, 그 가운데 앞 사람의 유문遺聞을 기술한 부분도 있고 문인 제자들이 평소 공자의 강술을 기록한 부분도 있어서 『

논어』의 상황과 비슷하니, 그 사상은 응당 공자에 귀속하지만, 뒷사람이 함부로 끼워 넣은 부분도 있는데다가 탈문脫文·착간錯簡도 있다는 견해이다.

셋째 : 『역전』 가운데 「단전彖傳」과 「상전象傳」만 공자가 지었고, 나머지는 제자나 후학들이 지었다는 견해이다.

넷째 : 『역전』은 결코 공자가 지은 것이 아니며, 전국 중기戰國中期나 말기末期 혹은 서한의 소제·선제 때나 심지어 그 뒤에 나왔다는 견해이다.

이 문제는 필자의 지대한 관심사였지만, 『역』은 평생토록 연구해도 알기 어렵다는 선입관과 전공이 군사사학軍事史學과 군사이론이라 함부로 덤비지 못하고 있다가, 최근 우연히 북경대 철학교수 첸구잉(陳鼓應, 1935~)의 『역전여도가사상易傳與道家思想』(1994)을 읽음으로써 의문에 대한 실마리를 찾은 듯 하여 소개하면 다음과 같다.

(1) 황페이룽(黃沛榮) 교수에 의하면, "이전 학자들이 해낸 『주역』 연구에는 두 가지 오류가 있다. 첫째, 「역경」과 「역전」을 하나로 보는 것이고, 둘째, 「경」과 「전」을 분리해서 보더라도 십익十翼을 하나의 체계로 보고, 십익 사이에 일관된 철학이 있다고 보는 것이다.…후자 역시 각 전들의 시대와 저자가 다르다는 사실에 그리 밝지 못해서 모두를 한 가지 사상인 양 논하는 오류를 범하였다"고 했다.

(2) 펑유란(馮友蘭)도 일찍이 「역전」의 중심 사상에 관하여, "철학사의 관점에서 볼 때, 「역전」의 중요성은 도덕적인 교훈에서보다도 우주관이나 변증법 사상에서 찾을 수 있다"는 뛰어난 관점을 제시한 적이 있다.

(3) 음양으로 『역』을 해석하는 「단전」의 전통은 그 이론체계가 유가儒家보다 도가道家에 가깝다. "『논어』에는 음양이 나오지 않는다. 전국 중기 유가의 대표자인 맹자의 『맹자』에도 음양설은 없다. 공자의 손자인 자사子思가 썼다는 유가 경전 『중용』에도 음양설이 없다. 이것은 전국 중기 이전 노나라의 유학자들이 음양이라는 범주를 가지고 사물의 성질이나 변화를 설명하지 않았음을 뜻한다." 그런데 노장老莊은 그렇지 않다. 주나라 왕실의 수장사守藏史였던 노자는 음양으로 자연현상을

해석하는 사관전통을 계승하여 "만물은 음을 등에 지고 양을 향해 나아가며, 음양 두 기가 부딪혀 새로운 사물을 만들어 낸다"(『노자』 제42장)고 인식한다. 장자는 더 명확하게 말한다. "사람이 음양과 갖는 관계는 부모와의 관계보다 더 하다"(『장자』). 노장老莊의 이런 기화사상氣化思想이 음양으로 『역』을 해석하는 이론의 근원임은 분명하다.

(4) 『장자』와 「계사전」의 음양설이 다른 점은—혹은 이 점을 가지고 「계사전」이 『장자』보다 수준이 높다고 말할 수 있다—「계사전」에서 바로, "一陰一陽之謂道"라고 하는 보편적인 명제를 제시한 점이다. 『장자』에 "『주역』으로 음양의 이치를 밝힌다"고 하는 인식이 들어 있기는 하지만, 이론적으로 더 이상 추상화하거나 개괄하지 못하였다. 내가 보기에 「계사전」의 음양설은 『장자』에게서 큰 영향을 받았고, 동시에 『장자』보다 한 걸음 더 나아갔다.

(5) 1973년 호남 장사 마왕퇴 한묘(湖南長沙馬王堆漢墓)에서 대량의 백서帛書가 출토되면서 백서 『주역』 및 『노자』 갑·을본 그리고 그 책을 전후로 한 여러 고일서古佚書들이 발표되어 세계적인 흥미와 관심을 불러일으켰다. 그런데 오직 백서 「계사전」과 그 전후로 『역경』을 해석한 수 편의 저작만이 오늘날까지 근 20년 동안 빛을 보지 못하고 있다.… 백서 「계사전」의 전본 문제와 관련해서 다음과 같은 합리적 논단을 펼칠 수 있다.

- 첫째 : 백서본 「계사전」은 현행본에 비해 원래의 모습을 간직하고 있다.
- 둘째 : 현행본 「계사전」은 백서본보다 늦다.
- 셋째 : 백서본 「계사전」은 원래 편명編名이 없었다. 편명은 편찬자가 정본 양식을 편찬할 때 추가한 것이다. 백서본 「계사전」은 원래 상·하편이 없었는데, 상하로 나눈 것 역시 정본을 편찬한 자가 추가한 것이다.
- 넷째 : 백서본에서는 보이지 않지만 현행본 「계사」(하)의 유가적 색채가 다소 농후한 단락은 정본 편찬자가 「역지의易之義」와 「요要」에서 발췌하여 첨가한 것이다. 이 때문에 구양수

(歐陽修)가 말하였듯이 "자질구레한 것을 잡다하게 모아 놓은"듯한 느낌을 갖게 된다.

앞에 말한 것과 같이 현행본 「계사전」은 이미 일부는 도가道家가 주체가 되어 음양가·유가·묵가 등 각 학파의 사상으로써 『역경』을 해석한 작품이다. 현행본 「계사전」에 비해 백서 「계사전」은 유가적 색채가 옅은 대신 도가적 경향은 더욱 선명하다. 이 때문에 백서 「계사전」은 전국시대 도가 학파의 한 전본일 가능성이 크다.(최진석 외 옮김)

필자는 당초 『사기史記』, 「공자세가孔子世家」와 현행본 「계사전」에 근거하여, 『역전易傳』으로부터 유가역儒家易의 철학체계와 도가역道家易의 철학체계가 유래하는 것으로 생각했으나(중국에서는 아직 『역전』은 기본적으로 공자의 저작으로 생각하는 것이 주류임. 둘째의 견해), 이것은 잘못이라는 것을 알게 되었고, 첸구잉(陳鼓應) 교수 등의 상술한 주장을 수용하는 입장이며, 『노자』는 음양설을 가지고 "만물은 음을 업고 양을 향해 나아가며, 음양 두 기가 부딪혀 새로운 사물을 만들어 낸다"고 했는데, 이것이 『장자』에서 "『주역』으로 음양의 이치를 밝힌다"를 거쳐 「계사전」의 '一陰一陽之謂道'로 발전했으며, 이것이 후대의 전국시대의 산물이라는 견해는 탁견이 아닐 수 없고 또한 문헌상 변증법의 발전과정을 엿보는 듯 했다. 그렇다면 중국에 음양설은 언제 등장했는가?

음양설은 최근까지도 중국인의 우주관을 지배해 왔다. 음양에 관한 최초의 언급은 이미 『국어國語』(아마도 기원전 3~4세기에 편집된 것인 듯 하다)에 등장했다. 이 역사서는 다음과 같은 내용을 기록했다. 즉, "기원전 780년에 지진이 발생하였을 때, 주周 태사太史인 백양부伯陽父는 설명했다. 대체로 천지天地의 기氣는 본래 일정한 위치가 있어 그 질서를 잃지 않는다. 만일 그 질서를 과도하게 잃었다면 이것은 백성들이 교란시킨 것이다. 양기가 숨어서 나오지 못하면 음기가 눌려서 증발할 수 없다. 이리하여 지진이 발생하였다."

양陽이란 말은 원래 '햇볕'을, 음陰이란 말은 '그늘'을 뜻하였으나, 후에 점점 발전되어 음양은 우주의 두 원리 또는 원동력으로 간주되고, 양은 남성적인 것 ; 능동성·더위·밝음·건조·굳음 등을 나타내고, 음은 여성적인 것 ; 수동성·추위·어두움·습기·부드러움 등을 뜻하게 되었다. 음양의 두 가지 원동력이 상호작용에 의하여 우주의 삼라만상이 발생·변화한다는 것이다.

그런데 과연 전국시대의 작품인 『국어』의 백양부의 음양설을 믿을 수 있는가, 하는 문제는 잠깐 덮어두고라도, 『역경』에는 전연 음양설이 등장하지 않고, 다만 『노자』에서 음양과 변증법이 등장하고, 『장자』에서 이것이 더욱 발전하였으며, 그리고 『역전』은 전국시대 중기 이후의 저작이라는 것을 알게 되었다. 특히 「계사전」의 「一陰一陽之謂道」는 헤겔의 변증법, 즉 「A는 非A가 된다」와 동일한 논리요 사고방식이라는 것, 클라우제비츠의 『전쟁론』은 헤겔의 변증법을 원용援用했다는 것이 필자의 견해이다. 『손자』와 『전쟁론』을 이해·해석하기 위해서는 반드시 '변증법'을 알아야 하며, 두 저서가 오늘날까지 군사고전으로 생명을 유지하는 이유의 하나도 변증법에 바탕을 두고 있기 때문이리라.♣

(『군사논단』 제39호, 한국군사학회, 2004년)

XII. 클라우제비츠 『전쟁론』은 어떻게 읽어야 하나?※

1. 머리말 -『전쟁론』과의 만남-

클라우제비츠(1780~1831)의 『전쟁론』(1832)은 독일의 군인이며 저술가였던 골츠(Goltz, 1843~1916) 원수가 "클라우제비츠 이후 전쟁을 논의하고자 하는 군사이론가는 마치 괴테 이후 『파우스트』를, 또 셰익스피어 이후 『햄릿』을 쓰고자 하는 모험을 범하는 것과 같다" 고 논평할 정도로 군사학계에서는 유명했다.

그러나 지금 생각해도 한심한 얘기지만, 공군사관학교 군사학과 교관이었던 필자는 1957년 7월 19일에 클라우제비츠의 『전쟁론』을 저자도 모르고, 저서의 가치도 모른 채, 책명과 목차만 보고 대구의 고서점에서 구입했는데, 미국에서 최초로 번역된 1943년 간행본이었다. 이것이 『전쟁론』과 나의 첫 만남이었다.

그리하여 곧 그 책을 읽기 시작했으나, 제1편 제1장도 모두 읽기 전에 너무 어려워서 포기했다. 그 직후 미국 유학에서 귀국한 선배가 가지고 온 클라우제비츠의 『전쟁의 원칙』(클라우제비츠가 황태자에게 가르친 군사학 강의개요, 1812)을 빌려서 초역抄譯하여, 기초 훈련을 마친 사관후보생들에게 소개했

※ 李鍾學, 「『戦争論』はいかに読むべきか」, 『『戦争論』の読み方』(東京 : 芙蓉書房, 2001)를 우리말로 옮긴 것이며 일부 내용을 삭제·보완했음을 밝혀둔다.

다. 이것이 계기가 되어 「공사신문」 창간호(1957. 10.)에 「클라우제비츠 장군의 생애와 전쟁원칙」을 발표하였고, 이리하여 클라우제비츠와 인연이 생겨 연구가 시작되었다.

그 후 나는 1년간의 미국 유학에서 귀국하여 4년간 통신학교에서 실무에 종사한 후, 사관학교에 재근무를 하게 되어 본격적으로 군사학의 연구와 교육에 임하게 되었다. 당시의 관심사는 왜 6·25전쟁 초기의 3일 만에 한국군은 인민군에 완패했는가, 그 원인을 규명하는데 있었다. 그래서 클라우제비츠의 『전쟁론』과 『손자병법』을 연구하면서, 경희대학교 대학원 사학과에 입학하여 역사학을 배우기로 했다. 2년간에 걸친 수학修學의 결과, 패인에 관한 의문은 더 많아졌고 또한 깊어졌지만, 역사학적 연구방법을 배운 것만은 수확이었다.

1972년~1973년에 걸쳐 『세계사상 대전집』(50권)의 한 권으로 클라우제비츠의 『전쟁론』과 손무의 『손자병법』을 번역했다. 이 일은 군사학 연구에 있어서 학문적 기초를 구축하게 되었으며 지금도 행운의 기회였다고 생각하고 있다. 이 두 책은 전쟁·전략·전술에 관한 고전古典으로서 강한 생명력을 앞으로도 가질 것이기 때문이다.

그리고 사토 도쿠다로(佐藤德太郎) 교수의 『대륙국가와 해양국가의 전략』(1973)은 나에게 대륙국가의 전략이라는 관점에서 클라우제비츠의 『전쟁론』을 더 깊게 이해시켜 주었을 뿐만 아니라, 클라우제비츠, 리델 하트, 조미니를 소개해 주었다. 나는 이 책의 서평을 한국 국방대학원의 『국방연구』지에 발표하여(1974. 12.) 그 책을 보내주고 사토 교수와 편지 왕래를 시작했다. 1975년 8월 도쿄(東京)의 호텔에서 처음 만났을 때 다음과 같은 질문을 했다.

"메이지(明治) 이래 일본의 육군은 프로이센·독일식을, 해군은 영국식에 바탕을 둔 군사이론·병제 등을 채용했지만, 지정학상으로 섬나라인 일본의 육군은 과연 독일식을 채용해야만 했던가 하는 기본적 문제에 대해 사토 교수는 '외교정략外交政略을 주축으로 하고 전쟁을 그 날개로 하는 법을 배웠어야 하지 않았던가' 하고 조심스러운 표현으로 제시했습니다. 그러나 나는 반도국半島國에 살고 있습니다. 그래서 반도국의 전략이나 연구자료를 소개해 주었으면 합니다."

사토 교수는 약간 긴장된 얼굴로 대답했다. 즉, "반도국의 전략이나 연구자료는 전연 보지 못했습니다. 그러나 반도국의 전략은 이李 교수가 지금부터 연구해야 할 과제가 아닐까요 ?"[1)]

그 후 사토 교수와는 1979년 5월 도쿄에서 다시 만났으나, 2001년 1월 유명을 달리하고 말았다.

1982년 7월 말, 나는 미국의 워싱턴(수도)에서 개최된 국제군사사학회(International Commission for Military History)의 세미나에 참석했다. 이 때 미국의 국방대학원(National War College)과 미 육군전쟁대학원(U.S. Army War College)을 방문하는 기회를 얻었다. 전략처장들과 얘기하는 가운데서 클라우제비츠의 『전쟁론』(1832)과 손무의 『손자병법』(513 B.C. ?)은 미국의 최고 군사학교의 학생장교들의 필독서이고 또한 이것을 바탕으로 토론을 한다는 얘기를 듣고 심히 놀랐다. 왜냐하면, 미국의 군사학계에서는 남북전쟁(1861~1865) 이래, 조미니의 『전쟁술 개요』(1838)가 번역되어 널리 읽혀지고 있다는 것을 알고 있었기 때문이었다. 그러나 세계 최강을 자부하고 있던 미 육군은 베트남 전쟁에 있어서, '전투'에서는 언제나 승리했으나, '전쟁'에서 패배했던 것이다. 그 원인을 찾기 위해 클라우제비츠의 『전쟁론』을 기준으로 하여 분석·해석했던 서머스 육군 대령의 『전략론—베트남전쟁의 비판적 분석—』(1982)과 같은 연구 성과가 있었기 때문이었으리라.

---

1) 이 문제에 대한 논문은, 李鍾學, 「韓半島의 戰略理論 序說」, 『國防研究』(國防大學院, 1976. 6, pp. 43~59)에 발표함.

미 육군 전쟁대학원 교수부의 전략처장 존 스튜어트 대령에게 군사전략을 수립하기 위한 절차와 방법론의 교재에 대해 질문했던 바, 그는 클라우제비츠의 『전쟁론』을 중점적으로 교육하고 있다는 것을 강조하면서 교재 한 권을 주었다. 그것은 미 육군전쟁대학원 편, 『군사전략–이론과 응용–』(*Military Strategy : Theory and Application*, 1982~1983)이었다. 필자는 이 책의 논문을 선택해서 번역하고 또 필자의 논문을 첨가해서 편집하여 『군사전략론–이론과 실제–』(1987)을 발간했다. 특히 같은 학교의 제임스 톤 대령이 준, 마이클 하워드와 피터 파렛이 영어로 번역한 『전쟁론』(1976)은 새로운 빛을 연구에 부여해 주었다. 그 이유는, 이것은 『전쟁론』(1832)의 초판에서 새롭게 번역했고, 재판에서 개찬된 부분이 지적되고 또 각주가 붙어 있었기 때문이었다. 예컨대, 일본에서 지금까지 여러 번 번역된 『전쟁론』은 개찬된 내용이 그대로 번역되어 있었다.

필자는 클라우제비츠 『전쟁론』을 연구한 지 40여년이 되어, 스스로의 연구 성과를 요약·정리하여 논문으로 정리해서 2000년 1월 일본 방위청 방위연구소에서 발표했다. 이 원고는 그 논문, 「일본의 서양 군사이론 수용에 관한 연구–제국 육군 참모본부를 중심으로–」를 기초로 하고 있다는 것을 밝혀 둔다.

『전쟁론』은 전연 관점을 달리하는 '절대전쟁'과 '현실전쟁'의 혼작混作의 미완성 작품이다. 거기에다 철학적 용어의 추상성과 방대한 분량 등에 의해 명저로 알려져 있으나, 실제로 읽혀지기 보다는 인용문으로 사용되는 경우가 많다. 거기에다 이해하기 어렵고 또한 오해를 받고 있는 책으로, 평가는 사람과 나라에 따라 엇갈리고 있는 실정이다. 몇 가지 실례實例를 들어 보기로 한다.

· **조미니** : 클라우제비츠 장군이 박식하고 건필가라는 데는 이론異論이 없

다. 그러나 펜이 때때로 너무 지나쳐 교육적 논의에 치우치고 있다. 거기에다 이 저서는 군사학에 대해 너무 회의적이다. 그의 저서의 첫 권은 모든 전쟁이론에 반대하는 연설에 지나지 않는다. 그 다음의 2권은 이론적 격언으로 가득 차서 다른 사람의 이론은 믿을 수 없으나, 자기 자신의 법칙은 옳다는 자신自信을 가지고 있다.

- **리델 하트** : 간접적인 칸트 학도로서의 클라우제비츠는, 참다운 철학적 지성을 함양하지도 못했음에도 철학적 표현양식을 몸에 걸치고 있었다.… 그는 전술과 전략에 대해 새롭고 또 반짝이는 진보적 사상에는 전연 기여하지 못했다. 그는 창조적 내지 정력적 사상가이기 보다는 법전 편찬적 사상가였다.
- **브로디** : 클라우제비츠의 『전쟁론』은 그 통찰력이 심오하고 또한 독창적이기 때문에, 후세의 사상가들에 의해 이해되지 않았던 몇 가지의 고전古典 중의 하나이다.
- **헐버트 로진스키** : 『전쟁론』은 오늘날까지 나타난 전쟁과 전쟁수행에 관한 연구 중, 가장 심오하고 포괄적이며 또한 체계적인 유일한 군사고전이다.
- **베르너 할베크** : 클라우제비츠 이론의 핵심은 아직 이해되지 않았거나, 혹은 주목받고 있지도 않았다. 더욱이 그의 모든 작품의 철학적·이론적 근거나 정치·경제 및 사회의 여러 가지 요인 속에서 찾아내는 전쟁의 전체상全體相을 먼저 생각해야 한다는 것을 잊어버리고 있다.

클라우제비츠의 『전쟁론』에 관해서는 아직 찬·부의 논쟁이 있지만, 필자는 『전쟁론』을 어떻게 이해·해석해야만 하는가에 초점을 두고, 클라우제비츠의 기본적인 군사사상과 전쟁 이해 그리고 '이해하기 어렵고 오해받기 쉬운' 문제점을 규명해 보고자 한다. 오랫동안의 문헌에 의한 연구와 세 번에 걸친 독일의 현장답사는 클라우제비츠의 사상·이론을 이해하는 데 도움이 되었다. 2000년 10월에는 일본 클라우제비츠학회의 회원과 함께 고전장古戰場, 유적지를 방문했고, 클라우제비츠 생가生家의 복원 기념식에 참가했으며 또 그의 묘지를 참배했다는 것은 클라우제비츠의 연구과정에 있어서 최고조를 장식하는 체험이었다.

필자는 이 원고에서, 클라우제비츠의 『전쟁론』을 비롯하여 많은 서적에서 자유로이 인용했다. 독자에게는 지루하게 생각될지 모르지만, 내가 그들의 사상·이론을 대변代辯하기보다 그들 스스로를 말하게 하는 편이 더 적절하다고 확신하기 때문이다.

2. 『전쟁론』은 왜 이해하기 어려운가?

가. 클라우제비츠와 그의 시대

클라우제비츠는 1780년 6월 1일, 프로이센의 마그데부르크 시 부근의 부르크의 퇴역장교의 4남으로 태어났다. 그는 라틴어 학교에서 빈약한 교육을 받았을 뿐이며, 12세 때에 입대가 허가된 것은 집안이 가난해서 아버지가 군 당국에 청원을 했기 때문이었다. 다음 해, 마인츠의 공방전에 참전했고, 16세에 소위로 임관했다. 1801년, 그는 샤른호르스트(Scharnhorst, 1755~1813)가 초급장교를 위해 새로이 개설한 베를린 군사학교에 입학했다. 3년간 전문분야인 군사과목 뿐만 아니라, 철학·논리학·심리학·수학·역사학 등의 기초 교양과목의 교육을 받았다. 이러한 과목은 전쟁이론의 연구에는 없어서는 안 되는 지식이었다.

할베크의 연구에 의하면, 클라우제비츠가 전쟁이론의 기초적인 작업을 시작했을 시대는, 철학분야에서는 칸트에서 헤겔에 이르는 관념론의 전성시대였고, 칸트의 친구이자 해설자인 키제베터 교수의 저서, 『칸트의 기본원칙에 바탕을 둔 보편적 논리의 개요』(1791)로 칸트철학의 기초를 배웠고, 이것을 전쟁이론의 연구에 활용했다고 주장했다.

클라우제비츠의 군사경력은, 조미니(Jomini, 1779~1869)와는 전연 다르다. 스위스 사람 조미니는 병사부터 순차적으로 승진하지도 않았을 뿐만 아니라, 군사학교의 정규과정을 이수하지도 않았고, 다만 프랑스 육군의 행정관으로 채용되었던 것이다.

클라우제비츠는 1804년, 군사학교를 최우수 성적으로 졸업했고, 샤른호르스트 부교장의 추천으로 아우구스트 친왕(대대장, 프리드리히 대왕의 조카)의 부관이 되어 1806년 10월 아우어슈테트 전투에 참전했다. 그러나 프로이센군은 나폴레옹군에 참패당하였고, 클라우제비츠는 친왕과 함께 포로가 되어 프랑스에서 9개월 가까이 포로생활을 했다. 1807년 7월, 강화조약에 의해 석방되어 베를린에 돌아왔으나, 이 사건은 그의 『전쟁론』 연구에 결정적 영향을 미쳤다 해도 과언이 아니리라. 그 이유는 프리드리히 대왕 이래, 정예를 자랑했던 프로이센군이 잡병들을 긁어모은 듯 한 나폴레옹 국민군의 맹렬한 공격과 철저한 추격 작전에 의한 참패를, 26세의 감수성이 예민한 시기에 체험했기 때문이다.

나폴레옹 출현 이전의 유럽에서는 보통 용병제도였고, 모병이 쉽지 않았으며, 거기에다 재정적 부담 등으로 왕들은 손쉽게 전투를 구사할 수 없었다. 따라서 장군들은 전쟁에서 유혈을 피하고 경계를 첫째로 생각했고, 기지機智를 발휘한 교묘한 기동을 하거나, 적군과의 정면충돌을 가능한 회피하는 데 노력했다. 그들은 작전목표를 적군의 격멸에 두지 않고, 교전을 하는 경우 군대를 교묘히 움직여 적군을 패배로 몰아넣거나, 항복 혹은 퇴각하게끔 유도했다. 이렇게 해서 승리에 도달하는 것을 이상理想으로 삼았다. 작센(1696~1750) 백작은, "나는 전투하는 것에 찬성하지 않는다. 더욱이 전쟁의 초기에 있어서 그러하다. 오히려 현명한 장수는 그의 전 생애에 있어서 한 번도 전투를 하지 않고 전쟁을 할 수 있다고 나는 확신한다"고 주장했고, 메이즈로와(1719~1780)는, "전쟁학은 어떻게 해서 싸울 것인가를 아는 데만 있지 않다. 오히려 그 이상으로 스스로 위지危地에 빠지지 않고 그 목적을 달성할 수 있도록 전투를 피하는 데 있다"고 기록했다.

클라우제비츠는 나폴레옹 출현으로 비참한 패배의 체험을 통해, '전쟁이란 무엇인가'를 깊이 성찰하여 『전쟁론』에 다음과 같이 기록했다.

- 전쟁을 구성하고 있는 기본 요소, 즉 두 사람 사이에서 벌어지는 격투를 생각하려 한다. 전쟁이란 결투가 확대된 것에 지나지 않는다.(제1편 제1장, 차후 Ⅰ-1로 표시함)
- 전쟁이란 적을 굴복시켜 자기의 의지를 강요하기 위해 사용되는 일종의 폭력행위이다.… 물리적 폭력은 수단이고, 적에게 우리들의 의지를 강요하는 것이 목적이다. 이 목적을 달성하기 위해서는 적의 저항력을 무력화해야 하며, 이것이 모든 군사행위의 목표이다.(Ⅰ-1)
- 전쟁에 있어서 목표에 도달하는 길, 즉 정치적 목적을 달성하기 위한 길은 많이 있다. 그럼에도 불구하고 전투야말로 목적을 달성하기 위한 유일한 수단이며, 군사적 행동의 최고의 법칙, 즉 무력에 의한 결정이라는 법칙에 따라야 하는 것이다.… 전쟁이 추구하는 목적 가운데 적의 군사력의 격멸이라는 목표가 언제나 최고위에 있는 것으로 나타난다.…
  적이 날카로운 칼로 습격해 오는 경우, 우리 편은 예식용 칼로 응전하지 않도록 언제나 적의 상황에 주목하지 않으면 안 된다.(Ⅰ-2)

나폴레옹이 등장한 이후의 전쟁에 대한 해답이 위에서 소개한 클라우제비츠의 전쟁관이며, 그는 결코 잔인한 호전가는 아니었다. 나폴레옹에 의해 수행된 적군의 완전한 격멸을 목표로 하는 절대전쟁의 상황 하에서 그가 제시한 전쟁의 본질, 정의定義, 목적, 목표, 수단 및 대응책이었다. 이에 대해, 영국의 리델 하트(1895~1970)는 『나폴레옹의 망령』(1934)에서 다음과 같이 주장했다. 즉 "클라우제비츠는 전쟁술의 깊은 뜻은, 큰 손실을 수반하지 않고 적을 무장해제 시키거나 굴복시키는 교묘한 방법을 취하는데 있다고 하는 생각을 야유했다. 이러한 생각은 박애주의자의 공상空想 속에서만 통용되는 것이며, 그것을 근절해야 하는 오해라고 단언했다.… 대전략을 군사전략에 종속시키고 말았다."

이러한 견해는 과연 공평한 논평이라 할 수 있을까? 리델 하트는 대륙국가와 해양국가의 전쟁관의 근본적 차이점을 간과하고 있는 것으로 생각된다. 클라우제비츠는 당시의 시대 상황을 다음과 같이 분석했다.

> •나폴레옹 출현 후 전쟁은 먼저 한 측에서 다른 측으로 전 국민의 사업이 되었으며, 그 성질이 크게 변했다. 아니 오히려 전쟁의 본성, 즉 전쟁이 절대적 형태로 현저히 접근했다고 말하는 것이 더 적절할 것이다. 전쟁을 위해 강구된 여러 가지 수단은 명확한 한계를 가지지 않으며, 그러한 한계는 정부 및 국민의 무서운 수행력과 격렬한 열광 속에 소멸되었다. 전쟁의 수행력은 방대한 수단, 무릇 가능한 한 성과를 줄 수 있는 광대한 전장戰場, 인심의 극렬한 흥분 등에 의하여 이상하게 높아졌으며, 군사적 행동의 목표는 적의 타도에 있었다. 또한 교전국은 어느 쪽이나 상대편을 타도하여 재기불능으로 만든 후에 비로소 전쟁행위를 중지하고 강화에 의하여 양편 전쟁 목적의 결말을 생각하기에 이르렀다.(Ⅷ-3)

1807년 11월 클라우제비츠는 베를린에 귀환한 후, 프로이센 육군 재건을 위해 샤른호르스트의 참모장이 되었고, 다음 해에는 참모본부 소속 겸임의 군사학교 교관이 되었다. 그리고 황태자의 군사학 교관으로 강의를 했고, 소령으로 진급하여 마리 폰 브륄과 결혼했다. 이 결혼은 행운이었다. 그녀는 충실한 조수助手였을 뿐만 아니라, 클라우제비츠가 죽은 후, 그의 연구성과의 출판을 실현했다.

1812년 프랑스·러시아 사이에 전쟁이 일어나자, 클라우제비츠는 일방적으로 사표를 내고 러시아군의 중령으로 참전했으며, 러시아군의 철퇴·지구작전에 공헌했고, 또 나폴레옹군의 패퇴과정을 관찰했다. 그는 프로이센의 요르크 장군과 러시아의 비트겐슈타인 장군의 타우로겐 협정에 러시아군 대표로 참가하여 협정체결에 공헌했다. 그로 인해 요르크 장군의 프로이센군은 프랑스군으로부터 이탈하여, 후에 동프로이센에서 방위군을 편성했다.

1813년 3월, 베를린에 귀환한 클라우제비츠는 프로이센군에의 복귀를 신청했으나 국왕이 거절했다. 하는 수 없이 프로이센군의 블뤼허군 참모본부 러시아군 연락장교의 신분으로 샤른호르스트 장군의 보좌역을 수행하면서 나폴레옹군과의 전투에 종사했다. 1814년 4월, 겨우 프로이센군 대령으로 복귀가 허용되었고, 프로이센군 주력의 블뤼허군 소속의 티루만 휘하 제3군단의 참모장으로 임명되어 1815년 6월, 워털루 전역에 참전했다. 그 후 새로 설립된 라인군 참모장에 임명되어 코브렌츠에 부임했으며, 1818년 9월 소장으로 진급하여 베를린의 군사학교장으로 임명되었다.

당시의 군사학교 제도에 의하면, 학교에서 가르치는 학문분야를 결정하는 권한은 학교장에겐 없고, 특별한 학무위원회에 의해 운영되고 있었기 때문에 클라우제비츠는 이에 만족할 수 없어 주영대사駐英大使에 임명되기를 희망했으나, 국내 보수파의 반대로 실패했다. 그래서 군사학교장직을 수행하면서 1830년 브레슬라우의 포병감으로 임명될 때까지의 12년간 클라우제비츠는 모든 힘을 학문에, 즉 『전쟁론』의 저술에 전념하여, 이 불후不朽의 명저를 남기게 되었다. 이것은 공직에로의 복귀를 희망했으나, 이루지 못한 마키아벨리(1469~1527)가 혼자 권태로운 생활을 벗어나기 위해, 스스로의 체험을 결정結晶시킨 지혜로 가득 찬 『군주론』, 『전술론』 등의 명저를 남긴 것과 동일하다. 만약 그들이 바라던 바쁜 공직에 종사하고 있었다면, 불후의 명저는 남기지 못했으리라.

1831년 11월 16일, 클라우제비츠는 콜레라의 발병으로 인해 51세의 짧은 생애를 마감했다. 1832년부터 1837년에 걸쳐, 미망인 마리의 손에 의해 클라우제비츠의 유작집遺作集 10권이 출판되었다. 이 전집의 최초의 3권이 미완성의 『전쟁론』이다.

나. 철학과 방법론

『전쟁론』은 발간된 이래 불후의 명저로 평가되고 있으나, 아직도 이해하기 어렵다는 이유는, 주로 그의 전쟁연구의 방법론에서 유래되는 것이 아닐까. 방법론이란, 어느 학문의 성격에 관한 철학적 관점·인식론적 기초 위에서 지식을 얻는 근거의 타당성을 규명하는 절차로서의 이론적 접근을 뜻한다.

클라우제비츠의 논법, 사고방식, 인식론 그리고 전쟁이론의 일관된 체계를 수립하고자 당시의 칸트(Kant, 1724~1804)에서 헤겔(Hegel, 1770~1831)에 이르는 독일 관념주의 철학을 기반에 두었다는 데는 이론異論이 없으나, 독일 관념주의 철학 자체가 이해理解하기 쉬운 학문이 아니다. 칸트가 『순수이성비판』(1781)의 원고를 친구인 마르크스 헤르츠에게 보냈던 바, 헤르츠는 그 원고를 반 정도 읽고는 "이것을 계속 읽다가는 발광하지 않을까?" 하면서 돌려보냈다고 한다. 그러나 클라우제비츠는 『전쟁론』의 '저자의 서문'에서 다음과 같이 밝혔다.

> • 이 책의 학문적 형식이라는 것은 대체 어떤 점에 있는 것일까. 그것은, 즉 전쟁에 있어서의 여러 가지 현상의 본질을 규명하고 이들 현상과 이것을 구성하고 있는 여러 가지 요건의 성질과의 연관을 제시하려는 데 있다.

'현상의 본질을 규명'한다는 것은 철학적 고찰을 뜻하는 것이다. 그는 전쟁의 실태를 정확히 파악하고, 이것을 분석하는 학문적 근거에 기반을 둔 방법을 철저하게 연구해야 한다는 필요에서 방법론(methodology)에 깊은 관심을 가지고 있었다. 그래서 그는 뷜로(Bülow)나 조미니 등의 전쟁론을 피상적인 생각이나 인식을 바탕으로 구축된 내용이라 엄하게 비판했다. 그들은 타당성이 희박한 견해에서 일반론을 끌어냈기 때문에 생각이 한편으로 쏠렸다고 생각했다. 타당성이 있는 견해란, 그것이 이론체계의 일부분이든 전체이든, 경험·역사적 해석·논리적 분석 등의 시험에 견딜 수 있는 것이어야 한다고 클라우제비츠는 생각하고 있었다.

전쟁에 관한 종합적인 이론을 구축하는 것을 목적으로 생각했던 클라우제비츠는 여러 가지 접근법과 학문분야를 구사했다.『전쟁론』에서는 역사·정치학·심리학·철학·인식론·전략·전술 등은 물론이요, 사회과학의 방법론도 동시에 구사하고 있다. 전쟁연구에 있어서 이와 같이 광범위한 학제적 접근법(interdisciplinary approach)을 구사한다는 것은 당연하리라. 그의 23년간의 실전의 체험, 군사적 전문지식뿐만 아니라, 인문·사회과학의 기초 지식, 명석한 두뇌, 그리고 12년간이라는 연구·사색의 결정結晶인『전쟁론』은 아직 이 저서를 능가하는 책이 나오지 않고 있는데, 이 저서를 이해하기 위해서는 장기간의 연구와 사색으로 육성된 두뇌와 인내를 필요로 하며, 또 비판력과 깊은 역사의 지식이 필요하기 때문에, 두 세 번의 안이한 독서로는 이해하기 어려우리라. 그는 '전쟁이란 무엇인가'의 결론을 다음과 같이 주장하고 있다.

• 전쟁이란 구체적 상황에 따라 그 성질을 달리하는 카멜레온과 같은 것일 뿐만 아니라, 그 현상 전체의 지배적인 여러 경향을 보았을 때, 기묘한 삼위일체를 이루고 있다.

첫째는, 맹목적인 자연 충동이라 볼 수 있는 증오·적개심과 같은 본래의 격렬성.

둘째는, 전쟁을 자유로운 정신활동으로 만드는 개연성·우연성과 같은 도박의 요소.

셋째는, 전쟁은 순수히 오성(Verstand)의 영역에 속한다는 것에 의해 정치적 도구로서의 종속적 성격을 가진다.

이러한 세 가지 가운데, 첫째의 것은 주로 국민에, 둘째의 것은 주로 장수

와 군대에, 셋째의 것은 주로 정부에 각각 속하는 것이다.(Ⅰ-1)

전쟁은 순수히 '오성'(悟性, Verstand)의 영역에 속한다고 말했으나, 이 '오성'이라는 단어는 클라우제비츠의 전쟁이론을 해석하는 열쇠가 되는 단어(keyword)이며, 또한 이론적 기둥이다. 그럼에도 불구하고 지금까지 번역된 단어는 다음과 같이 여러 가지였다.[2)]

- '전적으로 이성理性의'(그래함 역譯, 1873)
- '순수 지성知性의'(졸즈 역, 1943)
- '순지력純知力의'(馬込健之助 譯, 1933)
- '주로 타산打算을 다루는 지력知力'(篠田英雄 譯, 1968)
- '다만 이성理性만의'(마이클 하워드와 피터 파렛 역, 1976)
- '순수한 타산적打算的(합리적合理的)인'(金洪喆 역, 1977)
- '순수한 이성理性'(柳濟昇 역, 1998)
- '순수한 지성知性'(日本클라우제비츠學會譯, 2001)

독일어의 'Verstand'가 일본어·한국어에서는 '오성'으로, 영어에서는 'understanding'의 철학용어로 정착되어 있음에도 불구하고, '이성理性' 또는 '지성知性'으로 번역되는 배경에 대해 필자는 알지 못하지만, 칸트의 인식론, 즉 『순수이성비판』(1781)에 의해 해명해 보기로 한다.

- 인간의 인식에는 두 가지 근간根幹이 있는데, 이것은 모름지기 하나의 공통적이면서도 우리에게 알려지지 않은 근원根源에서 유래된 것으로서, 말하자면 감성(感性, Sinnlichkeit)과 오성(悟性, Verstand)이 그것이다. 감성을 통해서는 대상이 주어지지마는 오성을 통해서는 이것이 사유思惟되어지게 마련이다.…

오성 : 인간의 경험적 인식 능력은 필연적으로 오성을 포함하고 있다. 우리들은 앞에서 오성을 여러 가지 방식으로 설명했다. 즉 오성

2) 상세한 내용은 李鍾學, 『클라우제비츠와 전쟁론』(서울 : 주류성, 2004), pp. 180~181 참조.

은 인식의 자발성이며, 사유思惟의 능력이며, 개념과 판단의 능력인 동시에 규칙規則의 능력이기도 하다.

이성 : 우리의 모든 인식은 감성에서 시작하여 오성에 이르고, 마침내 이성(Vernunft)에서 끝맺는다. 직관이 공급하는 소재素材를 처리하여 사유의 최고 통일 아래 가져오는 것은 이성보다 더 높은 것이 우리 안에선 발견되지 않는다. 이성은 최고의 인식 능력이며, 논리적 능력, 즉 간접적으로 추리하는 능력과 실험 능력 즉 스스로 개념을 산출하는 능력, 두 가지를 포함한다. 이성은 선험적先驗的인 인식의 원리를 부여하는 능력이기 때문이다. 따라서 순수이성은 무엇인가에 대해 선험적으로 인식하는 원리를 포함하는 이성이다.

칸트의 인식론을 요약하면, '오성'은 경험할 수 있는 현상세계現象世界까지의 영역을 담당하고, '이성'은 경험이 미치지 않는 또는 감각적 경험과 관계가 없는 실체實體의 세계, 즉 이념, 신神, 자유, 불사不死 등의 영역을 담당한다. 클라우제비츠의 전쟁이론은 경험할 수 있는 현상세계를 점검하여 거기에서 규칙을 발굴하고자 하며, 그것은 전적으로 '오성'의 영역에 속한다. 그는 『전쟁론』에서 다음과 같이 주장하고 있다.

- 전쟁술에 있어서 경험은 모든 철학적 진리보다 가치가 높기 때문이다. (II－5)
- 역사적 실례實例는 모든 것을 명확하게 할 뿐만 아니라, 경험과학에 있어서는 가장 훌륭한 증명력을 가지고 있다. 특히 전쟁술에 있어서는 더욱 뚜렷하다.(II－6)
- 경험은 바로 이와 같은 정신적인 가치에 있어서 필요한 증명 수단이다. 전쟁이론은 심리학이나 철학의 공론空論에 관여해서는 안 되며, 또한 장군도 이에 관여해서는 안 된다.(II－2)

클라우제비츠가 전쟁의 본질에 대해 철학적 고찰을 깊게 했음에도 불구하고 관념론에 빠지지 않고, 또 말년에 그가 절대전쟁관에서 현실전쟁관으로 전환할 수 있었던 이론적 근거도, 그의 전쟁이론이 '오성'에 기반을 두고 있었기 때문이었다. 즉 그는 1568년(네덜란드의 독립전쟁)부터 1815년(워털루 전역)까지의 130여개의 전쟁·전역을 분석·연구했더니, 1805년 10월의 울름 전역戰役, 1806년 10월의 예나 전역, 1809년의 바그람 전역 정도가 절대전쟁에 속하고, 그 외는 나폴레옹의 지휘 하에 수행된 전쟁도 제한된 목표를 가지고 수행된 '현실전쟁'이라는 것을 확인했던 것이다.

클라우제비츠의 『전쟁론』이 오늘날에도 높이 평가되고 있는 이유의 하나는, 그가 전쟁이라는 사회현상을 변증법(Dialektik)에 의해 규명하고 있다는 점이다. 그렇다면 변증법이란 무엇이며 또 어떻게 활용했을까?

변증법이란 문답술을 나타내는 희랍어에서 유래한다. 그것은 추론推論에 의해 진리를 탐구하고, 때로는 진리에 도달하는 방법이라고도 말하며 다양한 뜻으로 사용되었다. 예컨대 정립定立과 반정립反定立을 거쳐 이 대립의 종합에 도달하는 사상과 실존의 논리적인 발전 등이기도 하다. 변증법은 절대와 상대, 무한과 유한, 정지와 운동, 삶과 죽음, 방어와 공격 등 통일이 불가능한 것으로 보이는 궁극적 대립도 결코 고정하는 것이 아니라, 이와 같은 모순으로 생각되는 대립도 유동화(운동의 논리)에 의해 이것을 종합하는 역동적인 사고思考로 생각되고 있다. 변증법은 논리가 아니고 사고방식이며, 또한 변증법의 본질은 그 대립·모순이 변화와 운동의 원동력이라는 것이다.

아리스토텔레스(384~322 B.C)부터 칸트에 의해 대표되는 학문 일반의 관점에서 본다면, 모순이란 진리에 있어서 절대로 배척되었던 것이다. 그러나 헤겔은 이 관계를 역전시켜 모순이 없는 곳에 진리가 있는 것이 아니라, 모순이 있는 곳이야말로 실재實在의 진실이 있기 때문에 모순은 바로 진리의 지표가 된다고 주장했으며, 그의 『소논리학小論理學』에서 다음과 같이 주장했다.

•그것의 참다운 모습에 있어서 변증법은 오히려 모든 오성적 규정, 사물

> 및 유한有限한 자신의 본성이다. 모든 유한 한 것은 자기 자신을 지양止揚(aufheben)하는 것이다. 따라서 변증법이라는 것은 학문적 진보를 안에서 움직이는 혼魂이며, 그것에 의해서만이 내재적인 연관과 필연성이 학문의 내용에 들어가며, 또 그 속에서만이 유한 한 것의 외면적이 아닌 참다운 초출超出이 포함되는 원리이다. 그것은 현실 세계의 모든 운동, 모든 생명, 모든 활동의 원리이다.… 유한 한 것은 외부에서 제한되는 것이 아니라, 자기 자신의 본성에 의해 자기를 지양하여, 자기 자신에 의해 반대쪽으로 옮겨가는 것이다. 예컨대 우리들은, 인간은 죽어야 하는 것이라고 말하고, 그 죽음을 외부의 사정에 의한 것으로 생각하는 데, 이러한 관점에 의하면 인간에게는 산다는 성질과 또 다른 죽어야 한다는 성질의 두 가지의 특수한 성질이 있게 된다. 그러나 참다운 관점은 그렇지 않고, 생명 그 자체에는 그 속에 죽음의 씨앗을 가지고 있으며, 일반적으로 유한한 것은 자기 자신 속에 자기와 모순되고, 그것에 의해 자기를 지양하는 것이다.

형식 논리학에 있어서는 'A는 非A가 아니다.' 즉 삶은 죽음이 아니다 하고 주장하지만, 변증법은 'A는 非A가 된다.' 즉 삶은 죽음이 된다는 사고방식이다. 예컨대 이순신은 명량해전(1597년 9월) 하루 전에 모든 장군을 불러 모아서, "병법에 이르기를, 반드시 죽으려 하면 살고, 반드시 살려고 하면 죽는다 하였고…"(兵法云 必死則生 必生則死…) 했는데, 이 내용은 변증법의 관점에서 해석해야만 이해理解가 가능할 것이다.

클라우제비츠가 변증법적 사고방식을 즐겨 구사했다는 것은 다음의 보기로도 짐작할 수 있으리라. 즉 "연구와 관찰, 철학과 경험은 서로 경시해서는 안 되며, 더구나 서로 배척해서도 안 된다. 철학은 경험을 보증하고, 경험은 철학을 보증하는 것이다."(저자의 서문)

『전쟁론』은 후세의 독일군 수뇌나 연구가들에 의해 비난의 대상이 되었다. 그것은 전쟁에 있어서 공격과 방어에 관한 그의 주장 때문이었다.

• 방어라는 전쟁 형식은 그것 자체로서 공격이라는 전쟁 형식보다 강력하다고 말해야 한다.(VI－1)

클라우제비츠의 위와 같은 주장은, 대부분의 독일 군인들의 반대에 부딪혔던 것이다. 독일의 많은 군사 해석자들은 방어가 더 강한 내재적 힘을 가지고 있다는 그의 이론을 반박하기 위해 모든 노력을 경주했다. 어떤 사람은 "만약 이 위대한 전쟁철학자가 이 문장을 쓰지 않았다면 훨씬 더 행복했을 터인데, 유감스럽게도 그는 방어가 더 강력한 전쟁 형식이라고 주장했던 것이다"고 안타까워했다.

1880년판 『전쟁론』의 편집자였던 셸프 대령은, "방어에 관한 클라우제비츠의 이론은 독일군부의 의견을 두 개의 대립적 진영으로 분리했다"는 것을 시인했다. 멕켈 장군은 "방어에의 결정은 절망적 상태로의 첫 단계이다"고 주장했고, 브루메 장군도 "전략적 공세는, 전쟁의 정치적 목적이 적극적이든 소극적이든, 전쟁수행의 더 효과적인 형태이며, 그것만이 궁극적 목적에 도달할 수 있다"고 말했다. 사려 깊고 신중하기로 유명한 골츠 장군도 공세를 설교하고 수세를 거절했다. 1883년 그는 다음과 같이 주장했다.

• 우리들 독일의 현대적인 전투방법은, 우리들의 결의로 충만된 공세의 개념에 따라 계속적인 강력한 타격에 의해 결정적 결과를 얻는 것을 목표로 한다. 공세의 개념은 무언 중에 우리들의 모든 이론적 논문의, 또 대부분의 실제적 연습의 기초가 되고 있다. 주저하거나 기다렸거나 또 소극적인 수세는 우리들의 성격에도 맞지 않는다.… 클라우제비츠의 저서 가운데 공격에 관한 내용이 초고草稿 그대로 있다는 것은 참으로 애석한 일이다. 아마도 이 대병학가는, 엄밀한 연구 후 만년晩年에는 공격이 강하다는 설로 바꾸었으리라.

독일의 군사전문가인 케메라(Caemmerer, 1845~1911)는 「19세기에 있어서의 전략의 학문적 발전」(1900)이라는 논문에서, "사람들은 왜 이 문제를 클라우제비츠가 생각한 것처럼 정확하게 그대로 이해理解할 만큼 친절을 베풀지 않는지 나는 잘 모른다. 그의 반복되는 설명에 의하면, 방어는 적을 저지하는 것만이 아니고, 그 개념 속에는 전적으로 같은 정도의 반격을 함께 포함하고 있는 것이며, 그것은 펜싱(fencing) 훈련에 있어서 방어태세에 결부된 찌르기와 타격이 있어야 비로소 방어의 효과를 가져 오는 것과 마찬가지이다. 방어의 특징은 인내와 고통에 있는 것이 아니라, 최초의 공격의 기대에 있다. 공격으로 신속하고 강력하게 전환轉換하는 것이 방어의 가장 빛나는 점이다. 방어에 대비하여 공격을 생각하지 않는 자, 방어의 개념 속에 공격을 받아들이지 않는 자는 방어의 우월함을 결코 이해할 수 없으리라"고 주장했다.

필자도 위의 견해에 전적으로 동의하며, 그것이 클라우제비츠의 방어와 공격에 대한 변증법이며, 그의 반대자들은 다음과 같은 그의 주장을 읽었을까?

- 교전에서의 방어적 체제라는 것은 결코 단순한 방패와 같은 것으로 생각해서는 안 되며, 교묘하게 공방攻防 양용으로 사용되는 방패로 생각해야 한다.(VI-1)
- 방어자가 신속하고 강력한 공격으로 전환轉換하는 것, 즉 적의 공격을 저지하자 곧 반격을 하는 것이야말로 방어의 가장 빛나는 순간이다. 그렇게 전환을 곧 생각하지 못하는 사람, 또 그렇게 전환을 곧 방어의 개념에 넣지 못하는 사람은 방어의 우위에 대하여 이해하지 못할 것이다.(VI-5)
- 무릇 적극적 원리를 결여한 방어는 전술에서와 마찬가지로 전략에 있어서도 그 자체가 모순이라는 것이 우리들 본래의 주장이 되지 않으면 안 된다. 따라서 어떠한 방어도 방어의 이점利點을 모두 활용했다면, 곧 공격으로 전환해야 한다는 것을 반복하여 지적해 둔다.(VIII-4)

변증법이란 방어와 공격은 물론이요, 정책과 전쟁, 목적과 수단, 철학과 경험, 의도와 시행 등 몇 가지 정반대의 명제는 절대적인 반대 개념이 아니고, 하나에서 다른 하나로 발전하는 유동화에 의해, 이것을 종합시키는 역동적인 사고방식이다. 즉 인간의 삶도 그 속에 죽음의 씨앗이 담겨져 있는 것처럼, 방어에도 그 속에 공격이 포함되어 있다는 것을 독일군인들 뿐만 아니라, 조미니도 이해하지 못했다. 예컨대, 『손자병법』에서도, "모든 전투는 적의 공격을 능히 막을 수 있는 방어(正)로써 나아가, 적을 이길 수 있는 공격(奇)으로써 승리한다."(凡戰者 以正合 以奇勝 -兵勢-)고 했는데, 변증법에 의해서만 이해가 가능하리라.

앞에서 논의한 것처럼 『전쟁론』은 어느 정도의 철학적 기초 지식이 없이는 쉽게 접근할 수 없는 저서라 했다. 예컨대, 제1차 세계대전의 패전 후, 독일 국방군의 총사령관이었던 제크트(Hans von Seeckt, 1866~1936) 장군은 1930년의 클라우제비츠 탄생 150년을 기념함에 있어서 『전쟁론』을 "어려운 저술"이라 했고 또 "현대철학의 술어를 사용한 비교적 애매하고 서투른 내용"으로 돌렸다. 그리고 수년 후, 그는 부인에게 "클라우제비츠에 관한 한, 나는 깊은 철학적 훈련이 결여되어 있다. 나는 때로 행운의 공식을 발견하는 재능을 가진 경험주의자가 되고 싶다"고 한탄했다.

다. 전쟁은 정책의 수단·도구이다

클라우제비츠는 전쟁의 추상적인 본질의 고찰에서 점차로 구체적인 현실의 문제, 즉 전쟁수행을 상세히 논의했다. 그러나 전쟁을 그것 스스로 독립된 사회현상이 아니라 정치의 수법, 즉 정책의 수단·도구로서 이론구성의 틀 속에 넣었다는 것은 그의 핵심적·독창적인 군사사상으로서의 위대한 공헌이라 생각한다. "전쟁이란 다른 수단을 가지고 하는 정책의 계속이다"고 그는 주장했는데, 우리들은 이 문제를 구체적으로 검토해 보고자 한다.

- 현실의 전쟁은 순수한 개념대로의 전쟁과는 달리 극도로 달성하지 않으면 멈추지 않는 그런 노력이 아니라, 오히려 자기모순을 포함한 어중간한 것을 생각한다면, 위에 얘기한 우리들의 생각은 이중으로 필요하

> 게 된다. 요컨대 현실의 전쟁은 전쟁 그 자체의 법칙에 따르는 것이 아니고, 어떤 전체의 일부로 간주되어야 하며, 그리고 그 전체라는 것은 정책에 지나지 않는다.…
>
> 정치적 관점이 전쟁의 개시와 더불어 소멸되어버린다는 것은 전쟁이 양측의 순수한 적대감정에 바탕을 둔 필사의 투쟁인 경우에만 생기는 것이다. 그러나 실제의 전쟁은 먼저 얘기한 바와 같이, 정책 그 자체의 표현에 지나지 않는다. 따라서 정치적 관점을 군사적 관점에 종속시킨다는 것은 불합리하다고 말하지 않을 수 없다. 전쟁을 일으키게 하는 것은 정책에 지나지 않기 때문이다. 정책은 지도적인 두뇌이고, 전쟁은 그 도구에 지나지 않으며, 결코 그 반대는 아니다. 그렇게 되면 양자의 관계는 결국 군사적 관점을 정치적 관점에 종속시키지 않을 수 없다.(Ⅷ-6)

정치가 전쟁을 낳고, 또 정책의 표현에 지나지 않기 때문에 주재자主宰者이며, 전쟁은 수단에 지나지 않으며, 군사적 관점은 정치적 관점에 종속되어야 하며, 그 반대는 아니라는 주장이다. 여기에서 군사에 대한 정책 우위 사상, 즉 문민통제(civilian control)의 근원이 도출되는 것이다. 또한 전쟁에 있어서 군사작전은 승패에 의해서가 아니고, 전쟁의 정치적 목적의 달성 정도에 따라 평가되어야 한다는 이유도 여기서 유래하는 것이다. 예컨대, 베트남 전쟁 중, 1968년의 구정 공세와 1972년의 부활절 공세로 북베트남과 베트콩은 많은 손실을 입었다. 전술적으로는 패배했으나, 미국의 전쟁 의지를 잠식함으로써, 북베트남은 최후에 정치적 주도권을 탈취하는 데 성공했던 것이다.

> •우리들은 전쟁이 여러 국가의 정부 및 국민 사이의 정치적 교섭에 의하여 야기되는 것으로 알고 있다. 그런데 보통 이것을 다음과 같이 생각하고 있다. 즉 전쟁의 개시와 더불어 교전하는 양국 간의 정치적 교섭은 단절하고 이것과는 전혀 별개의 상태가 나타나며, 그리고 이런 새로운 상태는 그 자신의 법칙에 따르는 것이다.(Ⅷ-6)

국가 간의 외교적 교섭이 타협에 이르지 못하고 결국 전쟁이 발발하게 되면, 정치가는 무대의 뒷자리로 물러서게 된다. 그리고 장수가 무대에 등장하여 자유로이 활동하여 적군을 타도·격멸한다면, 그 승리를 배경으로 하여 정치가에 의한 휴전조약이 체결된다는 것이 당시의 군 수뇌들의 일반적 통념이었다. 예컨대, 몰트게 참모총장은 1871년에 배포한 전략에 관한 논문에서, "정책은 그 목적의 달성을 위해 전쟁을 사용한다. 정책은 전쟁의 개시 및 종결에 결정적으로 개입한다. 따라서 정책은 전쟁의 경과 중에는 그것을 확대할 것인가, 혹은 보다 작은 성과를 가지고 만족할 것인가는 스스로의 요구를 보류한다. 이 불확정의 상황에 있어서, 전략은 언제나 주어진 수단에 의해 일반적으로 달성할 수 있는 것 가운데서 최고의 목표를 향해서만 그 노력을 지향한다. 따라서 전략은 정책에 가장 적합하도록 협력한다. 그러나 그것은 정책의 목적에 관해서 만이고, 행동에 있어서 전적으로 정책에서 독립되어 있다"고 주장했다.

> •이에 대한 우리의 주장은, 즉 전쟁은 정치적 교섭의 계속에 지나지 않으며 그리고 정치적 계속에 있어서 다른 수단을 섞은 계속이라고 하는 것이다. 지금 정치적 교섭이란 '다른 수단을 섞은 것'이라고 했는데, 그것은 동시에 다음 두 가지를 밝히기 위한 것이다. 첫째, 정치적 교섭은 전쟁에 의하여 단절되는 것도 아니며, 또 전혀 별개의 것으로 전화轉化되는 것도 아니다. 가령 이러한 경우에 정치적 교섭으로 사용되는 수단이 어떠한 종류의 것이든 그 본질을 유지한다는 것이다. 둘째는 전쟁에 있어서의 일체의 사건이 더듬는 주요한 노선은 전쟁을 뚫고 강화에 이르기까지 부단히 계속되는 정치적 교섭의 요강에 지나지 않는다.(Ⅷ—6)

클라우제비츠의 정치적 관점에 의하면, 정책이 전쟁을 낳고, 전쟁은 다만 수단이기 때문에, 전쟁의 개시·수행 그리고 강화에 이르기까지 일관하여 정치가가 주도자가 되어야 한다. 물론 전쟁은 그 자신의 방법과 목표를 가진 독립의 과학이지만, 현실전쟁에 있어서 전쟁에 의해서 달성하고자 하는 정치적 목적, 그리고 전쟁에 사용되어야 하는 폭력의 범위와 성질을 결정하는 것도 전쟁의 영역 외에 속하는 정책이다. 따라서 "전쟁은 그 자신의 문법을 가지고 있다. 그러나 전쟁은 그 자신의 논리를 가지는 것은 아니다"(Ⅷ-6)고 말하는 클라우제비츠의 주장도 이러한 관점에서 이해되어야 하리라. 그는 더 구체적으로 다음과 같이 설명하고 있다,

> • 전쟁에 있어서 중대한 사건이나 그런 사건의 계획을 순 군사적인 판단에 맡기는 것이 좋다는 주장은 허용하기 어려울 뿐만 아니라, 위험한 생각이라 하겠다. 실제로 전쟁계획을 수립함에 있어서 바로 내각이 해야 할 것을 군인에게 자문하고, 이 계획에 대한 순 군사적 판단을 구하려는 것은 극히 불합리한 생각이다. 그리고 이 불합리한 것은 이론가理論家 일파의 주장이다. 즉 기존의 전쟁수단을 최고 사령관에게 위탁하여 그 수단에 바탕을 두고 전쟁 혹은 전역戰役의 작전이 순 군사적으로 수립되어야 한다는 것이다.
>
> 오늘날의 군사기구는 심히 다종다양하며, 또 대단히 발달되었어도 그러나 전쟁의 요강은 반드시 내각에 의하여, 다시 말하면 군사기구가 아니라, 정치기구에 의해서만이 결정되어야 한다는 것은 널리 경험이 제시하고 있다.(Ⅷ-6)

이와 같은 혁명적·독창적·심오한 견해임에도 불구하고, 클라우제비츠의 『전쟁론』은 오늘날에 이르기까지 전쟁수행 중의 군 수뇌들에게는 이해·시행하기 어려운 내용이었다. 예컨대 몰트케(1800~1891)나 맥아더(1880~1964)의 전쟁수행에 있어서의 견해가 그것을 제시하고 있다. 예컨대 1870년 프로이센·프랑스 전쟁에 있어서 스당에서 프로이센이 승리하자, 비스마르크 수상은 프랑스와 강화조약을 맺고자 했으나, 몰트케는 프랑스의 수도 파리점령의 작전계획을 수행하고 말았다. 몰트케의 작전수행은 클라우제비츠의 군사사상과 전연 다를 뿐만 아니라, 오히려 거부하고 말았다. 그런

데 일본의 고야마 히로타케(小山弘健)는 『군사사상의 연구』(1970)에서 "클라우제비츠의 군사사상은 몰트케라는 한 군사적 재능 위에 그 정통적 계승자를 찾아내었다. 그는 클라우제비츠의 이론적 제자이며, 사상적 후계자였다"고 주장했다.

필자는 2000년 10월 13일 독일 포츠담의 군사사연구소를 방문했을 때, 한 전문가에게 "몰트케는 진실로 클라우제비츠의 사상적 계승자라 할 수 있는가 ? " 하고 질문했다. 돌아온 해답은 "몰트케는 클라우제비츠의 군사사상을 맛보는 정도에서 그쳤다"고 했다. 클라우제비츠는 정치가의 자질 및 정치가와 장수의 관계를 다음과 같이 명시했다.

- 전쟁을 결정하는 것이 지혜로운 정치가의 의지라는 것은 다시 말할 필요조차 없다. 우리들은 전쟁이란 정치적 목적에서 출발하는 것이라고 생각했는데, 전쟁을 야기 시키는 최초의 동기가 동시에 전쟁수행상 최고의 중요한 것이 된다는 것은 당연한 일이다. 그렇다고 정치적 목적이 전제적 입법가가 될 수 있다는 얘기는 아니다. 정치적 목적은 어디까지나 그 수단의 성질에 따라야 하며, 또 때로는 그것에 의해 온전히 변경되는 경우도 있다. 그러나 정치적 목적은 역시 언제나 먼저 고려해야 하는 것이다.(Ⅰ-1)
- 따라서 정치적 교섭을 지도해야 하는 정치가는 군사에 대해 일정한 이해를 가져야 한다는 것은 불가결하다.(Ⅷ-6)
- 전쟁은 정치적 목적에 합치되어야 하며, 또 정책은 그 수단인 전쟁에 무리한 요구를 강요해서는 안 된다고 한다면, 정치가와 군인이 한 사람으로 겸비되지 않는 한, 남는 방법은 한 가지이다. 즉 최고의 장수를 내각의 일원으로 만들어 내각이 장수의 주요한 활동에 관여할 수 있도록 하는데 있다.(Ⅷ-6)

전쟁의 개시·수행 및 정전체결에 이르는 전쟁의 요강要綱을 결정하고, 장수에게 전쟁목적을 명확히 부여하는 것은 언제나 정치가의 역할이다. 그렇기 때문에 정치가는 군사에 대하여 어느 정도의 이해理解는 불가결하다. 프리드리히 대왕이나 나폴레옹처럼 정치와 군사의 최고지도자가 동일한 인물이라면 문제가 없지만, 만약 그렇지 않은 경우 최고의 장수를 내각의 일원으로 만듦으로써 내각(총리 혹은 수상)은 장수의 가장 중요한 군사활동에 관여할 수 있다고 하는 것이 클라우제비츠의 기본 군사사상이다. 이것은 군사적 문제에의 내각의 관여를 강조한 것이며, 정치적 결정에 장수의 관여를 강조한 것은 아니었다. 그런데, 1853년에 출판된 『전쟁론』의 재판부터 내각과 장수의 주어主語가 거꾸로 개찬되었던 것이다. 즉 뒷부분에서 "…장수는 내각의 가장 중요한 활동에 관여할 수 있도록 하는 데 있다"고 했다. 일본어 번역판에도, "최고의 장군을 내각의 일원에 참여시켜, 가장 중대한 시기에 내각의 심의 및 결의에 참여시킨다는 제도뿐이다."(篠田英雄 譯)고 되어 있다. 개찬되었던 내용은 일본의 정치와 군사에 중대한 영향을 미쳤다. 클라우제비츠는 정책과 전쟁의 관계를 다음과 같이 강조했다.

- 전쟁은 정책의 도구이며, 전쟁은 필연적으로 정책의 성격을 띠지 않을 수 없다. 전쟁은 언제나 정책의 척도를 가지고 측정해야 한다. 따라서 전쟁의 수행은 그 대강大綱에 있어서 정책 그 자체이다. 정책은 전쟁에 있어서 펜 대신으로 칼을 사용하지만, 그렇다고 해서 정책 자신의 법칙에 따라서 생각하는 것을 그만 둔 것은 아니다.(Ⅷ－6)

라. 전쟁에서의 목적·목표·수단의 관계

전쟁에 있어서 목적(purpose)·목표(objective)·수단(means)의 관계는 전쟁수행을 고찰함에 있어서 명확히 해두지 않으면 혼란을 야기시킨다.

- 전쟁계획은 모든 군사적 행동을 총괄하며 또한 이 군사적 행동은 전쟁계획에 의해 궁극적 목적을 가지는 통일적 행동이 된다. 그리고 일체의 특수한 목표는 궁극적 목적에 비추어 각각의 바탕을 얻는다. 전쟁에 의해

> 또한 전쟁에 있어서 무엇을 달성하려고 하는 이 두 가지 질문에 대답하지 않고서 전쟁을 개시하는 사람은 없을 것이다. 또한 당사자로서 현명하다면 전쟁을 개시해서는 안 될 것이다. 이 질문의 첫째는 전쟁목적에 관한 것이고, 둘째는 작전목표에 관한 것이다.(Ⅷ—2)

목적이란 ***전쟁에 의해서*** 달성하고자 하는 전쟁목적, 즉 정치적 목적이며, 목표란 ***전쟁에 있어서*** 달성하고자 하는 군사(작전)목표를 뜻한다. 전쟁이 정치적 목적을 달성하기 위해 어떤 수단·목표를 선정할 것인가, 하는 것이 문제가 된다.

주지하는 바와 같이 전쟁의 정치적 목적이란 원래 전쟁의 영역 외에 있으며, 그 목표에는 적군의 타도·격멸(절대전쟁)에서 국경부근의 적 국토의 침략(현실전쟁)에 이르기까지 다양하다. 정치적 목적을 달성하기 위한 수단에는 "전쟁에서의 유일한 수단은 전투이다."(Ⅰ—2), "전투는 전쟁에 있어서 실질적 효과를 올리는 유일한 것이다. 그리고 또 전투는 대치하는 적의 군사력을 패배시킨다는 목표를 달성하기 위한 수단이다."(Ⅰ—2)고 했다. 군사목표에는 적 전투력의 격멸, 즉 이미 전투를 계속할 수 없는 상태에 빠뜨린다는 것이며, 다음은 적의 국토를 점령해야 한다. 그것은 적의 국토에서 새로운 군사력이 조직되기 때문이다. 그러나 위의 두 가지가 달성되었다 하더라도 전쟁은 완결되는 것이 아니다. 적의 의지를 굴복시켜, 적의 정부 및 적의 동맹국을 강화조약에 서명시킴으로써, 비로소 전쟁목적이 달성되고 전쟁행위는 끝난다고 볼 수 있다.

클라우제비츠는 "전쟁에 있어서 목표를 달성하는 방법은 여러 가지가 있으며, 모든 전쟁이 적을 타도하는 데 결부되어 있지 않다는 것"(Ⅰ—2), "그런데 적 군사력의 격멸이라 말하는 경우, 다만 물질적 군사력에 대해서 얘기하는 것이 아니고, 오히려 정신적 군사력도 포함해서 말하고 있다는 것을 주의해 둔다."(Ⅰ—2)고 주장한 내용은 유의해 두어야 하리라.

• 전쟁에 있어서 목표에 도달하는 길, 즉 정치적 목적을 달성하기 위한 길은 많이 있다. 그럼에도 불구하고 전투야말로 목적을 달성하기 위한 유일한 수단이며, 군사적 행동은 최고의 법칙, 즉 무력에 의한 결정이라는 법칙에 따라야 하는 것이다. 그리고 적이 무력에 의한 결정을 바라는 경우, 우리 편도 이것을 거부할 수 없다는 것이다. 우리 편이 결전決戰 이외의 다른 방법을 취하는 것은 적도 결전을 바라지 않거나 혹은 적이 결전을 호소하지 않으면 결국 최고 법정最高法廷에서 패배하는 것이 틀림없다는 것을 확신하는 경우에 한하는 것이다. 요컨대, 전쟁이 추구하는 목적 가운데 적의 군사력의 격멸이라는 목표가 언제나 최고위에 있는 것으로 나타난다.(Ⅰ-2)

전쟁의 정치적 목적 그리고 군사적 목표를 어떻게 달성하는가를 연구하는 분야가, 즉 전략(strategy)·전술(tactics)이다. 이 용어에 대한 정의定義는 사람과 나라에 따라 다양하지만, 일반적으로 '전략'이란 전쟁의 종합적인 준비·계획·운용의 방책을 뜻하며, '전술'이란 전투 실시의 방책을 가리킨다. 전략과 전술을 합하여 일반적으로 전쟁술(art of war)이라고 하는데, 클라우제비츠는 다음과 같이 정의하고 있다.

• 전술이란 전투에 있어서 군사력을 사용하는 것을 말하고, 전략이란 전쟁의 목적을 달성하기 위해서 전투를 사용하는 것을 말한다.(Ⅱ-1)
• 좁은 의미의 전쟁술은 주어진 수단, 즉 무장되고 장비된 전투력을 투쟁에 있어서 사용하는 술이다. 이러한 의미의 전쟁술은 전쟁수행(conduct of war)이라는 명칭이 가장 적합하다. 이에 반하여 넓은 뜻의 전쟁술은 전쟁을 위한 모든 행동이 여기에 속한다. 따라서 군사력을 창설하는 데 필요한 전반적 활동, 즉 징병·무장·장비 및 훈련이 여기에 속한다.(Ⅱ-1)

클라우제비츠가 전쟁수행이라는 점에 관해서 구별한 주요한 행동은 정책·전략·전술이다. 정책이 전쟁의 정치적 목적을 결정하고, 그 목적에 준하여 전략이 군사목표를 결정하며, 전술은 결정된 군사목표를 달성하기 수단, 즉 전투이다. 이 전술의 승리는 전략의 군사목표 달성에 봉사해야 하며, 군사목표의 달성은 정치적 목적의 달성에 봉사해야 한다는 전체적 행동에서의 통일적·상하관계이다.

예컨대, 태평양전쟁에 있어서 일본 해군의 하와이 작전을 고찰해 보기로 한다. 나구모(南雲) 제독이 지휘하는 항공모함 6척을 기간으로 하는 기동부대는 기지를 11월 16일에 출발하여 12일간 3,500 해리를 주파하여 12월 8일(일요일 새벽) 352대의 항공기로 기습공격을 수행했다. 그리하여 미국의 전함 4척과 다른 군함 2척을 격침시켰고, 전함 4척, 순양함 2척, 구축함 3척, 기타 2척을 격파했으며, 항공기 231대를 격추·격파했고, 전사자 4,000여명, 부상자 1,700여명의 피해를 입혔다. 한편 일본군의 손실은 항공기 29대와 탑승원 54명에 불과했다.

야마모토 이소로쿠(山本五十六) 연합함대 총사령관은 장기전이 일본에게 불리하다는 생각을 강하게 가지고 있었다. 그렇기 때문에 그는 비밀히 하와이의 기습작전에 의한 미국의 주력함대에 통격을 가하여, 이로 인해 적의 사기士氣를 상실케 하고, 미국 함대의 서태평양 침공능력을 박탈하며, 특히 적 항공모함에 의한 일본 본토 공습을 저지한다는 것이 기대하는 목표였다. 하와이 작전의 전과를 봤을 때, 적의 주력함대의 격멸에 의해 서태평양 침공을 저지한다는 목표는 달성되었다. 그러나 미국의 항공모함(기지에 없었다), 군함의 운용에 불가결한 유류탱크 및 조선소 등을 파괴하지 않고 남겼다는 것은 중대한 실책이었다. 특히 야마모토 총사령관이 하와이 작전에 기대하고 있었던 미국의 해군 및 국민들에게 구할 수 없을 정도의 사기를 상실케 한다는 정치적 목적은 일본의 대미對美 최후 통고가 외교기관의 불찰로 하와이 작전 개시 이후에 통고됨으로써 달성되지 않았을 뿐만 아니라, 역이용 당하고 말았다. 즉 미국정부는 일본이 하와이 기습작전을 실시 후에 통보하는 속임수 작전을 수행했다는 것을 미 국민에게 발표함으로써 전

국민을 대일對日전쟁에 결집시키는 데 성공했다. 그리하여 결국 미국에게 제2차 세계대전에 개입하는 명분을 부여하고 말았다.

일본의 하와이 작전은 전술적으로는 대성공이며, 전략적인 군사목표는 어느 정도 달성되었으나, 정치적 목적, 즉 미 국민의 사기를 상실케 만든다는 것은 역결과逆結果를 가져왔을 뿐만 아니라, 미국으로 하여금 제2차 대전에 개입하는 명분을 주고 말았다는 평가이다. 그렇다면 군사목표를 어떻게 선정해야 하는가에 대해 클라우제비츠의 견해는 다음과 같다.

> • 공격자는 전력을 기울여 적의 중심重心(힘과 운동과의 중심中心)에 총공격을 가해야 한다.… 알렉산더 대왕… 프리드리히 대왕 등에 있어서는 중심重心은 그들의 군대에 있으며, 따라서 만약 군대 자체가 타도된다면 그들의 역할은 그것으로 종말을 고했으리라. 당파로 인하여 분열되어 있는 국가에 있어서는 중심은 대개 수도首都에 있다. 열강국에 의존하고 있는 약소국에 있어서는 중심은 그들의 동맹국의 군대에 있다. 여러 국가가 서로 모여 결합된 동맹에 있어서는 중심은 이해관계利害關係의 일치에 있다. 국민 총봉기의 경우에는 중심은 주로 지도자 개인과 여론에 있다. 따라서 공격은 각각의 경우에 중심을 이루는 곳으로 지향되어야 한다. 적이 아군의 공격에 의해 균형을 잃었다면 그에게 균형 회복의 시간적 여유를 주어서는 안 되며, 공격은 계속하여 이 방향으로 지향되어야 한다.(Ⅷ-4)

군사목표(작전목표)의 선정은 전쟁의 정치적 목적의 달성에 직접적인 영향을 미친다고 말하기보다는, 정치적 목적을 달성하기 위해 어떤 군사목표를 설정할 것인가라고 말하는 것이 오히려 적절하리라. 따라서 군사목표의 선정이 얼마나 중대한가는 더 설명이 필요 없으리라. 예컨대 걸프전쟁에 있어서 이라크군은 1990년 8월 2일, 10만의 대군으로 쿠웨이트 영내로 침입하여 강제로 병합했다. 유엔 이사회는 결의에 의하여 미국을 중심으로 사우디아라비아, 프랑스, 영국 등이 참가한 다국적군을 편성해서 쿠웨이트 탈환을 위해 1991년 1월 17일, 이라크의 수도 바그다드와 쿠웨이트에 대해 공격을 개시했다. 24일, 다국적군은 지상전투를 전개했고, 27일에는 쿠웨이트 시를 탈환하여 28일에는 정전을 선언했다. 다국적군의 작전목표는 이라크군 주력의 격멸과 쿠웨이트 시의 탈환에 있었지만, 정치적 목적은 후세인 대통령을 실각시키는 데 있지 않았을까?

마이클 한델 교수는 "걸프전쟁의 종결은 시기가 너무 빨랐다. 왜냐하면 이라크군을 격멸한 것은 참다운 정치적 중심 사담 후세인 자신을 공격하기 위한 다만 예비적 조건에 지나지 않았음에도 불구하고, 이라크군을 중심重心으로 오인誤認해 버렸기 때문이다. 여기서의 문제는 서양의 전쟁전통에 따르면, 그와 같은 부끄러운 패배를 당했다면 정치 지도자는 보통 사임하든가 또는 다른 자에 의해 배제될 것으로 예측했다는 것이다"고 분석했다. 다국적군은 전술적으로 승리했으나, 작전목표를 오인함으로써 정치적 목적의 달성에 봉사하지 못했다.

이 문제에 대해 위에서 언급한 것처럼, 클라우제비츠는, "국민 총봉기의 경우에는 중심은 주로 지도자 개인과 여론에 있다"고 했는데, 독재자 후세인을 이 범주에 속하는 것으로 판단했더라면, 작전의 실패는 범하지 않았으리라. 다국적군은 대군을 동원하여 전투에는 대승리를 거두었어도, 결국 공격목표인 중심重心의 오인으로 인해 작전을 실패했다고 평가되었다. 이처럼 전술은 전략에, 전략은 정치적 목적의 달성에 봉사해야 하며, 그 자체로서는 아무런 의의意義가 없는 것이다. 이것이 목적·목표·수단의 관계이다.

클라우제비츠는 국가의 원수, 지도적 정치가 그리고 장수의 각각에 속하는 세 가지 기능을 구분하여 바람직한 방향을 제시했다. 앞에서 얘기한 것처럼 프리드리히 대왕이나 나폴레옹 황제의 경우, 정치적 목적과 수단의 조화가 가능하지만, 그렇지 않은 경우 수상(혹은 총리)이 지휘하는 내각에 최고의 장수를 내각의 일원으로 참가시켜 수상이 그의 군사적 결정에 참여해야 한다고 주장했다.

예컨대, 프로이센·오스트리아 전쟁(1866) 때, 몰트케 참모총장이 작성한 작전계획은 론 육군대신이 명령을 내기로 되어 있었다. 이것은 비스마르크 수상이 지도적 정치가로서 전쟁을 주재主宰하는 입장이었다. 그래서 비스마르크 수상은 정치적 배려에서 라인 강 수비에 1개 군단을 배치하는 필요를 느껴, 육군대신 론에게 그것을 요구했다. 론은 비스마르크의 요구에 따라 몰트케를 무시하고 명령을 내렸다. 몰트케는 그것을 알고 그와 같은 병력 분산은 모든 작전계획을 쓸모없게 만든다고 국왕에게 상신하여 취소시키는 데 성공했다.

비스마르크 수상과 몰트케의 관계가 식어버린 것은 이때부터이며, 이 사건이 계기가 되어 동원된 군대에 대한 작전명령은 참모총장이 내게 되었고, 동시에 육군대신에게는 통보하는 것으로 변경되었다. 또 전쟁 중 몰트케는 작전에 관하여 직접 상주上奏하는 지위를 획득했는데, 이것이 소위 말하는 '통수권의 독립'이다. 프로이센·프랑스 전쟁(1870) 때는 처음부터 비스마르크 수상과 론 육군대신을 제외하고 정책의 관여를 배제한 순 군사적 관점에서 전쟁을 수행했다. 몰트케의 압승에 의해 정책과 전쟁의 주종관계主從關係, 전후의 이웃나라와의 우호관계에 관한 중대한 문제는 잠복하고 말았다.

클라우제비츠는 오랫동안의 사색의 결과, 전쟁이란 적을 굴복시켜 자기의 의지를 강요하기 위해 사용되는 폭력행위라는 것, 적에게 자기의 의지를 강요하는 것이 전쟁목적(정치적 목적)이며, 적의 저항력을 무력화시키는 것은 목적을 달성하는 군사행동의 목표라고 언명했다. 그런데 현실은 어떠한가 ? "적에게 우리의 의지를 강요한다"고 하는 전쟁목적에 대신하여, "적의 저항력을 무력화한다"고 하는 군사행동의 목표가 전쟁목적으로 간주되고, 전쟁목적이 전쟁행위의 범위 밖으로 밀려버린 것에 주의를 환기시켰다.

군사목표를 적 저항력의 무력화에 둔다는 것은 '절대전쟁'이며, 이것이 극단으로 달려가 전쟁목적이 되면, 군사 제일주의가 되고, 정치적 고려가 둘째가 되어, 이것이 '통수권의 독립'과 결합하면 군국주의(militarism)로 달려가게 된다는 것이 필자의 견해이다. 프로이센·프랑스 전쟁에 있어서 몰트케가 추구한 것은 '절대전쟁'이며, 작전목표가 전쟁의 정치적 목적이 되어 버렸다. 따라서 이것이 제1차·2차 세계대전에 있어서 독일의 패전과 직결되는 중요한 원인의 하나로 해석한다.

마. 클라우제비츠와 조미니의 전쟁이론 비교

『전쟁론』 속에서 클라우제비츠가 많은 시간과 노력을 경주한 것은 제II편의 「전쟁이론에 대하여」이다. 그러나 이 책을 연구하거나 읽는 많은 군인들은 이 내용을 대부분 무시했는데, 그 이유는 군사행동의 실무에 영향을 미치지 않기 때문이리라. 그러나 전쟁을 학문으로서 연구대상으로 삼았을 때, 전쟁이론의 문제는 대단히 중요한 과제이며 또 중대한 영향을 미친다. 클라우제비츠는 전쟁이론에 대해 심상치 않은 노력을 기울였다는 것을 다음과 같이 밝히고 있다.

> • 정신(Geist)과 실질(Gehalt : 병력·무기 및 장비의 뜻)을 구비한 체계적인 전쟁이론을 쓴다는 것은 불가능한 것은 아니다. 그러나 지금까지 나타난 여러 이론은 그러한 것과는 상당히 거리가 멀었다. 이들 이론은 쓸데없이 체계적인 연관과 완성에만 힘을 기울이기 때문에 일상적인 허튼 얘기로 시종하고 있다.… 이런 맹랑한 소리로 현명한 독자를 지루하게 만들거나 혹은 대수롭지 않은 잔재주에다 물을 타서 전혀 맛없게 만들어버리는 일이 없도록 저자著者는 전쟁에 관한 다년간에 걸친 사색과 전쟁을 경험한 총명한 군인들과의 교제, 그리고 나 자신이 겪은 많은 경험에 의해 저자의 마음속에 형성되었고 승화된 것을 불순물이 없는 순금純金의 알맹이로서 제시하려는 방법을 택하였다.(저자의 서문)

그와 같은 연배이고, 함께 나폴레옹전쟁을 체험했으며, 전쟁이론의 연구에 업적을 남긴 스위스인 조미니와 비교·분석함으로써, 클라우제비츠의 전쟁이론의 본질을 명확히 하고자 한다.

조미니는 프랑스의 삭스(Saxe, 1696~1750) 장군의 견해에 대해 반박했다. 즉 "전쟁은 암흑에 덮인 과학이다. 전쟁 중에는 누구도 확신을 가지고 걸어갈 수 없다. 모든 과학에는 원칙이 있지만, 전쟁에는 아직 없다"고 하는 삭스 장군의 견해에 대해 조미니는 『대군 작전론』(1804) 속에서, "어떠한 경우에도 기초적 원칙이 있으며, 그것에 따름으로써 좋은 결과가 획득된다. 그러한 원칙은 변하지 않으며, 무기의 종류나 역사적 시간이나 장소와는 관계가 없다.… 나는 20년간의 체험에서 다음의 신념을 강화했다는 것을 의심 없이 시인한다. 즉 전쟁에는 소수의 기초적 원칙이 있으며, 이것을 무시한다는 것은 대단히 위험하며, 반대로 원칙의 적용은 거의 모든 경우 성공의 영광을 부여하는 것이다. 그것은 때로 상황에 의해 수정되는 경우는 있지만, 일반적으로 군사령관이 전투의 시끄러운 와중에 어렵고 또 복잡한 작전을 지휘하는 경우, 그를 인도하는 척도尺度가 되는 것이다"고 주장했다. 조미니의 전략의 기초적 원칙은 아래와 같다.

① 전략적 방책에 의해, 군 주력을 전장의 결전지구에, 또 가능한 한 적의 병참선을 향해 집중한다. 다만, 우리의 병참선을 위험에 빠뜨리지 않게 주의한다.
② 우리의 주력을 가지고 적군의 일부와 조우할 수 있도록 기동한다.
③ 거기에다 전투에 임해서는 전술기동에 의해 우리의 주력을 결승을 가져오는 전장의 요점 혹은 적을 쉽게 격파할 수 있는 적 전선의 어느 곳에 집중한다.
④ 이러한 대병력을 다만 결승방면에 집중할 뿐만 아니라, 신속하고 또한 동시에 전투에 가입시켜 일제히 공격으로 옮기도록 한다.

조미니는 이 공식(원칙)을 많은 전례戰例를 인용하여 구체화했고, 가장 빛나는 성공을 얻는 것과 또 커다란 실패를 가져오는 것도, 이 기초 원칙을 지키는가의 여부에 달려있다는 것을 역사가 증명하고 있다고 주장했다. 그는 전쟁술이 가능한 한 많은 병력을 결승점에 투입한다고 하면, 이것을 달성하는 방법은 올바른 작전선을 선택하는 데 있다고 했다. 그는 이것을 훌륭한 작전계획의 기초라 생각했고, 올바른 작전선의 선정은 모든 전쟁이론의 핵심이라 주장했다.

조미니는, 만약 사령관이 올바른 작전선을 선정했을 경우, 그는 적에 대해 두 가지 입장의 선정을 강요할 수 있다. 즉 불리한 상황에서 싸울 것인가 또는 작전지대로부터의 철퇴라는 것을 기억해야 한다. 결정적인 기동선의 선정의 강조, 사령관이 문제로 삼는 것은 이론적으로 결정적인 선과 실제의 도로를 일치시키는 데 있다는 논의, 그리고 그는 언제나 약도略圖를 사용하여 각 작전지대를 기하학적 현상으로 간이화簡易化할 수 있고, 적의 격멸보다는 영토의 점령에 더 많은 관심을 가지고 있었다. 그는 네 가지의 전략의 기초적 원칙처럼, 전쟁이론은 적극적인 교리처럼 행동의 방침이며, 이것을 지킬 것인가, 범할 것인가에 의해 승패가 결정되며, 작전선의 중요성과 그것의 기하학적 현상에 대한 관심, 전쟁의 본질에 대한 철학적 고찰에는 관심이 없고, 전쟁의 실제적 문제에만 전념했던 것이다.

조미니의 주저主著『전쟁술 개요』(1838)는 미국에서 남북전쟁(1861~1865) 중인 1862년에 번역되어 전투 중의 남북 양군의 장군들에 의해 애독되었을 뿐만 아니라, 그 후의 미국의 군사분야에 지배적 영향을 미쳤다. 예컨대 마한(Mahan : 1840~1914) 제독은 그의『해상세력사론』(1890)과『해군전략』(1911) 등은 조미니의 전쟁이론을 원용했다고 언명했다. 그러나 오늘날에 와서 클라우제비츠의『전쟁론』은 활발하게 논의·연구되고 있는데 반하여, 조미니의『전쟁술 개요』에 대해 관심이 적어진 원인은 어디에 있을까? 이것은 클라우제비츠의 전쟁이론을 분석함으로써 이해되리라.

클라우제비츠가 최초로 해결해야 할 과제는, 과연 전쟁이론의 수립이 가능한가 하는 근본문제였다. 그는 이론이 스스로의 한계를 인정하고, 이론이 측정 가능한 물질적 요인뿐만 아니고, 측정 불가능한 정신적 요인에도 충분한 가치를 인정한다면 전쟁이론의 수립 및 효용성도 입증된다는 입장이었다. 당시 클라우제비츠의 비판대상이 되었던 전쟁이론에는 어떤 것이 있었을까?

그들 전쟁 이론가들은 병력의 우세, 군사장비와 보급, 작전기지 등 계산의 대상이 될 수 있는 것만을 고찰하고자 했으며, 이는 프로이센의 뷜로로 추정된다. 그는 보급요소가 가장 중요하다고 믿고 있었기 때문에 작전기지에서 군대가 작전하는 후방 병참선의 각도가 90도 이하가 되어서는 안 된다고 주장했다. 클라우제비츠는 이와 같은 주장의 타당성을 부정했지만, 그것은 그들의 주장이 단순하기 때문이 아니라, 그들은 전쟁의 본질을 전연 무시하고 있기 때문이었다.

> •무릇 전쟁에 있어서는 무엇이나 확실한 것은 없고, 추산하는 데 있어서도 커다란 변동을 염두에 두어야 하는 데도 불구하고 이러한 이론은 어느 것이나 확정적 수량상의 크기만 추구하고 있다. 또 군사적 활동이라는 것은 정신적인 여러 힘과 그것의 작용에 의해서 이루어지는 면이 있음에도 불구하고, 그 이론은 그것을 도외시하고 다만 물질적 수량만을 고찰의 대상으로 하였다.(II－2)

클라우제비츠는 전쟁을 하나의 학문으로서 연구하고, 전쟁 행위에 대하여 불변의 원칙을 추출抽出할 수 있다는 주장에는 동의하지 않았다. 그 이유는, 전쟁에 수반하는 위험, 육체적 고통, 불확실한 정보, 우연, 공포 등 전쟁에 있어서 모든 활동을 저해하는 작용을 고려하지 않는 이론은 가치가 없다고 생각했다. 이러한 입장에서 전쟁이론의 적극적인 학설은 불가능하다고 주장했다. 그는 앞에서 얘기한 전쟁의 불확실성이나 방해적인 작용을 마찰(friction)이라는 총체적 개념으로 포괄했다.

• 전쟁에 있어서 모든 것은 대단히 단순하다. 그런데 너무 단순한 이것이 오히려 어려움을 간직하고 있다. 이 어려움은 누적되어 전쟁을 아직 보지 못한 자는 상상도 못할 마찰이 있다. 그래서 강철과 같은 강한 의지가 이 마찰을 제거하며, 여러 가지 장애를 분쇄해 버린다.… 큰 도로가 마주치는 광장에 서 있는 오벨리스크처럼, 전쟁술의 중앙에 당당히 솟아 있는 것이, 즉 불굴의 정신을 가진 장수의 견고한 의지(will)인 것이다. 어떤 의미에서 현실의 전쟁과 탁상卓上의 전쟁을 구별하는 일반적 개념은 이 마찰의 개념일 것이다.(Ⅰ—7)

실제의 전쟁과 탁상의 전쟁의 차이점은 이 마찰이며, 전쟁이론은 이 마찰의 중요성을 이해하는 데서부터 출발해야 한다. 이 마찰을 극복하는 것이야말로 정신력이라는 것이 클라우제비츠의 주장이다. 그가 전쟁술에 있어서 정신력을 강조한 배경에는, 1790년부터 1830년에 이르는 40년간 군의 무기·장비 및 전술에 중대한 변화가 없었다는 것을 전제로 해서 생각해야 한다. 정신력이란 지휘관의 정신력, 군대의 정신력 그리고 국민의 정신력이 있는데, 클라우제비츠는 특히 국민의 정신력을 강조했다는 것은 탁견卓見이라 말할 수 있다. 미국의 해리 서머스 대령의 『전략론』(1983)에 의하면, 베트남 전쟁이 끝날 무렵, 즉 "1969년 닉슨 행정부가 들어선 후, 북베트남과 미국에 대한 모든 자료, 즉 인구, 국민 총생산, 군수물자의 생산능력, 병력 규모, 전차, 함정, 항공기의 숫자 등을 국방성의 컴퓨터에 넣고, '미국이 언제쯤 이길 수 있겠는가?'를 물었더니, 컴퓨터에서 나온 답은 '미국이 1964년에 승리했다'는 것이었다."

이 내용은 실로 신랄한 것이지만, 세계 최강의 미국에 대해 북베트남과 같은 열세국은 숫자로 표시된 것으로는 비교할 수도 없지만 국민적 의지, 즉 클라우제비츠가 말한 정신력은 입력할 수 없어 컴퓨터도 측정이 불가능했다. 여기에 미국 패배의 원인이 숨겨져 있었다. 베트남 전쟁에 있어서 미국의 패배는 클라우제비츠의 전쟁이론, 즉 측정 가능한 물질과 측정 불가능한 정신력의 상호작용의 중요성·타당성과 전쟁 연구방법의 결함을 나타내는 좋은 예이리라.

여기서 우리들은 중요한 문제에 직면하는 것이다. 측정 불가능한 정신력을 고려한 전쟁이론의 수립은 실제로 가능할까?

> •이론적인 연구의 모든 적극적인 성과, 즉 모든 원칙, 규칙이나 방법은 이론의 적극적인 학설이 되어감에 따라, 더욱 더 보편성과 절대적 진리와 멀어지게 된다.(II−5)

조미니의 내선 및 작전선처럼, 원칙·규칙이라고 주장하면 할수록 보편성과 절대적 진리와는 멀어진다는 것이 클라우제비츠의 견해이며, 제1차 세계대전 이후 항공세력(air power)의 등장에 의한 제공권의 획득 여부가 조미니의 주장을 부정하고 말았다. 역설적으로 말하면, 클라우제비츠는 적극적인 원칙·규칙을 명시하지 않았기 때문에 오늘날까지도 유효성·타당성이 있지만, 반면에 군인들에게는 인기가 없었던 것이리라. 그 이유는 군인들이란 시간계획 하에 신속히 요약된 행동의 지침을 수용하는 훈련에 익숙해 있기 때문이다. 클라우제비츠의 이러한 사고思考는 헤겔의 『종합철학개설』의 "변증법의 논리는, 특히 학문적인 것의 견지에서 회의주의懷疑主義라는 형태를 취한다"고 하는 견해에 영향을 받은 것은 아닌지? 클라우제비츠는 전쟁수행에 몇 가지의 간결한 교리에 의해 성부成否가 결정된다고 하는 견해에는 근본적으로 반대했다. 그는 다음과 같이 자신이 주장하는 전쟁이론을 설명하고 있다.

> •이론의 구성을 가능케 하는 이유는 반드시 적극적인 규칙, 다시 말하면 행동에의 지침이 될 필요가 없다고 하는 견해이다. 일반적으로 어느 활동이 반복해서 생기고 또 언제나 동일한 사물, 즉 동일한 목적과 동일한 수단을 대상으로 한다면, 가령 그 사이에 약간의 변동이 있거나 또는 다양한 조합이 있다고 할지라도 이러한 사물은 충분한 이론적 관찰의 대상

이 될 수 있다.…

전쟁이론이란 미래의 지휘관을 양성하는 것일 뿐만 아니라, 미래 지휘관의 독학獨學을 돕는 것이며, 결코 그와 더불어 전장에서 그를 인도하는 것은 아니다. 그것은 현명한 교육자가 소년의 정신발달에 방향을 가르쳐 주고, 그 진로를 인도해 줄지언정, 직접 손을 끌고 소년의 한평생을 자기의 의지대로 하지 않는 것과 같다. 이론은… 결코 전장戰場에서 사용하기 위해 대수학적 공식을 안출하는 것은 아니다. 요컨대, 전쟁이론에서의 법칙이나 규칙은 지휘관의 사고思考를 위해 그 내적 운동의 주요 방침을 규정하는 것뿐이며, 그 전도前途를 위해 측량봉測量棒을 세우려는 것은 아니다.(II－2)

전쟁이론의 역할은 지휘관의 판단력을 육성하는 데 있으며, 지휘관에게 무엇을 하라고 말하는 것은 이론가의 역할이 아니다. 이론은 지휘관이 자기의 생각을 정리하는데 도움을 주어야 한다는 것이 클라우제비츠의 주장이다. 이러한 그의 전쟁이론에 대한 주장은 조미니의 주장과는 기본적으로 다르다. 그렇다면, 전쟁은 과학이 아니고 예술인가? 클라우제비츠는 다음과 같이 명확한 해답을 제시했다.

• 우리들은 전쟁이란 예술이나 과학의 영역에 속하지 않고 오히려 사회생활의 영역에 속한다고 말하고 싶다. 전쟁은 국가 간의 중대한 이해관계利害關係의 충돌이며, 이 충돌은 유혈流血에 의하여 해결되어야 한다. 그래서 전쟁이 다른 이해관계와 구별되는 것은 바로 여기에 있는 것이다.…

정치는 전쟁을 배태胚胎하고, 전쟁은 이 모태母胎 속에서 발달하고 있는 것이다.(II－3)

따라서 전쟁이론은 정치학·사회학 이론의 분파이며, 정치와 관련하여 정치의 틀 속에서 생각해야만 한다. 실제로 전쟁수행에 있어서 이론가들이 공헌할 수 있는 분야를 요약하면 다음과 같다.

• 전쟁을 구성하고 있는 모든 대상은 얼른 보아서는 엉켜져 분별하기 어려움에도 불구하고 만약 이론이 이러한 대상을 하나하나 명확히 구별하고, 여러 수단의 특성을 열거하며, 또 이러한 수단에서 생기는 효과를 지적하고, 목적의 성질을 명백히 규정하며, 더욱이 투철한 비판적 관찰의 빛에 의해서 전쟁이라는 영역을 샅샅이 비출 수 있다면, 이론은 그 주요한 임무를 달성한 것이 된다. 이렇게 되면, 이론은 전쟁이 어떠한 것인가를 책을 통해서 알려는 사람에게 좋은 안내자가 되며, 그가 가는 곳을 비춰주며 그의 발걸음을 가볍게 해주고, 또 그의 판단력을 육성하며 그가 기로岐路에서 헤매지 않도록 지도할 수도 있을 것이다.(II-2)

군사문제의 전문가 가운데는 클라우제비츠의 전쟁이론에는 영국에서 일어난 산업혁명에 의한 군사기술의 발달을 예견하지 못하여 전쟁이론에서 도외시했다거나, 또는 제1차 세계대전에서 참혹한 대량살상의 결과는 그의 『전쟁론』을 추종했기 때문이라는 비난도 일어났다. 이러한 비난에 대해 그는 무엇이라고 답변했을까?

• …어떠한 시대에도 그 시대의 독특한 전쟁을 실시하며, 전쟁에 가해지는 독특한 조건을 구비하며, 또한 독특한 편견을 가졌다는 사실을 분명하게 하는 데 있었다. 따라서 어떠한 시대에도 조만간 이론을 철학적 원칙에 비추어 수정할 필요가 생겼다 할지라도, 각 시대는 각 시대의 독특한 전쟁이론을 가졌던 것이다. 요컨대 어떠한 시대의 사건도 그 시대의 특수성에 비추어 판단해야 하는 것이다.(Ⅷ—3)

클라우제비츠는 '각 시대는 각 시대의 독특한 전쟁이론을 가졌다'고 했는데, 이것은 각 시대는 각 시대에 적용할 새로운 전쟁이론을 안출해야 한다고도 해석이 가능하리라. 우리들은 북한의 무력에 의한 적화통일정책과 전략을 면밀히 분석하여 우리의 현실에 적합한 군사이론을 수립해야 할 과제를 안고 있는 것이다.

3. 『전쟁론』은 왜 오해를 받는가?

가. 절대전쟁과 현실전쟁

클라우제비츠의 『전쟁론』이 오해를 받고 있는 커다란 원인은 절대전쟁(absolute war)과 현실전쟁(real war)의 양자에 대한 견해가 뒤섞여 있는 미완성의 작품이기 때문이리라. 그는 현실전쟁관에 의해 전편全編의 근본적 수정을 의도하고 있다는 것을 「저자의 수기」에다 남겼다.

> •최초의 여섯 편은 이미 정서淨書했으나, 내가 보는 바로는 아직 불비不備한 원고이므로 다시 한 번 모두 개정改訂할 필요가 있다. 또 개정하는 경우에는 각기 목적을 달리하는 두 종류의 전쟁의 구별을 더 명확히 하고 싶다. 그렇게 되면 전쟁에 관한 모든 사상은 한층 명확한 의의와 뚜렷한 방향을 얻으며 또 정확한 적용이 가능하게 될 것이다.
>
> 지금 두 종류의 전쟁이란, 첫째는 적의 격멸을 목적으로 하는 전쟁이며… 둘째는 적국의 국경부근에 있는 적 국토의 얼마간을 쟁취하려는 전쟁이다.… 이 두 종류의 전쟁 사이에는 갖가지 중간적 단계가 있다. 그러나 양자가 추구하는 목적은 전혀 성질을 달리하고 있다.… 전쟁의 고찰에 있어서 실제로 필요한 관점이 명백하고 또 정확하게 확립되어야 한다. 그것은 즉, "전쟁이란 다른 수단을 가지고 하는 정책의 계속에 지나지 않는다"는 것이다.… 이러한 관점은 주로 제8편에 적용되지만, 그러나 이미 제1편에서 충분히 전개되어 있어야 하며, 또 최초의 여섯 편의 개정改訂에도 필요한 것이다.

클라우제비츠의 '두 종류의 전쟁'으로 『전쟁론』의 내용을 분류하면 다음과 같다.

▲ 절대전쟁 : 제1편, 전쟁의 본질에 대하여(제1장 제외)
제2편, 전쟁이론에 대하여
제3편, 전략일반에 대하여

제4편, 전투
제5편, 전투력
제6편, 방어

▲ 현실전쟁 : 제1편 제1장, 전쟁이란 무엇인가(완전한 내용)
제7편, 공격(초안)
제8편, 전쟁계획(초안)

클라우제비츠는 1806년 10월, 아우어슈테트 전투에 있어서 나폴레옹군에게 괴멸적인 패배를 당한 후, 철학적 사색에 바탕을 두고 "적의 타도, 즉 적 전투력의 격멸이야말로 모든 군사적 행동의 주요 목표라는 결론을 얻고는 만족했다"(Ⅷ-1)고 말했는데, 이것이 '절대전쟁'이다. 그는 폭력의 무제한의 발휘에 의한 적군의 타도·격멸을 유일한 군사목표로 삼는 것이 순수한 그리고 있어야 하는 전쟁형태라는 것을 확신했기 때문에, 전쟁의 모델로 생각하고 『전쟁론』을 집필하기 시작했다. 그러나 40대 후반에 접어들어 연구와 사색이 원숙의 경지에 이르자, 그는 절대전쟁에 대해 문제점과 보편성의 결여에 의문을 품기 시작했다.

• 나폴레옹에 있어서 전쟁은 적을 타도할 때까지 쉬지 않고 진행되었으며, 따라서 적의 반격도 계속하여 실시되었다. 그러한 현상이 엄밀한 논리적 귀결에 따라 우리들을 전쟁 본래의 개념으로 돌아가게 한 것은 자연스럽고 또한 필연적인 것이 아니겠는가.

그런데, 우리들은 전쟁에 대해 본래의 개념을 어디까지나 고집하고, 가령 현실전쟁이 절대전쟁으로부터 아무리 멀어져 있어도, 어떠한 전쟁이라 할지라도, 절대전쟁이라는 기준에 따라서 판정하고 또 전쟁의 순수한 개념으로부터 일체의 이론적 결론을 끌어내어도 좋을 것인가? 우리들은 이 문제에 대해서 취해야 할 태도를 명확하게 결정해야 한다. 전쟁은 전적으로 본래의 개념대로 있어야만 하는 것인가, 혹은 그것과 별개의 것이 될 수 있는 것인가 하는 문제를 해결하지 않는 한, 전쟁계획에 대해서 확실한 주장을 할 수 없기 때문이다.…

> 우리들은 있어야 하는 전쟁을 단순한 개념에 의해 생각하는 것이 아니라, 절대전쟁 속에 섞여서 또 이것에 부착하고 있는 모든 이질적인 것, 예컨대 전쟁을 구성하고 있는 많은 부분이 각각 갖추고 있는 고유의 비중이나 이들 사이에 생기는 마찰, 인간 정신이 가지는 자가당착, 불명확 혹은 두려움마저도 일괄해서 부정하지 않고 각각의 있는 바를 있게 해야 할 것이다.
>
> 아무튼 우리들은 전쟁과 우리들이 전쟁에 미치는 형태와는 그때그때의 지배적인 사상·감정 및 사정에 의해 생긴다는 견해를 지지하지 않을 수 없다. 그 뿐만 아니라, 우리들의 이론의 진실을 기하려고 한다면 전쟁이 그 절대적 형태를 취한 경우에도, 즉 나폴레옹의 지휘하에 실시된 전쟁에서도 이것을 시인하지 않을 수 없다.(Ⅷ—2)

이것은 클라우제비츠가 있어야 하는 전쟁(절대전쟁)과 있을 수 있는 전쟁(현실전쟁) 가운데서 어느 것을 전쟁이론의 기준으로 선택해야 할 것인가를 상당히 고민한 모습을 나타내는 내용이다. 이 문제를 해결하지 않고서는 전쟁계획 뿐만 아니라, 전쟁이론의 수립도 불가능하다. 그는 1568년(네덜란드 독립전쟁)부터 1815년(워털루 전투)까지의 전역(campaign)·전쟁 130여개를 면밀히 분석했던 바, 1805년 10월의 울름 전역, 1806년 10월의 예나·아우어슈테트 전역, 1809년의 바그람 전역이 '절대전쟁'에 속하며, 이것은 보편성을 결여한 예외적인 전쟁이고, 이것 외의 나폴레옹 지휘하에 실시한 전역·전쟁도 제한된 목표를 가지고 수행된 '현실전쟁'이라는 것을 확인했다. 그래서 그는 오성悟性(Verstand)을 논거로 하여 다음과 같이 주장했다.

- 강력한 논리에 의해 지탱되어 있는 이 이론도 현실 앞에서는 무력함을 노출시키고 말았다.(Ⅷ—2)
- 전쟁술에 있어서 모든 철학적 진리보다도 경험이 더 가치를 가지기 때문이다.(Ⅱ—5)

여기서 클라우제비츠는 절대전쟁의 입장에서 현실전쟁의 입장으로 변신했으며, 또 전쟁철학자로 불리어지고 있으나, 형이상학적 관념론자가 아니라 현실론자로 해석하는 것이다. 그가 현실론자로 변신한 다른 하나의 이유가 있다고 필자는 추정한다. 즉, 그는 1806년 10월 아우구스트 친왕과 함께 포로가 되었고, 나폴레옹군의 프로이센 점령, 배상금과 철저한 내정간섭, 그가 즐거운 나날을 보냈던 왕궁은 지금 완전히 승자 나폴레옹의 소유가 되어 있었다. 그 곳을 친왕과 함께 포로의 신분으로 방문했을 때, 그는 강력한 증오심을 갖게 되었다.

1815년 7월, 이번에는 프로이센군이 프랑스의 수도 파리를 점령했고, 1억 프랑의 배상금과 10만 명 분의 의류, 일정한 수의 말(馬)을 요구했다. 클라우제비츠는 파리 점령 직후의 분위기를 냉철히 관찰하고 또 비판적인 편지를 마리(부인)에게 보냈다. "우리들이 루이 18세나 프랑스인에 대해 어떤 적대관을 가지게 되었는가를 당신은 쉽게 판단할 수 있다고 생각합니다. 점령군인 영국군은 군세軍稅를 높이거나 약탈도 하지 않습니다. 우리들은 프랑스 정부와 프랑스 국민의 신뢰를 잃어버렸습니다. 나는 이런 뒷맛이 안 좋은 사건은 곧 끝나기를 열망합니다. 상대편을 완전히 정복한다는 입장은 내 뜻과 반대이며, 권익과 당파성을 둘러싼 끝없는 투쟁은 내 생각 밖에 속합니다.…"

클라우제비츠는 상대편을 타도·격멸 그리고 굴복시키는 '절대전쟁'은 결국 보복이 보복을 낳고, 역사 그 자체가 복수復讐의 연쇄가 되어 이웃나라와의 미래의 선린관계가 상실된다는 깊은 통찰력에서 다음과 같이 경고했다.

- 전쟁의 성격이 확실하게 절대전쟁에 접근함에 따라 또 전쟁의 범위가 다수의 교전국을 포괄하고, 이런 여러 국가를 전쟁의 와중으로 끌어들임으로써 전쟁에서의 여러 가지 일의 연관은 더욱 더 긴밀해지며, 최초의 한 걸음을 내어 디딜 때 최후의 결과를 미리 고려할 것을 절실히 요구한다. (Ⅷ—3)

• 새로운 알렉산더 대왕이라고 일컬을 수 있는 3명의 장수, 즉 구스타프 아돌프, 샤를 12세 및 프리드리히 대왕… 아무튼 그들은 전쟁에 의해서 성취된 업적에서만 말한다면, 나폴레옹의 선구자로 간주해도 좋다. 이리하여 전쟁은 한 편에서는 그 강력함과 그 본성을 증대시켰지만, 다른 편에 있어서는 거기서 얻은 이점利點을 다시 잃게 되었던 것이다.(Ⅷ-3)

클라우제비츠는 절대전쟁을 수행하고자 하는 경우, '최초의 한 걸음을 내어 디딜 때, 최후의 결과를 미리 고려할 것을 절실히 요구한다'고 했다. 이것은 복수가 복수를 낳기 때문이며, '다른 편에 있어서는 거기서 얻은 이점을 다시 잃게 되었다.' 함은, 이웃나라와의 미래의 선린관계를 잃는다는 뜻이리라. 이것은 그 후의 프로이센·프랑스 전쟁(1870), 제1·2차 세계대전을 회고해 봤을 때, 그의 탁견과 심오한 견해는 몰트케를 비롯하여 군 수뇌들에게는 이해되지 않았던 것이다.

샤른호르스트(1755~1813)가 관장하고 있을 때, 참모본부는 육군성의 한 국局에 지나지 않았다. 그 후 군사적 통수권이 국왕에게로 옮겨졌고, 1821년 참모총장은 전쟁 사항에 관해서 국왕의 최고 고문관이 되었으며, 육군대신은 그 권한이 정치적·행정적 감독으로 제한되었다. 이 결정은 중대한 영향을 미치게 되었다. 개전 후 뿐만 아니라, 전쟁의 준비와 초기단계, 그것을 수행함에 있어서 참모본부는 군사의 지도권이 부여되었기 때문이다. 이것이 소위 말하는 '통수권의 독립'의 시작이며, 거기에다 절대전쟁관이 결부되면 군국주의(militarism)로 달려가게 된다. 군국주의란, 국가생활에 있어서 문민에 대한 군인의 지배·군사적 요구의 과도한 우월성, 군사적 사고思考·정신·이념 및 군사적 가치 척도의 강조 등의 뜻으로 되었다. 그리고 다른 편에서 복리와 문화를 소홀히 하면서, 군사목표를 위해 국민에게 과중한 부담을 과하며 또 국가의 가장 훌륭한 인적 자원을 비생산적인 군사업무에 종사케 했다. 따라서 참모본부는 사실상 정부 위에 군림했으며, 국가의 모든 사업을 관장하는 위치에 서게 되었다. 프로이센·프랑스 전쟁(1870) 이후, 그리고 일본도 이 길을 추종했기에 패망하고 말았다고 필자는 해석한다.

나. 프로이센·독일 군부에서의 『전쟁론』의 수용

클라우제비츠의 깊은 군사사상은 아무나 쉽게 접근할 수 있는 내용은 아닌 성 싶다. 『전쟁론』 초판 발행(1832)으로부터 20년 후에 재판이 준비되고 있을 때, 초판본 1,500부가 아직 남아 있었다고 한다. 프로이센에서는 그의 이름과 책명은 알려져 있었지만, 읽혀지지 않는 책을 발간한 군사사상가로 알려져 있었다. 그의 『전쟁론』이 읽혀지지 않았던 근본적인 이유는 『전쟁론』 그 자체 내에 있었으며, 「저자의 수기」에서 다음과 같이 밝혔다.

- 만일 내가 일찍 죽어 이 저작著作이 중단되고 현재의 모습으로 공표되는 날에는, 실제 그것은 심히 형태를 갖추지 못한 다만 감상집感想集과 같은 것이 되어 끊임없이 오해를 초래함으로써 많은 불충분한 비평의 대상이 되리라.

클라우제비츠의 기본적인 군사사상을 두 가지로 요약해서 논의해 보고자 한다.

첫째 : 전쟁의 이중성二重性, 즉 절대전쟁과 현실전쟁에 있어서, 그는 절대전쟁론자로부터 현실전쟁론자로 변신했는데, 그 이유는 무엇인가?

둘째 : 전쟁이란 다른 수단을 가지고 하는 정책의 계속이며, 정치적 목적은 군사적 수단에 대해 결정·우월권을 가지고 있다는 것이다.

클라우제비츠의 『전쟁론』이 독일에서 유명하게 등장한 것은 1857년 프로이센군의 참모총장이 된 몰트케의 영향이 지대한 것으로 생각한다. 그는 프로이센·오스트리아 전쟁(1866)과 프로이센·프랑스 전쟁(1870)을 이끌었던 장본인이요, 또 그의 사상을 형성하고 있는 모태사상母胎思想이란 『호메로스』, 『성서』 그리고 『전쟁론』이라 말했기 때문이다.

그러나 몰트케는 전쟁수행의 과정에서, 무력의 행사에 의해 얻을 수 있는 승리는 전쟁에 있어서 결정적 요인이며, 전쟁의 결과를 결정하는 것은 적 영토의 일부나 요새를 점령하는 데 있지 않고, 적 군사력의 타도·격멸이라 주장했다. 적 군사력의 타도·격멸을 군사작전의 목표인 것처럼 행동한 것으로 보아, 그는 '절대전쟁'의 입장이며 또 정치적 목적에 군사적 수단이 종속되는 것을 시인하지 않았다.

몰트케는 자신이 충성을 맹세한 왕의 정치적 권위의 우위성은 인정했다. 그러나 왕의 정치적 보좌관(비스마르크를 뜻함)은 왕이 몰트케에게 위임한 군사에 대한 지도권에는 결코 관여해서는 안 된다고 굳게 믿고 있었다. 프로이센·프랑스 전쟁이 발발한 후, 그는 "동원령이 발령되는 순간부터 정치적 보좌관은 침묵을 지켜야 하며, 전략가가 적을 완전히 격멸하고 왕에게 임무의 완수를 보고한 연후에 다시 주도적 역할을 담당해야 한다"고 술회했다. 이것은 스당의 전투 후, 프랑스 정부와 강화해서는 안 되며, 파리를 점령하여 프랑스를 굴복시켜야 한다고 주장했을 때 생긴 중대한 문제점이었다. 스당전투 후, 비스마르크 수상은 프랑스와 강화를 체결하자는 주장이었으나, 몰트케는 따르지 않았다. 이것은 클라우제비츠가 주장한 정치적 목적에 대한 군사적 수단의 종속과는 정반대의 내용이며, 이것은 몰트케의 제자와 후계자들에게도 계승되었다는 데 중대한 문제점이 잠재하고 있었다. 그렇다면, 몰트케는 클라우제비츠의 『전쟁론』의 내용을 이해하지 못했는가, 오해하고 있었는가, 혹은 거부했는가는 규명해야 할 과제이리라.

슐리펜(1833~1913) 참모총장은 『전쟁론』의 제5판 출판(1905)을 맞이하여, "프로이센 군대 및 오늘의 모든 독일 군대는 이 위대한 사상가에 대해 무한한 감사를 바쳐야 한다. 실제로 클라우제비츠가 뿌린 씨는 1866년 및 1870

~1871년의 전역에서 풍부한 열매를 맺었다. 그러한 전역에서 발휘된 우리 군의 용병술의 우월은 근본적으로 또 전적으로 『전쟁론』이 부여한 것이다.… 몰트케의 총명한 전개는 클라우제비츠의 충실한 저술의 영향하에서 이루어졌고 오늘날에도 출간의 명예를 가지고 있다.… 그는 전쟁 중에 모든 목적 가운데 적의 군사력의 파괴야말로 언제나 모든 것을 지배하는 최고의 목적이라 생각했다"고 기록했다. 슐리펜도 몰트케와 같은 생각을 가진 후계자였는데, 제1·2차 세계대전에서 독일의 패전을 알지 못했다는 것은 다행한 일이었을까?

앞에서 얘기한 몰트케의 견해는 클라우제비츠의 기본사상에 위배될 뿐만 아니라, 몰트케가 클라우제비츠의 충실한 제자·후계자라 말하기도 어려우리라. 그러나 몰트케의 견해는 19세기 후반부터 독일 참모본부의 기본적인 사고방식으로 정착하고 말았다. 이것은 독일을 위해서도 불행한 처사였으며 또한 전략에 있어서 정치적 문제에 대한 단호한 군사적 통제의 요구에 대해 민간 정치지도자들은 저항 없이 이를 수락했던 것이다. 황제 빌헬름 2세는, "전략이 말해도 좋다고 허가할 때까지 정책은 전쟁 중 입을 다물고 있어야 한다"고 말했다.

루덴도르프(1865~1937)는 『총력전쟁』(1935)에서, 클라우제비츠와는 정반대의 입장에서 다음과 같이 비판했다. 즉, "전쟁의 본질이 변화했다는 것은 움직일 수 없는 사실이기 때문에, 정책의 임무가 확대되어야만 하고, 정책 자체가 변해야 한다.… 전쟁과 정책이란 민족의 생존에 활용되어야 한다. 그러나 전쟁이란 민족적 생활의지의 최고의 표현이다. 따라서 정책은 전쟁 수행에 봉사해야만 한다."

소련의 포로수용소에서 사망한 클라이스트 원수는 1945년 영국군의 포로가 되어 있었을 때, 리델 하트에게 "우리들의 세대, 즉 내가 육군대학에서 배웠고 또 참모장교였던 시절에는 이미 클라우제비츠의 교리는 잊어버리고 있었다. 그의 문장은 인용되고 있었으나, 그의 저서를 근본적으로 연구한다는 것은 아직 이루어지지 않았다. 다루어진 것은 그의 전쟁에 관한 철학보다는 운용상의 교리였으며, 이것만이 중시되었다. 클라우제비츠가 '전쟁이란 다른 수단을 가지고 하는 정책의 계속에 지나지 않는다'고 주장한 것은, 전쟁에 있어서 정치적 요소가 군사적 요소보다 중요하다는 것을 뜻하고 있는데, 군사적 성과만을 가지고 정치적 문제를 해결할 수 있으리라고 생각한 것이 독일의 착오였다"고 고백했다.

이 내용은 당시 독일 군부에 있어서 클라우제비츠의 『전쟁론』이 수용되지 않았고, 또 얼마나 오해되고 있었는가를 말해주고 있다.

다. 영국에서의 『전쟁론』의 수용

영국에서는 그래함 대령이 『전쟁론』의 영역판을 1874년에 출판했으나, 곧 절판되고 말았다. 1909년 마크와이야에 의해 초역抄譯의 『전쟁론』이 출판되었고 또한 그래함 대령의 번역본도 재판되었다. 여기에는 모드 대령의 해설문이 첨부되어 있었는데, 이것이 영어권 내에서 보급된 『전쟁론』이었다. 그 후 영국에서 지도적 역할을 수행하고 있었던 해군 사학가, 콜베트 경(Sir Julian Corbett, 1854~1922)은 왕립 해군대학에서 강연한 내용을 기초로 하여 『해양전략의 원칙』(1911)을 저술했다. 그는 클라우제비츠가 현실전쟁론자로 변신한 이유를, "실제로 목적상 요구되는 것을 제공하는 것이 불가능하다는 것을 인식했기 때문이다"고 지적하고, "군사적 행위는 결코 정책을 초월해서는 안 된다. 언제나 정책이 목적이고, 전쟁은 다만 목적 획득의 수단에 지나지 않으며, 이 수단은 언제나 목적을 잊어서는 안 된다"고 주장했는데, 이것은 클라우제비츠의 『전쟁론』을 충실히 이해·해석한 결과라 하겠다. 이 저서 속에서 콜베트는, 해전海戰에 있어서도 클라우제비츠의 전쟁이론이 적합성을 가지고 있다고 지적하고 있는데, 흥미롭다.

그러나 제1차 세계대전의 발발에 의해 사정이 변했다. 클라우제비츠에 대한 영국인의 반발은 예상 외로 컸다. 그 이유는 베른하르트나 골츠에 의해 소개된 클라우제비츠는 영국이 싸워야만 하는 피에 굶주린 프로이센주의의 예언자처럼 비쳤기 때문이었다. 거기에다 독일 국내에서 인기가 있다는 것은 미워해야 하는 근거가 되었던 모양이다.

영국의 저명한 군사평론가 리델 하트(1895~1970)의 클라우제비츠 『전쟁론』에 대한 논평을 살피고자 한다.

리델 하트는 캠브리지 대학에서 몇 개월 역사학을 공부하다가 1914년 7월, 제1차 세계대전이 발발하자 육군에 지원해서 기병 소위로 임관하여 11월에 서부전선에 출전하여 부상을 당했다. 전쟁 후, 군사연구와 평론을 본격적으로 시작했으며, 1927년 대위로 제대했다. 그 후 신문기자·저술가로 20여권의 저서를 남겼다.[3] 그는 『나폴레옹의 망령』(1933)에서 클라우제비츠를 다음과 같이 논평했다.

> •누구나 그를 역사상에 있어서 대량 집중이론과 상호격멸 전략이론의 구세주로 평하리라. 그는 '절대전쟁' 교리의 원천이기 때문에, '전쟁이란 다른 수단에 의한 국가 정책의 계속에 지나지 않는다'는 논의로 시작되는 그가 작성한 이론에 대한 논쟁은 정책을 전략의 노예로 만듦으로써 끝났다.…
>
> 만약 전쟁이 정책의 연속이라고 한다면, 그것은 필연적으로 전후의 이익을 고려해야 할 터인데, 고갈될 때까지 국력을 사용해버린다면 정책은 파탄되어버린다는 모순에 빠진다는 것을 알지 못했다. 그는 종전까지는 생각했으나, 종전 후의 평화에 대해서는 생각하지 않았다.

클라우제비츠가 절대전쟁론자이고, 정책을 전략의 노예로 만들었다는 리델 하트의 주장은 오해이다. 그는 현실전쟁론자로 변신했으며, 또 정치

---

3) 이종학, 「리델 하트의 『전쟁론』비판에 대한 논평」, 『海洋戰略』 제135호 (해군대학, 2007. 9.) 참조.

적 목적에 대한 군사적 수단의 종속을 반복해서 강조했다. 그리고 그는 "전쟁의 성격이 확실하게 절대전쟁에 접근함에 따라… 최초의 한 걸음을 내어디딜 때, 최후의 결과를 미리 고려할 것을 절실히 요구한다"(Ⅷ-3)고 주장했는데, 검토할 필요가 있으리라. 영국의 마이클 하워드는 "리델 하트의 클라우제비츠에 대한 비판은 왜곡되고, 부정확하고 또 불공평했다"고 평했는데, 필자도 동일한 견해이다.

리델 하트는 저명한 군사평론가였고, 영국과 미국에 있어서 커다란 영향력을 가지고 있었다. 그것이 클라우제비츠의 군사사상을 연구·이해하는데 지장을 초래했다는 것도 사실이리라. 즉 제1·2차 세계대전에 있어서 독일은 영국의 적국이며, 그가 전쟁에 참가하여 부상을 당했고, 그의 사후에 출판된 『제2차 세계대전사』(1970)의 서문에서 부인은 "충분한 재산이 없었던 남편은 생활비를 벌기 위해 잡문·논평의 글이나, 벼락치기로 집필하는 책에 쫓겨서, 『제2차 세계대전사』를 위한 조사는 언제나 늦어졌다"고 적었는데, 주목할 새로운 사실을 엿보이는 내용이리라.

클라우제비츠의 『전쟁론』은 칸트에서 헤겔에 이르는 독일 관념주의 철학의 기초 지식을 어느 정도 이해하고, 그리고 여유 있게 천천히 연구해야 할 책이지만, 리델 하트는 그러한 생활환경에 놓여있지 않았다. 그는 『전략론』(1954) 속에서 "간접적인 칸트 학도로서의 클라우제비츠는, 참다운 철학적 지성을 함양하지도 못했으면서 철학적 표현양식을 몸에 지니고 있었다"고 주장했는데, 이것은 클라우제비츠보다도 리델 하트 자신에게 해당되는 내용이 아닐까.

풀러(J. F. C. Fuller, 1878~1966) 소장은 영국 육군에 입대하여, 보어 전쟁(1899~1902), 제1차 세계대전에서는 전차군단의 참모장, 육군대학 주임교수를 역임했으며, 많은 전쟁사 책을 저술했다. 그는 『전쟁수행론』(1961)의 서문에서, "가장 중요한 장章은 현대전의 아버지, 클라우제비츠의 장이다. 나는 그의 이론을 요약하는 대신에, 그의 『전쟁론』에서 자유로이 인용했다. 거기에는 두 가지 이유가 있다. 하나는, 그가 전쟁을 '사회생활의 영역에 속하는 것'으로 이해한 최초의 사람이며, 이것을 이해하고 있는 사람은 소수이기 때문이다. 둘째는, 나는 지금까지 그의 이론을 인용하거나, 비판하는 많은 군인·정치가들을 만났지만, 그의 위대한 업적을 주의 깊게 연구한 사람은 불과 3~4명에 지나지 않기 때문이다"고 말했다. 「제4장, 클라우제비츠의 이론」의 일부를 인용하면 아래와 같다.

> 미완성이며, 퇴고推敲되지 않은 『전쟁론』은, 거의 논문이나 각서를 모은 것이며, 충분히 검토된 형식에 의해 집대성되었다고 말할 수 없다. 문장이 길고, 반복이 많으며, 상투적이고, 알고 있는 사실뿐이다. 거기에다 곳곳에 극도로 복잡하고 모순되는 곳도 있다.… 그는 절대전쟁의 개념을, 모든 군사행동을 측정하는 잣대로 생각한 것이 명확하다.… 전쟁과 정책의 관계에 대한 클라우제비츠의 주장은 군사이론에의 커다란 공헌이다. 클라우제비츠는 '어떠한 상황 하에서도 전쟁을 독립된 것으로 보아서는 안 되며, 어디까지나 하나의 정치적 수단으로 보아야 한다'고 적고 있다.

풀러 장군이 전쟁과 정책에 대한 클라우제비츠의 주장을 커다란 공헌, 즉 전쟁은 정치적 수단이라고 한 것을 칭찬하면서, 그를 절대전쟁론자로 판정하는 것은 모순이다. 그 이유는 전쟁을 정치의 틀 속으로 넣어 정책의 수단으로 만든 것은 현실전쟁을 수행하기 위한 것이기 때문이다. 풀러 장군은 서문에서, "전쟁은 두 가지의 범주로 분류할 수 있다. 즉 제한된 정치적 목적을 수반하는 전쟁과 무제한의 정치적 목적을 수반하는 전쟁, 두 가지이다. 승자에 있어서 이익이 되는 전쟁은 전자前者이며, 후자는 아니다"고 했다. 이것이야말로 클라우제비츠의 '현실전쟁'과 '절대전쟁'의 구별이며, 클라우제비츠가 현실전쟁론자(전자)라는 것을 풀러는 왜 간과했는지 이해하기 어렵다. 또한 『전쟁론』 전반에 대해, "알고 있는 사실뿐이다"고 풀러는 논평했는데, 이에 대한 필자의 견해를 발표할 기회가 있으리라.

라. 프랑스에서의 『전쟁론』의 수용

1870년의 프로이센·프랑스 전쟁에서 프랑스군의 완패는 그들에게 경종을 난타한 것은 당연하리라. 프랑스의 피에론 중장은 클라우제비츠를 평하여, "만약 우리나라의 장군이 1870년 이전에 클라우제비츠의 학설을 연구하였더라면, 그와 같은 전략상의 실패를 면했으리라. 만약 우리들이 과거의 잘못을 깨닫고 장래의 준비를 하고자 한다면 클라우제비츠의 저서를 읽어야만 한다"고 주장했다. 이 패배의 많은 원인 가운데 최고 통수의 무능만큼 명백한 것은 없었다. 이론적으로 치밀하게 훈련되고 훌륭하게 조직된 참모기구의 지원을 받은 프로이센의 장군들과 대항한 프랑스군의 고급 지휘관들은 우둔하고 혼란스럽고 부주의를 폭로했으며, 그들 군대의 용감스러움도 이를 보상할 수가 없었다.

1874년, 프랑스 육군 참모본부는 프로이센을 모델로 하여 개편되었다. 그러나 이것만으로 충분치가 못했다. 장교들은 근대 참모장교로서의 직무를 수행할 수 있도록 하는 교육의 이수가 필요했다. 프랑스 참모장교의 무능함은, 1870년 이전에는 전쟁이론의 연구나 학식을 소홀히 했고, 마술馬術과 같은 술과에 능한 자가 훌륭한 장교로서의 결정적 표준으로 되고 있었다는 사실에서도 분명했다. 그러나 지금에 와서는 참모장교에 대해 이론적 기초 사항의 필요성이 인식되었다. 1878년에 고등군사학교가 개설되고, 1880년에는 그 명칭이 육군대학교로 개정되었으며 육군의 학술적인 중추, 고급 참모장교를 양성하는 곳이 되었다.

그들은 패인의 해명과 더불어 독일의 전쟁이론의 연구를 하게 되었고, 시초로 클라우제비츠 『전쟁론』의 프랑스어 번역판은 이미 1849년에 출판되어 프랑스 육군사관학교의 교수에 의해 논평이 발표되어 있었다. 그러나 『전쟁론』과 거기에 관한 논평도 프랑스군에는 아무런 인상도 남기지 않았다.

1885년 육군대학교에서 칼도가 최초로 클라우제비츠의 강의를 시작했을 때, 포슈(Ferdinand Foch, 1851~1929)라는 젊은 장교가 입교했다. 9년 후인 1894년 포슈는 이 학교의 군사학 교관이 되었다. 과거의 전통과 자신의 학생시절에 연구했던 클라우제비츠의 『전쟁론』을 혼합하여 최초로 중요한 저서 『전쟁의 원칙』(1903)과 『전쟁수행론』(1904)을 발표하여 프랑스 군사사상의 개혁자가 되었다. 두 저서는 모두 강의했던 내용을 편집한 것이지만, "역사에 기초를 두고, 실제로 경험되는 경우에 대해 전적으로 객관적으로 결론을 맺는다"는 입장에서 저술했다고 기록했다. 전자前者에 있어서는, 근대전쟁의 본질을 논의함과 동시에 병력의 경제적 사용, 행동의 자유 및 경계 등의 여러 원칙을 설명했고, 후자後者에서는 주로 1870년 전쟁에 있어서 독일군·프랑스군의 전쟁계획, 전쟁목적에서부터 각 전역戰役에 걸친 전쟁수행에 관해 논평했다.

포슈는 제1차 세계대전에서 제20 군단장으로 시작하여, 마지막에는 연합군 총사령관이라는 중책의 지위에서 전쟁을 수행했고, 군대를 지휘했다. 즉 그는 이론가인 동시에 실천가였다. 그가 특히 강조했던 '정신적 힘'과 '공격 정신'에 관하여 고찰해 보고자 한다.

"승리 = 의지". 이 등식은 포슈의 정신적 요소의 표명이다. 이 이성理性과 의지意志, 지능과 신념과의 결합이 그의 지휘관으로서의 독특한 천성으로 인정되었다. 그를 당시에 가장 훌륭한 장군으로 인정케 한 것은 불꽃처럼 타오르는 신념과 정신력을 가지고 학생들에게 그리고 후에는 전군에게 침투시킨 능력이었다.

- 정신 = 정신력의 영역
- 승리 = 승자의 정신적 우월, 패자의 정신적 패배
- 전투 = 두 의지意志의 투쟁

• 정복의 의지 : 이것은 승리의 첫째 조건이며, 따라서 각 군인의 첫째 의무이다. 그리고 지휘관은 필요에 따라 확실하게 이것을 병사들의 혼에 고취시켜야 한다.

모든 사람들의 눈이 과학기술의 업적에 현혹되어 있었던 물질주의 시대에 있어서, 포슈는 전쟁에서의 정신적 요소의 필요를 강조했고, 그리고 그의 말을 듣는 자에게 과학의 진보가 우리들의 생활에 커다란 변화를 가져온다 해도, 인간 마음의 법칙을 변하게 할 수 없다는 것을 강조했다. 포슈는 "정신적인 힘이란, 전쟁에 있어서 가장 중요한 요소에 속한다. 여러 종류의 정신적 힘은 전쟁의 모든 요소와 연관성을 가지며, 모든 전력戰力을 움직여 지휘하는 의지와 긴밀히 결합되어 한 몸을 이루고 있다. 즉, 의지 그 자체가 정신적인 힘이다"고 주장했는데, 이것은 클라우제비츠의 견해와 일치하며, 또 그가 『전쟁의 원칙』을 집필하기 전에 클라우제비츠에 도취하고 있었다는 것을 생각하면 흥미 있는 내용이리라.

제1차 세계대전에 있어서 파괴적인 인적 피해와 장기간의 소모전은 프랑스 군인에게 복음 전달의 정열을 가지고 설교된 공세의 교리는 범죄이고 또 과오라는 것이 증명되었다. 정확한 승리의 등식으로 오랫동안 믿어왔던 '정신력', '공격 정신'은 방정식에 있어서 핵심적인 요소인 방어력을 무시했다는 것이 증명되었다. 그러나 클라우제비츠는 "방어라는 전쟁형식은 그것 자체로서 공격이라는 전쟁형식보다 강력하다고 말해야 한다.… 방어도 방어의 이점을 모두 활용했다면, 곧 공격으로 옮겨야 한다는 것을 반복하여 지적해 둔다"고 주장했던 것이다. 이런 오산에 대한 책임은 칠벨, 포슈가 지휘하고 있었던 프랑스 육군의 클라우제비츠학파의 이론가들에게 덮어 씌워졌다. 포슈는 후년에, "이전 전쟁의 초기에 우리들은 사기士氣만을 계산에 넣고 있었는데, 그것은 어린아이들의 생각이었다"고 고백했다. 그러나 전쟁이 다만 물질적 우세만으로 승리할 수 있다고 고집하는 무리가 있는 한, 그의 두 가지 교훈은 귀중한 뜻을 가지는 것이리라.

요약한다면, 클라우제비츠의 『전쟁론』은 1914년 이전의 프랑스 육군에 있어서 인기가 있었다. 그 이유는, 그는 프랑스인의 분열을 최소화시킨 전쟁철학자이며, '정신력'의 강조는 분열된 국가와 고통에 사로잡힌 육군에게 희망을 주었기 때문이었다. 특히 '정신력'은 프랑스군 수뇌들이 소유하고 있지 않은 무력武力과 인력의 대체물이었던 것이다.

마. 미국에서의 『전쟁론』 수용

조미니의 『전쟁술 개요』(1838)가 미국에서 번역·출판된 것은 1862년이고, 미국의 남북전쟁(1861~1865) 당시 지휘관들이 진중에서도 읽었다고 하며, 이로 인해 쉽게 시민권을 획득한 데 반하여, 클라우제비츠의 『전쟁론』이 미국에서 번역·출판된 것은 1943년이었다(일본에서는 1903년). 거기에다 제2차 대전 중의 문민통제(civilian control)는 전적으로 결여되어 있었다. 루즈벨트 대통령은, 군사문제에 대한 전문지식의 결여를 인정하고 참모총장의 권고를 거의 전적으로 신뢰했다. 대통령은, 문관이 정치적 권한을 행사해야 한다는 것을 굳게 믿고 있었으나, 전쟁이 시작되자 '정치적'이라는 조건에서 전연 관계가 없는 군사전문가에 의해 정치적 권한은 감독되어야 한다는 전통적 견해를 따르고 말았다. 군의 고관은, 군인의 직무가 정치적으로 중립적인 것이며, 군대의 운용은 다만 전쟁의 원칙에 의해 수행되어야 한다는 대통령과 같은 생각을 가졌었다. 전장에서의 승리가 군인의 유일한 목표였기 때문에 정치문제와 군사문제를 별개로 생각한다는 것은 군사에 대한 정책의 예속이며, 그 결과로 마셜 참모총장과 그의 참모들은 미국 정책을 지배하게 되었다.

미국의 웨드마이어(Albert Coady Wedemeyer, 1897~1989) 장군은 그의 저서 『웨드마이어는 보고한다』(1958)에서, "미국인은 전쟁을, 승리를 얻기 위해 모든 힘을 다하여 싸우는 일종의 경기에 지나지 않는다고 보았다. 처칠의 법전적 주장은, 그의 동조자들을 용기 있게 만들었으나, '독일인의 살육'과 '모든 희생을 지불해서 완전한 승리의 획득'에 지나지 않았으며, 그 이상으로 명확한 '전쟁목적'이 없었고, 그 주장이란 믿기 어려운 천박한 것이요, 전적으로 비극적이었다.… 클라우제비츠가 '전쟁이란 무력을 사용하는 정치적 수단의 계속이다'고 말했다.… 전쟁은 목적을 달성하기 위해 취하는 최후의 수단이며, 또 그렇게 되어야만 한다. 따라서 전쟁은 정책의 대용물이 될 수가 없다. 그런데도 루즈벨트와 처칠을 비롯하여, 서방측의 전쟁계획자들도 전쟁을 정책의 대용물로 생각한 듯 하다. 그들은 수단과 목적을 혼동하고, 정책을 바꾸어 전면적 승리를 추구했었다.… 그들은 적에게 무조건 항복을 요구했던 것이다"고 비판했다. 전쟁에 의해서 달성해야 하는 '정치적 목적'을 명확히 제시하지 못했던 대통령은 재앙이로다! 그들은 뱀(나치주의자)을 죽이고 대용大龍(공산주의자)을 길러놓은 결과가 되었다. "최초의 한 걸음을 내어 디딜 때, 최후의 결과를 미리 고려할 것을 절실히 요구한다"(Ⅷ—3)는 클라우제비츠의 경고는 장래에 있어서도 귀중한 교훈이 되리라.

스파니아 교수의 견해에 의하면, 미국인은 문민통제의 원리를 민주주의 조직의 의심할 수 없는 교리로 오랫동안 생각해 왔고 또 그 장래의 유효성도 의심하지 않았다. 그러나 미국의 자유주의자는 클라우제비츠의 『전쟁론』을 전통적으로 거부했고, 군사적 수단을 정치적으로 중립적인 무기로 간주해 왔다. 그래서 정치적으로 중립된 무기의 행사는, 전문적인 규칙과 엄연한 명령에 의해 지도되어야 하고, 군인은 군사적·기술적으로 유효한 방법으로 수행하는 비정치적 인간이다. 또한 군인의 유일한 목적은 승리이며, 그의 유일한 기준은 적 부대의 격멸이었다. 이런 생각을 잘 명시한 것이 맥아더(1880~1964) 원수의 상원에서의 증언(1951. 4. 19)일 것이다.

수십 년 동안 수용되었고 또 일반적인 정의定義는, 전쟁이 정치의 궁극적

과정이었다는 것이다. 즉 모든 정치적 수단이 실패했을 때, 사람들은 힘에 의존한다. 힘에 의존하고, 사람들이 괴멸적인 단계에 이르면 곧 통제의 균형은 군인 쪽으로 기울어진다. 전장의 지휘관은 어떠한 전투에 있어서도 그의 부대의 운용에는 제한을 받지 않는다. 그는 모든 작전지역을 정치적·경제적·군사적으로 지휘한다. 정치가 실패하고, 군인이 그것을 짊어졌을 때, 사람들은 군인을 신뢰해야만 한다는 단계를 이해해야만 한다.

이것은 클라우제비츠의 『전쟁론』 출판 이전과 또 몰트케 이후부터 1914년 유럽의 군사이론가들이 믿어왔던 사상이며, 특히 몰트케의 사상을 연상케 하는 내용이다. 이것은 정치와 전략을 분리하고, 전략을 독립된 분야의 활동으로 생각한다는 것이며, 1936년 미 육군 지휘참모대학에서 출판된 『독립군단 또는 작전구역의 군을 위한 전략원칙』에 다음과 같이 명확하게 기록되어 있다.

▲ 정치와 전쟁수행 : 정치와 전략은 근본적으로 상이相異한 것이다. 정치가 끝나는 데서부터 전략이 시작된다. 군인이 찾고자 하는 것은, 한 번 정책이 결정되면 전략과 지휘는 정치와 다른 세계에 있다고 생각해야 한다.

맥아더 원수는 앞에서 얘기한 입장에서 6·25전쟁에서 유엔군을 지휘했다. 즉 그는 전쟁이 발발했을 때, 트루먼 대통령으로부터 해·공군만을 동원하여 그 범위 내에서 한국의 방위를 원조하라는 명령을 받았다. 그 후 지상군의 투입, 인천 상륙작전의 성공, 38선의 돌파에서 신속히 북한 인민군의 격멸·승리가 그의 작전목표를 확신하고 있었다. 그러나 트루먼 대통령의 정치적 목적은 무엇이었을까? 결국 대통령과 야전군 사령관 사이에 의견의 틈이 생기고 말았다. 트루먼은 1951년 4월 11일, 맥아더 원수가 미국 정부 및 국제연합의 정책을 지지하지 않은 것과 제3차 세계대전의 방지를 이유로 맥아더를 해임한다고 발표했다. 이러한 조치는 '문민통제'의 관점에서는 합법적인 것이었다.

그러나 반세기가 경과한 오늘날에 있어서, 당시 트루먼 대통령이 취한 6·25전쟁에서의 정책은 과연 선견지명先見之明과 타당성이 있었던 것일까? 그는 3년간 많은 인명과 막대한 물자를 투입하여 전쟁수행을 했지만, 결과는 38도선에서 휴전선으로 변경한 것뿐이었다. 이와 같은 불투명한 정책의 결과는 결국 그 후 미국의 베트남 전쟁에서의 패전으로 직결되었다는 해석이다. 그리고 공개된 구소련의 비밀문서에 의하면, 스탈린은 미국과의 대립·전쟁을 전연 생각하지 않았다는 것이 밝혀졌다.

그렇다면, 트루먼 대통령이 3년간에 걸친 6·25전쟁에 의해 달성하고자 했던 정치적 목적은 무엇이었던가? 맥아더 원수처럼 신속한 승리에 의한 한반도의 통일에 있었던 것이 아니고, 제2차 세계대전 후, 동원 해제로 인하여 해체되다시피 한, 약체화된 미군의 재건과 도산의 위기에 직면하고 있었던 군수산업을 구하기 위한 군사비의 획득에 있었다고 필자는 해석한다.

트루먼·맥아더 논쟁이 미국에 있어서, 클라우제비츠의 『전쟁론』에 관심을 불러일으킨 계기가 되었다는 것도 확실하리라. 1980년 초, 국방대학원에 교환교수로 왔던 몰톤 교수에게, "왜 미국에서는 클라우제비츠 『전쟁론』이 1943년까지 번역되지 않았고 또 연구가 활발하지 않았던 이유는 무엇인가?" 하고 필자는 질문했다. 그는 "클라우제비츠의 군사에 대한 정책우위사상이 군 간부들은 수용하기 어려웠기 때문이었으리라"고 대답했다. 필자는 여기에 두 가지 이유를 첨부하고자 한다. 즉 그것은 실용주의 철학을 신봉하는 미국인은 독일 관념주의 철학에 기초를 둔 『전쟁론』은 이해하기 어렵고, 또한 전쟁에 대한 위기감이나 전쟁이론의 필요성이 별로 없었기 때문이라고.

베트남 전쟁에서의 미국의 패전은 군부에게는 커다란 충격이었고, 그 원인을 규명하고자 했다. 미군은 전장에서의 전투에는 언제나 승리했는데 전쟁에서 패배한 이유는 무엇인가? 필자는 1982년 8월, 미 육군 전쟁대학원(U.S Army War College)에서 개최한 베트남 전쟁에 대한 국제세미나에 참가하여 그들의 진지한 토의 모습을 지켜보기도 했다. 미국의 탁월한 군사 기술력과 경제력의 역할은 어느 정도인가? 미군은 1970년 말부터 정치·전쟁·전략의 문제를 군사고전 속에서 해답을 찾기 시작했다. 특히 미국의 고위 군사대학원에서는 『손자병법』과 『전쟁론』의 연구·토의에 역점을 두고 있다는 것을 확인했다. 거기에다 클라우제비츠의 전쟁이론의 입장에서 베트남 패전을 분석·해석한 서머스 육군 대령의 저서, 『전략론–베트남 전쟁의 비판적 분석-』(1983)도 가세하여 다음 사항을 이해하게 되었다.

① 군사기술은 만능약이 아니며, 그것은 전쟁에 승리하기 위한 필요조건이기는 하지만, 결코 충분조건은 아니라는 것.
② 정치와 전쟁의 불가분과 주종관계, 군사적 승리는 자동적으로 최종적인 정치적 목적을 달성하는 것이 아니고, 목적 달성에 봉사해야만 한다는 것.
③ 군사는 전쟁에 승리하기 위한 필수 3요인의 하나에 지나지 않으며, 다른 요인으로 정부와 국민이 있으며, 이들 3요인 사이에는 균형의 유지가 필요하다는 것.

이처럼 연구를 쉽게 인도한 것은 영역본으로 출판된 하워드와 파렛에 의한 초판의 새롭고 읽기 쉬운 『전쟁론』(1976)이 등장했기 때문이었다. 더욱이 한델이 편집한, 『클라우제비츠와 현대전략』(1986), 한델 저著 『전쟁의 달인들–클라우제비츠·손자·조미니–』(1992)이 발간되어 연구가 활발해졌다. 특히 후자는 세 사람의 저명한 고전적 군사이론가의 전쟁이론을 비교·분석한 대단히 충실한 저서이지만, 클라우제비츠의 『전쟁론』이 절대전쟁과 현실전쟁의 혼작混作이요, 미완성 작품임을 설명하지 않고 인용했다는 데 문제점이 숨겨져 있는 것으로 생각한다.

4. 몰트케와 프로이센·독일 참모본부

가. 프로이센의 참모본부

가시적 전장에 있어서 나폴레옹 자신의 직접 지휘에 의한 군사적 천재의 자질을 발휘할 수 있었던 병력은 7~8만 명 정도였다. 그래서 10만 명 이상의 대병력을 평·전시를 통하여 지휘·운영하기 위해 설립한 조직이 참모본부였다.

1795년 프로이센의 만센밧하 소령은, 병참총감부에 지금까지와는 전연 다른 새로운 임무를 부여해야 한다는 건의서를 제출했다. 즉 전쟁이 확대된 형태로 변한 현재, 군의 지휘는 이전보다 정치·경제와의 결합을 긴밀히 해야 한다. 그것을 위해 평시부터 본격적으로 전쟁계획을 수립해 두어야 하며, 그 작업을 차후 병참총감부의 임무로 해야 한다. 그리고 그 임무를 위해 병참총감부의 장교에게는 특별한 교육이 필요하며 거기에는 외국의 군대에 일시 근무하든가, 혹은 연구를 위해 외국에 주재駐在(후의 재외 무관의 발상)하는 것이 좋다고 했다. 이것은 1806년의 실전에서는 전연 쓸모가 없었지만, 그가 프로이센에서 최초로 근대 참모본부의 이념을 문서화했다고 하는 공적은 평가해 둘 가치가 있으리라. 1802년 만센밧하는 의견서를 제출하여, 전쟁수행상의 최고 지휘·입안기관인 프로이센 참모본부 조직의 골격을 낳은 아버지가 되었으며, 그의 의견서는 다음과 같은 내용이었다.

① 이미 평시에 참모본부를 상설하여, 이 참모본부는 독립적으로 모든 발생 가능한 전쟁에 대한 작전계획 수립에 종사하는 것을 상정하고 있다. 그 업무의 범위는 3개의 전역戰域 즉, 오스트리아, 프랑스, 러시아로 구분되었다.

② 지형의 연구와 일어날 수 있는 전투상황 연구를 위해, 평시에도 정기적으로 국내외의 연습여행의 실시.

③ 파견장교에 의한 외국군의 조사, 참모본부 근무와 부대근무의 정기적인 교대.

④ 참모총장의 가장 중요한 권한으로서, 국왕에의 '유악상주권帷幄上奏權'을 요구하고 있다. 이것은 대원수에게 누구의 방해도 받지 않고 면접하여, 군대와 전쟁수행에 대해 직접적인 영향력을, 또한 간접적으로 정치에 대해서도 영향을 미치는 것을 가능케 하기 위해서였다.

만센밧하의 헌책獻策에 기초하여 국왕 프리드리히 빌헬름 3세는 1803년, 새로운 병참총감 참모부의 조직을 명했다. 1806년 8월, 나폴레옹과의 전쟁이 피할 수 없게 되자, 프로이센은 동원을 실시했다. 그러나 병참총감 참모부는 아직 작전지휘의 중추로서의 기능이 구비되어 있지 않아 부대 참모부의 지휘법이라는 것도 없었다. 1806년 10월 14일, 나폴레옹군은 예나 및 아우어슈테트의 전역戰役에서 프로이센군을 완패시켜, 나폴레옹은 군인으로서 생애 최대의 승리를 획득했다. 전역 후, 나폴레옹은 프로이센군에 대해 "부대는 우수했다. 그러나 아무것도 하지 않았다. 왜냐하면, 누구도 부대를 어떻게 지휘해야 하는지를 몰랐기 때문이다"고 말했다.

1807년 7월, 국왕은 부득이 틸지트의 강화조약을 체결하지 않을 수 없었고, 폴란드에서 획득한 동부 영토의 대부분을 상실했으며, 국토의 태반은 프랑스군의 점령하에 들어갔다. 점령은 전비 배상금이 완결될 때까지 계속되며, 그 금액은 다시 통고받기로 했다.

프로이센의 패전은 샤른호르스트를 비롯하여 보이엔, 클라우제비츠 그리고 무엇보다도 콜베르크 요새 방위의 성공으로 유명해진 그나이제나우 중령 등의 군제 개혁론자들에게 힘을 실어주었다. 샤른호르스트의 계획은 분명했다. 즉 일반 의무 병역제도의 도입, 평시 군의 사단에의 분할, 상설의 참모본부, 군사관청을 일원화한 육군성의 설치와 여기에다 병참총감부와 최고 부관직도 예하로 편입시키고, 사회적 관점에서 장교단 내부에서의 귀족 특권의 폐지, 그리고 병사들에 대한 불명예스러운 체벌體罰의 폐지 등이었다.

샤른호르스트는 최고 국무기관의 개혁의 일환으로 육군성의 창설을 달성했다. 새로운 육군성은 1809년 3월 1일부터 업무를 개시했으며, 육군성은 군사총무국과 군사회계국의 두 개의 국으로 구성되었다. 총무국은 군의 기본 노선에 대한 전체의 책임을 지고 있으며, 샤른호르스트 스스로가 국장이 되었고 또 참모본부도 담당했다. 이때 참모장은 클라우제비츠 대위가 임명되었다. 이제 전쟁은 기사騎士들의 무예인 승마·검술·사격과 용기만으로 승리할 수 있는 것이 아니라는 사실이 판명되었기 때문에 참모장교 양성을 위해 1810년 유명한 베를린 군사학교(1860년에 육군대학으로 개칭)가 개설되었다.

1813년부터 1814년에 걸친 해방전쟁은 어떤 의미로 보면 샤른호르스트식으로 교육된 새로운 참모본부에 있어서 최초의 실제 시험이었다. 프로이센 야전군에 최초로 총사령관(블뤼허)의 책임 있는 보좌역으로서 참모장(샤른호르스트)이 등장했다. 당시는 아직 '육군 참모총장'이라는 직명이 없어서 중장으로 진급한 샤른호르스트는 '육군 병참총감'으로서 종군했다. 그는 부상이 원인이 되어 건강상태가 악화되었고, 1813년 6월에 패혈증으로 사망했다. 후임으로 그나이제나우가 취임했다. 그는 전형적인 프로이센군의 명령기술을 개발했다. 이것은 어떠한 명령도 명확히 문서화할 것, 신속히 명령을 하달할 것, 명령의 틀 속에서 하급 지휘관의 자주적 판단의 여지를 남긴다는 등의 총체 훈령법의 확립이었다.

그나이제나우의 나폴레옹과의 전쟁에 있어서 취한 기본전략은, 나폴레옹이 직접 지휘하는 프랑스군 주력과는 정면충돌을 하지 않으며, 나폴레옹이 공격해 오면 정연하게 전장을 철퇴하고, 허점이 있으면 공격하여 철저히 소모를 강요하는 방침이었다. 그는 언제나 이 방침을 준수했으며, 나폴레옹의 파멸적 타격을 피하면서 소모전을 강요했고, 또 나폴레옹군을 포위공격한다는 새로운 전투방식을 꾸며냈다. 이것이 효력을 발휘하여 나폴레옹군을 굴복시켰다.

샤른호르스트에 의해 창설된 참모본부는 나폴레옹과의 전쟁에서 승리함으로써 프로이센군의 두뇌가 되었고, 또 중추신경으로 뿌리를 내리게 되었다. 이것은 그나이제나우의 공적이었다. 참모본부는 평시에도 해산하지 않고 다음 전쟁을 준비하며, 현 고급장교와 후진 육성을 위한 과학적 교육과 통일된 정신적 단련, 국토 전체를 망라한 휴대 가능한 군용 지도의 작성, 이웃나라 군대에 대한 연구, 모든 작전지역에서의 방어 및 공격 계획의 개정 등을 책무로 하고 있었다. 프랑스는 거기서부터 55년 후의 프로이센·프랑스 전쟁(1870)에서 완패당할 때까지 프로이센군의 두뇌로 존재하고 있었던 '참모본부'의 진가를 알지 못하고 있었다.

샤른호르스트는 전쟁수행에 있어서 정책과 군사는 긴밀한 보조를 맞추어야 하며, 전쟁수행의 중심적 역할을 수행하는 것은 참모본부가 되어야 한다는 이상理想을 품고 있었다. 그 배후에는 당연히 평시부터 개전계획開戰計劃을 담당하는 전략수립자에게 전시의 최고 지휘권과 필요하다면 대원수(왕)에게 직접 영향을 행사할 수 있는 권한이 부여되어 있어야 한다는 생각을 가지고 있었다. 참모본부에 관해 이 이념을 대표하는 것은 육군성 제2국장의 그로루만이었다.

1825년, 육군성 제2국은 해체했고 참모본부는 독립하여 육군성과 병행기관이 되었다. 참모본부는 베를린의 참모본부와 각지의 부대 참모부에 의해 구성하게 되었다. 여전히 육군대신의 자문에 응하는 것에 지나지 않았으나, 평화가 오랫동안 지속되어 자문할 것도 없고, 사람의 눈에 띄지 않게 묵묵히 임무를 수행하고 있었다.

나. 몰트케 참모총장의 취임과 전쟁수행

1857년, 만트펠이 후임의 참모총장에 몰트케(1800~1891)를 추천했다는 것은 프로이센 군사상 하나의 기묘한 만남이라 하겠다. 그 이유는 군사내국과 참모본부 사이의 갈등과 알력은 몰트케의 등장으로 인해 최종적으로 후자에게로 유리하게 전개되었기 때문이다.

1857년 10월 19일부로 만트펠의 제안에 의해 참모본부의 지도를 담당하게 된 인물은 군 내부에서도 거의 알려지지 않은 57세의 늙은이였다(만트펠은 이 점을 충분히 계산해서 제안했으리라). 몰트케는 지금까지 한 번도 사단이나 연대는 물론이요, 대대마저도 지휘해 본 적이 없었다. 이 시점에서 참모총장이란 지금까지 군의 지휘계통 속에서는 고려의 대상이 아닌 지위를 이 사나이가 군사제도 속에서 가장 중요한 지위로 만들 것이라고는 아무도 예상하지 못했다.

몰트케는 1800년 10월 26일에 탄생했고, 덴마크의 사관후보생이 되어 1819년에 소위가 되었다. 1822년, 몰트케는 프로이센 육군의 장교로 복무하고 싶다는 원서를 냈다. 프로이센 당국은 이 젊은 소위를 어려운 시험을 거쳐 채용했다. 그는 1년 후, 클라우제비츠가 교장으로 있는 베를린 군사학교에 입학했다. 당시 클라우제비츠는 강의를 담당하고 있지 않았기 때문에 몰트케는 1832년까지 그의 학문적 매력을 접할 기회가 없었다.

1835년부터 1839년까지 몰트케는 터키 정부의 군사고문으로 일했다. 그가 베를린에 돌아왔을 때는 경제적으로 어려운 시기였다. 부득이 그는 대중잡지에 짧은 논평이나 역사논문을 집필했고, 또 말(馬)이 없으면 참모본부 근무가 허용되지 않기 때문에 말을 구입하기 위해 기번(Edward Gibbon, 1737~1794)의 『로마제국 쇠망사』(1776~1788)를 번역했다. 그러나 결국 출판사가 번역료를 지불할 수 없게 되었다는 것을 알았다.

몰트케가 1857년 참모총장으로 임명되었을 때, 프로이센군은 8개 군단, 18개 사단의 각 참모부에 근무하는 참모장교는 전원 64명이고, 30명이 참모본부에서 연수 중이었다. 몰트케의 참모본부는 장교의 공동체처럼 되어 있었다. 이들 장교들은 사실을 냉정히 받아들이는 성격을 가지며, 지휘관

옆에서 자신의 입장을 눈에 띄지 않게 하고, 지휘관보다 훨씬 정밀한 실행력과 가능성에의 치밀한 계산, 기술적 진보의 인식, 자기가 관리하는 장병에 대한 책임감 등을 가지고 있어야 하는 것을 이해하는 군인들이었다. 대부분 고급 지휘관은 베를린 군사학교의 출신으로 참모본부의 훈련을 받고 있었기 때문에 이러한 정신적 태도는 군대에 많은 영향을 미치게 되었다.

몰트케의 훈령식 통수법訓令式統帥法은 최고도로 발전시켰으나, 그로 인해 군사학교에서의 교육은 광범한 일반교양 과목이 삭제되었다. 일급의 소질을 구비한 군사전문가의 양성을 이상理想으로 삼았다는 데 문제가 도사리고 있었다. 즉 클라우제비츠의 전쟁의 본질에 대한 철학적 고찰, 정책과 전쟁의 관계 등을 이해하는 기초 지식을 포기하게 되었다.

몰트케가 중요시한 것은 병참분야에 있어서 철도의 이용이었다. 철도에 의해 군대는 나폴레옹 진군 속도의 6배 속도로 기동할 수 있게 되었다. 그리고 전략의 기본인 '시간과 장소'의 요소가 새롭게 각광을 받고 등장했다. 고도로 발달한 철도 수송망을 가진 나라는 전시에 중요하고 결정적 이점을 보유하게 되었다. 「지역·시간에서의 전력戰力의 집중」(III－11·12)이 가능해졌기 때문이다. 가장 훌륭한 전략은 언제나 강력한 전력戰力을 보유한다는 것이며, 먼저 일반적으로 우세를 획득하고, 그것이 불가능한 경우라도 결정적 지점에서 우세를 획득해야 한다. 그가 보유하고 있는 전력戰力을 집중해 두어야 하는 이상으로 중요하고 단순한 전략의 원칙은 없는 것이다. 철도와 같은 시기에 발명된 전신기술電信技術을 이용함으로써 분진합격分進合擊(전장에서의 병력 집중) 방식의 전력 집중이 가능하다는 것을 통찰했던 것이다.

당시의 유럽 여러 나라는 아직 조미니의 견해에 따라 내선작전(operation on interior line)의 유리함을 믿고 있었지만(이것은 오늘날 제공권의 획득에 의해 좌우되었지만), 몰트케는 철도의 활용에 의해 외선작전(operation on convergent line), 즉 포위공격을 쉽게 할 수 있는 전술방식을 고안했고, 그는 사도바·쾨니히그레츠 전투 후, "…전쟁에서의 대승리는 커다란 모험을 단행해야 얻어지는 것이다"고 술회했다.

프로이센·오스트리아 전쟁(1866)과 프로이센·프랑스 전쟁(1870~1871)의 수행과정에 있어서 비스마르크 수상의 정책과 몰트케 참모총장의 전쟁수행 방식에 대한 구체적 관계를 간략하게 고찰하고자 한다.

1866년 5월 12일, 프로이센은 사전에 준비했던 동원을 실시했다. 6월 중순을 지나면서 오스트리아와의 전쟁은 피할 수 없게 되었다. 몰트케는 대부분의 부대 기동을 베를린 그의 집무실에서 지휘했으며, 전장에는 사도바 전투가 일어나기 4일 전에 도착했다. 모로 장군(나폴레옹의 휘하)은 군대란 4만 명을 넘어서는 안 된다고 믿었고, 시르 원수(나폴레옹의 휘하)도 10만의 군대를 지휘하는 것은 대단히 큰 정신적·육체적 정력을 필요로 하며, 그 군대를 한 사람이 통합·지휘할 수 없다고 생각했다.

그러나 새로운 군대는 규모면에 있어서 옛날의 군대를 훨씬 앞지르고 말았다. 즉 몰트케는 참모본부 속에 철도과를 창설했고, 또 1866년 5월, 유럽에서는 최초로 철도부설대를 창설하여, 이것을 참모본부의 직접 지휘하에 두었다. 그리고 철도·도로와 통신수단에 의해 먼 후방에서 다수의 병력을 전장으로 신속히 동원하는 방법을 실시했다.

쾨니히그레츠 전장에서의 양군의 병력은 오스트리아군이 21만 5천, 삭스군이 2만 5천, 합계 24만 명이었다. 한편 프로이센군은 엘베군 4만 6천, 제1군 9만 3천, 제2군 11만 5천, 합계 25만 4천 명이었다. 병력은 거의 같은 숫자였지만, 프로이센군은 오스트리아군을 포위하려는 태세였다. 그러나 전투 후의 손실을 보면, 오스트리아군은 사상자 3만, 포로 1만 3천, 대포 200문을 잃었고, 프로이센군은 사상자 1만이었다. 오스트리아군은 4배 가까운 손실을 입고 패주했다. 프로이센군의 승리의 원인은 완전하지는 않지만 포위의 태세, 최신의 격침식 소총을 구비한 새로운 전술, 지금까지 별로 알려져 있지 않았던 완벽에 가까운 정보에 의한 것이었다.

이런 결정적 승리를 획득한 후, 프로이센군의 주력은 수도 빈으로부터 60㎞ 떨어진 니코르스부르크에 진격했으며, 전진하는 데는 아무런 장애가 없었다. 참모본부는 승리를 이용하여 빈 입성을 주장했으나, 비스마르크 수상은 단호히 반대했다. 비스마르크가 생각하는 전쟁의 최종적 정치목적은 독일의 통일에 있었고, 다음 장애가 되는 프랑스와는 한 번 싸우지 않을 수 없다. 그때 오스트리아의 우호적인 중립이 절대로 필요하며, 지금은 은혜를 주는 기회라 그는 판단했다. 그렇기 때문에 적의 수도首都에 입성하거나, 영토를 빼앗거나, 배상금을 요구해서는 안 된다. 무할양·무배상 그리고 즉시 강화를 해야 한다는 것이 비스마르크의 주장이었다.

그러나 프로이센 측에서는 국왕을 비롯하여 모든 군인들은 그것을 반대했고, 비스마르크를 겁쟁이라고 비난했다. 이 전쟁에까지 국민들을 끌어들인 것은 다름 아닌 비스마르크였기 때문이다. 비스마르크의 찬성자는 한 사람도 없었다. 프랑스의 간섭은 곧 시작될 상황에 이르렀고, 우물쭈물하다가는 전승도 통일도 수포로 돌아가는 것이 아닌가 할 시점에서 다행히 황태자가 비스마르크의 편을 들어 겨우 부왕父王을 설득해서 8월 25일 화평이 성립되었다. 프로이센·오스트리아 전쟁은 군사사상, 6주간의 전쟁이라 하여 속전속결의 모델이 되었고, 또 전쟁수행의 걸작으로 평가되고 있다.

전쟁에 승리했으나, 오스트리아의 영토에는 조금도 손을 데지 않았던 프로이센은 북독일 22개국을 합하여 북독일동맹을 만들어 그 맹주盟主가 되어 독일 통일의 첫발을 내어딛게 되었다. 여기서 가장 중요한 것은 비스마르크의 정치적 목적에 따라서 적의 완전한 타도를 목표로 하지 않고 전쟁을 중지하고 강화를 체결했다는 것이다. 물론 국왕과 군인들은 불만을 가졌지만, 클라우제비츠가 『전쟁론』에서 주장한 것처럼, 전쟁의 개시·수행 그리고 강화에 이르기까지 정치가가 주재자主宰者가 되어야 한다는 표본 방식이 되었다는 것이 가장 중요하다.

그러나 앞에서 얘기한 것처럼 당시는 전쟁수행 중 작전계획까지는 참모총장, 거기에 바탕을 둔 명령은 육군대신이 발령하는 것으로 되어 있었다. 그러나 참모총장인 몰트케에게는 알리지 않고 명령을 변경한 사건으로 몰트케가 국왕에게 상신하여 그 명령을 취소시키는 사건이 일어났다. 이것이 원인이 되어 1866년 6월 2일부의 칙명勅命으로 동원된 군대에 대한 작전명령은 참모총장에 의해 발령하게 되었고, 또 전쟁 중 몰트케는 작전에 관해 직접 상주上奏하는 유악상주권帷幄上奏權이 부여되었다. 이것이 '통수권의 독립'이며, 정책을 제외하고 전쟁수행을 가능케 한 것이 후년 독일의 군국주의와 패전국이 되는 씨앗이 될 줄은, 깊은 통찰력을 가졌던 클라우제비츠를 제외하고는 알지 못하고 있었다.

프로이센·프랑스 전쟁은 스페인의 왕위계승 문제에 대한 비스마르크의 유명한 '에무스의 전보'에 의해 프로이센인을 화나게 만들었고, 동시에 프랑스인에게도 이상한 흥분을 주어 개전의 좋은 기회를 잡는데 성공했다. 비스마르크는 이 전보를 발표하기 전에 이것을 몰트케와 론에게 읽어주고 그는 조용히 몰트케에게 질문했다.

> "우리 국군의 준비는 어떻게 되어 있지요? 또 이런 위급한 시기에 모든 준비를 하는 데 어느 정도의 시간이 필요하지요?"
>
> 몰트케는 간단하게 다음과 같이 대답했다.
>
> "곧 개전하는 편이 늦는 것보다 좋습니다."

프랑스에서는 최고회의의 결과, 주전파의 주장에 밀려 개전을 결정했다. 7월 14일, 동원령을 발표하고, 프로이센에 대해 7월 19일에 선전포고를 했다. 한편 프로이센은 예정한대로 프랑스의 도전에 응하는 모습으로, 남북 독일이 한 몸으로 결속하여 7월 19일 몇 시간 늦게 선전을 포고했다.

몰트케는 프랑스와의 전쟁에 대비하여 프로이센과 독일 국경방면에 6개의 철도를 부설했고, 론은 새롭게 군대를 편성하여 정비했다. 몰트케는 1857년 참모총장에 취임한 이래, 프랑스와의 전쟁을 계속 연구했으며, 작전계획의 입안立案도 10여회나 되었다. 1866년 이후는 강국으로서 공세작전으로 변경했다. 1870년 7월 16일 동원령이 발령되자, 10일 전후에 북독일의 대부분의 군대 3개 군단, 약 50만의 프로이센군은 철도로 기계처럼 정확하게 프랑스 국경으로 진격했다.

프로이센·오스트리아 전쟁 이후의 몰트케의 위신은 절대적이었다. 그는 작전목표를 파리의 점령에 두고 이를 위해 분진합격에 의해 프랑스 야전군을 격멸하고자 했다. 특히 동원 5일 이후, 군의 행동에 관한 모든 명령권을 몰트케가 장악했으며, 육군대신에게는 보고하는 것으로 끝났다. 이로 말미암아 프로이센·오스트리아 전쟁 때처럼 간섭받지 않게 되었고, 또 전쟁에 관한 회의에 비스마르크의 동석을 거부했다.

이 전쟁의 가장 중대한 사건은 스당에서 나폴레옹 3세와 마구마혼군을 포위하여, 이들을 포로로 잡았던 문제였다. 비스마르크의 첫 번째의 어려움은 상승군대의 통제였다. 그는 파리 공격은 처음부터 반대였다. 그는 오스트리아와의 전쟁 때와 마찬가지로, 지나치게 승리하는 것을 위험으로 생각하고 있었다. 전쟁에 의해서 달성하고자 하는 정치적 목적은 명확히 독일 통일이지, 프랑스의 정복은 아니었다. 따라서 독일 통일의 방해를 제거하는 정도로 프랑스를 치는 데 있으며, 그것 이상으로 이웃나라에 굴욕을 주어 영구히 원한을 품게 한다는 것은 그의 본의가 아니었다.

비스마르크는 이 정도에서 군대를 멈추게 하고, 화의를 시작하고자 했다. 그러나 몰트케를 비롯하여 군의 수뇌들은 프로이센·오스트리아 전쟁 때처럼 호락호락하게 빈 입성의 기회를 놓친 경험에서, 이번에는 반드시 파리를 점령할 때까지 진격하고자 주도면밀한 계획을 세웠다. 그래서 스당에서 나폴레옹 3세가 투항하자, 몰트케의 대군은 파리를 향해 진격했다. 스당의 승리 후, 2주일 만에 파리 교외에 도착하여 완전히 이 도시를 포위했다. 몰트케는 비스마르크가 무슨 소리를 해도 파리를 함락시키는 것이 중요하며, 외교 교섭에 필요한 군사정보를 비스마르크에게 제공하지도 않았다.

파리의 포위는 9월 19일에 시작되었으나, 1871년 1월 26일에 휴전이 성립되었다. 이에 앞서, 1월 18일 프로이센 황제 빌헬름 1세는 베르사유 궁전에서 독일연방을 통일하여 독일황제 빌헬름 1세가 되었다.

이 전쟁의 수행과정에 있어서 정책과 전쟁의 관계가 어떠해야 하는가 하는 중대한 내용이 포함되어 있다는 것을 제크트 대장은 저서 『몰트케』(1931)에서 다음과 같이 기록하였다.

> 1870년, 파리를 눈앞에 두고 비스마르크와 몰트케 사이에는 심한 충돌이 일어났다. 그것은 인간적으로 보아 이해할 수 있는 알력이었다. 더욱이 그것은 두 남자의 힘이, 그들의 사업을 걸고 싸우는 극도로 긴장된 순간이고 보면 더욱 그러하다. 양자가 지향하는 것은 조금도 틀림이 없다. 그것은 전쟁의 영광스러운 종결에 지나지 않았다. 그러나 한 사람은 당연하게 문제의 정치적 측면만을 보았고, 다른 사람은 순전히 군사적 측면만 보았다. 한 사람은 그의 기질에 걸맞게 스스로 독일국까지 발전시킨 국가에 있어서 반드시 모든 것은 그에게 종속하지 않으면 참지 못했다. 그러나 다른 한 사람은 스스로 수립한 계획을 순조롭게 그리고 확실하게 수행하며, 그것이 완료되기 전에는 정치적 영향에 대해 이를 지키는 것이 스스로의 책임이라 생각하는 사람이었다. 황제는 비스마르크에 찬성하고, 그 결정은 그의 영향하에 스당의 전투가 끝나는 날의 결정으로서는 놀라운 사실로 나타났다. 몰트케는 자문하지 않을 수 없었다. 나는 이러한 상황하에서 앞으로도 군사작전의 책임을 질 수 있는가 하고. 그는 최고지휘관인 왕에게 사표를 제출할 생각을 가졌고, 철저하게 그에게 향한 비난을 뒤엎을 생각을 했다. 그는 스스로와도 싸웠다.…

빌헬의 저서 『은총 없는 전쟁』에 의하면, 스당의 전투 후, 황태자가 몰트케에 대해, 앞으로 정부의 정치적 기도와 연결하여 작전을 수행해야 한다는 권고에 대해 몰트케는, 지금은 정치를 고려할 시기가 아니며, 비스마르크는 통수사항에는 아무런 관계가 없다고 주장했다. 황태자는 양자의 화해에 노력을 기울였으나, 마침내 황제의 결정은 비스마르크 쪽으로 갔다. 비스마르크는 몰트케의 양해 없이 프랑스 혁명정부의 수뇌자 쥴 후아블과 절충을 개시했다.

『전쟁론』을 일본어로 번역한 시노다 히데오(篠田英雄)에 의하면, 제크트 대장의 생각은 그 본질에 있어서 클라우제비츠의 기반 위에 서 있으며, 독일의 군사사상의 전통은 클라우제비츠에서 출발하여 몰트케, 슐리펜을 거쳐 오늘에 이르렀다고 했다. 그러나 비스마르크는 다만 문제의 정치적 측면만 보았고, 몰트케는 순 군사적 측면만 보았다고 주장한 것처럼, 제크트나 몰트케도 클라우제비츠가 주장한 "전쟁은 정책의 도구 내지 수단이다"(Ⅷ—6)고 하는 기본사상을 이해하지 못하고 있거나 혹은 거부하고 있었다.

• 전쟁의 개시와 더불어 교전하는 양국 간의 정치적 교섭은 단절하고 이것과는 전혀 별개의 상태가 나타나며, 그리고 이런 새로운 상태는 그 자신의 법칙에 따른다는 것이다.

이에 대한 우리의 주장은, 전쟁은 정치적 교섭의 계속에 지나지 않으며, 그리고 정치적 계속에 있어서 다른 수단을 섞은 계속이라고 하는 것이다.… 전쟁은 그 자신의 문법을 가지고 있다. 그러나 전쟁은 그 자신의 논리를 가지는 것은 아니다.(Ⅷ-6)

몰트케를 비롯한 그의 후계자들은 전쟁을 순전히 군사적 측면만 생각하고, 적군의 격멸·타도를 목적으로 하는 '절대전쟁'을 추구하고 신봉하는 데 중대한 문제점, 즉 국가의 존망과 직결되는 난점을 안고 있었다.

이에 대해 앞에서 논의했지만, 클라우제비츠는 전쟁이란 정치적 교섭에 지나지 않으며, 전쟁은 자신의 문법을 가지고 있으나 자신의 논리는 가지고 있지 않다고 했다. 즉 전쟁에 의해 달성하고자 하는 정치적 목적은 전쟁

외의 정책에서 부여하기 때문이다. 그리고 군사적 관점은 정치적 관점에 종속해야 하며, 전쟁에 있어서 판단이나 계획의 작성을 순수이 군사적 판단에 맡겨야 한다는 주장은 허용할 수 없고 또 그 자체가 위험한 생각이다. 전략이란 전쟁의 목적달성을 위한 전투의 사용이라 했는데, 이 전쟁의 정치적 목적은 비스마르크가 명시한 것처럼 '독일 통일'이며, 결코 '프랑스 정복'은 아니었다. 그러나 몰트케는, 전쟁이란 정치적 목적을 달성하는 도구라는 것을 거부하고, 프랑스의 정복을 수행했다. 그는 전장에서 순 군사적 승리를 알고 있었지만, 최후의 결말을 생각하고 최초의 한 발을 내딛는다라는 생각에는 미치지 못했다.

수도 파리가 점령당하고, 그 교외의 궁전에서 적국의 군주가 황제 대관식을 거행하는 것을 보고 분노하지 않을 국민이 이 세상에 있을까? 43년 후의 제1차 세계대전과 21년 후의 제2차 세계대전에서 프랑스 국민의 복수심이 폭발했는데, 이것은 독일이 자초한 원인이라 필자는 해석한다. 1981년 10월, 필자는 파리의 아파트에 사는 전략가 갈로아 장군을 방문했다. 그의 서재에는 제2차 세계대전 때, 그가 영국의 항공기지에서 출격하여 폭격한 독일의 도시를 명시한 지도가 걸려 있었고, 그는 "나폴레옹 전쟁 이후, 프로이센·독일군에 의해 프랑스는 6회나 침략당했다"고 분개한 어조로 말하는 것을 지금도 기억하고 있다.

요컨대, 몰트케와 그의 후계자들은 군사작전에 의한 프랑스군을 타도·격멸하는 승리의 방책은 알고 있었지만, 작전목표의 달성은 전쟁의 정치적 목적을 달성하기 위한 수단이며, 또 봉사해야 한다는 클라우제비츠의 기본적인 군사사상을 거부했고, 전후 이웃나라와의 평화 유지의 문제에 관해서는 생각이 미치지 못했다. 몰트케 이후의 독일 참모본부와 군 수뇌들은 클라우제비츠의 기본적인 군사사상에 반대하거나 포기했다고 해석할 수 있으리라. 따라서 독일군 수뇌자들의 '절대전쟁관'과 '통수권의 독립'에 의해 결국 군국주의(militarism)에 빠졌고 전쟁을 일으켰으나, 두 번이나 패전했다. 그리고 일본 육군도 이를 본받아 군국주의에 빠져 결국 태평양 전쟁에서 패전을 겪어야 했다.

5. 맺음말 –『전쟁론』연구의 회고와 전망–

전쟁은 그것의 물질적·기술적 요인에 의한 변화에도 불구하고 170여 년 전에 출판된 클라우제비츠의『전쟁론』이 오늘날에 와서도 연구·논의되고 있는 이유는 과연 무엇일까?

그것은『전쟁론』이 변화하지 않는 인간의 본성에 바탕을 두고 있다는 것과 전쟁의 본질적인 기본 성격을 논의하고 있기 때문이리라. 23년간의 실전의 체험, 군사적 전문지식뿐만 아니라, 인문·사회학 등을 원용한 학제적 연구방법, 명석한 두뇌, 12년간이라는 천천히 진행한 연구·사색의 결정結晶, 그리고 깊은 통찰력과 독창성을 가지고 있는 것이 클라우제비츠의『전쟁론』이다. 전쟁분야에 있어서 이것을 능가하는 저작은 아직 출현하지 않고 있다. 또한 이 책을 읽고 이해하는 데는 오랜 기간의 연구·사색으로 배양된 두뇌와 인내 그리고 비판력과 깊은 전쟁사의 지식, 독일 관념주의 철학의 기초 지식을 필요로 하기 때문에 2, 3회의 안이한 독서로는 내용을 파악하기 어려우리라.

클라우제비츠는 한 사람의 군인으로 대국인 프랑스가 소국인 프로이센을 다시 침략하는 경우, 어떻게 국가를 방위할 것인가 하는 문제를 주로 작전적 수준에서 연구했던 것이다. 그것은 적군의 타도·격멸을 목적으로 하는 '절대전쟁'의 입장이며, 병력의 집중·적 병력의 중심重心에 대한 공격과 철저한 추격 그리고 방어의 이점을 활용하는 방법 등이었다. 그러나 연구가 원숙해짐에 따라, 즉 1827년경, 국경부근에서 적 국토의 일부를 침략하고자 하는 목표를 제한한 '현실전쟁'으로 입장을 바꾸었던 것이다. 그는 현실전쟁의 입장에서 지금까지 집필했던 원고를 수정코자 했으나, 보직을 옮기게 되었고 곧 콜레라에 의한 병사病死로 인해 수정을 하지 못했다. 그리하여 입장을 전연 달리하는 혼작의 미완성 작품 『전쟁론』이 남게 되어 오해를 받게 되었던 것이다.

클라우제비츠가 왜 절대전쟁에서 현실전쟁관으로 변신했는가? 그 이유를 밝힌다는 것은 『전쟁론』 연구에 있어서 중요한 과제이다. 그럼에도 불구하고 지금까지 별로 논의되지 않았다. 유명한 군사 저술가마저도 그를 절대전쟁론자로 오해하고 있었다는 것이 지금까지의 연구 상황이었다. 필자는 이 문제를 추구했던 바, 두 가지 이유를 밝혀냈다.

첫째 : 클라우제비츠는 1568년 네덜란드의 독립전쟁에서부터 1815년의 워털루 전역에 이르기까지 130여개의 전역·전쟁을 연구·분석했던 바, 울름 전역(1805), 예나·아우어슈테트 전역(1806) 그리고 바그람 전역(1809)은 절대전쟁이라 하겠으나, 그것은 보편성이 결여된 예외적인 전역·전쟁이며, 그 외는 나폴레옹의 지휘하에 수행된 전쟁도 제한된 목표를 가지고 수행된 현실전쟁이라는 것을 확인한 점이다.

둘째 : 절대전쟁은 한 면에서는 전쟁 본래의 힘과 효과를 획득할 수 있으나 다른 한 면을 잃게 된다는 것, 특히 이웃나라와의 우호관계를 잃게 되어 보복이 보복을 낳아 역사 그 자체가 복수의 연쇄가 될 우려가 있기 때문에 "최초의 한 걸음을 내어 디딜 때, 최후의 결과를 미리 고려할 것을 절실히 요구한다"(Ⅷ-3)고 그는 경고했던 것이다.

그러나 그 후의 프로이센·프랑스 전쟁, 제1·2차 세계대전을 뒤돌아 봤을 때, 그의 깊은 통찰력에 넘친 경고는 정치가·군 수뇌자들에게는 전연 이해되지 않았거나 혹은 읽혀지지 않았던 모양이다.

클라우제비츠가 현실전쟁의 입장에 선다는 것은, 전쟁이란 다른 수단을 가지고 하는 정책의 계속에 지나지 않는다는 것이다. 즉, 정치의 방식인 정책이 전쟁을 수단 혹은 도구로 사용하여, 전쟁의 준비·수행·강화는 정치지도자가 주재자가 되고, 군사적 관점은 정치적 관점에 종속되어야 한다. 따라서 전쟁수행의 대강大綱은 정책 그 자체라는 것이다. 이것이 군사에 대한 정책우위이며, 문민통제(civilian control)의 원천이다. 이것은 전쟁이론 연구에 있어서 클라우제비츠의 독창적인 군사사상으로 중요한 공적이요 또한 코페르니쿠스적 전향이라 칭하게 되었다. 클라우제비츠가 사후에 『전쟁론』의 출판을 생각한 이유도 여기에 있었던 것으로 추정한다. 몰트케를 비롯한 군 수뇌들은, 클라우제비츠의 독창적인 군사사상의 수용을 거부하고, 전쟁이 발발하면 정치적 교섭은 중단되며, 전쟁은 그 자신의 문법에 따른다는 입장을 견지했다. 이런 절대전쟁관과 통수권의 독립이 결합하면 군국주의로 빠진다는 것이 필자의 견해이다.

클라우제비츠가 결론적으로 도출한 전쟁의 개념이란, 전체적으로 본다면 기묘한 삼위일체三位一體를 이루고 있다. 첫째는, 전쟁의 본질에 기초한 야생적 폭력성(국민), 둘째는, 전쟁의 개연성·우연성(장수와 군대), 셋째는, 정책의 수단으로서의 종속성(전부)이며, 이들 각각에 걸리는 비중은 상황에 따라 변화하며, 전쟁의 성질에 따라 어디에 중점을 둘 것인가가 결정되며, 어떠한 경우에도 이 세 요소가 균형을 유지하면서 존재하는 것이 필요하다고 주장했다. 이 내용은 전쟁의 고찰, 전쟁이론의 구축에 있어서 고려해야만 하는 기본요소이다. 예컨대, 미국은 베트남 전쟁의 패배로 인해 비로소 국민의 지지·사기士氣(첫째)의 중요성을 통감했던 것이다.

전쟁은 과학적 법칙에 지배를 받는 활동이 아니라, 인간의 의지나 정신력이 상호 충돌하는 불확실성·우연·마찰 등의 다양성에 있다. 종래의 전쟁이론가들은 군사행동을 위한 명확성과 긍정적인 지휘법을 추구했지만, 클라우제비츠는 불확실한 전쟁의 본질을 이해해야만 하고, 보편·타당한 전쟁이론은 존재하지 않으며, 각 시대는 각 시대의 독특한 전쟁이론이 존재한다고 주장했다. 당시의 군사 정세하에서 가장 훌륭한 전략이란 언제나 강대한 병력을 보유한다는 것, 말을 바꾸어 한다면, 먼저 강력한 병력을, 다음은 결정적 지점에서 우세한 병력을 보유한다는 것이었다. 그 이유는 전례戰例를 통하여 나폴레옹과 같은 군사 천재도 2배 이상의 적 병력과 싸워 승리하지 못했다고 주장했다.

전쟁의 불확실성을 지적한 것은 클라우제비츠의 공적이지만, 이것이 독일 군부에 있어서 클라우제비츠의 『전쟁론』에 대한 불만의 근원이기도 했다. 그 이유는, 이해하기 어렵고 또한 거기에다 군대 내부에서의 실제적 문제에 대한 명확한 행동지침을 제시하는 야전교범이 아니었기 때문이었다. 역설적으로 말하면, 실제적인 행동지침이 아니고, 전쟁의 본질적인 과제를 규명했기 때문에 오늘날에 있어서도 군사고전으로 읽히고 또 연구되고 있다고 하겠다.

제2차 세계대전에서의 독일군의 패배와 와해는, 전쟁이론에 대한 독일군 수뇌·장교들의 일반적 태도에 반성·변화가 없었다는 데서 비롯되었다. 육군대학에서는 클라우제비츠 『전쟁론』이 명구절名句節은 인용되었지만 그 책은 읽혀지지 않았고, 퇴직해서 시간적 여유가 생길 때까지 전쟁이론의 연구는 연기한다는 식의 태도였다. 제2차 세계대전 후, 클라이스트 원수는 영국의 리델 하트에게 다음과 같이 고백했다.

> 클라우제비츠의 가르침은 우리 세대에 있어서 – 내가 육군대학에 재직했을 때, 또한 일반참모로 있을 때 – 무시되고 있었다. 그의 명구절은 인용되었으나, 그의 저서는 면밀하게 연구되지 않았다. 그는 실질적인 교사라기보다는 전쟁철학자로 인식되었다. 슐리펜의 저서가 더 주목되었고, 그것이 더 실질적인 것으로 생각되었다.

미 육군의 웨드마이어 대장은 대위시절의 1936년부터 1938년까지 3년간 독일 육군대학으로 유학하여 귀국해서 100쪽에 이르는 보고서를 제출했다. 독일 육군대학의 조직·기능은 물론이요, 기계화 사단, 공정사단, 대전차부대가 사용하는 새로운 독일 전술개념에 대해서 보고했지만, 클라우제비츠의 이름은 전연 등장하지 않았다. 교과목 가운데 『전쟁론』의 독서·토론은 없었던 모양이다. 제1차 세계대전 전후를 불문하고, 클라우제비츠의 『전쟁론』을 읽고자 노력한 독일군 장교는 전연 없었다는 견해도 있다.

서독일(통일되기 전)이 본격적으로 『전쟁론』을 연구하기 시작한 것은 1961년 옛날의 참모장교와 새로운 연방군의 장교들에 의해 「클라우제비츠학회」가 성립되어, 여기에 정치가들도 참여해서 '전쟁과 평화'의 문제를 활발하게 토의하면서 시작되었다. 이 학회는 "안전보장 및 군사학의 여러 문제에 대해 의견 교환을 깊게 하고, 지도자층의 전반적인 고찰 능력을 촉진·지원함으로써 자유로운 민주주의 사회에 있어서 정신생활의 협력 형성에 참가한다"는 취지하에 운영되고 있다. 특히 클라우제비츠 탄생 200주년 기념논문집, 『전쟁 없는 자유란 ? 』(*Freiheit ohne Krieg ?*, 1980)은 클라우제비츠학회가 세계적으로 유명한 군사전문가·학자들이 발표한 논문을 편집·출판했다는 데 큰 의의를 갖는다. 그 동기와 목적은 아래와 같다.

> 클라우제비츠학회는… 독일 학회에 있어서 클라우제비츠 연구와 보조를 맞추어, 위대한 철학자인 동시에 군사사상가였던 클라우제비츠의 생각하는 방식을 해명하고, 현대에서의 의의意義를 찾는다는 과제를 설정했다.
>
> 이 기획은, 클라우제비츠와 그 시대를 역사적으로 회고하고자 하는 것이 아니라, 현재의 정치와 전쟁에 과해진 사명을 클라우제비츠의 사물을 보는 방식에 비추어 밝히려고 하는 데 있다. 이 고찰에는 두 가지 목표가 있다. 역사적 검토에 의해, 우리들이 당면하는 오늘의 상황의 특질을 인식함과 동시에 클라우제비츠에 의해 체계화된 원칙이나 견해의 어느 부분이 현황에 비추어도 아직 의의가 있는가, 즉 시대를 초월하여 가치를 가지고

있는가를 검증하는 데 있다.

클라우제비츠 탄생 200주년을 기회로 하여 세계의 저명한 학자·정치가 및 군인들이 그의 군사사상과 전쟁이론의 관점에서, 오늘날 당면의 과제인 정치·전쟁·평화 등에 관해, 자기 나름의 인식이나 견해를 제시한다는 것도 중요하고 또 그의 『전쟁론』 연구의 출발점으로도 의의가 크다고 생각한다. 그런데 할베크가 얘기한 것처럼, 클라우제비츠의 군사이론의 핵심은 아직 이해理解되지 않았거나 혹은 주목되지도 않았기 때문에 그의 기본적인 군사사상의 유래·이해를 먼저 연구해야 하리라. 그리고 클라우제비츠의 제자·계승자라 칭했던 몰트케 참모총장이나 그의 후계자들이 클라우제비츠의 군사사상을 거부 혹은 위배한 원인은 무엇이며, 또 그것이 제1·2차 세계대전의 패배와 어떤 관계에 있는가 등의 규명이 더 필요하지 않을까?

클라우제비츠의 『전쟁론』은 마치 각종의 금속류가 매장되어 있는 거대한 광산과 비슷하다. 발굴자의 노력과 능력에 따라 다이아몬드·금을 발굴하는 사람이 있는가 하면, 철·동 혹은 돌멩이도 캐지 못했다고 실망하는 사람도 있으리라. 이것이야말로 군사고전의 묘미가 아닐까! 발굴하는 방법은 『전쟁론』을 목차의 순서대로 읽는 것이 아니라, 먼저 제1편 제1장을 숙독하고, 어느 정도 이해를 했다면, 제1편의 모든 장을 읽음으로써 책의 전체상을 파악할 수 있으리라. 다음으로 읽어야 할 내용은 제8편과 제7편이다. 여기를 읽음으로써 클라우제비츠의 현실전쟁관을 이해하는 것이 중요하다. 그 후는 각 편의 흥미 있는 장을 읽는데, 그것은 수정되지 않은 절대전쟁관으로 집필되었다는 것을 유의해야 한다. 이것은 클라우제비츠의 사고과정思考過程을 역으로 거슬러감으로써 이해하기 쉬우리라 생각한다.♣

(『군사평론』 제409호, 육군대학, 2011. 2.)

【 참 고 문 헌 】

1) 클라우제비츠, 『戰爭論』, 李鍾學 譯, 서울 : 一潮閣, 1974.

2) 李風石(鍾學) 編著, 『클라우제비츠의 生涯와 思想』, 서울 : 博英社, 1986.

3) ゲルヘルト・リッター, 『政治と軍事』, 新庄宗雅, 東京 : 自家出版, 1985.

4) ヴァルー・ゲルリッツ, 『ドイツ参謀本部』(上・下), 守屋 純訳, 東京 : 学習研究社, 2000.

5) オットー・ヒンツエ, 『クラウゼヴィッツ研究論文選』, 新庄宗雅訳, 東京 : 自家出版, 1982.

6) ゼークト, 『モルトケ』, 齊藤榮治譯, 東京 : 岩波書店, 1943.

7) カント, 『純粹理性批判』上・中・下, 篠田英雄譯, 東京 : 岩波書店, 1961.

8) クラウゼヴィッツ学会編, 『戦争なき自由とは』, クラウゼヴィッツ研究委員会訳, 東京 : 日本工業新聞社, 1982.

9) ハンス・ロートフェルス, 『クラウゼヴィッツ論』, 新庄宗雅訳, 東京 : 鹿島出版会, 1982.

10) ヘーゲル, 『小論理学』上・下, 松村一人訳, 東京 : 岩波書店, 1978.

11) ________, 『哲学史序論』 武市健人訳, 東京 : 岩波書店, 1995.

12) 鄕田 豊, 『クラウゼヴィッツの生涯』, 東京 : 日本工業新聞社, 1982.

13) 中埜 肇, 『弁証法』, 東京 : 中央公論社, 1994.

14) 佐藤德太郎, 『大陸国家と海洋国家の戦略』, 東京 : 原書房, 1973.

15) 小山弘健, 『軍事思想の研究』, 東京 : 新泉社, 1970.

16) Clausewitz, *On War*, trans. by Michael Howard and Peter Paret, Princeton N.J. : Princeton University Press, 1967.

17) Carl von Clausewitz, *Vom Kriege*, Berlin : Ullstein Mataerialien, 1980.

18) Edward M. Earle,(ed.), *Makers of Modern Strategy*, Princeton, N.J. : Princeton University, Press, 1943.

19) J. E. C. Fuller, *The Conduct of War*, New Brunswick, N.J. : Rutgers University Press, 1961.

20) Michael I. Handel,(ed.), *Clausewitz and Modern Strategy*, London : Frank Cass, 1986.

21) ________________, *Masters of War*, London : Frank Cass, 1992.

22) Michael Howard, *Clausewitz*, Oxford : Oxford University Press, 1983.

23) B. H. Liddell Hart, *Strategy*, New York : Frederick A. Praeger, 1954.

24) Peter Paret, *Clausewitz and the State*, Oxford : Oxford University Press, 1967.

25) Herbert Rosinski, *The German Army*, New York : Frederick A. Praeger, 1966.

26) Harry G. Summers Jr., *On Strategy—A Critical Analysis of the Vietnam War—*, Presidio Press, Third printing, 1983.

27) Alfred Vagts, *A History of Militarism*, New York : The Free Press, 1959.

28) Albert C. Wedemeyer, *Wedemeyer Reports!*, New York : The Devin-Adair Company, 1958.

XIII
리델 하트의 『전쟁론』 비판에 대한 논평

1. 머리말

필자는 1957년 7월부터 클라우제비츠의 『전쟁론』(1832)과 손무의 『손자』(차후 『손자병법』으로 칭함)를 연구하기 시작했는데, 60년대 초, '국방 총서 제 10집'으로 문희석 해병 대령 역譯의 『전략』[1]이 1961년 12월에 출간되었다. 발행자인 국방부 정훈국장 신상철 공군 소장은 서문에서 "국방의 중책을 양 어깨에 짊어진 국군 중견장교들에게 이 대표적인 현대 전략가의 전략사상과 개념을 소개함으로써 군사지식과 자질의 향상에 크게 도움이 되고 우리 전략 부문의 연구발전에 있어서 보람 있는 연구 자료가 됨으로써 국군 발전에 기여하는 바가 조금이라도 있다면 발행자로서 그 이상의 기쁨이 없겠다"고 했다. 그 후 원문을 구하여 병행해서 읽으면서, 기본적 사항에서 석연치 않은 점이 눈에 띄었다.

19세기를 대표하는 전략 사상가가 클라우제비츠(1780~1831)라고 한다면, 20세기를 상징하는 전략 사상가는 리델 하트(B. H. Liddell Hart, 1895~1970)로 알려져 왔고, 또한 『전략』(1954)의 표지에는 그를 "20세기의 클라우제비츠

1) B. H. Liddell Hart, *Strategy : the indirect approach* (New York : Frederick A. Praeger, 1954)

(the Clausewitz of the Twentieth Century)로 널리 알려져 있다"고 소개하고 있었다. 그러나 그의 저서를 통한 클라우제비츠의 『전쟁론』에 대한 비판은 납득하기가 어려웠다. 예컨대,

> (자료 1) 칸트의 간접적인 제자이기도 한 클라우제비츠는 참다운 철학적 지성도 함양하지 않은 채 철학적 표현 양식이 몸에 배어 있었다. 보통, 군인의 사고思考는 본질적으로 구체적인 것에 멈추는 것이지만, 클라우제비츠의 전쟁이론은 너무나 추상적이고 또한 어려웠다. 그 결과 그들의 사고는 클라우제비츠의 의도한 방향과는 때때로 정반대의 방향으로 달리기도 했다.…
>
> 클라우제비츠는 전술 또는 전략에 대해서 새롭고 눈부신 진보적 사상을 제공하지 않았다. 그는 창조적이고 역동적인 사상가이기 보다는 오히려 법전 편찬적인 사상가였다.… 클라우제비츠에 대한 칸트의 영향은 클라우제비츠 사상의 이원론(dualism)에서 엿볼 수 있다.[2)]

솔직히 말해서 리델 하트의 위의 글을 읽고 실망하여 지금까지는 더 연구를 하지 않았다. 그러나 2003년 신학기부터 충남대학교 평화안보대학원에 '군사학' 석사과정이 생겨 '군사 전략론'을 강의하면서, 『손자병법』, 『전쟁론』 그리고 현대적인 전략이론으로 알려진 리델 하트의 『전략』을 소개하면서, 이 논문을 집필할 생각을 가지게 되었다. 즉, 리델 하트의 클라우제비츠의 『전쟁론』에 대한 비판은 과연 합리성·타당성이 있는가?

리델 하트는 널리 알려진 군사평론가·저널리스트·기계화전 이론가·군사사 연구가·전략가로서의 인생 경력이 다양할 뿐만 아니라, 그가 남긴 문서가 방대하기 때문에 그에 대한 논평은 쉽지 않다.[3)] 하지만 그의 저서, 『나

---

2) 상게서, pp. 352~354.

3) 그의 군사사상에 대한 연구서, Bond, B., *Liddell Hart : A Study of His Military Thought* (Oxford : Clarendon Press, 1976), 주은식 역, 『리델 하트 군사사상 연구』(서울 : 진명문화사, 1994).

폴레옹의 망령』(1933)[4]과 『전략』(1954)을 기준으로 클라우제비츠의 전쟁이론을 비판한 것을 중심으로 해답을 제시해보고자 하며, 필자의 견해가 아닌, 『전쟁론』을 바탕으로 하고자 하니, 인용구가 많고 또 길다 해도 양해하기 바란다. 그리고 특히 『전략』(1954)은 1967년에 수정판이 나왔으나, 인용구 (자료 1)은 초판과 동일했으며, 앞으로는 수정판[5]을 기준으로 논의한다는 것을 밝혀 둔다.

2. 리델 하트의 생애

우리들이 신간서를 접했을 때, 저자의 약력과 머리말 그리고 목차를 훑어보고 내용을 살피듯이, 그 책 속에 어떤 새로운 내용·사실이 게재되어 있는가 하는 문제보다도 그 책을 쓴 사람이 어떠한 사람인가를 먼저 살피는 것이 바람직하다. 더욱이 리델 하트의 경우, '간접 접근전략'이나 '영국식의 전쟁방법' 등으로 이름을 날렸으나, 그런 이론이 어떻게 해서 탄생하게 되었나, 그리고 그의 클라우제비츠 『전쟁론』의 비판은 어떤 상황과 바탕에서 이루어졌는가, 하는 것을 규명하는 데는 그의 생애에 대한 고찰이 더욱 중요한 과제이리라.

리델 하트는 1895년 10월 31일 영국인 목사의 아들로 프랑스 파리에서 출생했고, 19세가 지난 후에야 비로소 영국에 영주했다. 그는 어렸을 때부터 항공기에 대해 관심이 많았다. 그의 인생에 있어서 최대의 사건은 그가 캠브리지 대학의 학창시절에 일어났다. 즉, 1914년 7월 28일 오스트리아와 세르비아 사이에 전투가 일어났고, 급기야 독일은 8월 1일 러시아에 선전포고를 하여 마침내 제1차 세계대전으로 번졌다.

---

4) B. H. Liddell Hart, 1933, *The Ghost of Napoleon* (Greenwood press, Inc. : 1980)
5) B. H. Liddell Hart, *Strategy* (A Meridian Book, 1991, 2nd rev. ed.)

그는 키치나 육군 장관의 자원입대 호소에 응답한 수천 명의 젊은이들 중 한 사람이었다. 정규장교 임관을 시키는 영국 육군사관학교의 과정이 3개월로 축소되었지만, 그것은 그에게는 너무 길었다. 왜냐하면, 그는 전쟁이 크리스마스 무렵에 끝날 것이라는 일반 대중들의 시각과 의견을 같이 했기 때문이다. 그래서 그는 대학 학훈단에서 훈련을 받고 소위로 임관하여, 1914년 11월부터 서부전선에 종군했다. 전장에서의 열병·부상 등으로 두 차례나 본국에 소환되어 치료를 받은 후, 1916년 봄, 세 번째로 서부전선에 종군하여, 7월의 솜므전투에 참가했다. 그가 소속했던 영국 육군 제21사단 제9 왕립 요크셔 경기병 대대는 7월 1일 공격 첫날에 거의 소멸되었으며, 영국 육군은 60,000여명의 사상자가 발생했다. 그의 대대는 단지 두 명의 장교만 남았고, 그들 중 한 명은 부상했으며, 인접대대는 한 사람도 없었다. 이 전투는 영국의 전쟁사상 하루의 사상자 수로는 최대의 숫자였다.

솜므전투의 체험은 그에게는 너무나 비참한 충격을 주었다. 이것이 바로 그의 전략사상을 형성하는 원점이고 또 끊임없는 원동력이 되었다. 즉, 전쟁에서 동일한 목적을 달성하는데 필요로 하는 인적 희생·물적 손실을 극소화하려면 어떻게 해야 하는가, 영국은 왜 대륙의 전쟁에 깊숙이 개입하는가, 하는 문제의식이야말로, 후년 그의 '간접 접근전략'과 '영국식의 전쟁방법'의 원점이며 또 해양국가의 입장에서 풀이했지만, 이 논문에서는 생략키로 한다.

리델 하트는 솜므전투에서 독가스로 인한 부상을 당한 후, 영국에 돌아와서 보병전술에 관한 팸플릿 작성에 힘을 기울였고, 이 팸플릿은 1917년, 프랑스 주재 영국 육군부대에 배포되었다. 그 후 그는 육군의 요청을 받아 정식으로 『보병 교범』을 작성했다. 1921년에 '내가 25세 때에 이룩한 것'이라고 이름 붙여진 주요 항목은 다음과 같다.

(1) 나는 왕립 군사문제연구소와 영국 공병연구소에서 전술에 관해 강의

했다.

(2) 나는 공인 『보병 교범』의 전체 저술의 절반을 기술하였다.

(3) 나는 광고 문안에 씌어 있듯이, '살아있는 각 분야의 가장 위대한 권위자들'이 쓴 『대영 백과사전』 최신판에 보병 전술에 관한 기사를 썼다.

(4) 나는 70개의 보병 전술에 관한 조그마한 사상들 외에도 새로운 공격방법, 새로운 방어방법, 새로운 전투 지휘체계를 고안했다.[6]

그는 1922년부터 1924년까지 새로이 설립된 육군 교육부대에 근무했으나, 건강상의 이유와 그의 강력한 개성과 자부심 등으로 인해, 1924년에 실제로는 육군을 떠나 군사연구와 논평을 본격적으로 개시했고, 1927년에 대위로 제대했다. 그 후 신문기자 및 작가로서 활동하게 되며, 「모닝 포스트」, 「데일리 텔레그라프」, 「타임스」 지의 군사문제 담당기자로 근무했다.

제1차 세계대전에 대한 리델 하트의 최대의 의문은, 가령 전투에서 결정적 승리를 획득한다 해도, 그것이 결과적으로 우리 편에게 막대한 희생을 강요하는 것이라면, 전쟁의 승리가 무슨 뜻이 있는 것일까 하는 것이었다. 그는 이미 1924년의 논문 「나폴레옹의 오류」에서, "적 주력군에 대한 결전決戰을 구하는 '절대전쟁'을 수행한다는 것은 오류이다"고 하며, 더욱이 그 오류의 원인이 클라우제비츠의 전략사상에 있다고 지적했다. 또한 리델 하트는 『나폴레옹의 망령』(1933)[7]에서 클라우제비츠를 '대량·상호 대학살의 구세주'(Mahdi of mass and mutual massacre)라고 표현했다. 즉 클라우제비츠는 나폴레옹의 전투방식을 이론화하여 전장에서 적 주력군의 격멸을 최상으로 하는 '직접 접근전략'을 주장했는데, 이것이야말로 제1차 세계대전 참전국의 그릇된 전략사상을 지배한 원흉이며, 이 전략의 존재로 인해 제1차 세계대전이 불필요한 대량 살육의 무대가 되었다는 주장이다.

---

6) 주은식 역(1994), 전게서, p. 43.

7) 이 책은 1932년부터 1933년에 걸쳐 캠브리지 대학에서 「18세기부터 20세기에 이르는 군사사상의 동향과 그것이 유럽사에 미친 영향」이라는 제목 하에 강연한 것을 그 후 추가·수정한 것이다.

그는 1935년~1937년, 당시 육군 장관 호아 베르시아의 비공식이라 해도 영향력이 강한 조언자로 일하기도 했으며, 1939년 「타임스」 지를 떠난 후에 다시는 상근직장을 가지지 않고 문필활동을 했다.

여기서 그의 생애에서 유의할 점을 열거하면 다음과 같다.

1) 그는 캠브리지 대학에서 1년간 역사학을 공부하고는 군대에 입대하여, 그 후 학업을 계속할 수 없었다. 1924년 29세일 무렵, "그의 건강은 불확실했고 또한 그는 당시에 아내와 부양해야 할 어린 아들이 있었다. 그는 (학사)학위가 없었다. 그리고 그의 이전의 스승이 그에게 특별학기에 캠브리지에서 박사학위를 획득할 기회를 얻게 하려는 비상한 노력이 실패했다."[8] 그는 1940년대에 옥스퍼드 대학 전쟁사 교수의 지위를 획득코자 노력했으나, 실패한 이유는 아마도 학문적 경력과 학위 때문인 것으로 추정한다.

2) 리델 하트는 조미니(1779~1869)와 마찬가지로 사관학교·육군대학 등에서 군사교육을 통하여 군사 전문지식, 즉 전쟁 및 전략·전술 등을 배운 경험이 전연 없었다.

3) 클라우제비츠는 전쟁이론의 정립을 위해 방법론을 깊이 연구했으며, 그가 『전쟁론』(1832)의 원고 집필에만 12년 이상의 시일이 소요되었다. 그의 『전쟁론』을 이해·해석하기 위해서는 어느 정도의 칸트(1724~1804)에서 헤겔(1770~1831)에 이르는 관념주의 철학의 기초 지식을 구비하고 있어야 하는데, 리델 하트는 그렇지가 못했다. 그의 간접적 제자인 이시즈 도모유기(石津朋之)에 의하면, "과연 리델 하트는 클라우제비츠의 『전쟁론』을 한 번이라도 정독한 적이 있었는가는 오늘날까지 분명치 않다. 그는 독일어를 거의 읽지 못한다는 것과 또 당시 번역 출판된 『전쟁론』의 영어판에는 상당한 문제가 포함되어 있었다는 이 두

8) 주은식 역(1994), 전게서, p. 44.

가지는 확실하다"[9]고 했다.

4) 리델 하트는 유고로 『제2차 세계대전사』(*History of the Second World War*, 1970)를 남겼는데, 그 책의 서문은 부인이 집필했으며, 새로운 면을 소개했다. 즉, "충분한 재산이 없었던 남편은 생활비를 벌기 위해 잡문·논평의 글이나, 벼락치기로 집필하는 책에 쫓겨서 『제2차 세계대전사』를 위한 조사는 언제나 늦어졌다"[10]는 것이다. "1965년, 캘리포니아 대학교의 방문교수(visiting professor)를 의뢰받아, 그는 나이 70세에 교수로서 두 세계대전에 대해 강의를 했다."[11]

리델 하트는 영국에서 대학 교수의 직장을 얻고자 무던히 노력했으나 얻지 못했다. 영어권의 군사문제의 일류 전문가였지만, 겨우 70세에 미국대학의 방문교수가 되었는데, 거기에 문제점이 내포되어 있는 것으로 생각한다.

3. 클라우제비츠의 『전쟁론』에 대한 평가

『전쟁론』(1832)은 전연 관점이 틀리는 '절대전쟁'과 '현실전쟁'의 혼작混作의 미완성 작품이다. 거기에다 철학적 용어의 추상성과 방대한 분량(1980년의 Ullstein Materialien판版으로 718쪽)으로 인하여 명저로 알려져 있으나, 실제로 읽혀지고 있는 것보다는 인용문으로 사용되는 경우가 많고, 또한 오해·난해의 책으로 나라와 시대에 따라 평가도 엇갈리고 있다.

조미니(1779~1869)에 의하면, "클라우제비츠 장군이 박식하고 건필가라는 것을 부인하는 사람은 아무도 없다. 그러나 그 펜은 때때로 종잡을 수 없어

9) 石津朋之 編著, 『リデルハート』(東京 : 芙蓉書房出版, 2002), p. 206.
10) B. H. Liddell Hart, *History of the Second World War* (Cassell & Company Ltd., 1970), Forward, ix.
11) 상게서, vii

간결해야 하는 학술적 논의에 있어서 지나치게 허세를 부리는 것 같다. 그 외에, 따로 그는 군사학의 면에서 지나치게 회의적인 것을 보여준다. 즉 그의 첫 편은 모든 전쟁이론을 부정하는 선언에 지나지 않고, 반면 제2·3편은 이론적 원칙이 충만 되어 저자가 타인의 설을 믿지 않아도, 스스로의 이론의 효용 가치에 대해 자신自信이 가득 차 있다는 것을 증명하고 있다."[12]

풀러(J. F. C. Fuller)에 의하면, "미완성이고, 추고되지 않은 『전쟁론』은 거의 논문이나 각서를 모은 것이고, 충분히 검토된 형식으로 집대성된 것은 아니다. 그것은 문장이 길고, 반복이 많고, 상투적이고 알고 있는 내용이 많다. 거기에다 여러 곳에 극도로 복잡화되고 모순되는 곳도 있다.… 그는 절대전쟁의 개념을 모든 군사행동을 추정하는 잣대로 생각한 것이 확실하다."[13]

로진스키(Herbert Rosinski)에 의하면, "『전쟁론』은 오늘날까지 나타난 전쟁과 전쟁수행에 관한 연구 중 가장 심오하고 포괄적이며 또 체계적인 유일한 군사 고전이다."[14]

브로디(Bernard Brodie)에 의하면, "클라우제비츠의 『전쟁론』은, 그 통찰력이 심오하고, 또 독창적이기 때문에 후세의 사상가들에 의해 이해되지 않았던 고전 중의 하나이다."[15]

할베크(Werner Hahlweg)에 의하면, "클라우제비츠 이론의 핵심은 아직 이해되고 있지 않든가 혹은 주목되지도 않았다. 더욱이 그의 모든 작품의 철학적·이론적 근거나, 정치·경제·사회의 다양한 요인 가운데서 볼 수 있는 전쟁의 전체상을 먼저 생각해야 한다는 것을 잊어버리고 있다."[16]

---

12) J. D. Hittle, *Jomini and his Summary of The Art of War* (Harrisburg, PA. : Stackpole Books, 1965), p. 42.

13) J. F. C. Fuller, *The Conduct of War* (New Brunswick : Rutgers University Press, 1961), p. 60.

14) Herbert Rosinski, *The German Army* (New York : Frederick A. Praeger, 1966), p. 110.

15) Bernard Brodie, "The Continuing Relevance of *On War*", *On War*, trans. by Michael Howard and Peter Paret (Princeton University Press, 1976), p. 50.

리델 하트의 견해는 앞에 얘기(자료 1)한 바와 같으며, 『전쟁론』에 관해서는 아직 학자들의 견해가 엇갈리고 있는 실정이다. 필자는 이 논문의 취지상 필요한 내용을 간략하게 설명하고자 한다.[17]

가. 『전쟁론』이 오해를 받는 이유는?

클라우제비츠의 『전쟁론』이 오해를 받고 있는 가장 큰 원인은, 절대전쟁과 현실전쟁의 견해가 뒤섞인 미완성의 작품이라는 데서 오는 것이리라. 그는 현실전쟁관으로 모든 작품을 근본적으로 수정하고자 했던 의도를 「저자의 두 가지 수기手記」에서 다음과 같이 밝혔다.

> ① 최초의 여섯 편은 이미 정서淨書를 했으나, 내가 보는 바로는 아직 불비한 원고이므로 다시 한 번 모두 개정改訂할 필요가 있다. 또 개정하는 경우에는 각기 목적을 달리하는 두 종류의 전쟁의 구별을 더 명확히 하고 싶다.…
>
> 지금 두 종류의 전쟁이라고 말했는데, 첫째는 적의 격멸을 목적으로 하는 전쟁이며,… 둘째는 적국의 국경부근에 있는 적 영토의 얼마간을 쟁취하려는 전쟁이다.…
>
> 이 두 종류의 전쟁 사이에는 갖가지 중간적 단계가 있다. 그러나 양자가 추구하는 목적이 전혀 성질을 달리하고 있다는 것은 어떠한 경우에도 철저히 하지 않으면 안 되며, 또 양자의 상용相容치 못하는 성질을 분명히 분리해 두어야 한다.… 전쟁의 고찰에 있어서 역시 실제로 필요한 관점이 명백하고 또 정확하게 확립되어야 한다. 그것은 즉,
>
> '전쟁이란 다른 수단을 가지고 하는 정책의 계속에 지나지 않는다'는 것이다. 언제나 이 관점에 선다면 전쟁에 관한 고찰은 지금까지보다는

---

16) クラウゼヴィッツ協会編, 1980『戦争なき自由とは』クラウゼヴィッツ研究委員会訳 (東京 : 日本工業新聞社, 1982), p. 41.

17) 상세한 내용은 이종학, 『클라우제비츠와 전쟁론』(서울 : 주류성, 2004), pp. 166~170을 참고할 것.

훨씬 정연한 통일을 얻을 것이며, 또 모든 것은 쉽사리 해명될 수 있으리라.…

제8편의 완성으로 전쟁에 관한 나의 사상을 밝히고, 따라서 전쟁의 요강을 확정할 수 있다면, 이 정신을 최초의 여섯 편에 도입하여 그런 요강을 이들 여섯 편을 통해 나타낸다는 것은 나에게 더 쉬운 일이 되리라.… 요컨대, 완전한 것으로 생각되는 것은 제1편 제1장뿐이며, 적어도 이 장은 내가 이 책 전체에 부여하려는 방향을 제시하는 데 소용이 된다고 생각한다.

클라우제비츠의 '두 종류의 전쟁'에 의거하여 『전쟁론』의 내용을 분류하면 아래와 같다.

- 절대전쟁 : 제1편, 전쟁의 본질에 대하여(제1장은 제외)
  제2편, 전쟁이론에 대하여
  제3편, 전략 일반에 대하여
  제4편, 전투
  제5편, 전투력
  제6편, 방어
- 현실전쟁 : 제1편 제1장, 전쟁이란 무엇인가(완전한 내용)
  제7편, 공격(초안)
  제8편, 전쟁계획(초안)

클라우제비츠는 1806년 10월 아우구스트 친왕의 부관으로 출전하여 예나 전투에서 나폴레옹군에 의해 괴멸적인 패배를 당했을 뿐만 아니라, 포로가 되어 8개월 정도 프랑스에서 포로생활을 체험했다. 그의 『전쟁론』 연구와 집필 원점은 여기서 연유되는 것이리라. 즉 인구 3천만의 강대국 프랑스가 인구 5백만의 프로이센에 다시 나폴레옹과 같은 인물이 재등장하여 침공해 온다면, 어떻게 싸워 국토방위를 할 것인가. 그리고 저자의 '수기'에 의하면 "나는 제8편으로 전략가나 정치가의 두뇌의 혼란을 일소해 버릴 의향을 가지고 있다. 적어도 무엇이 문제인가, 또 전쟁에 임하여 본질적으로 고찰해야 하는 것이 무엇인가를 명시해 보고자 한다"고 밝혔다.

클라우제비츠가 체험한 나폴레옹 식의 전투는 전연 새로운 전투, 즉 폭력을 무제한으로 발휘하여 적군의 타도·격멸을 유일한 군사목표로 하는 전투였다. 그는 이런 전투야말로 순수하고 또 마땅히 있어야 할 전쟁형식이라 확신하여, 전쟁의 모델로 생각하고 『전쟁론』을 집필하여 제6편 방어까지 완성했다. 그런데 40대 후반에 와서 연구와 사색이 무르익어가자, 그가 전쟁의 모델로 생각한 '절대전쟁'에 문제점과 보편성이 결여되어 있다는 의문이 생겨났다.

> ② 나폴레옹에게 있어서 전쟁은 적을 타도할 때까지 쉬지 않고 진행되었으며, 따라서 적의 반격도 계속하여 실시되었다. 그러한 현상이 엄밀한 논리적 귀결에 따라 우리들을 전쟁 본래의 개념으로 돌아가게 한 것은 자연스럽고 또한 필연적인 것이 아니겠는가.
>
> 그런데 우리들은 전쟁에 대해 본래의 개념을 어디까지나 고집하고, 가령 현실전쟁이 절대전쟁으로부터 아무리 멀어져 있어도, 어떠한 전쟁이라 할지라도, 절대전쟁이라는 기준에 따라서 판정하고 또 전쟁의 순수한 개념으로부터 일체의 이론적 결론을 끌어내어도 좋은 것인가?
>
> 우리들은 이 문제에 대해 취해야 할 태도를 명확하게 결정해야 한다. 전쟁은 전적으로 본래의 개념대로 있어야만 하는 것인가, 혹은 그것과 별개의 것이 될 수 있는 것인가 하는 문제를 해결하지 않는 한, 전쟁계획에 대해서 확실한 주장을 할 수 없기 때문이다.(제8편 제2장, 차후 Ⅷ-2로 약기略記함)

클라우제비츠는 절대전쟁과 현실전쟁의 어느 것을 전쟁이론의 기준으로 선택해야 할 것인가에 대해 상당히 고민했다. 이 문제가 해결되지 않는 한, 전쟁계획 뿐만 아니라, 전쟁이론의 수립도 불가능했다. 그는 1568년 네덜란드 독립전쟁부터 나폴레옹 전쟁까지 130여 개의 전역·전투를 면밀히 분석·연구한 결과, 1805년 9월의 울름 전투, 1806년 10월의 예나 전투, 1809년 7월의 바그람 전투가 절대전쟁이라 할 수 있으나, 그것은 보편성이 결여된 예외적인 전투임을 확인했다. 그리고 그것 이외의 나폴레옹의 지휘 하에서 수행된 전쟁은 제한된 목표를 가지고 수행된 현실전쟁임을 확인했다.

> ③ 전쟁술에 있어서는, 경험이 모든 철학적 진리보다도 가치가 높기 때문이다.(II－5)
>
> ④ 역사적 실례實例는 모든 것을 명확하게 할 뿐만 아니라, 경험과학에 있어서는 가장 훌륭한 증명력을 가지고 있다. 특히 전쟁술에 있어서는 더욱 뚜렷하다.…
>
> 전쟁술의 뿌리에 있는 지식은, 경험과학의 분야에 속하는 것이 분명하다. 이런 지식의 대부분이 사물의 본질에서 도출되었다 하여도, 그 본질 자체는 경험을 통하여 비로소 인식되기 때문이다.(II－6)
>
> ⑤ 강력한 논리에 지탱되고 있는 이 이론도 현실 앞에서는 무력함을 보여준다.(VIII－2)

여기서 클라우제비츠는 '절대전쟁론자'로부터 '현실전쟁론자'로 입장을 바꾸었으며, 또 전쟁철학자로 불려지고 있으나, 형이상학적 관념론자가 아니라, 현실론자가 되었다고 해석한다. 따라서 리델 하트가 클라우제비츠의 『전쟁론』을 인용하면서 출처(쪽 혹은 편과 장)를 밝히지 않았고 또 수정되지 않은 절대전쟁의 관점의 내용을 인용하여 논박했다는 것은 '불공정'한 태도라 말하지 않을 수 없으리라.

나. 『전쟁론』이 난해한 이유는?

『전쟁론』은 오늘날에 와서 불후의 명저로 평가되고 있지만, 이해하기 어려운 이유는, 주로 그의 전쟁연구의 방법론에서 유래하는 것이리라. 방법론(methodology)이란, 어떤 학문의 성격에 관한 철학적 관점·인식론적 기초 위에서 지식을 얻는 근거의 타당성을 규명하는 수속으로서의 이론적 접근을 뜻한다.

클라우제비츠는 논법, 사고방식, 인식론 그리고 전쟁이론의 일관된 체계를 수립하고자 당시의 칸트에서 헤겔에 이르는 독일 관념주의 철학에 기반을 두고 있다는 데 대해서는 대체로 동의하고 있다.[18] 그러나 독일 관념주의 철학 그 자체가 이해하기 쉬운 학문이 아니다. 예컨대, 칸트가 그의 『순수이성비판』(1781)의 원고를 철학에 노숙한 친구 헤르츠(Hertz, 1747~1803)에게 보냈더니, 그는 그 원고를 절반 정도 읽고는 "이것을 더 읽다가는 미치겠다." 하면서 돌려보냈다.[19] 필자도 칸트의 『순수이성비판』을 5, 6회나 시도하여 겨우 읽는 정도였다. 클라우제비츠는 「저자의 서문」에서 다음과 같이 언명했다.

> ⑥ 이 책의 학문적 형식이라는 것은 대체 어떤 점에 있는 것일까. 그것은 즉, 전쟁에 있어서의 여러 가지의 현상의 본질을 규명하고, 이들 현상과 이것을 구성하고 있는 여러 가지 요건의 성질과의 연관을 제시하려는 데 있다.

'현상의 본질을 규명'한다는 것은 철학적 고찰을 뜻한다. 그는 전쟁의 실태를 정확히 파악하고, 이것을 분석하는 학문적 근거에 바탕을 두는 방법을 철저하게 연구하는 필요에서 방법론에 깊은 관심을 쏟았다. 그렇다면 클라우제비츠는 어디서 철학의 교육을 받았을까?

1801년, 칸트 철학을 보급시킨 키제베터(Kiesewetter)가 교수로 있었

---

18) Peter Paret에 의하면, 독일 관념주의 철학과 후기 계몽주의의 미학이론을 기반으로 한 것으로 생각한다고 했다. Peter Paret, *Clausewitz and the State* (London : Oxford University Press, 1976), p. 151.

19) Will Durant, 1952, *The Story of Philosophy* (New York : Washington Square Press, 1970), p. 254.

> 다.… 그는 클라우제비츠에게 철학적 방법(philosophic method)에 눈 뜨게 해주어, 이것이 그의 전쟁이론의 핵심을 형성하는 데 큰 영향을 미쳤다.… 그는 대단히 철학적인 성향을 가지고 있으면서 또 실제적인 면을 가지고 있었다. 그가 집필한 글을 보면, 철학을 개념 형성이 아니라, 목적에 도달하는 수단으로 이용했다. 다른 사람의 책에서 배운 개념(concepts)이나 같은 시대의 공통적인 생각도 자유스럽게 수용했다.… 독일철학으로부터 전쟁이란 무엇인가라는 명제의 논리적 조립법은 배웠지만, 여기서 해답은 구하지 않았다.[20]

클라우제비츠는 1801년 베를린의 초급장교들을 위한 군사학교에서 3년간 교육을 받으면서, 군사분야는 물론이고 인문·사회·자연과학과 철학을 배웠고, 그 후 독학으로 전쟁이론 수립에 필요한 학문분야를 연구했다. 그의 전쟁이론 연구에는 광범위한 학제적 접근법(interdisciplinary approach)을 구사했는데, 그 이유는 전쟁수행이란 사회에 있어서 인간 활동의 모든 분야를 망라하고 있기 때문이었다. 그래서 『전쟁론』은 쉽게 접근할 수 있는 저서는 아닌 성 싶다.

예컨대, 제1차 대전의 패전 후, 독일 국방군의 총사령관이었던 제크트(Seeckt, 1866~1936) 대장은, 1930년 클라우제비츠 탄생 150주년을 기념함에 있어서, 그는 아직도 『전쟁론』을 '어려운 저술'이라 했고, 또 '현대철학의 술어를 사용한 비교적 애매하고 서투른' 문체라고 평했다. 그 후 수년 후(1936. 4. 1), 부인에게 보낸 편지에, "클라우제비츠에 관한 한, 나는 조예가 깊은 철학적 훈련이 부족하다. 나는 차라리 가끔 행운의 공식을 발견하는 재능을 가진 경험주의자이다"고 썼다.[21]

클라우제비츠의 『전쟁론』은 23년간의 실전 경험, 군사적 전문지식뿐만

---

20) Peter Paret(1976), 전게서, p. 69, p. 84.

21) Michael I. Handel, ed., *Clausewitz and Modern Strategy* (London : Frank Cass & Co. Ltd., 1986), p. 217.

아니라, 인문·사회·자연과학의 기초 지식, 명석한 두뇌, 그리고 12년간이라는 차분한 연구·사색의 결정체結晶體이다. 아직도 이 저서를 능가하는 책이 나타나지 않고 있으며, 이 저서를 이해하기 위해서는 장시간의 연구와 사색으로 길들인 두뇌와 인내가 필요하며, 또 비판력과 깊은 군사사軍事史의 지식, 그리고 특히 칸트에서 헤겔에 이르는 독일 관념주의 철학의 기초 지식이 있어야 하니, 쉽게 비판하거나 또 번역할 수 있는 저서는 아니라고 생각한다.

다. 전쟁이론의 기능과 한계

『전쟁론』 가운데 클라우제비츠가 가장 많은 시간과 노력을 기울인 것은 제2편의 「전쟁이론에 대하여」일 것이다. 그러나 이 책을 연구하거나 읽는 많은 군인들은 이 내용을 대부분 무시했으리라. 그 이유는 군사활동의 실무에 영향을 미치지 못하기 때문일 것이다. 그러나 전쟁을 학문으로써 연구대상으로 했을 경우, 전쟁이론의 기능과 한계의 문제는 대단히 중요한 과제이며 또 중대한 영향을 미치리라.

그는 「저자의 서문」에서, "정신(Geist)과 실질(Gehalt : 병력, 무기 및 장비 등)을 구비한 체계적인 전쟁이론을 쓴다는 것은 불가능한 것은 아니다. 그러나 지금까지 나타난 여러 이론은 그러한 것과는 상당히 거리가 멀었다. 이들 이론은 쓸데없이 체계적인 연관과 완성에만 힘을 기울였기 때문에 일상적인 허튼 얘기로 시종하고 있다.… 저자는 전쟁에 관한 다년간에 걸친 사색과 전쟁을 경험한 총명한 군인들과의 교제, 그리고 나 자신이 겪은 많은 경험에 의해 나의 마음속에 형성되고 승화된 것을 불순물이 없는 순전한 알맹이로서 제시하려는 방법을 택하였다"고 기록함으로써 전쟁이론 수립에 대한 심상치 않은 의욕을 나타내었다.

클라우제비츠와 거의 같은 연배이고, 나폴레옹 전쟁을 반대편에서 함께 경험했으며, 전쟁이론에 업적을 남긴 스위스 사람, 조미니(1779~1869)와 비교·분석함으로써 그의 전쟁이론의 본질과 성격을 규명해 보고자 한다.

일찍이 삭스(1696~1750) 원수는 주장하기를, "전쟁은 암흑으로 덮인 과학이다. 그 속에서는 아무도 자신 있게 발자국을 옮겨놓지 못한다.… 모든 과학은 원칙을 가지고 있으나 전쟁의 경우에만은 없다"고 했다. 조미니는 이러한 견해에 대해 반대의 입장을 취했다. 즉 그는 『대군 작전론』(1804)에서, "어떠한 경우에도 기초적 원칙이 있으며, 그것을 따르면 좋은 결과를 얻는다. 그러한 원칙은 무기체계와 역사적 시간과 장소에는 관계없이 변치 않는다"고 했다. 그리고 『전쟁술 개요』(1838) 가운데서 조미니는 이 책의 주목적은 "모든 전쟁의 작전에는 기초적 원칙이 있으며, 이 원칙은 성공하는 모든 방법을 지배한다는 것을 논증하는 데 있다"고 했다.[22)]

조미니는 네 가지 전략의 기초적 원칙을 제시하고, 전쟁술이란 가능한 한 많은 병력을 결승점에 투입하는 것이라면, 이것을 달성하는 방법은 올바른 작전선(line of operation)을 선정하는 데 있으며, 작전선의 선정은 모든 전쟁이론의 핵심이라고 주장했다.[23)]

조미니의 주요 저서인 『전쟁술 개요』는, 미국에서 남북전쟁(1861~1865) 중인 1862년에 번역되어 전투 중의 남북 양군의 장군들이 애독했을 뿐만 아니라, 그 후 미국의 군사사상에 지배적인 영향을 미쳤다. 예컨대, 마한(1840~1914) 제독은 그의 『해양력이 역사에 미치는 영향』(1890), 『해군전략』(1911) 등은 조미니의 전쟁이론을 원용했다는 것을 분명히 밝혔다. 그러나 오늘날에 와서 클라우제비츠의 『전쟁론』은 활발하게 논의·연구되고 있는데 반하여, 조미니의 『전쟁술 개요』는 소외되어 버린 원인은 과연 무엇일까? 이것은 클라우제비츠의 전쟁이론을 분석함으로써 이해되리라.

---

22) Edward M. Earle, ed., *Makers of Modern Strategy* (Princeton University Press, 1943), p. 84.

23) 상게서, p. 85.

클라우제비츠가 최초로 해결해야 할 문제는 과연 전쟁이론의 수립이 가능한가 하는 근본문제였다. 그는 전쟁이론이 스스로의 한계를 인정하고, 이론이 측정 가능한 물질적 요인뿐만 아니라, 측정 불가능한 정신적 요인에도 충분한 가치를 인정한다면, 전쟁이론의 수립 및 효용성이 입증된다는 입장이었다. 당시 그의 비판 대상이 되었던 전쟁이론에는 어떤 것이 있었을까.

비판의 대상이 되었던 전쟁 이론가들은 병력의 우세, 군사장비와 보급, 작전기지 등 계산할 수 있는 대상만을 고찰하고자 했으며, 뷜로(Bülow, 1759~1808)가 여기에 해당되었다. 뷜로는 보급 요소가 대단히 중요하다고 믿었기 때문에 작전기지에서 작전하는 부대의 병참선의 각도가 90도 이하가 되어서는 안 된다고 주장했다. 이번에는 기하학적 원리, 즉 내선이나 작전선이 왕좌에 오르게 되었는데(조미니를 지칭), 클라우제비츠는 이런 주장의 타당성을 부정했다. 그것은 그들의 주장이 단순화되어 있기 때문이 아니고, 그들은 전쟁의 본질을 거의 무시하고 있었기 때문이었다.

⑦ 전쟁은 최초부터 가능성·개연성·다행 혹은 불행과 같은 도박적 성격이 섞여져 있는 것이다.… 이론이라는 것은 인간적인 것을 충분히 고려해야만 하는 것이다. 전쟁술은 살아있는 힘과 정신적 힘을 다루고 있기 때문에 절대적인 것, 확실한 것에 도달할 수 있는 것이 아니다. (Ⅰ－1)

⑧ 전쟁에서의 모든 것은 대단히 단순하다. 그런데 너무나 단순한 이것이 오히려 더 어려움을 간직하고 있다. 이 어려움은 누적되어 전쟁을 아직 보지 못한 자는 상상도 못할 마찰이 있다. 그래서 강철과 같은 강한 의지意志가 이 마찰을 제거하며 여러 가지 장애를 분쇄해 버린다. 어쨌든 큰 도로가 마주치는 광장에 서 있는 오벨리스크처럼, 전쟁술의 중앙에 당당히 솟아있는 것, 즉 불굴의 정신을 갖춘 장수의 견고한 의지인 것이다.(Ⅰ－7)

클라우제비츠에 의하면, 전쟁이론은 이 마찰(위험·육체적 고통·불확실성 및 우연)의 중요성을 이해하는 데서부터 출발해야 하며, 이 마찰을 극복하는 것이 정신력이며, 이로 인해 이론은 적극적인 법칙이나 교리를 제시하지 못한다는 입장이다. 그가 전쟁술에 있어서 정신력을 강조한 배경에는 1790년부터 1830년에 이른 40년간 무기와 장비 및 전술에 중대한 변화가 없었다는 것을 전제로 해서 이해되어야 한다. 정신이란 지휘관의 의지, 병사들의 사기 그리고 국민의 정신력을 뜻하는 것이다.

여러 가지 면에서 클라우제비츠를 비판했던 리델 하트도 이렇게 칭찬했다. 즉 "전쟁이론에 대한 클라우제비츠의 최대의 공헌은 심리적 요인을 강조했다는 것이다."[24] 클라우제비츠는 이론의 기능과 한계를 다음과 같이 명시했다.

> ⑨ 이론이란 오성悟性의 길을 잘못 들지 않도록 대상의 전체를 밝게 비추며, 오류 때문에 생긴 여러 곳의 무성한 잡초를 제거하고, 사물의 상호관계를 나타내며 중요한 것과 그렇지 않은 것을 분별하는 것이다. 또한 여러 가지 개념이 모여서 우리들이 원칙이라고 부르는 진리의 핵심에 도달하는 경우나 거기에 기준을 형성할만한 방향이 스스로 성립되어 있는 경우, 이론은 이것을 명확하게 제시해야 한다.…
>
> 이론은 정신이 가야 하는 길을 그 양쪽에 세운 원칙에 의하여 필연성이라는 좁은 길로 제시할 수도 없다. 요컨대 이론의 효용은 정신을 훈련시켜 잡다한 대상과 이들 대상 상호의 관계를 통찰하여 거기서 다시 정신을 행동의 영역으로 보내는 데 있다.(Ⅷ－1)
>
> ⑩ 전쟁이론이란 미래의 지휘관을 양성하는 것일 뿐만 아니라, 미래 지휘관의 독학獨學을 돕는 것이며, 결코 그와 더불어 전장에서 그를 인도하는 것은 아니다. 그것은 현명한 교육자가 소년의 정신발달에 방향을 가르쳐 주고, 그 진로를 인도해 줄지언정, 직접 손을 끌고 소년의

24) B. H. Liddell Hart(1991), 전게서, p. 340.

한평생을 자기의 의지대로 하지 않는 것과 같다. 이론은 어디까지나 인간의 사고思考의 철학적 법칙을 만족시켜 주고 모든 선線이 교차하는 점을 명확히 해주기 위한 것이지, 결코 전장에서 사용하기 위해 대수학적 공식을 안출하는 것은 아니다. 요컨대, 전쟁이론에서의 법칙이나 규칙은 지휘관의 사고思考를 위해 그 내적 운동의 주요 방침을 규정하는 것뿐이며, 그 전도前途를 위해 측량봉을 세우는 것은 아니다.(II-2)

조미니에 의하면, 전쟁이론은 규범적이어야 하며, 승리를 얻기 위해 무엇을 해야 하는가 하는 기본 원칙을 지휘관에게 권고 내지 지시해 주는 것이어야 한다고 주장했지만, 클라우제비츠는 위에서 주장한 것처럼 지휘관 스스로 연구하는 것을 돕는 것이지, 전장에서 그를 인도해 주는 것이 아니라고 했다. 그의 이론에 대한 부연은 다음과 같다.

⑪ 전쟁을 구성하고 있는 모든 대상은 얼른 보아서는 헝클어져 분별하기 어려움에도 불구하고, 만약 이론이 이러한 대상을 하나하나 명백히 구별하고 여러 수단의 특성을 열거하며, 또 이러한 수단에서 생기는 효과를 지적하고 목적(전쟁)의 성질을 명백히 규정하여, 더욱이 투철한 비판적 관찰의 빛에 의해서 전쟁이라는 영역을 명백히 규정하며, 더욱이 투철한 비판적 관찰의 빛에 의해서 전쟁이라는 영역을 샅샅이 비출 수 있다면, 이론은 그 주요한 임무를 달성한 것이 된다. 이렇게 되면 이론은 전쟁이 어떠한 것인가를 책을 통해서 알려는 사람에게 좋은 안내자가 되며, 그가 가는 곳을 비춰 주며, 그의 발걸음을 가볍게 해주고, 또 그의 판단력을 육성하여 그가 기로에서 헤매지 않도록 지도할 수 있는 것이다.(II-2)

희랍의 철학자 헤라클레이토스(Heracleitos, B.C. 544 ? ~484 ?)는 만물의 진상眞相은 영원한 생성生成이며, 만물은 유전하며 또 같은 흐름에 두 번 설 수 없다고 했다. 클라우제비츠도 불변의 전쟁이란 존재하는 것이 아니라, 그 시대에 따라 전쟁이론이 생겨나야 하고, 또 전쟁수행의 방법도 변하지만, 거기에 약간의 변하지 않는 요인이 전쟁이론의 연구대상이 된다고 했다. 리델 하트는 클라우제비츠의 『전쟁론』을 비판함에 있어서, 그의 전쟁이론의 기본적인 입장이 무엇인가를 좀더 상세히 고찰했어야 했다고 생각한다. 즉,

⑫ 이상으로 우리들은 역사적 개관을 끝내고자 한다. 우리들이 이러한 개관을 시도한 것은 역사상 각 시대의 전쟁수행에 관한 약간의 일반적 원칙을 얘기하려는 것이 아니라, 어떠한 시대도 그 시대의 독특한 전쟁을 실시하며, 전쟁에 가해지는 독특한 조건을 구비하며 또한 독특한 편견을 가졌다는 사실을 분명하게 하는 데 있었다. 따라서 어떠한 시대에도 조만간 이론을 철학적 원칙에 비추어 수정할 필요가 생겼다 할지라도 각 시대는 각 시대의 독특한 전쟁이론을 가졌던 것이다.…

이처럼 각 시대의 전쟁수행이 어느 것이나, 그 시대의 국가 및 군의 특수한 사정에 의하여 제약되어 있던 그런 전쟁수행이라 할지라도 얼마간의 보편적인 것, 아니 극히 보편적인 것을 포함하고 있을 것이다. 그리고 전쟁이론이 무엇보다도 논구論究의 대상으로 하는 것은 바로 이 보편적인 것에 지나지 않는다.(Ⅷ−3)

4. 리델 하트의 『전쟁론』 비판에 대한 논평

리델 하트가 클라우제비츠의 『전쟁론』을 비판했는데, 이 문제에 대한 연구자들의 견해는 어떠했는가를 검토해 보고자 한다. 특히 이 문제를 논의함에 앞서서 『대륙국가와 해양국가의 전략』의 저자인 사토 도쿠다로(佐藤德太郎, 1909~2001) 교수의 견해를 먼저 소개코자 한다.

클라우제비츠는 결승 전투를 전쟁의 운명을 개척하는 관건이라고 본데 반하여, 리델 하트는 오히려 이것을 바람직한 것이 아니라 하여 애써 이를 회피해야 한다고 주장했다. 전자가 전투 일반의 목적이 적 병력의 타도 격멸에 있다고 주장한데 반하여, 후자는 적을 위협 견제하여 혼란에 빠뜨려

가벼운 일격에 의하여 적을 무력화하는 것이 더 훌륭하다…

클라우제비츠는 전략에 있어서 전술적 측면을 중시하였고, 리델 하트는 전략에 있어서 정략적 측면을 중시하였다고 하여도 좋을 것 같다. 말을 바꾸어 한다면, 전자는 장군의 눈으로, 후자는 정책 결정자의 눈으로 전략을 관찰하였던 셈이다. 클라우제비츠가 전략에 유연한 정의定義를 내리고서도 적 전투력의 파괴를 그 중심 명제로 삼았고, 또 그 주요 사업으로 삼아, 전술적 성공, 즉 전승만이 전략상의 성공成功을 가져다 줄 수 있는 유일한 것이라고 주장한 것은, 그가 실전에 종사하는 군인의 입장에서 전략을 파악하고 있었던 명백한 증좌이다. 또 그가 전략을 최소의 노력으로 최대의 적 전력을 파괴하는 술이라고 인식하면서도, 용병상의 최대의 가치를 직접 적과의 결전에 의한 전술상의 성과에 두고 있었던 것은, 그가 대륙적 군사사상의 테두리에서 끝내 벗어나지 못하였던 한계를 가리키고 있다고 하여도 좋을 것 같다. 이것이 이 책의 서두에서 말한 리델 하트의 비난의 원천이 된 것이다.…

양자의 관점의 차이점은 그 개인의 성격 자질 만으로부터 유래되었다고는 생각할 수 없다. 거기에는 시대의 차이로부터 유래된 큰 연유가 존재한다. 클라우제비츠는 나폴레옹 전쟁으로부터 주로 그 이론을 전개한 데 대하여, 리델 하트는 양차의 세계대전으로부터 그의 결론을 도출하였다. 나폴레옹 전쟁이 교전주의, 섬멸전략의 빛나는 금자탑인데 반하여, 양차 대전은 오히려 그것의 재검토를 촉진하였다. 그러나 그것만이 아니라, 이러한 관념의 상이相異를 낳게 한 근본은 양인이 속하였던 국가, 즉 영국과 독일의 위치·환경·역사·전통·국민성 및 전략태세가 현저하게 달라서, 그것이 크게 영향을 미치고 있다는 것을 간과할 수가 없겠다.[25]

인용문이 약간 길었지만, 상술한 내용은 필자가 논의하고자 하는 논쟁점에 밝은 등불이 되는 기준을 제시해 주었다.

대륙국가와 해양국가의 전쟁관의 차이점은, 대륙국가에 있어서 적이 침

25) 佐藤德太郎, 『大陸国家と海洋国家の戦略』(東京 : 原書房, 1973), p. 101. pp. 104~105.

공해 온다면, 그것이 어떤 규모나 형태라 할지라도 맞부딪쳐 적을 저지해야만 하며, 만약 그것이 실패하면 국가의 존망과 국민의 생사와 직결되기 때문에 전투·적 군사력의 격멸을 중시하지 않을 수 없었다. 그러나 해양국가, 즉 유럽대륙의 건너편에 있는 영국에 있어서는 전쟁을 더 타산적 관점에서 처리하며, 수지가 맞지 않는 전쟁은 수지가 맞을 때까지 연기하는 여유가 있었다. 리델 하트의 『전쟁론』 비판은 그가 대륙국가와 해양국가의 전쟁관의 기본적 차이점을 소홀하게 생각한 면이 짙게 깔려 있는 것이 커다란 흠이다. 그의 『전쟁론』 비판에 대한 학자들의 견해를 살펴보고자 한다.

마이클 하워드에 의하면 "리델 하트가 최종적으로 그린 클라우제비츠의 가르침은 왜곡되고, 부정확하고 그리고 불공정했다. 리델 하트는 이 시대의 영어권에서는 가장 광범위하게 읽혀지고 있었던 군사 저작자였기 때문에, 이와 같은 이해는 제2차 세계대전까지 진실인 것으로 일반에게 수용되었다"[26)]고 했다. 요하힘 니마이어(J. Niemeyer)는 한스 로드휄스(Hans Rothfels, 1891~1976)의 복간판 후기(1980)에 다음과 같이 기록했다.

> 클라우제비츠의 평가는 앵글로 색슨(Anglo-Saxon)의 세계에 있어서, 그때까지 하나는, 결함이 많은 그릇된 『전쟁론』 번역에 의해 훼손되었다. 또 다른 측면에서는 영어권 세계 사람의 가장 많은 사람들에 의해 읽혀졌던 군사 저술가 리델 하트가 클라우제비츠에 관한 부정적 판단에 기울어졌기 때문에, 앵글로 색슨 세계의 군사이론 논의에 있어서는, 제2차 세계대전 중까지는 리델 하트의 영향이 여전하게 그 흔적을 남기고 있었다.[27)]

미국의 육군 전쟁대학원의 군사사 교수인 루바스(Jay Luvaas)에 의하면, 클라우제비츠에 대한 리델 하트의 비평은 그가 『전쟁론』에서 세 가지 지배적

26) Michael Howard, "The Influence of Clausewitz", *On War*. trans. by Michael Howard and Peter Paret, p. 41.

27) ハンス・ロートフェルス, 1920『クラウゼヴィッツ論－政治と戦争－』新庄宗雅 訳(東京：鹿島出版社, 1982), p. 282.

인 이론으로 고려되었던 것에 집중된다. 즉, 무장국가의 당연한 결과인 절대전쟁 이론 ; 적의 주력에 대하여 먼저 집중해야 한다는 이론 ; 전쟁의 진정한 목표는 적의 군대이므로 모든 것은 최상의 전투법칙(supreme law of battle)에 복종한다는 이론이다.[28)]

지금까지 리델 하트의 클라우제비츠의 『전쟁론』에 대한 비판·해석은 왜곡되고 부정확했다는 견해는 있지만, 아직까지 구체적으로 논의된 논문을 보지 못했기 때문에 리델 하트의 구체적인 비판내용을 인용하면서 그 시비를 클라우제비츠의 『전쟁론』을 통하여 밝혀보려고 시도하는 것이 이 논문의 기본 목표이다.

가. 클라우제비츠는 절대전쟁론자인가?

(자료 2) 그는 '절대전쟁' 교리의 원천이기 때문에, "전쟁이란 다른 수단에 의한 국가 정책의 계속에 지나지 않는다"는 논의로 시작되는 그가 작성한 이론에 대한 논쟁은 정책을 전략의 노예로 만듦으로써 끝났다.…

그런데 기묘한 것은 그가 스스로 모순에 빠졌다는 것을 알지 못했다는 것이다. 즉 만약 전쟁이 정책의 연장이라고 한다면, 그것은 필연적으로 전후의 이익을 고려해야 할 터인데, 고갈될 때까지 국력을 사용해 버린다면 정책은 파탄되기 때문이다.…

'절대전쟁'의 개념은 그의 교리의 근원이었지만, 그의 모든 (전쟁술)사상의 공헌 가운데 가장 극단적이고 비현실적인 것이었다. '절대전쟁'이라는 말의 뜻은 상대편이 저항을 지속할 능력을 상실할 때까지 싸우는 전투를 뜻하며, 실제적으로 승자도 힘이 고갈에 빠지는 것을 뜻하고, 자기의 승리의 성과를 수확하는 것이 불가능해진다.…

---

28) Michael I. Handel, ed., (1986), 전게서, p. 209.

서양인의 사상을 파악하는 방식과 이 편견 사상에 의해, 클라우제비츠의 철학은 제1차 세계대전의 발발을 도왔다. "전쟁은 정책의 계속에 지나지 않는다"는 그의 언명은, 호전정책好戰政策을 추구케 자극하는 기발한 문구가 되었다.[29]

(자료 3) 그의 절대전쟁의 개념에서 "승리에의 길은 힘의 무제한적 사용으로 도달된다"고 단언하면서 주장한 이론적 설명과 강조는 더욱 나쁜 영향을 미쳤다. 이때 말한 "전쟁은 다른 수단에 의한 국가 정책의 계속에 지나지 않는다"는 이 문구로 시작되는 교리는 정책을 전략의 노예로 변하게 하는 모순된 결론으로 이끌면서 나쁜 전략으로 타락시켰다.

이런 경향은 그의 다음과 같은 격언에 의해 조장되었다. 즉 "전쟁철학에 중용의 원칙을 끌어들이는 것은 어리석은 일이다. 전쟁은 그 극한점까지 추진되는 폭력행위인 것이다."…

클라우제비츠가 여러 곳에서 선언한 것처럼, "전쟁은 정책의 계속이다"고 한다면, 전쟁수행은 필연적으로 전후의 이익을 감안하면서 수행되지 않으면 안 된다. 모든 국력을 소모하는 국가는 자국의 정책을 스스로 파탄시켜 버리는 것이다.[30]…

(자료 4) 만약 그가 콜레라에 걸리지 않았다면, 그 후 『전쟁론』에 의해서 야기된 피해의 대부분은 피했을는지 모른다. 그것은 그가 '절대전쟁'이라는 최초의 개념을 폐기하고, 자신의 이론 전체를 더욱 상식적인 감각에 입각하여 고쳐 쓰려던 시점에 그에게 죽음이 찾아왔다고 볼 수 있는 징후가 발견되었기 때문이다.

그 결과, 그가 염려했던 것보다 더욱 크게 '끝없는 그릇된 개념'의 여지가 남게 되었고, 무제한 전쟁의 이론이 보편적으로 수용되어, 마침내 문명의 파괴까지 진전되어 버리고 말았다. 클라우제비츠의 가르침은 이해되지도 않고 받아들여졌기 때문에, 제1차 세계대전의 원인이나 성격에 대해서 크게 영향을 미쳤다. 그

29) B. H. Liddell Hart(1933), 전게서, pp. 120~121, pp. 143~144.

30) B. H. Liddell Hart(1991), 전게서, p. 343.

것은 또한 너무나도 논리적으로 제2차 세계대전까지 연결되는 것이다.[31]

리델 하트의 견해에 의하면, 클라우제비츠는 전쟁이란 다른 수단에 의한 국가 정책의 계속에 지나지 않는다, 하고서는 정책을 전략의 노예로 만들었고, 또 전후의 이익을 고려하지 않았다(자료 2·3)고 비판했다. 이미 앞에서 논의한 것처럼(3의 가), 클라우제비츠는 절대전쟁론자로부터 40대 후반에 현실전쟁론자로 입장을 바꾸었으며, 그는 다음과 같이 정책과 전쟁의 관계에 대해 상세히 논의했다.

⑬ 전쟁은 정치적 교섭의 일부에 지나지 않으며, 따라서 그것만으로 독립적으로 존재하는 것이 아니라는 개념에 지나지 않는다.…

우리의 주장은, 즉 전쟁은 정치적 교섭의 계속에 지나지 않으며, 그리고 정치적 계속에 있어서 다른 수단을 섞은 계속이라고 하는 것이다.…

요컨대, 현실전쟁은 그 자체의 법칙에 따른 것이 아니고, 어떤 전체의 일부로 간주되어야 하며, 그리고 그 전체라는 것은 정책에 지나지 않는다.…

정치적 관점이 전쟁의 개시와 더불어 소멸되어 버린다는 것은 전쟁이 양측의 순전히 적대감정에 바탕을 둔 필사의 투쟁인 경우에만 생기는 것이다. 그러나 실제의 전쟁은 먼저 얘기한 바와 같이, 정책 그 자체의 표현에 지나지 않는다. 따라서 정치적 관점을 군사적 관점에 종속시킨다는 것은 불합리하다고 말하지 않을 수 없다. 전쟁을 일으키게 하는 것은 정책에 지나지 않기 때문이다. 정책은 지도적인 두뇌이고, 전쟁은 그 도구에 지나지 않으며, 결코 그 반대는 아니다. 그렇게 되면 양자의 관계는 결국 군사적 관점을 정치적 관점에 종속시키지 않을 수 없다.…

31) 상게서, p. 344.

> 오늘날의 군사기구는 심히 다종다양하며 또 대단히 발달되었어도, 그러나 전쟁의 요강은 반드시 내각에 의하여, 다시 말하면, 군사기구가 아니라, 정치기구에 의해서만이 결정되어야 한다는 것은 널리 경험이 제시하고 있다.(Ⅷ—6)

클라우제비츠는 분명히 정책은 지도적인 두뇌이고, 전쟁은 그 도구에 지나지 않으며, 결코 그 반대는 아니다. 그렇게 되면 양자의 관계는 결국 군사적 관점을 정치적 관점에 종속시키지 않을 수 없다⑬고 주장했다. 리델 하트가 "정책을 전략의 노예로 만들었다"는 주장은 1933년의 『나폴레옹의 망령』에서 발표했고, 또 1954년의 『전략』에서, 그리고 1967년의 수정판에서도 동일한 주장을 했다는 것은 어처구니가 없을 뿐만 아니라, 위의 ⑬의 내용을 본다면, 그가 과연 『전쟁론』을 제대로 읽기나 했나 하는 의심을 가져오게 한다.

리델 하트는 클라우제비츠가 '절대전쟁론자'에서 '현실전쟁론자'로 입장을 바꾸지 못하고 사망한 것으로 묘사하고 있으나(자료 4), 사실은 전연 다르다. 클라우제비츠는 '현실전쟁론자'로 변신하여 『전쟁론』의 제7편 공격과 제8편 전쟁계획의 초안을 작성해 두었고, 완전한 것은 제1편 제1장의 '전쟁이란 무엇인가'라 했다. 다만 그는 '현실전쟁'의 입장에서 제1편부터 제6편까지 수정을 하지 못하고 죽었을 뿐이다(3의 가).

리델 하트는 클라우제비츠가 여러 곳에서 선언한 것처럼, 만약 전쟁이 정책의 연장이라고 한다면, 전쟁수행은 필연적으로 전후의 이익을 감안하면서 수행되지 않으면 안 된다. 모든 국력을 소모하는 국가는 자국의 정책을 스스로 파탄시켜 버리는 것이다(자료 2·3)고 했는데, 리델 하트는 두 가지 과오를 범하고 있다.

첫째 : 클라우제비츠를 '절대전쟁론자'로 단정하고, 제1차 대전 때의 영국·프랑스 및 독일처럼 모든 국력을 소모하여 자국의 정책을 스

스로 파탄시켜 버렸다고 해석한 점.

둘째 : 전쟁이 정책의 연장이라는 명제는 '현실전쟁'의 관점에서 나왔으며, '현실전쟁'은 전쟁의 성격과 규모를 제한하는 전쟁이니 정책을 스스로 파탄시키지 않는다는 점이다.

클라우제비츠는 '절대전쟁'의 유래와 성격을 밝히고, 앞으로의 전쟁이 절대전쟁에 접근하고 여러 국가가 그 전쟁에 동참하는 경우(제1·2차 세계대전처럼), 전쟁을 시작하기 전에 전쟁 후의 결과를 고려해야 한다는 점을 다음과 같이 강조했다.

> ⑭ 그런데 1805년, 1806년, 1809년 이후의 전역戰役은 새로운 전쟁의 개념, 즉 무엇이든 분쇄해야만 하는 수행력을 가진 절대전쟁이라는 개념을 추출하여 이것을 확실하게 보여주게 되었다.… 전쟁의 성격이 확실하게 절대전쟁에 접근함에 따라 또 전쟁의 범위가 다수의 교전국을 포괄하고 이런 여러 국가를 전쟁의 와중으로 끌어들임으로써 전쟁에서의 여러 가지 일의 연관은 더욱 더 긴밀해지며, 최초의 한 걸음을 내디딜 때, 최후의 결과를 미리 고려할 것을 절실히 요구한다.(Ⅷ—3)
>
> ⑮ 만약 그들(구스타브 아돌프, 샤를 12세 및 프리드리히 대왕)이 아시아의 여러 국가를 상대로 싸웠더라면 그들의 업적은 알렉산더 대왕의 업적에 필적할 만한 것이 되었으리라. 아무튼 그들은 전쟁에 의해서 성취된 업적에서만 말한다면, 나폴레옹의 선구자로 간주해도 좋다.
>
> 이리하여 전쟁은 한편에서는 그 강력함과 그 본성을 증대시켰지만, 다른 편에 있어서는 거기서 얻은 이점을 다시 잃게 되었던 것이다.(Ⅷ—3)

⑭의 내용은 클라우제비츠가 제1·2차 세계대전의 결과를 예언이나 하듯이, '최초의 한 걸음을 내어 디딜 때 최후의 결과를 미리 고려할 것을 절실히 요구한다'고 했다. 따라서 리델 하트의 제1차 세계대전에서 '모든 국력을 소모하는 국가는 자국의 정책을 스스로 파탄시켜 버리는 것'이 클라우제비

츠의 전쟁이론에서 비롯되었다는 주장은 논거가 없는 추리다. ⑮는 이웃나라에 대해 절대전쟁을 구사하여 영토를 점령하고 배상금을 얻겠지만, 우호관계를 잃게 되어 복수전의 반복을 가져온다는 내용으로 해석하며, 예나 전투(1806), 워털루 전역戰役(1815), 보불전쟁(1870), 제1·2차 세계대전이 그 예이다.

나. 전략의 목표에 대하여

(자료 5) 클라우제비츠의 극단에 흐르는 경향은, 다시 전쟁의 목적(end of war)을 달성하는 수단으로서 전투(battle)의 논의 가운데서 나타난다. 그는 "거기에는 유일한 수단이 있다. 그것은 전투이다.", "우리들은 전쟁에 있어서 유일한 수단을 가지고 있다. 그것은 전투이다.", "유혈에 의한 위기의 해결, 적 군사력의 격멸을 위한 노력은 전쟁의 장자(first-born son)이다.", "야전에서의 대규모 전투만이 위대한 성과를 낳을 수 있다.", "유혈 없이 정복했다는 장수의 말에 귀를 기울이지 말라"…

이러한 문구를 반복함으로써, 클라우제비츠는 그 철학의 모습을 몽롱하게 하여 보이지 않게 만들어, 다만 행진곡의 상투어, 말하자면 마르세예즈(La Marseillaise, 프랑스의 국가國歌)의 프러시아판을 만들어 사람의 피를 끓게 하고 인심을 고무하는 것으로 만들었다. 주입된 이러한 교리(doctrine)는 장군용이 아니라, 하사관용이었다. 왜냐하면, 그는 전투를 다만 '참다운 전쟁다운 행동'으로 만듦으로써, 그의 교리는 전략의 우위를 탈취하여, 전쟁술(art of war)을 대량 살육의 제조기로 만들어, 더욱이 장군들을 선동하여 유리한 기회를 조성하기보다, 다만 최초부터 전투를 노리게끔 만들었다.[32]

(자료 6) "우리들은 전쟁에 있어서 유일한 수단을 가진다. 그것은 전투이다."

---

32) B. H. Liddell Hart(1933), 전게서, pp. 124~126.

"유혈에 의한 위기의 해결, 즉 적 군사력의 격멸을 위한 노력은 전쟁의 장자이다."

"위대하고 전면적인 여러 전투만이 위대한 성과를 가져온다."

"유혈 없이 정복했다는 장수의 말에 귀를 기울이지 말라."…

클라우제비츠는 자주 인용되는 다음 글에 의해서 장수들의 지도력을 타락시켰다. "박애주의자들은 많은 유혈이 없이도 무장 해제하고 압도하기 위한 교묘한 방법이 있으며, 이것이야말로 전쟁술의 적절한 경향이라고 쉽게 상상할지도 모른다. 이 오류는 근절되지 않으면 안 된다."[33)]

(자료 7) 흔히 적 군사력의 파괴만이 전쟁에서의 건전한 목표이며, 전략의 유일한 목표는 전투(battle)이고, 클라우제비츠의 말대로 "피는 승리의 대가이다"고 생각하는 사람도 있다.… 여기서 전략가를 군사적 해결책을 구하도록 재능을 부여받은 인물이라고 가정해 보자. 그의 책임은 가장 이익이 많은 결과를 얻기 위해, 가장 유리한 상황 아래 군사적 해결을 추구하는 데 있다. 따라서 그의 진실한 목표는 전투를 추구하기보다는 오히려 유리한 전략적 상황(strategic situation)을 추구해야 한다.… 바꾸어 말하면, 적의 교란(dislocation)이 전략의 목표이다.[34)]

(자료 8) 전략 목표의 달성은 다음과 같은 행동에 의해 이루어진다. 즉 적의 병참선에 대한 공격, 적 병력의 여러 부분에 대한 격멸 혹은 불균형으로 커다란 손해를 입히는 것, 적으로 하여금 불리한 공격을 하도록 유도하는 것, 적 전력을 과도하게 분산하도록 하는 것, 그리고 적의 정신적·물리적 에너지를 소진시키는 것 등이다.[35)]

'전략의 목표'를 논의하기에 앞서, 목적과 목표에 대한 클라우제비츠의 견해를 살피고 들어가는 것이 좋으리라.

---

33) B. H. Liddell Hart(1991), 전게서, p. 342.

34) 상게서, pp. 324~325.

35) 상게서, p. 321.

⑯ 전쟁에 의해 또한 전쟁에 있어서 무엇을 달성하려고 하는 이 두 가지 질문에 대답하지 않고서 전쟁을 개시하는 사람은 없을 것이다. 또한 당사자로서 현명하다면 전쟁을 개시해서는 안 될 것이다. 이 질문의 첫째는 전쟁 목적(Zweck, purpose)에 관한 것이고, 둘째는 전쟁 목표(Ziel, objective)에 관한 것이다. 이 두 가지 주요 사항에 의해 군사적 행동의 일체의 방향, 사용해야 할 수단의 범위, 전쟁을 수행하는 힘의 정도가 규정된다.…

제1장에서 얘기한 바와 같이 적의 격멸이야말로 군사적 행동의 자연적인 목표(Ziel)이며, 철학적 견지에서 개념의 엄밀성을 기하려고 한다면 전쟁의 목표는 이것 외에 있을 수 없는 것이다.(Ⅷ—2)

클라우제비츠에 의하면, 전쟁에 의해서 달성하고자 하는 것은 목적(Zweck)이고, 전쟁에 있어서, 즉 전장에서 달성하고자 하는 것은 목표(Ziel)라고 규정하고, 전장에서의 군사적 행동의 자연적 목표는 적군의 격멸(타도)이라고 밝혔다.

한편 리델 하트는 "전쟁에 있어서 유일한 수단은 전투이고, 야전에서의 대규모의 전투만이 위대한 성과를 낳을 수 있다"는 등의 교리는 장군용이 아니라 하사관용이며, 또한 전쟁술을 대량 살육의 제조기로 만들었다고 비판했고, 또한 전략의 목표는 전투를 추구하기 보다는 유리한 상황을 추구해야 하고, 적의 교란이 전략의 목표가 되어야 한다(자료 5·6·7·8)고 주장했다.

클라우제비츠는 인구 500만의 작은 나라 프로이센의 장군으로서 또다시 나폴레옹과 같은 인물이 프랑스에 등장하여 혁명에 의해 사기가 충천한 3,000만의 거대한 국민군대가 1806년의 예나 전투처럼 노도와 같이 침공해 온다면 어떻게 국토와 국가 재산을 방위·보호할 것인가. 더욱이 프랑스와 프로이센은 육로로 연결되어 있고, 중간에 방위를 위한 커다란 장애물인 산맥과 강도 없는 형편에! 그러니 적군이 침공해 왔을 때, 전장에서 실효를 거둘 수 있는 방법은 전투를 통해 적 주력군의 격멸·타도야말로 최후의 군사목표요, 전투만이 전쟁목적을 달성하는 유일한 방법이라는 주장은 대륙국가로서 타당한 조치이며, 그는 수정되지 않은 내용이지만, 다음과 같이 주장했다.

> ⑰ 요컨대, 전쟁에 있어서 목표를 달성하는 방법은 여러 가지가 있으며, 모든 전쟁이 적을 타도하는 데 결부되어 있지 않다는 것, 즉 적 군사력의 패배, 적의 영토에 대한 점령, 또는 주둔이나 침략, 직접 정치적 영향을 미치는 기도企圖, 적 공격의 수동적 시기—이러한 모든 수단은 경우에 따라서 어느 것이나 적의 의지를 굴복시키기 위해 사용할 수 있다.…
>
> 전쟁의 수단은 다만 하나에 지나지 않는다. 즉 그것은 전투이다.… 전투는 전쟁에 있어서 실질적 효과를 올리는 유일한 것이다.… 그런데 적 군사력의 격멸이라 말하는 경우, 다만 물질적 군사력에 대해서 얘기하는 것이 아니고, 오히려 정신적 군사력도 포함해서 말하고 있다는 것을 주의해 둔다.
>
> 요컨대, 전쟁에 있어서 목표에 도달하는 길, 즉 정치적 목적을 달성하기 위한 길은 많이 있다. 그럼에도 불구하고 전투야말로 목적을 달성하기 위한 유일한 수단이며, 군사적 행동은 최고의 법칙, 즉 무력에 의한 결전이라는 법칙에 따라야 하는 것이다. 그리고 적이 무력에 의한 결전을 바라는 경우 우리 편도 이것을 거부할 수 없는 것이다.…
>
> 정치적 목적이 희박하고 그 동기와 전력의 긴장의 정도가 박약하면 장수는 위기를 증대시키거나 유혈의 결전에 해결을 맡기지 않고 전장이나 내각에서 적의 특수한 약점을 이용하여 교묘히 강화에의 길을 여는 경우도 있다. 물론 이러한 장수의 예측이 충분한 근거가 있고, 또 좋은 결과를 약속해 주는 것이라면, 우리들은 그러한 장수를 비난할 권리는 없다. 그러나 그러한 경우의 장수는 그가 가고 있는 길이 미끄러운 길이며, 거기서는 전쟁의 신神이 언제 그를 넘어뜨릴지 모른다는 것을 언제나 잊어서는 안 된다. 그는 끊임없이 적의 동정에 주의를 기울이며 적이 예리한 칼로 덤벼오는 경우, 예식용 칼로 응전

하는 추태를 보이지 않도록 언제나 경계해야 한다.(I －2)

클라우제비츠는 전쟁의 목적을 달성하는 데 비군사적 수단 그리고 리델 하트가 주장하는 육체적 살육전만이 아니고, 정신적 군사력도 포함시킨다는 점을 강조했다. 그러나 예나 전투(1806)처럼 상대편이 결전으로 승부를 결정하자고 덤비는 경우, 전투만이 실질적 효과를 올리는 유일한 수단임을 강조했을 뿐이다. 그리고 그는 구체적으로 군사목표의 설정을 다음과 같이 논의했다.

⑱ 그런 중요한 사정에서 하나의 중심重心, 즉 힘과 운동과의 중심中心이 생겨 모든 것은 그 중심重心에 의해 결정된다. 따라서 공격자는 온 힘을 기울여 적의 그러한 중심重心에 총공격을 가해야 한다.…

알렉산더 대왕·구스타브 아돌프·샤를 12세 및 프리드리히 대왕 등에 있어서는 중심重心은 그들의 군대에 있으며, 따라서 만약 군대 자체가 타도된다면 그들의 역할은 그것으로 종말을 고했으리라. 당파로 인하여 분열되어 있는 국가에 있어서는 중심重心은 대개 수도에 있다. 열강국에 의존하고 있는 약소국에 있어서는 중심重心은 그들의 동맹군에 있다. 여러 국가가 서로 모여 결합된 동맹에 있어서의 중심은 이해관계利害關係의 일치에 있다. 국민 총봉기의 경우에 중심은 주로 지도자 개인과 여론에 있다.(Ⅷ－5)

군사전략 수립[36]에 있어서 군사목표의 선정은 군사작전뿐만 아니라, 전쟁목적의 달성에도 깊은 영향을 미친다. 예컨대, 1941년 12월 일본 해군의 진주만 기습작전에 있어서 공격목표는 전함에 한정되고, 기름이 없이는 움직일 수 없는 부두의 기름 탱크와 선박 수리시설 등은 공격하지 않았다. 태평양전쟁에 있어서 전함은 전연 쓸모없는 무기였고, 선박공창에서 수리를 완료한 항공모함에 의해 1942년 5월 미드웨이 해전에서 일본 해군은 참패

36) 李鍾學 編著, 『軍事戰略論』(서울 : 박영사, 1987), pp. 365~386.

를 당하여 태평양의 제공·제해권을 상실하는 전환점이 되었다.

'국민 총봉기의 경우에 중심重心은 주로 지도자 개인과 언론에 있다'(⑱)고 클라우제비츠는 얘기했는데, 오늘날 '독재국가의 경우'를 첨가해도 좋은 것은, 항공기의 탁월한 침투능력이 있기 때문이다. 1991년 걸프전쟁에 있어서 미군의 군사목표는 이라크군의 지상군 주력에 지향되었으나, 만약 군사목표를 후세인의 체포·타도에 두었다면, 2003년 3월의 이라크 전쟁은 일어나지 않았으리라.

군사목표의 선정은 전장의 지정학적 위치, 전쟁의 정치적 목적, 양편의 군사정세 등의 영향을 받아 선정되는 복잡하게 얽힌 문제이다. 따라서 리델 하트가 해양국가의 입장에서 클라우제비츠의 군사목표, 즉 전투에 의한 적 주력군의 격멸·타도에 대해, "전쟁술을 대량 살육의 제조기로 만들었다"(자료 5)는 비판은 터무니없는 주장이고, 또 대륙국가의 상황과 전쟁관의 차이점, 그리고 그가 『전쟁론』에서 인용한 내용은 수정되지 않은 절대전쟁의 관점에서 기술한 내용이라는 점을 깊이 고려해야 하리라.

다. 수의 우위에 대하여

(자료 9) 클라우제비츠가 대량 집중의 주창자라는 것은, 다만 대부대의 집결대형의 뜻만이 아니다. 그는 개개의 전투에 있어서도 대부대의 경우와 마찬가지의 뜻을 사용했다. 그의 제한조건이 있음에도 불구하고, 그는 다만 수적 우세에 최고의 역점을 주었다. "보통, 크고 작은 전투에 있어서도, 수적 우세는 중요하며, 승리를 확약하는 것으로 생각해도 좋으리라.", "이상의 내용은 모든 전투에 앞서 기본이 되는 근본적 고려가 되어야 한다."…

바로 기계화시대에 진입하려고 할 때, 클라우제비츠는 다음과 같이 선언했다. 즉 "현대의 군사사(military history)를 공정히 고찰한다면, '수적 우세는 매일 더 결정적'으로 되어가고 있다는 것을 확신케 한다. 가능한 한, 최대한의 수를 집중한다는 원칙은, 그러기 때문에 이전보다 더 중시되리라."…

더 단적으로 말해서 클라우제비츠의 대량 집중이론의 형벌이 대학살로 나타났다. 이런 사실을 가져온 이론과 결별하기 위한 희생이 얼마나 값비싼 것인지 놀랍구나 ! …

이러한 실패의 원인은 클라우제비츠에게 첫 번째의 책임이 있었다.[37)]

리델 하트에 의하면, 수적 우세는 매일 더 결정적으로 되어가고 있고, 최대한의 수를 집중한다는 원칙은 중요시 되어야 한다는 클라우제비츠의 주장으로 인하여, 그 형벌로 1차 대전에서의 대학살로 나타났다는 해석이다.

전장, 특히 결승장에 있어서의 병력의 우세에 대한 클라우제비츠의 논의를 살펴보기로 한다.

⑲ 병력의 우위는 전술에서나 전략에서 승리의 가장 일반적인 원인이다.… 전략은 전투를 해야 하는 지점·시간 및 그 전투에 필요한 전투력을 결정한다.…

지금 유럽에서는 군대의 무기, 편성, 그 밖의 기술 등은 대단히 유사하고, 다만 군대의 사기와 장수의 능력이 약간 다를 뿐이다. 근대의 유럽 전사戰史를 살펴보아도 마라톤 전투와 같은 전례戰例는 찾기 어렵다.…

나폴레옹은 드레스덴에서 12만의 군대를 가지고 22만의 동맹군에 대항했으니, 적과의 비는 2배에 미달했다. 콜린에서 프리드리히 대왕은 3만의 군대를 가지고 5만의 오스트리아군과 싸워 승리를 획득하지 못했다. 또 나폴레옹은 라이프치히의 필사적인 전투에서 16만의 병력을 가지고 28만의 동맹군과 싸워 이것도 또한 패전으로 끝났다. 이처럼 프리드리히와 나폴레옹의 경우, 상대 병력의 우세는 2배

37) B. H. Liddell Hart(1933), 전게서, pp. 128~129, p. 140.

보다 낮은 것이었다.

지금까지의 논의에서 밝혀졌지만, 오늘의 유럽에서는 아무리 훌륭한 재능을 가진 장수라 할지라도 2배의 병력을 가진 적과 대항해서 승리를 얻는다는 것은 매우 어렵게 되었다.…

오늘날 유럽이나 이와 유사한 사정에서, 결정적 지점에서 병력의 우세를 확보한다는 것은 대단히 중요하며, 또 이것은 일반적인 경우에 대해서 얘기한다면, 모든 요건 가운데 가장 중요한 것이다.…

이 절대적 병력의 양을 결정하는 것은 정부이다.… 병력의 절대적 우세가 이루어질 수 없는 경우, 주어진 병력을 교묘히 운용한다면 결정적 지점에서 상대적 우세를 배치할 수 있는 수법이 남아있으며 또 실제 그렇게 하는 방도 외에는 없는 것이다.…

수적인 우세는 근본적인 사항이라고 보아야 하며, 우리들은 어떠한 경우에는 이 사상에 가능한 한 순종해야 한다. 그렇다고 해서 수의 우세를 승리의 필수조건으로 생각한다면 우리들의 논의를 완전히 오해한 것이 될 것이다. 다만 전투에 있어서 병력의 우세야말로 가장 중요시해야 한다는 것이 우리들의 결론이다.(Ⅲ-8)

클라우제비츠에 의하면, 당시 유럽의 군사상황으로 보아, 프리드리히 대왕이나 나폴레옹이라 할지라도 2배의 병력을 가진 적과 싸워 승리하기란 매우 어렵다. 한 나라의 병력의 양을 결정하는 것은 정부이며, 장수는 전장에서 결정적 지점에서 상대적 우세를 확보하는 방도 외는 없고, 나폴레옹의 초기작전은 이를 잘 보여 주었다. 그는 병력의 우세는 승리의 필수조건으로는 보지 않고 대단히 중요하다는 결론을 내렸으며, 이는 전쟁의 원칙 가운데 집중의 원칙(principle of concentration)을 주장한 것이다.

『손자병법』에 의하면, "훌륭한 장수는 적의 배치는 노출시키고, 이 편의 배치는 적이 알지 못하게 감추어 둔다면, 이 편은 집중할 수 있으나, 적군은 분산되기 마련이다. 이 편은 하나로 집중하고 적군은 10으로 분산한다면 그 결과는 열 사람이 한 사람을 공격하는 것이 된다. 다수의 병력으로 소수

의 병력을 공격하게 되면, 적군은 언제나 약하여 승리하기 쉬운 것이다."(허실虛實, 六)

리델 하트의 클라우제비츠의 대량 집중이론의 형벌이 대학살로 나타났다고 하는 비판은 오해와 논리의 비약에 지나지 않으며, 또한 전쟁이론의 기능과 한계에 대한 이해 부족에서 연유된 것이리라. 즉 전쟁이론이란 미래의 지휘관을 양성하는 것일 뿐만 아니라, 미래 지휘관의 독학을 돕는 것이며, 결코 그와 더불어 전장에서 그를 인도하는 것은 아니다(⑩). 각 시대는 각 시대의 독특한 전쟁이론을 가졌던 것이다(⑫).

리델 하트는 솜므전투(1916. 7.)에서 부상당했고 겨우 살아남았지만, 영국군은 사상 최대의 사상자 6만여 명을 기록했다. 영국은 왜 유럽전쟁에 이렇게 깊숙이 개입해야만 하고, 또 이렇게 많은 사상자를 냈는가 하는 문제의식이 바로 리델 하트의 전략 연구의 원점이며, 그 책임(특히 후자)은 전적으로 클라우제비츠의 『전쟁론』에서 비롯되었다는 주장이었다.

그러나 그와 전연 다른 견해도 있다. 즉, 조미니는 나폴레옹의 체스 판의 전략가로 묘사한다. "전략이란 지도 위에서 전쟁을 벌이는 기술이다." 우선 전략적 목표를 정한 다음 그것을 공격하거나 방어하는 데 힘을 집중한다. 조미니로부터 장군들은 전선으로부터 멀리 떨어진 안전한 본부에서 지도를 놓고 대규모 전투를 상세히 기획하고 병력을 체스의 말처럼 배치하는 방법을 배웠다. 조미니의 방법이 큰 인기를 끌자 미국 남북전쟁과 제1차 세계대전의 양측도 나폴레옹을 모방한다는 믿음에서 그의 방법을 그대로 따랐다. 그 결과 전선이 교착되고, 대량학살의 끔찍한 전투와 엄청난 규모의 비극이 초래되었다.[38]

전쟁에서 대살육전을 가져오게 만든 장본인은 나폴레옹(절대전쟁의 수행자)이며, 그의 전쟁수행 방법을 기초로 하여 전쟁이론을 수립한 것은 클라

38) 윌리엄 더건, 『나폴레옹의 직관』 남경태 옮김(서울 : 예지, 2006), p. 27.

우제비츠의 『전쟁론』(1832)과 조미니의 『전쟁술 개요』(1838)이다. 이들은 '집중의 원칙'(병력)을 주장했으나, 그 책의 내용과 수용의 관점에서 본다면 조미니에게 더 많은 책임이 있다는 것이 필자의 견해이다.

라. 클라우제비츠는 사이비 전쟁철학자인가?

리델 하트의 견해에 의하면(자료 1), 클라우제비츠는 참다운 철학적 지성도 함양하지 않은 채 철학적 표현 양식이 몸에 배였고, 또 그의 절대전쟁과 현실전쟁은 칸트 철학의 이원론(dualism)의 영향을 받았다는 해석이다.

클라우제비츠는 1801년 베를린에 신설된 「보병·기병장교의 군사학교」에서 3년간의 전문교육을 받았다.

- 키제베터(Kiesewetter, 1766~1819)는 클라우제비츠에게 철학적 방법에 흥미를 가지게끔 눈 뜨게 했고 또 그의 전쟁이론의 핵심을 형성케 하는 데 크게 영향을 미쳤다.[39]
- 할베크에 의하면, 클라우제비츠가 현대 군사이론의 기초 작업을 시작했을 시대는 철학의 분야에서는 칸트, 헤겔 그리고 키제베터의 이름으로 특색을 나타내고 있었다.… 클라우제비츠는 키제베터의 책으로 칸트 철학의 기본에 친숙해졌고, 특히 그의 유명한 저작, 『칸트의 기본 원칙에 바탕을 둔 보편적 논리의 개요』(1802)를 클라우제비츠는 활용했다.… 1809년~1812년 사이에 클라우제비츠의 연구와 메모에 의하면, 그가 자신의 새로운 군사이론을 전개함에 있어서, 철학의 개개의 영역을 어떤 방법으로 관계를 맺게 했는가. 즉 그가 전쟁이론과 실천의 통일을 철학적 사고방법의 도움을 빌려 어떻게 창조할 것인가를 생각했다는 것이 분명하다.[40]

클라우제비츠는 3년간의 군사학교에서의 전문교육을 수석으로 졸업했

39) Peter Paret(1976), 전게서, p. 69.
40) クラウゼヴィッツ研究委員会訳(1982), 전게서, pp. 441~443.

고, 부교장인 샤른호르스트의 추천으로 아우구스트 친왕의 부관이 되었다. 샤른호르스트는 1802년 군사문제의 연구회인 「군사학회」를 창설했는데, 클라우제비츠는 이 학회를 이용하여 수학, 논리학, 지리학, 역사를 배웠고 특히 칸트의 인식론과 헤겔의 변증법을 배우는 기회가 되었다.

클라우제비츠는 「저자의 서문」에서 "이 책의 학문적 형식이라는 것은 대체 어떤 점에 있는 것일까. 그것은 즉 전쟁에 있어서 여러 가지 현상의 본질을 규명하고, 이들 현상과 이것을 구성하고 있는 여러 가지 요건의 성질과 연관하여 제시하려는 데 있다"고 했다. 현상의 본질을 밝히려고 한다면 철학적 지성의 기반, 즉 사고방식思考方式과 인식 수단의 배경 지식 없이는 불가능하다. 예컨대, '전쟁이론을 위한 결론'을 다음과 같이 밝혔다.

> ⑳ 전쟁이란 구체적 상황에 따라 그 성질을 달리하는 카멜레온과 같은 것일 뿐만 아니라, 그 현상 전체의 지배적인 여러 경향을 보았을 때, 기묘한 삼위일체(Dreifaltigkeit)를 이루고 있다.
>
> • 첫째는, 맹목적인 자연 충동이라 볼 수 있는 증오·적개심과 같은 본래의 격렬성.
>
> • 둘째는, 전쟁을 자유로운 정신활동으로 만드는 개연성·우연성과 같은 도박의 요소.
>
> • 셋째는, und aus der Untergeordneten Natur eines politischen Werkzeugs,ⓐ wodurch er dem bloßen Verstande anheimfällt.[41]ⓑ
>
> 이상이 삼위일체를 말하는 것이다. 이러한 세 가지 가운데, 첫째의 것은 주로 국민에, 둘째의 것은 주로 장수와 군대에, 셋째의 것은 주로 정부에 각각 속하는 것이다.(Ⅰ-1)

문제가 되어 온 내용은 셋째의 독일어로 표시된 부분이며, 이 내용은 칸트의 인식론에 대한 어느 정도의 기초 지식이 없이는 번역과 해석이 어려우

---

41) Carl von Clausewitz, *Vom Kriege* (Stuttgart : Reclam, 1980), p. 42.

며, 지금까지의 번역·해석 내용을 소개하면 아래와 같다.[42)]

1) 전쟁은 정치적 도구로서 정치에 종속된 본성을 갖고 있다. 따라서 전쟁은 순수한 이성의 영역에도 귀속되어 있다.[43)]
2) 전쟁은 정치의 도구라는 종속적 성질을 띠는 것이지만, 그러나 또 그러한 성질에 의해 전쟁은 전적으로 타산을 일삼는 지성의 일이 된다.[44)]
3) and of the subordinate nature of a political instrument, by which belongs purely to the reason.[45)]
4) and of its element of subordination, as an instrument of policy, which makes it subject to rason along.[46)]
5) of its subordinate nature to the instrument of politics through which it belong to pure understanding.[47)]

인용구 ⑳의 셋째는 두 개의 문장으로 구성되어 있으며, 편의상 전자를 ⓐ라 하고, 후자를 ⓑ라고 약칭한다. ⓐ는 '전쟁은 정치적 도구로서의 종속적 성격을 가진다'는 데는 이론異論이 없으나, ⓑ에 대해서는 번역과 해석 그리고 ⓐ,ⓑ의 전후관계에 대해 사람에 따라 견해가 엇갈리고 있다. 필자는 ⓑ의 기본 성격이란 연구 대상으로서의 전쟁은 칸트 철학의 인식론으로 고찰하여 '오성悟性'(Verstand)에 속한다는 내용으로 클라우제비츠 전쟁이론의 철학적 기초를 명시한 것으로 해석한다. 즉,

셋째는, 전쟁이란 순전히 오성悟性의 영역에 속한다는 것에 의해 정치적 도구로서의 종속적 성격을 가진다.

---

42) 상세한 내용은 이종학(2004), 전게서, pp. 179~194 참고할 것.
43) 류제승 옮김, 『전쟁론』(서울 : 책세상, 1998), pp. 57~58.
44) 篠田英雄 譯, 『戰爭論』上(東京 : 岩波書店, 1963), p. 62.
45) *On War*, trans. by J. J. Graham, 1873(New York : Bames & Noble, INC. 1958), VOL. Ⅰ. p. 26.
46) *On War*, trans. by Michael Howard and Peter Paret(1976), p. 89.
47) Raymond Aron, *Clausewitz-Philosopher of War*, trans. by Christine Booken and Norman Stone (London : Roultedge & Kegan Paul, 1983), p. 62.

그 이유는 다음과 같다.

첫째, 오성에 속한다고 해야만, ③,④의 내용의 타당성을 이해할 수 있다. 칸트의 『순수이성비판』(1781)에 의하면, 감성感性(Sinnlichkeit)이란 눈에 보이는 소재가 여러 가지 모습으로 마음에 수용되는 능력이라는 뜻이고, 오성悟性(Verstand)이란 감성을 통해 수용된 여러 소재를 이해하는 능력(영어로는 understanding으로 번역됨)으로, 능동적인 사고思考·판단으로 현상에 규칙을 부여하는 능력이다. 오성은 현상세계까지를 다루고, 형이상학적 문제, 즉 신의 존재, 영혼불멸, 원리 등은 이성理性(Vernunft)이 다루는 영역으로 구분된다. 클라우제비츠는 전쟁이란 경험과학에 속하며, 따라서 전쟁술에 있어서는 경험이 모든 철학적 진리보다도 가치가 높다고 주장했다.(II－5)

둘째, 클라우제비츠는 제1편 제1장에서 지성(Intelligenz, p. 18, p. 20, p. 41)과 오성(Verstand, p. 22, p. 36, p. 42.)을 엄격히 구별해서 사용했고, 상술한 내용을 구체적으로 설명한 제8편 제2·6장에서는 철학적 오성(philosophische Verstand, p. 329, p. 332)이라 했으며, 또 이성(Vernunft)과도 엄격하게 구별해서 사용하고 있다. 따라서 Verstand를 지성이나 이성으로 번역·해석하는 것은 잘못이리라.

셋째, 전쟁은 오성의 영역에 속하기 때문에 클라우제비츠는 절대전쟁에서 현실전쟁으로 입장을 바꿀 수 있었다. 즉 그는 40대 후반에 들어와서 "1568년부터 1815년까지의 130개 이상의 전쟁과 전역戰役을 연구하니,"[48] 1805년의 울름 전투, 1806년의 예나 전투, 1809년의 바그람 전투 정도가 절대전쟁이라 할 수 있으나, 그것은 보편성이 결여된 예외적인 전투이고, 이외의 나폴레옹의 지휘 하에 수행된 전쟁도 현실전쟁임을 확인했던 것이다(3의 가 참조). 현실전쟁의 관점에 서야만 전쟁은 정책의 도구·수단이 된다는 것이 클라우제비츠의 전쟁이론의 핵심이다.

---

48) クラウゼヴィッツ研究委員会訳(1982), 전게서, pp. 490~491.

리델 하트는 『전쟁론』 가운데서 수정을 해서 완전하고 또 가장 중요한 '전쟁이론을 위한 결론'의 삼위일체에 대하여, 셋째의 영어 번역이 잘못된 번역임을 지적하지도 못했을 뿐만 아니라, 전후관계도 설명하지 않았다. 다만 그는 자기도 칸트 철학을 안다는 것을 과시하려는 듯이, '클라우제비츠에 대한 칸트의 영향은 클라우제비츠 사상의 이원론에서 엿볼 수 있다'(자료 1)고 했는데, 과연 타당할까?

이원론二元論(dualism)이란 서로 대립된 두 개의 원리로부터 실재實在의 개개의 부분 혹은 전체를 설명하는 입장, 또 일반적으로는 대립되어 통일되는 일이 없는 두 계기契機로써 사물을 설명하는 입장… 물자체物自體와 현상, 자유와 필연을 구별한 칸트도 전형적인 이원론자로 간주된다.[49] 이원론이란 현상의 영역에 있어서 두 개의 상호 독립된 근본 원리를 인정하는 것으로 중간단계의 존재를 인정하지 않는다.

리델 하트는 클라우제비츠의 절대전쟁과 현실전쟁은 칸트의 이원론의 영향을 받은 것으로 해석했으나, 절대전쟁과 현실전쟁 사이에는 '갖가지 중간적 단계가 있다'(①, 「저자의 두 가지 수기」)고 밝혔기 때문에, 칸트의 영향을 받지도 않았을 뿐만 아니라, 이원론에 속하지도 않는다.

옛 동독의 군사평론가 발터 렘(Walter Rehm)에 의하면, "클라우제비츠의 주요한 공적은 방법론적 원칙에 있으며… 그것은 전사戰史의 변증법적 관찰방법에 있다.… 전쟁 현상의 연구·해명에 있어서 변증법적 수법을 최초로 사용한 사람은 클라우제비츠였다.… 화비안도 동일한 생각에서, 클라우제비츠의 관찰방법은 헤겔의 변증법의 기초적 지식에 의존하고 있다. 따라서 그의 저서는 다만 전쟁수행의 책일 뿐만 아니라, 동시에 변증법적 사고思考와 응용철학의 표본이다"[50]고 했다. 클라우제비츠는 변증법(Dialektik)을 『전

---

49) 『世界哲學大事典』(서울 : 教育出版公社, 1987), p. 890.
50) クラウゼヴィッツ研究委員会訳(1982), 전게서, pp. 503~504.

쟁론』에서 구사했는데, 변증법이란 무엇인가, 클라우제비츠는 전쟁 현상을 연구·해명함에 있어서 어떻게 활용했는가, 클라우제비츠는 헤겔의 변증법을 원용援用했는가의 세 가지 내용을 규명해야 하리라.

첫째, 변증법[51]이란 용어는 문답술을 나타내는 희랍어에서 유래하지만, 그 뜻은 사람에 따라 다양하게 사용되어 왔다. 여기서 헤겔의 변증법을 간략하게 소개한다면, 그것은 어떤 명제命題를 절대적인 영원 부동의 진리로서 고정하는 것을 허용치 않는다. 모든 것은 가령, 진리라 할지라도 유동적流動的, 변이적變移的인 것이며, 언제나 부정되는 가능성을 가진다. 따라서 모든 것은 상대적인 것이다. 변증법에서는 "A는 非A가 된다"고 말하고 있지만, "A는 非A이다"고는 말하지 않는다. A가 필연적으로 非A로 전화轉化하는 것을 인식하며, 거기에 모든 진실이 있다고 생각하는 것이 변증법의 사고방식이다. 동일한 것 가운데서도 대립하면서, 그러면서 통일을 유지한다는 것이 모순이다. 모순은 모든 운동과 생명의 근원이다. 거기에서만이 사물을 움직이게 하고 또 활동코자 하는 성질을 가지는 것이다.

아리스토텔레스(384~322 B.C)부터 칸트(1724~1804)에 의해 대표되는 학문의 일반적 견해에 의하면, 모순(contradiction)이란 진리에 있어서 절대로 배척되어야 한다. 즉 "A(有)는 非A(無)가 된다"고 한다면, 동일한 것이 존재하고 또 존재하지 않는다는 것이 가능하면 사고思考의 가능을 부정하기 때문이다. 이것이 전통적인 형식 논리학으로 모순은 생각할 수 없는 정지의 논리요, 불변의 논리이다. 여기에 대해 헤겔은 운동하고 발전하는 현실의 세계가 나타내는 모순을 해명하는 운동의 논리, 발전의 논리, 전화轉化의 논리를 제시하여 모순이 없는 곳에 진리가 있는 것이 아니라, 모순이 있는 곳이야말로 실재實在의 진실이 있기 때문에 모순은 바로 진리의 지표가 된다고 헤겔은 주장했다. 그의 변증법은 당시와 그 후에도 지성인들에게 잘 이해

51) 상세한 내용은, 이종학(2004), 전게서, pp. 235~252 참조할 것.

되지 않았지만, 오늘날까지도 논쟁의 대상이 되고 있는 듯하다.[52]

둘째, 동서의 병서兵書 가운데서 원용한 변증법을 소개함으로써, 클라우제비츠가 최초로 사용한 사람이 아니라는 것을 밝히고자 한다.

> ㉮ 혼란은 질서에서, 비겁은 용기에서, 약함은 강함에서 각각 비롯된다.[53]
>
> ㉯ 수세를 잘 하는 자는 그의 병력을 땅 속에 깊숙이 감춘 것 같이 하여 적에게 공격할 틈을 주지 않다가, 높은 하늘에서 움직이는 것 같이 공격하여 적에게 방어할 틈을 주지 않는다.[54]
>
> ㉰ 무릇 싸움터라는 곳은 시체가 뒹구는 곳이다. 반드시 죽고자 하면 살고, 살기를 바라면 죽는 법이다.[55]
>
> ㉱ 교전에서의 방어적 체제라는 것은 결코 단순한 방패(盾)와 같은 것으로 생각해서는 안 되며, 교묘하게 공방攻防 양용으로 사용되는 방패를 생각해야 한다.(『전쟁론』 VI-1)
>
> ㉲ 무릇 적극적 원리를 결여한 방어는 전술에서와 마찬가지로 전략에 있어서도 그 자체가 모순이라는 것이 우리들 본래의 주장이 되지 않으면 안 된다. 따라서 어떠한 방어도 방어의 이점利點을 모두 활용했다면, 곧 공격으로 옮겨야 한다는 것을 반복하여 지적해 둔다.(VIII-4)
>
> ㉳ 우리들은 지금까지 전쟁의 본질과 원인 및 사회의 이해관계利害關係와의 모순을 논의해왔지만, 그런 경우에 이 양자를 어느 것이나 경시하지 않도록 그 양면에서 개관하지 않으면 안 된다.… 이 모순되는 두 개의 요소는 부분적으로는 서로 상쇄되면서 실제 생활에 있어서는 서로 결부되어 일체를 이루고 있다. 다음은 양자의 그러한 통일을 구해 보고자 한다.… 그런데 통일체라는 것은, 전쟁은 정치적 교섭의 일부에 지나지 않으며, 따라서 그것만으로 독립적으로 존재하는 것이 아니라는 개념에 지나지 않는다.(VIII-6)

---

52) 이광모, 『헤겔 철학과 학문의 본질』(서울 : 용의 숲, 2006), pp. 179~203.

53) 『孫子兵法』, 兵勢 五.

54) 上揭書, 軍形 四.

55) 『吳子』, 治兵 三.

셋째, 클라우제비츠는 헤겔의 변증법을 원용했는가 하는 문제는 견해가 분분하다. 예컨대 『전쟁론』의 역자인 시노다 히데오(篠田英雄)에 의하면, 이 전쟁철학자의 사고방식은 헤겔의 변증법에 바탕을 두고 있다는 설이 있다(크레우츠인겔, 「클라우제비츠에 미친 헤겔의 영향」, P. Creuzinger : "Hegels Einfluss auf Clausewitz", 1911). 마찬가지로 그의 사상은 헤겔 철학에 의해 살찌게 되었다는 주장을 하는 자도 있다. 그러나 『전쟁론』에서 헤겔의 변증법의 영향을 받았다는 것을 명확히 지적하는 것은 불가능하다. 우리들은 논리적으로 사고思考하는 한, 의식하지 않더라도 다소간 변증법적 사고방식을 취하는 것이라고 했다.[56)]

한편 독일 관념주의 철학을 전공하고 또 『전쟁론』을 번역한 시미즈 다키치(清水多吉)에 의하면, 클라우제비츠의 『전쟁론』을 손에 넣은 것은 대학원생이 되었던 시기였다. 헤겔 철학을 배우고 있었던 나로서, 이 책은 헤겔 철학의 역사에의 적용이라는 이상以上의 뜻을 지니고 있었다고 했다.[57)] 피터 파렛에 의하면, 클라우제비츠의 방법론(methodology)의 원천이나 개념(concepts)은 독일 관념주의 철학과 후기 계몽주의의 미학이론에 기초를 두고 있는 것으로 추론할 수 있다고 했다.[58)]

클라우제비츠는 전쟁이라는 현상과 본질을 학문으로서 이론적으로 체계화하려고 『전쟁론』을 집필하면서, 전연 주註(note)를 달지 않았기 때문에 어느 부분은 누구의 영향을 받았다고 말하기는 어렵지만, 어느 정도는 추론할 수 있다는 것이 필자의 견해이다. 즉 연구 대상으로서의 전쟁이 오성(Verstand)의 영역에 속한다는 것은 칸트 철학의 영향을 받았을 것이며, 또 공격과 방어 및 전쟁의 본질과 사회의 이해관계에 대한 해법은 변증법이며, 이는 헤겔의 변증법의 활용이라고 추정한다.

---

56) クラウゼヴィッツ, 『戦争論』上, 篠田英雄譯(東京 : 岩波書店, 1968), pp. 360~361.
57) クラウゼヴィッツ, 『戦争論』下, 清水多吉訳(東京 : 中央公論新社, 2001), p. 588.
58) Peter Paret(1976), 전게서, p. 151.

특히 헤겔의 변증법은 특이特異한 것으로 잘 이해되지 않았다. 즉 절대와 상대, 무한과 유한, 삶과 죽음, 전쟁과 평화는 떨어져 있는 별개의 개념으로 알고 있었는데, "A는 非A가 된다." 하고 모순을 배제하는 것이 아니라, 모순이 있는 곳에 진리가 있고, 또 모순이 있는 곳이야말로 실재實在의 진실이 있다고 주장했기 때문이다. 그래서 당시 최고의 지성인 괴테(1749~1832)는, 1827년 10월 18일 바이마르를 방문했던 헤겔에게, "변증법의 본질은 무엇인가 ?"라고 질문했을[59] 정도였다. 그렇다면 헤겔의 변증법은 어디서 유래한 것일까 ? 평생을 헤겔 철학의 연구에 바쳤던 나가노 하지무(中埜 肇) 교수는, "그런데 이와 같은 변증법적인 사고방식은 어떻게 헤겔 속에서 발생하여 성숙되었는가 하는 점은 충분히 밝혀져 있지 않다"고 했다.[60]

필자는 이 문제에 관심이 있어서 규명을 시도해 보았는데, 요약하면 다음과 같다. 즉 『손자』의 변증법은 『노자』에 바탕을 두고 있으며, 헤겔은 「철학사 강의」에서 중국 철학—공자孔子, 역易의 철학, 도가道家—을 강의하면서, 변증법을 발전케 하는 암시를 받았으리라. 즉

㉮ 천하가 모두 미美됨을 알게 되면, 거기에 추醜가 나타난다.
선善이 모두 선됨을 알게 되면, 거기에 악惡이 나타난다.
그러므로 유무有無는 서로 그 대립에서 낳고, 난이難易는 서로 이룸에서,
장단長短은 서로 비교에서, 고하高下는 서로 구별에서,
음성音聲은 서로 조화에서, 전후前後는 서로 순서를 따른다.[61]

㉯ 가득 채우는 것은 적당한 때 멈추는 것보다 못하다.
두드려 날카롭게 하면, 가히 오래 보존하지 못한다.
황금과 보석이 집에 가득 하면, 능히 지킬 수 없다.
부귀富貴하고 교만하면, 허물을 가져온다.
공功을 이루고 몸 물러가는 것은 하늘의 도道이다.[62]

---

59) 박연구 옮김, 『괴테와의 대화』(서울 : 푸른숲, 2000), p. 598.
60) 中埜 肇, 1973 『弁証法』(東京 : 中央公論社, 1994), p. 149.
61) 『老子』, 제2장.

㉰ 화禍 속에 복福이 깃들어 있고, 복 속에 화가 숨기어져 있는 것이다.[63]

㉱ 한 번은 음陰의 모습으로 나타나고, 한 번은 양陽의 모습으로 무궁히 변하는 움직임, 이것을 도道라고 한다.[64]

헤겔은 중국의 고전에서 변증법적 사고방식의 암시를 받아, 연구와 사색을 통해 정립(Thesis)과 반정립(Antithesis)을 거쳐 이 대립의 종합(Synthesis)에 도달하는 사상과 실재實在의 논리적인 발전을 이룩했다. 따라서 클라우제비츠는 헤겔의 변증법을 전쟁이론에 활용한 최초의 서구 군사이론가라 추정한다. 또한 전쟁철학이란 무엇인가, 즉 전쟁의 본질과 현상을 다루고, 그 현상의 궁극의 근거를 밝히는 것이라면, 클라우제비츠는 전쟁철학의 창시자라 해도 과언이 아니며, 독일의 베를린 대학교 철학 교수 셰링(Walter M. Schering)의 견해를 소개하고자 한다.

> 클라우제비츠는 다만 유명한 장군, 탁월한 군사 저술가에만 멈추지 않고, 위대한 철학자의 한 사람으로, 칸트에서 헤겔에 이르는 독일 관념론 철학자와 나란히 독자적인 입장을 주장하고 있다. 그의 주저主著 『전쟁론』은 당시의 전쟁이론에 의해 깊이 들어간 단순한 전쟁경험의 기술記述이 아니라, 실재實在의 가장 힘찬 현상인 전쟁과 그 속에서 자기를 주장하는 행동적 인간에 관한 철학설이다. '전쟁수행'(Kriegführnung)이란 단어에는 '실재에 있어서의 행동'이라는 표현을 부여하고, 또 그가 스스로 실천하는 군인을 행동자로 이해했을 때, 비로소 우리들은 그의 저서를 완전히 이해할 수 있다.[65]

62) 상게서, 제9장.
63) 상게서, 제58장.
64) 『周易』, 繫辭傳.
65) シェリング, 『戰爭哲學』 白根孝之譯(東京 : 元元書房, 1942), pp. 143~144.

마. 『전쟁론』이 독일 군인들에게 미친 영향은?

리델 하트에 의하면, 클라우제비츠의 가르침은 이해되지도 않고 받아들여졌기 때문에 제1차 세계대전의 원인이나 성격에 대해서 크게 영향을 미쳤고, 그것은 또한 너무나도 논리적으로 제2차 세계대전까지 연결되는 것이다(자료 4). 클라우제비츠는 전투를 다만 '참다운 전쟁다운 행동'으로 만듦으로써 그의 교리는 전략의 우위를 탈취하여, 전쟁술을 대량 살육의 제조기로 만들어, 더욱이 장군들을 선동하여 유리한 기회를 조성하기보다, 다만 최초부터 전투를 노리게끔 만들었다(자료 5). 클라우제비츠의 대량 집중 이론의 형벌이 대학살로 나타났다. 이런 사실을 가져온 이론과 결별하기 위한 희생이 얼마나 값비싼 것인지 놀랍구나! … 이러한 실패의 원인은 클라우제비츠에게 첫 번째의 책임이 있었다(자료 9)고 했다.

클라우제비츠의 가르침이 '이해되지 않고'는 수긍할 수 있지만, '받아들여졌기 때문에'에 관해서는 논의해 보고자 한다. 즉 클라우제비츠의 『전쟁론』이 독일 군인들에게 어느 정도 보급·수용되었는지, 미국 해군대학원 군사전략 객원교수인 머레이(Williamson Murray)의 발표 논문의 내용은 다음과 같다.

> 클라우제비츠의 영향은 작전 및 전술적인 수준에서 독일군의 효율성을 설명할 것이라는 견해에 대한 응답으로서, 메사슈미트 박사는 제1차 세계대전 전후에 관계없이 독일 장교들 중에 클라우제비츠를 읽으려고 노력한 장교들은 거의 없었다고 간결하게 논평함으로써 반대 의사를 표시했다. …
>
> 우리는 클라우제비츠 및 독일의 작전 및 전술 수행을 조사하기 전에, 20세기의 독일 장교단은 클라우제비츠를 읽지 않았다는 메사슈미트 박사의 신념에 대한 증거를 검토해야 한다. 1949년 영국의 위대한 군사 전술가인 리델 하트는 장갑부대 장군이었던 슈베펜부르크로부터 한 통의 편지를 받았는데, 거기에서 그는 다음과 같이 말했다.
>
> "내가 참모대학에 갔었던 1911년부터 시작하여 기갑부대 및 기갑학교의

검열관으로서 책임을 맡고 있었던 1945년 옛날 독일군의 마지막까지 나의 통찰력의 시기(time of my insight : 원문대로이며, 분명히 지적 발전의 뜻)에, 독일 일반참모의 교육은 (불행하게도)거의 전적으로 다음 저자 혹은 전략가들에 기초를 두었다.

(1) 슐리펜의 칸내(Cannae)

(2) 프리드리히 대왕

(3) 나폴레옹(예 : 오래된 친구, 이는 고전에 흥미 있을 것이다)

비록 나는 그의 책을 읽지 않았지만, 나는 리터 폰 레프(Ritter von Leeb) 남작의 '방어'라고 불리는 한 가지를 지적하고자 한다.… 당신은 내가 클라우제비츠나 델브뤼크(Delbrück) 혹은 하우스호퍼(Haushofer)를 결코 읽지 않았다는 것을 듣고 놀랄 것이다. 우리들 일반 참모대학에서의 클라우제비츠에 대한 견해는 교수들이나 읽을 이론가의 것이었다."[66]

제1차 세계대전 후에 독일군은 와해되었는데, 그들은 왜 패전했는가 하는 문제를 이론적으로 심사숙고를 하기 위한 계기를 만들었어야 함에도 불구하고, 독일장교들은 군사이론에 대한 연구를 소홀히 했다. 예컨대, 1935년 국방군사학교에서 실시한 강의에서 한 독일 참모장교는 다음과 같이 말했다. 즉, 어떤 사람은 흔히 클라우제비츠의 이론을 인용하지만, 그것을 읽지 않으며, 통상 은퇴하여 보다 한가로운 시간이 생길 때까지 이론의 연구는 연기한다. 그러나 이러한 시점에 도달할 때까지 그는 '행동하는 인간'의 역할을 좋아하며, 또 전쟁은 가르치거나 배울 수 있는 술術이 아니고, 자질을 타고나야 한다고 믿은 나머지 '시들어가는 이론'을 경멸한다는 풍조였다. 제2차 대전 후에 클라이스트(von Kleist) 원수는 리델 하트에게 다음과 같이 고백했다.

클라우제비츠의 가르침은 이 세대에서—내가 육군대학교에 있을 때, 그리고 일반참모로 있을 때조차도— 무시되고 소홀히 다루었다. 그의 명구절은 인용

---

66) Michael I. Handel, ed., (1986), 전게서, p. 267, pp. 269~270.

되었으나, 그의 책은 면밀하게 연구되지 않았다. 그는 실질적인 교사라기 보다는 군사 철학자(military philosopher)로 인식되었다. 슐리펜의 저술들이 보다 많은 주목을 끌었다. 그것들이 보다 더 실질적인 것 같이 보였다.[67]

미 육군 전쟁대학원(Army War College)의 군사사(military history) 교수인 루바스(Jay Luvaas)의 견해에 의하면, 리델 하트는 그의 저서 『서구의 방위』(1950)에서 공교롭게도 그는 군사 전문직에 종사하는 사람들의 '성서'인 클라우제비츠의 『전쟁론』을 아주 철저하게 연구했던 군인은 별로 없다고 논평했다. 이에 대해 루바스 교수는 다음과 같이 논평했다. "아마 리델 하트 자신도 이 범주에 포함되어야 할 것이다. 왜냐하면, 리델 하트가 그의 비판의 형성기간 동안 『전쟁론』을 읽었다는 점에는 의심의 여지가 없지만, 클라우제비츠가 지난 세기의 군인들로 하여금 아마겟돈(Armageddon : 세계의 종말이 올 때의 선과 악의 최후의 대결전장)의 대살육을 위한 군대를 준비한다는 견지에서 사고思考하도록 유발했다는 그의 초기의 확신은 부지중이긴 하지만, 그의 이해의 한계성을 드러냈다.… 비록 그는 몇 가지 특별한 제목에 대하여는 가끔 클라우제비츠를 참조했겠지만, 1920년대에 그의 최초의 작품이 나타난 이래로 그가 『전쟁론』을 다시 읽었을 가능성은 희박하다—읽었다 하더라도 확실히 개방된 마음으로는 읽지 않았다."[68]

필자는 루바스 교수의 견해에 동의하는 입장이다. 왜냐하면, 클라이스트 원수 등의 견해처럼 독일 군인들이 『전쟁론』을 철저하게 연구하지도 않았는데, 어떻게 전쟁술을 대량 살육의 제조기로 만들었고 또한 대량 집중의 이론이 독일군의 군사교리가 될 수 있었는가? 이것은 사리에 맞지 않는 견해요(語不成說), 또한 논리의 비약이다. 리델 하트는 『나폴레옹의 망령』(1933) 이후에는 『전쟁론』을 치밀하게 읽지 않았던 것으로 추정한다.(자료 2·3의 비교)

---

67) 상게서, pp. 216~217.
68) 상게서, pp. 210~211.

독일 군인들이 클라우제비츠의『전쟁론』을 본격적으로 연구하기 시작한 것은 1961년 서독에 '클라우제비츠 학회'가 설립됨으로써 연유되었다. 이 학회는 매년 4회의 심포지엄을 개최하여『전쟁론』이나 현대의 안전보장·방위에 관해 논의했다. 클라우제비츠 탄생 200주년을 맞이하여, 1980년에『전쟁 없는 자유란』(*Freiheit ohne Krieg ?* 1980)이라는 주제로 심포지엄을 개최했다. 이때 발표되고 투고된 세계의 클라우제비츠 연구가들(학자 및 군인)의 논문 21편을 모아 논문집을 발간했다.[69] 독일에서 클라우제비츠의『전쟁론』(1832)에 대한 진지한 연구는 제2차 세계대전 이후부터 시작되었다고 보는 것이 타당하리라.

바. 리델 하트 두 저서의 수정할 사항

이 논문에서 다루어 온 리델 하트의 두 저서,『나폴레옹의 망령』(1933)과『전략』(1991) 가운데 수정해야 할 내용에 대해 논의해 보고자 한다.

첫째, "예나 전역戰役에서 포로가 되어, 1809년에 석방되었다."[70]

예나(Jena) 전역은 1806년 10월 14일 나폴레옹군의 공격으로 시작되었고, 이 전투에 클라우제비츠는 아우구스트 친왕의 부관으로 출전하여 프로이센군의 패배로 그들은 10월 24일에 포로가 되었다. 나폴레옹은 포로가 된 아우구스트 친왕을 만나고 싶어 해서 베를린 궁전에서 만났고, 12월 30일 프랑스로 떠나 1807년 1월 18일에 낭시에서 억류생활이 시작되었다. 1807년 7월 '틸지트 조약'이 체결되어 프로이센은 철저하게 나폴레옹에게 굴복당했다. 이 조약의 체결로 아우구스트 친왕과 클라우제비츠는 1807년 7월 31일에 석방 통지서를 받고, 귀국하면서 스위스에 몇 개월 체류하는 등 그해 11월에 베를린에 도착했다. 따라서 '1809년의 석방'은 수정되어야 한다.

---

69) 鄕田 豊 外,『〈戦争論〉の読み方』(東京 : 芙蓉書房出版, 2001), p. 289.

70) B. H. Liddell Hart(1933), 전게서, p. 118.

둘째, "1818년 그는 소장으로 진급했고, 프로이센 전쟁대학의 교장으로 임명되었다. 재직 12년간 그는 이론연구와 교육(teaching)에 종사했다."[71]

클라우제비츠는 1818년 5월에 프로이센 전쟁대학(Kriegsschule, 1810년에 설치되었고, 1816년 9월부터 참모장교 및 교관 양성을 위해 승격되었으며, 1860년에 육군대학으로 개편되었다)의 학장으로 임명되었고, 9월에 소장으로 진급했으며, 학장으로 취임한 것은 12월이었다. 그는 12년간 『전쟁론』의 집필에 전념했지만 학생들의 교육(teaching)에는 일체 관여하지 못했는데, 이 사실은 『전쟁론』의 서문을 집필한 마리 부인도 밝혔다. 그가 학장으로 임명되었으나, 취임이 늦어진 이유는 1815년 나폴레옹이 몰락하자 이전과는 달리 군주 전제·귀족 중심의 정치를 바라는 수구파守舊派가 더 우세해졌고, 클라우제비츠는 개혁파에 속해 있었기 때문에 그의 신원조사로 인해 늦어졌으며 또 그의 영향력이 학생 장교에게 미치는 것을 방지하기 위해 가르치는 문제에는 전연 관여하지 못하게 제한했다. 이런 조치는 그에게 불만스러웠으나, 이로 인해 시간을 얻어 불후의 명저 『전쟁론』을 집필할 수 있었다.

셋째, "그의 인생은 짧았으나, 그의 저술은 실질적으로 완성되었다(virtually completed)."[72]

클라우제비츠의 『전쟁론』은 '실질적으로 완성'된 것이 아니라, 미완성의 작품이었다(3의 가). 그는 당초 '절대전쟁'의 관점에서 『전쟁론』의 제1편~제6편까지 집필 완료했으나, '현실전쟁'으로 입장을 바꾸어 제7편과 제8편은 초본이고, 제1편~제6편까지 수정을 하지 못했으며, 완전한 것은 제1편 제1장뿐이라 했다. 리델 하트가 수정하지 않은 『전쟁론』의 내용을 쪽지도 밝히지 않고 인용하면서 비판을 가했다는 것은 학문하는 학자의 태도가 아니라고 생각한다.

---

71) 상게서, p. 119.
72) 상게서, p. 119.

넷째, "불행히도 그 진전은 1830년 그가 콜레라로 죽으면서 중단되었다."[73)]

클라우제비츠가 죽은 해는 '1830'년이 아니라, '1831년 11월 16일'이며, 사인死因에 대해서는 견해가 엇갈리고 있다. 보통 콜레라로 죽은 것으로 알려져 있으나, 부인인 마리의 클라우제비츠 임종시의 모습에 대한 기록을 보면, 그의 사인死因은 심장마비(heartattack)인 것으로 생각된다[74)]는 견해도 있다.

5. 맺음말

필자가 이 논문의 '맺음말'을 쓰고자 할 때, 머리에서 떠나지 않는 세 사람의 논평이 있어 소개하면 다음과 같다. 즉,

독일의 저명한 군인이며, 저술가인 골츠(Goltz, 1843~1916) 원수는, "클라우제비츠 이후 전쟁을 논하려는 군사 저술가는 마치 괴테(Goethe) 이후에 『파우스트』를, 또는 세익스피어(Shakespeare) 이후 『햄릿』을 다시 쓰는 모험을 치르는 것과 같다. 전쟁의 본질에 관해 중요한 모든 것은 그 위대한 군사 사상가(military thinker) 클라우제비츠의 작품 속에 정석되어 발견할 수 있다"고 했다. 그리고 영국의 저명한 군사 사학자 마이클 하워드(Michael Howard, 1922~)에 의하면, "클라우제비츠의 가르침에 대한 리델 하트가 그린 마지막 모습은 왜곡되고(distorted), 부정확하고(inaccurate) 그리고 불공평한(unfair) 것이었다"고 했으며, 리델 하트의 제자요, 또한 군사사가軍事史家로 성장하는 데 도움을 받았던 브라이언 본드의 견해에 의하면, "1920년대 중반에 건강상의 이유로 육군을 제대하여 죽을 때까지 리델 하트는 학자라는 모습을 짙게 보였으나, 본질적으로 저널리스트였다. 글을 써서 돈을 벌어야 했다는 것이 작업의 양과 질을 좌우했다. 1940년대에 몹시 바랐던 옥스퍼드 대학 교수

73) B. H. Liddell Hart(1991), 전게서, p. 344.
74) Peter Paret(1976), 전게서, p. 430.

의 지위를 얻었다면, 리델 하트의 저작이 어떤 모습을 보였을까는 상상에 맡길 수밖에 없다. 무엇보다 리델 하트는 체계적이고 일관성이 있는 사상을 가졌던 것도 아니고 또 그 사상이 전문가의 엄격한 비판의 대상이 되지도 않았다는 점을 지적해 두고자 한다"[75]고 했다.

클라우제비츠는 3년간의 초급장교 과정의 군사학교의 교육을 이수했고, 그 후 샤른호르스트에 의해 설립된 「군사학회」에서 군사 전문지식뿐만 아니라, 인문·사회·자연과학에 대한 지식을 흡수했다. 그리고 23년간의 나폴레옹과의 실전경험을 토대로 하여 명석한 두뇌와 차분한 시간 여유를 가지고 12년간의 연구·사색의 결정체結晶體가 『전쟁론』이지만, 불행하게도 미완성 작품이다. 전쟁의 현상과 본질에 관해 『전쟁론』을 능가하는 저술은 아직 출현하지 않고 있다.

리델 하트는 군사전문 기자로서 또 20여 권의 저서를 남긴 문필가로서 명성과 명예를 누렸다. 즉, 그는 1966년 기사騎士 작위를 받았고, 옥스퍼드 대학에서 명예 문학박사 학위도 취득했다. 그러나 그는 영국에서 바라던 대학 교수의 직업은 얻지 못했는데, 아마도 대학 1년의 수학修學이라는 학력·학위 그리고 학문하는 기본 자질의 문제점 등 때문인 것으로 추정한다. 이 문제는 그의 클라우제비츠 『전쟁론』 비판에도 연결되는 것으로 생각한다.

첫째, 클라우제비츠의 『전쟁론』을 이해하자면, 전술한 바와 같이 칸트에서 헤겔에 이르는 독일 관념주의 철학에 대한 기초 지식을 구비하고 있어야 한다. 그런데 (자료 1)을 면밀히 분석·검토해 본다면, 『전쟁론』 비판을 위한 기본 학식에 문제점을 발견할 수 있으리라.

둘째, 클라우제비츠의 전쟁이론을 비판하자면, 그 핵심인 『전쟁론』의 제1편 제1장(완전한 내용)의 「전쟁이론을 위한 결론」의 삼위일체를 가장 먼저

75) ブライアン·ボンド, 「リデル·ハートとリベラルな戦争観」, 『戦史研究年報』 第3号(東京 : 防衛研究所, 2000), p. 84.

논의했어야 했으나, 리델 하트는 전연 언급이 없었다. 거기에는 분명히, 그리고 철학적 인식론의 내용을 제외하고도 "전쟁은 정치적 도구로서의 종속적 성격을 가진다"고 확실하게 밝혔다. 따라서 오늘날 보편화되고 있는 문민통제(civilian control)의 원형을 제시했으며, 또 정책을 전략의 노예로 만들었다는 리델 하트의 주장(자료 2)은 전연 근거가 없는 것으로 생각한다.

셋째, 클라우제비츠는 당초 절대전쟁론자로 출발했으나, 40대 후반에 현실전쟁론자로 변신했다. 그런데 리델 하트는 이것을 분명히 밝히지 않고, 절대전쟁론자로 그리고 수정되지 않은 『전쟁론』을 인용하면서 비판을 전개했다는 것은 공정한 태도로 보기는 어려우리라.

넷째, 해양국가와 대륙국가의 전쟁관은 상이相異할 뿐만 아니라, 거기에 의거하여 전략·전술도 다르게 마련이다. 그런데 그는 이 문제를 도외시 했고, 또 클라우제비츠의 전쟁이론에 대한 기능과 한계, 집필동기 등에 대한 이해가 부족하면서도 비판을 강행하였다. 특히 제1차 세계대전 후, 독일은 영국의 적국이요, 『전쟁론』은 아무나 쉽게 접근할 수도, 이해할 수도 없는 저서인 것을 기화로 비판·공격의 화살을 퍼부어 명성을 획득한 것으로 추정한다.

리델 하트는 훌륭한 군사 전문기자이지만, '20세기의 클라우제비츠'라고는 생각하지 않으며, 더욱이 그의 『전쟁론』에 대한 이해·해석은, 원효(617~686)의 비유를 빌린다면, "술잔으로 바닷물을 잔질하고, 좁은 갈대 구멍으로 하늘을 바라보는 격"(『열반경 종요』)이라는 것이 필자의 결론이다.♣

(『海洋戰略』 제135호, 해군대학, 2007. 9.)

제 4 부
병법과 경영전략

XIV.
병법과 경영전략

1. 경영전략과 병서

가. 폭풍우와 나침반

장수將帥가 위정자로부터 전쟁 목적이 제시되었을 때, 그는 전략계획의 수립에 착수하게 된다. 이때 장수가 고려해야 할 사항은 너무나 많다. 즉 전쟁 목적을 달성하기 위한 군사목표를 정해야 하고, 그 목표를 달성하기 위한 시간과 공간의 요소, 자기의 병력 사항 및 병참兵站 지원, 적의 능력과 의도, 그가 결심한 행동 방책에 대한 국내외의 반응 등을 고려한다. 따라서 그의 전략계획의 수립에는 많은 불확실성과 불투명성이 개재하고 있다. 더욱이 전쟁터에서 전투를 하자면 많은 가변적 요소가 개입됨으로 인하여 그 계획은 수정하지 않을 수 없게 될 때도 있다.

그래서 오랫동안 전쟁을 체험한 장수들은 폭풍우가 휘몰아치는 바다에서 그의 앞길을 인도해 주는 등대불처럼 또 전장의 수라장에서 급변하는 상황 하에 어려운 임무를 수행하는 야전野戰 지휘관에게 지침이 되는 나침반의 역할을 하는 것은 없을까 하고 전쟁의 원칙을 계속 탐구하여 그것을 집대성하고 체계화하여 소위 병서兵書를 간행했다. 따라서 그 병서에는 수많은 소중한 사람의 생명, 땀, 노력이 담겨진 지혜의 보물을 간직하고 있다.

오늘날 기업들의 국내외에서의 경쟁 양상은 마치 전쟁을 방불케 하기 때문에 '무역 전쟁貿易戰爭'이라는 용어가 생겼다. 그렇기 때문에 한 기업의 총수總帥는 마치 전쟁터에 선 야전 지휘관처럼 급변하는 정세 하에서 그것을 미리 예측하여 적응하면서, 기업의 생존 및 성장과 번영을 가능케 하는 대응책을 강구하지 않을 수 없게 되었다. 그런 이유로 해서 근래 기업가들이 병서, 즉 전략론의 활용에 관심을 기울이게 되었다. 예컨대 기업 전략론의 세계적 제일인자로 알려진 미국의 헨더슨(Bruce D. Henderson, 1915~1992)은 그의 저서 『기업 전략론』(1979)에서 "자사自社가 최대의 투자를 계획하고 있는 제품·시장·서비스 분야에서는 타사他社가 투자를 포기하게끔 하는 것이 전략의 기본 법칙이다"고 했다. 그러나 이것은 2,500여 년 전, 중국의 손자孫子가 이미 설파한 내용이었다. 즉 "백 번 싸워 백 번 승리하는 것은 결코 최상의 방법이 아니고, 싸우지 않고 적을 굴복시키는 것이 최상의 방법이다. 따라서 가장 훌륭한 방책은 적이 전쟁을 하려는 의도를 분쇄하는 것이다."

일본은 국토가 좁고 인구가 많은 데 비하여 자원은 빈곤하지만, 미국 다음으로 경제 대국으로 부상했다. 태평양전쟁에서 미국에 완패 당했던 일본은 전후戰後 무역전쟁을 통하여 병법兵法으로 이론무장理論武裝한 경영전략으로 미국을 역습하여 그들을 궁지에 몰아넣고 있다. 우리들은 무역 경쟁을 전쟁으로 생각하는 일본과의 무역 역조逆調를 시정·극복하기 위해서는 일본의 경영전략을 알아야 하리라.

나. 경영자와 병서兵書

2차 대전 후 일본의 기업인들은 미국의 경영관리 기법을 도입하여 적용해 봤으나, 소기의 성과를 얻지 못했다. 그것은 국정, 문화적 배경 및 가치관의 차이 등에서 연유했다. 이때 병학적兵學的 경영관리, 즉 경영전략을 소개한 사람이 이케다 스미히사(池田純久)로서 「사업에 쓸모 있는 병서」라는 신문 기사를 1962년 6월 22일 「일본경제신문日本經濟新聞」의 조간에 게재하면서 붐이 일어나게 되었다. 그 필자는 일본 육사陸士·육대陸大 그리고 도쿄(東京)대학 경제학부를 졸업했으며 육군 중장의 경력을 가지고 있었다. 그 내용의 일부를 소개하면 다음과 같다.

> 지금으로부터 40년 전의 이야기이다. 내가 청년 장교로서 부대 근무를 할 때, 당시 군대가 연습을 나가면 흔히 민가民家에 분숙分宿을 하였다. 언젠가 훌륭한 부호의 저택에서 하룻밤을 지내게 되었는데, 훌륭한 방의 안쪽 서가書架에는 『육도六韜』·『삼략三略』·『손자孫子』 등 당시 군대에서 사용하던 『보병 조전步兵操典』이라든가, 『진중 요무령陣中要務令』 등의 병서가 여러 권 꽂혀 있었다. 우연히 그 페이지를 넘겨보았더니 중요한 곳으로 생각되는 곳에는 붉은 줄이 쳐 있고, 거기에는 무엇인가 적혀 있었다.
>
> 그날 밤 식사 때는 집 주인이 나와서 우리들을 대접해 주었다. 나이는 50대 전후이고 풍채도 좋으며 많은 재산을 얻어 여유 있는 생활을 누리는 것으로 보였다. 여러 잡담을 하다가 이야기를 병서에 관해서 하게 되었다.
>
> "저것은 나에게 유서 깊은 서적입니다. 저 병서는 나의 상업이나 주株의 지침이 되었습니다. 정말 좋은 내용이 담겨져 있습니다."
>
> 하면서 집 주인은 병서를 높이 평가했다.
>
> "병서가 그렇게도 상업에 쓸모가 있었습니까?"
>
> "있고말고요. 특히 내가 어떻게 하면 좋을까 하고 괴로워하고 있을 때,

저 책은 내가 가야 할 바의 길을 가르쳐 주었습니다."

"그래요?"

하고 나는 놀랐다. 병서는 우리들 군인의 전문서로만 생각하고 있었는데, 실업가가 이것을 참고로 하고 있다는 것은 처음 듣는 얘기였다.

"그렇습니까? 그러면 어떤 점에 가장 공감을 느꼈습니까?"

"그것이야 많았지요. 그러나 가장 마음에 든 것은 적극적인 공격주의였지요. '공격은 적의 전투력을 파괴하고 그것을 압도·섬멸하기 위한 유일한 수단이며, 따라서 상황이 진실로 부득이한 경우 이외에는 언제나 공격을 감행하라'고 가르치고 있습니다. 바로 이것입니다. 세상의 일은 적극·과감한 공격만이 문제를 해결합니다. 뒷걸음질만 쳐서는 안 됩니다. 나는 이 가르침에 따라 언제나 공격으로써 성공을 거두어 왔습니다."

"공격은 가장 훌륭한 방어라는 얘기이군요."

"그렇습니다. 그리고 '행하지 않는 것과 지의遲疑하는 것은 지휘관의 가장 경계해야 할 점이다. 이 양자는 군대를 위태로움에 빠뜨리게 하는, 그 방법을 잘못하는 것보다 더 나쁘다'고 가르치고 있습니다. 정말 그대로입니다. 실업계에도 그대로 적응되는 것입니다. 경영자는 언제나 이런 마음가짐이 긴요緊要합니다."

"정말 연구를 많이 하셨습니다."

"여러분들은 일생 동안에 전쟁이 있을까 말까 하겠지만, 우리들 실업가는 그날그날이 전쟁의 연속이기 때문에 연구도 자연히 진지해지지요."

"잘 알겠습니다."

"또 '전투 지도와 주안점을 끊임없이 주동主動의 지위를 확보하고, 적을 조종하여 의표意表에 나아가는 것이 극히 긴요하다. 만약 한번 수동受動의 지위에 빠지면 시종 적의 동작에 추종하여 마침내 실패에 빠진다. 지휘관은 항상 기도심企圖心과 추종을 불허하는 창의創意와 신속한 기동력을 가지고 적에게 임하며 언제나 주동의 지위에 서서…'라고 쓰여 있습니다. 실업계에도 그대로 적용되는 원칙입니다. 나는 이 점에 가장 많이 착안하여 기도심·창의·지도력을 발휘하여 왔습니다. 정말 훌륭한 교훈이라 머리가 숙여지는 것입니다."

"전법도 상법과 동일하군요."

"그렇습니다. 그리고 전황戰況이 긴박했을 때의 교훈이 잘 적혀 있습니다. 즉 '승패는 바야흐로 기로岐路에 서고 전세戰勢는 혼돈하고 전투는 처절의 극에 달했다. 지휘관은 적도 우리들과 동일하거나, 아니면 그 이상의 곤경에 있다는 것을 생각하여 필승의 신념하에 굳은 의지를 가지고 당초의 기도企圖를 수행하라'고 했습니다.

최후의 5분간을 버티어 나아가는 자에게 승리의 영광이 있다는 것입니다. 나도 사업상 어려운 처지에 놓인 적이 있습니다. 빚더미에 서서 옴쭉을 못하여 어느 때는 자살을 해버릴까도 생각했습니다. 그 때 이 책을 숙독하여 깊이 느껴 버티어 나아가 마침내 위기를 극복한 경험을 가지고 있습니다."

"그렇습니까? 그렇다면 병서는 당신의 수호신守護神이군요."

"정말 그렇습니다. 지금의 나의 재산도 병서의 덕분이지요. 그래서 병서를 가보家寶로 모시고 있습니다. 집의 자식들도 병서를 바탕으로 하여 상업을 하고 있습니다."

나는 문외한의 실업가로부터 병서의 설명을 들으리라고는 미처 생각지도 못했다. 그러나 생각해 보면 병서라 해서 특별히 어려운 이론을 쓴 것은 아니다. 어떤 사람에게 또한 어떤 사회에도 적용되는 상식적인 진리가 적혀 있다. 따라서 거기에 처세의 길이 있고 상업에도 통하는 것이다.

다. 경영전략이란 무엇인가?

전략과 전술이란 원래 군사 용어이다. 클라우제비츠는 "전략이란 전쟁 목적을 달성하기 위한 전투 운용에 관한 기술이며, 전술은 전투에서의 전투력 사용에 관한 기술"이라 했다. 리델 하트는 "전략이란 정책의 여러 목적을 달성하기 위하여 군사적 모든 수단을 분배 적용하는 기술이며, 전술은 직접 전투 행위를 위하여 병력을 배치하고 지휘하는 기술"이라 했다. 즉 전략은 목표를 달성하기 위해 각종의 전투를 통합하고, 또 전쟁을 전체적으로 파악한 최고 지휘관의 전반적 군사 방책을 뜻하며, 전술은 승리를 획득하기 위해 전투력을 행사하는 구체적 방법이다.

전략과 전술에 대한 정의定義는 대단히 많고 또 개념의 혼란을 가져올 우려도 없지 않다. 그래서 전략을 좀 더 본질적으로 또 구체적으로 다음과 같이 설명할 수도 있다.

- 전략은 기본적으로 하나의 사고방식이며, 각 현상을 계통적으로 배열해서, 그 우선순위를 확정하고 가장 효과적인 행동 방책을 선택하는 것이다. 따라서 각각의 상황에는 그것에 맞는 특별한 전략이 있을 것이다. 어느 상황에 최적 전략이 있다고 한다면, 다른 전략은 부적不適한 것이다. 이것이 기본적 진리이다.

주어진 상황 하에서 목표를 달성하기 위한 여러 행동 방책 가운데 가장 효과적인 행동 방책을 선택하는 것이 전략이다. 그리고 이 전략은 일반적으로 세 가지로 구성되어 있으며, 이것을 등식으로 표시하면 다음과 같다.

전략 = 목표 + 방법 + 자원

전략은 달성해야 하는 목표를 정해야 하고, 그 목표는 명확하고 또 그것은 달성 가능한 목표라야 한다. 방법이란 목표를 달성하기 위한 행동 방책을 말하며, 자원이란 목표를 달성하는 데 소요되는 인력·물자·재정 등을 말한다.

경영전략이란 기업 목표를 효과적으로 달성하기 위해 기업의 총수가 물적·인적 및 화폐적 자원을 확보하여 배치·전개하는 전반적 방책이다.

따라서 급변하는 기업환경 하에서 기업의 사업 활동의 성부成否와 사운社運의 흥망은 기업 총수의 경영전략의 양부良否에 의해 좌우된다.

가장 효과적인 경영전략을 책정하여 실시하기 위해서는 먼저 여러 형태의 경영전략을 분류 정리해서 그것을 이해하여 활용할 필요가 있다. 예컨대 경영전략의 책정 영역을 기준으로 하여 분류한다면, ① 생산전략, ② 재무전략, ③ 시장전략이 있다. 그리고 제품 대 시장의 결합관계라는 관점에서 경영전략을 분류하면, ① 시장 침투전략, ② 시장 개척전략, ③ 제품 개발전략, ④ 제품 다극화 전략으로 구별된다.

경영전략의 이론적 체계화는 아직 초보단계를 벗어나지 못하고 있는 실정이며, 따라서 경영전략에 필요한 여러 법칙을 훌륭한 병서를 통해 소개해 보고자 한다.

2. 중간 관리자를 육성하라

군대를 회사, 전장을 시장, 전승戰勝을 이익으로 바꾸어 본다면, 병서는 그대로 훌륭하게 기업 경영에 활용할 수 있을 것이다. 작전이나 경영도 그것의 근본은 조직의 효과적인 운용에 의한 목표의 달성에 있기 때문이다. 그래서 대규모의 전쟁을 치르고 나면, 효과적인 군대 조직이 기업 경영에 활용되는 사례가 많은데, 가장 좋은 예는 지휘 및 참모조직(Line and Staff Organization)일 것이다. 이 조직은 과학적 관리법의 운동에 적극적으로 협력한 에머슨(H. Emerson)에 의하여 제안된 관리조직으로 알려져 있으나, 근대적 지휘 및 참모 조직의 원조元祖는 프로이센군에서 비롯된다.

이것은 전쟁 규모의 확대와 복잡성을 효과적으로 해결하고, 또한 기능화의 원칙과 지휘명령 통일의 원칙을 조화시킬 목적으로 생긴 조직 형태이다. 지휘관은 충분히 미래를 예상하여 적보다 먼저 결심을 해야 한다. 이 결심의 자료를 수집하고, 결심을 실행에 옮기는 명령을 준비하고, 전달을 하기 위한 보좌기관이 참모이다.

지휘관은 참모에게 방침을 제시하고, 참모로부터 제공되는 자료에 바탕을 두고 결심하며, 이것을 명령으로 표현하여 지휘계통의 부하를 지휘한다. 참모는 특수화된 직능을 담당하는 전문가에 의해 구성되고, 참모는 지휘관을 보좌하며, 그 결심의 자료를 제공하고, 결심을 실행으로 옮기는 사무적 처리자이지만 지휘 명령권은 없다. 이 한계를 벗어나게 되면, 조직은 곧 무정부 상태로 빠지고 만다.

가. 프로이센군의 우위는 중간 간부인 참모에 있었다.

유럽에 있어서 프로이센군의 우위는 우수한 중간 간부인 전문 참모의 발달에서 가장 뚜렷하게 나타났다. 프로이센 참모본부는 정확히 국왕이 이전부터 존재하던 병참 참모를 통수부統帥部로 재조직을 명한 1803년 11월 25일부터 시작되었다. 중견 간부장교(중간 관리자)들은 특별한 시험에 합격해야 비로소 참모로 임명되었으며, 그들은 참모직(Staff)과 연대근무(Line)를 교대로 했다. 참모본부의 업무는 두 종류로 분류되어 있었는데, 군사작전의 기본 원리를 발전시키는 영속적 업무와 당면한 군사문제나 전쟁의 준비를 포함한 특정 업무가 있었다.

참모본부의 업무는 기업에 있어서 기획 조사업무를 담당하는 부서에서 수행하며 그 주요 업무는 다음과 같다.

(1) 경제조사, 시장조사 등 기본 조사를 토대로 하여 회사의 장기 목표, 장기 계획을 수립한다.
(2) 기본 조사를 토대로 하여 각부 간의 계획의 통합 조정을 도모하는 것을 지원한다.
(3) 설비 투자계획의 기획조사를 지원한다.
(4) 각부 간에 공통되는 문제인 조직, 수속, 경영자 교육 등의 기획조사를 실시한다.
(5) 경영 분석, 경영 조사, 업무 평가를 담당한다.

(6) 최고 경영자의 특명 사항을 처리한다.

프로이센의 참모본부는 몰트케(1800~1891)가 참모총장으로 임명되면서 급격히 조직을 확대·정비했으며, 몰트케의 과학적이고 합리적인 전문적 능력은 프로이센 장교단의 지배적인 이념이었다. 1860년 이후 참모본부에서 일한다는 것은 중견 간부의 장교로서 누구나 바라는 것이었다. 그들은 장교단에 있어서 엘리트의 상징이며, 또 최고 수준의 전문 지식, 능력 및 직무에의 헌신을 나타내는 직업 군인의 정화의 상징이기도 했다. 이런 참모 업무의 성과는 곧 육군대학 교육에 직결되었다.

전쟁이 그 규모와 복잡성을 증가시킴에 따라 그것의 연구를 위한 교육기관의 필요성이 증대되었다. 프로이센은 다른 열강국에 앞서 이 필요성을 인식했다. 그리하여 1810년 베를린 군사학교(1860년에 육군대학으로 개편)를 설립했다. 이 학교는 전쟁의 과학화에 대해 고도의 연구를 위한 군 대학이 되는 것을 지향했다. 장교는 5년간의 군 복무를 마친 후, 그들이 군무를 완전히 수행했다는 것이 지휘관에 의해 인정되고, 10일간에 걸친 특별 시험에 합격해야 비로소 군사학교에 입학이 허가되었다. 보통 매년 60~70명의 후보자 가운데서 40명이 선발되었다. 필수 과목에는 전략·전술, 정치학, 행정학, 경제학, 수학, 지리학, 지질학 특강, 참모 업무, 법률학이 포함되었다. 일반교양 과목 가운데 절반은 선택 과목이며, 장교는 역사 개론, 지리학 개론, 논리학, 물리학, 과학, 문학, 고등 측지학, 고등 수학, 프랑스어, 러시아어 중에서 선택했다. 교수진은 군인 교관과 문관 교관으로 구성되어 있었고, 훌륭한 도서관을 갖추고 있었다.

군사학교는 프로이센군의 군사 직업 군인 양성의 중추적 기관이며, 또 상급 지위와 계급 및 참모본부 요원이 되는 필수조건이 되었다. 이 학교는 오랫동안 유럽에 있어서 이런 종류의 학교로서는 유일했고, 그것이 준 영향이 어느 정도인가 하는 것은 1859년의 유럽에서 군사관계 문헌의 50%가 프로이센에서 저술된 것만 보아도 알 수 있다. 이 학교는 여러 사실에 대한 이해력이나 광범위한 분석 능력을 학생 스스로가 터득·발전하는 데 교육의 중점을 두었다.

나. 보오普墺·보불普佛전쟁에서의 대승大勝

보오전쟁(1866)에 있어서 프로이센군의 참모총장 몰트케 장군은 당시 세계 최강을 자랑하던 오스트리아군 24만에 대해 25만의 대병력에 의한 분진합격分進合擊 전략을 구사하여 사도바 부근에서 오스트리아군을 집중 공격하여 대승大勝을 획득했다. 각 부대는 전투를 하기 위해 집중해야 한다는 것이 통설로 되어 있었다. 주력전이 일어나기 전에 이 집결이 이루어질 경우에는 이것을 '전장戰場 외 집결'이라 한다. 나폴레옹은 이 '전장 외 집결'을 즐겨 사용하여 승리를 획득했는데, 당시 주력전에서는 병력 규모가 작았기 때문에 용이했다.

한편 각 부대가 적을 향해 집중할 때, 실제로 교전이 개시될 때까지 상호 지원할 수 있는 거리에 도달할 경우 이것을 '전장 집결'이라 하며, 일명 '분진합격'이라 하기도 한다. 이러한 종류의 기동機動은 가장 성공하기 어려운 것 중의 하나이지만, 병력이 방대하고 철도와 도로가 제한되어 있을 경우 가끔 필요한 방법이기도 하다.

오스트리아군의 패인敗因은 베네딕트 사령관의 프로이센군의 분진합격에 대해 각개격파各個擊破를 확고하게 실행하지 못한 데 주요 원인이 있었다.

보불전쟁(1870)에 있어서 프랑스의 선전포고는 7월 19일에 행해졌으나, 각의閣議에서 개전開戰이 결정된 것은 7월 14일 저녁이었다. 다음날 아침 프랑스의 전 군대에 동원령이 내렸다. 이날 저녁 때 프로이센 왕도 마찬가지로 동원령을 내렸다. 이 전쟁에 있어서 프랑스가 한 걸음 빠른 것처럼 보이지만, 그 내용에 있어서는 달랐다. 동원의 속도, 동원의 질에 있어서 양자 사이에는 현저한 차이가 있었다.

프랑스군은 수일간에 30만의 군대를 동원할 수 있을 것으로 예상했으나, 실제 초전初戰에 동원된 병력은 20만에 지나지 않았고, 곧 전투에 참가한 병력은 일부에 지나지 않았다. 수송력이 빈약했고, 병참선兵站線이 불비不備했다는 것이 치명적인 결함이었다.

한편 프로이센군의 전쟁준비는 1866년의 경험에 의해 한층 더 정비되었다. 몰트케의 대불對佛 작전계획은 1867년 겨울에 완성되었다. 프로이센의 참모본부는 프랑스의 철도 상황에 대해 프랑스군보다 더 정확한 정보를 가지고 있었을 뿐만 아니라, 라인 강과 파리 사이의 더 정확한 지도를 작성해 두었다. 참모본부에 의해 지휘된 프로이센군은 치밀한 준비와 훌륭한 기동력에 의해 38만의 병력을 18일 만에 일선에 배치했고, 초전에 가장 중요한 선제 주도권을 프로이센군이 장악했다. 그리하여 그들은 초전에서 승리했을 뿐만 아니라, 스당에서 프랑스 황제 나폴레옹 3세를 포위하여 항복케 했다. 양차의 전쟁을 승리로 이끎으로써 프로이센은 게르만 민족을 통일하고 독일제국을 건설하여 유럽과 세계의 강대국으로 등장하게 되었다.

이러한 성과는 하루아침에 이루어지는 것이 아니라, 우수한 중견 인재의 육성에서 비롯되었다. 몰트케는 우수한 젊은 장교를 선발하여 참모 교육과 새로운 전략·전술을 교육시키는 데 육군대학을 활용했고 스스로 교편을 잡기도 했다. 그는 합숙 교육과 참모 시행연습을 권장했다. 참모 시행연습에서는 참모 요원을 모아 예상되는 전장이나 비슷한 지역을 여행하면서 현지에서 각종 전황에 대응하는 작전을 개인적 혹은 사령부를 편성하여 연수하고 교육케 했다. 따라서 실제의 작전을 실시할 때는 마치 야구 감독처럼 간단한 사인만 내도 각종의 작전을 실시할 정도가 되었다. 이것의 좋은 실례는 제1차 대전 때 동부전선에서 '현대의 칸네 판版'이라 말하는 타넨베르크 전투에서 독일군은 러시아군 4개 반 이상의 군단軍團을 거의 전멸시키는 놀라운 대승리를 거두었다. 독일군 제8군의 작전참모 호프만 중령이 세워 실시 중이던 작전계획이, 새로 임명된 루덴도르프 장군(참모장)의 구상構想과 완전히 일치했다는 사실은 비록 그것이 우연하게 일치했다고 하더라도 매우 주목할 만한 일이며 독일군 일반 참모의 전반적인 우수성을 보여주는 것이었다.

몰트케의 참모 시행연습은 주간의 연습도 중요했지만, 야간에 숙소에서 몰트케와 교관들이 참석한 가운데 회식을 통해 상호의 의사소통과 우의를 돈독히 했으며, 또 이들이 각 부대의 작전참모로 보직되어 있었다는 사실은 더욱 중요했다. 그러기 때문에 몰트케는 이 소수 정예한 참모팀을 조종함으로써 대규모의 전군全軍을 수족처럼 움직여 보불전쟁에서 대승을 획득하여 민족 통일의 기반을 구축할 수 있었다.

3. 스파이전戰의 귀재鬼才 김유신金庾信

신라의 삼국 통일은 한국 민족과 한국사의 일대 비약의 초석이요, 시작이라는 점에서 큰 의의를 가지며, 그 뜻은 세 가지로 요약할 수 있다.

첫째 : 신라의 삼국 통일은 최초의 민족 통일을 실현했다. 즉 백제 및 고구려 사람들을 흡수하여 한국 민족의 원형이 이때에 와서야 비로소 형성되었고, 또 한국사도 하나의 민족, 하나의 국가로서 기술記述하게 되었다.

둘째 : 민족 통일국가의 자주적인 쟁취이다. 나·당 연합군羅唐聯合軍이 형성된 동기는 각각 달랐다. 신라는 생존권의 확보와 삼국의 통일에 있었지만, 당은 위협적인 숙적 고구려를 멸망시키고 나아가 한반도를 속방屬邦으로 만들 생각이었다. 당 태종은 김춘추에게 평양 이남과 백제의 땅은 신라에게 준다고 약속했지만 지키지 않았다. 660년 백제를 정복하고 당은 웅진도독부熊津都督府를 설치했으며 또 668년 고구려를 멸망시키고는 안동도호부安東都護府를 설치하여 통치했다. 신라는 17년간 당군과 50여 회에 걸쳐

혈전을 벌였으며, 특히 당군 20만을 매소성 전투에서 격파하고 또 기벌포 해전에서 승리하여 서해의 제해권制海權을 획득함으로써 당군을 한반도에서 완전히 축출하여 민족 통일국가를 창설했고, 또한 문화적·민족적 단일성을 성취하는 초석을 마련하였다.

셋째 : 민족문화의 융합, 토착화 및 찬란한 발전을 가져왔던 것이다. 고구려·백제는 신라보다 중국 문화의 영향을 많이 받았다. 그러나 신라는 고유한 전통을 강하게 유지·발전시켜 왔기 때문에 신라의 삼국 통일은 보다 순수한 민족문화의 줄기를 형성하여 고유문화의 굳건한 토대 위에서 새로운 민족문화를 발전시켜 오늘날까지 계승되고 있다. 이것은 한족漢族을 지배했던 거란족과 여진족이 그들의 문화를 상실하여 마침내 민족 자체의 소멸을 가져온 사실에 비추어 볼 때 더욱 돋보인다.

가. 벼리와 옷깃이 되리라.

이러한 신라의 삼국 통일에 주도적 역할을 한 최고의 공로자가 바로 김유신이었다. 그는 밖에서는 현장賢將, 지장智將 및 용장勇將의 자질을 겸비하여 탁월한 용병술을 구사했을 뿐만 아니라, 안으로는 재상宰相으로서 올바른 정치를 실시했다. 대부분의 영웅은 말로末路가 비극적인데, 그에게 있어서는 역사적 민족 통일의 성업을 성취하고, 살아서 최고의 영예를 누렸으며 또한 천수天壽를 향유했다는 점에서 인간이 바라는 이상적 생애를 마쳤던 것이다.

김유신은 수로왕首露王의 후손이며, 그의 아버지 서현舒玄은 왕족 출신의 만명萬明이라는 처녀와 중매도 없이 자유연애로 관계를 맺었다가 만노군(충북 진천)의 태수太守가 되어 부임하면서 무단가출하여 부부가 되었다. 이로 미루어 그들은 대단히 개성이 강했던 것 같다. 이런 부모에게서 태어난 김유신은 15세에 화랑이 되었다. 그가 17세(611년) 때, 고구려·백제·말갈이 국경을 침범하는 것을 보고 비분강개하여 적을 평정할 뜻을 품었다. 그래서 혼자 중악산 석굴 속에 들어가 목욕재계하고 하늘에 맹세하기를, "적국이 무도無道하여 범이나 이리떼처럼 우리나라를 침략하여 조금도 편안한 날이 없습니다. 저는 한낱 미약한 신하로서 재주와 힘을 헤아릴 바가 없으나, 화란禍亂을 없앨 것을 뜻하오니 상천上天은 하강下降하여 제게 솜씨(능력)을 빌려 주십시오"라고 하였다.

4일 만에 한 노인이 나타났고, 유신이 눈물을 흘리면서 6, 7차에 걸쳐 간청하니 그제야 노인은, "그대는 아직 어린데 삼국을 병합할 마음을 가졌으니 장한 일이 아니냐." 하면서 비법을 전하였다. 또 "조심하여 함부로 전수하지 말라. 만약 불의不義에 사용한다면 도리어 앙화殃禍를 받을 것이다." 하고 말이 끝나자 사라지고 말았다. 김유신은 이 노인의 말씀을 한 치의 어긋남도 없이 평생 준수했으며, 그리고 결심한 목표의 달성을 위해 전력을 기울였다.

629년 8월 신라군은 고구려의 낭비성을 공격하니 고구려 군사가 역습, 사태가 불리해지면서 죽은 자가 많았다. 그래서 병사들의 사기가 꺾여 싸울 생각이 없었다. 김유신도 이때 부친과 함께 출전하고 있었는데, 그는 부친 앞으로 나가 투구를 벗고 말했다.

"우리 군사가 패하였습니다. 제가 평생에 충효로서 기약하였으니, 싸움에 임하여 용맹하지 않을 수 없습니다. 들은 즉, 옷깃을 들면 갖옷(피의皮衣)이 바로 되고, 벼리(망網)를 당기면 그물이 펼쳐진다 하니, 제가 벼리와 옷깃이 되겠습니다."

그는 곧 말에 올라 칼을 빼어들고 참호를 뛰어넘어 적진에 들락날락하면서 적의 장군을 베어 그 머리를 들고 돌아왔다. 신라 군사들이 이것을 보고 사기가 올라 적을 공격해서 5천 명을 죽이고 1천 명을 사로잡으니 성중城中에 남은 적군들은 크게 두려워하여 감히 항거하지 못하고 나와 항복했다. 이때부터 김유신의 용맹은 널리 알려져 그의 지위는 굳건해지기 시작했다.

644년, 유신은 압량주押梁州 군주軍主로서 소판蘇判(삼품三品)이 되었다. 같은 해 9월, 왕은 그를 상장군上將軍으로 삼는 동시에 그로 하여금 군사를 지휘하여 백제의 가혜성·성열성·동화성 등 7성을 공격케 하여 승리했다. 이듬해 정월에 돌아와 미처 왕을 뵙지도 못하였는데, 국경 경비원으로부터 백제의 대군이 와서 신라의 매리포성(거창)을 공격한다는 급보가 왔으므로 왕은 또 유신에게 상장군을 제수하여 막게 하였다. 유신은 명령을 듣자 처자妻子도 보지 않고 바로 떠나 백제군을 요격하여 쫓아버리고 2천여 명의 머리도 베었다. 3월에 돌아와 왕에게 복명復命하고 미처 집에 들르기도 전에 또 백제군이 신라의 국경선에 주둔하여 장차 대병력이 신라를 침략할 모양이라는 급보가 날아왔다.

왕은 또 유신에게 청하였다. "공은 수고를 꺼리지 말고 빨리 가서 그 놈들이 오기 전에 방비하시오"라고. 유신은 또 집에 들르지 못하고 무기를 수선하고 군사를 훈련시켜 서쪽을 향해 떠났다. 그때 그 집안사람들이 다 문밖에 나와 떠나는 행차를 기다렸는데, 유신은 돌아보지도 않고 바로 가다가 50보쯤 지나서 말을 멈추고 자기 집에 가 장수漿水를 가져오라 하여 마시며, "우리 집 물이 아직도 예전 맛이 있다"고 하였다. 이에 병사들은 모두 말하기를, "대장군도 이러한데 우리들이 어찌 가족을 떠나는 것을 한스럽게 여기랴." 하였다. 국경에 도착하니 백제인이 신라병의 포진을 보고 감히 다가오지 못하고 물러갔다.

세 번째 출전하면서 가족도 만나지 못하고 떠나는 대장군인 유신이 집을 지나면서 그대로 가버렸다면, 임무에는 충실하나 인간미가 없는 냉정한 장수가 되었으리라. 그러나 그는 집의 물을 마심으로써 병사들의 마음을 어루만지면서 그들로 하여금 즐겨 따르게 했으니, 놀라운 통솔력을 발휘했고 또 포근한 인간미를 안겨 주었다.

660년 6월, 신라는 백제를 정벌하기 위해 당의 소정방蘇定方과 전략회의를 덕적도에서 열었다. 소정방은 태자(후에 문무왕)에게 이르기를 "나는 해로海路로 가고 태자는 육로로 가서 7월 10일에 백제의 왕도王都 사비성에서 함께 모이자"고 했다. 7월 9일 유신 등 신라의 5만 명의 군이 황산벌에 이르니, 백제의 계백 장군이 5천 명의 군사로 먼저 험한 곳에 진을 치고 신라군을 기다렸다. 신라군은 네 번이나 공격했으나 실패하자, 나이 어린 반굴盤屈, 관창官昌 등의 감동적인 활약과 전사戰死로 사기를 가다듬고 총공세를 취해 백제군을 대패시켰고 계백 장군은 전사하고 말았다.

나. 적은 백제가 아니라 당唐

7월 9일 소정방은 기벌포伎伐浦(지금의 동진강)에서 웅진강으로 거슬러 상륙하여 도성都城 가까이에서 백제군을 물리쳤다. 유신 등 신라의 간부들이 당군의 진영에 가니, 정방은 신라군이 약속한 기일에 뒤진 것을 이유로 신라 독군督軍 김문영의 목을 베려고 하자, 유신은 여러 사람에게 말하기를, "대장군이 황산의 싸움을 보지 못하고 늦게 왔다고 죄를 주려는 모양이나, 나는 결코 죄 없이 욕을 받을 수 없다. 반드시 당군과 먼저 싸움을 결정한 다음에 백제를 부수겠다"고 버티었다. 이때 군문軍門 앞에서 창을 쥐고 서자 그의 성난 머리칼은 꼿꼿이 서고 허리에 찬 보검은 저절로 움직여 칼집을 벗어났다고 전한다.

정방의 우장군 동보량이 발을 구르며 말하기를, "신라군이 변란을 일으킬 모양입니다." 하니, 정방은 결국 김문영의 죄를 묻지 않기로 했다.

당군은 처음부터 원조자의 가면을 덮어쓰고 신라의 장병들을 업신여겼고 삼국의 지배만을 생각했다. 소정방의 거만한 태도를 통해 김유신은 그의 진심을 간파했으며, 따라서 진짜 적은 백제가 아니라 당군임을 알았다. 그의 투철하고 명석한 두뇌와 용감함은 그 후의 한국사에 등장한 여러 명장名將들 가운데서도 가장 으뜸이 된다.

당군은 백제를 멸망시킨 후, 신라 침공을 음모하고 있다는 것을 무열왕이 알게 되어 여러 신하를 불러 계책을 물었다. 다미공多美公이 나와 말하기를, "우리 백성을 거짓 백제의 사람으로 만들어 그 의복을 입히고 도둑질을 하려는 것처럼 만들면 당군이 공격할 것이니, 그때를 틈타 더불어 싸우면 뜻대로 될 수 있을 것입니다." 하고 유신도 "그 말도 그럴 듯 하니 따르시옵소서." 하였다.

왕은 말하되, "당나라 군사가 우리를 위하여 적을 없애 주었는데, 오히려 맞붙어 싸운다면 하늘이 우리를 도와주겠소?" 하니, 유신은 "개가 제 주인을 무서워하지만 주인이 제 다리를 밟으면 무는 법입니다. 어찌 어려움을 당하여 자기 목숨을 구하지 않을 수 있겠습니까? 대왕께서 허락하여 주십시오." 하고 청하였다.

당인唐人들이 신라군의 대비가 있음을 정탐해 알고는 백제왕과 그 신하 등 2만여 명의 포로를 데리고 귀국했다. 정방이 돌아가 포로를 바치니 당 고종唐高宗은 위로하며, "어찌하여 이내 신라를 치지 않았는가?" 하였다. 정방은 답하기를, "신라는 그 임금이 어질어 백성을 사랑하고 그 신하가 충성으로 나라를 섬기며 아랫사람은 윗사람 섬기기를 부모같이 하고 있으니, 비록 작은 나라지만 도모할 수 없었습니다." 하였다.

아직도 신라가 당의 힘을 빌려 삼국을 통일했다고 주장하는 사람은 두 가지 점에서 과오를 범하고 있다. 즉 첫째는, 국제정치의 본질과 현실을 모르는 것인데, 타국의 독립을 지원해 주기 위해 대병력을 동원했던 위정자는 아직 역사상 없었으며, 앞으로도 없을 것이다. 둘째는, 역사적 사실史實을 외면하고 있다는 점이다. 위에 말한 내용은 『삼국사기』에 잘 기록되어 있다.

일찍이 손자는 "총명한 군주나 현명한 장수가 행동하기만 하면 적에게 승리하고 여러 사람들보다 출중하게 공을 세우는 것은 먼저 적의 능력과 의도를 알기 때문이다"고 했다. 유신은 간첩을 다루는 데도 남다른 재능을 발휘했다.

급찬級湌(구품직九品職) 조미압租未押이 백제에 사로잡혀 가서 좌평佐平 임자任子의 집 종이 되었는데, 그는 부지런하고 정성껏 일하여 임자의 신임을 얻어 출입이 자유로웠다. 이에 그는 도망해 돌아와 백제의 사정을 유신에게 말했다. 유신은 조미압이 충성스럽고 정직하여 쓸모 있는 인물임을 짐작하고 드디어 말하기를, "내 들으니 임자가 백제의 일을 전담하는 처지로서 그와 의사를 통하고 싶으나, 아직 못하고 있다. 그대는 나를 위하여 다시 가서 말해 주려는가" 하니, 조미압은 "공이 저를 불초不肖로 여기지 아니 하시고 가르쳐 시키신다면 비록 죽어도 후회가 없겠습니다"라고 대답하며 다시 백제로 들어갔다.

다. 수성守成 바라는 장군의 유언

조미압은 임자에게 처음에는 거짓말을 했으나 기회를 보아 다시 말하기를, "전번에는 죄를 주실까 두려워서 바른 말씀을 못하였으나, 실상인즉 신라에 갔다 왔습니다. 그런데 유신이 저에게 부탁하여 주인님께 말씀을 드려 달라고 했습니다. 그의 말이 '나라의 흥망을 미리 알 수 없는 것이니, 만약 그대의 나라가 망하면 그대가 우리나라에 의지하고, 우리나라가 망하면 내가 그대의 나라에 의지하도록 하자'고 했습니다"라고 했다.

묵묵히 듣고 난 임자는 말이 없었다. 조미압이 황공하여 물러나 죄 주기를 기다렸다.

두어 달 만에 임자가 불러서 묻기를, "네가 전번에 말한 바, 유신의 말이 어떤 것인가." 하였다. 조미압이 놀라고 두려워하여 전에 말한 대로 대답하니, 임자가 "네가 전한 말을 내가 잘 알았다. 가서 알리라"고 했다. 그리하여 그는 신라에 돌아와 유신에게 백제의 사정을 자상히 설명했고, 그로부터 유신은 더욱 백제 정복의 계략을 깊이 하여 660년 5만의 대군으로 백제에 침공했으며, 황산벌 전투에서 계백을 전사시켰고, 좌평 충상忠常·상영常永 등 30여 명은 사로잡았다. 이들 장관長官들은 이미 신라와 내통하고 있었으며, 백제는 이미 내부 붕괴를 일으키고 있었던 것이다.

672년 8월 당과 말갈의 군사들이 쳐들어와서 신라군이 크게 패하고 장군 효천曉川과 의문義文 등이 전사했다. 유신의 아들 원술元述도 전사하려고 하자, 그의 보좌 담능淡凌이 말리며, "대장부는 죽는 것이 어려운 일이 아니라 죽을 경우를 택하는 것이 어려운 일이니, 만일 죽어서 이루어짐이 없다면 살아서 후에 공功을 도모함만 같지 못 합니다"고 하였다. 원술이 대답하기를 "남아男兒는 구차하게 살지 않는 것이다. 장차 무슨 면목으로 우리 아버지를 보겠는가." 하고 말을 채찍질하여 달려가려고 했으나, 담능이 고삐를 잡아당겨 놓아주지 않아 살아서 돌아왔다.

왕은 유신에게 "군사의 실패가 이러하니 어찌할꼬?" 하고 물으니, 대답하기를 "당인들의 모계謀計는 헤아릴 수 없으니, 장병들은 각기 요지要地를 지키도록 해야 하겠습니다. 다만 원술은 왕명王命을 욕되게 하였을 뿐만 아니라, 또한 가훈家訓을 저버렸으니 목을 베어야 하겠습니다." 하였다. 왕이 "원술은 부대장인데 혼자에게만 중한 형벌을 시행함은 불가하다." 하고 용서해 주었다. 원술은 부끄럽고 두려워서 감히 아버지를 보지 못하고 시골로 가서 숨어 다니다가 아버지가 돌아간 뒤에 어머니를 뵙기를 청했다. 그러나 어머니는 "부인은 삼종三從의 의리가 있다. 지금 과부가 되었으니 아들을 따라야 하겠지만, 원술은 이미 아들 노릇을 하지 못하였으니 내가 어찌 그 어머니가 될 수 있겠느냐?" 하고 만나지 않았다. 그는 통곡하고 가슴을 치며 태백산으로 들어갔다고 한다.

675년 당군 20만이 침공하여 매소성을 공격하니, 원술은 그 소식을 듣고 죽음으로써 예전 부끄러움을 씻고자 하여 나아가 힘껏 싸워 공을 세우고 상까지 받았다. 그러나 부모에게 용납되지 못한 것을 한하여 벼슬하지 않고 한세상을 마쳤다.

문무왕 13년(673년) 유신이 병석에 눕게 되자, 왕이 문병 와서 "… 만약 피치 못할 일이 생긴다면 이 백성을 어쩌며 이 나라를 어쩌란 말이오"라고 말했다. 유신은 "…신은 예로부터 대위를 계승하는 임금이 처음은 잘하지 않는 이가 없지만 끝까지 마치는 일이 적어 누대累代의 공적을 하루아침에 무너뜨리게 됨을 볼 때 매우 통탄할 일입니다. 원하건대 전하께서는 성공이 쉽지 않다는 것을 아실진대 수성守成도 어렵다는 것을 염려하시와 소인小人을 멀리하시고 군자君子를 친근히 하십시오. 조정은 위에서 평화롭고 백성은 아래에서 안정하여 재앙과 난리가 일어나지 않고 국가의 기업基業이 무궁하게 된다면 신은 죽어도 유감이 없겠습니다"라고 왕의 도道를 마지막으로 말했다.

늙은 신하와 왕과의 대화는 한 폭의 그림을 보듯 포근한 장면을 연상케 한다. 왕은 울면서 유신의 말을 받아들였다고 기록되어 있다.

삼국 통일의 위업을 완성한 문무왕이야말로 신라에서 가장 거대한 무덤을 만들어 마땅하리라. 그러나 그는 늙은 신하의 유언을 받아들여, 백성들의 부담을 덜고 또 평안케 하기 위해 세계에서도 그 유례가 드물다고 하는 경주 감포의 가장 간소한 대왕암大王岩의 해중릉海中陵으로 만족했던 것이다. 국가와 마찬가지로 기업에 있어서도 성공이 어려울진대, 수성은 더욱 어려울 뿐만 아니라, 총명함과 기업의 발전에는 결단이 필요한 것이다.

4. 중공군의 참전은 트루먼이 자초했다

1950년 8월 인민군은 낙동강 전선에서 한반도의 적화통일을 위해 최후의 총공세를 시도했으나 결과가 여의치 않았다. 그런데 9월 15일 맥아더 원수의 지휘에 의한 기습적인 인천 상륙작전으로 후방의 병참선이 차단되어 급히 붕괴되기 시작했다. 이번에는 전세가 역전되어 한국군 및 유엔군이 공세를 취하게 되었고 인민군은 달아나기에 바빴다. 더욱이 10월 1일 한국군이 38선을 돌파하여 북진을 감행하자, 중공은 신경을 곤두세우고 유엔군의 동향에 주목하게 되었다. 즉, 유엔군이 38선을 넘어 진격해 올 것인가의 여부에 신경을 집중시키고 있었다.

10월 3일 저우언라이(周恩來) 외상外相은 베이징(北京) 주재 인도 대사 파니카를 초치招致하여, 만약 유엔군이 38선을 넘는 경우에는 중공은 북한을 지원하기 위해 군대를 파견하겠다고 말하고, 그러나 한국군만이 38선 이북으로 진격하게 되면 중공은 그런 행동을 취하지 않을 것이라 했다. 이러한 내용은 곧 워싱턴 당국과 극동군 사령관에게도 알려졌다. 그리고 10월 초, 북한 포로수용소를 탈출한 미군 장교 1명이 3명의 소련군 장교의 심문을 받을 때, 그 중 선임자인 소련군 대령은 만일 미군이 38선을 월경越境한다면 새로운 공산군이 인민군을 증원하기 위해 전쟁에 개입할 것이라고 말했다.

이러한 내용을 종합해 볼 때, 중공 당국은 만일 한국군 이외의 유엔군이 38선을 넘어 북진할 경우에는 6·25전쟁에 개입할 것을 9월 말경에 결정한 것으로 추정된다. 중공 당국은 유엔군이 38선을 넘지 않으리라고 생각했는지는 모르지만, 김일성도 유엔군이 38선에서 정지할 것으로 생각했다. 왜냐하면 김일성은 10월 14일 전 인민군에게 하달한 명령서에서, "우리가 실패한 중요한 이유는 유엔군이 38선을 월경하지 않을 것이라고 믿은 데 있었다"고 했던 것이다.

한국군이 38선을 돌파한 것은 10월 1일이며, 유엔군은 10월 7일이었다. 그 후 곧 중공군은 만주에서 압록강을 건너 북한에 잠입해 오기 시작했다. 10월 15일 당시, 웨이크 섬에서 트루먼 대통령과 맥아더 원수가 중공군의 개입은 그 가능성이 극히 희박하다는 결론을 내렸을 그 무렵에, 린뱌오(林彪)가 지휘하는 제4 야전군은 아이러니컬하게도 이미 북한에 진주해 있었던 것이다.

웨이크 섬에서의 트루먼 대통령과 맥아더 원수의 회담은 맥아더 원수가 대만臺灣을 방문한 뒤 발표한 문제의 성명聲明이 빚은 트루먼 대통령과의 의견 대립을 조정하고, 아울러 6·25전쟁 수행에 관한 정책·전략에 대한 서로의 격의 없는 협의를 모색하기 위한 것이었다. 이 회의의 마지막 단계에 가서 트루먼 대통령은 질문했다.

"중공이나 소련이 개입할 낌새는 없습니까?"

이에 대해 맥아더 원수는 다음과 같이 답변했다.

"극히 희박합니다. 만약 그들이 전쟁의 첫 달이나 두 번째 달에 개입했다면 치명적이었을 것입니다. 우리는 더 이상 그들의 개입을 염려하지 않습니다.… 나 자신의 군사적인 판단으로는 우리의 공군이 무적無敵 상태에 있으므로 압록강의 북방과 남방에서 상대의 공격 기지나 병참선을 뜻대로 파괴할 수 있는 힘을 갖고 있는 이상, 중공군의 사령관이 황폐된 한반도에 대부대를 투입하는 그러한 위험을 범하리란 것은 생각되지 않습니다. 그러한 행동은 보급 부족으로 전멸당할 위험성이 큽니다."

1950년 10월 말, 미군 지휘관들은 전쟁이 끝난 기쁨에 싸여 있었다. 미 육군성이나 도쿄(東京)의 극동군 사령부는 미 2사단을 먼저 유럽이나 미국으로 돌려보낸 후의 미 8군의 재배치 계획을 준비했다. 10월 25일 육군성은 맥아더에게 극동에 보낼 예정이던 보충병을 취소하겠다고 통보했다.

한편 한국의 전장戰場에서도 전승戰勝 기분에 도취되고 있었다. 10월 22일 워커 장군은 맥아더에게 이제부터 한국에 오는 모든 탄약은 일본 보급창으로 보내달라고 요청했다. 남아 있는 탄약으로 한국의 작전 수행을 치르는데 충분하다고 판단했기 때문이었다. 맥아더 원수도 이를 승인하여 각종 포탄과 폭탄을 실은 6척의 선박을 하와이 또는 미 본토로 돌려보내도록 조치를 취했다. 미 1기병사단 병사들은 추수감사절의 칠면조 고기는 도쿄에서 먹게 되고, 노란 기병대의 머플러를 목에 걸고 도쿄의 번화가를 활보할 것을 생각하며 설레는 가슴을 억제하지 못하고 있었다. 그들은 제일 먼저 일본으로 돌아갈 부대라고 생각하면서 짐을 챙겼다.

10월과 11월에 걸쳐 전선에서 중공군 포로를 사로잡았으나, 중공군의 실제 개입문제를 둘러싸고 유엔군 사령부의 견해와 평가가 여러 차례에 걸쳐 변했고, 또 중공군의 활동이 약간 잠잠하게 되자, 유엔군은 11월 24일을 기해 총공세를 시작했다. 이때 중공의 30만 대군이 전투 전개를 완료하고 대기하고 있었기 때문에 총공세는 2일 만에 전면적 패퇴로 일변하고 말았다.

맥아더 원수는 마침내 유엔군 사령관의 권한 범위를 벗어나 국제연합과 세계 여러 나라의 정치 수뇌급에서 해결책이 제시되어야 할 '전혀 새로운 전쟁'에 직면하고 있음을 공표했다. 전쟁의 주도권을 장악한 중공군은 12월 말까지 38선 이북의 전역을 점령한 후, 다시 1951년 1월 초에는 서울 이남에 진출하여 전의戰意를 상실한 유엔군에 계속 압력을 가했다.

새로운 '정책 결정과 전략계획'을 요구한 맥아더 원수에게 트루먼 대통령과 그의 수뇌들에 의해 결정된 작전 임무가 12월 29일 그에게 하달되었는데, 그 내용은 다음과 같았다.

> · 유엔군의 전략 보전에 주로 유의하여 축차적인 방어 작전을 수행하되, 일본의 방위에 대한 끊임없는 위협을 고려하여 한반도로부터 질서 정연한 철수작전을 수행할 최종의 기회 조건을 미리 결정해야 할 것이며…

유엔군의 한반도로부터의 질서 정연한 철수작전의 문제는 그 후 신임 리지웨이 장군의 지휘·통솔력과 효과적인 작전 수행으로 중공군의 공격 저지와 반격으로써 포기되고 말았다.

한 국가가 전쟁을 할 것인가의 여부나 다른 국가의 전쟁에 개입할 것인가의 여부를 결정하는 것은, 정치가의 기본 임무에 속하며 또 정치만이 그것을 관장할 수 있다. 미국의 경우, 중공군의 6·25전쟁 개입의 가부를 결정해서 야전군 사령관에게 통보할 사람인 트루먼 대통령이 해야 할 일이며, 이를 위해 국무성 및 중앙정보부(CIA)가 그의 보좌를 담당하고, 그들 요원들이 해외에서 활동하여 첩보를 수집해서 본국에 보고하는 것이다. 그런데 트루먼 대통령은 파니카 인도 대사의 중공 개입 의사 전달을 하나의 외교적 위협으로만 간주했다고 그의 『회고록』에서 밝히고 있다.

트루먼 대통령은 대만의 장제스(蔣介石)가 중공을 공격하게 되면 3차 대전이 일어난다는 지나친 두려움 때문에 미 7함대로 하여금 대만해협을 봉쇄함으로써 해안선에 배치된 중공군은 필요가 없게 되어 북상하여 한만韓滿 국경에 배치, 후에 6·25전쟁에 개입하게 되었다. 트루먼 대통령의 이 조치야말로 중공군의 6·25전쟁 개입의 소지를 마련해준 졸렬한 조치였다.

트루먼 대통령은 전쟁 지도에 있어서 확고한 전쟁 목적을 제시해야 함에도 불구하고 전선의 상황에 따라 갈팡질팡했다. 따라서 대통령은 확고한 선견지명에 바탕을 두고 명확한 전쟁의 목적을 제시하고, 그 목적 달성을 위한 수단(병력·무기와 장비 등)을 충분히 공급해 주는 정치 지도력이 있어야 했지만, 불행하게도 트루먼 대통령에게는 그것이 결핍되어 있었기에 미국뿐만 아니라, 한국에도 엄청난 비극을 가져오게 했다.♣

XV.
병가들의 전략사상과 경영전략

1. 부전승不戰勝의 『손자병법』

–오사칠계五事七計의 백전전승百戰全勝 노하우–

중국 춘추시대 말기(2,500여 년 전)에 제齊나라의 손무孫武가 오吳나라의 합려왕闔閭王(514~496 B.C)에게 취직을 하기 위해 저술해서 바친 책 『손자孫子』라는 병서兵書는 오늘날까지도 명저名著로 활용되고 있다. 일찍이 당나라 이세민李世民(당 태종)은 "나는 여러 병서를 읽어 보았지만, 손무에 비견할 만한 것은 없다"고 높이 평가하였으며, 또 명明의 모원의茅元儀는 "『손자』 이전의 병서는 『손자』에 영향을 미치지 못했고, 『손자』 이후의 것들은 이것의 주석에 불과하여 이를 능가하지 못하고 있다. 따라서 『손자』 한 권으로 병가의도兵家之道는 달성된다"고 했다.

『손자』에 대한 평가는 다만 중국에서만 그 명성을 차지하는 것이 아니라, 한국 및 일본 그리고 서양에서도 그 진가가 높이 평가되었다. 그 책은 상승장군常勝將軍이요, 군사적 천재인 나폴레옹(1769~1821)의 애독서였다. 또 독일 황제 빌헬름 2세는 제1차 세계대전의 패전 후 『손자』를 읽고, "20년 전에 읽었어야 할 책이었다"고 술회했다.

제2차 세계대전 후 일본의 장군들도, "우리들이 바르게 『손자』를 알고 있었더라면, 이렇게 비참한 패전을 당하지 않았을 것이다"고 했다.

한편 영국의 저명한 군사평론가요, 또 '20세기의 클라우제비츠'로 알려진 리델 하트(1895~1970)는 "『손자병법』의 소책자에는 내가 저술한 20권 이상의 저서에서 다루어 온 전략·전술의 근본 문제를 거의 포함하고 있다"고 높이 평가했다.

가. 싸우지 않고 승리하는 전략

손무는 서두에, "전쟁은 국가의 중대한 일이다. 국민의 생사와 국가의 존망이 기로에 서게 되는 것이니 신중히 검토하지 않으면 안 된다"고 했다.

이것을 다음과 같이 고쳐보면 더욱 실감이 날 것이다. "기업 경쟁은 기업의 중대한 일이다. 사원의 생업과 기업의 존망이 기로에 서게 되니 신중히 검토하지 않으면 안 된다."

기업 전략에 있어서 세계적 권위자인 미국의 헨더슨은 그의 저서, 『기업전략론』(1979)에서, "자사自社가 최대의 투자를 계획하고 있는 제품, 시장, 서비스 분야에서는 타사他社가 투자를 포기하게끔 하는 것이 전략의 기본법칙이다"고 했다. 그러나 이것은 2,500여 년 전 『손자』에 의해 명시된 내용이다. 즉 "백 번 싸워 백 번 승리하는 것은 결코 최상의 방법이 아니고, 싸우지 않고 적을 굴복시키는 것이 최상의 방법이다. 따라서 가장 훌륭한 방책은 적이 전쟁을 하려는 의도를 분쇄하는 일이요, 그 다음은 적의 동맹관계를 끊어 고립시키는 일이며, 그 다음은 적의 군대를 정벌하는 일이요, 최하의 방책은 적의 성城을 공격하는 일이다."

싸우지 않고 적을 굴복시키기 위해서는 그만한 힘의 뒷받침이 있어야 하며, 손무는 이것을 오사五事, 칠계七計를 가지고 구체적으로 설명하고 있다.

오사란 전력의 요소를 뜻한다. 즉,

① 도道는 국민들이 위정자와 같은 마음이 되어 생사를 함께 할 수 있으면 어떤 위험도 두려워하지 않는다.

② 천天은 음양의 이치, 추위와 더위, 계절의 변화 등 시간적 조건이다.
③ 지地는 거리가 먼가, 가까운가. 지세地勢가 험난한가, 평탄한가. 넓은가, 좁은가 등 지리적 조건이다.
④ 장將은 지혜·신의·인애·용기·엄정을 갖춘 장수를 말한다.
⑤ 법法은 군대의 조직이나 규율 및 병참 등이다.

칠계란 일곱 가지 기준에 의거, 양편의 실정을 조사하는 것이다. 즉,
① 어느 편의 통치자가 더 정치를 바르게 잘하는가.
② 장수는 어느 편이 더 유능한가.
③ 천시天時와 지리地利는 어느 편이 더 유리한가.
④ 조직·규율·병참 등은 어느 편이 더 잘 정비되어 있는가.
⑤ 군대는 어느 편이 더 많으며 강한가.
⑥ 장병은 어느 편이 더 잘 훈련되어 있는가.
⑦ 신상필벌信賞必罰은 어느 편이 더 분명히 행해지고 있는가.
손무는 이 일곱 가지 기준에 의해서 승패를 미리 판정할 수 있다고 했다.

나. 속전속결速戰速決로 승리하자

손무는 싸우지 않고 적을 굴복시키는 것이 가장 훌륭한 전략이기는 하지만, 부득이 적과 싸우게 되는 경우, 속전속결로 승리하는 데 가치가 있는 것이지, 결코 지구전持久戰을 하는 데 가치가 있는 것은 아니라고 했다. 왜냐하면, 장기전을 벌이면 무기가 무디어지고, 장병들의 사기도 저하되며, 국가의 재정이 고갈되고, 힘이 약화되면 제3국이 이에 편승하여 침공코자 하게 된다. 이렇게 되면 아무리 지모智謀 있는 자라 할지라도 그것을 수습할 수가 없기 때문이다.

싸움에 앞서 가장 먼저 중요한 것은 적에 대한 정보의 획득이다. "총명한 군주나 현명한 장수가 행동만 하면 적에게 승리하고 여러 사람들보다 출중

하게 공을 세우는 것은 먼저 적의 능력과 의도를 알기 때문이다."

손무는 정보를 획득하는 구체적인 방법으로 다섯 종류의 간첩을 열거하고 있다.

① 향간鄕間이란 그 고장 주민을 이용하는 간첩이다.

② 내간內間이란 적의 관리를 이용하는 간첩이다.

③ 반간反間이란 적의 간첩을 역이용하는 간첩이다.

④ 사간死間이란 허위 사실을 이편의 간첩에게 믿게 하여 그것을 적에게 전달하는 간첩이다.

⑤ 생간生間이란 적국에 잠입하여 정보활동을 하고 돌아와 보고하는 간첩이다.

손무는 "미묘하고 또 미묘함이여, 정보활동을 하지 않는다면 승리를 획득할 수 없다"고 하였다.

적에 관한 첩보를 정확히 분석하고는, "먼저 적이 승리하지 못하도록 만전의 태세를 갖추고, 이편이 승리할 수 있는 기회를 기다려야 한다"고 했다.

"우리의 군대가 적과 마주쳐서 반드시 패배하지 않는 것은 공격과 방어를 적절하게 하고 있기 때문이다. 전투가 전개되면 마치 돌로 달걀을 치듯 적을 격파할 수 있는 것은 집중된 병력을 가지고 분산된 적을 공격하기 때문이다."

"적의 배치는 노출시키고, 이편의 배치는 적이 알지 못하게 감추어 둔다면, 이편은 집중할 수 있으나, 적군은 분산되기 마련이다. 이편은 하나로 집중하고 적군은 10으로 분산하면 그 결과는 열 사람이 한 사람을 공격하는 것이 된다. 이를테면 이편은 많고 적군은 적다. 다수의 병력으로 소수의 병력을 공격하게 되면 적군은 언제나 약하여 승리하기 쉬운 것이다."

집중의 원칙이란 사용 가능한 최대한의 전투력(기업에 있어서는 인력과 자금 등)을 결정적 지점에 투입해야 한다. 집중은 결정적인 시간과 장소에 주어진 상황 하에서 허용된 최대한의 수단을 집중하는 것을 뜻한다. 이 집중의 원칙을 가장 잘 활용하여 혁혁한 승리를 획득한 장수는 나폴레옹이었다. 그는 언제나 병력의 절대적 수는 열세했지만, 전장의 결정적 지점과 시간에 병사들의 발의 기동력에 의해 병력의 상대적 우세를 획득하여 승리를 장식하게 했다.

기업에 있어서도 업종 다변화란 구실 아래 문어발이 무색하리만큼 팽창일변도였던 재벌들의 방책은 집중의 원칙을 무시한 분산으로 기업 자체의 경쟁력을 허약하게 만들어 국내 시장에서는 약간의 성공을 거둘 수는 있을지 몰라도, 결코 국제 경쟁에서는 생존하기조차 어려운 운명에 직면하게 만드는 것이다. 제한된 인력과 자원을 어느 한 곳에 언제 목표를 정하여 전력투구로 집중시키느냐 하는 문제는 바로 기업의 생존과 번영에 직결되며, 이를 결정하기 위해 기업의 총수는 외롭고 모험적인 결단을 내려야하는 것이다.

다. 군대의 운용은 물과 같아야

"무릇 군대의 운용은 물과 같아야 한다. 물은 높은 곳을 피하고 낮은 곳으로 흐르기 마련이다. 마찬가지로 군대의 운용도 적의 강한 곳을 피하고 허점을 공격해야 하는 것이다. 물은 지형에 따라 흐름의 형태를 달리하는 법이지만, 마찬가지로 군대도 상황에 따라, 즉 적의 허실강약虛實强弱에 의하여 승리를 획득해야 한다. 물에 일정한 형태가 없는 것과 마찬가지로, 군대의 운용에도 일정한 형태가 없는 것이다. 적의 정세에 따라 우리의 쉽고 효과적인 대응책으로 승리를 거두니, 이를 용병用兵의 신神이라 한다."

여기서 군대를 기업으로 바꾸어 두어도 그대로 적용되는 내용이며, 기업은 물처럼 정세의 흐름에 따라 억지나 무리가 없이 운용되어야 한다는 것을 역설하고 있다.

"전쟁을 잘하는 장수는 승리를 전세에서 찾고, 병사들에게 책임을 묻지 않는다. 그리하여 인재를 선택하여 적재적소에 배치하고 나머지는 전세에 맡기는 것이다.

전세에 맡겨 작전을 지휘하는 장수는 장병들을 싸우게 하되, 통나무나 돌을 굴리는 것처럼 하는 것이다. 통나무나 돌의 성질은 평평한 곳에 두면 정지하고 있으나, 경사지에 두면 움직인다. 모나면 정지하고 둥글면 굴러간다. 그러므로 장병들이 전투를 잘하도록 하려면, 천 길 낭떠러지에서 돌을 굴리 듯 그렇게 전세를 만들어야 하는 것이다."

집단에 있어서 개개인의 능력은 그 인간을 스타로 만듦으로써 살아나는 것이 아니라, 전체의 기세를 추진하기 위한 핵으로서 사용되었을 때, 더 효과적인 영향을 가지게 된다. 예컨대 태평양전쟁에 있어서 일본군의 항공대원들은 진주만 공격의 성공, 마리아나 해전의 승리 등으로 기세가 날로 높아졌다. 그들은 노도와 같은 기세를 그대로 가지고 작전을 실시한 인도양 해전에서 개개인의 능력 이상으로 활약하여 예상 외의 전과를 올렸다. 한 함선에 폭탄 45개를 투하하여 37개를 명중시켰으며, 다른 함선에 대해서는 52개를 투하하여 48개를 명중시키는 놀라운 능력을 발휘했다.

병사들을 어떻게 하면 그들의 능력을 최대한으로 발휘케 하느냐 하는 문제는 지휘관이 다루어야 할 가장 중요한 문제의 하나로, 이것은 기업에 있어서도 마찬가지일 것이다.

손무는 싸움에서 승리하기 위해 주도권 장악의 중요성을 다음과 같이 말했다. 즉

"용병을 잘하는 장수는 적을 조종은 하되, 적에게 조종을 당하지 않는 것이다. 적군으로 하여금 스스로 공격해 오도록 하려면 이익을 보여주어야 하고, 적군으로 하여금 오지 못하도록 하려면 피해가 있다는 것을 시사해야 한다."

『손자』가 병법으로뿐만 아니라, 기업 경영전략으로 각광을 받는 이유 가운데 하나는 바로 자연의 이법理法과 인간의 문제를 깊이 다루고 있기 때문이리라.

2. 문무 겸비로 인화人和 이루면 필승하는 『오자吳子』

『오자』는 2,400여 년 전인 전국시대戰國時代 초기, 초楚나라 재상이었던 오기吳起의 말을 모은 것으로 『손자』와 더불어 병서의 쌍벽을 이루고 있다. 그는 공자孔子가 죽은 지 반세기쯤 지나 하남성河南省 남부의 위衛나라에서 태어났다. 그는 처음에 노魯나라에서 벼슬을 하고 있었는데, 마침 제齊나라 군사가 노나라로 침공해 왔다. 노나라에서는 오기를 장군으로 기용하고 싶었지만, 오기의 아내가 제나라 사람이라는 것이 마음에 걸려 기용을 주저하고 있었다. 그러자 오기는 아내를 죽여 두 마음이 없다는 것을 보이고 장수가 되었다. 그리하여 제나라 군사를 단숨에 격파하고 공을 세웠으나, 제나라 간첩들이 퍼뜨린 모략중상으로 노나라 임금이 오기를 의심하자 화가 두려워 노나라에서 곧 도망쳐 나오게 되었다.

가. 출세 위해 아내도 죽였다

노나라에서 뜻을 얻지 못한 그는 위魏나라로 가서 문후文侯(445~396 B.C)의 인정을 받아 장수가 되었다. 『오자』의 첫머리는 이 문후와의 첫 대화로 시작된다. 오기는 진秦나라에 대항하는 전방 기지인 서하西河의 태수가 되어, 여기서 연전연승하며 공을 세웠으나 문후가 죽고 무후武侯가 뒤를 이었을 때, 그는 재상이 되지 못한 것을 불평한 것이 문제가 되어 위나라에서 다시 도망치게 되었다.

두 번째 뜻을 얻지 못한 오기는 남쪽의 초나라 수도 영郢에 나타났다. 일찍부터 오기의 소문을 들어온 초나라의 도왕悼王(401~381 B.C)은 기다렸다는 듯이 그를 재상으로 임명했다. 왕의 우대에 감격한 오기는 몸소 군사를 지휘하여 월越나라·진陳나라·채蔡나라 등 이웃 나라를 정복하여 전장에서 그의 능력을 발휘했을 뿐만 아니라, 내정內政에서도 왕권 증대를 위해 적극적인 활동을 전개했다.

당시 제도는 전환기에 처해 있었으며, 귀족들은 왕의 중앙집권화에 반대하여 자기네의 권력을 강화시키려 했다. 그래서 왕과 귀족들과의 사이에는 항상 갈등이 계속되고 있었다. 오기는 왕권의 확립과 강력한 국가를 수립하기 위해 귀족들의 세력을 약화시키는 데 전력을 기울였다. 그러나 아깝게도 오기를 깊이 신임하던 도왕이 일찍 사망하자, 귀족들의 테러단은 때를 기다린 듯이 오기를 습격했다. 그는 왕의 영안실로 도망쳐 시신 위에 몸을 엎었다. 그를 쏜 화살은 왕의 시신까지 뚫고 들어갔으며 이리하여 그는 죽었다.

도왕의 아들 장藏은 임금의 자리에 오르자, 왕의 시신에 화살을 쏜 테러단에 가담한 70여 귀족들을 역적의 죄명으로 전 가족을 몰살하였다. 그래서 오기는 자기를 죽인 원수들에 대한 복수를 위해 일부러 왕의 시신 위에 엎드려 죽는 순간에도 복수의 방법을 잊지 않았던 것으로 평가되기도 한다. 그는 출세주의자·권력주의자의 화신처럼 혹평을 받기도 하는데, "출세를 위해 어머니를 버리고 아내를 죽였다"고 『사기史記』는 기록하고 있다.

그러나 오기는 그의 생각하는 바를 냉혹하리만큼 실천, 추구하는 사람이었기 때문에 많은 혹평을 받아왔으나, 두 번이나 그의 능력을 발휘하는 데 실패한 그를 절대적으로 신임해 주었고 소신을 실천에 옮길 수 있게 해준 도왕과 함께 죽음을 택한 것으로 평가할 수도 있으리라.

나. 문무 겸비의 철학 적용해야

"옛날 승상承桑이란 임금은 문화적인 도덕면에만 힘을 기울이고 군비에는 전혀 힘을 쓰지 않았기 때문에 나라가 망하고 말았습니다. 또 유호有扈라는 임금은 무武에만 의존하여 군비 증강에만 힘을 썼기 때문에 결국 그로 인해 나라를 잃고 말았습니다.

현명한 임금들은 이런 예들을 거울삼아, 대내적으로는 문덕文德을 닦고 대외적으로는 완전한 군비를 갖추고 있었던 것입니다. 그러므로 적이 쳐들어오는 데도 나가 싸우려 하지 않는 것은 정의라고 할 수 없는 것이며, 싸우다 죽어 넘어진 백성들의 시체를 보고 눈물을 흘리는 것이 꼭 어진 것은 아닙니다."

오기의 이 말에 크게 감동된 문후는 손수 의식 준비를 서두르고 부인이 술잔을 들어 조상의 영靈에 제사를 올린 다음, 그를 장수에 임명했다.

오기가 말한 문무 겸비의 사상은 국가 경영의 근본이며, 민족의 생존권 확보를 위한 국방의 기본 철학을 제시했다. 이것은 마치 수레의 양 바퀴와 같은 이치이다. 만약 양 바퀴가 균형을 이루지 않는다면 수레는 스스로의 기능을 발휘하지 못하는 것과 마찬가지로, 국가에 있어서도 문무가 병중竝重되지 않는다면 국가로서의 기능을 발휘하지 못할 뿐만 아니라, 멸망당하고 만다. 조선 왕조의 쇠퇴와 일제日帝에 의한 패망은 근본을 따진다면 문무의 불균형에서 비롯되는 것이다. 기업에 있어서도 어느 정도 이윤의 추구에서 기반이 잡힌다면 문화·교육 사업에 그 이윤을 투자하는 것은 기업 윤리의 차원에서뿐만 아니라, 넓은 뜻의 문무 병중의 관점에서도 바람직한 것이다. 『오자』는 말했다.

"옛날 국가를 경영하는 사람은 먼저 백성들의 교화에 힘을 기울여 모든 백성들이 한 마음 한 뜻으로 임금을 신뢰하도록 만들었다."

다. 인화人和는 승리의 원천이다

"전쟁을 수행하는 데 방해가 되는 것 중 가장 큰 것은 위와 아래가 서로 마음이 맞지 않는 불화不和란 것이다. 그 불화를 크게 넷으로 나눌 수 있다.

즉, 나라 안에 불화가 있으면 전쟁을 해서는 안 되는 것이다.

비록 나라 안에 불화가 없더라도 군 내부에 불화가 있을 때는 군대를 나라 밖으로 동원해서는 안 된다. 비록 군대를 동원시켰다 해도 각 부대 사이에 협조가 없으면 진격할 수 없다. 전투에 임한 장병들의 마음이 일치단결해 있지 않으면 도저히 승리할 수 없다."

오기는 전쟁을 수행하고자 한다면, 국민 전체가 일치단결의 협력체제를 갖추어야 한다는 것을 역설하고, 이것의 바탕이 바로 인화라 했다. 인간 상호간의 신뢰, 위정자와 국민들 사이의 친밀감이 있는 곳에는 윤기가 감도는 조화있는 사회가 이룩될 수 있다. 그 인화를 가져오는 데는 먼저 교육이 필요하다. 공자도 7년을 가르친 뒤면 백성을 데리고 전장에 나갈 수 있으며, 가르치지 않고 백성을 전장으로 몰아넣는다는 것은 곧 백성을 버리는 것이라 했다. 맹자孟子도 인화가 없으면 지리地利와 천시天時를 잘 타도 소용이 없다고 했다. 이것은 기업에 있어서도 마찬가지이며, 인화는 조직의 힘의 원천이다.

『오자』는 말했다.

"무릇 전쟁터라는 데는 전사자의 시체가 뒹구는 비참한 곳이다. 그러나 정말 죽음을 각오하고 전력으로 싸우면 살 수 있으나, 어떻게든지 살아남겠다는 생각을 가지고 싸우면 오히려 목숨을 잃게 된다.(必死則生, 幸生則死)"

생사生死의 기로에 선 절박한 상황 하에서 우물쭈물 주저하지 말고 목숨을 걸고 과감한 결단력으로 행동하면, 거기서 전화위복轉禍爲福의 탈출구도 발견하게 된다는 인생의 철리哲理를 설파하고 있다. 이순신은 명량해전(1597. 9. 15.) 전날 밤, 2개월 전 패배당했던 여러 장군들을 불러 모아 오자의 위의 구절을 소개하며 당부했고, 다음 날 13척으로 왜선 130여 척과 해전을 벌여 아군은 한 척의 손실도 없이 왜선 31척을 격파하는 대승리를 거두었다. 이것은 전장에 있어서 더욱 절실하며, 때때로 권투시합에서도 엿볼 수 있다. 싸움에 전력을 기울이면 충분히 이길 수 있는 선수가 몸을 사리고 겁을 먹어 시합에 패하여 결국 선수로서의 발전에 종지부를 찍고 마는 경우를 허다하게 본다.

라. 필사즉생必死則生, 행생즉사幸生則死

국가 간에 있어서는 전쟁과 평화가 존재하지만, 기업에 있어서는 이 구별이 없을 뿐만 아니라, 국내·국제경쟁으로 인하여 기업인은 하루하루가 싸움터에 임하는 전사戰士라 해도 과장이 아니다. 기업의 흥망은 기업 종사원의 생활과 직결되기 때문에 앞에서 번역한 '必死則生, 幸生則死'는 음미할 만한 가치가 있는 묘리妙理이며, 또한 『노자』의 변증법적 사고를 이해해야만 하리라.

"진陣을 치면 안정하여 동요하지 않고, 수비를 하면 견고하고, 전투를 하면 반드시 이기는 방법을 듣고 싶소.…"

"임금께서 재능이 있는 자를 높은 지위에 앉히고, 무능한 사람을 낮은 지위에 있게 하면 그 진영은 동요하지 않습니다. 백성들의 생활이 안정되고, 위정자에게 친밀감을 갖고 있으면 수비는 견고합니다. 백성들이 임금의 하는 일을 정당하다고 믿고 있고, 적국의 태도가 옳지 않다고 생각하면 싸움은 이미 이긴 거나 다름이 없습니다."

3. 창업·수성守成의 정치 철학, 태공망太公望의 『육도六韜』

『육도』는 주周나라 건국에 공적이 많은 대전략가 태공망 여상呂尙이 문왕文王과 무왕武王에게 대답한 형식의 병서이다. 여상은 가난 속에 청춘을 보내고 노인이 되어버렸다. 그래서 늙어서 물고기를 낚고자 하였으나 결국 주나라 문왕을 낚은 결과가 되었다.

가. 천하의 이利를 함께 하시오

문왕이 사냥 가려고 점을 쳐 보게 했다. 점괘에 나온 것은 위양에서 사냥을 하면 장차 큰 것을 얻을 수 있다는 것이었다. 큰 것이란 용도 아니요, 이무기도 아니요, 범도 아니요, 곰도 아니요, 나라의 제후諸侯될 큰 인물을 얻을 징조라는 것이었다.

"하늘에서 스승을 보내 폐하를 보좌하여 나라가 번창繁昌할 것이며, 그 공이 베푸는 것은 3왕에 미칠 것입니다."

문왕은 이 말을 듣고 3일 동안 목욕재계를 하고 마음을 가다듬은 후에 어가御駕를 타고 위수渭水에 이르니, 왕골을 깔고 앉아서 낚싯줄을 드리운 채 고기를 낚는 태공太公의 모습이 보였다. 왕은 어가에서 내려 조용히 옆으로 가서 그를 관찰하다가,

"당신께서는 고기 잡는 재미가 어떠하시오?"

하고 넌지시 말을 건넸다. 태공은 문왕을 주시해 보고 나서 조용히 입을 열었다.

"군자가 즐기는 것은 그 뜻을 얻음에 있사옵고, 소인은 일에서 얻어지는 것을 즐기는 것이옵니다. 신이 지금 고기를 잡는 것도 이와 심히 유사합니다."

왕과의 대화를 통해 보잘 것 없는 늙은 필부匹夫의 입에서 내뱉는 말은 엄청나게 원대하고도 심오하여 왕 자신의 마음을 사로잡았다. 그리하여 문왕은 태공을 친히 어가에 태워서 궁궐로 돌아와 왕사王師로 삼았다. 문왕의 스승이 된 여상은 권모權謀와 덕德을 길러 왕을 보필해서 세력을 얻어 천하의 3분의 2가 주나라에 돌아가게 했다.

『육도』의 내용은 문헌상으로 보아 여상의 이름을 차용하여 3~5세기 사이에 작성된 위작僞作이라는 견해도 있었다. 그러나 1972년 4월 중국 산동성山東省의 고도古都 임기臨沂에서 한대漢代의 묘(140 B.C)를 발굴한 결과 『손자』, 『육도』뿐만 아니라, 지금까지 전해지지 않았던 『손빈병서孫臏兵書』가 출토되었다. 따라서 『육도』도 최소한 2,100여 년 전의 병서임에는 틀림없다.

여상이 문왕의 질문에 답변하여 시험에 합격했을 뿐만 아니라, 그의 말이 끝나자 지존인 왕의 존귀함도 모두 잊어버리고 필부 태공에게 큰 절을 세 번 올리고 왕사로 삼았던 내용은 다음과 같다.

"임금이 어떻게 하면 천하가 모두 따르게 됩니까?"

"폐하, 천하는 한 사람의 천하가 아니요, 만인의 천하가 아니옵니까? 고로 천하의 이利를 함께 하는 자가 천하를 얻을 수 있는 것이옵니다. 그러나 천하의 이를 얻고 이것을 제멋대로 처리해서는 천하를 잃게 됩니다.

하늘에는 시時가 있고 땅에는 재화財貨가 있사온데, 이것을 사람과 더불어 같이 가지고 살 수 있게 하는 것이 인仁이옵니다. 이러한 인이 있는 곳에 천하의 민심이 쏠리는 것이옵니다. 또한 죽을 사람을 구해주고, 곤란한 사람을 도와주며, 환난을 당한 사람을 구해 주고, 사람의 급함을 구제하는 것을 덕이라 하옵니다. 이 덕이 있는 곳에 천하의 민심이 모두 쏠리는 것이옵니다.

뭇사람과 같이 근심하고 같이 즐기며 같이 좋아하고 미워함을 같이 하는 것을 의義라 하옵니다. 이러한 의가 있는 곳에 천하의 민심은 쏠려 달려가게 마련입니다.

무릇 사람은 죽음을 싫어하고 삶을 즐기며, 덕을 좋아하고 의로운 곳으로 돌아가는 것이니, 이러한 이利를 낳는 것은 도道이옵니다. 도가 있는 곳에 천하의 민심이 모두 쏠리게 되는 것이 아니겠습니까?"

이것은 여상의 정치 철학이요, 제왕帝王의 도道를 설파한 것이다. 근래 기업주의 윤리면이 운운되기도 하지만, 기업의 총수가 이와 같은 기업의 정신 내지 이념으로 기업을 이끌어간다면 성공과 수성이 모두 가능할 뿐만 아니라, 2,100여 년 전에 이와 같은 철리哲理를 설파했다는 것은 놀라운 탁견이라 말하지 않을 수 없다.

나. 귀에 거슬려도 경청해야

"군주의 듣는 것은 어떠하면 되겠습니까?"

"폐하, 군왕에 있어서 신하의 말을 잘 듣고 못 들음은 국가 대사에 중요한 자리를 차지하는 것이옵니다. 군왕은 듣고 망령되게 이를 허락하지 말며, 귀에 거슬린다고 이를 막지 말아야 합니다. 망령스럽게 허락하온즉 지키는 것을 잃게 되옵고, 귀에 거슬린다고 막으면 닫혀서 막히고 마는 것이옵니다. 높은 산은 우러러도 그 준험峻險의 척도를 다할 수 없사옵고, 깊은 물은 그 척도를 헤아릴 수 없습니다. 군왕의 신통하고 밝은 덕德은 오직 올바르고 고요하여 그 지극함에 이르게 되는 것을 말합니다."

여상으로부터 이 가르침을 받은 문왕은 금시에 귀가 밝아지는 듯한 신통한 직감을 느낄 수가 있었다. 유난히 생기가 떠오르는 용안龍顔을 들어 왕은 다시 여상에게 하문下問한다.

"군주의 밝음은 어떠해야 되겠습니까?"

"폐하, 군왕의 눈은 밝은 것을 귀히 여기고, 귀는 총명함을 귀히 여기며, 마음은 지혜를 귀히 여기옵니다. 이로써 천하의 눈으로써 본다면 보이지 않는 것이 없는 것이옵니다. 그러하옵고 천하의 귀로써 듣는다면 들리지 않는 것이 없을 것이며, 천하의 마음으로써 생각한다면 알지 못할 것이 없을 것이옵니다.

왕의 귀와 눈과 마음이 총명하고 밝으면, 즉 천하의 귀와 눈과 마음이 군왕에게 집중하게 되면 천하의 일을 밝게 할 수 있사옵니다."

통치자나 기업의 총수가 올바른 판단에 의해 국가나 기업을 이끌고 가자면 귀와 눈이 총명하고 밝아야 한다. 왜냐하면 귀와 눈을 거쳐서 판단의 자료가 수집되기 때문이다.

다. 인재는 이렇게 고르시오

여상으로부터 장수의 재목과 그 이폐利弊를 가려내어 소상하게 듣고 보니, 무왕은 그러한 장수들을 어떠한 방법으로 뽑아서 적재적소에 쓸 수 있는가를 심사숙고하게 되었고 그것은 아는 방법을 질문하자 여상은 다음과 같이 대답했다.

"폐하, 그것을 아는 데는 그 소행에서 나타난 여덟 가지 징조에 의해 판단합니다.

- 첫째, 문답을 하여 그가 대답하는 것이 소상한지 아니면 그렇지 못한가를 볼 수 있습니다.
- 둘째, 말로써 그를 추궁하여 그 임기응변의 재능을 볼 수 있습니다.
- 셋째, 그에게 은밀한 간첩을 보내서 성실한지 그렇지 않은지를 볼 수 있습니다.
- 넷째, 그와 흉금을 터놓은 솔직한 질문을 하여 그의 덕행을 볼 수 있습니다.
- 다섯째, 그를 부릴 때 재물을 맡겨 보아서 그가 청렴결백한 지를 볼 수 있습니다.
- 여섯째, 여색女色으로 시험하여 그의 행동이 바른지를 알 수 있습니다.
- 일곱째, 그에게 갑자기 위급한 일을 고해서 그의 용감성을 볼 수 있습니다.
- 여덟째, 술을 취하도록 마시게 한 후에 그의 태도를 볼 수 있습니다.

이상의 여덟 가지의 방법으로써 그 사람이 어진 자인지 아니면 불초不肖한 자인지를 가려낼 수 있습니다."

통치자가 장수를 어떻게 선정할 것인가, 또 기업의 총수가 예하의 단위기업의 장長을 어떤 방법에 의해 가려서 임명할 것인가에 대한 구체적 해답이다. 기업체 활성화의 궁극적 요인은 그 기업체의 구성 요원(인적 자원)이며, 특히 그 구성 요원을 지휘·관리할 단위 부서의 책임자의 선택과 자질

여부가 결정적으로 중요하다.

4. 『한비자韓非子』의 이욕 타산학利慾打算學

중국의 춘추전국시대 말기의 사상가로서 한비韓非(?~233 B.C)가 차지하는 위치는 제자백가諸子百家의 주장을 섭취한 법가法家의 제1인자로서 중국 최초의 통일국가인 진제국秦帝國의 탄생을 가능케 했다는 데에 있을 것이다.

가. 동문同門 이사李斯의 중상모략으로 독살

한비는 생모生母의 신분이 낮은 왕자로서 한평생 푸대접을 받고 독립하지 못하는 신세였다. 그럼에도 불구하고 그는 보통의 평민이 아닌 왕손王孫임에 틀림없었기 때문에, 남다른 포부와 정치적 야심을 갖고 자신의 생애를 보다 보람되게 꾸며 보고 싶었다. 그런데 거기에는 몇 가지의 모순을 극복해야만 했다. 그는 인간적 모순과 시대적 모순을 극복하고 발전해 나아갈 사상체계를 갖추게 되었는데, 그 책자가 『한비자』이다.

한비가 생활한 시대는 주나라의 봉건제도가 기울어져 갈 때 주나라 왕실과 다른 여러 속국과의 관계에 있어서, 속국이 차츰 독립하여 서로 항쟁을 벌이고 있었다. 많은 나라들이 전국시대에는 한韓·위魏·제齊·조趙·연燕·초楚·진秦의 7강국과 몇 개의 속국으로 줄어든 한편, 이들은 서로 먹느냐, 먹히느냐의 약육강식의 시대를 맞이하고 있었다. 그래서 군주君主는 다른 나라와의 생존경쟁에서 이기기 위해서는 자유를 박탈당한 귀족의 특권과 영토를 몰수해 1인 지배를 실시하고, 농민의 힘을 빌려 부국강병책富國强兵策을 쓰는 한편, 대외 확장을 기도하지 않으면 안 되었다.

춘추전국시대의 군주는 부국강병에 도움이 되는 인재를 찾고 있었으므로, 이른바 제자백가라고 부르는 여러 학파가 변설辯舌을 갖고 유세했다.

한비는 한韓나라의 왕에게 몇 번이나 부국강병책을 글로 건의했다. 이 글을 모은 것이 『한비자』 55편이다. 그는 말을 더듬고 또 분가分家하지 못하는 신세라는 열등감이 겹쳐 있었기 때문인지, 인간관은 비정하고 문장은 날카롭기만 했다. 이 책이 진秦나라에 전해지자 그것을 읽은 진왕秦王 정政(후에 시황제始皇帝)은 감탄했다.

"어떻게든 이 저자를 만나고 싶다"고 말했다. 그러자 총신寵臣 이사가 "이것은 한비라는 자가 쓴 것입니다." 하고 알렸다.

이사와 한비는 유가儒家인 순자荀子에게 배운 동문이었다. 진왕은 한비를 만나고 싶어서 한나라를 공격했다. 한나라의 왕은 화평의 사자로서 한비를 진나라에 보냈다. 진왕은 한비가 마음에 들었으나 믿지는 않았다. 그 허를 찌른 것이 같은 동문인 이사였다. 자기의 재능이 한비에 미치지 못하는 것을 알고 있는 그는, 한비가 기용되면 불리하다는 생각에서 동료와 함께 한비를 중상모략 했다.

"한비는 한나라의 왕족이므로 한나라를 위해서 일하지, 진나라를 생각하지 않을 것입니다. 그것이 인정이 아니겠습니까? 오래 붙들어두었다가 돌려보내면 후일에 화를 남기게 됩니다. 죽이는 것이 상책입니다."

그래서 진왕은 한비를 옥에 가두었고, 그 후 이사는 곧 한비에게 독약을 갖다 주게 하여 자살케 하고 말았다. 그러나 그의 사상은 이사 등에 의해 진나라의 정책으로 채택되었다.

나. 충성심은 수지계산收支計算에서 출발

한비 사상의 핵심은 법술法術에 있다. 즉, 법은 분명해야 하는 것이요, 술은 신하를 다스리는 기술을 뜻하는 것이다.

법이란 문서로서 기록하고 편찬하여 관청에 보관하되 백성들에게 공포公布하는 것이다. 술이란 가슴속에 숨겨두고 여러 가지 일이 발단할 때 맞춰서 슬며시 신하들을 통제하는 것이다. 따라서 법은 분명해야 하고, 술은 드러내지 않아야 한다. 법은 평등하므로 귀천貴賤할 것 없이 법 앞에서는 모두가 평등하다. 그러나 이러한 평등이 깨어질 때, 혼란과 망국이 뒤따르게 된다는 것이다. 술은 신하를 조종하는 기술이며, 신하에게 일정한 권한을 주어 그 책임을 묻게 되므로 명名은 관직이요, 실實은 의무이며, 실이 명에 합당한가, 어떤가를 따져서 상벌을 내리는 권한은 바로 군주에게 있는 것이다.

"인신人臣과 군주와의 관계란 골육骨肉을 나눈 친親이 아니다. 권세에 매여 섬기지 않을 수 없는 것이다."

그의 견해는 군주와 신하는 이해관계利害關係라는 모순에 의하여 성립되는 것이며, 신하란 임금을 기만하고 자기 편한 대로 하려는 존재이므로 그러한 사실을 통찰하고 통솔하는 방법을 연구해야 하며, 이 방법과 이론을 술이라 했다.

한비의 법술론에는 그의 독특한 인간관이 반영되어 있다. 한비가 이사와 더불어 유가儒家인 순자에게 배웠지만, 같은 유가라도 전국시대 중기의 맹자가 성선설性善說을 주장한 데 대해서 순자는 이에 반대하여 성악설性惡說을 주장하고, 인간은 예禮를 정하여 강제적으로 악의 본성을 고칠 필요가 있다고 했다. 그러나 한비는 예와 같은 도덕은 믿지 않았다. 그는 인간이란 본래 어쩔 수 없이 악이라고 하는 성악설을 믿었다.

"인간은 이욕利慾에 따라서 움직이며, 상을 기뻐하고 벌을 싫어한다. 그러므로 도덕은 규제력이 없다. 상벌만이 인간을 움직이는 힘이다. 그러니 법으로 욕망을 조종하며 지배하라"고 그는 주장하였다. 따라서 그는 인간관계를 타산이라고 보고, 이익으로 깨끗이 처리되는 냉철한 합리성 위에 섰다.

"옛날 이름난 마부 왕량王良이 말을 사랑하고, 월왕越王 구천句踐이 신하를 사랑한 것은 말을 달리게 하고, 사람을 전장으로 내몰기 위해서였다. 의사가 환자의 상처를 빨아 피고름을 입으로 뽑는 것은 골육의 애정으로 그러는

게 아니라, 돈벌이를 할 수 있기 때문이다. 수레를 만드는 자는 사람이 모두 부자가 되기를 바라고, 관을 만드는 자는 사람이 모두 빨리 죽기를 바란다. 이것은 수레를 만드는 자가 도덕가이고, 관을 만드는 자가 잔인해서가 아니다. 부자가 되지 않으면 수레를 사지 않고, 죽지 않으면 관을 살 사람이 없기 때문이다. 사람이 미워서가 아니라, 사람이 죽으면 이익이 되기 때문이다."

따라서 한비는 군주와 신하의 관계도 군주에 대한 충성심이 아니라, 수지계산으로 보는 것이다.

"나라가 다스려져서 강해지는 것은 법이 행하여지기 때문이다. 나라가 어지러워져서 약해지는 것은 법이 굽혀지기 때문이다. 군주는 이 도리를 알면 상벌을 엄하게 하는 데, 이것은 아랫사람에게 어질어서가 아니다. 벼슬과 봉록俸祿은 공로에 의해서 주어지고, 형벌은 죄가 있기 때문에 가해지는 것이다. 신하는 이 도리를 알면 사력을 다해서 섬기는 데, 이것은 군주에게 충성심이 있어서가 아니라, 군주가 불인不仁의 이치에 통하고, 신하가 불충不忠의 이치에 통할 때 비로소 군주는 왕이 될 수 있는 것이다."

한비가 말하는 군주를 기업주나 사장으로, 신하를 사원으로 바꾸어 본다면 오늘날에도 실질적으로 통용되는 가치관의 한 모습이라 생각된다.

다. 군권君權의 확립과 부국강병책

"군주된 자는 오직 한마음으로 나라를 다스리려고 하지만, 이것을 책망하는 자가 많다. 용력勇力을 가지고 위협하는 자도 있고, 변설로써 설득하려는 자도 있다. 아첨하는 자가 있는가 하면, 간계로써 속이려는 자도 있다. 혹은 나의 기호에 편승하여 유혹하려는 자도 있다. 이러한 자들이 가득 차서 저마다 자기를 선전하여 벼슬을 하려고 하는 것이다. 군주된 자가 조금이라도 마음 놓고 그 하나를 받아들이면, 금방 위험과 멸망이 뒤따를 것이다."

한 나라의 왕족으로서 군권의 확립과 부국강병책을 지향한 한비의 사상은 모두 군주를 위해서 씌어 진 이론이며, 기업에서 말하면 경영자를 위한 인간 관리의 이론이라 할 수 있다. 그는 측근인 대신, 애첩, 형제 등 가장 신임하고 가까운 자라 할지라도 언제나 경계를 게을리 하지 말라고 했다.

"군주가 충신들과 너무 가까이 지내면 충신들은 반드시 군주의 몸을 위태롭게 만들며, 또 대신들의 권위가 너무 강해지면 반드시 군주의 자리를 탈취하는 법이다. 정실과 첩을 차별하지 않으면 반드시 적자嫡子의 신분은 위험에 직면한다. 군주의 형제가 군주에게 복종하지 않으면 그들은 반드시 나라를 위태롭게 한다.

군주에게 가장 중요한 것은 군주 자신이 가장 거룩하고, 군주의 자리가 가장 높으며, 군주의 권위가 가장 크고, 군주의 세력이 가장 강하다는 것이다. 이 네 가지의 이점을 밖에서 찾지 않더라도 자기가 머리만 쓰면 얼마든지 자기의 것이 되는 것이다. 그러나 군주가 이 네 가지 대비를 잃고 쓰지 못하게 되면 타향을 헤매다 죽게 된다고 한다. 군주 된 자가 모름지기 명심할 일이다."

한비는 군주가 몸을 망치고 나라를 잃는 원인이 되는 열 가지 과오를 다음과 같이 열거했다.

① 소충小忠(조그마한 성실성)에 정신을 빼앗기면 대충大忠을 깨닫지 못한다.
② 조그마한 이익에 정신을 빼앗기면 큰 이익을 잃는다.
③ 행실이 이상하고 제후에게 무례한 태도를 취함은 패가망신의 원인이다.
④ 정치를 적당히 하고, 오락을 즐기면 몸을 망치고 앞길이 막힌다.
⑤ 탐욕, 고집으로 이득에만 열중하면 나라를 망치고 목숨을 잃는다.
⑥ 노래하는 여자에게 넋을 잃고 국정國政을 잊으면 나라를 망친다.
⑦ 국도國都를 떠나 멀리 여행하며, 충고를 듣지 않으면 일신상 위태롭다.
⑧ 과실을 범했으면서 충신의 말을 듣지 않고 자기 고집대로 하면, 명예

를 잃고 남의 조롱감이 된다.

⑨ 자국自國의 힘을 믿지 않고 외국 세력에 의지한다는 것은 국토를 빼앗기는 화근이 된다.

⑩ 나라가 작은데 예의를 지키지 않고 충고하는 충신을 중용重用하지 않으면 목숨을 단축하게 된다.

라. 군주는 북채, 신하는 북

"가장 잘 다스려진 나라의 군신의 관계를 물건에 비유하면 군주는 북채, 신하는 북에 해당한다. 기술은 수레, 일은 말에 해당한다. 그러므로 고대에 공을 세우고 이름을 빛낸 군주는 혼자서 그렇게 된 것이 아니다. 다수의 힘이 군주를 돕고 측근자들이 성실로써 결합되며, 측근 외의 자들도 군주의 명예를 칭송하고 또 귀족들이 권위를 바쳐 군주를 추대한 것이다. 이렇게 여러 사람들의 지지를 받았기 때문에 요堯는 천하에 군림하여 이름을 빛냈고, 순舜은 요를 섬겨 불후의 이름을 남길 수가 있었던 것이다."

한비는 인간관계를 타산에 입각한 것으로 보지만, 군주와 신하는 북채와 북처럼 상응하는 것이라고 했다. 그러므로 따로따로 행동한다면 상사도 부하도 아니다. 기업은 인간 집합체의 행동이며, 통솔은 협력의 바탕 위에서만 성립된다. 따라서 '사업은 사람이다'고 하는 논리도 성립되는 것이다. 그리고 이 협력을 가능케 하는 것은 무엇인가 하면, 기업주의 법法과 술術 그리고 이익 추구라는 기업의 목적 외는 없다.

"엄격한 집안이라면 말을 안 듣는 하인이 없고, 부드러운 어머니에 한해서 불량스러운 자식을 갖고 있는 법이다. 이것으로 미루어 생각하면 위세는 폭력을 누를 수 있지만, 은덕으로는 난폭함을 말리지 못한다. 성인은 나라를 다스리는 데 사람들이 자기를 위해 선량할 것을 기대하지 않는다. 나쁜 짓을 할 수 없는 방법을 쓰는 것이다. 사람이 자기를 위해서 선량하기를 기대해 봐야, 그런 인물은 국내에 몇 십 명도 없다. 나쁜 짓을 하지 못하게 하는 방법을 쓰면 누구든 복종시킬 수 있다. 다수를 획득할 수 있는 방법을 쓰고, 소수를 획득할 수 있는 방법은 무시한다. 그러므로 은덕은 문제로 삼지 않는다. 법령을 문제로 삼는 것이다."

"자식에 대한 부모의 태도를 보면, 사내아이가 태어나면 반갑다고 서로 기뻐하지만, 계집아이가 태어나면 그만한 취급을 하지 않는다. 양쪽 다 같은 부모에게서 태어났는데도 이런 취급을 받는 것은 장래의 이익을 계산에 넣었기 때문이다. 자식에 대한 부모의 경우에도 타산적인 배려를 한다. 하물며 남남끼리의 인간관계에서는 더욱 그러하다."

마. 이욕利慾과 타산打算에 철저하라

한비의 인간관계를 이욕과 타산으로 깨끗이 설명해버리는 비정한 합리주의를 중국에서는 두고두고 두려워들 했다. 도덕의 가면을 사정없이 벗겨버렸기 때문이다. 한비는 유가가 주장하는 도덕과 인간관으로는 춘추전국시대의 어지러운 세상을 바로 잡을 수도 없을 뿐만 아니라, 생존하기조차 어렵다고 판단했던 것이다.

천하의 제일주의자인 공자가 도덕을 천하에 외쳤을 때, 그 인의仁義를 찬양하여 제자가 된 자는 불과 70명에 지나지 않았고, 인의를 몸에 지닌 자는 공자 한 사람뿐이었다. 그런데 밝은 임금에 속하지 않는 노나라의 애공哀公이 왕위에 앉았어도 그 지배를 거부하는 자가 한 사람도 없었다.

『한비자』는 난세의 군주를 위해서 저술한 책으로서, 오늘날 경쟁과 변동이 심한 기업주들의 국제경쟁에 있어서 그것을 극복하기 위한 지침서로서 훌륭한 명저名著이다.

요즘 미국 한 민간회사가 헬리콥터를 북한에 팔았다고 해서 우리의 정책입안자와 관계자들이 도저히 이해하지 못할 일이라고 야단법석을 쳤다는 것은 국제 문제를 해결함에 있어서 유가의 인의는 알아도 법가의 이욕과 타산은 알지 못하고 있다는 증거이리라.

한비는 철저하게 인간이란 이욕에 따라 행동한다는 것을 다음과 같이 묘사하고 있다.

"군주의 화禍는 사람을 믿는 데서 생긴다. 사람을 믿으면 사람에게 눌린다. 군신관계에는 골육의 친근미는 없다. 권세에 묶여 하는 수 없이 복종하고 있을 뿐이다. 때문에 신하는 줄곧 군주의 마음을 엿보고 있는데, 군주는 위에 멍청히 앉아 있다. 그러므로 군주를 위협하고 죽이고 하는 자가 나오는 것이다. 군주가 자기 자식을 과신하면 속이 검은 신하는 이 자식을 조종하여 사욕을 채우려고 한다. 군주가 아내를 과신하면 속이 검은 신하는 그 아내를 조종하여 사욕을 채우려고 한다."

바. 누구에게든 마음을 주지 말라

"처자도 믿을 수 없다는 것이다. 그러므로 달리 믿을 자가 있을 까닭이 없다. 그뿐 아니라, 대국大國과 소국小國을 막론하고 정실이나 측실, 혹은 적자로 태자가 된 자도 군주가 빨리 죽기를 바라고 있는 경우도 있다. 어떻게 그것을 알 수 있느냐 하면, 본시 부부 사이에는 피를 나눈 골육의 친근미가 없기 때문이다. 사랑하면 친해지고 사랑하지 않으면 소원해 지는 것. 속담에 '아내가 귀여움을 받으면 그 자식까지 안아 준다'고 한다. 뒤집어 말하면, '아내가 미움을 받으면 그 자식도 버림받는다'는 말이 된다.

남자는 오십이 되어도 아직 색정色情이 충분하지만, 여자는 삼십만 되어도 용색用色이 쇠퇴된다. 용색이 쇠퇴한 몸으로 호색스러운 남편을 섬기면 당연히 소외되어, 자기 자식이 후사後嗣가 못되는 것은 아닐까 하고 의심하게 된다. 이런 일로 하여 정실, 측실은 군주가 빨리 죽기를 바라는 것이다.

자기 자식이 군주의 자리에 앉기만 하면 만사가 뜻대로 되어 명령해서 안 될 일이 없다. 금지하고 싶으면 무엇이든 못하게 할 수 있다. 남녀의 즐거움도 남편이 살아 있을 때와 다름이 없으며, 대국을 자유로이 움직여 거리낌이 없다. 그런 신분이 되고 싶어서 독살, 교살의 마수를 군주에게 돌리는 것이다

『도좌춘추桃左春秋』라는 책에도 '군주로서 병사病死할 수 있는 자는 전체의 절반도 되지 않는다'고 씌어 있다. 군주가 이것을 깨닫지 못하기 때문에 집안싸움의 불씨는 꺼지지 않는다. 그래서 나는 말하는 것이다. '군주의 죽음으로 이익을 보는 자가 많으면 그 군주의 목숨은 위험하다.'"

이것은 「비내편備內篇」에 있는 내용으로 그 뜻은 '안으로 대비한다'는 것으로 가장 가까운 가족에 대한 경계의 필요를 역설한 것이다. 피를 나눈 자조차 믿을 수 없으니, 먼저 권신權臣, 중신重臣을 점검하라는 것이다. 그리고 이에 대한 대비책을 강구하라는 것이다.

사. 호감이나 악감을 보이지 말라

군주에게는 두 가지의 고민이 있다. 하나는 재능이 있는 인물을 등용하자니, 그 자가 재능을 이용하여 군주의 자리를 위협할 우려가 있다. 그렇다고 채용을 아무렇게나 하여 무능한 인물을 발탁하면 능률이 떨어져서 일을 못하게 된다.

군주가 재능 있는 인물을 좋아하면, 신하는 군주의 기호에 맞추어 행동을 바꾸므로 어느 것이 참된 모습인지 알 수 없게 된다. 참된 모습을 알지 못하면 군주는 신하의 구별을 할 수 없다. 또 군주가 무엇을 싫어하는가 알게 되면, 신하는 싫어할 만한 것을 보이지 않게 된다. 군주가 무엇을 좋아하는가 알게 되면, 신하는 그 기호에 맞는 일을 할 수 있는 체 해 보인다. 군주가 좋고 나쁜 감정을 표면에 나타내면, 신하는 겉치레하는 실마리를 얻는 것이다.

군주에게는 세 가지 지켜야 할 원칙이 있다. 그것이 완전히 행해지면 국

가는 평안할 것이요, 군주 자신도 번영하겠지만, 만일 그것이 불완전하면 국가는 위태로워지고 군주 자신도 위험하다.

- 첫째, 신하의 말을 누설하지 말라. 신하 가운데 대신의 실책이나 과실, 평판이 좋은 중신의 비밀을 군주에게 말하는 자가 있을 경우, 군주가 그 말을 자기 가슴 속에 숨겨두지 못하고 측근이나 재능이 있는 다른 권신에게 누설하게 되면, 의견을 상신上申하고자 하는 신하는 먼저 측근이나 권신에게 연락을 한 다음에 군주에게 말하게 된다. 그렇게 되면 정직하고 바른말을 하는 신하는 군주와 만날 수가 없게 되고, 성실하고 정의감이 있는 신하는 더욱 군주와 소원해 진다.
- 둘째, 군주는 상벌의 권위를 장악하고 근신近臣에게 빼앗겨서는 안 된다. 만일 군주가 신하 중 한 사람을 애호하고 있는데, 자기 뜻대로 그에게 이익을 주지 못하고 근신이 그 인물을 칭찬하는 것을 기다려서 그에게 이익을 주거나, 또 신하 중의 어떤 자를 미워하고 있으면서도 자기 뜻대로 그를 해치지 못하고 근신이 그 인물을 비난하기를 기다려서 그 신하에게 해를 주게 되면, 군주는 상벌권賞罰權이 없어지고 근신에게 그 권력이 옮겨진다.
- 셋째, 군주는 정치를 장악해야 한다. 만일 군주가 스스로 정치하기를 귀찮게 여기고 근신을 집정하는데 참여케 하면, 그것을 기회로 정권이나 지위가 대신에게 옮겨지고, 그 결과 생살여탈生殺與奪의 권리를 대신에게 빼앗기게 된다. 그러한 군주는 대신에게 먹히게 된다.

이상 세 가지 원칙을 지키지 않으면 그 군주는 협박을 당하거나 죽임을 당하게 된다.

현명한 군주는 두 개의 자루만으로 신하를 지도하고 제어한다. 두 개의 자루란 형刑과 덕德이다. 형과 덕은 무엇인가 하면, 벌을 내리는 것을 형, 상을 주는 것을 덕이라고 한다. 신하는 벌을 두려워하고 상을 기뻐한다. 그러므로 군주가 형과 덕이란 자루를 둘 다 사용하면 신하는 벌을 두려워하여 상 쪽에 모이려고 한다.

아. 부하는 형과 덕으로 다스려라

호랑이가 개를 복종시킬 수 있는 것은 호랑이에게 발톱과 이빨이 있기 때문이다. 만일 호랑이가 발톱과 이빨을 버리고 개에게 이것을 쓰게 하면, 반대로 호랑이가 개에게 복종하지 않을 수 없게 될 것이다.

군주는 상벌 두 개의 자루로 신하를 제어한다. 만일 군주가 그 상벌을 놓아버리고 신하에게 쓰게 하면 군주는 반대로 신하에게 제어 당하게 된다.

제나라의 전상田常은 군주인 간공簡公에게 아첨하여 자기 뜻대로 작위와 봉록을 신하에게 주게 하고, 되를 크게 하여 백성에게 곡식을 빌려 주었다. 말하자면 간공이 상의 자루를 놓아버리고 신하인 전상이 이것을 사용했으며, 이로 인해 간공은 전상에게 살해당하는 결과가 되어버렸다.

군주가 신하를 거느리기 위해서는 일곱 가지 수법이 있다.

① 신하의 여러 가지 말을 서로 비교하며 관찰한다.
② 죄 있는 자는 반드시 벌하여 군주로서의 위력을 보여준다.
③ 공을 세운 자는 반드시 상을 주어 그 능력을 십분 발휘케 한다.
④ 신하의 말을 한 번 들으면 그것으로 만족하지 말고, 그것을 실행하여 성공하도록 강구한다.
⑤ 신하에게 의심스러운 명령을 내리고 모략에 의해서 그를 사용한다.
⑥ 알고 있으면서 모르는 척 하며 신하에게 묻는다. 그러면 신하들이 숨기고 있는 일까지 알게 된다.
⑦ 마음과는 반대되는 말을 하여 반대되는 일을 행한다.

또 군주가 신하를 경계해야 할 여섯 가지가 있다.

① 군주가 그 권력을 신하에게 맡기게 되면 군주는 허수아비가 된다.

② 군신君臣 사이의 이해관계는 상반되므로, 신하가 외국의 힘을 빌려와서 자기 세력을 굳힌다.

③ 신하는 애매한 점을 이용하여 자기 이익을 취한다.

④ 군신간의 이해가 상반되는 점을 고찰하는 일.

⑤ 세력이 뒤범벅이 되면 내란이 일어난다.

⑥ 적국이 우리 편에 간섭하여, 우리 편 신하를 임면任免하는 일.

이상 여섯 가지는 군주 된 자가 조심해야 될 일이다.

5. 신산귀모神算鬼謀의 전술가 제갈공명諸葛孔明

과학 기술의 발전으로 인한 무기와 장비의 변화, 그리고 지형·기상의 변화에 따라 전략·전술이 변하며 따라서 전쟁 양상이 달라지게 마련이다. 모든 것이 변하는 상황 하에서 변하지 않는 가장 중요한 요인은 전장에서 인간이 주동적 역할을 수행하고 있다는 사실이다. 특히 최고 사령관의 중요성이 강조되었고, 또 간부 및 병사들의 질과 사기가 중요시 되어 왔다. 중국의 병서가 아득한 옛날에 저술되었음에도 불구하고 오늘날까지 애독되고 생명을 유지하는 이유는, 바로 인간에 대한 날카로운 통찰과 분석에 바탕을 두고 있기 때문이리라. 기업 활동의 네 가지 요소는 보통 돈, 시설, 물자 및 인간이라 한다. 그 가운데서도 가장 중요한 것은 인간이라는 것이 많은 사람들의 일치된 견해이다.

가. 태자太子가 못났거든 당신이

제갈공명(181~234)은 『삼국지三國志』를 통해 우리들에게도 잘 알려진 인물이다. 그는 충성심이 두터운 명신名臣으로서 또 무궁한 신산귀모의 군사軍師로서 너무나 유명하다. 당시 중국에는 황하 유역을 지배하는 가장 강대한 위魏의 조조曹操·조비曹丕, 양자강 남방의 새로운 세력인 오吳의 손권孫權, 서쪽에 촉한蜀漢의 유비劉備가 각각 전국을 지배하는 통일 왕조를 수립하기 위해 서로 다투고 있었다. 공명은 유비의 군사로서 또 승상丞相으로 위의 타도를 위해 심혈을 기울였던 것이다.

207년 이때 이미 47세의 유비는 한실 재흥漢室再興의 큰 뜻을 이룩하고자 심려하던 차 그의 부하 서서徐庶로부터, "나의 친구 중에 제갈공명이란 사람이 있습니다. 그는 땅에 숨어있는 와룡臥龍 같은 인물입니다. 한 번 만나 보면 어떻겠습니까?" 하는 제의를 받았다. 유비가 공명을 만날 수 있었던 것은 세 번째 방문 때이며, 그때 공명은 '천하 삼분지계天下三分之計'라는 책략策略을 말했고, 이때 그의 나이 27세였다.

유비는 그 후 공명을 군사로 맞아들여 날로 그에 대한 신뢰는 깊어갔다. 이것에 불만을 품은 것은 관우關羽와 장비張飛였다. 유비는 어느 날 두 사람을 불러, "나에게 공명이 있는 것은 마치 물고기가 물을 얻은 것과 같으니라. 원컨대 제군은 다시는 말하지 말라." 하여 그 후에는 불평이 없어졌으며, 수어지교水魚之交의 어원語源은 여기서 비롯되었던 것이다.

208년 적벽赤壁의 싸움에서 조조는 패하여 사실상 천하통일의 야망이 좌절되었는데, 공명의 활약으로 유비는 많은 이득과 기반을 다졌다. 223년 4월 출진出陣 중인 유비가 병상에 눕게 되자, 성도成都에 있는 승상인 공명을 불러 후사를 맡겼다.

"승상의 재능은 조비의 10배나 되오. 따라서 능히 촉국을 안정시키고 짐의 기업基業을 더욱 견고하게 할 것이오. 오직 태자 유선은 아직 어리기 때문에 장래를 알 수 없소. 만일 유선이 제왕될 자질을 갖추고 있다면, 경이 보좌해 주면 기쁘겠소. 그러나 그가 자질이 없어 제왕의 그릇이 못될 경우에는 승상 스스로 촉국의 황제가 되어 만민을 다스리도록 하오."

태자가 못났거든 네가 스스로 제업帝業을 완성하라 했으니, 이 얼마나 미

더운 신하에 대한 대담한 제안인가! 그 후 공명은 충성을 다해 태자를 왕으로 모시고, 위와 투쟁을 계속하다가 234년 8월 오장원五丈原에서 진몰陣沒하니 그의 나이 54세였다.

나. 준비 있으면 두려움 없다

국가에 있어서 최대의 급무急務는 국방이다. 만일 조금이라도 국방에 소홀함이 있으면 되돌릴 수 없는 사태가 유발될 것은 확실하며, 적의 공격에 대패大敗를 맛보고 국토의 유린을 허용하게 될 것이다. 따라서 어려움에 직면하면서 군신君臣이 다 함께 침식을 잊고 대책을 숙의하고, 유능한 인물을 골라 장수에 임명한다.

만일 한 때의 평화에 젖어 장래의 위난危難에 대비함을 게을리 하고, 적의 공격에 직면해서도 근심 걱정 없이 있으면 어떻게 될까? 그것은 마치 물고기가 솥 안에서 놀고 있는 것 같은 위험한 상태이며 멸망은 눈앞의 일일 것이다. 『좌전左傳』에도 이렇게 기록되어 있다.

"철저한 준비가 없이는 전쟁을 해서는 안 된다."

"우선 반석盤石과 같은 준비를 한다. 이것이 옛날의 선정善政이다."

"벌이나 전갈과 같은 작은 벌레들도 자기를 보호하는 수단으로서 독을 가지고 있다. 하물며 나라에서는 평소의 준비에 힘쓰지 않으면 안 된다."

준비가 없으면 어떤 대군大軍을 가지고 있을지라도 도움이 되지 않는다. 이것이야말로 '준비가 있으면 두려움이 없다.'(유비무환有備無患)는 것이다.

군을 편성하여도 병사들에게 교육·훈련을 시키지 않으면, 백 사람으로써 한 사람의 적을 당할 수가 없다. 교육·훈련을 시킨 후에는 한 사람으로 적 백 사람을 당할 수가 있다.

공자는 "교육을 하지 않고 백성을 전쟁터로 몰아내는 것은, 마치 백성을 버리는 것과 같다.", "선인善人이 7년간 백성을 교화敎化하면 백성들은 좋아라 하고 전쟁터에 가게끔 된다"고 하였다.

그렇다면 국민들을 전쟁터로 몰아내는 데는 우선 교육을 시키고, 그들에게 예禮·충忠·신信을 가르쳐 주지 않으면 안 된다. 그리고 군령軍令을 펴고 상벌을 엄격히 하면 백성들은 자진하여 전쟁터에 나가게 된다.

그 위에 군사 훈련을 실시하고, 정렬整列과 분열分列, 행진과 정지, 진격과 후퇴, 분산과 집중 등 명령 한 번에 자유자재로 움직일 수 있게 된다.

다. 장수는 승패와 나라 운명 좌우

공명은 장수의 중요성을 이렇게 강조했다.

"장수는 휘하 장병의 생명을 맡아가지고 있고, 승패의 열쇠를 쥐고 나라의 운명을 좌우하는 중요한 존재이다.… 속셈이 다른 표리부동한 인간을 식별하고, 위기를 미연에 알아내고, 부하를 잘 지휘·통솔하는 사람은 열 사람의 장將에 지나지 않는다.… 사리事理에 틀린 일은 싫어하며, 한편 생각이 깊고 용감하고, 전투 의욕이 왕성하면 천 사람의 장將이라 할 수 있다.… 유능한 인재를 등용함과 동시에 자신은 매일 수양을 쌓는다. 신의信義에 두텁고 관용성이 풍부하고 치란治亂에 당황하지 않으면, 10만 인의 장이라 할 수 있다. 백성에게 인애仁愛를 베풀고 신의로써 이웃 제국을 신복信服시킨다. 천문·지리·인사의 모든 것에 능통하고, 온 국민으로부터 흠모를 받으면, 천하 만민의 장이 될 기량이다."

장수의 결격 조항은 다음과 같다.

① 탐욕에 눈이 어둡다.

② 유능한 인물을 질투한다.

③ 참언에 귀를 기울여 아첨하는 자를 가까이 한다.

④ 적은 잘 알지만 자기는 모른다.

⑤ 주저하여 결단력이 없다.

⑥ 주색酒色에 빠진다.
⑦ 간사하고 겁쟁이다.
⑧ 말이 앞서고 태도에 결단심이 없다.

무릇 사람을 식별하는 일만큼 힘든 일은 없다. 왜냐하면 선인이 반드시 선인다운 용모를 하고 있다고 말할 수 없고, 또 악인이 반드시 악인다운 용모를 하고 있다고 말할 수 없기 때문이다. 그래서 인간을 식별하는 방법에 일곱 가지가 있다.

① 어떤 일에 대해 선악의 판단을 묻고, 상대의 뜻이 어느 쪽에 있는가를 관찰한다.
② 말로써 추궁하여 보아, 상대의 태도가 어떻게 변화하는가를 관찰한다.
③ 계략에 대해 의견을 묻고, 그것으로써 어느 정도의 지식을 가지고 있는가를 관찰한다.
④ 곤란한 사태에 대처시켜 보아, 상대의 용기를 관찰한다.
⑤ 술에 취하게 하여 보아, 그의 본성을 관찰한다.
⑥ 이로운 일로 유인하여 보아서 어느 정도 청렴한가를 관찰한다.
⑦ 일을 시켜 보아서 시킨 대로 완수하는가, 어떤가에 의해 신뢰도를 관찰한다.

6. 비전대승非戰大勝한 사마중달司馬仲達의 전략안戰略眼

『삼국지』를 읽노라면 제갈공명을 중심으로 씌어 있다. 그리하여 "죽은 제갈공명이 산 중달을 쫓았다"고 하여 사마중달은 마치 범장凡將의 대표자로 알려지고 있다.

한실漢室의 재흥再興을 이룩하고자 47세의 유비가 27세의 제갈공명을 세 번째 방문하고야 겨우 협조를 얻게 되었고, 그때 '천하 삼분지계'라는 책략을 말함으로써 그의 심상치 않은 재기才氣의 발랄함을 과시했고, 비록 군신 사이이기는 하지만, '수어지교'를 맺었다. 출진 중인 유비가 병상에 눕게 되자 승상인 공명을 불러 후사를 맡겼다.

"만일 유선이 제왕될 자질을 갖추고 있다면, 경이 보좌해 주면 기쁘겠소. 그러나 그가 자질이 없어 제왕의 그릇이 못될 경우에는 승상 스스로 촉국의 황제가 되어 만민을 다스리도록 하오."

그 후 공명은 충성을 다해 태자를 왕으로 모시고 한실의 재흥을 위한 위와의 투쟁을 통해 그의 무궁한 신산귀모의 용병술로 적을 괴롭혔으나, 오장원에서 소원을 성취하지 못한 채 진몰하고 말았다. 영웅의 비극적이고 애석한 죽음은 후세인들의 마음을 사로잡기에 충분한 요인을 간직하고 있다. 공명이 죽은 지 31년 후 위·오·촉국은 없어지고 천하를 통일한 진晋의 무제武帝는 바로 사마중달의 손자인 사마염司馬炎임을 생각할 때, 그 기반을 마련해 준 것이 중달이다. 그러면 왕의 참모로서 또 야전 지휘관으로서의 중달이 과연 범장인지, 아닌지를 살펴보자.

위의 조비가 갑자기 병을 얻어 위독했을 무렵, 세 사람의 중신을 불러 유조遺詔를 말하자, 이들은 "결코 상제의 유탁에 반反하지 않겠습니다"고 맹세했다. 침상 앞에 불려간 세 사람의 중신은, 중군 대장군中軍大將軍 조진曹眞, 진군 대장군鎮軍大將軍 진군陣群, 무군 대장군撫軍大將軍 사마중달이었다. 새로운 왕 조예曹叡의 직책 개편이 진행되자 중달은 "저에게 서량주군의 수비를 명해 주십시오." 하고 표를 올렸다.

가. 사마중달의 등장과 실각失脚

서량주라고 하면 북이北夷의 경계에 가깝고, 도성에서 멀리 떨어진 변경이며, 난亂이 많아 다스리기 힘든 곳이었다. 자진하여 이곳을 다스려 보고 싶다는 사마의 희망에 황제는 두말없이 칙허勅許를 내렸고, 위나라의 중신들도 이러한 일을 맡고 나선 그를 이상하게 생각했을 뿐 아무도 막는 사람은 없었다.

"야아, 이제야 한숨 돌렸다!"

중달은 실로 오랜만에 좁은 새장 속에서 푸른 하늘로 풀려 나온 듯한 가벼운 심정으로 북쪽을 향해 말을 달렸다. 광활한 대지 위에 서서 그는 가슴을 넓게 펴고 깊은 숨을 들이쉬었다. 궁중의 시신侍臣들과 중신들 사이에서 지내온 그였다. 조조 때부터 측신側臣으로 머물러 있었다. 그는 그러한 좁은 못 속에 오랫동안 즐겨 살 수 있는 그런 인물은 아니었다. 촉나라의 첩자가 재빨리 이 사실을 알아내 성도成都에 보고했다. 촉 진중蜀陣中에서도 대부분 "중달이 서량으로 밀려났는가?" 하는 정도의 관심밖에 없었다. 그러나 이 말을 듣고 홀로 침통한 표정을 짓는 사람은 다름 아닌 공명이었고 또 한 사람은 마속馬謖이었다. 이들은 중달이 위나라 제일의 인물이라기보다 당대의 영웅이며, 후일 촉나라에 우환을 끼칠 사람이 있다면 아마 그 사람이라는 데 견해를 같이 했다. 그리하여 마속은 군사를 쓰지 않고 조예를 속여 중달을 죽음에 빠뜨리는 계략을 말했다.

"중달이라는 사람은 그러한 재략才略을 지니고 오랫동안 위나라를 섬겨왔으면서도 위나라에 중용重用되지 않고 있습니다. 그가 조조를 받들어 도서료圖書寮에서 근무한 것은 약관 20세 전후의 일이라고 들었습니다. 조조·조비·조예 3대代를 섬겨 온 훈신勳臣으로서 지금 그의 위치는 너무나 적막합니다.

지금 중달은 스스로 청해, 서량주에 부임했습니다. 분명히 그의 심중에는 위나라의 중앙으로부터 몸을 피하고 싶은 생각이 있었을 것입니다. 당연히 위나라의 중신 중에서도 중달의 행위에 의심과 질시를 품고 있는 자가 많으리라고 확신합니다. 그래서 중달에게 모반謀反의 흉조凶兆가 보인다고 세상에 유포시키면, 위나라의 중앙은 곧 이에 현혹되어 중달을 죽이든지 또는 직위를 박탈하여 변경으로 내쫓을 것임에 틀림없습니다."

공명은 그의 말을 받아들여 비밀리에 이 책략을 진행시켰다. 위나라의 조예는 이것을 듣고 실색하여 중신들과 비밀회의를 열었다. 태위 화흠華歆이 엎드려 말했다.

"지난번에 중달이 서량의 땅을 지키겠다고 자원해 나선 것은 무슨 속셈에서일까 하고 이상하게 생각했는데, 이제 신臣들은 그의 저의를 짐작하겠습니다.

이미 태조 무제께서 일찍이 간파하시고 하신 말씀입니다. 중달은 독수리처럼 앞을 보고, 늑대처럼 뒤돌아본다고요. 때문에 무제 생존시에는 서고書庫의 문서를 정리하는 한직閑職에만 앉혀 놓고 병마兵馬의 일에는 결코 그를 쓰지 않았습니다. 만약 그에게 병권兵權을 부여한다면 오히려 국가에 해를 끼치리라는 것을 벌써 깊이 생각하고 계셨기 때문입니다."

왕랑이 이어 사견私見을 말했다.

"방금 화흠이 말씀드린 대로 중달은 약관시절부터 깊이 『도략韜略』(육도삼략六韜三略)을 연구하고 군기 병법을 깨우치면서도 선제先帝 대에는 암암리에 자신의 속 검은 생각을 감추었습니다. 오늘날 폐하가 어린 나이로 즉위한 틈을 보아 비로소 독수리 같은 성미를 드러내고 또 늑대처럼 음흉하게 서량 각지에 격문檄文을 돌려 다년간의 야망을 이제 이루려고 계략을 꾸미고 있는 것입니다. 일각이라도 빨리 이 반적叛賊을 토벌하지 않는다면 마침내 먼 들녘의 불길이 될 것입니다."

여기서 사마중달의 자질이 여실히 나타났다. 태조 무제란 바로 조조이며, 그는 『손자병법』 연구의 당대 최고 권위자일 뿐만 아니라, 용병술은 손자·오기를 능가한다는 평을 받았고, 중달은 그 밑에서 꾸준히 연구를 쌓았던 것이다.

중달은 칙령에 의해 관직을 박탈당하고 그 자리에서 고향으로 돌아갔다.

공명은 본시 어떤 일에도 관심을 나타내지 않는 성미이지만 이 소식을 들었을 때는, "중달이 서량에 있는 동안은 아무리 해도 뜻을 펴기 어렵다고 체념하고 있었는데, 이제는 아무 근심이 없다"라고 말하며 기뻐했다. 그 후 공명은 며칠간 심사深思하여 후에 이름을 날린 『전출사표前出師表』를 썼다. 그는 여기서 국가 장래를 명시하고, 한실의 부흥과 구지舊地에로의 환도還都를 실현하기 위해 출병한다는 것을 명시했다.

위나라 조진이 공명군孔明軍에 패하자, 위제 조예는 부득이 중달을 다시 기용하게 되어, 서기 231년 기산祁山에서 중달과 공명은 대결하게 되었다.

나. 사마중달과 공명의 대결

기산에서 공명과 대결하게 된 중달은 그의 선봉장인 장합을 그의 유막帷幕에 불러들여 이렇게 말했다.

"철없이 적을 칭찬하는 말이라고 생각하지는 마오. 이 중달의 눈으로 보기에는 공명은 틀림없이 일세一世의 영웅이며, 현금 중국 대륙을 뜻대로 움직일 수 있는 유일무이의 전략가요, 그를 깨뜨리는 일은 실로 쉬운 일이 아니오."

이리하여 중달은 방위를 견고히 할 뿐 싸울 생각이 별로 없고, 또 공명군이 유인작전을 펴도 깊게 추격을 허용치 않았다. 용맹을 자랑하는 그의 부하들은 중달의 작전방식에 불만과 조소를 보냈지만, 그는 그의 확고한 전략 구상에 입각해서 작전을 수행했다. 마침내 공명은 곤란한 듯한 얼굴로 말했다.

"움직이는 적은 쉽게 계략으로 넘어뜨릴 수가 있지만, 움직이지 않고 오직 앉아만 있는 적에게는 어떻게 손을 쓸 수가 없다. 이러는 사이에 아군은 필시 병량兵糧이 고갈되고 말텐데, 그렇게 되면 자연히 형세는 역전되지 않을 수 없으리라. 도대체 어떻게 하면 좋을까."

공명군은 결국 철수했는데, 중달이 공명을 대처하는 전략은 이러했다. 즉 공명의 군사들은 약 1개월 정도의 군량미 밖에 갖고 있지 않기 때문에 단번의 싸움으로 끝장을 내고 싶어 할 것이니, 우리들이 취해야 할 방책은 장기전의 태세로 적을 철수케 한다는 것으로 손자의 "싸우지 않고 적을 굴복시킨다(不戰而屈人之兵)"는 전략이다. 방위를 견고히 하면서, 식량 부족으로 철수하지 않을 수 없는 적과 싸워서 이긴다 해도 손실을 입는다는 것이다. 그래서 그는 철저하게, "백 번 싸워 백 번 승리하는 것이 결코 최상의 방법이 아니고, 싸우지 않고 적을 굴복시키는 것이 최상의 방법"임을 견지하였다.

3년 후 공명은 다시 위나라에 침공해 왔다. 그의 「후출사표後出師表」에 의하면, 약소국인 촉나라가 지구전持久戰을 하면 수 년 사이에 병력의 3분의 2를 잃고 만다고 했으니, 어디까지나 속전속결의 전략을 펴고자 했다. 한편 중달은 공명군의 약점을 알기 때문에 지구전으로 맞서고 있었다. 공명은 중달에게 도전장을 냈다.

"사상 드물게 보는 대군大軍을 가지고 있으면서 귀하의 태도가 약해 빠진 부인과도 같이 겁 많음은 어떻게 된 영문에서일까. 그것이 어찌 사나이의 행동인가. 무인武人의 이름을 아끼고 그래도 남자라는 것을 자각한다면 나와서 멋지게 결전을 함이 어떨까!"

이에 화가 난 중달은 결전을 위해 출동 준비를 시켰다. 그러나 왕명으로 출전 중지의 지시가 사자使者로부터 내려왔다. 물론 이것도 이미 계산된 중달의 책략이며, 이렇게 왕명에 의하지 않고는 혈기 왕성한 부하들의 원성을 누르기 어려웠으리라.

어느 날 촉군의 군사가 중달의 진영에 왔다. 그는 당면의 싸움에 대해서는 얘기를 피하고, 진중陣中에서의 공명의 일상생활에 관하여 물었다. 군사는 별로 비밀에 속하지 않는다고 생각하여 있는 그대로 말했다.

"공명은 아침에 일찍 일어나고 밤에는 늦게 취침합니다. 매우 엄격하여 벌칙 곤장 20대 이상에 해당하는 범죄는 직접 결재합니다. 취식은 극히 소량이어서 매일 몇 홉도 안 드십니다.”

이 말을 듣고 중달은 사자가 간 후 주위 사람들에게 말했다.

“공명의 목숨도 얼마 안 남았다. 그와 같은 격무와 심로心勞에 시달리면서도 극소량의 음식밖에 섭취하지 않는 점으로 미루어 보아, 어느 정도 체력이 약해져 있는지도 모르지.”

중달은 촉군의 보급문제 뿐만 아니라, 공명의 건강 상태까지 계산했기 때문에 구태여 싸울 필요가 없었다. 오장원에서 양군의 대결은 100여 일에 이르렀으나, 중달이 예상한대로 공명은 과로로 사망하게 되니 촉군은 후퇴하지 않을 수 없었다.

다. 오장원五丈原의 승리

중달은 공명을 물리친 후 3년간 그대로 장안長安에 머물러 촉한의 움직임에 대비하고 있었다. 그런데 명제明帝로부터 요동 태수인 공손연公孫淵이 조정에 대한 반란을 일으켰으니 토벌하라는 명령이 내렸다. 중달은 4만의 보·기병步騎兵을 지휘하여 요동으로 향했는데, 공명 때는 수세를 취했으나, 이번에는 공세를 취했다. 공손연은 요수遼水의 대안對岸에 수만의 병력을 배치하여 위군魏軍의 침공에 대비했다. 이것을 본 중달은 적진의 남쪽에 양동陽動 부대를 배치했다. 깃발을 많이 세워 대부대인 것처럼 가장하여 적의 정예부대가 남쪽으로 이동하자, 그 틈을 이용하여 중달의 주력군은 북으로 향하여 경비가 소홀한 요수를 도하했다. 적군을 방치한 채 적의 본거지인 양평襄平을 향해 진격했다. 예하의 부장部將이 중달의 의도를 알지 못해 문의하니 그는 이렇게 대답했다.

“적이 견진堅陣을 펴고 우리 군의 피로를 기다리고 있다. 이것을 공격한다는 건 적의 계략에 빠지는 것이 된다. 옛사람도 ‘적이 비록 진터를 높이고 개천을 깊이 파서 교전을 거부한다 하더라도, 나와서 싸우지 않을 수 없는 것은 그들이 반드시 구원할 수밖에 없는 곳을 치기 때문이다'고 했다. 지금 적의 대군은 요수 부근에 집결해 있다. 근거지인 양평에는 소수의 병력밖에 없다. 지금부터 양평을 치면 적은 당황하게 되고, 당황하여 도전해 오면 반드시 격파할 수 있다."

여기서 옛사람의 말은 『손자병법』 가운데 「허실虛實」의 인용이며, 중달은 『손자병법』을 깊이 연구했을 뿐만 아니라, 충실히 적용해서 싸워 승리를 거두었다.

중달의 임기응변의 술術은 비단 전장에서 뿐만 아니라, 정치의 장에서도 유감없이 발휘되었다. 중달은 명제明帝의 유언에 따라 젊은 대장군인 조상曹爽과 함께 새로운 황제를 보좌하게 되었으나, 조상이 모든 실권을 장악하자 병을 구실로 은퇴했다. 249년 정월, 황제가 고평릉高平陵에 참배하러 갈 때 조상 등도 동반하여 수도를 비웠다. 이 기회를 틈타서 중달은 수도를 장악하고 조상 일파를 모두 제거하여 251년에 죽을 때까지 위 왕조의 모든 권력을 장악했다. 그의 손자인 사마염이 선양禪讓이라는 형식을 밟고 진晋 왕조를 일으킨 것은 중달이 죽은 지 14년 후였고, 그 기초는 중달이 확고하게 다져두었던 것이다.

중달은 조조의 영향을 받았을 뿐만 아니라, 『손자병법』의 원리를 충실히 적용했다. 즉 "용병을 잘하는 장수는 먼저 승리할 수 있는 조건을 만들어 자연스럽게 승리한다. 따라서 용병을 잘 하는 장수의 승리는 지모智謀나 용감하다는 공적 따위가 두드러지게 나타나지 않는다."(군형軍形).

7. 역성혁명易姓革命의 주역 정도전鄭道傳의 진법陣法

정도전(1342~1398)은 탁월한 개혁 사상가, 경륜가經綸家 그리고 성리학자性理學者이기도 했지만, 한편 그는 훌륭한 군사 전문가이기도 했다. 그래서 그는 "옛날부터 나라를 위하는 자는 문文으로써 다스림을 이루고 무武로써 난리를 평정하였으니, 이 두 직분은 사람의 양 어깨와 같아서 기울거나 폐할 수 없는 것이다"고 했다. 그는 조선 왕조의 개국開國 일등 공신으로 왕조의 요직을 겸직 또는 역임했다. 특히 그는 새 왕조의 통치조직을 확립하기 위해 『조선경국전朝鮮經國典』 등을 저술하기도 했고, 또 판의흥삼군부사判義興三軍府事로 병권兵權을 장악하고 있으면서 군사제도를 개혁했을 뿐만 아니라, 병서를 저술했고, 그것을 교범敎範으로 간행하여 실제 군사훈련에 적용시키기도 하였다.

고려는 당시 몽골의 혹독한 간섭을 받아왔고, 거기에다 명明의 압력, 홍건적과 왜구의 계속적인 침략으로 인하여 국가의 존망과 민족적 시련에 부닥치고 있었다. 한편 사회 구조면에서 본다면, 귀족 즉 권문세가權門勢家의 부력富力·권력 독점으로 인하여 민생은 도탄에 빠지고 또 계층 간의 갈등, 윤리·도덕의 타락 등 사회적 모순이 날로 심화되고 있었다. 고려 왕조는 이 모순을 해결하기에는 너무 노쇠, 부패하고 있었다.

그는 이런 시기에 진사시進士試에 합격(21세)하여 고려 왕조에 봉직하게 되어 정사품(33세)의 지위까지 승진했다. 그러나 이인임李仁任 일파가 권력을 잡고 원元을 섬기려 하자 이에 반대하다가 미움을 사서 전라도 나주로 귀양 가게 되었으며, 1383년 가을 그가 함주의 동북면도지휘사東北面都指揮使로 있던 이성계李成桂를 만나 역성혁명을 결의하고 돌아올 때까지의 8년간에 걸친 유배와 유랑생활은 그에게 가장 고달프고 괴로운 시기였다. 그러나 그는 헛되게 시간을 보내지 않고 다가올 기회에 활용할 실력의 배양으로 소중하게 보냈다.

그는 농촌생활을 통하여 농민의 생활을 체험하였고, 『심문천답心問天答』, 『학자지남도學者指南圖』와 같은 성리학 관계의 저서, 시문詩文 그리고 특히 『8진36변도보八陣三十六變圖譜』, 『태을72국도太乙七十二局圖』 등 병서를 저술했다.

그 후 『5행진출기도五行陣出奇圖』, 『강무도講武圖』도 저술했으나 전해지지 않고 『진법陣法』만이 전해졌으며, 이것은 우리나라의 현존하는 가장 오랜 병서이다.

그는 역성혁명의 웅지를 품고 거기에 필요한 군사력을 얻기 위해 함주로 이성계를 찾아가 군대를 봤을 때, 군기가 엄숙하고 대오가 질서정연한 것을 보고 이성계에게 비밀리 말하기를, "훌륭합니다. 이 군대로 무슨 일인들 성공하지 못하겠습니까"라고 말함으로써 그의 군사적 안목과 식견을 엿볼 수 있게 했다. 그리고 그는 개국할 즈음에 왕왕 취중醉中에 가만히 이야기하기를, "한 고조漢高祖가 장량張良을 쓴 것이 아니라, 장량이 곧 한 고조를 쓴 것이다"고 했다. 그는 1397년 6월 판의흥삼군부사로서 요동遼東 공략을 목적으로 『진법』에 의한 군사 훈련에 박차를 가하고 왕에게 출병을 요구했으나, 조준趙浚의 반대로 좌절되었다. 그가 명장名將인가의 여부를 판단할 실전 지휘의 기회가 상실되었고, 그 후 1398년 8월 무인난戊寅亂으로 인하여 이방원李芳遠의 군사에 의해 참수당하고 말았다.

가. 민본정신民本精神에 입각한 병법

『진법』은 1393년 11월 이전에 저술되었다는 것을 추정할 뿐이고, 또 이 책은 계획하고 있었던 요동 정벌에 가장 필요한 용병술과 군사 훈련을 요약한 독자적인 병서로 평가된다. 그는 「총술總述」에서 다음과 같이 말하고 있다.

"군대는 신信으로써 다스리고, 승리는 기奇로써 거둔다. 신은 항상 불변하여 바뀌어 질 수 없는 것이다. 전투에는 일정한 규칙이 없다. 그러므로 움켜잡아야 할 때에는 움켜잡고, 풀어주어야 할 때에는 풀어주어 변화가 무쌍하여 적이 도저히 알 수 없게 해야 한다."

정도전은 그의 『진법』의 두 기둥을 신信과 기奇로서 설명하고 있다. 믿음(信)이란 군대를 다스리는 기본이요 또한 불변의 것이라 했는데, 군대나 기업체나 조직체를 움직여 소기의 목표를 달성하자면 상·하의 믿음이란 불가결한 것이다. 그리고 기란 승리를 거두는 것이라 했는데, 이것은 적의 방어를 능히 격파할 수 있는 공격을 뜻한다. 따라서 그의 기본 사상은 믿음과 공격이 기둥으로 특징되고 있다.

그는 「논장수論將帥」에서 장수의 자질과 유형을 다음과 같이 말하고 있다.

① 현장賢將 : 예악禮樂을 좋아하고, 시서詩書에 독실篤實하여, 신의信義에 밝고 위엄과 은혜로움이 있어 병사들이 즐겨 따르고, 어질고 유능한 인물이 힘을 다 바친다.

② 지장智將 : 이해利害에 밝고 성패成敗를 잘 살피며, 적을 만나면 기묘한 계략을 세워 시기에 따라 잘 적응한다.

③ 용장勇將 : 자신이 사졸보다 앞장서서 시석矢石을 무릅쓰고 적진 속을 들락거리며 적의 예기銳氣를 꺾고 진陣을 함락시킨다.

그는 장수의 세 가지 유형과 그 자질을 논했는데, 이것은 한 장수가 세 가지 자질을 함께 가져야 한다는 뜻이라기보다는, 세 유형의 장수들을 적재적소에 기용하여 전쟁을 수행할 수 있다는 뜻으로 해석된다.

그리고 그는 장수로서 사졸에게 마땅히 해야 할 다섯 가지를 열거하고 있다.

① 추위와 굶주림을 돌봐 줌 : 몸소 병사들을 살펴서 자기 옷을 벗어주고 자기 밥을 먹여준다.

② 노고를 덜어 줌 : 임무를 분담시키고, 모든 일에 같이 참여한다.

③ 질병을 구완해 줌 : 몸소 환자를 살펴보고 의료를 베풀어 준다.

④ 온전하지 못한 자를 불쌍히 여김 : 늙거나 어린 사람을 집으로 돌려보내고, 집안이 외롭거나 병든 사람도 돌려보낸다.

⑤ 죽음을 슬퍼함 : 죽은 자를 정성껏 매장하고 제사를 잘 지내준다.

여기서 그의 투철한 민본 정신이 여실히 나타나고 있다. 장수가 사졸에 대해 성의와 관심을 둠으로써 그들은 죽음을 두려워하지 않고 전장에서 장수의 명령에 즐거운 마음으로 복종하게 되는 것이다. 그리고 그는 장수가 지켜야 할 금기사항을 세 가지 열거하고 있다.

① 신임할 수 없는 인물과 더불어 승리를 도모하는 일.

② 지킬 수 없는 백성을 데리고 굳게 지키려는 일.

③ 싸움의 경험이 없는 군대를 거느리고 요행으로 이기기를 바라는 일.

그는 적정敵情의 탐지에 대해 다음과 같이 말하고 있다.

① 적의 공격 의도를 알지 못하면 먼저 공격하지 못한다.

② 적의 관습을 분명히 파악하지 못하면 조약을 맺지 못한다.

③ 적장의 인품을 분명히 알지 못하면 먼저 군사를 출동시킬 수 없다.

④ 적의 군사를 알지 못하면 먼저 진을 칠 수 없다.

나. 적의 능력·의도를 알고 대응하라

이것은 경쟁하는 업체 사이에서 상대의 능력과 의도를 알아 대응책을 강구하는 데 요긴한 내용이다. 그리고 적을 공격할 시기를 다음과 같이 말하고 있다.

① 적이 한여름 심한 더위에 쉴 새 없이 사역을 시키며, 정신 못 차리게 몰아붙여 행군하며, 기갈이 겹쳤으면 공격한다.

② 적병들이 원망과 분노가 겹치고 진중에 괴상한 일들이 생겨서 서로 의심하는데, 상관과 하졸들이 제지하지 못하면 공격한다.

③ 적의 군수품이 떨어지고 때마침 장마까지 계속되어 약탈조차 못하고 있으면 공격한다.

④ 적이 군사도 많지 않고 지형도 불리하며, 인마人馬가 병들고 여위었으면 공격한다.

⑤ 행군로는 멀고 날은 저물어 병사들이 피로와 굶주림에 지쳤는데, 밥

먹을 사이가 없다가 장비를 풀고 식사하고 있으면 공격한다.

⑥ 적의 삼군三軍이 자주 놀라고 지원부대가 없으면 공격한다.

⑦ 적이 진을 치고 아직 안정되지 못했거나, 막사 짓기를 미처 끝내지 못하고 있으면 공격한다.

⑧ 적이 비탈길을 지나거나, 거센 물을 건너는데, 반쯤은 통과하고 절반은 아직 보이지 않을 때면 공격한다.

8. 정병 3만이면 천하를 주무른다는 문종文宗의 『오위진법五衛陣法』

우리나라 조선조의 병서를 대체로 분류해 본다면, 장병에 대한 정신 전력을 강화하기 위한 훈화집이라 할 만한 훈사류訓辭類와 역대의 전쟁 기록을 가려 뽑은 전쟁사류, 그리고 군의 편제와 용병술 및 무기 해설과 전투 훈련법 등을 기술한 교범류, 조선 후기에 실학자들에 의해 강조되었던 민보民堡, 즉 민방위 체제에 관한 논설류 등 네 가지이며, 『오위진법』은 교범류에 속한다.

세종(4대, 1418~1450)에서 성종(9대, 1469~1494)의 시기는 병서의 편찬사업이 그 어느 때보다 활발했던 시대였다. 세종의 문치文治와 무비武備는 더 말할 나위도 없겠으나, 그 뒤를 이은 문종~세조 연간에도 내치內治 못지않게 국방에 주력했던 시기였다. 국왕이 직접 병서를 저술, 무비의 중요성을 가르치고 또 그것을 몸소 실천해 나아갔던 것이다.

문종(5대, 1450~1452)이 세종대왕의 뒤를 이어 왕위에 오르자, 세자로 있을 당시부터 병법의 연구와 무기의 제작 등에 남다른 열의와 관심을 가졌던 그는 『계축진설癸丑陣說』을 바탕으로 해 『오위진법』을 손수 저술, 군의 통수 체제와 전투 조직에 관한 오위五衛의 체계를 확립시켰다. 이로써 개국 이래

숱한 변동을 보았던 군의 편제와 전투 조직에 안정을 찾게 되는 터전을 마련하게 되었다.

가. 사람을 살리는 것은 고난의 시련이요, 죽이는 것은 안락安樂이다

진법陣法은 풍후風后가 『악기경握奇經』을 지은 뒤로, 제갈량諸葛亮과 이정李靖 등이 그 유법遺法을 연구하여, 비록 때에 따라 팔진八陣이니 육화진六花陣이니 하는 이름들을 붙인 적이 있었으나, 그 이치는 오늘날에 이르도록 조금도 달라지지 않았다. 우리 태조(이성계)께서는 뛰어나신 무덕武德으로 화란禍亂을 평정하시고 백성들을 도탄에서 구원하여 온 나라를 평안하게 하셨다. 태조께서 진陣을 설치한 절목節目은 세상에 전해지지 않았다. 태종과 세종께서는 국운이 창성한 시대를 만났어도 평안함 속에서 위태로움을 생각하시고, 신하들에게 명을 내려 진설陣說을 수집 편찬하게 하시어 군사훈련의 규범으로 삼으셨다.

같은 대오끼리 서로 친애함은 장유유서長幼有序로서 형제간의 정리情理이고, 법령에 어김이 없음은 친구간의 신의이니, 이는 인륜의 도리를 본받은 것이다. 이러므로 병사를 가르치면서도 백성이 예의를 알게 되어 나라가 항상 평안한 것이다.

『좌전左傳』의 기록에 이런 대목이 있다. 진 문공이 그의 백성을 3년 동안 교육시킨 다음, 전쟁에 사용하려고 하자 자범子犯이 만류했다.

"백성들이 아직 군신간의 의義를 알지 못합니다."

진 문공은 군사를 내어 주 양왕周襄王을 받들어 의를 과시하고 나서 다시 백성을 부리려 하니, 자범은 또 다시 만류했다.

"백성이 신信을 알지 못합니다."

진 문공은 이에 원原 지방을 정벌하면서 신을 보이고 "이제는 되었는가?" 하고 물었다. 그러나 자범은, "백성이 예禮를 모릅니다." 했다. 이에 진 문공은 대수大蒐를 시행하여 백성들에게 예를 보여서, 백성들이 명령을 잘 따르고 혼란함이 없게 된 다음에야 비로소 백성을 전쟁에 사용했다. 그리하여 일전一戰에 천하의 패자覇者가 되었으니, 이것은 문文으로써 백성을 교육한 때문이었다.

대개 사람을 살리는 것은 고난의 시련이요, 사람을 죽이는 것은 안락이다.

황제 헌원씨는 52회의 전쟁을 겪었고, 은나라 성탕은 27회의 정벌을 했으며, 한 고조·당 태종과 우리 태조께서는 모두 친히 갑주甲冑를 몸에 걸치고 사방으로 싸움터를 횡행하여 마지 않으셨으니, 이 어찌 전쟁의 수고로움을 즐겨서 한 것이겠는가. 이것은 바로 안일의 해독을 멀리하려고 해서였다.

나. 준비 없는 전쟁은 백전백패

『좌전』에, "국가의 대사大事는 제사祭祀와 병사兵事에 있다"고 했고, 공자는 "백성을 교육시키지 않고 전쟁에 부림은 백성을 버리는 짓이다"고 했으니, 진실로 평소에 싸움을 익히지 않는다면 어떻게 급박한 상황에서 외적의 침략을 막아낼 수 있겠는가. 이러므로 백성에게 병사를 가르치는 일은 국가의 대사인 것이다. 어느 누군들 7척 되는 몸을 아끼지 않을 것이며, 백년의 목숨을 소중히 여기지 않겠는가. 그런데도 시체를 밟고 피 흐르는 내를 건너 앞을 다투어 적에게 달려든다.

이는 실로 교육을 미리 잘 시켜 법도가 먼저 정해지고, 군대의 형세를 미리 굳혀 사기가 이루어진 때문이다. 관자管子는 '병사 3만 명만 교육시키면 천하를 횡행할 수 있다'고 했으니, 이는 다름이 아니라 강함과 부드러움에 변화를 주어 군의 형세를 공고하게 만듦으로써, 작게는 한 집안이, 크게는 온 천하가 모두 형세를 합치시키게 되는 것이다.

태초에 하늘과 땅이 나누어졌으므로 선과 악은 필연적으로 대립되고, 치治와 난亂은 필연적으로 뒤따르게 마련이다. 어리석은 무리들이 탐심과 분노하는 마음을 품거나, 세력을 믿고서 명을 어기는 경우가 있으며, 임금 된 자는 당연히 이에 대응해야 한다. 그러므로 부득이 군대를 편성하여 불복종의 죄를 토벌하기도 하니, 이러므로 전쟁이 나오게 된 것이다. 군대는 정세가 어지럽기 때문에 제정한 것이다.

〈용병用兵〉

- 대장大將은 위장衛將을 호령하고, 위장은 부장部將과 유군장遊軍將을, 부장은 통장統將을, 유군장은 영장領將을, 통장·영장은 여사旅師를, 여사는 대정隊正을, 대정은 오장伍長을, 오장은 자기의 오졸伍卒을 각각 호령한다.

그리하여 기奇(적의 방어를 능히 격파할 수 있는 공격)와 정正(적의 공격을 능히 막을 수 있는 방어)의 운용이 상생相生하고 주통駐統·전통戰統의 응용이 무궁하니, 이는 오로지 장수의 재량에 달려 있다.

〈군령軍令〉

- 진퇴·좌우하라는 명령을 내려도 따르지 않는 자와 제 마음대로 진퇴·좌우하는 자는 모두 참수한다.
- 휘장과 표지를 잃은 자와 군사 기밀을 누설한 자는 참수하며, 적에게 항복한 자는 그 가산을 몰수한다.
- 적과 비밀리 내통하는 자는 참수하고, 징과 북, 기와 나팔을 잃은 자는 참수하며, 까닭 없이 군을 놀라게 한 자도 참수하고, 군중의 문·무관으로서 공평치 못하게 사정을 봐준 자도 참수하며, 멋대로 초소를 바꾸거나, 경비를 제대로 하지 않거나, 야간 통금을 어기거나, 진중 암호를 잊거나, 남의 막사에서 잠잔 자는 참수한다.
- 주장主將이 전군에 공통적으로 내리는 명령을 어긴 자는 참수하고, 금령禁令을 범한 줄 알면서도 보고하지 않는 자는 참수하며, 전임 관리가

제 군졸을 버리고 달아났는데, 후임 관리된 자가 그를 잡아 참斬하였으면 상을 준다. 자기 오伍를 잃고서 적의 오를 잡았거나, 자기 장수를 잃고 적장을 얻었으면 공과功過를 각각 상쇄하며, 자기 오를 잃고도 적의 오를 잡지 못한 자는 벌을 준다.

- 대장을 잃었으면 위장을 참하고, 위장을 잃었으면 그 부장을 참하며… 오장을 잃었으면 그 오졸을 참하며, 그리고 주변에 있는 병졸이 구원되지 않았으면 역시 참한다.
- 모든 진영은 100보 밖에 각각 보초를 배치하되, 2시간마다 교대하여 불의의 변이 있는가를 정탐한다.
- 만약 진중에서 군사가 밤중에 놀라는 일이 일어나면 군사軍使는 제자리를 굳게 지키고, 진장陣將은 무기를 잡고 대기할 것이며, 소란을 피거나 동요하지 말아야 한다.
- 무릇 행군 시에는 먼저 척후 기병을 2~3리 정도 앞서 가게 한다. 척후 기병은 우거진 숲이나 초목이 있으면 청색 후기를 들어올리고, 구릉지대나 험한 곳이 있으면 적색 후기를 들어올리며, 둑을 쌓아 올린 마을이나 협착하거나 막힌 곳이 있으면 황색 후기를 들어올리고, 적군의 소리나 흔적이 있으면 백색 후기를 들어올리며, 큰 호수나 강물이 있으면 흑색 후기를 들어올린다.

9. 병력의 집중·분산의 지략智略, 세조世祖의 『병장설兵將說』

조선 왕조에 있어서 세종에서 성종에 이르는 시기는 병서의 편찬사업이 활발했다. 세종의 문치文治와 무비武備는 우리의 역사상 가장 훌륭한 업적을 남겼다.

세종의 영명함을 이어받은 세조(1417~1468)는 세종의 둘째 아들이요, 문종의 동생이다. 그가 단종端宗을 몰아내고 왕위에 오른 데 대해서는 각자 평가가 다르다. 그러나 그는 재위 14년 간 많은 치적을 쌓아 조선 초기의 왕권을 확립하는 데 공헌이 많았다. 특히 그는 장수들에게 용병술과 장수의 자질을 스스로 닦게 하고 또 병법의 숙지 사항 등을 가르치는 병서를 스스로 저술해 1466년 9월에 『병장설』이라는 이름으로 발간했다. 이 책에 간략한 주석을 붙인 신하들의 후기後記는 세조의 왕 됨을 잘 표현하고 있다.

"대개 세상이 혼란하면 염전사상厭戰思想이 일고, 평화로운 세상이면 군비軍備를 잊는 것이 인간의 상정常情입니다.

생각하옵건대, 전하께서는 천운을 타시고 정치의 도리를 안정시키시어, 안으로는 선정을 베푸시고 밖으로는 외적을 물리쳐, 백성들은 편안하고 위엄은 국외에까지 미치고 있으니, 평화로운 세상이라 할 만 합니다. 그럼에도 오히려 안일함을 경계하고 원대한 계책을 생각하시어, 매양 모든 장수들을 일깨우며 일에 따라 친히 글을 내리신바, 무력이란 함부로 사용해서도 안 되지만, 그렇다고 군비軍備를 잊는다면, 이 역시 국가를 다스리는 마음가짐이 못 됩니다. 그러므로 아무리 무덕武德을 뒤로 미루고 문덕文德을 우선한다 할지라도, 군대를 다스려 스스로 강력해지기를 꾀하고, 군사를 훈련함으로써 간악한 무리를 물리치겠다는 마음의 대비를 잊어서는 안 된다는 것입니다. 이 때문에 전하께서 항상 무비武備에 정성을 쏟으시니, 깊은 생각과 원대한 계책이 어찌 지극하다 하지 않겠습니까."

가. 인의仁義 확립은 정치의 근본

"인의에 근본하지 않으면 적이 없어도 자멸하고 말 것이며, 아군과 적군의 형세를 판단하지 않으면, 불나비가 촛불에 날아드는 격이 될 것이다. 지형의 이점利點을 상세히 살피지 못하면 장님이 지팡이를 버리는 격이 될 것이며, 부대의 조직과 편성에 밝지 못하면 군사는 아무리 많아도 오히려 적은 격이 된다. 절제를 바르게 하지 않으면 전쟁터에서 자기 장수를 버리게 될 것이며, 무기와 장비가 예리하지 못하면 장터의 살찐 고기와 같이 될 것이다.

인의에 근본을 두려면 어떻게 해야 하는가. 학교의 교육을 밝히고, 임금과 신하 사이의 의리를 엄정하게 하며, 문과 무를 함께 숭상하고 정해진 법을 지킴이 바로 그것이다."

세조의 문장은 실로 깊고 또한 명쾌하다.

신하들의 주석은 다음과 같다.

"전쟁이란 국가의 대사로서 백성과 나라의 생사존망이 여기에 매였다고 했다. 그러므로 그 나라를 보전하고자 하는 자는 먼저 군사를 양성하고, 군사를 양성하고자 하는 자는 먼저 그 정사를 올바르게 해야 한다. 정치를 올바르게 하는 근본은 인의에 있으며, 그 교육의 뿌리는 삼강三綱(임금과 신하, 어버이와 자식, 남편과 아내 사이에 마땅히 지켜야 할 도리)에 두어야 한다.

학교의 교육을 밝힘은 인륜을 돈독히 하는 것이고, 군신간의 분별을 엄하게 함은 상하의 질서를 밝히는 것이며, 문무를 숭상함은 나라의 안팎을 다스리는 것이며, 정법定法을 지킴은 기강을 확립하는 것이다.

학교 교육이 밝지 못하면 배불리 먹고 따뜻이 입기만 하여 짐승에 가깝게 되며, 임금과 신하의 분별이 엄하지 못하면 상하가 서로 업신여겨서 하늘과 땅의 위치가 뒤바뀌어지며, 문무를 고루 숭상하지 않으면 나라가 안으로 해이해지고 밖으로 남의 나라에 업신여김을 당해 자립할 수 없으며, 정법을 지키지 않으면 날마다 법을 개정해 백성이 어떻게 행동할지를 모르게 된다. 이렇게 되고서도 능히 그 국가를 보전한 자는 일찍이 없었으니, 위태로움과 패망의 화가 어찌 적의 침략이 있은 뒤에야 이르겠는가."

나. 독단 망동獨斷妄動은 하품 인물 처신下品人物處身

무릇 장수된 자의 허물은 지혜가 있다 하여 사람을 거만하게 대하고, 지능이 있다 하여 남을 업신여기는 것이다.

남과 상대하기도 전에 제 뜻이 이미 남을 경멸하여 독단적으로 일을 처리해서 위와 아래가 서로 화합하지 못한다면 이는 참으로 한낱 필부에 지나지 않는 것이다.

자기 뜻에 순종함을 좋아하고 마음에 거슬리는 것을 싫어하며, 힘만을 믿고 제 뜻과 같지 않은 경우를 당하면 성을 내어 장성한 때에 공명을 이루지 못하고 만다면 애석한 일이다.

1) 상上의 장수

칭찬을 들어도 기뻐하지 않고 모욕을 받아도 성내지 않으며, 두루 묻고 아랫사람의 역량에 의지하며, 유순함으로써 일을 이루는 자가 상품의 인물이다.

2) 중中의 장수

지혜를 쌓고도 지혜 있는 인재를 구하고, 재능을 쌓고도 재능 있는 인재를 구하며, 과단성 있게 유능한 사람을 임용하여 굳세게 일을 성공시키는 자는 중품의 인물이다.

3) 하下의 장수

하늘을 보고도 굽히지 않고, 현자賢者를 보고도 경의를 표하지 않으며, 일을 혼자서 마음대로 처리하여 경망하게 일을 망치는 자는 하품의 인물이다.

세조의 「장설將說」은 실로 깊은 뜻을 말하고 있다. 즉,

"천지가 화합하여야 만물이 통해지고, 상하가 화합하여야 뜻이 통일된다. 천지도 이러한데 하물며 인간이야 더 말할 나위가 있겠는가.

비록 재능과 지혜가 있다 할지라도 덕으로 유지하지 않으면 곧 교만하고 방자한 마음이 생겨 스스로 훌륭한 체 하게 된다. 결국 작은 지혜를 믿고 남의 지혜를 얕보며, 하찮은 재능을 과시하고 남의 재능을 업신여겨, 남이 자

신의 뜻에 따르기를 좋아하고, 제 마음에 거슬리는 것을 싫어하며, 좋은 의견이 아랫사람에게 두루 미치지 않고, 훌륭한 계책이 윗사람에게 상달하지 못하게 되어, 상하가 화합하지 못해서 협조자가 없는데도, 오히려 자신의 힘만을 믿어, 하늘의 뜻을 어기고 멋대로 행동하다가 끝내 일에 실패하고 실의에 빠져 몸과 이름을 함께 잃게 되고 마니 세상의 장수 된 자는 경계해야 한다.

병법의 큰 뜻은 장병을 어루만져 양성하고, 활쏘기와 말 타기를 연습하며, 신상필벌信賞必罰을 밝히고, 예의를 가르쳐서 부당한 경쟁을 없애며, 오로지 충효의 마음을 굳게 지키고, 항상 적개심을 품게 하는 데 있다."

다. 병법의 큰 뜻을 익히라

"만일 예상하지 못한 비상사태가 일어나면 한 사람이라도 근왕勤王해야 하고, 열 사람, 백 사람도 근왕해야 하므로 명령을 받는 자가 많아진다.

북방 족속의 군대와 중국군의 형세는 다르나, 병력을 분산하고 집중하는 법은 실로 같으니, 이것이 용법의 큰 뜻으로, 장수에게 있어 중요한 지략이다.

어리석은 자는 병법을 배우지도 않고서, '내가 능히 적을 죽일 수 있다.' 하며, 궁마弓馬를 연습하지 않고서 '내가 능히 적을 저지시킬 수 있다.' 한다. 이런 자는 장수라고 말할 것도 없이 졸병 중에서도 최하류의 인물이다."

세조는 병법을 알지 못하는 장수는 졸병 중에서도 최하류의 인물이라 경멸했다. 또 북방 민족과 중국군의 전투하는 방식은 다르지만, 병력의 분산과 집중의 방식은 같다고 하여, 오늘날 전쟁의 원칙 가운데, '집중의 원칙'의 중요성을 강조하고 있다는 것은 놀라운 탁견이다. 당시 한반도를 둘러싼 국제 정세는 평온하였고, 또 국내 정세도 세종대왕 이후 올바른 정치로 인해 민생이 안정되고 평온했다. 이러한 시기에 왕이 안일에 빠지기 쉬우나, 오히려 군사에 관심을 가져 병법을 저술하여 부하 장수들을 교육시켰다는 것은 더욱이 놀랍고 지혜로움에 감탄치 않을 수 없다. 이것은 기업경영에 있어서도, 기업이 순조롭게 번영하고 있을 때, 닥쳐올 위기에 언제나 대비해야 재난을 극복할 수 있다는 이치이리라.

10. 마키아벨리의 국가 전략

마키아벨리(1469~1527)의 책은 권모술수權謀術數의 악서惡書로 평가받아 왔다. 1494년 8월 프랑스 국왕 샤를 8세의 이탈리아 침공은 마치 폭풍우처럼 모든 것을 뒤엎고 말았다. 전쟁은 매우 신속하고 또 격렬하여 한 왕국이 전일의 한 촌락보다도 빨리 파멸되고 정복당하여 승자에 굴복하는 모습을 그는 목격했다. 따라서 그는 왕이 그의 국가의 생존권을 획득·유지하기 위해서는 윤리·도덕의 구애는 받을 필요가 없다는 철저한 현실주의자의 입장을 취했다. 그래서 그는 "군주가 나라를 지키기 위해 행하는 수단은 모두 선善이다", "무장하지 않는 부자는 무장한 빈자貧者의 미끼이다"고 설파하였다.

가. 결정타決定打는 경제력보다 정병精兵

그는 이탈리아의 도시국가 플로렌스 공화국에 등용되어 외교와 군사업무를 14년간 관장했다. 그동안 이탈리아 제국은 물론, 프랑스·독일·스위스 등지에 외교사절로 파견되어 교섭에 참여했고, 각국의 군주, 귀족 및 실력자들과 면담을 했다. 또 각국의 군사문제도 견문見聞하면서 그의 재능을 발휘했다. 그러나 정권의 교체로 공직에서 추방되자 43세의 나이로는 미련이 남아 그냥 은퇴할 수가 없었다. 실의에서 오는 외로움을 달래고 또 정계政界 재등용에의 계기를 마련하기 위해 저술에 심혈을 기울였다. 그는 비록 정계 진출에는 실패했으나, 『군주론君主論』, 『로마사론史論』, 『전쟁술戰爭術』 등의 명저를 남김으로써 그의 이름을 역사에서 더욱 빛나게 하는 데 성공했다.

"군주는 전쟁과 전술 및 훈련을 제외하고 그 밖의 다른 어떠한 목표나 의도를 가져서는 안 되며, 또한 아무것도 그의 임무로 삼아서도 안 된다. 왜냐하면, 이것은 주권자에게 알맞은 유일한 사명이기 때문이다. 그 공덕功德은 세습적인 군주에게만 지위를 보장할 뿐더러, 일개 평민으로 하여금 때때로 능히 군주의 자리에 앉게 한다. 이와 반대로 군비軍備보다도 안일에 힘을 기울이는 자는 그 나라를 잃게 마련이라는 사실은 만인이 알고도 남는 바이다. 그러므로 나라를 잃는 가장 큰 원인은 이 이치를 소홀히 하기 때문이며, 나라를 얻는 까닭은 이 이치를 명심하기 때문이다."

군주의 사명이 국가의 생존권 확보를 위해 전념해야 할 분야가 군사문제라고 한다면, 기업의 총수가 기업의 생존과 발전을 위해 사명이 되어야 할 내용은 과연 무엇일까? 그것은 어느 사업 분야에 자본, 자금 그리고 인재를 중점적으로 배분해야 할 것인가 하는 투자 전략을 분명히 결정해야 하고 또 이것을 어떻게 성공시킬 것인가 하는 결정이 필요하다. 성장 노선을 성공시키는 주도력이 되는 것은 기술 혁신인가, 마케팅인가, 제조인가, 재력인가, 자사自社가 가지는 경영 자원만으로 할 것인가, 타사他社를 매수 혹은 합병할 것인가를 결정하는 관리전략의 선택이 되리라. 그리고 기업의 총수는 경영에 전념해야 하며, 공직을 명예로 지나치게 생각하면 본직을 잃게 되리라.

"누구나 전쟁을 시작하고자 생각한다면 언제든지 편리한 시기에 시작할 수 있지만, 멈추고자 할 때는 그렇지가 않다. 따라서 군주된 자는 전쟁을 시작함에 있어서 자기의 힘을 잘 계산하여 그것에 의거해서 계획을 수립해야 한다. 즉 자기의 힘을 지나치게 과신하지 않도록 유의해야 한다. 자기 실력을 추정하는 데, 돈의 힘, 지리의 이로움을 계산하고 또 신하들의 선의善意에 기대를 걸어도, 동시에 자국自國의 군대의 강함을 계산에 넣지 않는다면 오산을 가져오리라.… 충성스러운 군대가 없다면 거만巨萬의 부富가 있다 해도 충분하지 않으며 나라를 지키는 요새도 쓸모가 없다. 돈의 힘만으로 나라를 지킬 수 없을 뿐만 아니라, 오히려 적의 미끼가 될 염려가 있다. 따라서 '돈이야말로 전쟁의 결정타'라고 하는 속설俗說만큼 엉터리는 없으리라."

당시 이탈리아의 여러 도시국가들은 우수한 용병傭兵을 고용하기 위해 많은 비용이 소요됐기 때문에, 전쟁은 전적으로 경제력으로 결정된다고 하는 사람들의 의견이 강했다. 이에 대해 마키아벨리는 정면으로 도전하여 결론을 맺었다. 그는 전쟁의 결정타는 돈의 힘이 아니라 정병精兵이라고 주장한다. 왜냐하면, 돈의 힘만으로는 정병을 찾아낼 수 없지만, 역으로 정병을 가지면 황금을 손에 넣기란 대단히 쉽기 때문이다.

그는 전쟁을 시작하기에 앞서 쌍방의 국력 평가를 신중히 해야 하고, 거기에 입각하여 전쟁 계획을 세워야 한다고 주장했다. 특히 국력 평가에 있어서는 경제력, 지리의 이점, 신하의 선의善意 등은 당연히 고려되겠지만, 용병을 주요 변수로 하여 자국 군대의 강약에 대한 평가를 역설했다는 것은 당시로서는 훌륭한 견해라 말하지 않을 수 없다.

나. 유능한 참모 확보와 용병

기업의 경영력 평가나 새로운 분야에 대한 개척 사업을 추진함에 있어서 자본금, 자금 및 자금 유치 능력, 입지 조건 등의 요소 가운데 무엇보다 중요한 것은 그 기업을 인도하고 육성할 인재의 유무와 양성이 가장 중요한 과제일 것이다.

그는 전쟁을 시작하기는 쉽지만 종결하기는 어렵다고 했다. 예컨대 6·25 전쟁, 월남전쟁, 그리고 1980년 10월에 시작하여 아직까지 계속되고 있는 이란-이라크 전쟁을 생각하면 그의 견해가 옳다는 것을 실감케 한다. 늘어만 가는 인명 손실과 산업시설의 파괴 및 마비로 인한 재산 피해 등에도 아랑곳없이 두 나라는 '성전聖戰'을 외치면서 파멸의 전쟁을 계속하고 있는 어리석음을 범하고 있다.

북한의 김일성 집단도 이것을 교훈으로 삼아야 할 것이다.

페르시아만 지역에서 사실상의 맹주盟主 노릇을 했던 팔레비 국왕의 몰락으로 한때 이라크 쪽이 유리하게 되었으며, 이 틈을 타서 후세인 대통령이 '실지失地 회복'을 앞세워 이란을 공격했지만, 결과적으로 보아 후세인 대통령은 그의 군대의 작전 수행 능력을 오산했던 것이다.

이 때문에 이 전쟁은 지구전持久戰으로 변해 버리고 말았으며, 아직 종전終戰의 실마리를 찾지 못하고 있는 실정이다.

"총사령관이 유의해야 할 가장 중요한 일은 신변 가까이 신뢰할 수 있는 인물을 배치해 둔다는 것이다. 이 인물은 전쟁에서 전술의 베테랑이며 또한 만사에 신중한 사람이어야 한다. 사령관은 이런 인물과 계속적으로 부하의 상태나 적의 동정動靜에 대해 논의해야 한다. 즉, 적과 아군의 병원 수兵員數는 어느 편이 많은가, 무장은 어느 편이 완전한가, 기병騎兵의 훈련은 어느 편이 숙달되었는가, 어느 편의 군사들이 어려움을 잘 견디는가, 더욱이 보병과 기병 가운데 어느 편을 더 신뢰하는 것이 좋은가에 대해 얘기를 나누어야 한다. 그리고 진지의 장소가 유리한가의 여부, 병참선의 편리 여부, 전투를 연기할 것인가, 지금 곧 시작할 것인가. 시간의 경과는 적에게 이익을 주게 될 것인가, 아니면 불리함을 주게 될 것인가. …

적장敵將이나 적장 주변의 참모들에 관해서도 조사해 둘 필요가 있다. 적장은 무분별한 인물인가, 신중한가, 겁쟁이인가, 대담한가에 대해 알아두어야 한다. 또 예비 병력을 어느 정도 기대할 수 있는가도 평시부터 알아서 결정해 두어야 한다. 특히 당신에게 일말의 의심이 생기거나 또 승리하기가 어렵다고 생각되는 경우 그 군단을 전투에 참가시키지 않도록 주의해야 한다.

더욱 패배가 확실한 징후는 당신 스스로가 승리를 믿지 않는 기분에 잠겨 있기 때문이다."

총사령관에게는 능력이 있는 훌륭한 참모가 그를 보좌해야 하고, 적과 아군의 전략 평가와 고려사항이 명시되어 있는데, 기업의 총수도 마찬가지이며, 더욱이 경쟁 상태에 있는 기업의 총수는 더욱 유능한 참모가 필요하다.

"당신이 계획을 실천할 때까지 적에게 그것을 비밀로 해두는 것만큼 훌륭한 계획은 없다."

"전쟁에서는 호기好機를 예측하여 그것을 포착하는 데 노력한다는 것이 다른 어떤 것보다 유익한 일이다."

"군주의 두뇌의 정도는 그 재상宰相을 보면 알며, 군주는 재상을 우대해야 한다. 그러나 주는 것 이상을 바라게 해서는 안 된다."

11. 권한 위양權限委讓에 실패한 나폴레옹

오늘날 한국의 기업 총수가 당면한 중요한 과제는 후계자의 육성문제이다. 차기 후계자를 선발하고, 훈련하고 육성한다는 것은 기업 총수의 본질적인 직무이며, 유능한 경영자와 참모들을 미리 계획적으로 양성해 둔다는 것은 중요한 책임이다.

다음은 기업이 번영하여 거대해지고 또한 고도화되는 데 대응하여 어떤 조치와 전략을 채택해야만 기업이 생존하고, 발전·번영되어 나아가느냐 하는 문제이다. 이 두 가지 과제에 대해 관심과 흥미가 있는 사람은 나폴레옹(1769~1821)의 성공과 실패의 교훈이 참고가 되리라.

그는 코르시카 섬의 가난한 귀족의 집안에서 태어나 9세 때에 프랑스 본국으로 유학하여 육군사관학교를 졸업하고 16세에 포병 소위로 임관했다.

가. 폭도 진압 후 사령관에 승진

어린 시절 가난뱅이 귀족으로 모욕을 당했고 또 차별 대우를 받았던 그는 고뇌와 분노 그리고 지배계급인 귀족들에 대해 증오감을 갖고 있었다.

그런데 마침 1789년 그의 나이 20세 때, 프랑스 혁명이 일어나자 주저함이 없이 공화주의의 혁명파에 투신했다. 많은 직업 군인들이 왕당파王黨派로서 추방되었기 때문에 나폴레옹은 인재 부족을 틈타서 두각을 나타내기 시작했다.

1793년 12월 혁명군의 툴롱 요새 공격에 있어서 훌륭한 작전계획으로 대승을 거두자, 나폴레옹은 일약 대위에서 소장으로 특진했다. 그러나 정변政變에 의해 해직당하여 파리에서 방황하고 있었다. 당시 자코뱅 당黨의 잔당들이 파리에서 폭동을 일으키자, 그 진압에 골머리를 앓고 있던 내국군內國軍 사령관 바라스는 나폴레옹을 부사령관으로 등용하여 폭동 진압을 위임했다.

그는 곧 행동을 개시했다. 병력 5,000명, 대포 4여 문을 모아 센 강의 다리를 제압하고 폭도들을 남북으로 차단했다. 그리고 요소요소에 대포를 배치했다.

1795년 8월 폭도들이 정부군을 압도하고 의회의 후면에 육박하자, 나폴레옹은 충분히 폭도들을 근거리까지 유인하고는 일제히 맹포격을 가해 그들을 분쇄해 버렸다.

시가전에서 대포로 포격하리라고는 생각지 못했던 폭도들은 나폴레옹의 과감한 일격에 괴멸되고, 오랫동안 혼란에 빠졌던 파리는 다시 평온과 질서를 찾게 되었다. 정부 요인뿐만 아니라, 시민들도 경탄했다. 이 사건을 계기로 나폴레옹은 사교계의 명사名士가 되었다.

폭도 진압의 공적에 대해 나폴레옹에게는 두 가지의 보답이 주어졌다. 하나는 미모의 귀족 미망인인 조세핀과 결혼을 할 수 있게 되었고, 다른 하나는 이탈리아 원정군 사령관으로 임명된 것이다. 그의 나이 27세였다.

당시 프랑스군은 3만 6천명의 병력이었으나, 보급이 순조롭지 못해 사기는 떨어지고 군기는 엉망이었다. 부랑자 집단과 같은 '거지 부대'라는 별명이 있었다.

나폴레옹이 파리를 출발할 때, "정부는 재정 곤란으로 병사들은 줄 수 있으나, 돈과 물자는 줄 수 없네"라고 고위 당국자가 말하자, 그는 "나는 병사들만 있으면 충분합니다"라고 대답했다.

그는 미혹적인 상을 내건 유명한 알벵가의 연설, 그리고 급료를 지급함으로써 장병의 마음속에 활력소를 불어넣었다. 엉망이던 군대를 탁월한 통솔력에 의해 백전백승의 정예군으로 일변시키고 적에게 돌진하여 연전연승의 대업적을 남겼다. 후에 원수까지 승진한 마세나(André Masséna), 란누(Jean Lannes) 등의 유능한 청년 장교들은 나폴레옹의 연설을 듣고, "이 사람을 따라가는 것 외는 출세와 영광의 길은 없겠다"고 생각했다.

나. 정석定石대로 싸우지 않는다

나폴레옹의 성공은 그의 탁월한 통솔력과 새로운 전략·전술에 있었다. 당시 일류급 장수들은 교묘한 기동機動에 의해 적군을 불리한 상황으로 몰아넣고 후퇴케 하여 승리하는 것을 정석으로 생각했다. 그러나 나폴레옹은 적전敵前에서 기동하지 않고 곧장 적의 중앙 돌파로 적군을 분단, 각개 격파를 하여 맹추격을 감행하는 것이었다. 적의 중앙 돌파를 할 때는 철저한 집중으로 상대적 우위를 획득했다. 그래서 적장들은 "나폴레옹은 정석대로 싸우지 않기 때문에 거북하다.…"고 중얼거렸다.

나폴레옹은 무력과 외교를 병용하여 이탈리아의 도시국가로부터 막대한 군자금을 헌납 받았고 미술품, 군량 등을 획득하여 파리에 보냈다. 그는 마치 이탈리아의 왕처럼 행세했기 때문에 본국 정부에서는 그의 행동을 견제하기 위해 그의 권한의 분할을 명했다.

"금후 이탈리아 원정군의 작전지역을 양분하여 켈레르만에게 북이탈리아를 담당시키고, 나폴레옹은 남이탈리아를 담당한다."

나폴레옹은 이 조치에 대해 이렇게 항의했다.

"이탈리아 작전은 한 사람의 장수가 지휘해야 한다. 만약 내가 부적임이라면 해직하기 바란다. 켈레르만 장군은 나보다 훌륭할지 모르지만, 한 전장戰場을 두 사람의 명장名將에게 분담시키기 보다는 한 사람의 범장凡將에게 지휘시키는 편이 훨씬 효과적이다.…"

프랑스 정부는 그의 명성과 위세에 대한 두려움, 그리고 나폴레옹만큼 전적戰績을 올릴 수 있는 장수를 찾지 못해 명령을 취소하고 종전대로 이탈리아 방면의 전권을 위임했다. 이리하여 상승장군常勝將軍 나폴레옹은 마침내 거지 부대 3만 명을 지휘하여 2년 만에 이탈리아를 지배하고, 강국 오스트리아의 정예군을 격파, 그들의 수도 빈을 위협하여 강화를 청하게 하는 위업을 달성했다. 1797년 12월, 그는 이제 세계에서 가장 강력한 군대를 지휘하여 11만 5천여 명의 포로, 1,400문의 대포, 군자금 등 막대한 전리품을 갖고 당당하게 파리에 개선하여 국민의 환호를 받았고, 마침내 그는 1804년 5월 프랑스의 황제가 되었다.

나폴레옹이 당시 프랑스군을 지휘하여 유럽의 여러 강대국을 종횡으로 유린·정복할 수 있었던 요인은 다음 세 가지로 요약할 수 있다.

첫째, 징병제도에 의해 자유·평등·박애의 애국심에 불타 있는 사기왕성한 많은 병력의 동원이 가능했다.

둘째, 새로운 종대縱隊 전술의 개발과 집중에 의한 중앙 돌파와 철저한 추격을 통한 섬멸전략의 채택.

셋째, 조직의 라인(부대장, 실행부서), 스태프(참모, 계획부서)의 효과적 운영이었다.

나폴레옹의 성공 비결은 새로운 상황과 변화로 점차 그 위력이 떨어지기 시작했다. 그것은 스페인 전쟁(1808~1813)과 러시아 원정(1812)이었다. 그는 45만 명의 대병력과 2년간의 전쟁 준비를 마치고 모스크바까지 침공해 갔으나 참패로 끝나고 말았다. 러시아 제국은 45만의 대군이라 할지라도 보통 정복되고 또 점령을 계속할 수 있는 영토의 넓이가 아니었다(2차 대전 때의 나치 독일군도 마찬가지의 과오를 범했다). 나폴레옹의 천재적 지휘·통솔력이 미치기에는 전장이 너무 광대했다. 즉, 양군의 병력이 73만이고 남·북이 400㎞, 동·서가 1,200㎞의 넓은 황무지에서의 대작전이었던 것이다.

나폴레옹의 천재의 위력이 발휘되는 것은 그의 명령이 시달되는 범위에 한하며, 전기·통신 수단이 없는 당시로서는 기마 전령騎馬傳令이 달려갈 수 있는 거리가 30~40㎞를 넘지 못했다. 또 부대의 규모도 명령으로 지휘할 수 있는 것은 10만 단위이며, 20만이 넘으면 곤란했고, 그의 참모는 자료를 수집·분석하여 장수의 방책·결심을 준비하고, 이것을 실행으로 옮기는 사무를 처리하기보다는 그의 명령을 수령해서 예하 부대장에게 전달하는 기마 전령의 범위를 벗어나지 못했다.

다. 프로이센 참모본부의 등장

한편 예나 및 아우어슈테트 전투(1806)에서 프랑스군에 완패 당한 프로이센의 샤른호르스트 및 그나이제나우 등의 참모들은 역경에도 굴복하지 않고 나폴레옹에게 패배한 원인을 분석하고 어떻게 하면 승리하는가를 냉정하게 생각하여 대책을 강구했다. 먼저 그들은 프랑스와 마찬가지로 국민군을 편성(1813년 3월 국민개병령 발포)하고, 참모본부를 창설했다. 이곳에서 나폴레옹의 특성을 연구하여 그 약점을 활용하고, 더욱이 병력의 증대와 전장의 확대라는 새로운 사태에 대응하는 부대 조직과 전략을 구상했다.

넓은 지역에서 작전하는 수십만의 대군은 총사령관의 명령만으로는 움직이기가 거북스럽다는 것에 프로이센의 참모요원들은 착안하여 지휘의 유연성과 조직의 활력을 불어넣는 조치를 강구했다.

총사령관은 대방침 내지 전략 목표만 명확히 제시하고, 예하 각 부대장은 그 방침에 입각하여 자주自主·적극적인 작전 행동의 종합적 효과에 의해 승리를 얻도록 해야 한다는 것이다. 그리고 이를 실행하는 데는 부대장에게 권한을 대폭 이양하고, 부대에는 독립작전을 수행할 수 있도록 정보·지휘·보급의 능력을 구비케 한다는 것이다.

프로이센 참모본부의 전략은 나폴레옹의 공격을 받은 부대는 결전을 피하여 후퇴하면, 다른 부대들은 양측으로부터 나폴레옹군을 협격한다. 이것을 반복하여 나폴레옹군이 약화된 기회를 봐서 총집중적 공격을 가한다는 것이다. 나폴레옹군을 격멸한다는 것을 전략 목표로 삼고, 기타의 작전·행동은 각 군에 일임한다는 것이었다.

드레스덴 전투(1813년 5월~10월)는 이것의 좋은 보기라 하겠다. 나폴레옹은 50만(작전군 38만)의 병력을 드레스덴을 중심으로 집결시켰고, 한편 연합군의 병력은 70만(작전군 48만)이었다. 연합군이란 필연적으로 협동성이 미약하기 때문에 언제나 나폴레옹의 각개 격파를 당하는 체험을 떠올려서 각국 군을 혼성으로 3개 군으로 편성했다. 예컨대, 북방군은 스웨덴 왕이 지휘하는 16만(스웨덴군 5만, 프로이센군 8만, 러시아군 3만)이었다.

나폴레옹의 공격을 받은 연합군의 1개 군은 가볍게 싸우고는 예정된 후퇴를 하고, 나폴레옹이 이를 추격하여 섬멸코자 하면, 연합군의 2개 군이 나폴레옹의 측방과 후방을 위협하기 때문에 다시 되돌아가지 않을 수 없었다. 나폴레옹이 공격하는 방향은 항상 승리했으나, 결정타를 주지 못할 뿐만 아니라, 나폴레옹의 다른 부대는 패하여 위험에 직면하기 때문에 나폴레옹은 그곳으로 달려가지 않을 수 없었다. 나폴레옹의 육체적 쇠퇴, 군대의 피로, 군기의 문란, 사기의 침체, 도망병의 속출 등으로 라이프치히 전투에서도 패배하여 11월 초순, 4~5만의 병력으로 라인 강을 건너 프랑스 본국으로 철수했다.

라. 권한 위양委讓을 기업에 응용

나폴레옹의 패인은 상황의 변화, 즉 병력의 증가와 넓은 전장에서의 작전 지휘에 있어서는 독립작전 부대의 편성과 권한의 이양 그리고 예하 부대장의 교육과 임명에 치명적인 결함이 있었다. 그의 부대장들은 그의 명령을 충실히 이행하는 용감한 군인이었으나, 전장이 넓어져 그의 명령이 없이 스스로의 책임 하에 상황판단을 하여 결심·행동하는 자질이 결여되어 있었다.

이것은 기업 운영에 있어서도 마찬가지이다. 한 기업의 총수가 분야가 다른 10개 이상의 단위 기업을 혼자서 관리, 운영하기란 어려운 일이다. 이리하여 근래 미국 제너럴 일렉트릭사社에서 시작한 전략 사업단위(Strategic Business Unit)는 좋은 보기이다. 기업이 시장 환경에 대응하여 전략적인 조직 활동을 행하기 위한 조직 단위이며, 전략의 계획, 실적의 장악과 평가는 이 단위를 전략 추진센터, 이익 관리센터로 행하게 된다.

오늘날의 경영관리는 총수의 통제 중심에서부터 계획 중심의 관리로 발전하며, 장기 경영계획의 설정을 중심으로 하는 최고 경영 기능의 강화가 요청된다. 따라서 계획 기능을 중심으로 하는 일반 참모의 육성이 요구된다.

12. 전쟁 철학자 클라우제비츠의 『전쟁론』(1832)

클라우제비츠(1780~1831)는 프로이센의 군인으로서 그의 풍부한 전쟁경험, 다년간의 연구와 사색, 총명과 정열을 가지고 명저 『전쟁론』을 남겼다. 그의 말을 빌면, "2년 내지 3년이 지나면 잊어버리는 책을 만든다는 것은 나의 자존심이 허락하지 않고, 또 전쟁의 문제에 관심을 갖는 사람이면 아마도 한 번 이상 손에 들어도 후회하지 않는 책을 저술할 생각"이라고 한 결의하에 원고를 쓰는 데만 12년간이 소요되었으나, 불행하게도 미완성으로 그의 부인에 의해 출판되었다.

이 저서로 인해 그는 근세 군사 이론의 창설자가 되었으며, 그의 저서가 출판된 지 150여년이 지난 오늘날까지도 군인·정치인·외교관 및 실업인 등 여러 계층의 사람들에 의해 읽혀지고 있을 뿐만 아니라, 근래 미국을 위시한 서방 각국에서 『전쟁론』에 대한 재평가와 연구가 활발하게 진행되고 있다는 사실은 그의 저술의 목적이 달성되었다 해도 좋으리라.

그는 12세에 군에 들어가 13세에 전투에 참가했다. 16세 때 소위로 임관되고, 베를린의 군사학교를 수석으로 졸업했다. 당시 프로이센은 나폴레옹의 침입을 받아 1806년 예나 전투에서 완전히 패배당하고 말았다. 이 전투에서 그는 프랑스군의 포로가 되어 약 9개월간 프랑스에서 포로생활을 했다. 그는 그동안 '왜 나폴레옹군은 승리하고, 프로이센군은 참패했는가.' 하는 문제를 곰곰이 생각하고, 조국의 안전보장을 위해 군사학 연구에 전념키로 마음을 굳혀 독창적인 명저를 남겼다.

"지휘관은 유혈流血의 희생에 의해서 야기되는 괴로운 생각과 자기 자신의 내부에서 싸워야 하고 또 그것이 실제 부하들이 받는 인상, 기분, 불안, 노고 등과도 직접·간접으로 싸워야 한다. 왜냐하면, 개개인의 힘이 상실되어 가고 그들 스스로의 의지의 힘만으로는 스스로를 고무하여 지탱할 수 없는 상황에 이르면, 병사들의 무기력한 기분은 그대로 장수의 의지 위에 무섭게 덮치게 된다. 이러한 시기야말로 장수의 마음 깊숙이 간직해 두었던 정열과 정신력에 의해서 병사들의 차가운 가슴에 당초의 정열과 희망의 불을 다시 켜주어야 한다. 이것을 할 수 있어야 비로소 그는 장수가 될 수 있고 또 병사들을 명령하고 지휘하는 장長이 될 수 있는 것이다."

기업의 총수도 여러 가지 도전에 의해 기업이 도산 직전의 위기에 빠져 근로자들이 희망을 잃고 무기력해져 있을 때, 마음 깊숙이 간직해 두었던 정열과 정신력에 의해 근로자들의 차가운 가슴에 당초의 정열과 희망의 불을 다시 켜 주어야 한다. 또 위기를 호기의 전환점으로 이끌고 가야 하는 것이다.

가. 사려 깊은 반성적 두뇌의 인물

클라우제비츠는 국가의 운명을 좌우할 장수의 자질에 대해, "일단 전쟁이 발발한 경우, 우리 자녀의 행복과 조국의 명예 및 안전을 맡길 수 있는 인물은 창조적 두뇌를 가진 것보다는 사려 깊은 반성적 두뇌를 가진 인물, 한꺼번에 목적을 추구하기보다는 상황을 개괄적으로 파악할 수 있는 인물, 그리고 정열적인 것보다는 오히려 냉정한 인물일 것이다"고 했다. 그는 "전쟁이란 진정한 목적을 달성하기 위한 진정한 수단이다. 모험·요행·흥분에 의해 이루어지는 것은 아니다.… 전쟁은 추측의 세계이며, 조건의 4분의 3까지는 불확실하다. 지력知力을 가지고 진상을 파악하는 동시에 용기와 자신自信을 가지고 불확실성을 정복해야 한다"고 설파했다.

여기서 전쟁이라는 단어를 기업으로 바꾸어 대입한다면 그대로 적용되는 내용이다. 기업은 추측의 세계이며 조건은 불확실한 것이다. 미국의 갤브레이스(John kenneth Galbraith, 1908~2006) 교수는 『불확실성의 시대』라는 저서로 유명해지기도 했지만, 상황이 불확실하기 때문에 기업의 생존과 발전을 위해 경영전략이 필요하게 되는 것이라고 했다.

"개전開戰을 위한 판단을 그르치지 않는다는 것은 천재만이 알 수 있으며, 다만 이론적 계산으로는 불가능하다. 나폴레옹은 이 대사업을 평하여, '뉴턴도 어려워하는 복잡한 수학 문제를 푸는 것과 같다'고 했다. 복잡하고, 광범위하고, 척도가 없고, 위험하고, 책임감의 압력이 강렬하기 때문이다."

대기업의 새로운 사업 분야에 대한 투자 여부의 결정이나 부실기업의 인수 여부의 결심 등은 이론적인 경영관리 기법만으로는 불가능하다. 오로지 기업 총수의 직관에 의해서만 가능하다. 이때 총수는 풍부한 경험이 있고 또 최소한의 기본적 정보를 획득하여 장래의 상황 판단에 대한 뚜렷한 확신이 전제가 되어야 하는 것이며, 모험으로만 승부를 결정하려고 한다면 그 성공률은 낮아지고 파멸을 자초하고 만다.

"전략은 전쟁의 목적을 달성하기 위한 전투의 사용이기 때문에, 전략은 모든 군사적 행동에 대해 그 목적에 상응하는 목표를 설정해야 한다.… 승리하기 위해 공격자는 전력을 기울여 적의 중심重心(급소)에 총공격을 가해야 한다. 적의 군대, 수도, 동맹군, 이해관계의 일치(여러 국가가 모여 결합된 동맹국), 지도자 자신 등이 중요한 목표이다."

경쟁 중의 기업 간에 있어서 자사自社가 승리하기 위해서는 공격 목표의 선정이 가장 중요하다. 이것은 전략의 기본 임무의 하나이다. 맹장염에 걸린 사람에게 값은 비싸지만 간염에 효력이 있는 약을 주어도 소용이 없는 것이다. 목표는 기술혁신, 마케팅, 재무 구조 등으로 결정되며, 거기에 대해 전력을 기울여 공격을 취해야 한다.

나. 반격은 방어의 빛나는 순간

"방어는 공격보다 강력한 전쟁 형식이지만, 그러나 소극적 목적을 가진 데 지나지 않으므로 아군이 열세劣勢하기 때문에 부득이 이 형식을 사용하는 것이다. 따라서 아군이 강력하고 적극적 목적을 세우는 데 충분한 것이라면, 곧 그러한 형식을 버려야 한다.… 방어자가 전투에 있어서 현저히 유리하다면 방어는 이미 그 임무를 수행했으므로 그 유리함을 활용해 적에게 반격을 가해야 한다.… 방어자가 신속하고 강력한 공격으로 옮기는 것, 즉 적의 공격을 저지하자마자 곧 반격을 하는 것이야말로 방어의 가장 빛나는 순간이다."

이것은 약한 자가 강한 자를 어떻게 다루어 승리할 것인가를 가르치는 것이며, 나폴레옹군에 비해 열세한 프로이센군의 입장에서 클라우제비츠가 제시한 최선의 방책이다. 그는 전력戰力이 열세하면 전략적으로는 수세守勢를 취하면서 지구전을 수행하다가, 수세의 이점利點을 활용해서 적을 저지하는 데 성공하면 곧 공격을 잊어서는 안 된다는 것을 역설하고 있다. 여기서 공격을 적극적 사고방식이라 생각한다면 어떤 어려움이 있어도 견딜 수 있고 또 활로를 찾을 수 있다는 것을 암시해 주고 있다.

"전쟁에 있어서 확실한 요소는 장수 자신의 의지와 실행력뿐이다."

"위험과 책임감은 명장名將의 판단력을 활발하게 하지만, 범장凡將의 판단력을 흐리게 한다."

"명장의 참다운 가치는 여러 사람의 눈길을 끄는 명작전名作戰에 있지 않고 목적을 달성하는가의 여부에 있다."

"어떠한 명참모名參謀도 장수의 결단력 부족만은 보좌할 수 없다."

"전쟁이란 적을 굴복시켜 자기의 의지를 강요하기 위해 사용되는 일종의 폭력 행위이다. 폭력은 수단이고, 적에게 우리들의 의지를 강요하는 것이 목적이다. 이 목적을 달성하기 위해서는 적의 저항력을 무력화시켜야 하며 이것이 모든 군사적 행위의 목표이다."

"각 시대에는 각각의 그 시대에 적응한 독자적인 전쟁 이론이 있다."

"무릇 인생에 있어서 가장 긴요한 것은 사물을 파악하고 또 판단하는 경우의 입장을 정확하게 정하고 굳게 그것을 엄수하는 것이다.

우리들은 하나의 입장에서만이 잡다한 현상을 통일적으로 파악할 수 있으며, 또 입장이 언제나 일정불변하기 때문에 모순의 발생을 방지할 수 있다."

13. 나폴레옹의 전략을 체계화한 조미니의 『전쟁술 개요』(1838)

조미니(1779~1869)는 스위스에서 탄생하였으며, 17세 때 무급無給의 프랑스 육군에서 봉급을 받는 사무의 지위를 획득했다. 그러나 그는 군사학을 연구해 1804년 프리드리히 대왕의 7년전쟁의 전쟁사를 바탕으로 『대군 작전론』을 저술했다. 그는 이 저서로 다행히 1805년 프랑스군의 네이 장군에 의해 채용되어 그의 참모로, 또 그 후 나폴레옹의 참모로서 울름 전투(1805), 예나 전투(1806), 스페인 전쟁(1808) 등에서 그의 능력을 발휘했다. 그러나 한 번도 독립부대의 지휘관이 되지도 못했을 뿐만 아니라, 중장中將 진급 명단에 이름이 누락되자 1813년 러시아의 알렉산더 1세에게 써주기를 부탁하여 러시아군으로 자리를 옮겼다.

가. 나폴레옹 전략 사상을 체계화

스위스 사람인 조미니에게 있어서는 어느 국가이든 그의 능력을 충분히 인정해 주고 거기에 합당한 대우를 어느 정도 해 줄 것인가 하는 것이 문제였다. 러시아군으로 자리를 옮긴 그는 중장에서 상급 대장大將의 지위로 승진하여 러시아군의 발전을 위해 헌신했다. 그러나 러시아군 등 연합군이 프랑스 파리로 진격했을 때, 그는 프랑스군의 군사 기밀을 누설하지 않았을 뿐만 아니라, 러시아군과 행동을 같이 하지 않고 스위스에 귀국해 있었다. 그는 러시아군에 봉직하고 있으면서도 유럽의 각국 원수元首들의 군사에 관한 최고 고문인 것처럼 활동했다.

그는 70여 년 간 군사 연구를 했을 뿐만 아니라, 훌륭한 저서를 남겼다. 즉 『대군 작전론』(1804~1816), 『혁명전쟁의 비판 전사戰史』(1824), 『나폴레옹의 정치적·군사적 생애』(1827), 『전쟁술 개요』(1838) 등이 있다. 비록 나폴레옹은 그의 전략 사상을 이론적으로 체계화하지 못했지만, 조미니와 클라우제비츠에 의해 훌륭한 결실을 맺었다. 조미니는 나폴레옹군에서 종군했고, 클라우제비츠는 상대편인 프로이센군에서 전투에 참가했다. 그러나 두 사람은 전쟁에 대한 접근법에서 많은 차이와 특징이 있었다. 즉, 조미니는 승전勝戰을 위한 이론체계를 고안하려 했다면, 클라우제비츠는 전쟁의 기본적 본질에 더 관심을 두었다.

프랑스의 삭스(1696~1750) 원수元帥는 "전쟁은 암흑으로 덮인 과학이다. 그 속에서는 아무도 자신 있는 발자국을 옮겨 놓지 못한다. 모든 과학에는 원칙을 가지고 있지만, 전쟁의 경우만은 없다"고 했다. 그러나 이러한 주장에 대해 반기反旗를 들고 나온 것이 조미니였다. 그는 전쟁이라는 것이 지구상에서의 인간 활동의 한 형태인 이상, 여기에는 어떤 수긍할 만한 원칙이 반드시 있으리라는 확신 하에 전쟁에 대해 연구하여 주장하기를, "어느 시대를 막론하고 전쟁은 좋은 성과 여부를 좌우하는 근본 원칙이 반드시 존재했다. 그리고 이 원칙은 불변이며, 무기의 종류와 역사적 시간 및 장소와는 아무런 관계가 없는 것이다"고 했다.

나. 훌륭한 경영조직이란

군사 정책의 가장 중요한 문제의 하나는 군사제도의 성격이며, 훌륭한 군대가 되려면 다음의 12가지 중요한 조직이 갖추어져야 한다고 조미니는 말했다.

① 훌륭한 모병募兵제도.

② 훌륭한 조직.

③ 잘 편성된 예비군 제도.

④ 전투, 참모 및 행정의 좋은 지시.

⑤ 엄정하고 비굴하지 않은 군기軍紀, 형식이 아닌 마음속에서의 복종과

규정 준수의 정신.

⑥ 경쟁심을 적당히 자극하는 포상제도.

⑦ 훈련이 잘된 공병工兵과 포병砲兵 등의 특수 병과.

⑧ 공수攻守 양 무기에 대해 가능한 한 우세한 장비를 갖출 것.

⑨ 이런 요소를 잘 활용할 능력을 갖추고, 또한 이들 장교들에 대한 이론적 및 실제적 교육을 실시하는 조직된 일반 참모부.

⑩ 양호한 병참兵站·의무醫務 및 일반 행정체계.

⑪ 지휘의 권한 위양과 전쟁의 주요 작전지휘에 적합한 체계.

⑫ 국민의 상무정신尙武精神을 고취하고 유지케 하는 것.

이상의 12가지 내용은 기업에 있어서도 그대로 적용되는 분야가 많다. 즉 기업이 그들의 기업 목표를 효과적으로 달성하기 위해 어떤 제도를 갖추어야 하느냐 하는 문제에 직면하면, 이상의 요소들을 검토하면 좋을 것이다. 기업의 성장과 활성화를 위해서는 훌륭한 사원의 모집과 조직은 필수불가결한 요소가 될 것이다. 훌륭한 조직이란 기업 목표 달성에 필요한 각 구성원의 직무를 확정하고, 일정한 권한과 책임을 배분함으로써 각 직무의 상호관계를 합리적으로 편성하여 조직을 활성화하는 데 있다고 하겠다.

잘 편성된 예비군 제도라고 하면 기업과 별로 관계가 없는 것으로 생각하기 쉬우나, 장기적 안목에서 기업의 성장과 발전을 생각한다면 잊어서는 안 될 요소이며, 근래 대기업에서 방학을 통해 여대생들의 아르바이트 희망자를 대량으로 채용하는 문제도 이런 관점에서 고찰할 필요가 있다고 생각한다.

다. 훌륭한 장수의 선정

"황제 스스로가 군을 지휘하지 않는 한, 장수로서 그의 지위를 대신할 자를 선정한다는 것은 그의 첫째 임무이며 또한 최대의 관심사이다. 그는 이

때 통치의 영광과 국가의 안위安危를 군의 지휘에 가장 능통한 장수의 양 어깨에 위임해야 한다."

한 기업이 확장되어 계열별로 구성되어 있을 때, 기업의 회장이 각 계열의 사업체를 일일이 지휘하지 못할 경우, 그 책임자를 임명하는 경우가 바로 이런 상황이다. 또 기업이 해외 시장의 개척 및 해외 지사를 설치하는 경우, 그 지사장의 임명은 회장의 가장 중요한 임무의 하나요, 또한 최대의 관심사이다. 왜냐하면, 그들 인선人選의 적합 여부는 곧 기업의 흥망과 직결되기 때문이다.

"평시 참모본부는 만일 일어날지 모르는 전쟁의 위기에 대비하여 계획을 작성해 두어야 한다. 그 자료부는 과거의 사실史實과 현재 그리고 장래를 위해 일체의 통계적, 지리적, 측량적 및 전략적 자료를 구비해 두어야 한다. 따라서 참모총장은 참모 장교를 지휘하며 평시에는 수도首都에 언제나 위치해야 한다. 전시戰時의 전쟁 지도 기구는 다만 참모본부의 변형에 지나지 않는다."

기업의 규모가 확대되고 또 앞으로의 사태에 대비하면서 성장을 바란다면 기획부서의 활성화는 필수적이다. 만약 기업의 기획부서가 회장의 지시사항을 기획화하는 데만 열중한다면, 그것은 초보단계이며 더 발전할 여지를 남겨 두고 있다. 기획부서의 참다운 모습은 기업 발전에 필요한 모든 자료를 수집·분석·평가하여 일어날 가능성의 사태에 대비한 계획을 작성해 두는 데 있다. 앞으로 기업의 발전은 이런 기획부서의 장기적 안목에서 작성된 기업의 목표의 선정, 방법 및 수단 등의 가부可否에 의해 결정되리라.

"작전의 조직은 전쟁의 목적, 적군의 특성, 지형의 상태와 자원 및 국민과 그 군대, 정치가와 장수에 의해 결정되는 것이다."

"장수로서의 최고 자질은 첫째, 중대한 결정을 내릴 수 있는 고도의 책임감을 갖추고 있어야 한다는 것이고, 둘째는 위기에 직면해서도 용맹심을 갖는다는 것이다. 그의 학문상 또는 군사상의 식견識見은 그 다음이다.”

“장교 된 자는 책임감, 용기 및 직무에 대한 충성심, 이것 없이는 명예도 얻지 못하며 또한 군이 경시당하는 중요한 덕목德目이다.… 어려운 환경에서 군을 단련시키고 평시 수비 근무에서 일어나기 쉬운 침체를 씻어 주고 우리가 적보다 더 낫다는 것을 병사들의 마음속에 불어넣어 주어 견고한 군인 정신을 견지케 해 준다.”

“전략이란 도상圖上에서 전쟁을 계획하는 술術이며, 작전지의 전체를 포함하고 있다. 대전술이란 도상의 계획을 대조하면서 현지의 특성에 따라 전장에 부대를 배치하고, 이것을 행동으로 옮기고, 또한 지상에서 전투를 시키는 술이다. 군수軍需는 전략 및 전술의 계획을 수행하기 위해 여러 수단과 준비로 구성되어 있다. 전략은 어디까지 행동할 것인가를 정하고, 군수는 그 지점에 부대를 옮기고, 대전술은 전투 실행의 양식과 부대의 운용법을 결정한다.”

“전쟁에 있어서 모든 작전의 기초에는 하나의 위대한 원리가 그 밑에 깔려 있다. 그것은 훌륭한 계획을 세우는 마당에 반드시 이것에 준거準據해야 하는 것이며, 다음 원칙 속에 포함되어 있다.

① 군의 주력을 전역戰域의 결승점에, 또는 가능한 한 적의 후방 병참선을 향해 자기 자신과 타협함이 없이 전략적 기동에 의해 계속적으로 투입할 것.

② 우리 부대의 주력을 가지고 적의 분산된 개개의 부대와 교전하도록 기동을 할 것.

③ 전투장에 있어서는 부대 주력을 결승점이나 혹은 타도하려는 가장 중요한 적 전선의 일부를 향해 투입할 것.

④ 이러한 주력은 다만 결승점을 향해 투입할 뿐만 아니라, 적당한 시기에 충분한 힘을 가지고 싸울 수 있도록 조치해 두어야 한다.”

“바른 원리에 바탕을 두고, 전쟁의 실제 사실에 기초를 둔 정확한 전사戰

史에 의해 보충된 정당한 군사 이론은 장수를 양성하기 위한 학교의 올바른 교육 자료가 되리라. 가령 이런 수단이 위대한 장수를 배출하지 못했다 하여도 그것은 병법의 참뜻을 이해하고, 천재적 장수의 다음 가는 유능한 장수는 틀림없이 양성할 수 있으리라."

14. 독창적 전략으로 참모 조직을 완성한 몰트케

몰트케(1800~1891)는 원래 프로이센 출신이 아니었고, 그 이웃 메클렌부르크에서 태어났다. 그의 아버지는 많은 가족을 부양하고 있는 덴마크군의 장교였으나, 경제적 사정이 어려웠다.

몰트케는 1818년에 코펜하겐 사관학교를 졸업하고, 다음 해에 육군 소위로 임관했다. 그리고 나폴레옹의 전성기와 몰락의 와중에서 견문을 넓혔다. 그는 국가의 생존권과 안전을 확보하기 위해 군사력의 필요성을 깊게 인식했고, 또한 천재적 전략가 나폴레옹을 격파한 프로이센군의 참모 조직의 활약에 감동되었다.

가. 부대 지휘 않고 참모부 정비

그 후 그는 덴마크군에서의 장래가 밝지 못함을 깨닫자, 1822년 덴마크군에서 사직하고 베를린에 가서 프로이센군의 채용시험에 합격, 다시 소위로 임관됐고, 1823년 당시 클라우제비츠가 교장으로 있었던 베를린 군사학교(후에 육군대학)에 입학하여 1827년에 훌륭한 성적으로 졸업했다.

프로이센군에서의 초급장교 시절은 몰트케에게 있어서 가난에 쪼들리는 생활이었다. 그래서 그는 부득이 대중 잡지의 단편소설이나 역사, 수필 등의 잡문을 쓰지 않을 수 없었다. 그는 또 일반 참모부의 보직을 수락하기 위해서는 없어서는 안 되는 말(馬)을 구입하려고 기번(Gibbon)의 대저大著『로

마제국 쇠망사衰亡史』를 영어에서 독일어로 번역키로 하고 출판사와 계약을 체결했다. 그러나 일이 끝날 무렵에 그 출판사가 파산되는 바람에 출간하지 못했다.

아무튼 그는 물질적인 어려움 속에서 지형학, 지리학 및 역사에 관한 깊은 지식을 터득했을 뿐만 아니라, 그의 표현력이 발전하여 일류급의 산문가가 되는 계기가 되었다.

몰트케는 덴마크군과 프로이센군의 소위로서 근무한 5년간을 제외하고는 한 번도 병사들과 더불어 근무한 적이 없다. 65세 때, 오스트리아와의 전쟁시, 프로이센군의 실질적인 지휘권을 잡기까지 그는 중대나 혹은 그 이상의 부대를 지휘해 본 적이 없다. 터키 정부의 군사고문으로 지내던 1835~1839년에 이집트에서의 소규모 전투에서 약간의 실전 경험을 얻었다. 터키군 사령관이 어린 대위의 조언을 듣지 않고, 점쟁이의 말을 듣고 작전을 하여 패배하는 비참한 전투의 실상을 목격하기도 했다.

나폴레옹을 격파하여 명성이 자자했던 프로이센의 참모본부도 강적이 없어짐에 따라 그 존재도 점차 약화되어 갔다. 몰트케가 참모총장이 된 것은 이런 시기였다. 1857년 참모총장 서리에서 1858년 육군 중장으로 진급과 동시에 참모총장이 되었다. 그는 프로이센군에 입대한 이래 한 번도 지휘관직에 보직된 적이 없으면서 참모부의 총수로 발탁되었다. 대참모본부라는 명칭이 붙어 있었으나, 참모 장교는 불과 50명에 지나지 않았다.

몰트케가 참모총장이 되었을 때는 참모본부의 권위는 낮았다. 국왕의 헌법상의 군사 보좌기관은 육군 장관이고, 그 예하에서 작전계획의 입안立案을 했으며, 군단장들은 국왕에 직속되는 지휘계통의 최고 간부로서 국왕의 신임이 두터운 사람이 임명되었다. 따라서 참모총장으로서의 몰트케는 궁정, 정부 및 군대 내에 대해 영향력이 약했다. 그러나 그는 이것을 역이용하여 세속의 잡일에 어지러움을 당하지 않고 참모본부에서 사색을 깊게 할 수 있었고, 작전계획의 입안, 군의 전력 향상, 참모부의 정비·충실에 전념할 수 있었다.

그는 먼저 참모 장교의 능력 향상을 기하고, 또 나이를 젊게 하는 동시에 참모부 근무와 부대 근무의 교체 배치의 원칙을 확립했다. 또 군사 학술부를 창설하여 군사에 관한 학술의 연구를 도모하고 특히 전사戰史의 연구를 중시했다. 그리고 참모 예행연습의 내용과 지도법을 개선했다. 특히 판단력과 실제적 지휘 능력의 훈련에 역점을 두었다.

나. 보오普墺·보불普佛전쟁에서 승리 통일

프로이센군은 빈 강화講和(1815) 이후 반세기 동안 유럽의 어떤 전쟁에도 적극적인 참여를 하지 않았다. 따라서 유럽에서 가장 강력한 군대로 등장하던 1860년대까지 40년간 한 번도 실전의 경험을 갖지 못했다. 그럼에도 가장 우수한 군대가 될 수 있었던 것은, 그들이 실전을 위한 편제編制와 평시 훈련 및 이론적인 전쟁연구를 항상 하고 있었기 때문이었다. 그래서 1866년의 보오전쟁과 1870년의 보불전쟁에서 승리하여 독일 민족이 통일국가를 완성할 수 있게 되었다.

전략 수립에 있어서 가장 중요하고 기초적인 과제는 미래전未來戰의 양상에 대한 연구이다. 그래서 그는 유럽에서의 인구의 증가, 기술의 진보, 교통의 발달을 고찰하여 작전계획과 군의 지휘법을 시대에 적응케 했으며 다음과 같은 조치사항을 강구했다.

① 동원 실시를 신속하게 하기 위해, 동원 업무의 중점을 육군성에서 군단 사령부로 옮겼다.

② 철도망의 발달을 촉진하여 동원·집중의 신속화를 기했다.

③ 통신대를 창설하여 지휘 연락을 신속하고 쉽게 했다.

④ 군수기관을 정비하여 보급을 원활하게 했다.

⑤ 소총과 대포를 개량하여 화력의 증대를 도모했다.

이런 조치사항은 군의 근대화와 능률화에 기여하는 바가 컸다. 특히 그는 전사戰史 교육을 중시했다. 전사 연구는 미래의 지휘관들이 군사 행동을 취함에 있어서 따라야 할 상황의 복잡성을 잘 이해하는 데 가장 유용한 것으로 생각했다. 그리하여 전사에 바탕을 둔 각종 참모 연습과 기동 연습으로 참모장교를 교육·훈련시켰다. 밤에 숙소에서의 자유로운 토의는 그들 상호간의 의사소통뿐만 아니라, 인간관계의 유대를 맺는 데 크게 기여했다. 이것이 두 전쟁에서의 승인勝因의 주요한 것이 되었다.

우리의 기업들도 해외 시장의 개척면에서 많은 경험이 축적되었으며, 거기에 따르는 성공과 실패의 역사적 자료를 집대성하고, 거기서 교훈을 끌어내어 사원 교육의 자료로 사용한다면 훌륭한 교육 자료가 될 것으로 생각된다.

다. 전쟁은 대담성·계산의 배합

몰트케는 가능한 한 전쟁에 대한 지성知性의 지배가 확대되기를 열망했다. 그러나 전쟁의 여러 문제는 계산으로 모두 해결되는 것이 아님을 너무도 잘 알고 있었다. 그리하여 그는 "군사 작전의 실제의 방향 설정에 있어서 지휘관의 자유재량이 보장되어야 한다"고 생각했다. "전쟁은 대담성과 계산의 배합물이며, 전쟁에 있어서 크게 모험하지 않고는 대승리를 기할 수 없다"는 것이 그의 견해였다.

그는 전략이 과학이라는 주장과 작전계획을 논리적으로 이끌어 낼 수 있는 그러한 일반 원칙을 세울 수 있다는 주장을 부인했다. 다만 각 상황에는 그 상황 자체에 최적 전략이 하나 밖에 없으며, 그것에 대한 해결책도 훈련과 지식이 통찰과 용기와 함께 종합된 하나가 있을 뿐이라고 했다. 그리고 "전략이란 특정한 방편의 한 체계이다. 그것은 지식 이상의 것이며, 지식을 실용생활에 적용한 것이고, 기본 개념을 언제나 변하는 실정에 맞도록 발전시킨 것이다. 그것은 지극히 어려운 상황의 중압 하에서 어떻게 행동할 것인가에 대한 기술인 것이다"고 했다.

1870년 보불전쟁에 있어서 나폴레옹 3세의 항복 축하연에서 빌헬름 1세는 "육군 장관 론은 칼을 갈았고, 몰트케 장군은 이것을 교묘히 구사했으며, 비스마르크 수상은 외교를 훌륭히 하여 프로이센을 오늘의 영광으로 인도했다"고 칭찬했다. 그러나 몰트케의 완승完勝으로 인하여 베르사유 궁전에서 독일 연방 군주들이 프로이센 왕을 독일제국 황제로 추대하고 통일 국가를 건설함으로써 프랑스 국민의 원한을 사서 제1·2차 세계대전의 패배의 비운을 자초하고 말았다.

경쟁하는 기업에 있어서도 상대를 궁지에만 몰아넣기보다는 서로 경쟁해서 여러 면의 혁신을 꾀하면서 공존공영의 방향으로 전략 목표를 세우는 것이 더 바람직한 것이다.

15. 해밀턴의 경제력과 국방

원시적 사회에서만 경제력과 정치력의 분리가 가능하다. 현 시대에 있어서는 국가의 발전, 강대국의 세계적 팽창 및 군사기술의 꾸준한 발전에 따라 우리들은 끊임없이 상업적, 재정적, 공업적 역량의 상호관계에 직면하는 한편, 정치적 및 군사적 역량의 상호관계에 봉착하게 되었다. 이 상호관계는 국가 정책을 수립함에 있어서 관심을 가져야 할 중요한 문제이다. 이 상호관계는 국가의 안전보장을 포함하고 있으며, 개인의 생명, 자유, 재산 및 행복을 누릴 수 있는 범위를 결정하고 있다.

미국의 건국 초기에 있어서 정치가요, 또 재무 장관이었던 해밀턴(1757~1804)은 다음과 같이 주장했다. 즉, 미국과 같은 신생 국가는 생산기업에 있어서 역사가 긴 영국과 같은 국가와 경쟁할 수 없다고 믿었다. 그래서 한 국가의 유치한 시설이 타국의 오랜 성숙된 시설과 동등한 조건에서 경쟁을 전개한다는 것은 대개 불가능한 일이다. 그러므로 신생국의 산업은 국가의 특별한 보호와 지원을 받아야 하는 것이다. 수입관세(때로는 수입 금지), 원자재 수출 제한, 특별 보조금 및 프리미엄, 세금 환불, 특정 원자재에 대한 수입 면세, 그리고 기타 필요한 각종 수단에 의거, 보호와 지원이 제공되어야 한다. 이것은 물론 '유아기의 산업'을 육성하기 위한 이론인 동시에 또한 자급자족 경제를 위해 중상주의重商主義를 적용한 하나의 독특한 사례라 했다.

신생 공업국으로 부상浮上하는 한국이 미국이나 일본을 상대로 어떻게 경쟁해야 하는가 하는 문제 해결책을 해밀턴은 180여 년 전에 제시하고 있다.

가. 워싱턴 내각

그는 어렸을 때부터 활동가였는데, 미국 네비스(Nevis)라는 서인도의 섬에서 태어나 가난하게 자랐다. 11세 때부터 잡화상의 서기로 일을 했고, 그 후 뉴욕에 가서 1773년 킹즈 대학(현 콜롬비아대학)에 입학했다. 1년도 못 가서 그는 미국 독립전쟁에 참여하게 되었고, 또 10대의 청년으로 정력적인 저술가의 한 사람이라는 평을 받았다.

해밀턴은 1776년 초, 군에 입대하여 장교가 되었고, 20세가 되던 해 3월 중령으로 총사령관 워싱턴 장군의 부관이 되었다. 이리하여 그는 워싱턴의 심복이며 조언자가 되었을 뿐만 아니라, 군대 조직과 행정에 관한 일련의 연구 보고서를 작성하기도 했다. 그는 연대를 지휘하여 공훈도 세웠고, 또 독립전쟁 후 1798년 소장으로 진급하여 육군 감찰감에 임명되어 워싱턴 장군 휘하에서 프랑스와의 전쟁에 대비했다. 그는 미국 건국 초기의 국가 문서에 깊이 참여했으며, 그 후 워싱턴 내각의 유력한 각료로서 재무장관뿐만 아니라, 국무 전반에 걸쳐 커다란 발언권을 가지게 되었다.

그는 1789~1797년 사이 미국 초기의 국가정책을 수립하는 데 가장 공적이 많을 뿐만 아니라, 그것에 기초하여 미국의 경제정책의 체계가 작성되었던 것이다.

해밀턴은 확실히 국가주의자였으며, 경제 정책을 국가 통일과 국력의 도구로써 사용해야 한다고 확신하고 있었다. 그가 말했거나 믿었던 모든 것은 이 핵심적 명제에 관련시킬 수 있었다. 생산을 포함하는 원활한 국가 경제에 대한 그의 옹호, 공채公債에 관한 그의 건의, 국립은행에 대한 그의 신념, 외교정책과 안전보장에 관한 그의 개념, 연방정부의 은연한 권력에 대한 원리, 군수품 생산을 장려해야 하며 필요시에는 국가가 이를 통제해야 한다는 그의 확신, 군사정책에 관한 그의 보고, 해군에 대한 열렬한 그의 지지, 나아가서는 민주 정부에 대한 그의 태도, 이러한 모든 것은 첫째, 국가 통일에 대한 그의 정열, 둘째, 국가의 정치력과 경제력에 대한 그의 열망을 관련시킬 때 가장 잘 이해할 수 있다.

나. 자급자족이 국방의 지름길, 약한 나라는 중립 권리도 없다

예컨대, 그는 군수품 및 기타 필수 보급품을 외국에 의존하지 않도록 국내 생산을 진흥해야 하고 또 국가의 부富뿐만 아니라, 독립과 안전은 실질적으로 공업상의 번영과 관련을 갖고 있다고 했다. 그는 "독립과 안전이라는 목적에 비추어 볼 때, 모든 국가는 그 국가의 자체 내에 국가의 모든 필수품을 확보토록 노력해야 한다. 이 필수품은 의식주衣食住와 국방의 수단이다"고 했다.

"이러한 필수품의 확보는 국가의 완성에 필요한 것이며 또한 사회복지와 안전에도 필요하다. 어느 하나라도 없다면 그것은 곧 하나의 중요한 정치적 수단의 결여를 의미하게 되며, 국가는 미래에 닥쳐올 여러 위기에서 이 결함의 결과를 통감할 것이다. 자급 불능 때문에 지난 전쟁 중에 미국이 당한 극심한 난관은 아직도 우리의 기억에 새로운데, 만일 시기적절 하게 적극적으로 자급자족 방책을 강구하지 않는다면 미래의 전쟁에서는 이보다 더한 불행한 사태와 위기에 직면하게 될 것이다. 신중하게 신속히 이 자급자족 능력을 갖추기 위한 방책을 강구하는 것은 우리들의 의회가 전폭적인 열의와 주의를 경주할 만한 가치가 있는 일이며, 이것이 바로 꼭 성취되어야 하는 우리들의 과업이다"고 그는 주장했다.

국가의 안전은 해밀턴의 흥미를 끄는 문제였으며, 그는 국가의 안전에 관계되는 여러 요소를 실제로 이해하고 있었다. 그는 미국이 유럽 대륙으로부터 원거리에 있다는 것과 영토가 광대하다는 것이 큰 이점이라는 것을 이해했다. 왜냐하면, 외세의 침입이 불가능하지는 않지만 극히 힘들 것이기 때문이었다. 그래서 그는 미국이 아직 연소하고 개발되어 있지 않으며 정치적으로 미숙한 국가이고, 미국의 지위를 공고히 하는 데는 시간이 필요하다는 것을 알고 있었다. 그렇기 때문에 그는 국가 통일을 거듭 강조했고, 파벌주의를 비난했으며, 타국에 대한 열렬한 애착심이나 깊이 뿌리박힌 편견을 경고했고, 외국에 대한 정치적 개입을 충고했다.

그리고 미국이 유능한 정부 밑에서 단결된 국민으로서 살아간다면, 외부의 방해로 인한 물질적 손해를 방지할 수 있는 시기가 멀지 않았다고 그는 확신했다. 그러나 힘없이는 안전을 보장할 수 없다. 왜냐하면, "약한 국가는 중립을 지킬 수 있는 권리마저 상실하는 까닭이다. 강해야만 우리의 정당한 권익을 보호하기 위하여 평화나 전쟁을 택할 수가 있는 것이다." 그러나 힘은 통합에 달려 있으며, 제이(Jay)가 말한 것처럼 그 국가의 정부, 군사력, 자원에 의해 결정된다.

그는 정부가 전시戰時에만 군대 편성의 권한을 가지는 것만으로는 불충분하며, 평시부터 적당한 병력을 유지해야 한다고 했다. 그렇지 않다면, "우리의 재산과 자유를 외국 침략자 마음대로 하도록 내버려 두게 된다.… 우리가 선출하고 우리의 의지에 의한 통치자가 자유를 위태롭게 할까봐 두려워하는 데서 생긴 결과인 것이다." 나아가 전시에는 중앙 집권에 대한 미국인의 전통적인 불안감을 억누르고 통치자에게 충분한 권한을 주어 "총역량을 통합 지도할 수 있게 해야 한다"고 주장했다. 해밀턴은 직업 군대가 국방의 기초가 되어야 한다고 믿었다. 즉,

"정규로 훈련받은 적의 군대와 맞서 착실한 작전을 수행하려면 그와 같은 종류의 군대로써만 성공할 수 있다. 정규군은 국가의 안전을 위해서뿐만 아니라, 그에 못지않게 국가 경제의 부강을 위해서도 필요한 것이다. 과거의 독립전쟁에서 미국의 시민군은 여러 곳에서 그들의 용감성을 발휘하여 그들의 명예를 빛내는 불후의 기념탑을 세운 바가 있다. 그러나 가장 용감했던 자도 국가의 자유가 아무리 위대하고 값진 것이라 할지라도 그들의 용감성만으로는 그것이 이루어지지 못한다는 것을 알고 있다. 전쟁은 다른 모든 것과 마찬가지로 근면, 인내, 시간 그리고 훈련에 의해 완성되는 과학인 것이다."

16. 전쟁 본질을 실전實戰에 응용한 포슈

전장戰場에 있어서의 승부는 전쟁술, 장수의 지휘·통솔력 그리고 자원의 우열에 의해 결정되어 왔다. 제1차 세계대전의 서부전선에 있어서 연합군(프랑스·영국 및 미국)의 지휘권 통일문제가 해결되지 않아서 작전에 차질이 있고 또 불리한 점이 한 두 가지가 아니었다. 그러나 이 문제는 정치적 문제였기 때문에 좀처럼 해결을 보지 못하고 있다가 프랑스의 클레망소 수상과 영국의 로이드 조지 수상에 의해 비로소 해결되었다.

가. 제1차 세계대전을 승리로 장식

여기에 연합군 총사령관으로 등장한 인물이 바로 프랑스의 포슈(1851~

1929) 장군이다. 그에게 주어진 직책은 광범위한 권한과 또 엄격하고도 규율적인 지휘권이 아니라, 서부전선에서 연합군 간의 협력자 내지 조정자의 사명이 부여되었다. 그러나 1918년 이후 서부전선의 모든 작전은 그의 감독과 주도하에 실시되었고, 또 전쟁을 승리로 이끄는데 지대한 공헌을 하였다.

그의 양친은 독실한 가톨릭 신자였기 때문에 태어나면서부터 종교적 분위기 속에서 자랐고 또 종교적 자질을 구비케 되었다. 그것이 종교학교에서의 생활을 통해 그의 종교심에 불을 질렀고, 그의 신앙심은 화염으로 변해 꺼질 줄 몰랐다. 그의 처세의 지침으로 삼고 있었던, "어떠한 일이 생길지라도 네가 해야 할 바를 행하라"는 잠언箴言은 이곳에서 배양되었고, 의무의 이행, 희생정신 등 그의 정신적 요소를 제일 위로 보는 그의 기반이 구축되었던 것이다.

그의 생애에 있어서 가장 큰 충격을 준 사건은 1870~1871년의 보불전쟁이다. 이 전쟁에서 프랑스군은 프로이센군에 패배했다. 이때 포슈는 20세로 보충병으로서 보병의 훈련을 받았으나 실전實戰에 참가하지는 못했다. 그는 1873년에 포병 소위로 임관했으며, 1885년 육군대학에 입학했다. 2년간의 재학 중 그는 교관들을 놀라게 했는데, 특히 그는 박식하고, 전쟁의 본질을 이해하고 있으며, 이것을 가장 적절하게 실제 문제에 응용하는 능력을 가지고 있다는 점이었다.

그는 1895년 육군대학의 조교수로 임명되어 군사학 및 전략을 담당, 6년간의 교수생활을 유익하게 보냈다. 그는 교수들 가운데 독창력이 풍부한 교수로 정평이 나 있었다. 전사戰史 연구에서 얻은 풍부한 지식을 토대로 해서 실제적 문제를 강의 중에 학생 장교들에게 반문하는 것을 잊지 않았다.

"이런 경우 무엇을 해야 하나?"

"무엇을 지휘관은 알고 있었나?"

"어떠한 방침을 그들은 취했던가?"

"그들은 어떻게 하여 그것을 안출했던가?"

포슈는 1901년 육군대학을 떠나 연대장이 되었다. 또 최초로 『전쟁의 원칙』(1903)을 저술했다. 그는 전쟁술에 대한 체계적 이론을 전개하는 것이 아니라, "방향을 모르는 선원을 인도하기 위해서 폭풍이 심한 해안에 켜 놓은 양치기의 횃불"이 바로 자기의 '원칙'을 묘사하기 위해 즐겨 사용했던 말이었다. 그 후 곧 『전쟁의 지휘』도 저술했는데, 이 저서들은 그가 육군대학 재직시 강의한 것을 집대성한 것이었다. 이 저서는 독일어로 번역되어 독일의 군사학계에서도 호평을 받았다는 사실만 보아도 그의 군사학도로서의 진가를 알 수 있다.

나. 전쟁 하나하나가 특수한 상황

포슈의 전략 사상을 살펴보면, 새로운 전략 원칙의 표명이라기보다는 그의 수법의 상징을 나타내는데 매우 단순한 몇 개의 개념을 특별히 강조하는 데서 그의 독창성을 찾을 수 있다. 이들 몇 개의 개념은 그 자신의 성격의 이중성, 즉 지적知的 요소와 합리주의 철학, 정신적 요소와 의지의 제고提高라는 이중성을 반영하고 있다. 이 개념들은 평범한 상투어에 불과한 것으로 보이는 것이 사실이다. 그러나 군사 사상의 연구가들은 전략의 최고 원칙이라 하더라도 이것과 별로 차이가 없다는 것을 시인하지 않을 수 없을 것이다.

그는 영구적 가치를 가지는 전쟁 원칙이 존재한다고 주장했다. 그러면서 "전쟁에서는 하나하나가 전부 특수한 상황이다. 또한 모든 상황은 제각기 다른 성질을 가지며, 아무것도 반복되는 것은 없기 때문에 이 원칙들은 특수 상황에 적용할 때 수정되어야만 할 것"이라고 덧붙였다. 여기서 우리들은 포슈의 전략 사상의 핵심을 엿볼 수 있고, 동시에 그의 장래의 행동의 열쇠가 있다. 이것으로 그가 가르친 교리教理가 전장戰場의 현실에 직면했을 때 부적합한 것임을 면하게 해주는 것이다. 그것은 불변의 영구적인 원칙과 전쟁론이 언제나 변해가는 상황과의 조화이다.

전투 중 전쟁술(전략과 전술)을 상황에 따라 수정 적응시키고 부단히 반성해야 할 필요성에 대하여 포슈가 강조한 내용은, 1870년 보불전쟁에 대한 그의 비판에서 찾아볼 수 있다. 나폴레옹이 좋아한 격언의 하나요, 또 그가 자주 인용한 것은 "전쟁은 단순한 기술이다. 그것의 진수眞髓는 그것을 수행하는 데 있다"는 내용이다. 그는 세심한 사전 준비를 역설했다. 전쟁의 모든 성과는 초전初戰의 전개방식에 따라 결정된다는 것이다. 그러나 초전 이후의 전투를 작전계획으로 확실하게 수립한다는 것은 불가능하다고 믿었다. 다시금 나폴레옹을 인용하면서 그는 "황제는 결코 작전계획을 갖지 않았다. 그러나 이것은 그가 어떻게 해야 할 것인가를 모른다는 것은 아니다. 그는 전쟁계획을 가지고 있었으며 최종 목표도 가지고 있었다. 그는 진격 중에 상황에 따라 최종 목표에 도달하는 방법을 선택했던 것이다"고 말했다.

다. 병력 절용節用의 원칙

포슈에 의하면, 현대전쟁의 상황에서 일어나는 혼돈과 무질서의 위험성에도 불구하고 전쟁술을 존속케 하는 것은, '병력 절용의 원칙'이라 했다. 즉,

"두 마리의 토끼를 한꺼번에 잡을 수 없으며, 그렇게 하면 한 마리도 잡지 못한다는 격언이 있다. 모든 노력은 한 곳에 집중되어야 한다. 자기의 노력을 분산하지 않으려고 조심하여… 자기 병력을 아끼는 것을 절약이라고 말하려는 자가 있다면 진리의 한 면만을 얘기한 것이다. 모든 가용可用 자원을 어떻게 사용하며 또 어떻게 유용하고 유익하게 사용하며, 최대로 유용하게 사용할 방법을 아는 기술이 곧 절약이라고 생각하는 사람은 진리에 더욱 가까워질 것이다."

한정된 가용 자원에서 어느 한 곳에 그것을 집중하기 위해서 다른 곳에는 분산을 해야 한다. 이것은 우리 기업에 있어서 문어발식 기업 확장보다 선별적 집중 투자와 인력의 투입으로 국제 경쟁력을 높여야 기업도 생존할 수 있고 우리의 경제력도 신장될 것이다.

라. 승리는 곧 의지이다

패전敗戰이란 무엇인가?

자기 자신이 패했다고 생각하는 전투가 곧 패전이다. 왜냐하면, 물질적으로는 패전이란 있을 수 없기 때문이다. 그래서 포슈는 "패전이란 사기士氣면에서만 있을 수 있다"고 했다. 다음에 승전한다는 것도 사기면에서만 있을 수 있다. 그래서 우리들은 이 격언을 더 넓혀서 승전이란 스스로 패전했다고 고백하지 않는 전투라고 말할 수 있다는 것이다.

승리(Victoire) = 의지(Volonté)

이 유명한 공식은 포슈의 정신적 요소를 표현한 말이다. 이성과 의지, 그리고 지성知性과 신념의 결합을 최고도로 가지지 못한 자로서 위대한 장수가 된 자는 일찍이 없었다.

그는 주장을 했을 뿐만 아니라 스스로 실천했다. 즉, 1914년 8월(1차 대전) 우세한 독일군에 의해 초전에 패하여 사기를 잃어버리는 종래의 인습을 타파하고 마른 전투에서 승리를 장식했다.

"우리의 우익은 후퇴했고, 좌익은 격퇴되었으며, 우리의 중앙군은 분쇄되었다. 여기서 나는 전군에 일제히 전진할 것을 명령했다."

어려운 환경과 여건에서도 전진할 의지를 가진 자만이 승리하고 생존할 수 있으리라.

17. 구일본군舊日本軍의 『통수강령統帥綱領』

1) 무역은 일종의 경제전쟁

미국의 3대 자동차 회사인 크라이슬러사社를 도산 위기에서 구해낸 경영의 귀재鬼才로 알려진 아이아코카 회장이 1985년 4월 19일 대한상의大韓商議의 초청 강연회에서 "역사를 통해 보면 무역은 일종의 경제전쟁으로 생각되어 왔다. 서로가 상대방으로부터 가능한 한 많은 것을 쟁취하려 했다"고 했다.

2) 전장戰場은 시장, 전승戰勝은 이익

일본은 제2차 대전에서 패망하여 자원 공급지로서의 식민지를 상실했고 또 많은 해외 일본인 교포가 귀국함에 따라 생존 그 자체가 위협을 당했다. 그들에게 있어서 경제 재건이 필수요, 그러기 위해 자재를 수입해 가공·제조해서 수출을 해야만 했다. 그래서 일본인들은 1960년대부터 병서兵書를 경영 분야에 도입하기 시작했다. 왜냐하면, 전쟁(작전)이나 경영도 그 근본은 조직의 효과적 운용에 있다고 생각했기 때문이다. 따라서 군대를 회사, 전장을 시장, 전승을 이익으로 치환置換함으로써 병서를 그대로 기업 경영에 활용했던 것이며, 오늘날의 일본 경제의 발전은 병서의 사고방식에 의한 기업 경영에 크게 영향을 받은 것으로 생각된다.

일본의 병학兵學은 『손자』의 영향을 최초로 받았는데, 그들에게 중국 병서를 전수한 사람은 백제인 달솔達率 목소귀자木素貴子, 곡나진수谷那晋首 등으로 663년 이후인 것으로 추정된다고 사토 겐지(佐藤堅司)는 그의 박사학위 저서 『손자의 사상사적 연구』(1962)에서 밝히고 있다. 그 후 메이지(明治) 시대에 이르러 클라우제비츠의 『전쟁론』(1832)의 영향을 받아 병학을 체계화했고, 청일전쟁·러일전쟁 및 제1차 세계대전에서 얻은 교훈을 바탕으로 쇼와(昭和) 초기에 와서는 많은 병학서兵學書가 결정結晶되었다.

『통수강령』(1928), 『통수참고統帥參考』(1932), 『작전 요무령作戰要務令』(1938)은 그 중의 걸작이다. 이 책들은 일본의 개국 정신 전통의 많은 자양을 흡수하여 참모본부와 육군대학의 영재들이 오랫동안의 연구 결과로 세계적인 훌륭한 병서로서 개화시킨 것이라고 그들은 자부하고 있다.

『통수강령』은 구일본 육군의 장군 및 참모를 위해 지휘 요강指揮要綱을 설명한 것으로, 작전 수행을 위한 지도서이다. 따라서 이것을 읽으면 일본군의 전법戰法이나 작전계획을 알 수 있다는 점에서 군사 비밀로 다루어 특정한 장교만이 엄정한 통제 하에 열람이 허가된 문외불출門外不出의 책이었다.

3) 전쟁은 장수의 의지와 승리

"지휘의 중심이며 원동력은 실로 장수이다. 옛날부터 군의 승패는 그 군대보다는 오히려 장수에게 달린 바가 크다."

"전승은 장수가 승리를 확신하는 데서 비롯되며, 패전은 장수가 전패全敗를 스스로 인정함으로써 생긴다. 따라서 싸움에 최후의 결단을 내리는 것은 실로 장수에게 달려 있다."

전쟁이란 피아彼我 자유 의지의 대충돌이며, 전승이란 곧 의지의 승리이다.

승리는 물질적 파괴에 의해서만 얻어지는 것이 아니고, 적의 전승 의욕을 분쇄함으로써 획득할 수 있다.

군의 의지는 장수의 의지이며, 군의 승패는 주로 장수의 의지에 지배된다.

고올을 정복한 것은 로마인이 아니라 시저였다. 무적의 로마를 전율케 한 것은 카르타고군이 아니라 한니발이었다. 멀리 인도까지 원정한 것은 마케도니아군이 아니라, 알렉산더 대왕이었다. 베젤, 인 강반江畔에 진격한 것은 프랑스군이 아니라 튀렌이었다. 세 배의 우세를 자랑하던 유럽 연합군에게 7년간이나 대항하여 국가를 방위한 것은 프로이센군이 아니라 바로 프리드리히 대왕이었다.

제1차 세계대전 당시 동프로이센 방면의 독일 제8군은 전쟁 초기 위기에 빠졌으나, 군사령관과 참모장을 교체하여 힌덴부르크와 루덴도르프를 등장시킴으로써 전세戰勢가 역전되어 타넨베르크에서 대승大勝을 획득했다. 초기의 전투에서 패하기만 했던 독일군 13만이 단 두 사람의 수뇌를 교체함으로써 빛나는 전승군戰勝軍으로 바뀐 비밀은 과연 무엇일까?

비록 정상頂上에 발탁될 만한 사람이라 할지라도 개인적인 능력은 그다지 큰 차이가 있을 리 없다. 개인의 능력이란 빈약한 것으로, 예컨대 아무리 뛰어난 운전사라 할지라도 혼자서 두 대의 자동차를 동시에 운전할 수 없는 것과 같다.

신비적인 힘을 발휘하는 정상의 비밀은 그 사람이 정상에 취임함으로써 조직의 구성원들이 분발해서 모든 능력을 발휘하는 데 있다. 이렇게 되었을 때 그 구성원들은 위대한 일을 한다. 1,000명이 10%의 힘을 더 낸다면 100명의 힘이 증강되는 셈이 된다.

4) 가장 유리한 상황과 가장 불리한 상황은 같게 보인다

장수가 군의 승패에 결정적이고 직접적인 영향을 미치는 원인은 실로 여기에 있다. 같은 상황이라도 명장名將은 이것을 기회로 삼는 데 반하여 범장凡將은 위기로 보기 때문이다.

"장수의 책무는 모든 상황을 좌우하여 전승을 획득하는 데 있다.

따라서 장수에게 필요불가결한 점은 장수로서의 책임감과 전승에 대한 신념으로서, 이 책임감과 신념이란 그 사람의 성격과 사물의 도리를 깊이 연구하고 수양하는 데서 생긴다. 장수의 가치는 그 책임감과 신념이 상실되는 순간에 소멸된다."

장수의 책무는 '전쟁의 승리'에 있다. 따라서 아무리 덕망이 높고 병학에 통달하고 용병술에 뛰어나다 할지라도 적을 이길 수 없다면 장수로서의 자격이 없다.

적을 이기기 위해서는 먼저 부하의 신뢰를 획득하는 동시에, 확신을 부여해서 전승에 대한 열렬한 신념을 갖도록 하여 부하를 적에게 지향시키고 어려움을 극복하여 신념을 관철해야 한다. 전승을 획득하기 위해서는 전략·전술의 우열보다는 이 점이 훨씬 중요하다.

백 가지의 지식보다 하나의 확고한 신념이 중요하다. 전쟁에 있어서 하나의 신념은 백 가지의 지식을 능가한다. 생사生死의 단계에서 중대한 과업을 수행하는 근본적 힘은 신념이지 지식이 아니다.

러일전쟁에 있어서 러시아군의 총사령관 쿠로파트킨 장군은 병학 능력이나 용병술이 부족했던 것이 아니며, 자기 스스로 직접 40쪽에 달하는 장문長文의 명령서를 쓸 정도였다. 그러나 그가 우세한 병력을 확보하고 때때로 승리의 기회를 포착할 수 있었음에도 불구하고 계속 패전의 고배를 마신 것은 오직 장수로서 책임감과 전승에 대한 신념이 부족했기 때문이었다.

보오전쟁 때 오스트리아군의 총사령관 베네딕트 장군도 덕성德性을 갖춘 장수이어서 전승한 프로이센군의 참모총장 몰트케 장군마저 그를 훌륭한 장수로서 나무랄 데가 없다고 했다. 그러나 전승하겠다는 필승의 신념이 결핍되어 그의 공격 정신은 참모들로 인해 좌절되었고, 끝내 뵈멘의 내선內線작전에 있어서 승리할 기회를 잃고 패배하여 장수로서의 명성을 더럽히고 말았다.

몰트케 장군은 황제에게 장수를 선정함에 있어서 그 성격에 결정적 가치를 두어야 한다고 단언하고, 장수에 필요한 성격은 일반인이 구비해야 하는 것 외에 자신自信, 책임관념, 전승에 대한 의지력을 강조했다.

5) 명사장名社長은 이익을 내야 한다.

"장수가 구비해야 할 자질은 견확강렬堅確强烈한 의지와 그 실행력이 첫째이다. 지성 고매한 품성, 모든 책임을 감당할 용기, 심사숙고한 후의 대담성, 선견先見 통찰하는 형안炯眼, 사람을 꿰뚫어 보는 식견識見, 타인보다 우월하다는 자신, 비범한 전략적 식견, 탁월한 창조력, 적절한 종합 능력이 있어야 한다."

전쟁에서의 승리만이 본래의 임무로 되어 있는 장수에게 필요한 성격은 견확堅確한 의지와 그 실행력이다. 이것이야말로 사람을 지배하고, 상황을 좌우하며, 전쟁의 주인공이 되는 첫째 요건이다.

옛날부터 명장이라고 불리던 사람은 단지 견확 강렬한 의지와 용맹스럽고 강직한 점에서 탁월했을 뿐만 아니라, 덕망도 겸비했음을 간과해서는 안 된다. 그러나 모든 책임을 질 용기가 없이는 부하들을 통솔할 수 없다. 하급 지휘관에게 행동의 자유를 부여했을 경우에도, 그 결과에 대한 책임은 항상 상급 지휘관이 지지 않으면 안 된다.

장수는 탁월한 전략적 창조력과 식견을 가져야 한다.

제1차 세계대전 초기에 독일군의 제2군 사령관 뷜로 장군은 평시에 군대의 교육, 훈련 및 연습 등에 있어서는 탁월한 능력을 과시하여 장차 참모총장이 될 수 있다고 기대되었고, 참모총장인 몰트케 장군의 신망도 커서, 1914년 여름에는 한때 제1군까지도 통합 지휘하게 되었다. 그러나 실전장實戰場에 임했을 때, 그의 지휘 능력은 기대했던 바와는 달랐다. 상블 강반江畔, 생캉탱 부근, 마른 강 등의 전투에서 실패함으로써 모든 사람들의 기대를 벗어나, "폰 뷜로에게는 전술적 능력은 있어도, 전략적 식견은 없다"는 지탄을 받았다.

이익을 올리지 못하는 자는 경영자로서의 자격이 없다. 따라서 경영자에게는 상술商術이 있어야 한다. 그러나 상술만으로는 조직을 운용하여 이익을 획득한다는 것은 어렵다.

전략적 식견은 전술적 능력처럼 평시에 연마하여 과시할 기회가 없고, 또 평시의 전략적 식견은 전시戰時에는 도움이 되지 않는 경우가 많아서, 태평세월이 계속 될수록 전략적 식견이 없는 장수가 나오기 쉽다. 제1차 세계대전에 있어서 첫 번의 전투에서 참패를 당한 프랑스군의 조프르 총사령관은 20여 명의 장군을 파면했고, 오스트리아군의 콘라트 참모총장은 수 명의 군사령관과 군참모장을 파면했다.

그리고 독일군에서는 참모총장과 군사령관을 교체했으며, 러시아군에 있어서도 군사령관, 군단장 중에서 파면당한 자가 많았다.

평화시의 민완한 솜씨답지 않게 실전장에서 실패한 장수들의 공통된 결점은 전세의 추이推移를 지배하는 중요한 기회를 간파하지 못하고, 상황의 변천에 좌우되고, 사소한 일에 구애되어 대사大事를 놓친 점에 있다.

경영자에 있어서는 매일이 실전이며, 언제나 우승열패優勝劣敗의 심한 시련과 도태를 당하고 있기 때문에 상술上述한 내용과 같은 것에 두려워할 필요는 없다. 그러나 오랜 전통을 자랑하고 업적이 안정된 대기업에는, 평시에만 적합한 경영자나 간부가 있어서 경제 변환기에 직면하면 그 결함을 드러내어 기업의 운명에 화를 미치는 경우가 있으니 주의해야 한다.

6) 결단 못하는 장수는 실패한다

"장수는 행정 업무의 영역을 벗어나서 초연하게 대세大勢의 추이를 달관하며, 마음을 책모策謀와 대국大局의 지도에 집중하고, 적절한 결심을 해야 한다. 이 점의 가능 여부는 실로 장수 그 사람의 자각과 신념에 달려 있다.

장수는 결심을 준비하고, 그 결심을 실행에 옮기는 업무는 참모 이하의 직무이다. 장수는 참모를 신임하고, 그로 하여금 그의 업무를 수월하게 할 수 있도록 해주어야 한다.

장수는 책임을 두려워하지 않는 용기와 참모를 신임하는 도량을 필요로 한다. 참모, 특히 참모장을 신뢰하지 않고, 또 그를 교체할 결단을 내리지 못하는 장수는 실패한다."

장수는 행정 업무의 영역 밖에서 초연하게 전세의 대강大綱을 파악하기 위해서는 책임을 두려워하지 않는 용기와 참모를 신임하는 도량을 지녀야 한다. 러일전쟁 당시 일본군의 여러 장수들은 한결 같이 책임을 두려워하지 않는 용기와 참모를 신임하는 도량을 가지고, 사소한 일에 초연함과 동시에, 항상 부하들의 사기를 높이는 데 게을리 하지 않았다.

태조 3년 11월, 변중량卞仲良이 "예로부터 정권과 병권은 한 사람이 겸임 못하는 법이다. 병권은 종친宗親에게 있어야 하고, 정권은 재상宰相에게 있어야 하는 것이다. 그런데 지금 조준趙浚·정도전鄭道傳·남은南誾 등이 병권을 장악하고 또 정권을 장악하니 실로 좋지 못하다"고 말했다.

이 말이 왕의 귀에 들어가 왕이 중량을 불러서 물었다. 그가 사실대로 말하니, 왕은 "이들은 모두 나의 수족手足과 같은 신하들로 끝끝내 같은 마음을 가진 사람들이다. 이들을 의심한다면 믿을 사람이 누구냐? 이런 말을 하는 자들은 반드시 까닭이 있을 것이다"고 화를 내며 벌을 주었다.

"장수의 진가眞價는 오직 난국에 처하여 발휘된다. 위급 존망의 시점에 봉착하면 부하들은 장수를 주목한다. 장수는 어떠한 실망이나 비운悲運도 억제하여야 한다. 그리고 마음속에 굳게 믿음으로써 냉정 명찰冷靜明察을 잃지 않으며, 침착 강의沈着剛毅, 낙관적인 표정으로 부하들의 촉망을 잃지 않고 그들의 사기를 진작하여 최후의 승리를 얻도록 노력해야 한다."

7) 명장名將은 간섭이 없어야 승리한다

장수의 심리를 압박하는 요소의 첫째는 중대한 책임이고, 둘째는 승리를 다투는 적敵이며, 셋째는 상·하급 지휘관의 의사意思의 자유이고, 넷째는 국내의 여론과 때로는 정부의 간섭이며, 다섯째는 전장戰場에 임했을 때의 상황의 불명不明과 착오이다.

참모의 기본 임무는 장수의 정신을 각종의 압박으로부터 해방시켜, 그 생각의 독립과 자유를 확보하여 이를 도우며, 장수의 능력을 충분히 발휘케 하여 그 장덕將德을 다하게 하며, 나아가 지휘계통의 권위를 높이는 데 있다.

8) 참모는 간언諫言이 생명이다

상관에 대한 무거운 책임감이 얼마나 장수의 마음을 압박하는가는 나폴레옹의 부장副將 그루시 장군의 예를 보면 잘 알 수 있다. 그는 나폴레옹으로부터 꾸지람 듣는 것이 두려워 위축되어서, 그의 지휘 통솔에 발랄한 생기를 잃고 스스로 상황을 판단하여 실행하는 용기를 갖지 못했다. 때문에 끝내 워털루 전투의 패배를 자초하고 말았다. 그리고 1815년 6월 19일 나폴레옹의 기도가 실패하여 워털루에서 총퇴각하게 되자, 그는 "나폴레옹도 뾰족한 수가 없다"고 생각하게 되었다. 그러자 그의 지휘 통솔은 갑자기 활발하고 기민해졌고, 훌륭하게 철수작전을 지휘해 전혀 딴사람 같았다.

또한 장수에게 간언諫言할 용기가 없는 자는 참모로서의 자격이 없다.

"참모는 각종 자료를 정리해 장수의 방책의 고안考案·결심을 준비하고, 이것을 실행에 옮기는 업무를 처리하며 또한 부대의 실행을 주시한다.

군대에 명령을 내리고, 이것을 지휘하는 것은 지휘관만이 할 수 있으며, 참모는 지휘관의 위임이 없는 한, 부대를 관장할 권한이 없다는 것을 명심해야 한다."

참모는 조직력을 효과적으로 발휘케 하기 위해 대단히 소중한 기능을 발휘하며, 사실 각 부대가 충분히 기동력, 전투력을 발휘할 수 있는가의 여부는 주로 참모 업무의 양부良否에 의해 결정되는 경우가 많다.

참모는 조직력을 효과적으로 발휘케 하는 데 소중하지만, 참모제參謀制는 칼의 양날과 같으며, 자칫 오용誤用하게 되면 조직 그 자체가 붕괴되고 만다.

이를 방지하지 위해서는 참모의 권한을 명확히 하고, 엄격하게 월권越權을 경계하며, 참모부서 혹은 지휘부서인지 그 성격이 명확치 않은 직제職制를 만들어서는 안 된다. 지휘·참모제도의 실패의 원인은 거의 참모의 월권에서 비롯된다.

참모에겐 명령권이 없다. 상황 판단을 하여 지휘관을 보좌하지만, 지휘관의 결심을 보좌할 수는 없다. 참모는 책임자가 아니기 때문이다. 그래서 클라우제비츠는 "어떠한 명참모名參謀도 장수의 결단력 부족을 보좌할 수 없다"고 갈파했던 것이다.

군대의 지휘에 관해서는 일의 대소를 불문하고 참모의 재량에 의해 실행될 수는 없다. 다만 후방 근무·정보 근무 등에 있어서 위임된 범위 내에서 참모의 재량에 의해 실시되는 것이 적지 않다.

참모는 결코 지휘관이 아니며, 이를 혼동하게 되면 군대는 곧 무정부 상태에 빠지고 만다. 한 조직의 효과적인 능력 발휘에 있어서 지휘관·참모의 올바른 자세는 아무리 강조해도 지나치는 법이 없으리라.

9) 통수권統帥權은 최고 유일의 결단

"정치는 국민의 의사意思 및 이해의 조화와 평균점을 찾아 이것을 기조基調로 그 운용을 통제함을 보통으로 한다.

통수권은 이에 반해 최고 유일의 의사를 단호히 만인에게 강요하고, 그 생명을 희생으로 하여 적의 기선을 제압하고 최단시간 내에 승패를 결정지어야 한다."

따라서 정치 조직의 취지와 통수체계의 주안점 간에는 본질적인 차이가 존재한다.

"사람에게 각각 자유 의사意思가 있어 자기의 존재를 주장하여 가급적 오래 이러한 상태를 간직하려는 본능이 있다.

통수란 이 의사의 자유를 가지는 인간으로 하여금 적의 의사의 자유를 탈취하기 위해 생명을 내던지도록 하는 것이다. 통수에 관한 학리學理는 '의사의 자유'와 '죽음'에 관한 것이다."

통수에 있어선 '이미 알려진 통수자 자신의 의사의 자유'와 '반기지半旣知요 또 반미지半未知인 피통수자의 의사의 자유'와 '전혀 미지未知인 적의 의사의 자유'와의 세 요소가 모두 죽음에 직면하여 활동한다는 것을 깊이 생각해야 한다.

통수는 전략·전술과 밀접한 관계가 있다. 그러나 통수와 전략·전술은 동일한 것은 아니다.

통수란 지휘관이 전략·전술의 기도를 본능적으로 자유 의사를 가진 인간에게 적용하여 실시케 하는 것이다.

통솔은 통어統御와 지휘로 이루어진다. 집단 내의 각 개인에게 모든 능력을 발휘해 지휘를 받으려는 마음이 우러나오게 하는 심리공작이 통어이고, 이 에너지를 총합하여 집단 전체의 목적에 집중 지향하여 촉진하고 능률적으로 활용하는 기술이 지휘이다. 통수란 대군大軍의 지휘이다. 통수권이란 경우는 한층 넓은 뜻이 된다.

"적의 의사의 자유를 끊임없이 구속 파괴하고, 그 자유를 탈취하여 굴복시키는 것은 통수를 위하여 긴요한 심리적 착상이다.

의사의 자유를 가진 적은 전쟁의 원칙상 반드시 정석적定石的인 행동으로 나온다고 할 수 없다. 따라서 통수는 적군의 특성을 잘 알아, 취해야 할 타당한 행동을 논리적으로 판단해야 한다. 동시에 사실에 직면하여 감지하는 사소한 징후를 포착하여 전쟁의 원칙에 부적당한 적의 기도나 행동까지도 적시에 신속하게 통찰 간파하는 능력을 갖추고 있어야 한다."

10) 군령軍令 간섭은 혼란만 야기

적에게 의사의 자유가 있다는 것을 잊고, 적의 행동을 우리 측의 주관에 결부시켜 행한 통수는 대개 실패를 많이 범했다. 나폴레옹 3세의 프로이센에 대한 작전의 실패는 그 예이다.

나폴레옹이나 몰트케 장군이 때로 적정敵情 판단의 과오를 범한 일은 있어도 전기戰機를 잘 포착해서 적절하게 통수할 수 있었던 것은 그들이 언제나 적의 의사의 자유를 고려하여 한 가지의 판단에만 집착하지 않았기 때문이었다. 주동적 통수를 실시하여 자주적 행동을 취하는 동시에, 언제나 적에게 의사의 자유가 있다는 점을 고려하여 통수의 탄력성을 잃지 않아야 한다.

"통수자의 의사는 내외를 불문하고 완전히 자주·자유성을 발휘하도록 해야 한다."

통수자의 의사의 자유가 구속된 작전의 대부분이 실패했다는 것은 전사戰史가 이를 증명하며, 1806년의 프로이센군, 러일전쟁시의 쿠로파트킨, 보불전쟁시의 바젠과 마크 마옹, 미국의 남북전쟁 초기의 북군, 제1차 세계대전 중의 갈리폴리 작전의 영국군, 그리고 1914년의 가리쳉 전투에서의 오스트리아군 등이 그 예이다.

장수는 승패에 관한 중대한 책임감의 압박을 견디며, 의사의 자주·자유성을 발휘하기 위해서 필사의 노력을 한다. 이러한 장수에 대해 정부나 의회, 국민 여론 등이 압박과 구속을 가한다는 것은 "패하라 ! "고 외치는 것과 같다.

일찍이 『손자』는 이 문제에 대해 다음과 같이 명쾌하게 해답을 제시해 주고 있다. 즉,

"장수가 유능하고 군주가 간섭을 하지 않으면 승리한다."

"군주가 군軍을 위태롭게 하는 경우가 세 가지 있다. 즉, 군대가 진격해서는 안 되는데 알지도 못하고 진격하라고 명령하고, 군대가 후퇴해서는 안 되는데 알지도 못하고 후퇴하라고 명령하는 등 군을 속박하는 일이다. 그리고 전군全軍의 내부 사정을 알지도 못하면서 군사행정에 간섭하여 군 내

부에 혼란을 일으키게 만든다. 그리고 또 지휘계통을 무시하고 군령軍令에 간섭하여 내부의 불신감을 조성하는 일이다."

11) 결전 이전에 상하 일체면 필승

장수가 의사의 자유를 가진 부하의 정신 자세를 고려하지 않고 갑자기 지휘명령을 내려 부하를 어렵게 만들어서는 안 된다. 이런 경우 부하는 장수의 의사를 진실로 명확하게 이해하여 어려움을 무릅쓰고 수행하려는 열의가 생기지 않을 뿐만 아니라, 그 실행에 임하여 행하는 독단은 왕왕 장수의 의도를 벗어나게 된다. 따라서 부하의 정신 자세를 준비케 한다는 것은 실로 통수의 중대 사항이다. 이 정신적 준비가 있어야 비로소 부하들은 '장수의 군대'가 될 수 있다.

부하의 정신 자세를 준비케 한다 함은,

첫째, 장덕將德, 인사의 공정, 상벌의 엄격, 양호한 급여, 공경할 장수 등에 의한 통수부의 신망信望이다.

둘째, 장수의 지도 감화感化 또는 장수와 부하간의 친숙도에 의해 얻어지는 전략·전술 사상의 통일 및 관념의 일치.

셋째, 상하 애경愛敬의 정념, 상호 신뢰, 의사의 소통.

넷째, 부하들의 자신감 등 여러 가지 무형적 요소를 배양 준비함을 말한다. 이것은 평상시 교육훈련을 비롯해서 전쟁을 수행하는 동안에도 끊임없이 행하고 향상되어야 한다.

부하들이 담당하는 전투 또는 작전 행동이 전국全局의 작전에 있어서 어떤 가치가 있는지를 이해시키는 것은 정신 자세 준비의 긴요한 점이다.

12) 하나의 정신을 주입시켜라

장수는 군대에 '하나의 정신'을 주입하여 완전한 유기체有機體로 활동하도록 해야 한다.

통수부에 대한 신망의 증대는 통수력을 강화한다.

힌덴부르크 장군은 타넨베르크 전투에서 대승함으로써 절대적인 신망을 획득함과 동시에 급속히 그의 통수력을 강화했다.

관념의 통일도 중요하다. 힌덴부르크는 "타넨베르크의 전승戰勝은 선배 슐리펜 원수가 남긴 독일군의 통수 관념 통일의 선물이다"고 말했다. 슐리펜 참모총장은 참모 교육에 힘을 기울여 예상되는 전장戰場에 있어서의 모든 상황 하에 취할 작전을 검토 교육했다. 이러한 교육을 극단적으로 말한다면, 'A안案으로 한다'고 시사해도 대체적인 구상이 상호 소통이 되도록 확실한 통수관統帥觀의 통일이 몸에 배어 있었다고 한다.

부하들에게 전공戰功을 세울 수 있는 기회를 주어서 자신을 갖도록 하는 것도 중요하다.

"장수로부터 정신 자세의 준비와 그 암시를 감지한 부하들은 설사 '사고思考의 자유'가 있다 하더라도 그의 생각은 장수의 의사에 근접하고 강화력을 증대한다. 따라서 명령의 이해를 신속, 용이하게 하여 임기응변의 결단도 장수의 의사에 적합케 하는 가능성이 많아진다. 새로운 작전상의 대기도大企圖를 수행하려고 할 경우에 장수는 부하들의 정신 자세를 준비케 하기 위해 특별한 조치를 강구해야 한다."

명령의 취지를 진실로 이해할 수 있는 자는 발령자發令者뿐이다. 의사의 자유를 가지고, 입장과 경우를 달리하는 수명자受命者는 결코 발령자가 생각한대로 명령을 이해할 수 없다. 그러나 사전에 수명자에게 어떤 암시를 한다면, 양자의 생각이 접근하고 수명자의 감응성感應性이 증대하기 때문에 발령자의 의도 밖으로 수명자가 이탈하는 위험을 적게 할 수 있다.

나폴레옹은 부하의 감정을 뒤흔드는 묘妙를 알고 있었다. 나폴레옹이 장병의 마음을 용솟음치게 하여 끌어당긴 마력은 대체로 어디서 솟아나온 것일까?

첫째는 그의 연설이다.

그의 웅변은 유명하지만 더욱 그 시기의 선정이 얄미울 정도로 적절하다. 그의 연설은 반드시 중요한 명령을 하달하기 전에 행해진다. 그의 웅변에 열광한 병사들은 당연히 반항하고 싶은 가혹한 명령에도 기꺼이 복종했다.

13) 4천년이 엄숙히 보고 있다.

1798년 7월 이집트에 원정한 나폴레옹은 터키군의 정예 마메루크 기병대와 나일 강반江畔에서 최초의 대결전을 감행하기 전에 그의 특기인 격려의 연설을 했다.

"…장병들이여! 4,000년의 세월은 저 피라미드의 꼭대기에서 여러분의 움직임을 엄숙히 지켜보고 있다.…"

전군을 호령한 나폴레옹은 또 적병이 가진 물품을 빼앗아 가져도 좋다고 허용했다. 출생 후, 처음으로 본 피라미드의 신기함과 위대함에 흥분한 장병들의 마음에 대해, 나폴레옹의 이 연설이 준 영향이 얼마나 충격적이었는가는 상상하고도 남음이 있다. 더욱 마메루크족族은 전 재산인 금은보석을 몸에 달고 출전하는 풍습이 있어서, 그들 중 한 사람을 죽인다면 한 재산이 생기게 된다. 프랑스 장병은 열광 상태가 되어 그들의 한 재산을 향해 돌진했고 또 대승했다. 필자가 파리의 군사박물관을 견학했을 때, 한 마메루크족의 기사騎士가 보석을 달고 말에 탄 그 당시를 재현한 모습을 보고, 당시 고전苦戰에 빠진 프랑스의 병사들을 열광케 하여 전승을 가져오게 한 나폴레옹의 착상에 탄복하기도 했다.

나폴레옹의 연설을 분석하면 3개의 부분으로 구성되어 있다.

첫째, 병사들의 과거의 공적을 찬양한다.

둘째, 공동의 목표, 즉 앞으로 해야 할 것을 알린다.

셋째, 적을 욕하고, 부하에게 매혹적인 상을 내건다.

그의 연설은 언제나 비상한 마력을 발휘해, 이것을 들은 자들은 열광적으로 감격하여 그의 명령이 떨어지기 무섭게 후방에 있는 자들은 앞으로 나아가고, 굶주리고 구두가 찢어져도 한마디 불평도 없이 전장에서의 솜씨 자랑을 하면서 기꺼이 진격을 했다.

14) 적기適期 결심은 선제권과 직결

"적보다 앞서 자주적으로 나의 의사를 결정하고, 조속히 방침을 확립하는 것은 선제권을 파악하여 적극적이고 주동적인 작전 지도를 하기 위한 첫째 요건이다. 특히 강자의 전법戰法을 채택한 지휘관은 주主작전 방향의 결정은 물론이요, 회전지會戰地, 결전決戰 시기 등도 자주적으로 결정하여 상황의 추이에 맡기지 않고, 자기의 법칙을 적에게 강요하도록 노력해야 한다. 이는 병력을 경제적으로 사용하기 위한 최선의 수단이다."

오늘날의 세계 문제는 경제전쟁의 양상을 띠고 있다고 보아도 과언이 아니다. 이런 시점에서 기업의 생존이나 국민 경제의 발전, 특히 인적 자원을 제외하고 물적 자원이 부족한 우리에게 있어서 가장 시급한 문제는 가장 이익이 많이 남는 상품을 개발하여 외국에 수출하는 길이 있을 뿐이다. 무슨 분야의 상품으로 할 것인가 하는 문제는 기업의 사장 또는 회장이 최종적으로 결심을 해야 한다. 이때 상대편의 기업보다 앞서 자주적으로 결정하고 선제권을 잡고 주동적인 작전 지도를 해야 한다. 고객이 상품을 구입하러 와서야 겨우 상품 제조를 시작해서는 결코 성공을 할 수 없다.

"지휘관의 결심은 실로 통수의 근원이다.

결심은 작전 또는 회전會戰의 지도에 관한 확고한 신념에 입각하여, 통일적이고 선명하며 조금도 혼탁함이 없이 전기戰機에 적절히 하달되어야 한다.

확고한 신념에 입각하지 않은 결심은 때때로 동요를 일으켜 통수의 질서를 혼란에 빠뜨린다. 순수성 및 선명도가 없는 결심은 부하에게 철저하게 알려지지 못하며 그들의 마음을 뭉칠 수 없다. 따라서 부하들의 마음은 분산하게 된다.

결심할 기회를 잃게 되면 선제·주도권을 상실한다."

작전 또는 회전의 지도에 관한 방침은 상황에 따른 축차적逐次的인 결심에 의해서 실현된다. 따라서 지휘관이 중대한 결심을 할 때는 항상 작전 또는 회전의 근본 방침을 생각하지 않으면 안 된다. 사람에 따라서 여러 가지로 해석될 수 있는 결심은 장병들의 심리를 흩어지게 만든다.

15) 결심의 변경은 가장 신중히

"통수의 냉정·신중성과 질서 있는 절도는 대부대일수록 더욱 필요하다. 큰 부대의 지휘관이 중대한 결심을 경솔히 하지 않도록 경계해야 하고, 또 결심의 변경은 가장 신중한 고려 후에 해야 한다.

결심의 내용은 상황에 따라 다르지만, 대부대의 통수에 있어서의 대결심은 '언제 어디서 결전을 할 것이며 혹은 결전을 피할 것인가'에 있으며, 언제나 이와 같은 주안점을 명확히 할 필요가 있다.

대부대의 통수에 관한 결심은 작전의 전기轉機에 적응할 것이며, 단편적으로 행해서는 안 된다. 이에 반해 소부대의 지휘에 관한 결심은 비교적 단편적으로 수시 하달하는 것이 보통이다."

대부대의 지휘관이 한 번 결심한 사항을 예하 부대가 실행에 착수하게 되면, 그 뒤의 수정과 변동은 지극히 어렵다. 수정이나 변동을 하면 통수의 질서와 절도를 파괴하게 된다. 그러나 대부대의 통수에 있어서 모든 상황을 확인한 연후에 부대의 부서를 정한다는 것은 불가능한 경우가 많기 때문에 부서의 변경을 필요로 하는 경우가 적지 않다. 따라서 명령의 수정·변경을 단행할 용기를 가지는 것도 대단히 중요하다.

두뇌가 예민한 지휘관은 상황의 변화에 대해 과민하게 반응하고, 때때로 결심을 변경해서 지휘를 혼란케 하는 경우가 많다. 대부대의 지휘관은 사소한 상황 변화는 무시하고, 격변하는 전황戰況에 당면했을 때는 심리적 수술을 회복할 때까지 시간적 여유를 가진 다음 침착하게 결심을 고치면 된다.

결심은 순간적으로 행하여야 할 때가 많으나, 거기에 이르기까지의 과정은 주도한 숙려熟慮와 신중한 수배手配를 필요로 한다.

쿠바에 소련제 공격용 미사일이 배치된다는 것은 미국의 심장에 비수를 겨냥함과 같은 중대한 일이다. 당시 케네디 대통령은 모든 난관을 극복하고 그것을 제거하려고 했다. 그러나 상대는 고집통으로 소문난 흐루시초프였다. 미국이 취하려는 기도는 전면적인 핵전쟁을 일으킬 위험이 있었다.

케네디는 미사일 기지를 공중 폭격에 의하여 파괴하든지, 쿠바에 상륙작전을 전개하여 제거하든지, 소련으로부터의 해상 수송에 의한 기지 건설의 저지 등 모든 방안을 검토하여 그것을 실행할 경우 어떠한 결과가 일어날 것인가, 가능한 경우를 가상하여 모든 대비를 준비했다.

예컨대 소련의 미사일 수송선을 저지하기 위해서 처음에는 순양함을 배치시키기로 했으나, 소련의 잠수함이 따라올 것을 생각해서 대잠對潛 장비를 갖춘 헬리콥터로 지원된 항모를 사용하기로 변경하고, 그 외에 구축함을 출동시켜 음파 탐지기로 잠수함에게 부상浮上하도록 신호를 보내고, 만일 거부할 경우에는 폭발력이 강한 폭뢰爆雷를 계속 투하할 수단도 강구해 두었다.

또 정보 수집을 위해 미군기가 촬영한 항공사진의 필름은 길이 200㎞, 폭 40㎞나 되는 방대한 양에 이르렀다.

이와 같이 모든 준비를 갖춘 케네디는 한편, 소련이 어떠한 행동으로 나오더라도 대처할 수 있도록 전 세계에 걸쳐 미군의 전투태세를 갖추게 한 연후에, 미사일을 적재한 소련 선단船團을 쿠바 앞바다에서 저지한다는 단호한 결단을 내렸던 것이다.

한 가지 결단을 내리는 경우 정확한 정보 수집과 합리적인 분석이 얼마나 필요한가를 우리들은 이때의 케네디 대통령의 행동에서 배울 바가 많다. 특히 케네디는 소련의 핵탄도 미사일은 고체가 아닌 유류 연료를 사용하기 때문에, 발사 전에 유류 주입에 30~40분의 시간이 소요된다는 결정적인 정보를 가지고 있었다.

"지휘관의 결심에 필요한 정보는 적시에 제공되어야 한다. 그러나 진실과 허위가 불명하거나 모순 당착하는 많은 정보는 보통 지휘관과 참모를 괴롭힌다. 지휘관의 결심을 적절하게 하기 위해서 참모의 정보 업무는 가장 주도면밀하고 정확해야 하며, 특히 피아군彼我軍의 실정과 그들의 가능한 행동 방안을 명석하게 밝혀야 한다."

16) 전쟁은 활극活劇이다

아군이 적의 주동적 기도를 탈취하지 못하면 적이 아군의 주동적 기도를 탈취하게 되고, 적을 제압하지 못하면 적이 아군을 제압한다. 따라서 적보다 선제를 획득함은 전승의 첫째 요건이다. 이를 위해 전기戰機를 적시에 포착함은 전승에 결정적 가치를 가지게 된다.

장수의 의사 결정은 다만 적보다 앞설 뿐만 아니라, 부하보다도 앞서야 한다. 부하들은 각기 당면한 적과 대치하고 있다. 이 적과 싸우기 위해서는 위로부터의 명령의 유무有無에 관계없이 기회를 놓치지 않고 의사 결정을 하게 된다.

따라서 장수는 이보다 앞서서 의사 결정을 하며, 부하들이 자기 의도 외의 행동에 착수하기 이전에 이것을 전달해야 한다.♣

군사학 총서의 발간 취지

군사학은 전쟁이란 무엇이며, 전쟁의 준비·수행 및 억제와 연구방법 등에 관한 지식의 체계이다. 전쟁은 오랫동안 인류 생존의 기본 요소이며 수단으로 등장하였고, 현재뿐만 아니라 앞으로도 형태를 달리하면서 존속하리라. 그리고 전쟁은 국민의 생사·국가의 존망과 직결되는 문제이기 때문에 신중히 대처하지 않을 수 없다. 한민족의 평화적 통일·생존권의 확보 및 번영의 초석이 되는 군사학의 연구·발전을 위해 이 총서를 발간하는 것이니 독자의 지도 편달과 육성, 그리고 동참을 바라는 바이다. (**이종학** : leechoy@daum.net)

<table>
<tr><th>번호</th><th colspan="2">책 명</th><th>저 자</th><th>발행연도</th><th>정가</th></tr>
<tr><td rowspan="2">1</td><td colspan="2">군사학 개론</td><td>이종학·길병옥 편저</td><td>2009년
(4·6배판, 594쪽)</td><td>35,000</td></tr>
<tr><td>내용</td><td colspan="4">군사학이 우리나라에서 학문으로 공식적으로 인정된 것은 2002년 12월이다. 군사학의 간략한 정의는, "전쟁의 본질과 성격 및 무력전의 준비 및 수행에 관한 통일된 지식체계"라는 점에서 그 범위도 설정되었다. 이런 관점에서 군사학의 다양성, 다차원성, 다변화성을 포괄하는 학문적 개론서로서 새로운 학문영역으로 자리 잡고 있는 군사학의 학문체계를 정리하고자 각 분야의 전문가 13명의 공동집필로 출간되었다.</td></tr>
<tr><td rowspan="2">2</td><td colspan="2">군사전략론</td><td>이종학 편저</td><td>2009년
(신국판, 450쪽)</td><td>25,000</td></tr>
<tr><td>내용</td><td colspan="4">우리 국군은 6·25전쟁과 베트남전 참전을 통해 전투경험은 했지만 전쟁을 하지 않았다는 것을 잊어서는 안 된다. 즉, 군사전략을 수립하여 전쟁을 수행해 본 일이 없는 것이다. 그래서 이 책은 군사전략 수립을 위한, 제1편 군사전략의 기초, 제2편 군사전략의 이론, 제3편 군사전략의 실제로 구성되어 있다. 군사전략은 군사목표, 군사전략개념 그리고 군사자원으로 구성되어 있는 결심사항을 간략한 문장으로 표기하며, 이것은 세 가지 기준, 즉 적합성, 가능성 및 수락성에 의해 검토된다는 것을 상세히 설명하고 있다.</td></tr>
<tr><td rowspan="2">3</td><td colspan="2">나의 학문과 인생</td><td>이종학 편저</td><td>2009년
(4·6배판, 606쪽)</td><td>30,000</td></tr>
<tr><td>내용</td><td colspan="4">평생을 군사학 분야 발전을 위해 헌신해온 이종학 교수의 八旬을 맞이하여 펴낸 책이다. 제1편은 나의 학문과 인생(이종학), 제2편은 군사학의 학문체계 및 발전방향(교수 에세이), 제3편은 군사학의 발전방향으로 군사학과의 박사과정을 이수했거나 혹은 이수 중인 피교육자들의 학위논문 주제를 요약하거나 관심을 가진 분야에 대한 간략한 에세이를 수록했다. 부록에는 공군사관학교 57기생들에게 '군사학 특강'을 실시 후 그들의 소감문을 소개했다.</td></tr>
</table>

<table>
<tr><td rowspan="2">4</td><td colspan="2">한국군사사연구</td><td>이종학 지음</td><td>2010년
(4·6배판, 632쪽)</td><td>30,000</td></tr>
<tr><td>내용</td><td colspan="4">1981년 국방대학원에 재직할 때, 「현대 군사사의 연구방향」이라는 논문을 발표하면서 '군사사'에 대한 이론 정립을 시도했다. 즉, 군사사는 군사이론과 역사학이 결합된 학문인 동시에 군사학의 이론적 기초이며 근원이다. 이것을 기초로 하여 한국사 가운데 군사문제를 다루기 시작해 30년간의 연구 성과를 집대성한 것이며, 21편의 논문으로 구성되어 있다. 저자가 지난 반세기 동안 군사사 연구에서 얻은 결론과 기본철학을 소개하면 다음과 같다. 즉, "평화를 바란다면, 전쟁을 이해하고 이에 대비하라!"</td></tr>
<tr><td rowspan="2">5</td><td colspan="2">전략이론이란 무엇인가
-『손자병법』과『전쟁론』을 중심으로-</td><td>이종학 편저</td><td>2012년(개정보완판)
(신국판, 372쪽, 3판)</td><td>16,000</td></tr>
<tr><td>내용</td><td colspan="4">전략이론이란 무엇인가를 밝히면서, 원래 군사분야의 용어가 1960년대 이후 경영분야에도 활용되어 왔다는 것을 알아야 하고 군사전략뿐만 아니라, 국가전략 및 핵전략의 발전과정을 소개했다. 전략이론의 고전인『손자병법』은 1972년 중국 산동성에서『죽간 손자병법』이 나왔기에 그것을 삽입시켜 13편을 완역했다. 한편 클라우제비츠의『전쟁론』은 초판본이 나왔고, 거기에서 내용이 너무 방대하기에 전술적 내용을 삭제한 抄譯을 했다. 직업군인과 최고 경영자들에게 전략이론을 알기 위한 필독서를 만들고자 꾸며 보았다.</td></tr>
<tr><td rowspan="2">6</td><td colspan="2">6·25전쟁이란
무엇인가</td><td>이종학 지음</td><td>2011년
(4·6배판, 623쪽)</td><td>30,000</td></tr>
<tr><td>내용</td><td colspan="4">이 책은 40여 년 간에 걸친 6·25전쟁 연구의 총 결산이자 집대성한 내용이다. 6·25전쟁에 대한 연구와 분석을 통해 그 원인을 밝혀내고 평시에 안보태세를 굳건히 하는 것이 가장 기본적인 대책이라고 해법을 제시한다. 이 책은 마치 6·25전쟁을 구석구석 현미경으로 확대해 들여다보는 듯하며 지금까지 나왔던 6·25전쟁 관련 서적과 다르게 새로운 사실들과 풍부한 사료들을 담고 있기 때문에 6·25전쟁을 연구하는 전문가들이나, 석·박사과정의 학생들에게 많은 도움이 될 것이다.</td></tr>
<tr><td rowspan="2">7</td><td colspan="2">현대 북한의 이해</td><td>박성규·길병옥 지음</td><td>2012년
(4·6배판, 336쪽)</td><td>25,000</td></tr>
<tr><td>내용</td><td colspan="4">탈냉전 이후 급변하는 국제상황 속에서 북한이라는 실체를 명확히 파악하고 한반도 평화통일의 기본 틀을 마련하는 데 기본적인 목적이 있다. 특히 남북한의 평화로운 통일과 기본적인 방향을 설정하는 데 있어서 가장 중요한 것은 북한을 제대로 이해하는 것이라는 점을 강조한다. 이 책은 현재 북한 관련 교재들이 북한의 실제를 제대로 파악하기에는 많이 부족하다는 점을 지적한다. 상식으로는 이해할 수 없는 북한이라는 체제 전체를 제대로 알 수 있는 교육이 절대적으로 필요하고 북한의 본질을 이해하여 그 대응책을 마련하는데 주요 초점을 두고 있다.</td></tr>
</table>

<table>
<tr><td rowspan="2">8</td><td colspan="2">군사고전의 지혜를 찾아서</td><td>이종학 지음</td><td>2012년
(신국판, 537쪽)</td><td>25,000</td></tr>
<tr><td>내용</td><td colspan="4">인류의 역사는 투쟁사 혹은 전쟁사의 연속이라 할 수 있다. 그러한 급변하고 위태로운 정세하에서 어떻게 생존하며 또한 승리할 것인가 하는 그 방법과 지혜를 제시했으며, 동양의 손무가 저술한 『손자병법』(기원전 513?)과 서양의 클라우제비츠가 저술한 『전쟁론』(1832)이 군사고전에 속하며, 그것들의 시대적 배경과 철학적 기초를 밝히려고 지난 반세기 동안 시도한 에세이를 편집한 것이 이 책이다. 군사고전은 심오한 철학사상을 바탕으로 하고 있기 때문에 생명력과 실용성을 보유하고 있을 뿐만 아니라, 인생철학의 지침서요 또 경영전략의 참고서로써 최근에 와서 더 많은 각광을 받고 있다.</td></tr>
<tr><td rowspan="2">9</td><td colspan="2">군제 기본원리와 한국의 병역제도</td><td>나태종 편저</td><td>2012년
(신국판, 353쪽)</td><td>16,000</td></tr>
<tr><td>내용</td><td colspan="4">이 책은 크게 두 편으로 구성되어 있다. 제1편 군제기본원리에서는 군사제도의 중요성과 제도에 관한 역사적 교훈, 현대 국방사상이 군제에 미치는 영향, 군사제도 설정의 기본원칙을 포함하였다. 제2편 한국의 병역제도에서는 정부수립 이후로부터 현재까지의 한국의 병역제도 변화과정을 분석하고 스위스, 이스라엘의 병역제도와의 비교평가를 통해 미래 한국의 병역제도 발전방안을 제시하였다.</td></tr>
<tr><td rowspan="2">10</td><td colspan="2">현대전략론</td><td>이종학·노양규·이성만 지음</td><td>2013년
(신국판, 457쪽)</td><td>24,000</td></tr>
<tr><td>내용</td><td colspan="4">『現代戰略論』(1972)은 40여년 전, 전략 입문서가 없었던 시절에 출간되어 그동안 전략 입문서로서의 기능을 발휘했으나, '한글세대'의 등장으로 절판되었다가 이번에 '한글화'된 개정판이 나왔다. 이번 개정판에는 전략의 기본문제를 보완하면서 미국에서의 새로운 전략연구의 추세와 한반도의 정세를 감안해서 내용을 구성했는데, 주요 내용은 '전략이란 무엇인가', '현대전쟁의 성격', '국가전략', '군사전략', '작전술', '전술' 그리고 '북한의 핵무기와 한반도 안보' 등이다. 전략을 연구하고자 하는 사관생도·일반 대학교의 군사학 전공자뿐만 아니라, 국제정치 전공자에게는 필독서이다.</td></tr>
<tr><td rowspan="2">11</td><td colspan="2">군사학 입문</td><td>송영필 지음</td><td>2014년
(신국판, 339쪽)</td><td>16,000</td></tr>
<tr><td>내용</td><td colspan="4">군사분야에 대한 입문서이다. 군사학의 정의와 연구대상으로부터 전쟁, 군사제도의 발전과정, 전쟁준비 차원에서 군사력 건설에 필요한 국방기획관리제도와 전투발전체계를 다루었다. 또한 전쟁수행 차원에서 군사력 운용의 용병술 체계와 전투수행에 대하여 방법, 수행절차를 기술하였다. 군사학을 공부하고자 하는 사람이나 군인의 길을 걷고자 하는 사람에게 기초가 되는 분야를 알기 쉽게 설명한 책이다.</td></tr>
</table>

<table>
<tr><td rowspan="2">12</td><td colspan="2">웨드마이어
회고록과 논평</td><td>이종학 편저</td><td>2014년
(신국판, 323쪽)</td><td>20,000</td></tr>
<tr><td>내용</td><td colspan="4">이 책은 두 가지 내용으로 구성되어 있다.
제1부는 웨드마이어 대장(예)의 성장과정과 주요무대인 제2차 세계대전에서의 활동을 기록했으나, 너무 방대하여 관심이 가는 내용을 초역抄譯했다.
제2부는 '웨드마이어 회고록'에 대한 논평과 최근 급변하고 있는 동북아시아에서의 한국안보에 대한 단상斷想으로 구성되어 있다. 즉 6·25전쟁은 왜 일어났는가, 평화적 남북통일의 구체적 제안내용, 한·일간의 독도 영유권의 해결방안, 일본 아베정권의 지향점은 무엇인가 등을 밝혀 보았다.</td></tr>
</table>

· 펴낸곳 : 충남대학교출판문화원
· 전　화 : 042-821-6045
· e-mail : cnupress@cnu.ac.kr